“十三五”国家重点出版物出版规划项目
中国油气重大基础研究丛书

煤层气富集高产控制因素及勘探开发基础研究

Basic Research on Controlling Factors and Exploration and Development of Coalbed Methane High Production and Enrichment

宋　岩等　著

科 学 出 版 社
北　京

内 容 简 介

煤层气是一种以吸附状态赋存于煤层中的天然气。本书立足于解决煤层气富集高产区勘探和提高煤层气开采效率所面临的基础性问题，阐述煤层气富集高产区形成机理、煤层气开采过程中地质效应、不同开发方式和压裂增产机理，针对煤层气富集高产区的勘探，建立煤层气富集高产区评价方法体系和多信息融合的地球物理预测技术，针对提高煤层气开采效率，建立基于井间干扰理论的井网优化设计方法和多因素耦合的煤层裂缝导流能力评价方法体系。本书内容丰富，自成体系，涵盖煤层气富集高产区形成、地质评价方法、地球物理预测技术、煤层气开发过程中储层渗透变化规律、开发井间干扰、水力压裂裂缝导流能力评价等，是一部煤层气地质理论与勘探、开发技术结合的著作，为煤层气勘探和开发提供理论指导。

本书适用于从事煤层气勘探和开发的专业人员阅读，也可作为高等院校相关专业的参考用书。

图书在版编目（CIP）数据

煤层气富集高产控制因素及勘探开发基础研究＝Basic Research on Controlling Factors and Exploration and Development of Coalbed Methane High Production and Enrichment/宋岩等著. —北京：科学出版社，2019.3
（中国油气重大基础研究丛书）
“十三五”国家重点出版物出版规划项目
ISBN 978-7-03-055211-2

Ⅰ.①煤…　Ⅱ.①宋…　Ⅲ.①煤层-地下气化煤气-油气开采-研究②煤层-地下气化煤气-地质勘探-研究　Ⅳ.①P618.11

中国版本图书馆 CIP 数据核字（2017）第 271307 号

责任编辑：吴凡洁　冯晓利 / 责任校对：郭瑞芝
责任印制：师艳茹 / 封面设计：黄华斌

科 学 出 版 社 出版
北京东黄城根北街 16 号
邮政编码：100717
http://www.sciencep.com

三河市春园印刷有限公司 印刷

科学出版社发行　各地新华书店经销

*

2019 年 3 月第　一　版　开本：787×1092　1/16
2019 年 3 月第一次印刷　印张：24
字数：539 000

定价：298.00 元

（如有印装质量问题，我社负责调换）

主 要 作 者

宋　岩　柳少波　姜　林　董守华

汤达祯　卢拥军　陈　东　傅雪海

李建武　王　欣　杨志远　杜文凤

唐书恒　洪　峰　马行陟

“中国油气重大基础研究丛书”编委会

丛 书 序

石油与天然气是人类最重要的能源，半个世纪以来油气在一次能源消费结构中占比始终保持在56%～60%。2015年，全球一次能源消费总量130亿t油当量，其中石油占31%、天然气占27%。据多家权威机构预测，2035年一次能源消费总量162亿t，油气占比仍将在60%左右；随着全球性碳减排趋势加快，天然气消费总量和结构性占比将逐年增加，2040年天然气有望超过原油成为主要一次消费能源。

根据以美国地质调查局（USGS）为代表的多家机构预测，全球油气资源丰富，足以支持以油气为核心的全球能源经济在21世纪保持持续繁荣。USGS研究结果表明：全球常规石油可采储量4878亿t，已采出1623亿t，剩余探明可采储量2358亿t，剩余待发现资源897亿t；全球常规天然气可采资源量471万亿m^3，已采出95.8万亿m^3，剩余探明可采储量187.3万亿m^3，剩余待发现资源187.9万亿m^3。近年来美国成功开发了新的油气资源——非常规油气，据多家机构评估全球非常规油可采资源量5100亿t，非常规气可采资源量2000万亿m^3，油气资源将大幅增加，全球油气资源枯竭的威胁彻底消除。与此同时，全球油气资源变化的另一个趋势是资源劣质化，油气经济开发将要求更新、更复杂的技术，以及更低的生产成本。油气资源的大幅增加和劣质化已成为影响石油工业发展的重大因素，并将长期起作用。

石油工业的繁荣依赖于油气资源、技术、市场和政治、经济、社会环境。在一定的资源条件下，理论技术是最活跃、最具潜力的变量，石油工业的历史就是一部石油地质学与勘探开发技术发展史。非常规油气依靠水平井和体积压裂技术进步得以成功开发，揭示了全球石油工业未来油气资源大幅度增加和大幅度劣质化的资源前景，也揭示了理论技术创新的巨大威力和理论技术未来发展的无限可能性。所以回顾历史、展望未来，石油工业前景一定是持续发展和前景辉煌的，也一定是更高度依赖石油地质理论和勘探开发技术进步的。

石油天然气地质学（geology of petroleum），是研究地壳中油气成因、成藏的原理和油气分布规律的应用基础学科，是油气勘探开发的理论基础。人类认识和利用油气的历史由来已久，但现代油气勘探开发一般以1859年美国成功钻探的世界上第一口工业油井作为标志。1917年，美国石油地质学家协会（AAPG）成立，并出版了《美国石油地质学家协会通报》（*AAPG Bulletin*）。1921年，Emmons出版*Geology of Petroleum*，标志着石油天然气地质学成为一门独立的学科。20世纪30年代，McCollough与Leverson正式提出“圈闭学说”，成为常规油气地质理论的核心内容。1956年，Levorsen的*Geology of Petroleum*问世，实现了石油天然气地质学理论的系统化和科学化，建立了完善的圈闭分类体系，将圈闭划分为构造、地层和复合圈闭，指出储集层、盖层和遮挡条件是油气藏形成的必要条件，圈闭油气成藏是常规油气聚集机理的理论核心。经典的石油天然气地质学的理论核心包括盆地沉降增温增压、有机质干酪根生烃与油气系统理论；由岩石骨架、有效孔隙及充注的可动流体构成的油气储集层理论；含油气盆地、区带、圈闭与油气藏的油气分布理论；能量与物质守恒，由人工干预形成油气储集层不同部位流体压差，从而形成产生和控制流动的油气开发理论。

石油天然气地质学历经百年历史，其发展史深受石油工业勘探开发实践、地质学相关基础学科进展和探测与计算机技术发展的推动。石油工业油气勘探从背斜圈闭油气藏发展到岩性地层油气藏；从陆地推进到海洋，进而到深水；从常规发展到非常规，这些都推动了石油天然气地质学理论的重大突破和新理论、新概念的出现。而地质学基础学科不断出现的重大进展，包括板块构造理论、层序地层学理论、有机质生烃理论都被及时融入石油天然气地质学核心理论之中。地震与测井等地球物理学勘探技术、地球化学分析技术与计算机技术的飞速发展推动了油气勘探开发技术进步，也推动了石油天然气地质学理论的进步与完善。纵观百年石油天然气地质学发展历史，可以看到五个重要节点：①背斜与圈闭理论（19 世纪 80 年代～20 世纪 30 年代）；②有机质生烃与油气系统理论（20 世纪 60～70 年代）；③陆相油气地质理论（20 世纪 40 年代～21 世纪初）；④海洋深水油气地质理论（20 世纪 80 年代～21 世纪初）；⑤连续型油气聚集与非常规油气地质理论（2000 年至今）。

近年来，随着全球油气产量增长和勘探开发规模不断扩大，勘探领域主要转向陆地深层、海洋深水和非常规油气。新的勘探活动不断揭示了新的地质现象和新的油气分布规律，许多是我们前所未知的，如陆地深层 8000m 的油气砂岩和碳酸盐岩储层、海洋深水陆棚的规模砂体分布、非常规油气的“连续性分布”成藏规律，都突破了传统的石油地质学、沉积学认识，揭示了基础理论的突破点和新理论的生长点，石油地质理论正面临着巨大变革的前景和机遇。

深层、深水、非常规勘探地质领域的发展同时也对地球物理和钻井等工程技术提出了更高、更难的技术需求和挑战，刺激石油工业工程技术加速技术创新和发展。与此同时，全球材料、电子、信息和工程制造等学科快速发展，极大地推动了工程技术和装备的更新。地球物理勘探的陆地和海洋反射地震三维技术，钻井工程的深井、水平井钻井和体积压裂技术，3000m 水深的海洋深水开发作业能力，以人工智能为特征的信息化技术等都是近年工程技术创新发展的重点和亮点。预期工程技术发展方兴未艾，随着科技创新受到极大重视和科技研发投入持续增加，工程理论技术必将进入快速发展期，基础理论与基础技术已受到关注，也将进入发展黄金期。

我国石油工业历经六十余年快速发展，形成了独立自主的石油工业体系和强大的科技创新能力，油气勘探技术水平已进入全球行业前列。2015 年我国原油产量 2.15 亿 t，世界排名第四位，天然气产量 1333 亿 m^3，世界排名第六位。目前，我国油气勘探开发理论技术水平已经总体达到国际先进水平，其中陆相油气地质理论一直居国际领先地位，在陆上复杂地区的油气勘探技术领域，我国处于领先水平；我国发展了古老海相碳酸盐岩成藏地质理论与勘探配套技术，在四川盆地发现安岳气田，是我国地层最古老、规模最大的海相特大型气田，累计探明地质储量 8500 亿 m^3；发展了前陆冲断带深层天然气成藏理论，复杂山地盐下深层宽线大组合地震采集和叠前深度偏移、超深层复杂地层钻完井提速等勘探配套技术，油气勘探深度从 4000m 拓展到 8000m，在塔里木盆地库车深层发现 5 个千亿立方米大气田，形成万亿立方米规模大气区；在油气田开发提高采收率技术领域，大庆油田发展的二次、三次采油提高采收率技术，在全球原油开发技术界一直处于国际领先地位。在海洋油气勘探开发和工程技术领域，我国在近海油气勘探开发方面处于同等先进水平；在深水油气方面，我们已获得重大突破，但在深水工程技术和装备方面，与全球海洋工程强国相比仍有重大差距；在新兴的非常规油气开采技术领域，我国石油工业界起步迅速，已经基本掌握了页岩气、煤层气开采技术，成功开发了四川盆地志留系龙马溪组页岩气田。在油气勘探开发专业服务技术及装备领域，我国近年快速发展，在常规专业技术和装备方面已经全面实现了国产化，高端技术服务和装备已初步具有独立研发先进、新型、高端装备的能力。在技术进步助推下，中国石油集团东方地球物理勘探有限责任公司已成为全球最大物探技术服务公司。但我国石油科技界油气勘探开发面临重大挑战：深层油气成藏富集规律与科学问题；低渗透-致密油气提高采收率技术与理论问题；非常规油气（页岩气、致密油气、煤层气）勘探生产先进技术与科学问题；海洋及深水油气勘探生产重大科学问题；勘探地球物理、测井、钻井压裂新技术与科学问题等。我们也清醒地看到我国要成为真正的石油工业技术强国依然任重道远，我们要正视差距、继续努力，特别是要大力加强基础理论和基础技术。

1997 年 3 月，我国政府高度重视科学技术，确定了建立“创新型国家”的战略方向，采纳科学家的建议，决定开展国家重点基础研究发展计划（973 计划）。973 计划是具有明确国家目标、对国家的发展和科学技术的进步具有全局性和带动性的基础研究发展计划，旨在解决国家战略需求中的重大科学问题，以及对人类认识世界将会起到重要作用的科学前沿问题，提升我国基础研究自主创新能力，为国民经济和社会可持续发展提供科学基础，为未来高新技术的形成提供源头创新。这是我国加强基础研究、提升自主创新能力的重大战略举措。自 1998 年实施以来，973 计划围绕农业、能源、信息、资源环境、人口与健康、材料、综合交叉与重要科学前沿等领域进行战略部署，2006 年又启动了蛋白质研究、量子调控研究、纳米研究、发育与生殖研究四个重大科学研究计划。十几年来，973 计划的实施显著提升了中国基础研究创新能力和研究水平，带动了我国基础科学的发展，培养和锻炼了一支优秀的基础研究队伍，形成了一批高水平的研究基地，为经济建设、社会可持续发展提供了科学支撑。自 973 计划设立以来，能源领域油气行业共设置 27 项（表 1），对推动油气地质理论的研究与应用起到了至关重要的作用，带动了我国油气行业的快速发展。

表 1　国家 973 计划油气行业立项清单

序号	项目编号	项目名称	首席	第一承担单位	立项时间
1	G1999022500	大幅度提高石油采收率的基础研究	沈平平 俞稼镛	中国石油勘探开发研究院	1999
2	G1999043300	中国叠合盆地油气形成富集与分布预测	金之钧 王清晨	中国石油大学（北京）	1999
3	2001CB209100	高效天然气藏形成分布与凝析、低效气藏经济开发的基础研究	赵文智 刘文汇	中国石油勘探开发研究院	2001

续表

序号	项目编号	项目名称	首席	第一承担单位	立项时间
4	2002CB211700	中国煤层气成藏机制及经济开采基础研究	宋　岩 张新民	中国石油集团科学技术研究院	2002
5	2003CB214600	多种能源矿产共存成藏（矿）机理与富集分布规律	刘池阳	西北大学	2003
6	2005CB422100	中国海相碳酸盐岩层系油气富集机理与分布预测	金之钧	中国石油化工股份有限公司石油勘探开发研究院	2005
7	2006CB202300	中国西部典型叠合盆地油气成藏机制与分布规律	庞雄奇	中国石油大学（北京）	2006
8	2006CB202400	碳酸盐岩缝洞型油藏开发基础研究	李　阳	中国石油化工股份有限公司石油勘探开发研究院	2006
9	2006CB705800	温室气体提高石油采收率的资源化利用及地下埋存	沈平平 郑楚光	中国石油集团科学技术研究院	2006
10	2007CB209500	中低丰度天然气藏大面积成藏机理与有效开发的基础研究	赵文智	中国石油天然气股份有限公司勘探开发研究院	2007
11	2007CB209600	非均质油气藏地球物理探测的基础研究	王尚旭	中国石油大学（北京）	2007
12	2009CB219300	火山岩油气藏的形成机制与分布规律	陈树民	大庆油田有限责任公司	2009
13	2009CB219400	南海深水盆地油气资源形成与分布基础性研究	朱伟林	中国科学院地质与地球物理研究所	2009
14	2009CB219500	南海天然气水合物富集规律与开采基础研究	杨胜雄	中国地质调查局	2009
15	2009CB219600	高丰度煤层气富集机制及提高开采效率基础研究	宋　岩	中国石油集团科学技术研究院	2009
16	2010CB226700	深井复杂地层安全高效钻井基础研究	李根生	中国石油大学（北京）	2010
17	2011CB201000	碳酸盐岩缝洞型油藏开采机理及提高采收效率基础研究	李　阳	中国石油化工股份有限公司石油勘探开发研究院	2011
18	2011CB201100	中国西部叠合盆地深部油气复合成藏机制与富集规律	庞雄奇	中国石油大学（北京）	2011
19	2012CB214700	中国南方古生界页岩气赋存富集机理和资源潜力评价	肖贤明	中国科学院广州地球化学研究所	2012
20	2012CB214800	中国早古生代海相碳酸盐岩层系大型油气田形成机理与分布规律	刘文汇	中国石油天然气股份有限公司勘探开发研究院	2012
21	2013CB228000	中国南方海相页岩气高效开发的基础研究	刘玉章	中国石油集团科学技术研究院	2013
22	2013CB228600	深层油气藏地球物理探测的基础研究	王尚旭	中国石油大学（北京）	2013
23	2014CB239000	中国陆相致密油（页岩油）形成机理与富集规律	邹才能	中国石油集团科学技术研究院	2014

续表

序号	项目编号	项目名称	首席	第一承担单位	立项时间
24	2014CB239100	中国东部古近系陆相页岩油富集机理与分布规律	黎茂稳	中国石油化工股份有限公司石油勘探开发研究院	2014
25	2014CB239200	超临界二氧化碳强化页岩气高效开发基础	李晓红	武汉大学	2014
26	2015CB250900	陆相致密油高效开发基础研究	姜汉桥	中国石油大学（北京）	2015
27	2015CB251200	海洋深水油气安全高效钻完井基础研究	孙宝江	中国石油大学（华东）	2015

这 27 个项目选题涵盖了我国石油工业上游和石油地质基础理论、基础技术方面的重大科学问题，既是石油工业当前发展面临的重大挑战，也是石油地质基础理论和基础技术未来的发展方向。这批重大科学问题的研究解决，必将大大推动我国石油天然气勘探开发储量产量的增长，保障国家油气供应安全和社会经济增长的能源需求；同时支持我国石油地质科学技术的进步与深入发展，推动基础研究进入新的阶段。

这 27 个项目现在已基本完成计划合同规定的研究内容，取得丰硕的成果，相当部分研究成果已经被中国石油天然气集团有限公司、中国石油化工集团有限公司和中国海洋石油集团有限公司应用于勘探生产，取得了巨大的经济效益；在科学理论方面的成果也在逐渐显现，我国石油地质学家在非常规油气地质理论方面已逐渐赶上国际前沿，先进理论技术进步渗透石油界与科学界，未来将进一步发挥其效能，显现其深远影响。

这 27 个 973 项目及其成果主要集中在以下几个方面。

（1）大幅度提高采收率技术（2 个项目），在大型砂岩油田化学驱提高石油采收率基础理论技术研究方面取得了国际领先的成果，并成功应用于大庆油田。

（2）我国天然气地质理论（3 个项目），针对我国复杂地质条件背景，在形成高丰度构造型气藏和低丰度大面积岩性地层型气藏的成藏机理、富集规律及开发理论技术方面取得重大进展，支撑我国天然气快速增长。

（3）海相碳酸盐岩油气地质理论（4 个项目），针对我国古老层系海相碳酸盐岩多期演化与高热演化成熟度特点，在古老碳酸盐岩沉积层序恢复、古老油气系统演化、储层分布规律及成藏特征等重大地质基础理论，以及深层复杂气藏勘探开发技术方面取得重大进展。

（4）我国西部叠合盆地构造与油气成藏理论（3 个项目），在我国西部塔里木等盆地“叠合”特征分析、盆地构造演化解析及多源油气系统长期演化的规律研究中，在盆地构造学和石油地质学基础理论方面取得重大进展。

（5）非常规油气地质（8 个项目，包括煤层气、致密油气、页岩油气、天然气水合物），非常规油气是近年出现的新油气资源，其成功开发既表现出巨大的经济意义，也揭示了非常规油气地质是一个全新的理论技术领域，是石油地质基础理论和技术新突破和取得重大进展的良好机遇，因此 973 计划给予了重点部署。这批成果包括建立了独具特色的高煤阶煤层气地质理论与开发技术；在古老海相页岩气地质理论和技术上取得重大进展，支持四川盆地志留系龙马溪组页岩气成功大规模开发；在陆相致密油和页岩油地质理论取得重大进展，发展了我国陆相非常规油气地质理论；在天然气水合物地质上取得进展。这批成果追踪和接近国际前沿，显示了我国科学家的学术水平和创造力，未来有进一步扩大的潜力。

（6）深井、深水钻井与地球物理勘探理论技术（5个项目），针对油气勘探转向深层、深水与非常规，在深井、深水钻井和地球物理反射地震勘探基础理论技术方面取得重大进展，从工程技术上支撑了我国近年油气勘探开发。

（7）南海深水石油天然气地质理论（1个项目），在南海构造沉积演化与深水油气富集规律理论领域取得重大成果。

（8）沉积盆地多种能源矿产共存机理（1个项目），在沉积盆地中油气、煤与铀等矿产共存富集机理方面取得重大成果。

石油作为人类社会最重要的能源战略资源，将在一段相当长的时期内发挥无可替代的作用，石油工业仍然是最强大和最具生产力的工业部门。科学技术是石油工业生存发展的永恒动力，基础理论和基础技术创新是动力的不竭源泉，相信石油科技未来必将有更伟大的创新发现，推动石油工业走向更辉煌的未来。

我本人有幸在2007～2015年期间成为973计划第四、五届专家顾问组成员，并担任能源组召集人，亲身经历了这一段石油地质科学蓬勃发展的珍贵时光。回顾历史，十分感慨。感谢科学技术部关注石油工业科技发展，设立27个973计划项目，系统开展石油地质基础理论研究，有效推动了我国油气勘探开发理论技术创新，促进了油气行业的快速发展；感谢这批973计划项目首席科学家及相关研究人员立足岗位、积极奉献，为我国石油科技进步做出了突出贡献；感谢各承担单位在项目研究过程中给予的支持，保障项目顺利实施。“科学技术是第一生产力”，希望我们广大石油地质工作者能够立足行业重大科学问题，持之以恒、开拓进取，不断推进石油地质基础理论研究，为我国油气勘探开发提供不竭的动力。

本套丛书是对973计划油气领域27个项目在基础理论和基础技术方面攻关成果的总结，将陆续出版。相信本套丛书的出版，将会促进研究成果交流，推动我国石油地质理论领域发展。

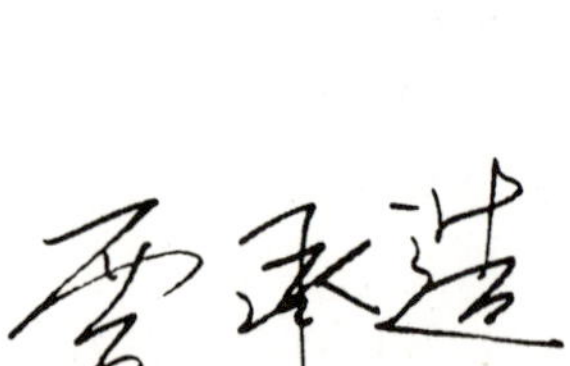

中国科学院院士

2018年12月

前　　言

煤层气是一种以吸附状态为主的非常规洁净能源，开发利用煤层气对缓解常规油气供应紧张状况、改善煤矿安全生产条件、保护大气环境、实现国民经济可持续发展具有十分重要意义。我国煤层气地质条件复杂，煤层气勘探开发面临着如何寻找高丰度煤层气富集区和如何提高煤层气开采效率的关键问题。从 2002 年开始，科学技术部针对煤层气勘探开发基础理论问题，开始设立煤层气勘探与开发基础研究项目。

煤层气勘探开发基础研究走过了十年的历史，经过两期攻关，理论和开发技术不断创新。前期的研究主要针对煤层气资源的富集及预测、煤层气的开采效率，揭示我国煤层气成因、赋存、成藏和渗透率变化机制，建立系统的中国煤层气地质理论体系，丰富完善天然气地质理论，为煤层气资源评价、富集区预测和经济开采提供理论基础；建立煤层气基础研究的实验平台，形成从煤层气可采资源预测、综合地质评价、地球物理探测、开采优化设计的技术系列并服务于煤层气开发实践。尽管在煤层气成因类型、赋存的微观机理、煤层气成藏规律、煤层气水平井数值模拟及煤层压裂裂缝展布规律研究等方面取得了重要进展，但是尚未解决煤层气勘探开发所面临煤层气富集与高产“甜点”区的勘探与开发问题，急需高丰度煤层气富集区形成机制、分布规律和高效开采的理论指导，因此，后期则主要针对煤层气富集高产区开展研究，研究对象不仅是资源丰富程度，同时还强调高产因素，把开发因素纳入到同等重要的研究内容中。煤层气富集高产区是指在相似地质构造单元的有效供气面积内，具有一定规模的资源丰度高、产气量高的煤层发育带。

后期研究以沁水盆地、鄂尔多斯盆地及两淮矿区等为重点研究地区，针对高丰度煤层气富集区勘探和提高煤层气开采效率所面临的基础性问题，围绕“高丰度煤层气富集区形成机理及分布预测”、“煤层气开采过程中地质效应及机理”和“煤层气不同开发方式及压裂增产机理”三个科学问题，进行地质学、地球化学、地球物理、渗流力学等多学科联合与交叉研究，野外观测和室内实验相结合，生产动态分析与物理和数值模拟相结合，以高丰度煤层气富集区形成机理和分布规律、地球物理识别、煤层气开采过程中地质效应及机理和煤层气增产机理为重点研究内容；同时加强成果的应用，将我国沁水盆地樊庄试验区和鄂尔多斯盆地韩城试验区作为实验基地，把研究成果及时应用到这两个试验区进行预测与验证，理论与实践相结合，保证成果的可靠与实用。创新成果主要体现于以下三方面。

第一，围绕“高丰度煤层气富集区形成机理及分布预测”的科学问题，揭示含气量-渗透率耦合控制的高丰度煤层气富集区形成机理及模式，建立基于产能分析的高丰度煤层气富集区评价方法体系和多信息融合的地球物理预测技术，为高丰度煤层气富集区勘探提供理论基础和预测技术。

（1）通过对我国沁水盆地南部、鄂尔多斯东缘和两淮地区地质条件的研究，在含气量、渗透率变化规律和控制因素分析的基础上，提出含气量-渗透率耦合控制的煤层气富集高产区形成机理，即含气量控制资源条件和渗透率控制开采条件，两者优势耦合控制了煤层气的高产。在此基础上，首次建立了煤层气富集高产区形成的三种模式：斜坡区含气量和渗透率优势叠合富集模式、脆韧性过渡带煤层气富集模式、富集区相对构造高部位高产模式。

（2）通过深入研究已知高丰度刻度区评价指标和气井产能的关系，采用地质分析和数学相关分析相结合，确立权重较大的七个指标，即煤层含气量、Langmuir 体积、Langmuir 压力、厚度、储层压力、渗透率和水文地质条件构成评价指标集。在此基础上，首次建立基于产能分析的煤层气富集高产区的评价方法体系，利用该方法在我国沁水盆地南部和鄂尔多斯盆地东缘预测出两处煤层气富集高产区。

（3）通过井下原位测试与煤岩样应力下速度各向异性实验，揭示含气量与地震响应关系和进行储层与渗透率地球物理预测方法等研究，以含气量与煤厚的资源融合、裂缝与应力场渗透性融合和资源条件与开采条件的融合为思路，首次建立多信息融合地球物理识别方法。这一技术成功应用于沁水盆地煤层气实验区，预测结果已得到验证。

第二，围绕“煤层气开采过程中地质效应及机理”的科学问题，揭示煤储层渗透率变化规律、煤层气开发井压力传播规律和煤储层不同尺度空间结构的三级流动规律，为煤层气高效开采和开发方案优化奠定了理论和技术基础。

（1）基于生产数据分析和有效应力效应、基质收缩效应的综合作用研究，阐明煤层气开发过程中煤储层渗透率变化的控制因素，揭示不同排采阶段渗透率变化规律：水流阶段表现出储层渗透率呈持续下降的趋势；不稳定解吸阶段渗透率下降幅度逐渐减小或保持不变；稳定解吸阶段，煤储层渗透率出现恢复，储层渗透率逐渐得到改善，优于初始渗透率；衰减解吸阶段，渗透率基本不变。

（2）通过压力在煤储层中的传播影响因素的研究，阐明煤层气开发过程中解吸气进入割理后形成的气水两相流动阶段及束缚水饱和度下的单相气流动阶段压力传播特征；揭示气水两相毛细管力对煤层气井压力传播的控制作用及压力传播先快后慢的两段式规律，创建不同开发阶段压力传播数学模型，为井间压力干扰的研究提供理论依据和计算方法。

（3）基于流体渗流理论的扩散、渗流模型，通过对煤储层空间结构特征的剖析，提出煤层气在排采运移路径上存在三级流动和开采过程中四个阶段的三级流动特征：水流阶段表现为宏观裂隙内一级层流和显微裂隙、大中孔隙内的二级非线性达西渗流，宏观裂隙（压裂裂缝）内的层流与紊流，过渡孔-显微裂隙内的渗流，微孔-过渡孔内的扩散；不稳定解吸阶段与稳定解吸阶段表现为过渡孔、微孔内的三级扩散，显微裂隙、大中孔隙内的二级非线性达西渗流和宏观裂隙内的一级层流；衰减解吸阶段表现为煤基质块内煤层气的三级扩散和显微裂隙、大中孔隙内的二级线性达西渗流。

第三，围绕“煤层气不同开发方式及压裂增产机理”的科学问题，揭示煤层气多井开发井间干扰机理，建立基于井间干扰理论的井网优化设计方法和多因素耦合的煤层裂缝导流能力评价方法体系，为煤层气井高效增产及产能变化规律预测奠定了理论基础。

（1）通过研究煤层气藏开发压降传递规律，及多井生产时的压降传递及产气特征，首次提出压力干扰和解吸区干扰概念，并依据井间干扰理论认识，将煤层气多井生产划分为三个阶段：单相水生产—解吸区形成及扩展—全区解吸，阐明了三个阶段开发井井间压力传播与煤储层解吸效应，从而揭示煤层气多井开发“两干扰、三阶段”的井间干扰机理，并在此基础上，建立井间干扰定量化指标和井网优化方法。

（2）针对煤岩裂缝导流能力影响因素，创新“煤粉驱替”实验方法来定量计算煤粉对裂缝导流能力的影响；在引进大型压裂物理模拟系统的基础上，也创新煤岩压裂物理模拟方法，评价煤岩压裂多裂缝发育程度。在上述实验基础上，首次提出在煤岩低闭合应力（5～25MPa）、低杨氏模量（2000～8000MPa）条件下，支撑剂粒径、闭合应力、支撑剂嵌入、煤粉、压裂液及多裂缝六个因素对煤岩裂缝导流能力影响的定量计算模型，建立煤岩裂缝多因素耦合导流能力评估方法。

（3）以煤层压裂裂缝多因素耦合导流能力评价系统为理论基础，针对煤层特征及导流伤害的主要因素，以提高裂缝有效支撑和高效排水降压为目标，配合低伤害压裂液体系，形成多级段塞、复合压裂、优化砂比提升、压后返排控制等以提高裂缝有效支撑和高效排水降压为核心的高效支撑压裂技术体系。

理论的不断创新和技术的不断进步为我国煤层气产业做出了重大贡献。通过十年的煤层气基础研究攻关，从立项之初我国历年煤层气的累计钻井数不到300口，煤层气年产量不到$1\times10^8m^3$，尚未进入到商业化开发阶段，到目前我国沁水盆地南部和鄂尔多斯东缘两个千亿立方米煤层气田的探明及沁水煤层气与西气东输管网的联网，显示出我国煤层气产业的重大突破。这些勘探开发的突破与十年来煤层气基础研究所取得的创新成果息息相关，正如邱中建院士、贾承造院士、康玉柱院士、郭尚平院士、袁亮院士、傅诚德教授等专家曾经评价过的那样：研究成果在煤层气地质理论、勘探开发技术方面取得的多项创新成果和明显的工业化应用效果，引领了我国煤层气工业的发展。

本书前言由宋岩、柳少波、洪峰编写；第一章由宋岩、柳少波、姜林、李贵中、琚宜文、姜林、苏现波、洪峰、马行陟、邓泽等编写；第二章由李建武、杨志远、张新民等编写；第三章由董守华、杜文凤、崔晓芹等编写；第四章由汤达祯、刘大锰、唐书恒、李治平、邵先杰、许浩、姚艳斌、孟艳军等编写；第五章由傅雪海、刘卫群、韦重韬、秦义等编写；第六章由陈东、李相方、张先敏等编写；第七章主要由赵贤正、秦义、赵秀文等编写，第八章由卢拥军、王欣、卢海兵等编写。最后由宋岩、柳少波、姜林、洪峰统稿。

本书的出版，得到科学技术部、中国石油天然气集团公司、中国石油天然气股份公司及其管理部门的大力支持、帮助与关心；同时也得到贾承造院士、郭尚平院士、戴金星院士、彭苏萍院士、黄素逸教授、罗治斌教授、贝丰教授、王慎言教授、成玉琪教授、徐永昌教授、唐修义教授、刘雯林教授、钱凯教授、张新民教授等专家的悉心指导，在此向他们致以衷心的感谢。

目　　录

第一章　煤层气富集高产区形成机理

勘探实践表明，煤层气资源富集区不一定都是高产区，如何在资源富集区内准确预测高产区（即煤层气富集高产区）的分布是煤层气勘探亟须解决的关键问题。针对这一科学问题，通过国外典型煤层气富集高产区的剖析，结合我国中高煤阶富集区地质特点，以沁水盆地南部、鄂尔多斯盆地东缘和两淮矿区为研究对象，地质统计、实验验证和生产数据分析相结合，揭示基于含气量-渗透率耦合控制的煤层气富集高产区形成机理，建立中高煤阶煤层气富集高产模式，为我国中高煤阶煤层气富集高产区的有效预测提供理论依据和技术支持。

第一节　煤层气富集高产区地质特征

煤层气是指主要以吸附形式赋存于煤层中的天然气，但煤层气在煤层中的分布是不均衡的，多种因素的共同作用导致煤层中存在着不同规模和丰度的含气区域。美国于20世纪90年代提出了富集区界定的方法和模型，并应用到圣胡安、保德河、皮申斯等盆地，并于1995年对煤层气含气区域进行了划分，总共分为五级，分别是区域、区带、盆地、有利区和单元。我国学者提出了聚集单元划分方案（叶建平和岳魏，1999），提出了煤层气富气带、含气带和低气带的分类，并根据资源丰度和面积将富气带分成大型富气带、中型富气带和小型富气带；煤层气行业标准《煤层气资源储量规范》（DZ/T 0216—2010）中将煤层气资源丰度大于$3\times10^8 m^3/km^2$的煤层气田称为高丰度煤层气田。尽管国内外对煤层气资源富集区进行了划分，但是从煤层气开发的角度来看，资源富集区并不等于高产区（图1.1），而资源富集区内的高产区（即煤层气富集高产区）才是煤层气勘探开发的重点目标区，因此需要有效预测煤层气富集高产区的分布。

一、煤层气富集高产区的地质含义

国内外煤层气开发的实践表明，要实现商业化运作就必须具备高丰度富集条件，即要有丰富的煤层气资源，且具有一定的资源规模；同时煤储层的原始渗透率要高，且储层具有可改造性。在具备这些条件之后，通过各类工程改变煤层气储层空间的压力系统和应力分布，使煤层气与煤储层之间的动态平衡受到破坏而产出并达到商业产量。因此，煤层气富集高产区可定义为：在相似地质构造单元，有效供气面积内储量丰度较高、规模较大，并能进行相应商业性开发的区域。

煤层作为煤层气生成和储集的载体，在整个成煤作用的泥炭化作用阶段、成岩作用和变质作用阶段及后期煤层抬升阶段，在微生物、温度、压力的共同作用下，伴随煤（或泥炭）成分与结构的变化，都有烃类气体的形成。而不同阶段，气体的成因、产气量大小、煤储层结构特征及对煤层气的保存、开发的影响都各不相同。不同煤体

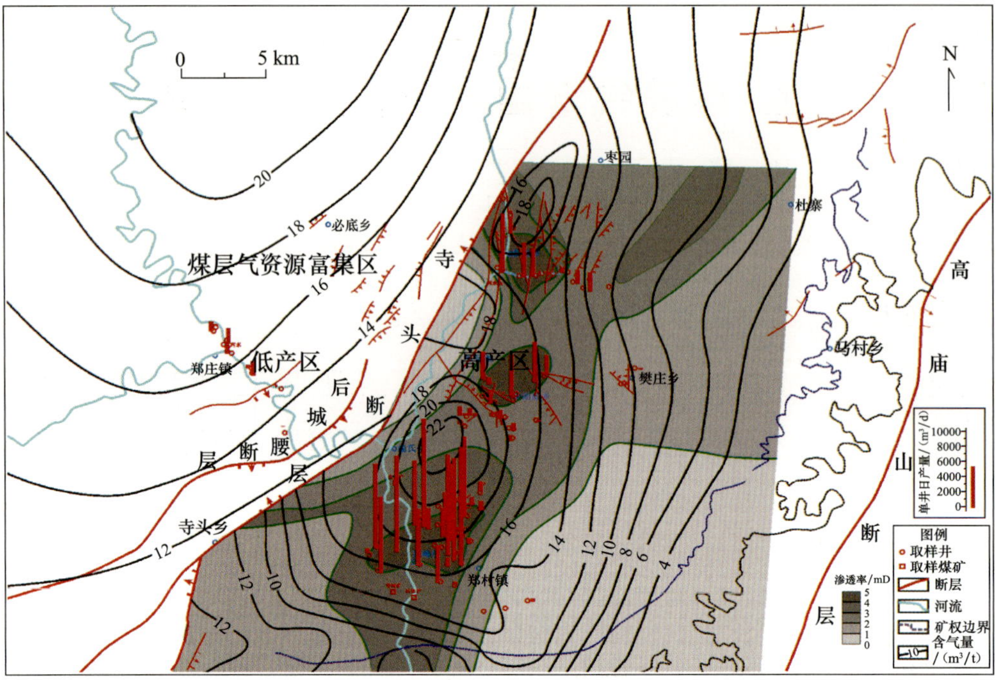

图 1.1　沁水盆地南部地区煤层气资源富集区与产能关系图

演化程度导致不同地区煤层气的富集机制与富集模式不同。故按煤演化程度将煤层气富集区分为高煤阶煤层气富集区、中煤阶煤层气富集区和低煤阶煤层气富集区。其中，低煤阶煤层气富集区又可以进一步划分为未熟低煤阶煤层气富集区和低成熟低煤阶煤层气富集区。

一般情况下，高煤阶煤层气富集区的 $R_o>2\%$，都存在二次变质作用。先期发生了正常古地温下的深成变质作用和与之伴随的第一次生烃；之后在区域岩浆热作用之下发生了第二次变质作用，使得煤阶增高并发生第二次生烃。此类煤层气藏以煤的吸附能力强、含气量高、渗透性较差为特征，如山西沁水盆地东南部（表 1.1）。中煤阶煤层气富集区的 $0.7\%<R_o<2\%$，多数为深成变质作用的结果，不存在二次变质作用，此类煤层富集区以含气量较高、储层渗透性好为特征，如山西河东煤田，美国的皮申斯盆地、圣胡安盆地（表 1.1）。低煤阶煤层富集区可区分为两类：①未成熟低煤阶煤层富集区，此类富集构造区没有发生煤的变质作用，仅发生了成岩作用，成熟度达到了褐煤阶段，$R_o<0.5\%$，以含气量底、储层渗透性极强为特征，以美国的保德河盆地为代表（表 1.1）；②低成熟低煤阶煤层气富集区，以深成变质作用为主，成熟度一般，$R_o<0.75\%$，间或存在接触变质作用，但影响有限。此类富集区以含气量中等、渗透性中等为特征，以阜新盆地为代表（表 1.1）。由于受沉积环境、构造、煤的演化程度及水文地质条件等因素的影响，不同煤阶煤层气富集区具有不同的煤层气地质特征。

表 1.1 国内外不同煤阶煤层气地质学特征对比

资源						
地质参数	圣胡安盆地	保德河盆地	拉丁盆地	河东煤田	沁水盆地	阜新盆地
面积/$10^{10}m^2$	1.94	6.68	0.17	1.6	4.2	0.2
煤系地层厚度/m	91～122	457～762	152～457	79～221	70～140	300～2300
煤资源/10^8t	2400	13000	15～48	2111	3098	12
R_o/%	>0.73	<0.50	>0.73	<1.5	1.5～4.5	0.55～0.75
典型含气量/(m^3/t)	2.83～14.16	<2.8	5.68～14.16	4～16	4～25	2.30～16.23
煤层气资源量/$10^{12}m^3$	2.49	0.45～2.92	0.24～0.34	4.5	3.28	0.0137
资源丰度/($10^{12}m^3/km^2$)	1.67	0.07～0.43	1.41～2	2.81	0.78	0.07
构造关系	简单	局部复杂	局部复杂	简单	简单	较复杂
内陆抬升	存在	存在	很少	存在	存在	很少
裂隙走向	NW、NE	NNE、E	NEE、NWW	EW	NW、NE	NNE、NE
裂隙控制	是	是	可能	是	是	可能
构造倾角变化	很小	很小	很小	很小	很小	很小
沉积环境						
最大煤厚/m	7.62～12.19	30.48～45.72	<3.05	<4	5～7	0.05～96.84
煤层净厚度/m	12.19～18.29	76.2～106.68	12.19～21.33	8～29	5～14.63	80～120
煤层连续性	好	非常好	不好	好	好	不好
煤层走向	NW	NW	NE（盆地南）、NW（盆地北）	NS	NNE、NE	NS
煤系厚度/m	91～122	457～762	152～457	79～221	70～140	300～2300
水文地质						
承压水超压	广泛	存在	可能	存在	广泛	广泛
烃类超压	缺乏	缺乏	缺乏	缺乏	缺乏	可能
正常压力	存在	存在	存在	广泛	广泛	存在
欠压	广泛	缺乏	广泛	存在	存在	
渗透率/mD	～10	10～100	～5	>10	<0.1～6.7	<100
压力转变	广泛	缺乏	存在	存在	存在	可能
集中流	广泛	最小	存在	存在	广泛	最小
流向	西南	北、东	西北	西	西、东	垂直
热成熟度						
R_o/%①	0.65～2.35	0.50	2.0	<1.5	1.5～4.5	0.55～0.75
典型含气量/(m^3/t)	2.83～14.16	<2.8	5.68～14.16	7～15	5～25	2.30～16.23
气体成分	非常湿-非常干	干-非常干	非常干	干	干	干-非常干
CO_2 含量	低-非常高	低-非常高	低	低	低	低-非常低
气体成因类型	热成气、生物气	生物气	热成气	热成气	热成气	热成气、生物气

① 在热成熟度中，圣胡安盆地、保德河盆地、拉丁盆地取的是1800m处煤的 R_o。

对于高煤阶煤层气富集区来说，煤的成熟度高，经过两次生烃演化，生成大量的煤层气，如果这部分煤层气在有利的沉积、构造和水文条件下得以保存，那么不需太厚的煤层就能形成一定的资源量。从开采条件来讲，高煤阶煤基质孔隙以热变气孔为主，其次为植物组织孔，特殊情况下存在原始粒间孔，比表面积大。存在割理，但密度不大、多被充填。储层渗透性较差，这在一定程度上控制了煤储层渗透性的方向。构造作用弱的情况下，煤体结构保存完整，主要以原生结构煤和碎裂煤为主，尽管煤储层渗透率低，但储层可强化，有利于煤层气的开采。另外，盆地内广泛存在集中流，有利于正常压力和超压的存在及煤层气的保存和开发。

对于中煤阶煤层气富集区来说，煤的演化程度相对较低，含气量中等，因此煤层越厚资源丰度越高。多煤层、厚煤层有利于形成一定规模的煤层气资源量。煤的原生粒间孔隙减少，次生孔隙出现，仅增加少量的次生热变气孔，微裂隙比较发育，连通性得到改善，割理和构造裂隙控制着煤储层的渗透性。一般来说，在构造运动不强烈的情况下，煤体结构保存完好，这类煤储层渗透性好，有利于煤层气的开发。

低煤阶煤层气富集区煤层气含气量低，尤其是未熟低煤阶煤层气藏，煤层气主要以生物成因为主，要形成一定规模的资源量，煤层厚度要大，巨厚煤层弥补含气量不足，必须是多煤层、厚煤层共同成藏。对于该类煤层气富集区来说，煤层气生成的可持续性也从一定程度上弥补了煤层气含气量的不足，从煤层的形成直至现今都有气的生成，都对煤层气的成分和同位素特征有一定的影响。但现今的构造格局和地下水赋存状态是影响煤层气生成的关键因素，也是控制成藏的关键因素。煤储层渗透性的主要贡献者是基质孔隙。基质孔隙以原始粒间孔和植物组织孔为主。割理不发育，局部构造裂隙发育，储层渗透性非常好。

二、圣胡安盆地煤层气富集高产区地质特征

圣胡安盆地位于新墨西哥州西北及科罗拉多州西南的科罗拉多高原（Colorado Plateau）的中东部。它是一个晚白垩世到古近纪近于圆形的、具不对称构造的盆地（图 1.2）。沿着盆地边缘展布的构造包括西部和西北部的 Hogback 背斜、北部的圣胡安隆起、东南部的 Nacimiento 隆起、南部和西南部的 Chaco 斜坡和 Zuni 隆起。盆地内上白垩统的沉积中心和向斜轴在盆地北缘和东北缘附近，并与之平行。盆地内岩石的年代从前寒武纪到新生代均有发育。在盆地的最深处，前寒武纪结晶基岩的埋深大于 4270m。整个白垩系均有煤层分布，但最重要的煤层和煤层气资源存在于 Fruitland 组中，该组出露面积近 17350km^2。Fruitland 组煤层从地表到地下 1280m 的深度均有分布。其中 Fruitland Fairway 煤层气富集区带是目前世界上最大的巨型煤层气成藏发育区，面积为 600km^2，年产量占美国的 50%左右，该富集区带已经采出 2500×10^8m^3 以上的煤层气量。

（一） 煤层及煤层气资源丰度

Fruitland 组埋深大于 122m 的煤炭资源量为 2450×10^8t，煤层气资源量为 $1.22\times10^{12}\sim1.39\times10^{12}$m^3。盆地中北部 Fruitland 组的煤层气局部丰度超过 3.8×10^8m^3/km^2（图 1.3）。煤层气丰度虽然受煤阶和埋藏深度的影响，但主要受煤层厚度的控制，大于 3.8×10^8m^3/km^2 的区域一般与 NW 走向的区带相吻合，该区域的净煤厚度超过 21m（图 1.4），最厚煤层最大厚度超过 6m（图 1.5）；煤层气丰度 1.1×10^8m^3/km^2 等值线一般与 15m 净煤厚度等值线相吻合（图 1.6）。

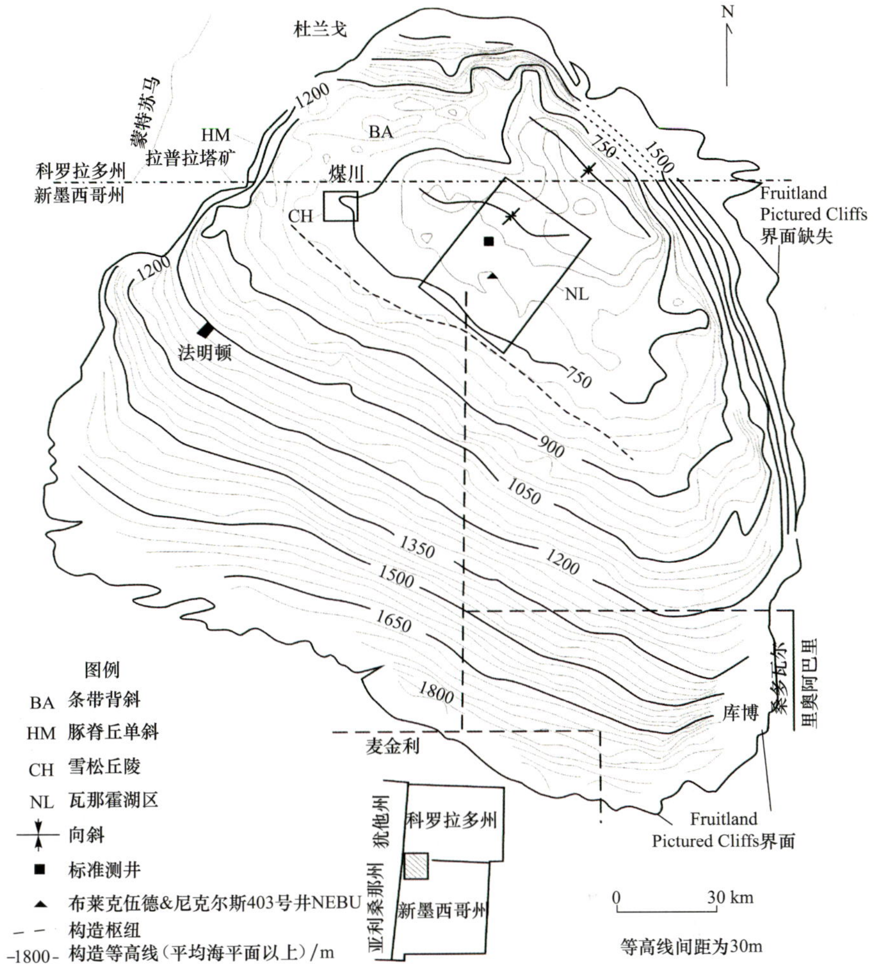

图 1.2 圣胡安盆地构造图

(二) 煤层渗透率

在圣胡安盆地的广大区域内,面割理走向是比较一致的,但在整个盆地并不一样(图 1.6)。面割理走向大致分为两个区域延展范围。盆地北部以北西走向面割理为主体(平均走向为 344°),但在新墨西哥州-科罗拉多州界以南则以 NNE 和 NE 向面割理为主(平均走向为 020°)。这些区域被从盆地西部边缘的科罗拉多州-新墨西哥州边界向东延伸到 32-7 区块的边界区分隔。边界线在此向南转入新墨西哥州。主要的割理方向与煤层气的产区分布趋势对应。在两组裂隙叠合处,煤层的渗透率可能较高,而且有利于裸眼井的顺利完井。因为现今最大主应力方向为 NW 向,所以断层走向可能是 NW 向,有利于流体向那个方向流动,在 Durango 东南部,产区分布为 NW 向和 NE 向,这与 NW 向断层和区域割理系统一致。在圣胡安盆地生产区的渗透率一般为 5~60mD,在煤层气富集区带最大可达 15~60mD。

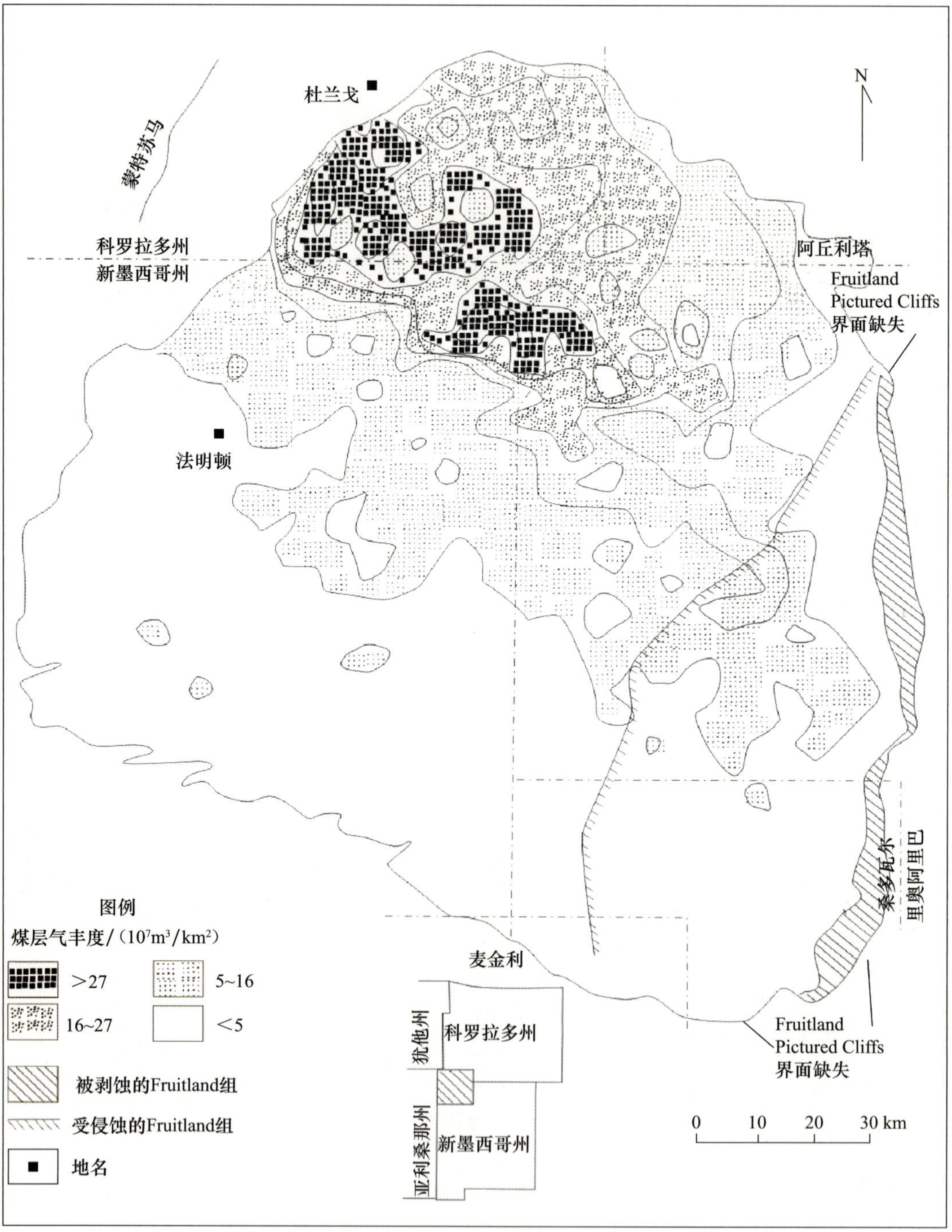

图 1.3　Fruitland 组煤层气丰度

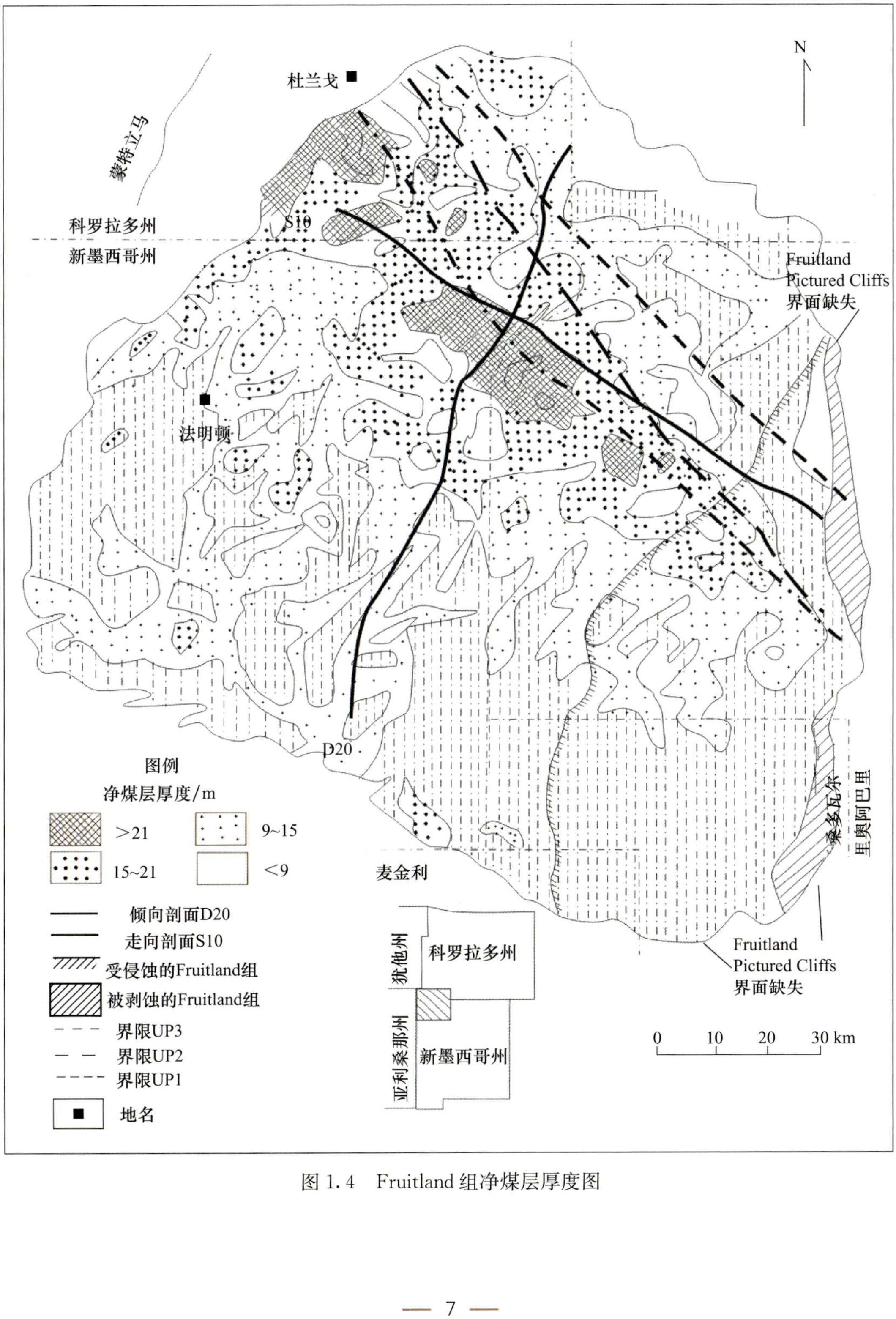

图 1.4 Fruitland 组净煤层厚度图

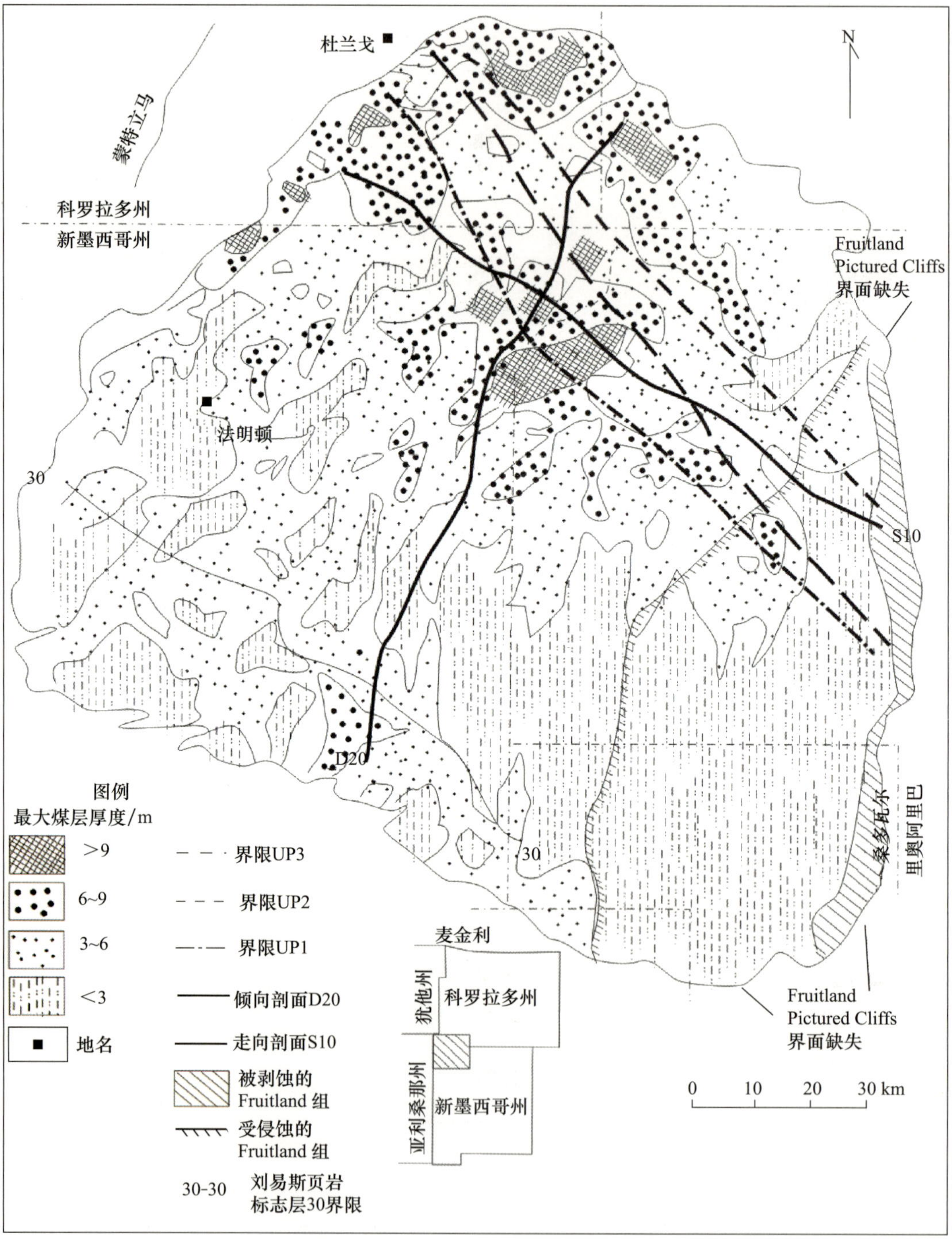

图 1.5　Fruitland 组最厚煤层厚度图

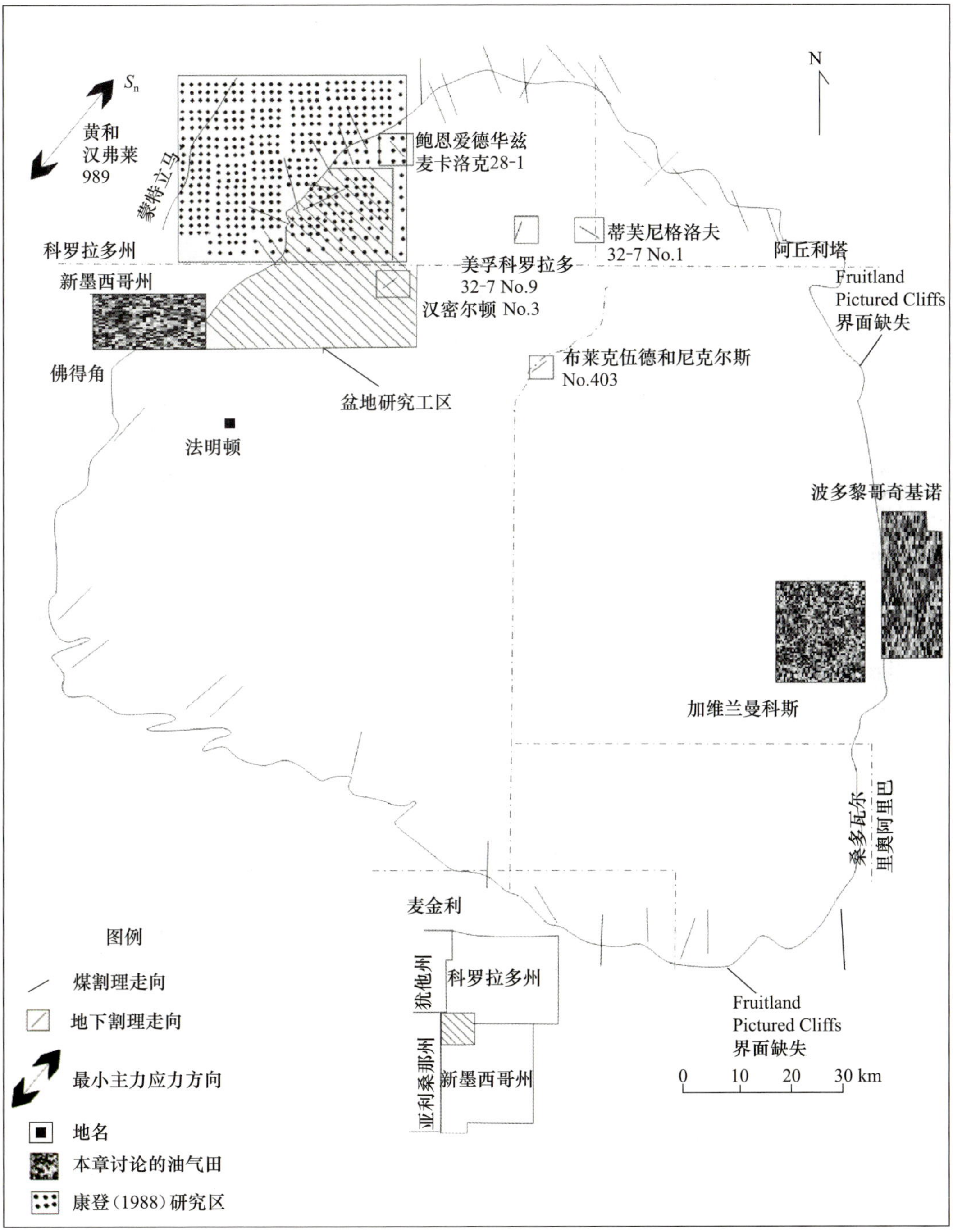

图 1.6 圣胡安盆地裂缝割理分布图

（三） 煤储层压力

Fruitland组被划分为超压区和欠压区。盆地中北部的超压区被许多大的欠压区所围限（图1.7）。超压区（压力梯度大于1.0MPa/100m）面积较大，几乎为一矩形区（面积约为2590km^2），从露头区沿NW—SE方向延伸，再沿N和NE方向延伸到露头。

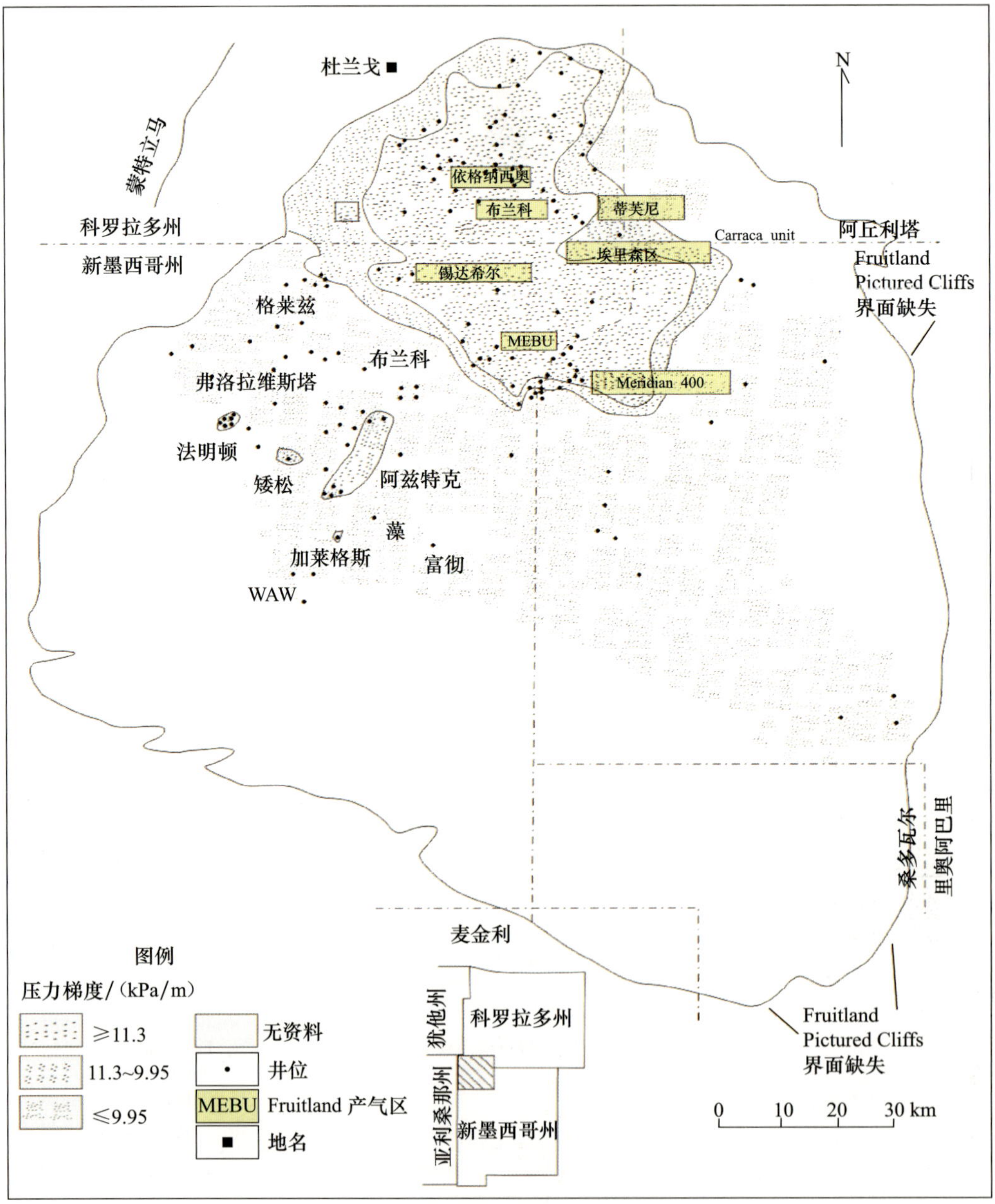

图1.7 Fruitland组储层压力图

在区域欠压的圣胡安盆地中西部的 Kutz、Aztec、Flora Vista 和 Glades 出现了超压异常，这被解释为水动力学上存在局部上升流。在 Kutz 和 Aztec 井中垂向压力梯度超过了净水压力梯度，表明上升流具有较强的势能。Flora Vista 和 Glades 位于厚煤系地层的倾向伸长带上，这样可直接得到附近露头到北部的补给水，有助于超压的形成（图 1.8）。在盆地中北部地区超压中的欠压异常形成了压力倾斜，这是由 Ignacio Blanco 油田生产所致。分布在 Tiffany 附近的 17 口钻井于 20 世纪 80 年代早期完钻，被认为经历了附近长期生产井造成的压力倾斜，即欠压可能反映低渗透性和区域上超压煤系地层的差连通性。

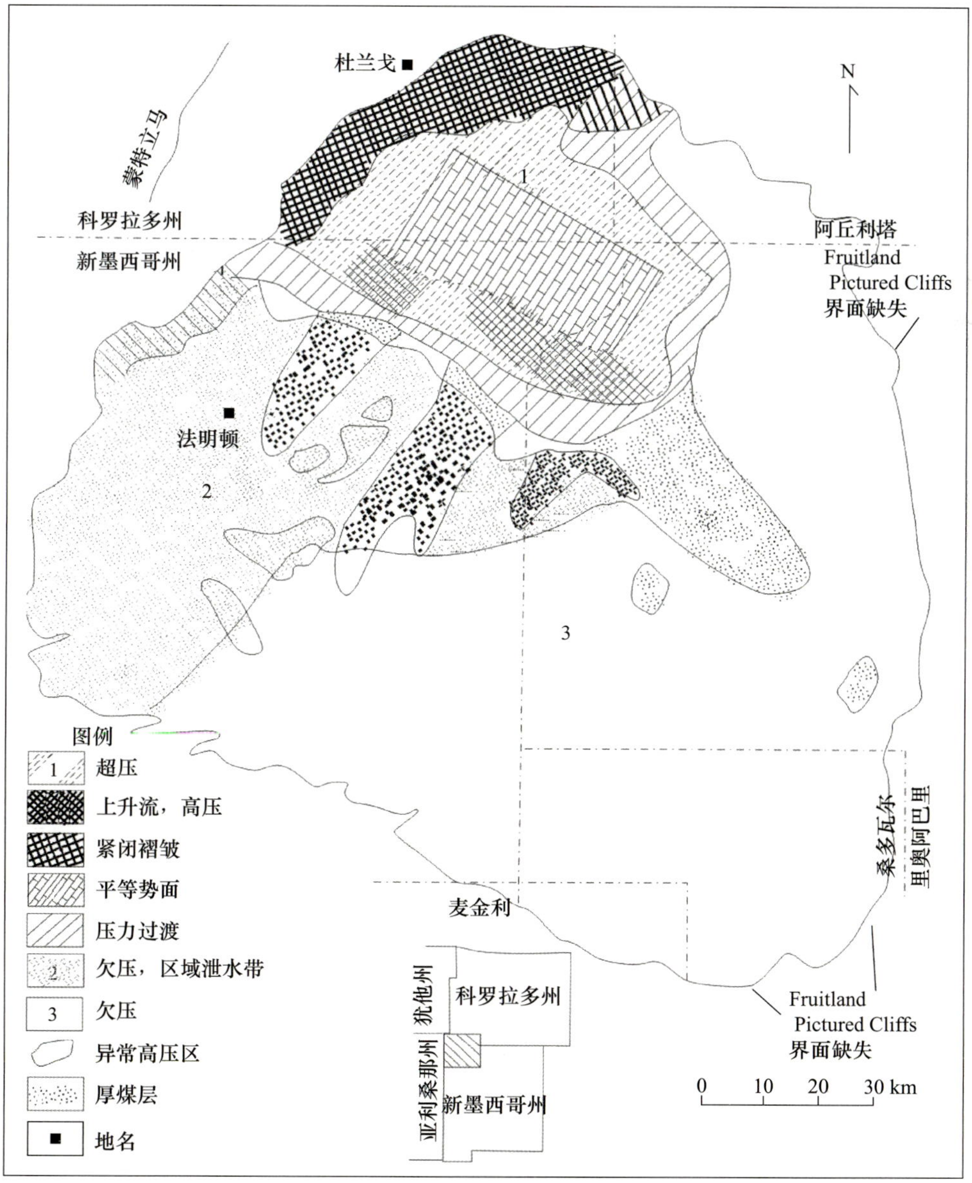

图 1.8 Fruitland 组水文地质区域图

（四）煤层气成分

随着埋深增加、温度升高，在煤化作用期间产生甲烷和其他气体（图 1.9）。影响最终气体组分的因素为煤阶、灰分含量、储层压力、显微质类型，特别是富氢组分的含量。Fruitland 组煤层气分析表明，虽然许多煤层气在化学成分上是干气，但是有很大一部分是湿气。据研究发现，从 Fruitland 煤种解析出来的气的 $C_1/C_{1\sim5}$ 值的变化范围为 0.81～1.00。化学上的干气和特别干的煤层气分布在盆地的北部超压区和南部的欠压区，中间被相对较湿的煤层气带所分隔。Fruitland 组煤层气的乙烷含量变化范围是从 0 到大于 11%，欠压煤层内的湿气的乙烷含量明显比超压煤层内湿气的乙烷含量高，两者的乙烷含量平均值分别为 4.8%和 1.15%。欠压煤层气和砂岩气有相近的乙烷含量。Fruitland 煤层气的二氧化碳含量变化范围从小于 1%到大于 13%。含二氧化碳最高的煤层气来自盆地的中北部，并且有高产煤层甲烷气井。这一地区的煤层气的二氧

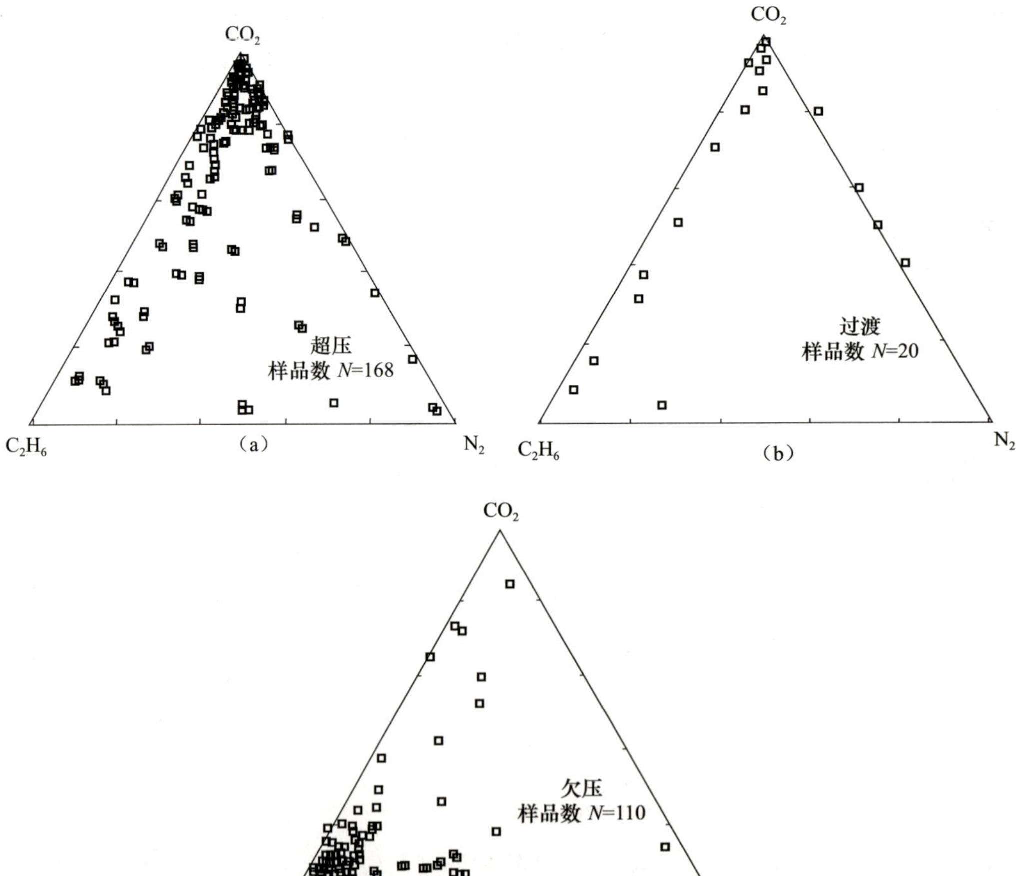

图 1.9　Fruitland 组煤层气三相分布图

化碳含量向 NW 方向降低，而向南则急剧下降。在盆地南部 Fruitland 组煤层气的二氧化碳含量一般小于 1%。欠压区和超压区煤层气的二氧化碳含量变化范围较相近。然而，超压煤层气的二氧化碳平均值（6.4%）明显高于欠压煤层气（1.4%）。超压和欠压煤层气的氮气含量范围相近。在 Fruitland 组煤层气里氮含量一般比较低（平均值为 0.7%）。

（五） 产水量

在圣胡安盆地存在有气饱和及水饱和的煤层。盆地欠压区的 Fruitland 煤层产出少量的水或无水产出，而盆地超压区的井一般与超压的含水层相连，产水量较大。位于超压区内产水量少或不产水的井可能位于构造高点，或者由于附近有开采井而有过排水过程。

通过煤层气的产量与水的产量的散点关系可知（图 1.10），在气的产率为 300～14000m^3/d 的范围内二者有一定的对应关系。该图的离散点说明产气量高的井并不总是伴随着高产水量，这意味着有游离气的存在。初始产水量很少用来预测井的生产情况。初始产水量与产气量的关系散点图表明，二者之间无任何对应关系，这是出乎意料的，因为高的产水量指示高渗透率。许多井仍处于排水状态还未达到产气高峰。产水量高但几乎不产气的井可能钻开了与注水井相连的煤层，使得排水降压更为困难。

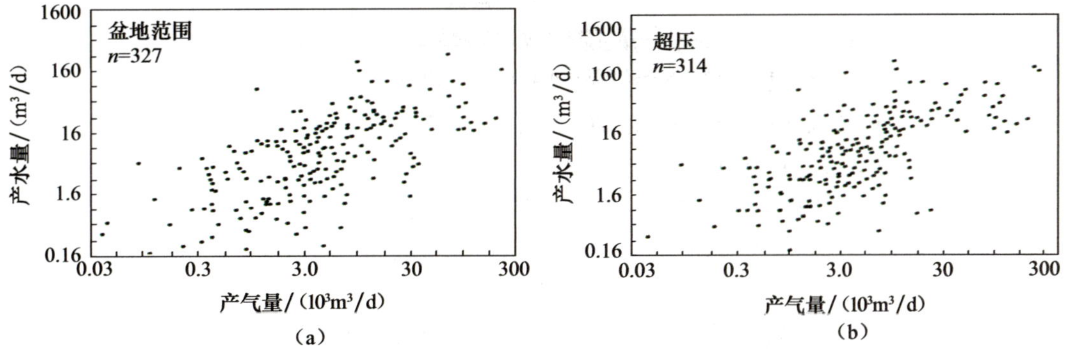

图 1.10 Fruitland 煤层气井产气量与产水量关系散点图

（六） 产气量

依据 Fruitland 单井历史产量可以将其划分为四种典型类型（图 1.11）。

（1）TPA1 区（低煤级区）（图 1.12）：初期单井平均气产量为 4250m^3/d，水产量为 4.0m^3/d；峰值气产量为 9910m^3/d，峰值水产量为 0.8～1.0m^3/d，12 年内累计产气 $2.8\times10^7m^3$。

（2）TPA2 区（富油煤区）（图 1.13）：初期单井平均气产量为 5660m^3/d，水产量为 0.03m^3/d；稳定气产量为 2120m^3/d，稳定水产量为 0.05～0.08m^3/d，12 年内累计产气 $7.66\times10^6m^3$。

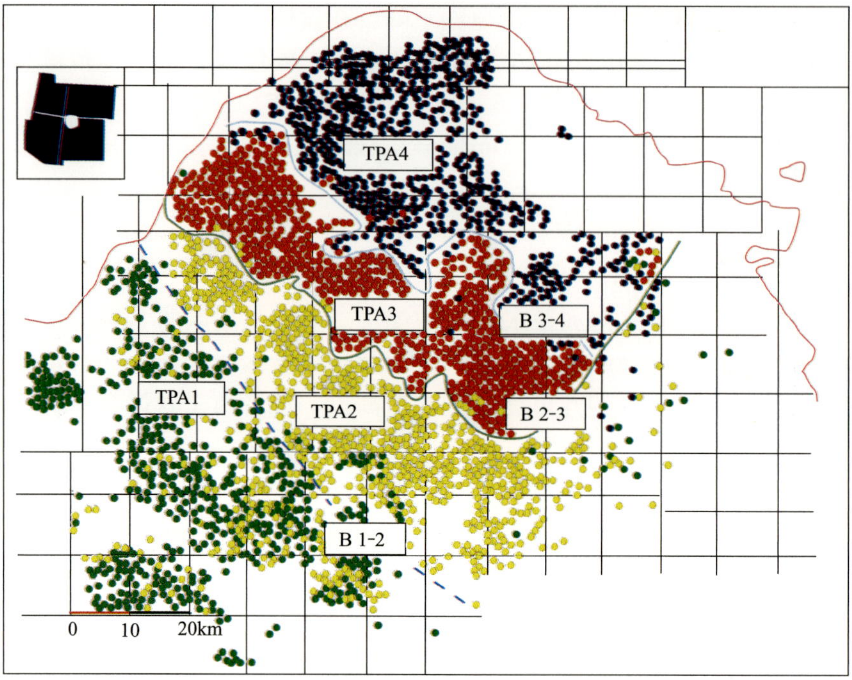

图 1.11　Fruitland 组煤层气井单井产量类型

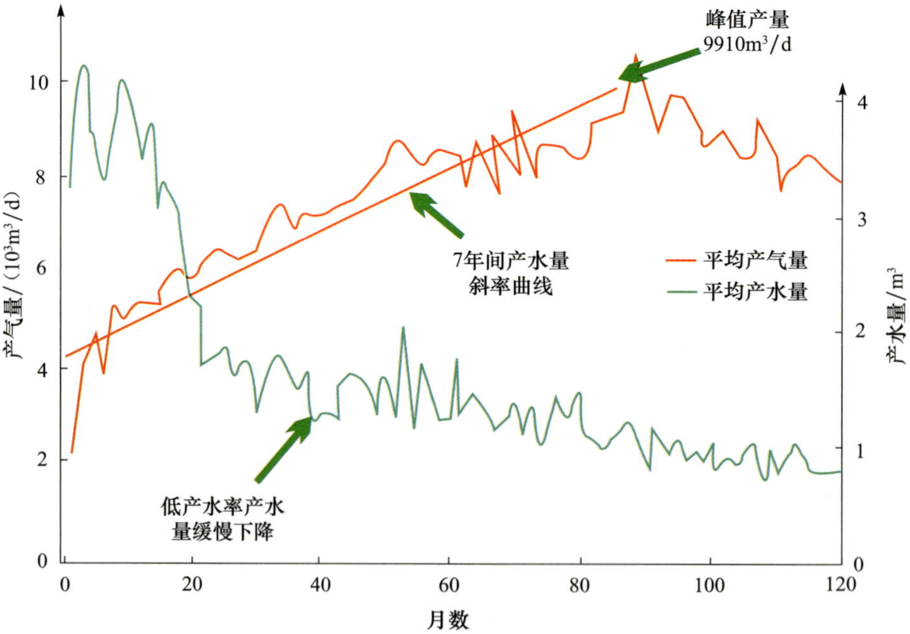

图 1.12　Fruitland 组 TPA1 区煤层气井单井平均日产量

T30N R12W 地区（65 井组），平均单井累计产气量 $2800\times10^4m^3$，g/w（气水比）=25

（3）TPA3 区（富集高产区）（图 1.14）：初期单井平均气产量为 $2.83\times10^4m^3/d$，水产量为 $43.7m^3/d$；峰值气产量为 $10.4\times10^4m^3/d$，峰值水产量为 $0.8\sim3.2m^3/d$，12 年内累计产气 $3.7\times10^8m^3$。

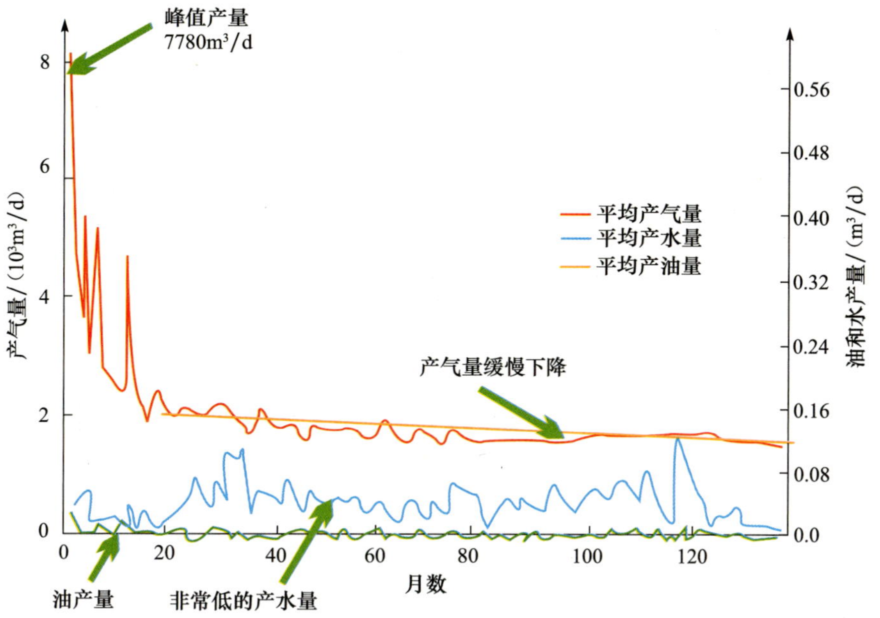

图 1.13 Fruitland 组 TPA2 区煤层气井单井平均日产量

T29N R8W 地区（74 井组），平均单井累计产气量 $766\times10^4m^3$，g/w（气水比）=256

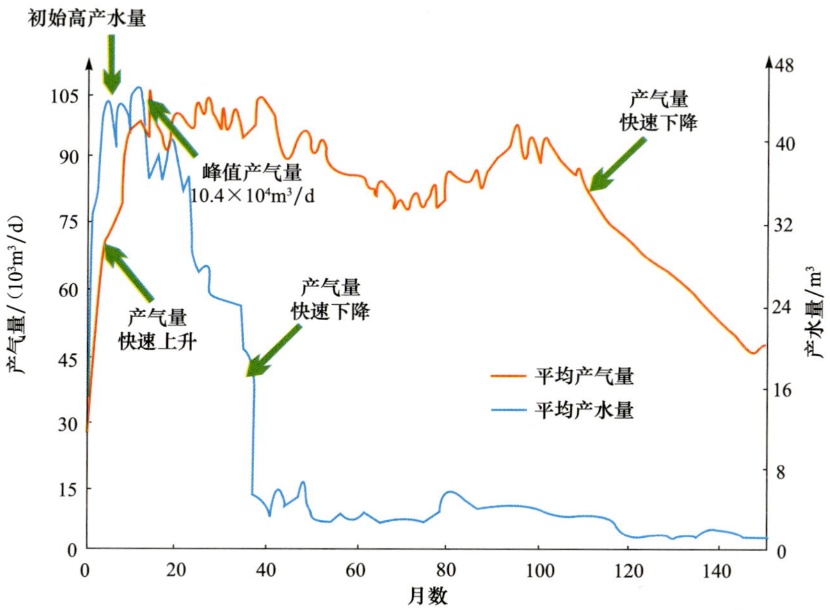

图 1.14 Fruitland 组 TPA3 区煤层气井单井平均日产量

T30N R6W 地区（52 井组），平均单井累计产气量 $3.7\times10^8m^3$，g/w（气水比）=58

（4）TPA4 区（降水补给区）（图 1.15）：初期单井平均气产量为 $5660m^3/d$，水产量为 $40.0m^3/d$；峰值气产量为 $1.98\times10^4m^3/d$，峰值水产量为 $31.8m^3/d$，12 年内累计产气 $6.19\times10^7m^3$。

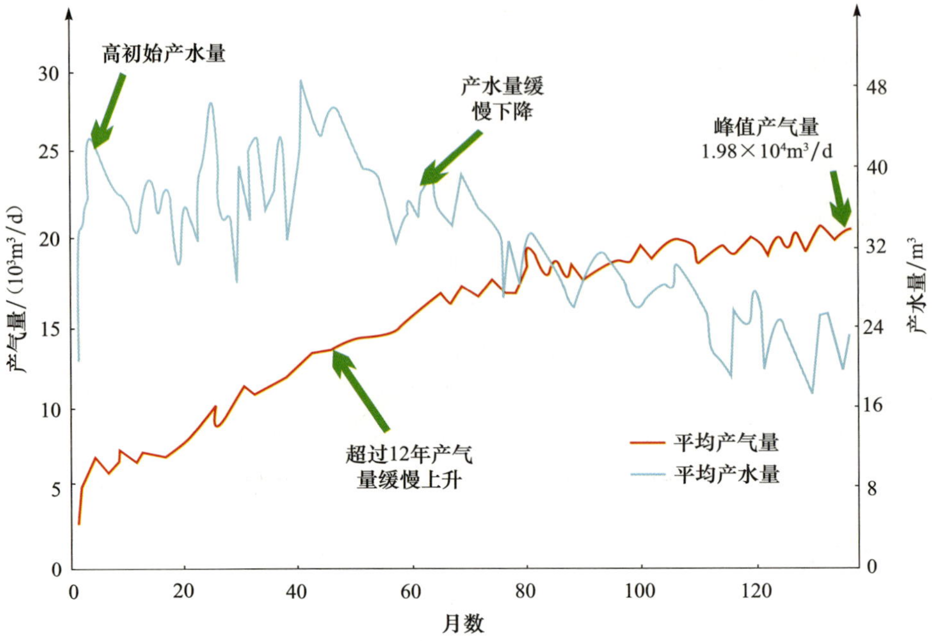

图 1.15　Fruitland 组 TPA4 区煤层气井单井平均日产量

T34N R8W 地区（58 井组），平均单井累计产气量 $6190\times10^{4}\mathrm{m}^{3}$，$g/w$（气水比）=3

第二节　中高煤阶煤层气富集高产区主控因素

一、中高阶煤含气性主控因素

根据煤层气富集高产区的地质含义，资源丰度是煤层气富集高产区的主要控制因素之一。资源丰度主要受煤层厚度和含气量的控制，而对于同一地区，煤层厚度通常在较大的区域内变化不大，煤层含气量是资源丰度的直接反映。含气量较高的煤层不但可解吸的气量较大，而且往往吸附饱和度较高，比较容易解吸。因此，较高的含气量往往与煤层气高产相联系。煤层含气量影响因素较多，以往研究表明，资源富集程度受控于构造演化、水文地质条件和封盖条件三大地质因素（宋岩等，2010）。最近研究也表明，除了这三大地质因素对煤层气富集产生重要影响外，煤储层本身由于非均质性的存在，对煤层气藏也可以起到自封闭作用。因此，本节重点阐述水文地质条件、封盖条件和煤储层对中高阶煤含气性的控制。

（一）水文地质条件对煤层气富集的控制

水文地质条件包括煤层水矿化度、水型等静态要素和水势、水的来源及演化等动态因素。本节以沁水盆地南部和鄂尔多斯盆地韩城地区为例，通过对煤层水矿化度、水型、水的来源等研究，阐述水文地质条件对高丰度煤层气富集区形成的控制作用。

1. 地层水矿化度、水型特征

沁水盆地南部煤层地层水矿化度具有东部低、西部高的特点。断层和煤层露头使地表水相对容易渗入煤层地层水中，地层水发生淡化作用，矿化度降低。在远离寺头断层和高庙山断层的固县和嘉峰镇（潘庄）地区附近出现矿化度的局部高值区，存在一个水文的相对滞水区。韩城地区地层水矿化度平面分布特征与沁水南部地区类似，煤层地层水同样受断层和煤层露头的控制，地层水的矿化度在平面上展现出西高东低的特征，且变化比较均匀，局部矿化度的高值区鲜有出现，一方面可能与样品数量局限有关，另一方面可能受该地区地质条件制约而显现出此特征。

垂向上，研究区主力煤层地层水的矿化度有随埋深增加而不断变大的趋势，浅部地层水矿化度较低，主要受地表水渗入后的淡化作用而引起矿化度减小；深部地层水矿化度变高，与深层地层水的水文地质条件具有较好的封闭性有关。就地区而言，矿化度的变化趋势也存在较大的差异性，沁水南部煤层地层水的矿化度随深度变化不很明显，而韩城地区变化较大，并在深度为 700m 左右时发生突变。

从研究区地层水水型（图 1.16）平面分布的特征（图 1.17）可以看出，$NaHCO_3$ 型水在沁水南部地区广泛分布，并且对应的矿化度多小于 3000mg/L；大于 3000mg/L 的地层水多以 NaCl 水型为主，在郑庄、固县两区块少量分布。韩城地区 $NaHCO_3$ 和 NaCl 型地层水分布较均衡，高矿化度的地层水为 NaCl 型，且分布在韩城的中西部；低矿化度的地层水为 $NaHCO_3$ 型，分布在韩城地区的东部靠近断层带附近。

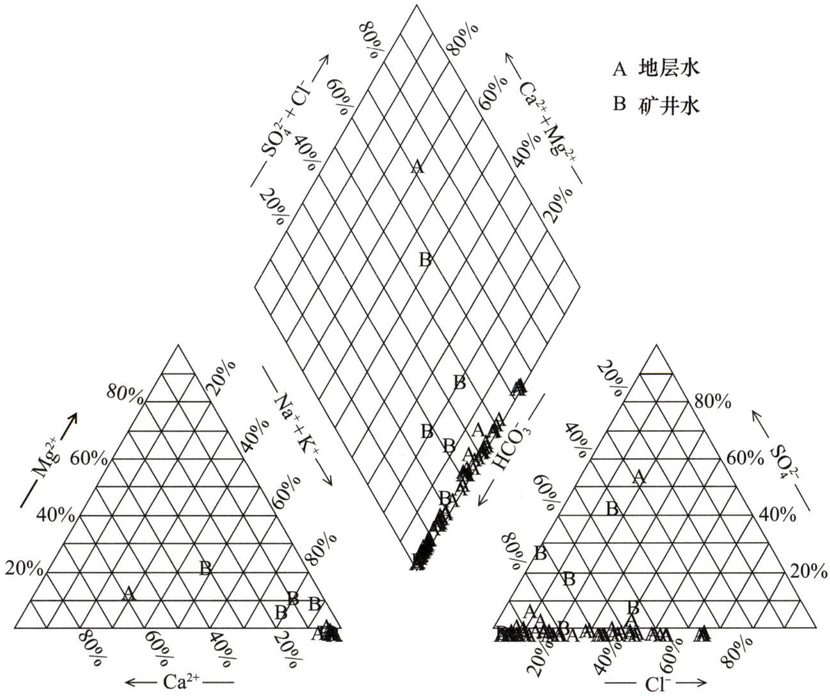

（a）沁南地区

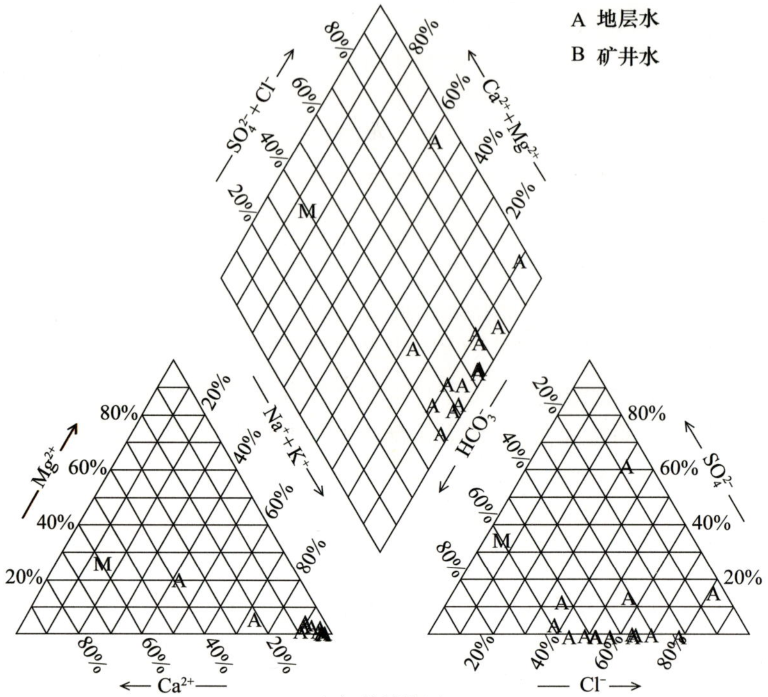

（b）韩城地区

图 1.16　沁南地区和韩城地区煤系地层水 Piper 图解

图中 M 表示地表水

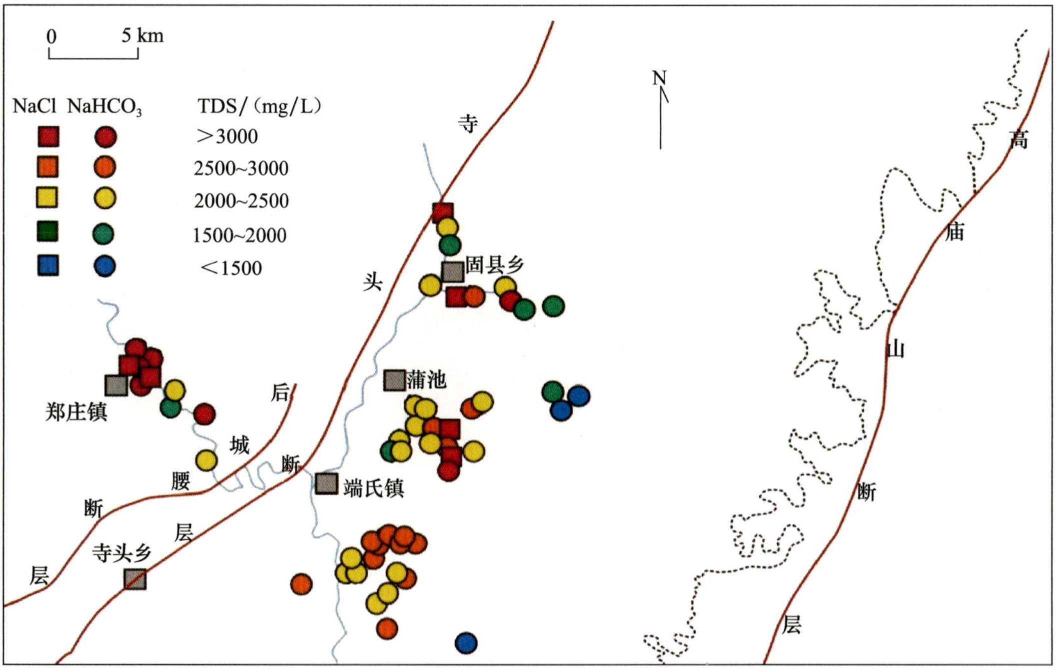

（a）沁南地区

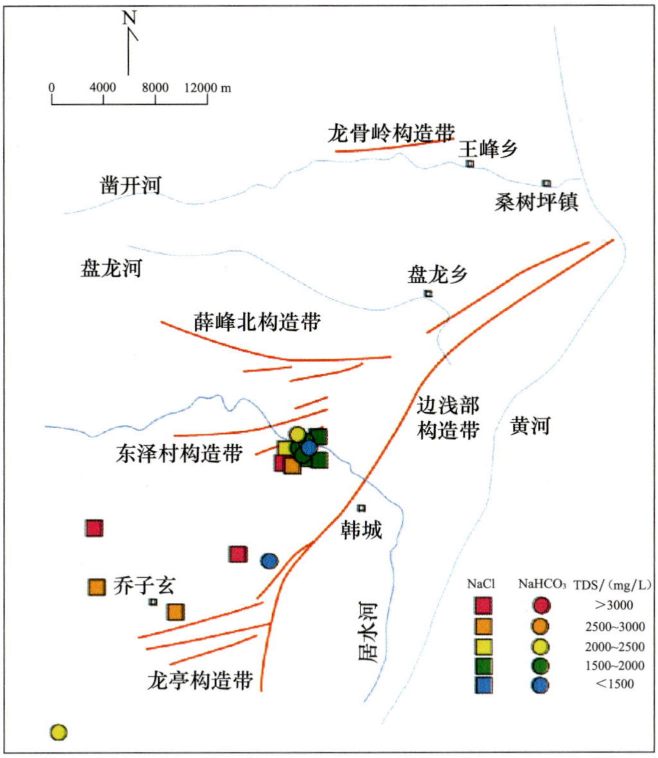

（b）韩城地区

图 1.17 沁南地区和韩城地区煤层地层水水型分布

2. 地层水的来源

沁南地区和韩城地区煤层水的稳定氢氧同位素（表 1.2）多分布在全球大气降水线（global meteoric water line，GMWL）附近（图 1.18），指示主要来源为大气降水，推测古大气降水可能是研究区地层水的主要来源。研究区在地质历史时期构造抬升过程中，由于断层的开启和地层剥蚀导致地表水从断层和疏导层渗入到煤层中。研究区分布在 GMWL 之上的地层水样品多受到生物发酵作用的影响，因为在生物发酵产生甲烷的过程中需要利用水分子中的氢，进而导致地层水氢同位素偏重。分布在 GMWL 之下的样品则与大气降水的混合作用有关，这与卤素离子的分析结果一致，表明地层水发生混合作用后在演化过程中又经历了蒸发作用导致其偏离 GMWL，其中可能有原生成岩作用产生的地层水，但特征不明显或只是极少量。

表 1.2 沁水南部和韩城地区稳定氢氧同位素数据 （单位:‰）

地区	δD			$\delta^{18}O$		
	最小值	最大值	平均值	最小值	最大值	平均值
沁南地区	−85.10	−63.5	−75.51	−12.5	−8.90	−10.56
韩城地区	−85.30	−55.00	−76.79	−13.40	−9.40	−11.29

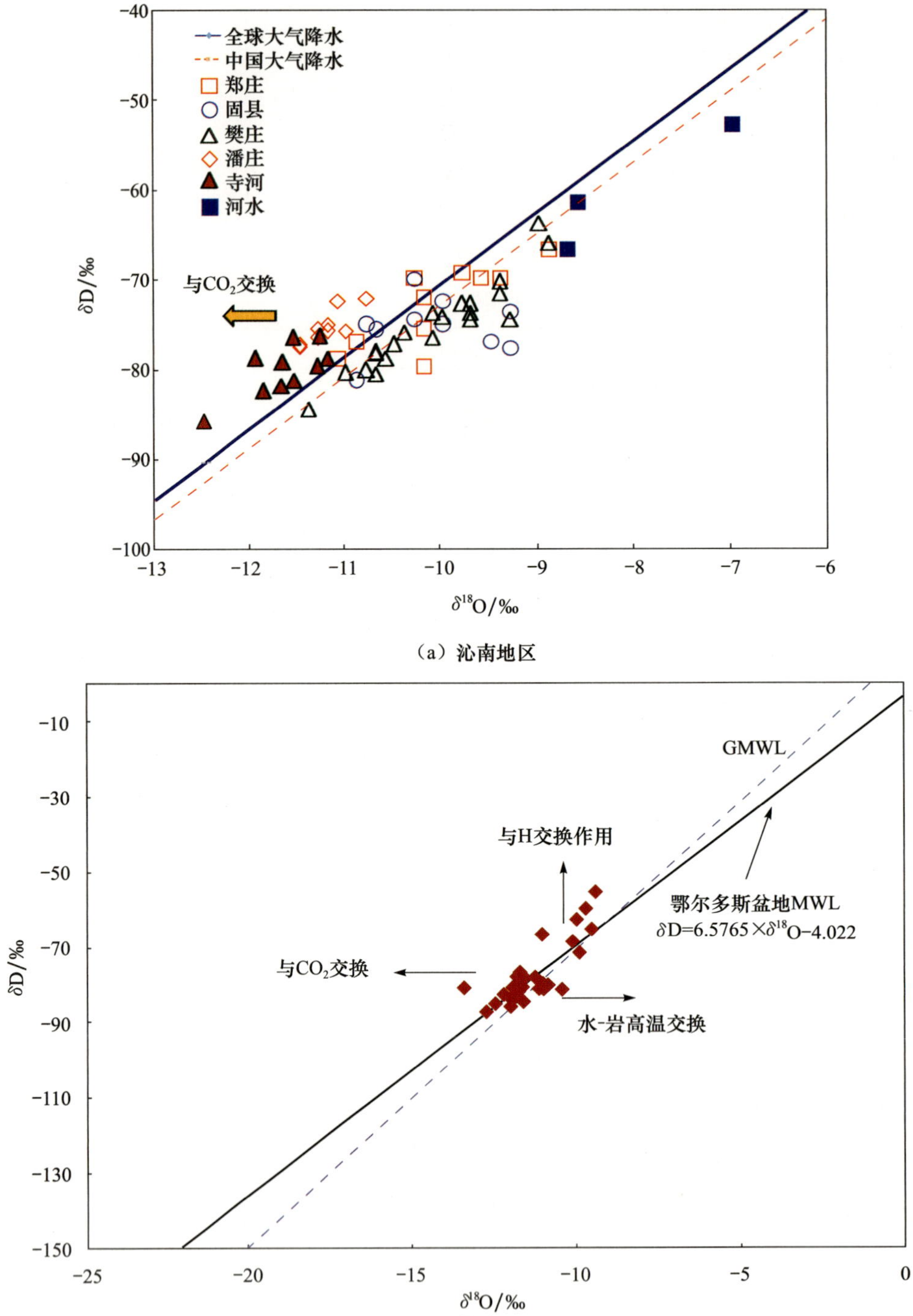

（a）沁南地区

（b）韩城地区

图 1.18　沁南地区和韩城地区煤层地层水 δD 和 $\delta^{18}O$ 的分布图

利用地层水中的^{129}I现今的放射性水平（表 1.3），根据放射性同位素定年方法，依据其衰变方程就可以确定出研究区地层水确切的年龄。^{129}I在地质演化过程中的其他成因

（如裂变成因）对其的贡献不可忽略，需要对其进行校正扣除裂变成因的^{129}I。当^{129}I从碘平衡的条件（如海水）下分离出来后，其所经历的时间（t）可以根据^{129}I的标准衰变方程求得，即现今所测得的I同位素比值是地层水演化年龄的函数。^{129}I衰变方程如下：

$$R_{obs} = R_i e^{-\lambda_{129} t} \tag{1.1}$$

式中，R_{obs}为$^{129}I/^{127}I$的测定值；R_i为^{129}I的初始值，通常假设为1500×10^{-15}；λ_{129}为^{129}I的衰变常数，$4.41\times10^{-8}/a$；t为原始^{129}I衰变到现今水平所经历的时间。

利用此方法可以求得地层水的最小年龄。

表 1.3　研究区地层水I浓度、$^{129}I/^{127}I$测量结果表

地区	样品	测试编号	^{127}I平均值±变化值/(μg/L)	$^{129}I/^{127}I$平均值±变化值/10^{-12}
韩城地区	H1	XA-I110020	25.93±0.08	19.70±1.60
	H2	XA-I110246	4.53±0.02	104.17±26.92
	H3	XA-I110253	9.22±0.03	10.96±3.58
	H4	XA-I110254	74.05±0.02	3.63±0.82
	H5	XA-I110255	17.46±0.05	47.00±7.10
	H6	XA-I110256	19.72±0.06	35.98±3.74
	H7	XA-I110247	10.79±0.06	7.67±3.02
	H8	XA-I110257	9.22±0.04	44.76±26.09
	H9	XA-I110258	6.94±0.03	156.88±16.23
	H10	XA-I110259	4.2±0.06	168.55±30.24
沁南地区	Q11	XA-I110260	5.45±0.05	40.91±13.44
	Q12	XA-I110248	8.35±0.03	38.19±11.80
	Q13	XA-I110261	12.36±0.06	15.48±2.90
	Q14	XA-I110262	9.09±0.01	26.49±8.21
	Q15	XA-I110264	17.53±0.00	18.48±4.39

由于研究区样品的$^{129}I/^{127}I$介于^{129}I初始值和现今大气降水的^{129}I水平之间，有新的^{129}I混入，所以无法得到地层水的真实年龄。在研究区整个沉积和流体运移过程，特别是多孔沉积物中^{238}U自发裂变产生的^{129}I会使现今^{129}I测定值增加，进而导致地层水I的年龄被低估，对I浓度较低的地层水更是如此。自然条件下，地层水中由岩石^{238}U自发裂变产生的^{129}I的量是时间的函数如式(1.2)（Snyder and Fabryka-Martin，2007）所示：

$$N_{129} = N_{238}\lambda_{sf}Y_{129}\varepsilon\rho\left[(1-\phi)/\phi\right](1-e^{-\lambda_{129}t})/\lambda_{129} \tag{1.2}$$

式中，N_{129}为流体中裂变成因的^{129}I量，atoms/g；N_{238}为岩石中^{238}U的含量，atoms/g，通常煤层中^{238}U的含量为2.8ppm①；λ_{sf}是^{238}U的衰变常数，$8.5\times10^{-17}/a$；Y_{129}为质量是129的自发裂变产量，3×10^{-4} atoms/g；ε为^{129}I从矿物晶格到流体的逃逸效率，逃逸效率是矿物或者显微组分中某一特定放射性同位素释放或进入流体中的百分数，受成岩作用、变形、破裂程度和其他影响矿物颗粒大小的物理作用控制，当颗粒粒径为1μm时，^{129}I逃逸效率的取0.03，颗粒粒径大于30μm时，^{129}I逃逸效率的值为0.0007，通常情况下，煤层系统中^{129}I逃逸效率取0.006；ρ为煤岩密度，$1.79g/cm^3$；ϕ为有效孔隙

① ppm表示百万分之一。

度，%；λ_{129}为^{129}I 的衰变常数，4.41×10^{-8}/a；t 为流体与煤岩作用的时间。

将地层水的^{129}I/^{127}I 观测值扣除岩石^{238}U 自发裂变成因的^{129}I 的贡献之后，即可得^{129}I/^{127}I 的真实值如式(1.3)所示：

$$R_{obs'}=\frac{R_{obs}N_{127}-N_{129}}{N_{127}} \tag{1.3}$$

式中，$R_{obs'}$为^{129}I/^{127}I 的真实值；R_{obs}为^{129}I/^{127}I 的测定值；N_{127}为流体中 I 的浓度，atoms/g。

虽然已经扣除掉岩石中^{238}U 自发裂变成因的^{129}I 的贡献量，研究区的大部分地层水样品中^{129}I/^{127}I 的水平仍超过原始^{129}I/^{127}I 的水平（表 1.4），由此可见，现代水的混入和稀释作用对原始地层水中的碘同位素特征产生了较大的影响，从时间角度而言，这部分高^{129}I/^{127}I 水平的地层水年龄均小于 2Ma。

此外，研究区只有两个地层水样品低于原始^{129}I/^{127}I 值，主要分布在韩城地区的中部和南部，计算的地层水年龄分别为 18.50Ma 和 9.16Ma（图 1.19），对应的地质时代为新近纪中新世，这一时期正好是喜马拉雅构造运动的活动期。而沁水南部地区的地层水样品的年龄均小于 2Ma，比较年轻。

总而言之，可以推测沁水南部和韩城地区石炭系—二叠系煤层中的地层水的年龄为 18.50～0Ma。将地层水的年龄与所在煤层（母岩）年龄进行对比，发现地层水的年龄普遍要比地层年龄小得多，并不是与地层同时期的原始沉积水，可能多为后期补给的年轻水，或者有极少量的原始古水，但是被大量的现代水稀释了，同时，也从年龄角度印证了研究区地层水的两种来源。

表 1.4　沁水南部和韩城地区地层水^{129}I/^{127}I 校正值和年龄

地区	样品	^{129}I/^{127}I 观测值	^{129}I/^{127}I 真实值	地层水年龄
韩城地区	H1	19.70	16.04	
	H2	107.30	86.34	
	H3	10.96	0.66	18.50
	H4	2.81	1.53	
	H5	47.00	41.56	
	H6	35.98	31.17	
	H7	9.80	1.00	9.16
	H8	44.76	34.46	
	H9	156.88	143.20	
	H10	168.55	145.95	
沁水南部	Q11	40.91	23.49	
	Q12	38.19	26.82	
	Q13	15.48	7.80	
	Q14	26.49	16.05	
	Q15	18.48	13.06	

3. 水文地质条件与煤层气的富集

煤层气的富集的过程实际上是一个气体保存过程。煤层气的散失过程是由于构造抬

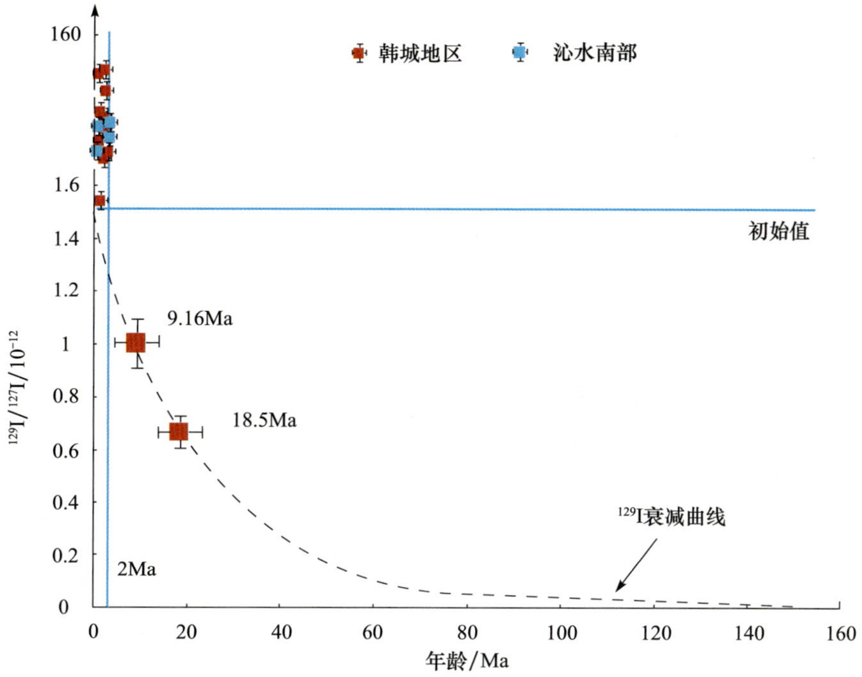

图 1.19 沁水南部和韩城地区煤层地层水年龄的计算

升，温度、压力条件的改变使煤层气发生解吸，解吸出来的气体一部分溶于水，另一部分以游离态赋存于裂隙中。水动力对溶解于水的煤层气起到破坏作用，从而打破煤层吸附气、游离气和溶解气赋存状态的动态平衡，使煤层气含气量降低。因此，水动力强弱与煤层气的富集程度息息相关。通过以上研究表明，水文地质条件对煤层气的富集具有如下显著特征。

1）$NaHCO_3$ 型和 NaCl 型中等矿化度地层水有利于煤层气的保存

通过对沁水盆地南部、韩城地区以低煤阶阜新盆地的煤层气井日产量的统计可以发现（图 1.20），煤层气的高产井的地层水的矿化度既不属于低矿化度区域，也不对应着高矿化度范围，而是处于中等偏低的水平，矿化度值为 1200～4000mg/L。$NaHCO_3$ 型低矿化度地层水表明其受地表水渗入的稀释等作用影响较强，水流动频繁，水体环境不稳定，煤层气遭受到破坏；高矿化度的地层水指示其水-岩相互作用强烈，一般多埋深较大，煤层气的含量有限，不利于煤层气的富集和高产。$NaHCO_3$ 型和 NaCl 型中等矿化度地层水指示地层水环境水体比较稳定，比较封闭，受地表水和大气降水等的影响有限，水-岩作用较弱，同时，埋藏深度适合煤层气的开发，这些优势条件促使煤层气的保存和高产。

2）地层水滞流-弱径流区有利于煤层气的保存

流体势是由 Hubbert 于 1953 年提出的，其定义为单位质量的流体相对于基准面所具有的机械能的总和。在含油气盆地中，流体势是地层及孔隙中流体流动的动力，控制了流体（油、气、水）的运动方向和大小，是研究油气运移的重要手段。煤层中地层水的流动特征同样受流体势（水势）的控制，在不同水势大小的地方表现出不同的流动特

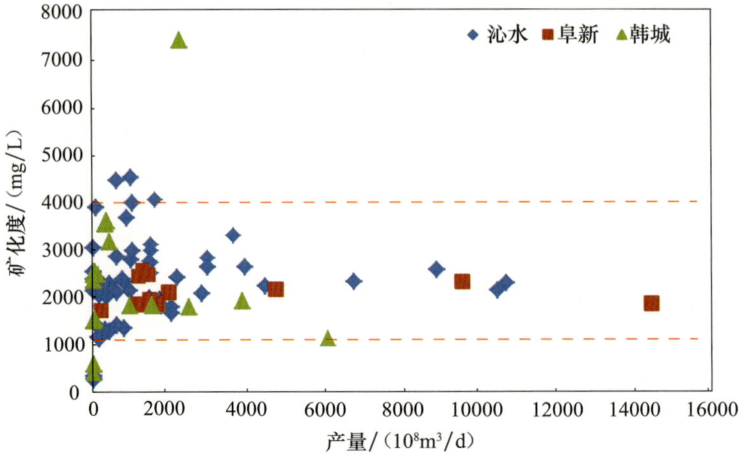

图 1.20　煤层气产量与地层水矿化度的关系

征，煤层中不同的水流特征又导致了煤层气保存和产出的差异。水动力条件强的地区煤层气含气量低，而水动力相对较弱的区域含气量高。以沁水盆地南部地区为例（图 1.21），研究区为复式向斜，呈单斜向盆地内部延伸，断层不甚发育，地下水呈典型的汇流状态：研究区东部和南部的煤层出露地表遭受大气降水和地表水的补给，北部和西部有分水岭的水源补给。东、南、西、北四个方向的地层水向水位低等势面部位汇流。随着水流指向汇水区方向，煤层气的含量明显增加。沁水盆地南部地层水滞流-弱

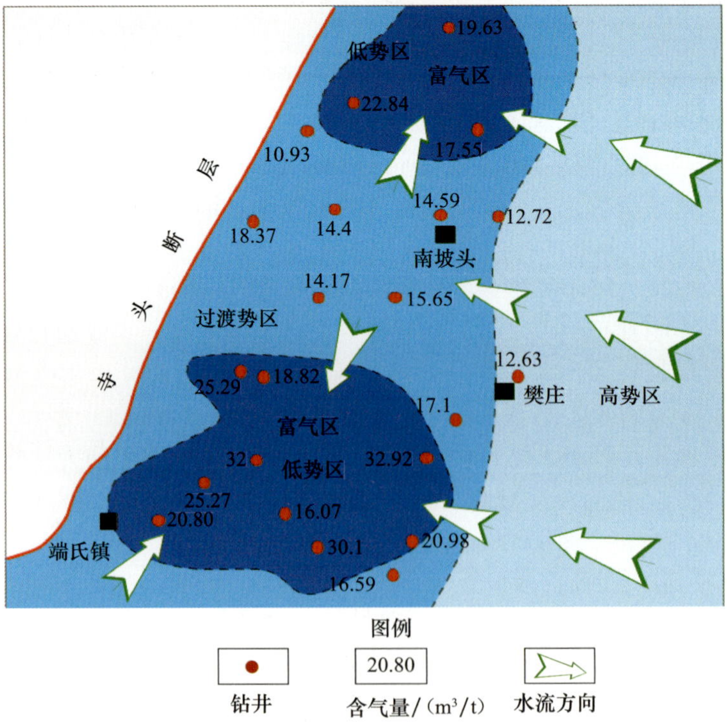

图 1.21　沁水盆地南部煤层水动力条件与含气量的关系

径流区，水流速度缓慢并趋于停滞，煤层含气量很高，为煤层气的富气区，这主要是因为该区为低水势的区域，水势变化较小，地层水流动缓慢或停滞且能承压，压力使煤层吸附的煤层气不易发生解吸，对煤层气起重要的保存作用。径流水区含气量一般较低，这主要是因为该区水动力强，意味着水势梯度大，从高势区到低势区变化较快，快速流动的地层水使水体发生动荡，煤层气中的甲烷在水中部分被氧化和在水力充足条件下溶解于水并随水动力运移发生扩散、散失，甲烷含量大幅度减少；同时，在氧分子和溶解于气藏接触的水中硫酸盐作用下，表生作用带内的甲烷部分受到氧化，结果产生大量的氮气、二氧化碳等，由于氮气分子直径比甲烷的分子直径小，随着水力运移距离的增加，完全有可能使氮气含量的增加幅度比甲烷幅度大，从而影响甲烷的吸附性能，致使在水动力强的径流区煤层气含量较低。由此可见，地层水滞流-弱径流区有利于煤层气的保存。

3）地层水滞流区煤层含气饱和度高

从理论上讲，构造运动引起煤层含气饱和度的变化，如果煤层抬升后再埋深，无气源补充的话，含气饱和度随埋深的增加而降低；如果煤层处于持续抬升状态，吸附气量降低，含气饱和度保持较高水平。但从现实中发现，由于还受到其他因素的控制，煤层的含气饱和度并不都表现出经过构造抬升后变高的特点，这主要是受到水动力作用所致。大气降水补给后，因甲烷不饱和而不断溶解浅部煤层的游离气，吸附气不断补充游离气，长时间巨量水的溶解使浅层或者较高构造部位含气量和含气饱和度低。深部地区煤层水由于溶解甲烷已达到一定量，加之矿化度的升高抑制了溶解作用，使深部煤层因溶解损失的含气量有限，甚至可能部分溶解甲烷出溶，补充深部煤层含气量，造成高含气饱和度的结果。如沁水盆地南部山西组 3 号煤层含气饱和度与含气量分布规律大体一致（图 1.22）。浅部地区含气量低含气饱和度也低，大宁、潘庄 1 号井田、成庄、樊庄等地区含气饱和度为 0.54～0.71；嘉峰、端氏到蒲池一带，含气量处于高值区，含气饱和度也较高，大于 0.83，潘 1 井达到 1.07，明显有相当量的游离气存在。

（二） 盖层对煤层气富集的控制

盖层对煤层气藏保存至关重要，包括煤层顶、底板及其上覆地层，煤层顶、底板对煤层气藏起到直接封盖作用，上覆地层具有区域性封盖作用。围岩主要是指煤层气藏周围的岩石，可以是煤岩体本身，也可以是与气藏直接或者间接接触的地层，如煤层的顶、底板和上覆地层。围岩在煤层气富集中具有封堵作用，围岩封闭性的优劣直接控制煤层气富集程度。

1. 顶、底板的性质对煤层气富集的控制

煤层的顶、底板对煤层气的富集起到重要作用。洪峰等（2005）认为对煤层气的保存除了要有上覆盖层（顶板）外，下伏的隔层（底板）也是非常重要的，因为煤层要有足够大的含气量，理论上要求煤层处于一个封闭体系中。如果上覆盖层好，而其下是一套渗透性岩层，则煤层生成的气体通过下伏渗透层扩散，使煤层气散失而影响煤层气的吸附量，只有下隔层而上覆层为渗透层同样会影响封盖性（图 1.23）。

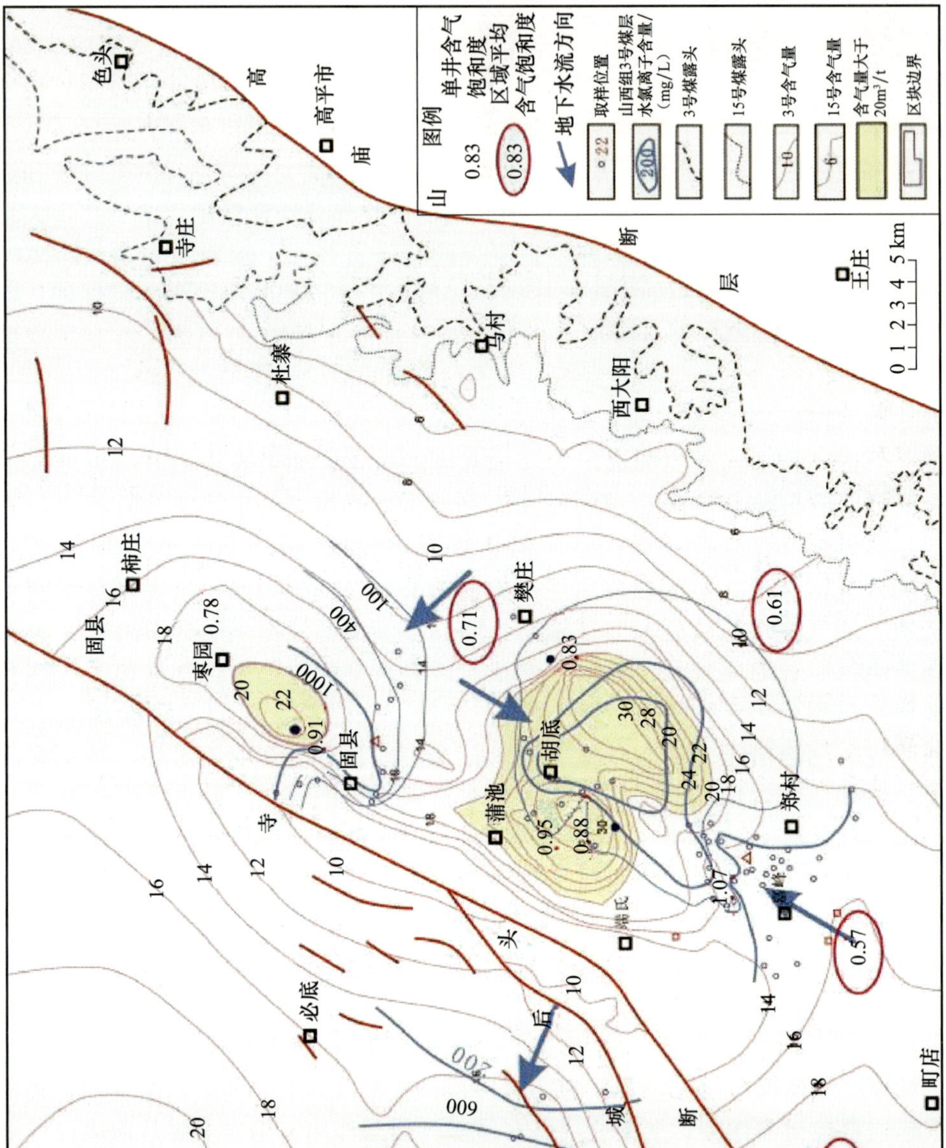

图 1.22 沁水盆地南部山西组3号煤层含气饱和度分布图

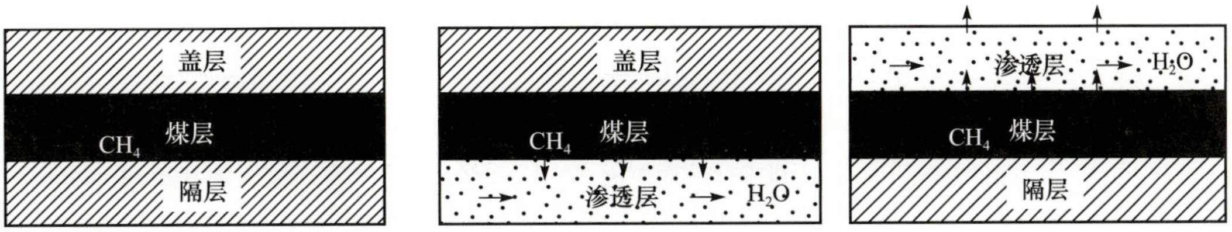

（a）上盖下隔，封盖性最好　（b）只有上盖层，封盖性变差　（c）只有下隔层，封盖性差

图 1.23　煤层气藏盖层对煤层气保存差异（洪峰等，2005）

煤层顶、底板对煤层气富集的控制作用可以从鄂尔多斯盆地东缘、沁水盆地南部顶、底板岩性与含气量关系分析中加以说明。

据孙斌和王一兵（2003）对鄂尔多斯大宁地区含气量测试数据，该区吉试 1 井、吉试 3 井、吉试 2 井、吉试 6 井的 5 号煤层埋深分别为 635m、1194m、1027m、920m，含气量则分别为 $20m^3/t$、$18.5m^3/t$、$12m^3/t$、$14m^3/t$，吉试 1 井和吉试 3 井是泥岩顶底板，具有较高的含气量，而吉试 2 井和吉试 6 井顶板是砂质岩，含气量却明显偏低，这明显与顶底板的岩性有关（图 1.24）。为了说明由于煤层顶底板岩性的不同使煤层气含气量不同这一特点，对沁水盆地南部 3 号煤层和 15 号煤层相近深度条件下不同顶、底板岩性煤层的含气量进行了统计分析。取 3 号煤层的 22 个不同岩性顶板和 21 个不同岩性底板含气量数据，其中泥岩顶板 20 个、粉砂岩顶板 2 个；泥岩底板 18 个、砂岩底板 1 个、粉砂岩底板 2 个。由此可见，泥质岩顶底板的煤层含气量普遍比砂质岩顶底板含气量要高，具有泥岩顶板的煤层平均含气量约 $18m^3/t$，粉砂岩的仅有 $5m^3/t$；泥岩底板的煤层平均含气量约 $19m^3/t$，砂岩为 $9m^3/t$，粉砂岩为 $1.7m^3/t$。15 号煤层 9 个泥岩、7 个灰岩和 4 个砂岩顶板的煤层平均含气量依次为 $18.87m^3/t$、$15.33m^3/t$ 和 $12.7m^3/t$，同样显示泥岩顶板含气量大于灰岩和砂岩类顶板。尽管以上砂岩顶、底板数据统计有限，但总体上反映了泥岩顶、底板有利于煤层气的保存。

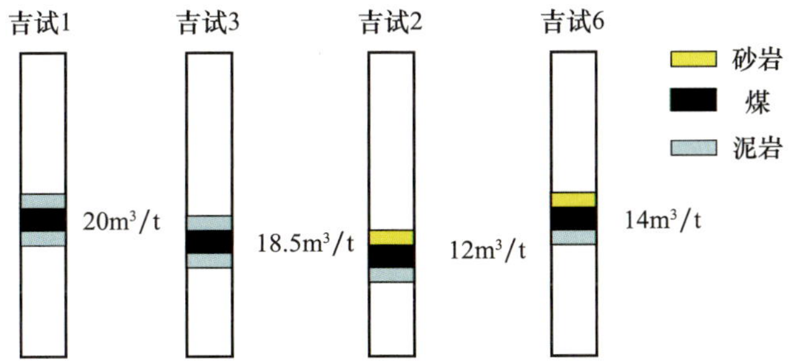

图 1.24　鄂尔多斯盆地大宁-吉县地区 5 号煤层顶、底板岩性与含气量

从沁水盆地南部不同深度区 3 号煤层含气量进行的比较也不难发现，煤层含气量受顶、底板的影响作用明显。在顶、底板条件相近的情况下，煤层的含气量是随埋深的增加而增大，主要是由于除了顶、底板封盖性变好外，煤层所处的压力增大，从而提高煤层的吸附量而最终导致含气量增大。但如果煤层顶、底板封盖性不同，却会造成含气量变化的不规律性，这一点可以说明煤层气富集不仅与顶板有关，同样与底板也有关，

顶、底板的封盖性影响煤层的含气量。沁水盆地南部潘庄、郑庄和樊庄地区，由于煤层的顶、底板岩性不同，使含气量存在差别的现象比较突出。一般来讲，郑庄区和 0801 井埋深比较大（大于 600m），煤层的含气量也应该增大，但实际上郑庄区煤层厚为 4.6～5.7m，平均为 5.24m，含气量为 6.33～6.81m^3/t，平均含气量仅 6.57m^3/t；而 0801 井 3 号煤含气量也只有 10.87m^3/t，比邻区埋藏浅的潘庄一号井田区和樊庄地区还要低，如潘庄一号井田 3 号煤层埋深多为 300～350m，厚为 4.81～6.79m，平均为 5.58m，含气量为 3.74～21.86m^3/t，平均为 10.89m^3/t；樊庄区煤层厚为 4.83～6.56m，平均为 5.56m，含气量为 7.59～22.96m^3/t，平均为 13.43m^3/t，其中晋试 1 井 3 号煤层埋深为 450～500m，含气量为 21.97～27.17m^3/t，平均为 25.29m^3/t。究其原因，郑庄区和 0801 井普遍是砂岩顶、底板，而潘庄、晋试 1 井等多是泥质岩顶、底板，很显然煤层顶、底板的封盖性的优劣也是造成煤层气含气量变化的原因之一（图 1.25）。

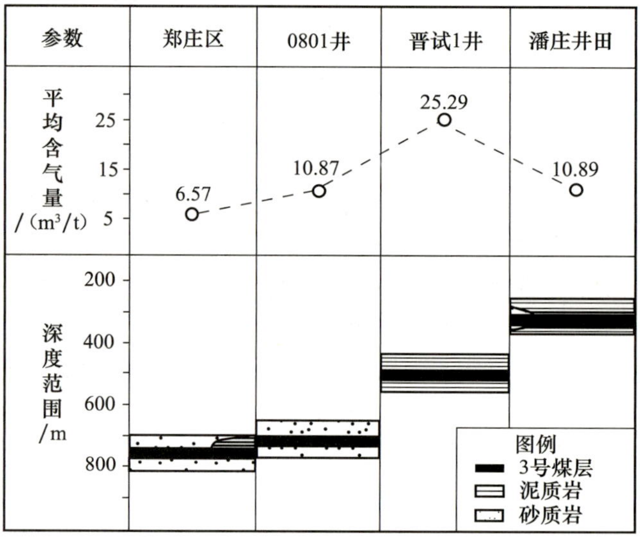

图 1.25　沁水盆地南部不同深度区 3 号煤层顶、底板岩性和含气量比较

2. 上覆地层对煤层气富集的控制

上覆地层是指煤层气藏的上部地层，由于上覆地层厚度反映煤层的埋藏深度，是煤层气富集的外部条件，随着上覆厚度变化，煤层所处的温度、压力也变化，从而影响煤层气的吸附能力。

1）上覆地层厚度对煤层含气量的影响

上覆层厚度基本上反映了煤储层所处的压力，一般来讲，高压力有利于煤层气的吸附。煤储层流体压力受上覆岩层压力、静水压力、构造应力的共同影响，但如果岩石孔隙是连通的，储层流体的压力则等于静水压力。埋深一定程度反映了煤层气藏的孔隙流体压力，储层流体压力随埋深增加而增大，沁水盆地主煤层压力与埋深关系呈指数正相关。从煤层气的 Langmuir 方程或等温线可以看出，煤层气在等温情况下，随着压力的增大，含气量增加。但煤层气吸附量的增加并不是压力越大越好，一些学者认为，一般当煤层埋深超过1500m时，Langmuir（朗缪尔）方程不再适用（钱凯等，1997）。所以煤层气在1500m以浅具有煤层气埋深大而含气量大的特点。通过统计沁水盆地3号煤、15号煤和新集1～13号煤层及云南恩洪盆地等煤层含气量与埋深的关系可知，煤层埋深一般为400～1000m时，煤层含气量有随埋深增加而增大的趋势，其他含煤盆地也有这种特点。

2）上覆地层有效厚度对煤层含气量的影响

煤储层上覆地层有效厚度，是指煤层到气体大量生成后第一个不整合面的地层厚度，它真实地反映了煤层气大量生成后构造运动及其造成的地层抬升、剥蚀等作用对煤层气保存条件的影响。一般来说，煤储层上覆地层有效厚度越大，保存条件越好；有效地层厚度越薄，表明构造运动造成地层抬升、剥蚀强烈，地层压力降低越大，气体越易发生解吸散失。

华北地区煤层在三叠纪下沉达到生气高峰，古近纪—新近纪抬升遭受剥蚀，然后又沉降，无二次生气，形成现今形态。构造运动使经过生气高峰的煤层抬升遭受剥蚀，剥蚀程度未达到瓦斯风化带，因而煤层气散失量不大，对煤层气保存未起到破坏作用，使煤层富含煤层气。如华北大城凸起，在含煤地层沉积后，开始下沉，达到生气高峰，接着在三叠纪的后构造运动抬升下，地层遭受剥蚀，在大试1井区主力煤层顶部连续沉积的二叠系厚度（上覆地层有效厚度）仅为100m，其含气量少于$2m^3/t$，处于瓦斯风化带，而大1-1井区主力煤层顶部连续沉积厚度为200m，其含气量较高，一般大于$10m^3/t$。开平涧河地区，虽然煤层埋深较大（大于1000m），但是该区尤其是西河凸起煤层上覆有效厚度较小，仅为100m左右，因此测井解释结果是西2井含气性较差；而开平向斜，煤层上覆地层连续沉积，厚度较大，一般为200～2000m，保存条件较好。

焦作含煤区焦作恩村井田和沈南红阳井田煤层上覆连续沉积的有效厚度与煤层含气量都成正相关的关系，上覆地层有效厚度越大，煤层含气量一般就越高。沁水盆地晋城地区晋试1井，煤层埋藏深度仅为521.6m，上覆有效厚度却达500m。上覆地层有效厚度大也是该井含气量高的一个重要原因。

（三）煤储层对煤层气富集的控制

煤储层对煤层气富集的控制主要表现在由于煤储层具有强的非均质性，同一煤层中物性差异所形成的自封闭作用。煤储层对煤层气的富集的控制主要包括煤岩的成煤环境、变质程度和煤层的非均质性。成煤环境决定煤岩特征、生气潜力、储集性能及渗透性，变质程度影响煤层的吸附能力，煤层的非均质性形成侧向封堵。

1. 成煤环境

煤储层的孔隙结构分为煤层孔隙和裂缝孔隙，构成了煤层的双孔隙系统，煤层气的富集程度受到煤岩孔隙系统的控制。煤孔隙系统发育的控制因素很多，煤级、变质作用与类型、沉积环境、后期储层改造作用等不同程度地影响孔隙系统的发育。其中沉积环境及煤质对煤储层的储集性起到直接的作用。沉积环境对煤储层的影响表现为不同沉积环境煤储集层的煤岩特征、生气潜力、储集性能及渗透性具有一定的差异（桑树勋等，2001；王勃等，2009），如准噶尔盆地西山窑组潮湿森林泥炭沼泽、干燥森林泥炭沼泽和高位泥炭沼泽煤储集层较发育，甲烷吸附能力相对较大，渗透性也较好，成藏条件较好，从成煤环境对煤储集层物质组成的控制来看，西山窑组煤层不乏有利于形成煤层气藏的煤层。

2. 煤岩的变质程度

煤层气富集很大程度上取决于煤岩的储气能力。煤层的储气能力主要取决于煤岩孔隙内表面积的大小，其影响因素很多，就煤岩体本身而言，其显微组分及煤变质程度是两个主要因素。

煤岩的吸附能力与其显微组分的关系随着煤阶的不同而变化（张新民等，1991；全裕科，1995）。当煤变质程度低于焦煤时，镜质组的吸附能力小于惰性组，吸附能力表现为：惰性组＞镜质组＞壳质组；煤变质程度高于瘦煤时，镜质组吸附能力大于惰性组，吸附能力表现：镜质组＞惰性组＞壳质组，此时，煤岩中的镜质组含量高则吸附能力更强；当煤变质程度介于焦煤和瘦煤之间时，两者吸附能力相近。这可能是由于惰性组孔隙以中孔、大孔为主，镜质组孔隙则以小孔和微孔为主。随着煤化作用的进行，镜质组和惰性组中的挥发分不断逸出，导致镜质组的微孔隙和内表面积不断增加，但在瘦煤之前，镜质组内表面积仍小于惰性组的内表面积。所以吸附能力小于惰性组；随着变质程度的进一步加深，镜质组内表面积大于惰性组，所以吸附能力大于惰性组。

煤变质程度对煤层储气能力的影响则表现为低、高变质煤吸附量大，而中等变质煤吸附量少（张新民等，1991；关德师，1996）。这是因为煤的变质程度反映了煤层气的生成和吸附性，从生气的角度看，煤的成熟度高，一般经过两次生烃演化，生成大量的煤层气，可以满足煤层吸附，只要有好的保存条件，不需要外来气源的补给就可以富集成藏，如我国沁水盆地南部的煤层气富集区；而低煤阶煤层热演化程度低，有机质均处于未熟至低成熟阶段，生气量不大，煤层气的富集有外来气源弥补含气量不足，如美国保德河盆地煤岩的 R_o 小于 0.5%，煤层含气量普遍较低，一般为 0.78～1.6m^3/t，最大一般不超过 4m^3/t，富集区煤层气成因主要为原生生物成因。不同变质程度煤其孔隙结构不同，从而影响煤岩的内表面积，进而影响煤的吸附性，低煤阶煤以大孔为主，孔隙度较大，随着煤变质程度的加深，孔隙变为以微孔为主，造成中等变质程度煤孔隙度和内表面积小，吸附力也小，而低、高变质煤孔隙度和内表面积大，因而吸附力也强。当煤级达到无烟煤阶段，随着热演化程度的进一步加深，煤层吸附能力迅速下降（高波等，2003）。不同变质程度煤等温吸附实验结果表明，煤随着变质程度的增加，其吸附量增大（张新民等，2002），说明高变质煤层具有较好的吸附性。通过对我国不同含煤盆地含气量随深度变化的统计也表明，高变质煤岩比低变质煤具有更强的吸附能力，不同煤阶盆地相同深度条件下含气量不同，我国东北鸡西地区是以低煤阶为主的煤层，含气量较低，山西沁水地区高煤阶煤层含气量较高，河南平顶山地区中低煤阶则介于两者之间（图 1.26）。

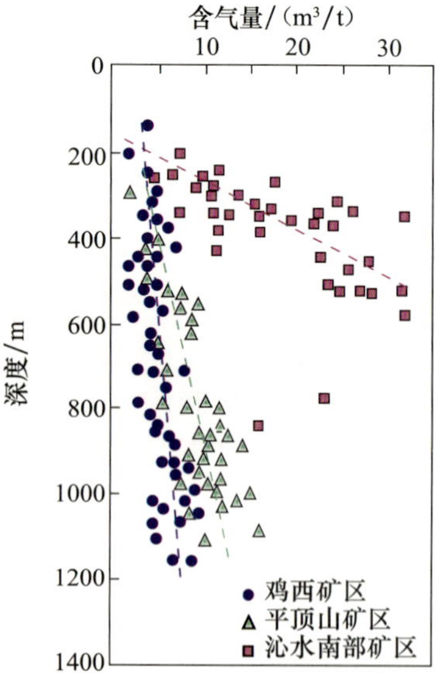

图 1.26　我国含煤盆地煤层深度与含气量关系图

二、中高阶煤层气可采性主控因素

煤层气可采性的影响因素较多，但从地质角度来看，煤层渗透率是影响煤层气产量的关键因素。我国煤层在沉积后普遍经历了较为复杂的构造运动，煤层具有非均质性强、渗透率低和渗透率随压力敏感性强等特点，与美国煤层气开发取得成功的黑勇士盆地和圣胡安盆地相比，中国煤层气开发的主要难题是渗透率较低。煤层气井产量与渗透率正相关，渗透率越大，煤层气产量往往也越高（图 1.27）。因此，要研究煤储层的富集高产特性就要着重研究煤储层渗透率对富集高产的控制作用。

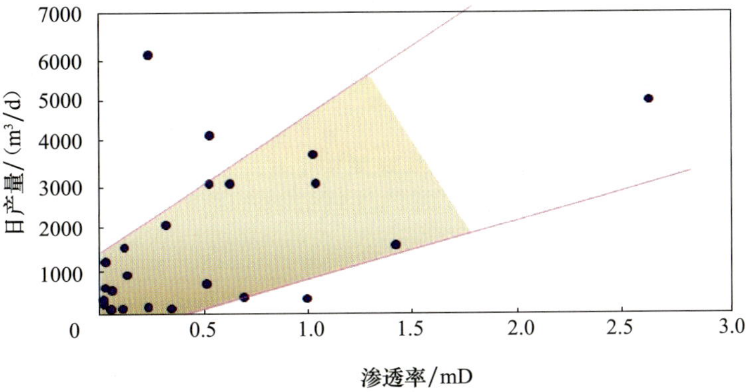

图 1.27　我国煤层气井产量与渗透率关系统计图

影响煤层渗透率的因素十分复杂。Somerton 等（1975）、McKee 等（1986）、Gash 等（1993）、毕建军等（2001）、傅雪海等（2003）、胡忠贵等（2004）及薛永超和程林松（2007）从煤层的埋藏深度、割理发育、有效应力、煤级、沉积相等方面进行了研究。根据前人研究结果（叶建平等，1999；薄冬梅等，2008），可将影响因素分为两大类：①外部影响因素，包括地质构造作用、煤层埋深、构造应力及有效应力；②内部影响因素，包括裂隙系统的发育、有机显微组分、煤岩类型、煤的变质变形程度、煤级、煤体结构、煤岩煤质特征等。其中煤储层变质、变形作用和地应力对渗透率的影响尤为明显。

（一） 变质作用对渗透率的控制

煤的变质类型和变质程度直接影响煤储层孔隙、割理的发育，并直接制约着煤层气的形成、赋存、富集及可采性。研究发现，在不考虑其他影响因素的条件下，煤储层的渗透性随着煤岩变质作用程度的变化而存在一定的变化规律。

中低煤级煤，当 R_o 为 0.7%～1.6%时，煤岩割理（气胀裂隙为主）发育，有利于煤层气的渗流，煤层气渗透性最好。中高煤级煤，当 R_o 为 1.6%～2.2%时，煤岩割理逐渐闭合，渗透率降低，煤层气的渗透性随着变质程度的增高而减小；当 R_o 为 2.2%～3.5%时，煤岩达到生气高峰，大孔隙大量生成，增加了一定的渗透性，煤层气的渗透性随着变质程度的增高而升高；当 R_o>3.5%时，由于环缩合作用和拼叠作用及秩理化作用，煤岩进入超无烟煤及石墨化阶段，煤岩割理基本闭合，微孔、超微孔大量生成，煤层气被大量吸附，煤层气的渗流非常弱，渗透率基本上无明显变化，且趋向于零（图 1.28）。

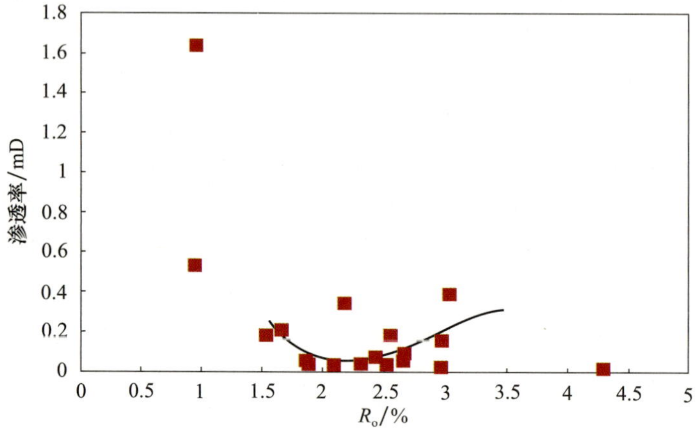

图 1.28 沁水和两淮地区部分煤岩样品变质程度与渗透率关系图

变质作用类型也影响煤储层渗透率，只经受深成变质作用的华北晚古生代煤含气量和渗透率大多较低，而经受中生代岩浆侵入而形成的叠加变质作用增加了煤层含气量并改善储层渗透性（表 1.5）。这主要是由于燕山期岩浆侵入事件，形成大量的热解气孔，其孔径远大于深成变质作用下的气孔孔径（杨起和汤达祯，2000），而且加宽已有裂隙并形成新的裂隙，从而提高煤的渗透率。

表 1.5 叠加变质作用煤储层和深成变质作用煤储层渗透率、含气量数据对比

变质作用类型	R_o/%	煤矿区	含气量/(m^3/t)	渗透率/$10^{-3}\mu m^2$
叠加变质作用（区域岩浆热作用＋深成变质作用）	＞1.7	沁水	15～30	0.5～1.6
	＞2.0	晋城	4～25	1.7
	＞2.0	寿阳-阳泉	13	＞3
	0.5～0.9	抚顺①	6.4～18.5	1～4
	0.65～1.7	大成①	11.3	0.5～1.79
	0.8～1.6	淮北临涣	13	1.24
	0.7～1.0	淮北桃园	5～13	0.7～1.3
	＞0.65	淮北芦岭	7.5	1.3
	＞2.5	阜新王营①	12	
深成变质作用为主	0.5～0.65	阜新①	4.9	＜0.01
	0.65～1.2	唐山	3～9	0.1～0.5
	0.65～1.7	吴堡①	11.5	0.1
	0.7～1.2	淮南潘集	3.4	2.1
	0.7～1.2	淮南新集	2.4～11.9	0.1～0.4
	0.65～0.9	淮南	6.8	0.2

①煤矿区渗透率数据、含气量数据来源于杨起和汤达祯（2000）。

（二） 煤岩变形对渗透率的控制

煤储层构造变形是影响煤层气藏富集高渗的主要因素之一，不同的构造变形机制、变形类型及变形程度会对煤储层渗透率产生不同的影响。煤岩的构造变形机制主要是指造成煤岩变形的煤岩内部物理及部分化学作用过程。它受煤岩本身的成分、结构和构造的影响，也取决于变形时的条件，如受力状态、温压条件、应变速率、流体和时间等。

煤岩变形遵循“弹性变形—塑性变形—破裂变形”的变形过程规律发展，而且以塑性变形和破裂变形的两种变形构造作为具体的表现。煤岩在地质过程中反复经过多次同性质作用力条件下的再度变形，其煤岩强度不断增大而发生硬化，并趋向脆性变化，并最终形成脆性变形。煤岩的脆性变形多发生在挤压或张裂环境，且张裂环境占主导地位的环境；或者快速而强烈的剪切应变环境；最终形成脆性变形煤系列。

脆性变形是煤体原生结构、构造在构造应力作用下产生大量张裂隙或剪裂隙或破碎，造成煤体切割破坏而形成的碎裂煤，其化学成分和结构也可发生较小变化；韧性变形是在较高构造应力或长期温压作用下煤体发生强烈韧性剪切或流变，可以改变其化学成分和结构而形成糜棱煤等。煤储层不同变形类型对煤储层渗透率有着重大影响（表 1.6）。

实验渗透率测试结果表明，渗透性变化趋势大致为：脆性变形煤＞韧性变形煤＞原生结构煤；在脆性变形煤系列中，碎裂煤＜碎粒煤＜碎斑煤＜片状煤；与裂隙方向垂直的片状煤＜顺裂隙方向的片状煤。

表 1.6 沁水和两淮地区部分煤岩样品气、水相渗透率测试结果

煤岩类型	采样位置	割理发育程度	构造煤类型	样品号	$R_{o,max}$/%	视裂隙孔隙度/%	He 克林肯贝格渗透率/$10^{-3}\mu m^2$
原生结构	阳泉第一煤矿①	较发育	原生结构煤	NO01	2.24	1.3	0.035
	左权石港煤矿①	不发育	原生结构煤	SG01	2.30	3.6	0.047
	潞安常村煤矿①	不发育	原生结构煤	CC01	2.10	1.2	0.029
	潞安五阳煤矿①	不发育	原生结构煤	WY01	1.89	1.9	0.037
	沁源沁新煤矿①	发育	原生结构煤	QX01	1.65	0.8	0.248
	阳城卧庄煤矿①	发育	原生结构煤	WZ01	4.29	2.3	0.015
脆性变形	淮北海孜煤矿①	发育	碎裂煤	HZ01	2.97	4.1	0.18
	潞安常村煤矿①	不发育	碎裂煤	CC01	2.10	1.2	0.029
	阳泉新景煤矿	较发育	碎裂煤	XJ01	2.52	1.3	0.035
	晋城凤凰山矿	较发育	碎裂煤	FGS01	3.83	5.3	0.114
	高平望云煤矿	较发育	碎粒煤	WY01	2.17	2.1	0.411
	左权石港煤矿	不发育	碎粒煤	SG01	2.30	3.6	0.047
	淮北桃园煤矿	不发育	碎斑煤	TY02	1.53	2.6	0.211
	晋城成庄煤矿	发育	片状煤	CZ01	3.18	1.9	6.674
	淮南张集煤矿	发育	片状煤	ZJ01②	0.95	2.9	0.535
	淮南张集煤矿	发育	片状煤	ZJ01③	0.95	2.9	2.12
韧性变形	淮南谢集煤矿	不发育	非均质结构煤	XY06	2.21	2	0.098

① 数据来源：傅雪海等（2001）。
② 钻样与样品裂隙延伸方向一致。
③ 钻样与样品裂隙延伸方向垂直。

不同变形类型煤岩变形破裂过程中的各个阶段，渗透率变化不同：脆性变形在应变强化之前，气测渗透率值变化不大；在应变强化之后，煤样破裂，形成新的裂隙，渗透率随应力、应变的增大而增大（图 1.29）。脆-韧性变形煤样在初始弹性阶段，由于煤岩中裂隙的压密，气测渗透率出现逐渐减小的趋势；在屈服阶段和强化阶段煤岩气测渗透率变化趋于平稳；在软化破裂阶段，煤岩气测渗透率测定值急剧升高。而进入屈服点之后，脆性和脆-韧性变形的样品，渗透率随应力的增加缓慢线性回升或略有增大，说明在脆-韧性变形煤中，应变比应力对渗透率影响更大（图 1.30）。韧性变形煤样在应变软化之前，随着应变的增强，水相渗透率基本保持不变；进入应变软化阶段之后，随着应变的增强，渗透率骤降，并在某一范围内保持波动。进入屈服点之后，韧性变形的煤样，渗透率先出现骤增，之后再降低（图 1.31）。这说明，韧性变形使煤储层中形成大量纳米级物质及孔隙，使纳米级气体的运移速率远高于常规条件下气体的运移速率。同时，由于纳米级孔隙的强吸附性使气体大量被吸附，渗透率迅速降低。

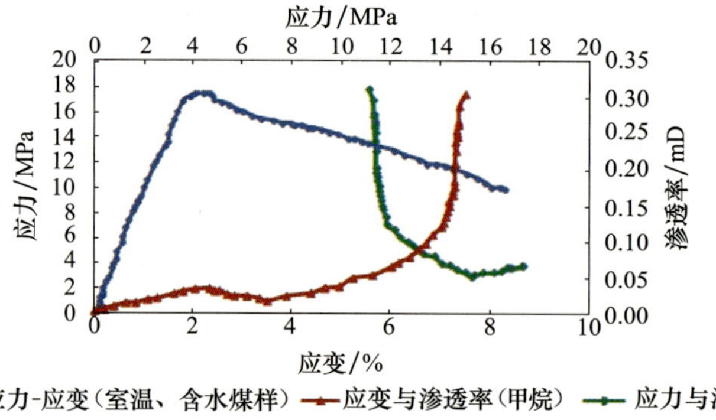

图 1.29　脆性变形中应力-应变与渗透率的关系图

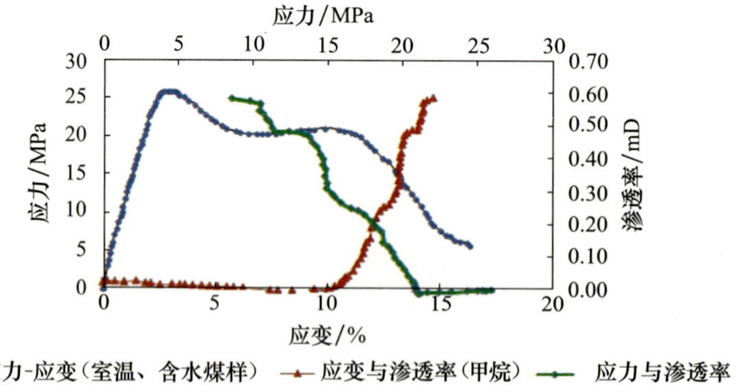

图 1.30　脆-韧性变形中应力-应变与渗透率的关系图

（三）应力作用对渗透率的控制

应力是由地壳内部的水平构造运动及其他因素引起的介质内部单位面积上的作用力。在地应力中与构造运动有关的那部分应力被称为构造应力，包括由当前推动力所引

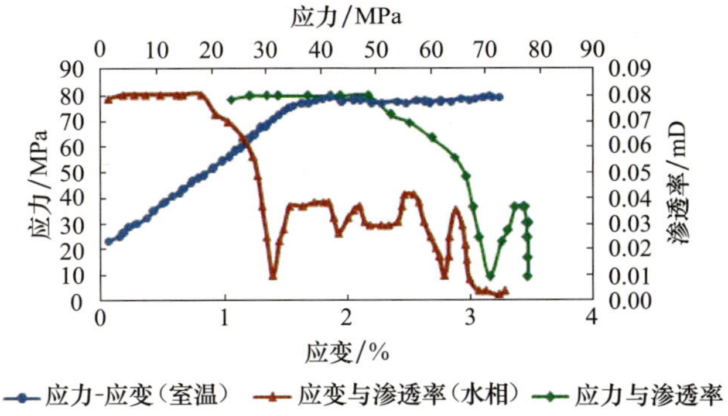

图 1.31 韧性变形中应力-应变与渗透率关系图

起的和由过去构造运动所遗留下来的部分（称为残余应力）。在不同地区、不同深度的地层中，构造应力的大小和方向随空间和时间而变化形成了构造应力场。煤层中构造裂隙的发育程度及展布方向与含煤盆地内部的构造位置和构造应力场分布及演化状态密切相关。构造应力对煤储层孔隙-裂隙系统的影响除了可以产生构造裂隙，并控制其发育程度和展布方向之外，还表现在其对煤层的原生割理及基质孔隙的发育和分布等方面的影响。

应力对煤储层渗透性的影响，其实质是通过使煤储层孔隙-裂隙结构发生变形，而使其渗透性发生变化（孟召平等，2009；孟召平和侯泉林，2012）。地应力主要包括垂向上的由埋深引起的自重应力及由构造应力引起的水平方向的最大、最小主应力。

1. 自重应力（埋深）对渗透率的影响

沁水盆地南部煤层埋深变化较大，埋深为200～1200m，整体埋深从东南向西北逐渐增加。东南部部分地区煤层出露地表，形成煤层露头；寺头断层以西煤层埋深加大。不同埋深下的煤储层渗透率明显不同，由国内外典型煤层气盆地煤层试井数据分析来看，主煤储层试井渗透率具有随埋深增加呈指数规律减小的趋势（图 1.32）。

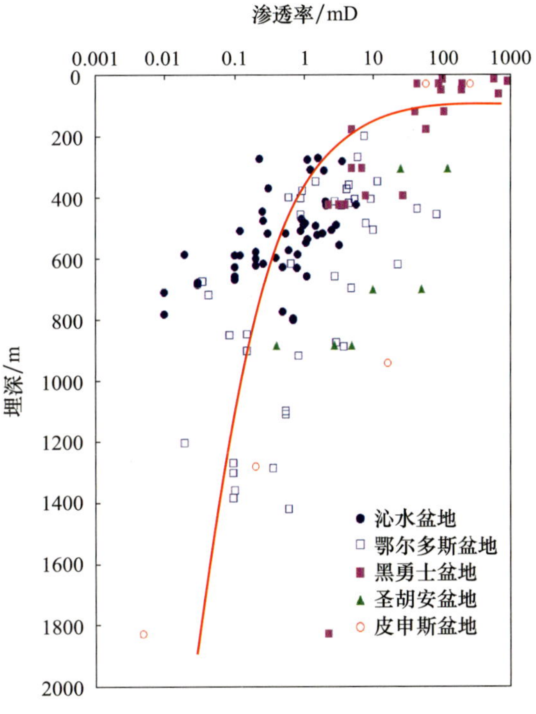

图 1.32 国内外典型煤层气盆地埋深和渗透率关系图

由沁水盆地南部已知的煤储层试井数据，可得出其关系式为

$$K_{\mathrm{WH}} = 64.128\mathrm{e}^{-0.011H}$$

式中，K_{WH} 为一定埋深下的渗透率，$10^{-3}\mu\mathrm{m}^2$；H 为储层埋深，m。

因此，可得一般性公式为

$$K_{\mathrm{WH}} = C_0\mathrm{e}^{C_1 H}$$

式中，C_0、C_1 为待定系数。

然而，在相似埋深条件下渗透率的变

化也可高出一个数量级（唐书恒，2001）。因此，说明在埋深相当的条件下，其他影响因素对渗透率起着更为重要的控制作用。

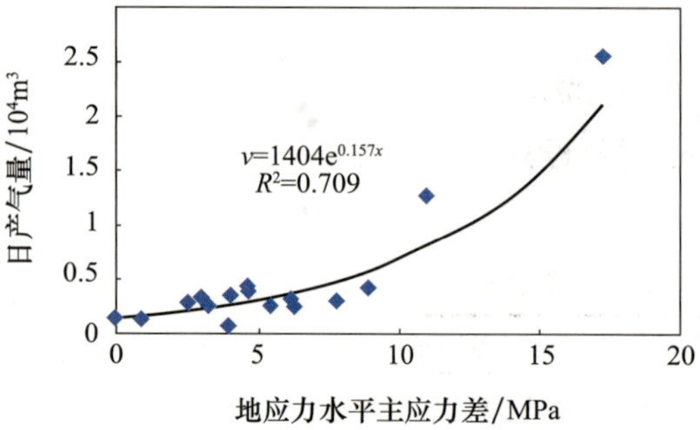

图 1.33　地应力水平主应力差与单井日产气量关系图

2. 地应力水平主应力对渗透率的影响

根据沁水盆地煤层气井试井、压裂生产资料，可以获得煤层气井试井渗透率、地应力最大水平主应力及地应力最小水平主应力等数据。分析发现，沁水盆地地应力水平主应力差与渗透率、单井日产气量具有明显的相关性：地应力水平主应力差与渗透率成正相关（图 1.33）；煤层气的高产井往往分布在地应力水平主应力差较大的区域（图 1.34）。

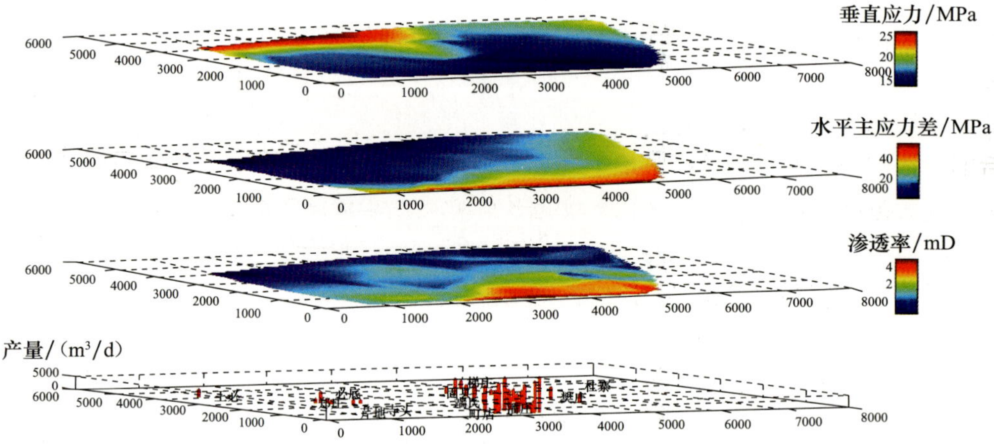

图 1.34　沁水盆地南部地应力与各井区单井日产气量对照图

第三节　中高煤阶煤层气富集高产区形成过程

高丰度煤层气富集区的形成是一个漫长的地质过程，尤其对于中高煤阶煤层气而言，其经历多次构造沉降和抬升，煤层气富集区的形成过程较为复杂，一直以来是煤层气地质研究的难点。本节立足于我国典型的中高煤阶煤层气分布地区——沁水盆地南部和鄂尔多斯盆地东南缘，详细剖析研究区煤层气的地质演化过程，包括埋藏史、热史及水文地质条件演化等，通过对收集的样品（煤、地层水、煤层气等）的分析，并结合物理模拟实验和数值模拟确定了研究区煤层含气量及相态的变化过程和规律，明确煤层气富集改造的时间，重建煤层气富集高产区煤层气的富集过程。富集高产区形成过程的研究有助于更清晰地认识煤层气富集高产区形成机制，指导煤层气的勘探。

一、热史、埋藏史分析

（一）沁水盆地南部热史及埋藏史

沁水盆地南部位于吕梁-太行断块的西南，西临离石大断裂，并与鄂尔多斯盆地的兴县-石楼褶皱带相接，向东为太行山断裂，西南以中条山山前断裂和横河断裂为界，并与豫皖断块的中条山断隆毗邻。沁水盆地南部大地构造的演化经历了太古代—早元古代的基底发展阶段、中元古代—三叠纪的发展阶段和中新生代的活化阶段。

太古代—早元古代的基底发展阶段：吕梁运动发生在早元古代的末期，该构造活动使包括该区在内的整个华北地区完全拼合成一个坚硬而稳定的地块，形成了沁水盆地南部的结晶基底。

中元古代—三叠纪的沉积发展阶段：中元古代的长城纪开始，该区处于相对稳定的沉积时期，大部分为古陆，同时发育一些裂谷，形成内陆盆地。南部逐步发展为秦岭古洋的大陆边缘和火山岛弧，北东方向上的上党裂谷进一步与古洋沟通形成上党海湾。长城纪中晚期，盆地南部抬升，造成上党海湾与秦岭古洋与外界隔绝形成内陆海，长城纪的晚期抬升作用使其遭受全面剥蚀。直到蓟县纪早期，自北向南的海水注入该研究区，在准平原化的基础上逐渐发展为面积广阔的陆表海。到蓟县纪晚期，陆表海的面积逐渐收缩，最终海水回到秦岭古洋，从此时直到早寒武世，该区进一步遭受持续剥蚀。震旦纪后期的晋宁构造运动，使海水从秦岭古洋向北侵入，此前长期遭受剥蚀的沁水盆地又开始遭受大范围的海水侵入并由南向北超覆。此后的地质历史时期中，地壳经历多次不均衡升降运动，到奥陶世末，由于秦岭洋的关闭，整个华北地区及该区抬升为陆地。中石炭世又开始遭受从北向南的海侵作用，直至晚石炭世晚期海水才开始向南退却，并在早二叠世由滨海平原发展为近海的冲积平原。

中新生代的活化阶段：三叠世末期的印支运动使该区动荡、地壳运动频繁，经历了多次沉降和抬升作用。寒武纪以来形成的稳定的地貌分崩瓦解。燕山运动期间，研究区被分割成各种不同级别的断块，断块内普遍发育平缓开阔褶皱，仅在逆冲断裂带附近形成变形较强的褶皱。在燕山运动的后期，挤压作用逐渐衰减，出现了拗陷等基本的构造单元。从上新世开始，地壳又开始活跃，慢慢形成了晋中、临汾和长治断陷盆地和太行山、霍山隆起，逐步发展成现今的地形地貌。

结合研究区主力煤层分层、地化数据等，利用 Petromod 软件对其埋藏过程等进行模拟，可以看出沁水盆地南部太原组、山西组煤层的埋藏历史大致经历了五个发展阶段（图 1.35）：①从晚石炭世至早二叠世末，为地壳缓慢沉降阶段，由于沉降速度的变化，充填期、聚煤期和掩埋期交替出现，早二叠世末，15 号煤最大埋深近 300m，平均沉降速度不超过 25m/Ma；②从晚二叠世至晚三叠世末，为地壳快速沉降阶段，煤层埋深迅速增大，至该阶段末期，最大沉降幅度达 4500m，以晋城—阳城—侯马一线为沉降中心，平均沉降速度为 80～100m/Ma，晚三叠世末，晋城、阳城一带 15 号煤层最大埋深达 4800m；③早侏罗世为地层抬升剥蚀阶段，印支运动使该区整体抬升，广泛遭受剥蚀，煤层的埋深减小，至该阶段末期，地壳最大抬升幅度超过 1000m；④中侏罗世，为地壳缓慢沉降阶段，燕山运动形成沁水复向斜和盆地雏形，以向斜轴部为中心，最大沉降幅度超过 400m，平均沉降速度约为 16m/Ma，比第①阶段还略低；⑤晚侏罗世至现代，以地壳抬升为主，晚侏罗世至古近纪末，整个盆地长期处于隆升状态，煤系及其上覆地层遭受严重剥蚀，喜马拉雅运动在盆地内形成了次一级的断陷盆地。局部沉积了新近纪和第四系，盆地的西北部最大沉降幅度达 1000m 以上。

通过利用磷灰石裂变径迹和镜质体反射率，恢复沁水盆地南部古地温演化特征，早古生代地温梯度稳定，为 3℃/100m，晚二叠世—三叠纪地温梯度较前期略有降低，为 2.5～3.0℃/100m；早、中侏罗世地温梯度开始上升，为 3.0～4.0℃/100m；晚侏罗世—早白垩世地温梯度大幅度上升，为 4.5～6.5℃/100m；晚白垩世—古近纪早、中期为高地温场的延续时期，地温梯度为 5.5～6.5℃/100m；古近纪晚期—新近纪早期地温梯度大幅度降低，从 6.0℃/100m 骤降至 4.2℃/100m 左右；中新世以来地温场逐渐趋于稳定，地温梯度由 4℃/100m 演变到接近现代地温场的 3℃/100m 左右（图 1.35）。

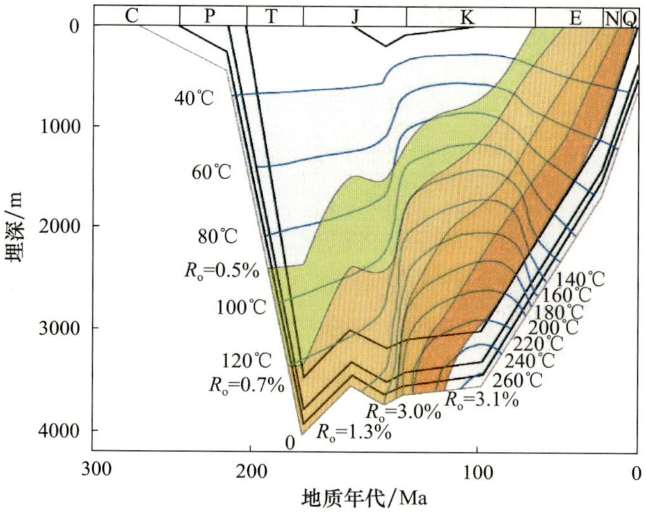

图 1.35　沁水盆地南部热演化史图

（二）鄂尔多斯盆地韩城地区热史及埋藏史

韩城地区位于鄂尔多斯盆地渭北隆起北部，东北以黄河为界，东南至韩城大断层，南与澄合矿区相邻，西到煤层埋深 2000m 线，面积约为 1500km²。主体为一倾向 NW 的单斜构造，东部地层倾角大，构造复杂，断裂及褶皱发育；西部地层平缓，构造简单。鄂尔多斯盆地的演化经历了多个阶段，总体上可以分为四个演化阶段，分别是中晚元古代拗拉谷盆地发育阶段、古生代稳定克拉通盆地发育阶段、中生代前陆盆地发育阶段和新生代边缘断陷盆地发育阶段（王双明，2008；马行陟等，2011）。

中晚元古代拗拉谷盆地发育阶段：该阶段盆地的发展受固结稳定的古陆块和边缘上地幔热对流所控制的张裂系统的影响。此阶段由于地壳热对流的控制产生了秦祁大陆裂谷，同时产生了系列向华北古陆块楔入的陆内裂谷，由西向东发育贺兰拗拉谷、晋陕拗拉谷和豫陕拗拉谷。最为典型的是贺兰拗拉谷，该时期沉积了厚度达 2000m 的长城系和蓟县系。鄂尔多斯盆地是在贺兰拗拉谷和晋陕拗拉谷夹持的基础上发展起来的。

古生代稳定克拉通盆地发育阶段：鄂尔多斯盆地以整体升降为主，构造发育稳定，进入稳定克拉通盆地发育期。此时期，古构造面貌总体上表现为北部高、南部低，东西低、中部高的特点，尤其是奥陶纪表现最为明显。早古生代时期，盆地南缘和西缘毗邻秦祁海槽，发展为被动大陆边缘，沉积了厚度达 4500m 的碳酸盐岩、海相碎屑岩和浊积岩，发育向秦祁海槽倾斜的广阔陆架区。到奥陶纪末期，受华北地块南、北洋壳向地块下俯冲消减而形成对挤力的控制，鄂尔多斯盆地缺失志留系和泥盆系。直至晚古生代，鄂尔多斯盆地在阴山火山弧向南俯冲、秦岭火山弧向北俯冲的作用下，地块北缘及南缘相对仰冲而使地层隆起，使韩城地区与华北克拉通拗陷相连的潮坪沉积了本溪组。晚石炭世晚期，海水侵入，盆地东侧的华北海向中央古隆起西超于中央古隆起；到石千峰期，盆地沉降发生了巨大变化，先前的东部和西部的沉降变为南部和北部的沉降，中央古隆起逐渐消失，向吕梁山区有明显减薄的趋势。沉积环境由海相变为陆相，气候由潮湿变为干旱，沉积充填由拗陷型变为广覆型。

中生代前陆盆地发育阶段：该阶段古特提斯洋扩张，受其作用的控制扬子陆块与华北陆块对接，封闭了残余的右江和秦岭印支地槽，使我国东南部向北产生基底滑移，在对接带两侧产生近 EW 向的差异沉降盆地。北至燕山南麓，南抵大别山北麓的华北三叠系沉降区的中心在郑州和鄂尔多斯东南缘一侧。盆地西部由于受到特提斯板块向 NE 方向的推挤发生逆冲，并逐渐形成典型的前陆盆地的构造样式。

新生代边缘断陷盆地发育阶段：新生代以后，太平洋板块向亚洲大陆东部下部俯冲产生的扩展作用，以及印度板块与亚洲大陆南部碰撞向北强烈的推挤作用，在我国的东西部产生了 NS 向的右行剪切应力场，并影响鄂尔多斯盆地，使其产生 NE—SW 向的张应力，由此造成的结果是研究区所在盆地东部开始隆升，而周边发生断陷作用形成一系列的地堑，如银川地堑、渭河地堑等。逐渐形成研究区乃至鄂尔多斯盆地现今的构造格局和地貌形态。

韩城地区石炭系—二叠系煤层在地质历史时期中经历了四个阶段的演化过程（图 1.36）。在加里东运动时期（早古生代晚期—晚中生代早期）处于构造抬升时期，地层遭受剥蚀。从石炭世开始，地层开始持续沉降，海水自东向北侵入，韩城地区普遍接受沉积，海进海退频繁，为海湾-潟湖沉积体系。到早二叠世，地壳缓慢抬升，海湾-潟湖相沉积体系转化为河流-三角洲沉积体系。此阶段为韩城地区煤层沉积期，发育多套煤层。虽然地壳起伏频繁，但幅度不大，总体上以沉降为主，沉积环境相对稳定，沉积物厚度大，有利于煤的形成和保存。到早三叠世—中三叠世，研究区持续沉降，煤层基本上处于持续埋深状态，同时古地温持续增加，此时煤系地温达到 80～110℃，煤的热演化不断加深，可达到气煤阶段（R_o=0.6%～0.9%）；到三叠纪末，由于印支运动使地壳抬升从而导致第一次深成变质作用结束，印支运动只是使韩城地区地层出现短暂抬升，且强度低，因此对煤层气藏原始状态并没有产生太大的破坏。早侏罗世到早白垩世末期，地壳又开始沉降，此时期煤系沉降到最大埋藏深度，同时受区域构造热活动和埋深的影响，煤层地温增高，煤的热演化速度加快，煤化作用持续增高，煤系温度为 110～140℃，煤演化变质为贫煤（R_o=1.9%～2.6%），在该阶段生成大量的煤层气，为煤层气形成的主要阶段和时期。到了白垩纪末期，受燕山构造活动的影响，整个鄂尔多斯盆地抬升，尤其是韩城地区抬升幅度最大，伴随着褶皱、断裂等构造作用，第二次煤化作用逐渐停止。强烈的燕山活动使白垩系和早侏罗系剥蚀殆尽，导致韩城煤层埋藏较浅，并在东部地区出露。此阶段是煤层气藏主要的调整改造时期，对煤层气的原始状态和保存条件产生了很大的影响。新生代早期，在喜马拉雅运动的作用下，韩城地区地层继承性地继续抬升，煤层及上覆地层进一步遭受剥蚀。鄂尔多斯盆地东缘韩城地区煤层地温演化不同于沁水盆地南部，韩城地区在印支末期，古地温梯度为 2.2～2.4℃/100m，煤层最大埋藏深度为 3100m 左右，煤层最大受热温度约为 85℃，煤级达到气煤阶段。在燕山早期，盆地古地温梯度与印支期相当，但盆地发生构造回返，地层遭受剥蚀，煤层最大埋深降低到 2500m 左右，煤层最高受热降至 70℃左右，煤化作用没有进展。在燕山中期，盆地古地温梯度升至 3.3～4.5℃/100m，且盆地再次接受沉积，煤层最大埋藏深度增至 3000m 左右，最高受热温度可达 110～160℃，煤级达到肥煤-贫煤，基本上奠定了煤级的现代展布格局。喜马拉雅期以来，盆地不断抬升，地温场逐渐恢复正常，地温梯度降低到 2.7～3.2℃/100m（平均为 2.8℃/100m），煤化作用停止。

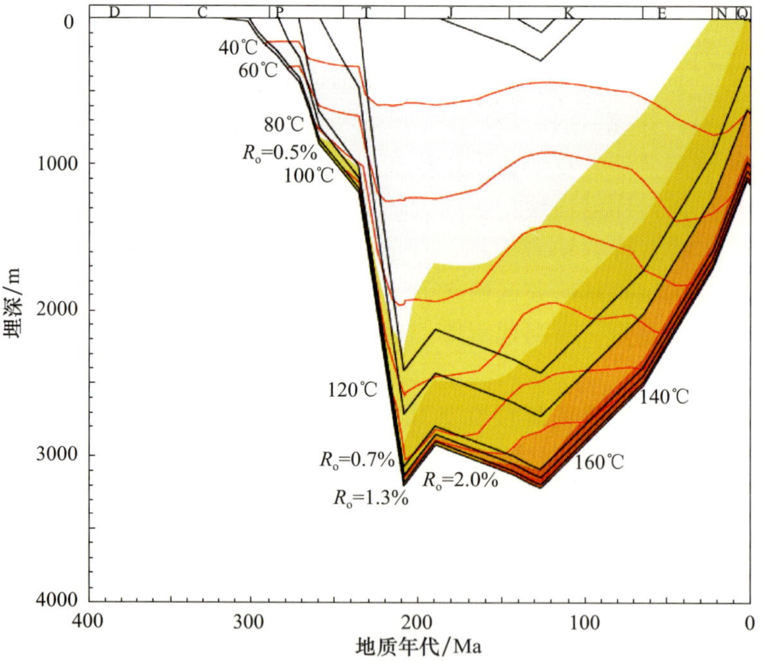

图 1.36　韩城地区西部埋藏史和热史演化图

二、煤层气相态转化过程

目前的研究已经证实，煤储层中煤层气的赋存相态有吸附态、游离态和水溶态，其中主要以吸附态的形式为主，其次是游离态。就煤储层所处的环境条件而言，吸附态是其主要的赋存形式，但是在地质历史时期中，当煤层气大量生成后，由于地质条件和储层环境发生改变，导致煤层气赋存的相态也发生变化。为此，研究中利用高温、高压煤吸附甲烷实验、吸附气量和游离气量计算模型对煤层气富集过程中相态的变化展开研究。

（一） 地质过程中吸附气量的变化

对研究区埋藏史等的分析表明，沁水南部和韩城地区的主力煤层均大致经历了深埋到浅埋的地质过程。在煤层气生成阶段，由于煤储层埋藏深度较大，均处于高温、高压的环境。物理模拟实验的结果显示，随着温度和压力的增加，煤的吸附量呈减少的趋势，高温、高压条件下煤吸附煤层气的能力有限，吸附量少于温度和压力较低的吸附量（图 1.37），出现吸附量减少的主要原因是受高温活化作用的控制，气体分子活动能力及基质表面分子的活动能力增加，脱附作用明显。此时吸附态可能不再是煤层气赋存的主要方式。同时，由于煤层在深埋的生烃时期，高温、高压作用导致煤储层的含水量并不能像现在一样多，即处于一个含水饱和度很低的水平，煤层气水溶态赋存形式缺少必要的介质，因此，可以推断煤层气大部分主要以游离的形式赋存于煤储层的孔隙中。根据建立的三参数吸附定量模型（马行陟等，2014）的计算结果也可以看出，研究区主力煤储层的吸附量在地质历史时期中呈现逐渐增加的趋势，在煤层气生成阶段煤储层的吸附量较低，随着抬升作用的发生，煤储层的温度和压力均降低，温度对吸附的控制变弱，压力作用逐渐明显，使吸附气含量逐渐增加。

三参数吸附定量模型公式如下：

$$V=\frac{2.372\mathrm{e}^{(-0.011T+1.243R_o)}P}{(2.028\mathrm{e}^{0.012T}-1.111\mathrm{e}^{-0.233R_o})+P} \tag{1.4}$$

式中，T 为温度，℃；R_o 为镜质体反射率，%；P 为压力，MPa。

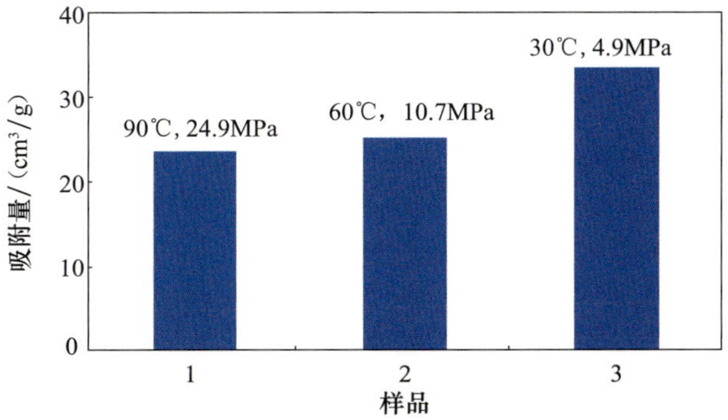

图 1.37 不同温度和压力条件下煤储层吸附量的大小

（二） 煤储层中游离气量的变化

高温、高压煤储层的吸附实验及预测模型均证实了深部煤层吸附量较少，但是煤层生成的煤层气很多，其他部分的气体是否真是以游离态的形式赋存呢？为此本书试图利用数值模拟的方法对地质历史时期中游离态煤层气含量进行研究。在研究过程中为了便于模型的建立较少地考虑了水溶态赋存的煤层气，假设在高温、高压条件下煤储层几乎不含水。众所周知，煤储层中具有十分发育的微孔隙和割理系统，当煤层中的天然气满足煤储层的吸附之后，便会以游离态的形式赋存于煤储层割理和孔隙中（假设煤储层中含水饱和度很低），并可以自由地运动。因此，可按常规天然气的方法对游离态煤层气的量进行研究。通常情况下，一定压力 P 下游离态煤层气的气体体积与孔隙度的大小有关，可认为压力 P 下游离气的体积与储层孔隙体积一致，同时受煤储层中气饱和度的控制，其数学公式为

$$V_f = \frac{1}{\rho}\phi S_g \tag{1.5}$$

式中，V_f 为压力 P 条件下游离态煤层气的体积；ρ 为煤储层密度；ϕ 为压力 P 条件下的煤储层孔隙度；S_g 为煤层中气饱和度。

游离态煤层气服从理想条件下的气体状态方程，因此，特定压力下的游离态煤层气体积可以换算成标准状态下（20℃，0.1MPa）气体体积

$$V_{fd} = \frac{PV_f T_0 Z_0}{P_0 TZ} \tag{1.6}$$

式中，V_{fd} 为标准状态下游离态煤层气的体积；P_0 为标准压力；T_0、T 分别为标准状态温度和煤层温度；Z_0、Z 为压力为 P_0 和 P 的气体压缩因子。

将式(1.6)代入式(1.5)可得

$$V_{fd} = \frac{1}{\rho}\phi S_g \frac{PT_0 Z_0}{P_0 TZ} \tag{1.7}$$

地质条件下，煤储层的孔隙度随深度的变化而变化。在计算各个地质历史时期游离态煤层气体积之前，恢复不同地质过程中煤储层孔隙度的大小，Palmer 和 Mansoori（1998）提出了考虑应力敏感性和基质收缩效应的煤层孔隙度的变化模型

$$\phi = \phi_0 + C_m(P - P_0) + \varepsilon\left(\frac{K}{M} - 1\right)\left(\frac{\beta P}{1+\beta P} - \frac{\beta P_0}{1+\beta P_0}\right) \tag{1.8}$$

$$C_m = \frac{1}{M} - \left(\frac{K}{M} + f - 1\right)\gamma \tag{1.9}$$

式中，ϕ_0 为原始煤层孔隙度；M 为轴向约束模量；K 为体积模量；$K:M=(1+\nu):3(1-\nu)$，其中 ν 为泊松比；γ 为基质压缩系数；ε 为 Langmuir 应变常数；$\beta=1:P_L$，P_L 为 Langmuir 压力；f 为分数常数。

将式(1.8)代入到式(1.7)中，可得游离态煤层气体积的计算公式为

$$V_{fd} = \frac{1}{\rho}\left[\phi_0 + C_m(P - P_0) + \varepsilon\left(\frac{K}{M} - 1\right)\left(\frac{\beta P}{1+\beta P} - \frac{\beta P_0}{1+\beta P_0}\right)\right] S_g \frac{PT_0 Z_0}{P_0 TZ} \tag{1.10}$$

（三）地质过程中吸附气与游离气的转换

利用推导的煤储层中游离气含量的计算模型，可以求得研究区地质历史时期中游离气量的变化。为了计算各个时期沁水盆地南部煤层游离态煤层气的体积，根据游离态煤层气体积计算公式需要取得沁水盆地南部煤层物性的各个参数（表 1.7），原始煤层孔隙度 ϕ_0、泊松比 ν、轴向约束模量 M、体积模量 K 和煤储层密度 ρ 均为样品实测数据，其他参数来自 Palmer 和 Mansoori（1998）的文献中煤岩参数数据，进而进行计算求得（图 1.38）。

表 1.7 沁水盆地南部游离气体积计算模型参数表

参数名称	参数值	参数名称	参数值
$\phi_0/\%$	0.5	f	0.5
ν	0.39	γ	0
E/MPa	2290	ε/MPa	0.001266
$K:M$	0.76	$\rho/(\mathrm{g/cm^3})$	1.75
$M:E$	2.0		

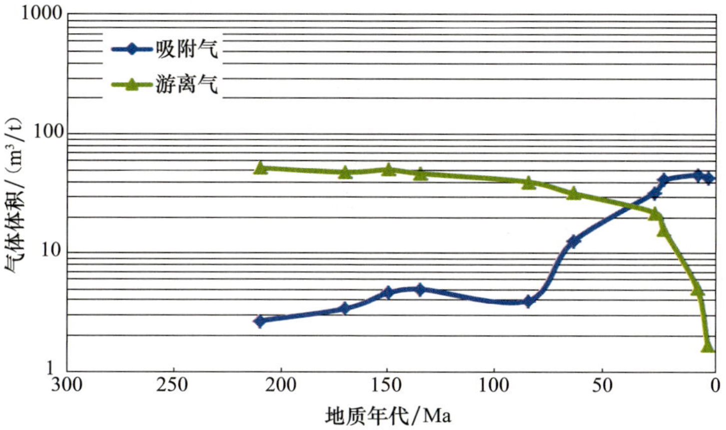

图 1.38 沁水盆地南部煤层地质过程中吸附气和游离气含量的比较

地质演化过程中，沁水盆地南部地区煤层中游离气含量的变化总体上呈稳定减少到快速减少的变化规律。在始新世以前，受温度和煤热演化程度的影响，煤储层吸附能力较低，煤储层中的煤层气主要以游离态的形式赋存为主，并有稳定减少的趋势，该时期游离气的减少的原因与煤层吸附和天然气的散失有较大关系。始新世以后，研究区地壳抬升，煤储层的地质条件发生了较大变化，温度和压力均降低，天然气的活跃程度受限，导致煤层吸附天然气的能力增加，使煤层中的一部分游离态的煤层气转换为吸附态赋存于煤储层，还有一部分游离气可能在地层抬升过程中散失。随着地层的持续抬升，由于地表水的渗入，造成煤储层孔隙空间大部分或者完全被地层水占据，减小了游离气的空间体积，同时由于煤层吸附能力的增加，使煤储层中游离气量进一步减少，根据物质平衡原理，减小的游离气可能转化为三种形式：吸附态、溶解态和散失。

同样，根据建立的煤层中游离气体积计算公式(1.10)，结合韩城地区煤层的地质特征和岩石物理属性，对计算公式中的各个参数进行赋值（表 1.8），最后建立研究区不同地质时期煤层中游离态煤层气的体积计算模型（图 1.39）。

表 1.8 韩城地区游离气体积计算模型参数表

参数名称	参数值	参数名称	参数值
$\phi_0/\%$	0.5	f	0.5
ν	0.39	γ	0
E/MPa	2190	ε/MPa	0.001312
$K:M$	2190	$\rho/(\mathrm{g/cm^3})$	1.73
$M:E$	2.0		

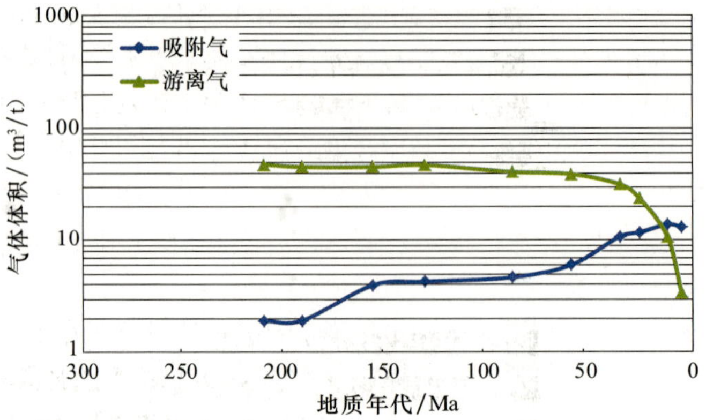

图 1.39　韩城地区煤层地质过程中吸附气和游离气含量的比较

韩城地区地质演化过程中游离气含量的变化如图 1.39 所示，其演化特征与沁水盆地南部游离气含量的变化具有相似之处，游离气含量的变化可划分为稳定减少阶段和快速减少阶段。白垩纪以前，研究区煤层游离气的体积呈现逐渐减小的规律，此阶段减少幅度不大，造成游离气含量减少的原因可能是由于煤层吸附能力的增加导致一部分游离气转换成吸附态煤层气，另外保存条件的破坏所造成游离气的散失不可忽略。白垩纪以后，研究区煤层在燕山运动的作用下开始抬升，抬升幅度逐渐增强，此阶段煤层中的游离气含量迅速减少。随着抬升作用的持续，煤层出露地表，遭受地表水的渗入和补给，使煤储层中孔隙空间被水占据，减小了游离气空间的体积；同时温度下降，其活化作用降低致使游离态的天然气被煤层吸附，变成吸附态赋存；另外，强烈的构造活动会破坏原始的保存条件，造成一大部分游离气散失到其他地层的储层中。

通过对沁水南部和韩城地区煤层气富集过程中气体相态变化过程的数值模拟，发现中高煤阶煤层气富集高产区的煤层气在地质过程中可能经历了一种从游离态到吸附态的转变过程（假定为封闭体系，且散失不严重），相态转变的动力是构造运动，其动力机制是由于构造抬升活动改变了煤储层的地质环境，一方面由于周围温度、压力场和煤储层性质的改变，致使煤储层的吸附能力发生变化，解吸或者吸附更多气体；另一方面由于晚期地表水的补给占据了煤储层孔隙系统的自由体积，减小了游离气赋存的空间，这些因素的综合作用引起了煤储层中气体相态的转换，对煤层中含气量的多少产生影响。同时，由于构造作用导致保存条件的破坏，可能会使部分煤层气散失到其他岩性地层中，可见煤层气由游离到吸附态的转换阶段中伴随着煤层气的散失。

三、煤层气藏综合演化分析

中高煤阶煤层气盆地经历了多次抬升和沉降过程，早期形成的煤层气富集区也经受了改造，只有那些经过改造后较完整保留下来的富集区才是我们寻找的重点目标。对于我国中高煤阶煤层气而言，大多数学者从构造演化的角度认识到构造抬升是煤层气开始经历改造的时间，但具体经历改造的过程研究尚不深入。常规油气藏成藏期确定的方法多是基于地层流体演化和圈闭形成的时间来确定，包括流体包裹体研究，以及利用同位素、磷灰石裂变径迹等方法测定储盖层年龄等。对于中高煤阶煤层气而言，这些方法均不太适合，因为气体多为早期热成因气，气体的年龄不能代表气藏的年龄，而煤储层的形成时间并不代表煤层气富集的时间。煤层气系统由煤层气、煤和地层水共同构成，其中的煤储层共存水同样记载了煤层气富集区形成和改造的相关信息，这为煤层气富集时间的确定提供了有效手段。研究中继承前人构造演化的研究方法用以确定煤层气富集高产区形成和改造的最早时间，结合测定煤层水的年龄并用于确定煤层气富集高产区形成和改造阶段，为煤层气的富集过程的研究提供新思路。

通过对沁水南部和韩城地区构造演化特征、沉积埋藏史和热史的分析，从石炭纪、二叠纪到晚白垩纪，这个阶段主要为大量热成因煤层气的生成阶段，为高丰度富集区的形成提供物质基础。在此阶段煤层中的水以残留成岩、束缚水为主，高温作用导致少量吸附气的存在，煤层气主要以游离态的形式大量赋存于煤储层的孔裂隙空间中。从晚白垩纪开始，由于构造抬升作用导致温压条件发生变化，使煤储层大量吸附煤层气，在有利封盖组合条件下形成煤层气富集高产区，同时构造抬升作用还可以使封盖条件破坏，造成原先富集的煤层气散失，根据放射性同位素计算研究区煤储层中地层水的年龄，为现今到18.5Ma，此时间表明了地表水渗入煤储层的时间范围。此阶段中，由于构造抬升和地表水的渗入，导致游离的煤层气散失。随着构造抬升的持续和地表水不断渗入煤储层中，煤储层的孔裂隙被大量渗入的地表水占据，造成游离气大量散失，同时现今大气降水的注入与古大气降水共同组成了当前的煤层水系统，现今大气降水的持续注入保持了一定的流体压力和水位稳定，形成水动力流体封闭，有利于吸附态的煤层气的保存。

通过上述对中高煤阶煤层气富集高产区（以沁水南部和韩城地区为主）煤层气的生成、赋存和改造过程的研究，可以总结煤层气的富集过程（图1.40）。石炭纪、二叠纪到

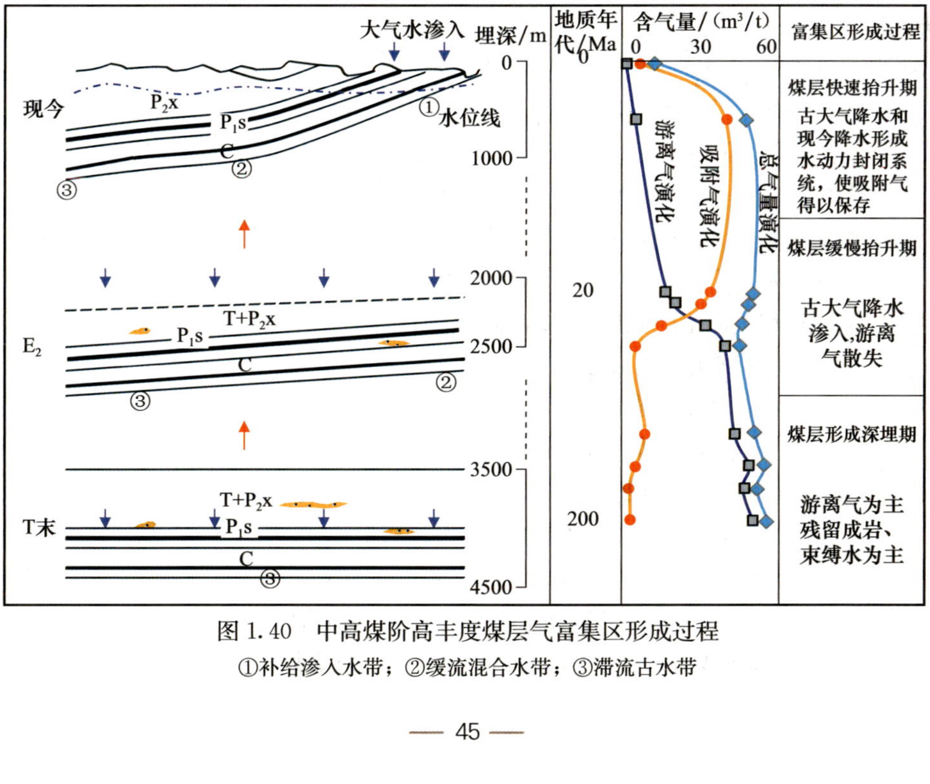

图1.40 中高煤阶高丰度煤层气富集区形成过程

①补给渗入水带；②缓流混合水带；③滞流古水带

晚白垩纪，在埋深和热力等作用下热成因煤层气大量生成，此时煤层气满足煤储层自身少量的吸附后，主要以游离态赋存在煤储层的孔隙中，煤层气富集高产区处于滞留古水带；由于构造抬升和地表水的渗入，游离气开始散失，同时吸附气含量相对增加；持续的抬升作用使煤储层部分出露地表或埋藏较浅容易接受地表水的补给，与古大气降水形成现在的煤层水系统，游离气散失殆尽，同时大气降水注入保压作用使吸附态煤层气保存。

第四节　中高煤阶煤层气富集高产区形成模式

在地质条件下，煤层的含气量和渗透率这两个参数变化趋势往往不一致，两者优势耦合关系控制了煤层气产量，即高含气量和高渗透率叠合区控制了煤层气的富集与高产。根据国内外典型盆地煤层气地质解剖、物理模拟实验和地质数据统计，可以建立我国煤层渗透率与含气量耦合关系控制煤层气产量的中高煤阶煤层气富集高产区的三种模式：斜坡区含气量和渗透率优势叠合富集高产模式、脆韧性变形过渡带煤层气富集高产模式和富集区相对构造高部位高产模式。

一、斜坡区含气量和渗透率优势叠合富集高产模式

（一）地质特征

斜坡带是大型沉积盆地煤层气富集区的主要类型，鄂尔多斯盆地韩城富集区位于盆地东缘韩城地区的南部，处于龙亭构造带附近，为一向西倾的单斜构造，由浅部到深部依次钻 HS5 井、HS10 井、WLC08 井和 HS4 井（图 1.41），其中在浅部的 HS5 井目前没有煤层气产量，主要是由于煤储层含气量低；在深部的 HS4 井，煤层气产量仅为 $66m^3/d$，是由于含气量和渗透率组合较差；而位于斜坡中部的 WLC08 井和 HS10 井煤

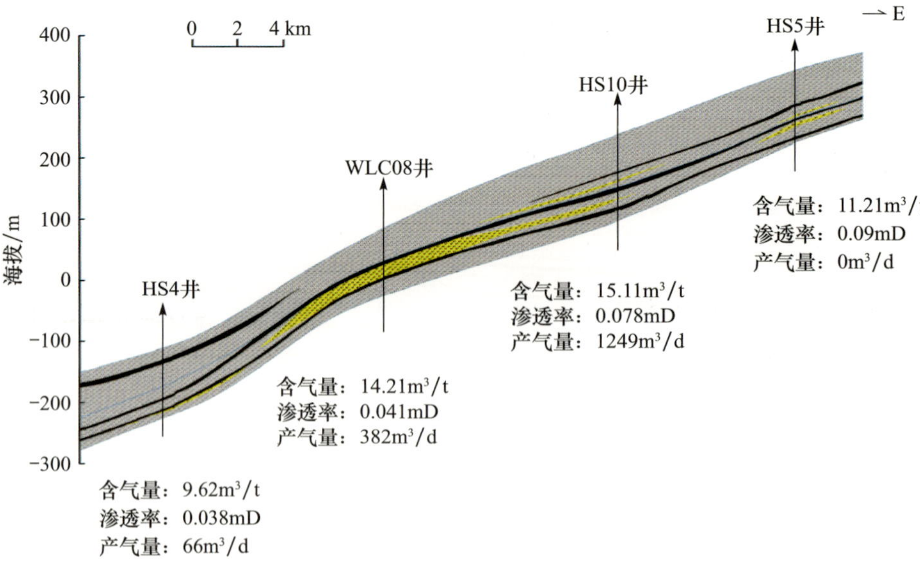

图 1.41　鄂尔多斯盆地东缘斜坡韩城煤层气富集区东西向剖面

层气产量相对较高，最高的为 HS10 井，煤层气产量超过 1000m^3/d，这两口井所处的煤层含气量和渗透率的匹配具有一定的优势。这说明，煤层气高产井多分布在斜坡区的中部，该区域煤层的地质特征均是渗透率和含气量较高，且深度不是太大的地方，推测在深度方向上可能存在一个渗透率和含气量优势叠合带控制了煤层气的富集和高产。

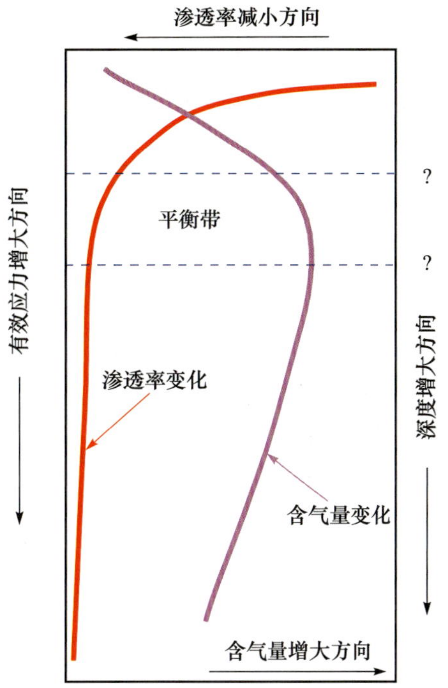

图 1.42 煤层含气量和渗透率平衡带概念模型

地质条件下，随着埋藏深度的增加，含气量逐渐增加，当埋深增加到某一深度时，受温度和压力综合作用结果，含气量变为减少的趋势，而煤层的渗透率却随深度的增加呈指数下降。煤层气富集高产区形成于含气量和渗透率的优势耦合区域（图 1.42），在这个平衡带内煤层气高丰度富集和高产，确定含气量和渗透率优势叠合带作用区的界限是研究缓斜坡煤层气富集高产区煤层气富集关键。

针对含气量和渗透率优势叠合控制富集高产区这一推断，对我国沁水盆地南部和鄂尔多斯盆地东缘富集区的煤层气井大量的地质分析和生产数据进行统计。通过统计发现，随着深度的增加，煤层气井的产量和含气量均表现为由增加到减小的趋势，而煤层渗透率呈指数降低的规律。沁水盆地南部煤层气井日产量大于 2000m^3/d 的主力煤层深度多分布于 200～1700m，由煤层在此埋藏深度的最小值可以推测出高丰度富集所需要含气量的下限值为 8m^3/t，由煤层埋深的最大值可以推出渗透率下限值为 0.2mD（图 1.43）；鄂尔多斯盆地东缘煤层气井单井日产气量大于 2000m^3/d 的煤层深度多分布于 300～1800m，根据含气量与深度的关系，高产井煤层深度的最小值可以确定出含气量的下限值 8m^3/t，煤层埋深的最大深度值可以在渗透率与深度的关系曲线上确定出渗透率的下限值为 0.2mD（图 1.44）。

（二） 物理模拟

为了验证含气量和渗透率优势叠合作用对富集高产的影响，设计物理模拟实验来模拟缓斜坡不同煤层部位渗透率煤层所对应的含气量和产气量的变化。根据实际地质条件的分析，实验原理分别模拟缓斜坡煤层不同五个构造部位的地质特征，包括上覆压力、流体压力和温度等参数，对比每个部分煤层的产气量和含气量。在实验过程中，为了排除煤层非均质性对实验结果的影响，将研究区的目的煤层的样品钻取了一块直径为 2.5cm、长度为 4.3cm 的煤心，利用同一个煤心分别模拟不同构造部位的样品，对应五个构造部位模拟五个样品点，各点实验边界参数如表 1.9 所示。

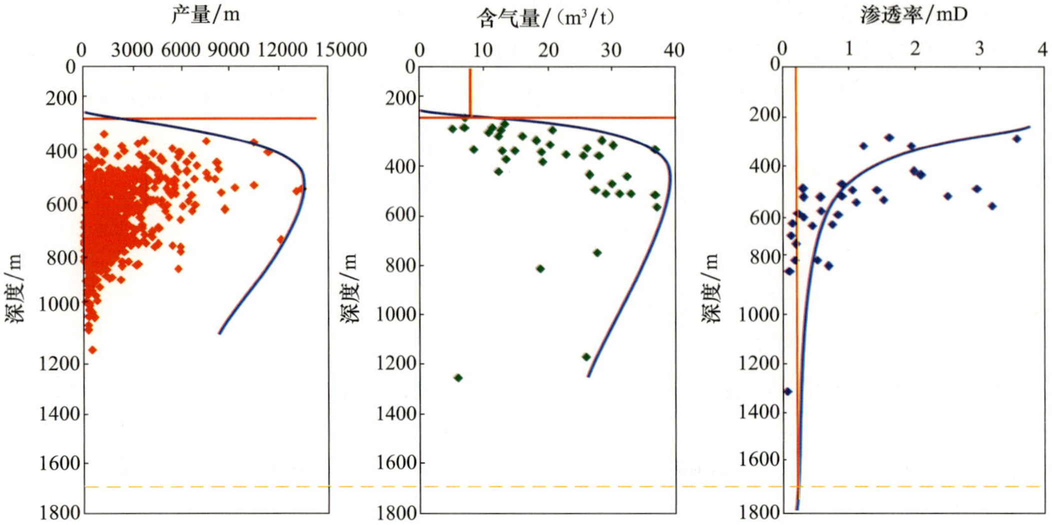

图 1.43　沁水盆地南部煤层气井产量、含气量和渗透率与深度关系

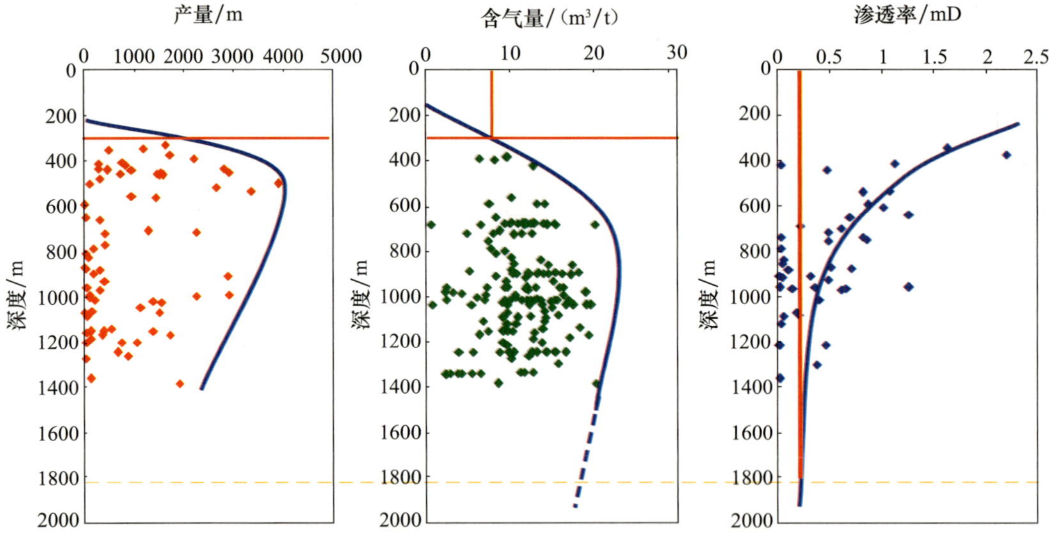

图 1.44　鄂尔多斯盆地东缘煤层气井产量、含气量和渗透率与深度关系

表 1.9　模拟实验各部分参数设置

样品点	温度/℃	围压/MPa	流体压力/MPa	回压/MPa	平衡时间/h
1	21	5	2	2	24
2	26	10	4	4	24
3	33	15	6	6	24
4	39	20	8	8	24
5	45	25	10	10	24

通过记录和分析物理模拟实验的结果（图 1.45），煤层在不同围压控制下，渗透率先迅速减小后逐渐降低，从 1～5 号样品点的渗透率变化曲线可以看出，在样品点 2 附近出现渗透率拐点（渗透率由迅速降低到缓慢降低的点），如果假设压力梯度为 1MPa/100m，那么实际煤层所对应的深度为 400～600m。实验的含气量结果表现为从 1～5 号样品点逐渐增加，增加趋势为先迅速增加后平缓增加或者保持不变，含气量由快速增加到缓慢增加的转折点出现在样品点 3 附近，其对应的深度为 600m 左右（压力梯度为 1MPa/100m），而产气量的变化却是先增加后减少，产气量变化的拐点在样品 3 处，即此拐点之前样品产气量增加，之后降低，因此在拐点处产气量为最大值，所对应的深度为 600m 左右，正好是渗透率和含气量拐点出现的范围，该范围的含气量和渗透率的耦合作用造就了煤层气的高产。物理模拟实验的结果与实际地质现象和统计数据相吻合，也证实了煤层的含气量和渗透率的变化存在耦合作用，并在两者的平衡叠合带处两者对煤层气产量的贡献发挥的最大，有利于该区域的煤层气井高产。

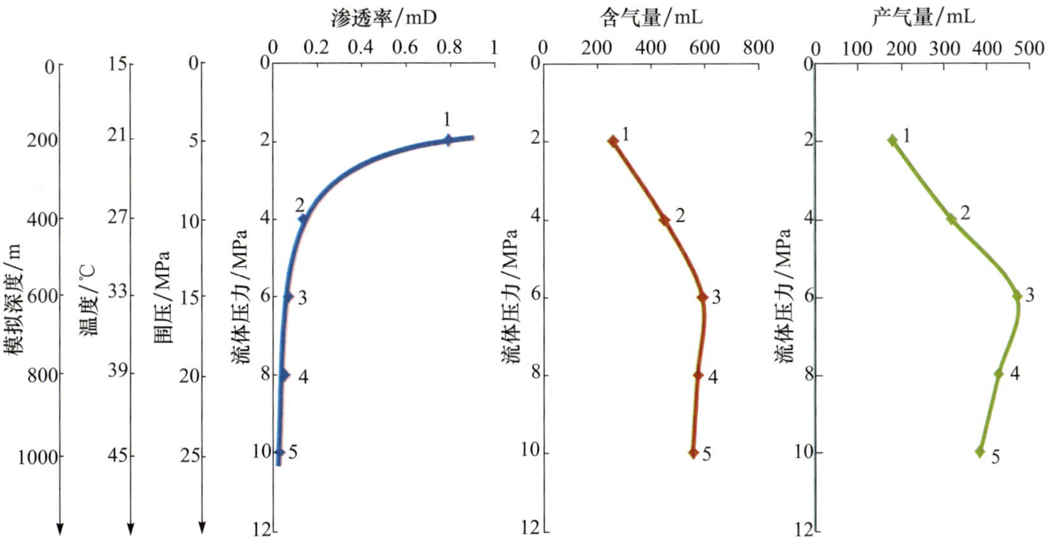

图 1.45 物理模拟实验结果

（三） 富集高产模式

实际地质资料统计和物理模拟实验均证明斜坡带含气量和渗透率优势叠合控制富集高产区，从而建立了含气量和渗透率优势叠合带富集高产地质模式（图 1.46），含气量和渗透率耦合作用控制了斜坡区煤层气的富集高产，煤层含气量大于 $8m^3/t$、渗透率大于 0.2mD 是优势叠合带的参数下限，但不同地区埋深范围有所不同。沁水盆地南部含气量和渗透率的优势带为 200～1700m，鄂尔多斯盆地东缘为 300～1800m，优势带内含气量和渗透率对煤层气富集和高产的影响达到最佳。我国沁水盆地南部樊庄地区和鄂尔多斯盆地韩城地区属于此类型的富集高产区。

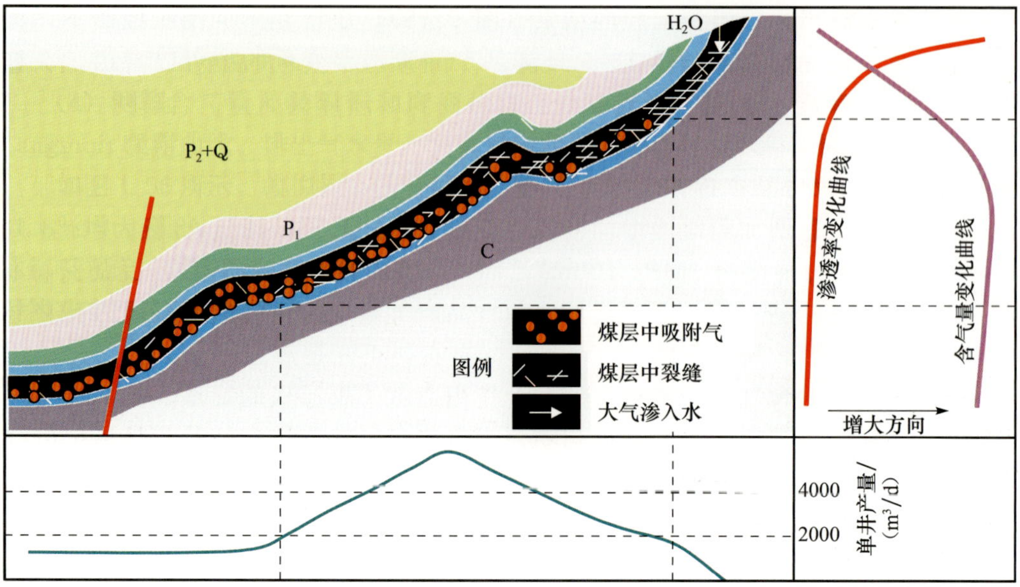

图 1.46　斜坡区含气量和渗透率优势叠合带富集高产模式

煤层气高产井的分布具有一定的规律，多分布在斜坡区的中部，该区域煤层的地质特征均是渗透率和含气量较高，且深度不是太大的地方，推测在深度方向上可能存在一个渗透率和含气量优势叠合带控制着煤层气的富集和高产。

二、脆-韧性变形过渡带煤层气富集高产模式

（一） 地质特征

不同的构造变形机制、变形程度及变形类型会对煤储层的孔隙-裂隙系统产生影响，并通过孔隙-裂隙系统影响煤储层的吸附、扩散和渗流特征，进而制约煤储层的富集性及渗透性。

华北含煤盆地在多期构造作用下，含煤盆地内的煤层和煤系发生了不同程度的抬升剥蚀、沉降深埋和褶皱断裂，形成分割的含煤区块。其中，两淮地区在石炭二叠纪含煤岩系形成之后，经过挤压—推覆—叠置—变深—拆离—变浅等一系列构造作用最终形成逆冲推覆构造系统，以致含煤岩系多次发生形变，形成了褶皱、断裂等各种形变迹象。两淮地区主要控煤构造为叠瓦扇逆冲断层构造，它造成大范围、大幅度升降运动，控制和影响褶皱及滑脱构造，使煤层埋深增加，构造煤普遍发育。

在淮北宿县煤田中，西寺坡断层东西煤层变形不同，西寺坡断层以东芦岭矿区，煤储层以韧性变形煤为主，煤层渗透率低，但含气量较高（表 1.10）；西寺坡断层以西桃园矿区煤储层以脆韧性叠加变形为主，煤层不仅具有较高的含气饱和度，还具有较大的渗透率。整体上以脆韧性叠加变形为主的煤储层，其含气性和渗透性较好，煤层气富集高渗，更有利于煤层气的经济开采。

表 1.10 淮北宿县煤层气井测试数据与含气量和饱和度计算结果表（据徐磊等，2002；王文峰等，2002）

井号	煤层	矿区	变形类型	深度/m	Langmuir 压力/MPa	Langmuir 体积/(m^3/t)	储层压力/MPa	实测含气量/(m^3/t)	含气饱和度/%	渗透率/mD
CQ5 井	9	芦岭矿区	韧性变形煤为主	623	2.44	19.00	4.83	12.49	94	0.46
CQ4 井	7	桃园矿区	脆韧性变形煤为主	650	4.01	11.10	4.41	5.45	97	0.70～3.20

（二） 物理模拟

为验证脆、韧性变形对煤储层的含气性、渗透率确实存在重要影响作用，特设计一组煤岩变形实验及孔渗性测试，分别在中国地震局地质研究所地震动力学国家重点实验室及中国石油勘探开发研究院廊坊分院进行。

实验样品采自沁水盆地南部寺河煤矿二叠系山西组的无烟煤（$R_{o,max}=2.67\%$），样品原生结构保存完好，层理清晰可见，受构造变形影响较小。实验共进行 10 组样品，为了减少实验测试时间，该温压变形实验采用了较高的温度、压力，个别样品添加了流体压力，具体实验测试条件见表 1.11。

表 1.11 高温高压变形实验具体测试条件

样品编号	镜质组反射率/%	实验编号	温度/℃	围压/MPa	应变速率/s^{-1}	是否加孔隙水压
SH-11	2.67	SH-11-1	300	70	10^{-4}	否
		SH-11-2	400	70	10^{-6}～10^{-4}	17MPa
		SH-11-3	400	70	10^{-6}～10^{-4}	否
		SH-11-4	350	70	10^{-5}	否
		SH-11-5	300	70	10^{-5}	否
		SH-11-6	300	90	10^{-5}	否
		SH-11-7	350	90	10^{-5}	否
		SH-11-8	350	70	10^{-5}	否
		SH-11-9	400	70	10^{-5}	否
		SH-11-10	350	70	10^{-5}	10MPa

实验测试中共出现脆性变形 7 组、脆韧性叠加变形 2 组、韧性变形 1 组（图 1.47）。挑选代表性样品进行孔渗性测试和扫描电镜观测，并进行分析。

对该组高温高压实验结果进行分析，并以代表性样品为例进行说明，该组实验结果整体上可以划分为以下三类。

（1）当温度 $T<300$℃，不论围压、轴压、应变速率怎么变化，均以脆性变形为主；相应的应力-应变曲线上出现强烈的应变强化，并且出现明显的压力降（图 1.48）。实验前后样品变形明显，变形后渗透率较大，但孔隙比表面积变化不大，显示吸附能力较弱，含气性差（表 1.12）。

（2）当温度 300℃$<T<$400℃，围压为 70MPa，轴压为 140MPa 时，样品（SH-11-04）发生脆、韧性叠加变形，即先出现脆性剪切破裂，后出现稳态韧性流动，再出现半

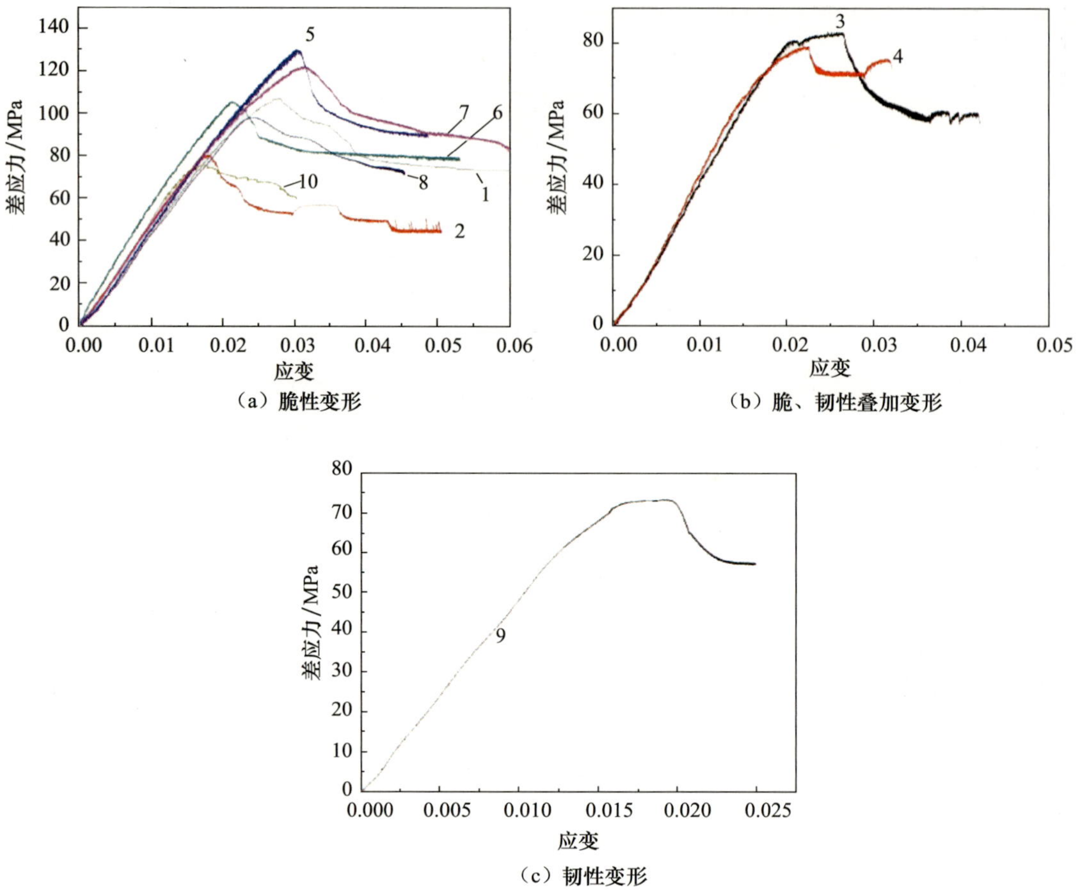

（a）脆性变形　（b）脆、韧性叠加变形　（c）韧性变形

图 1.47　高温高压实验结果分类统计

图中 1～10 表示样品号

脆性剪切破裂/半脆性流动。应力-应变曲线出现明显的稳态韧性流动特征（图 1.48），即应力-应变曲线超过屈服点后差应力趋于平稳，不再随应变增加而增大；改变应变速率后应力-应变曲线略有回升。实验前后样品变形明显，样品变形以脆、韧性叠加变形为主，微破裂增多，单向拉长与定向，并出现塑性揉皱。实验后样品渗透率和孔隙比表面积均有增大趋势（表 1.12）。

（3）当温度 T=400℃，围压为 70MPa，轴压为 145MPa 时；样品（SH-11-09）发生显著韧性变形，且局部含脆性微破裂。应力-应变曲线具有典型的稳态塑性流变特征，即在应力-应变曲线超过屈服点后差应力趋于平稳，不再随应变增加而增大，改变应变速率后，仍趋于平稳（应变软化）（图 1.48）。实验前后样品变形明显，样品变形以韧性变形为主，局部含脆性微破裂，并出现明显的塑性流动褶皱，局部出现揉皱流动及扭折。实验后样品渗透率降低，但孔隙比表面积增大（表 1.12）。

从以上实验可以看出，脆韧性变形煤相对韧性变形煤而言具有较高的渗透性，相对脆性变形煤而言又具有较大的吸附能力，其渗透性和含气性匹配较好，是煤层气富集高产的煤变形类型。

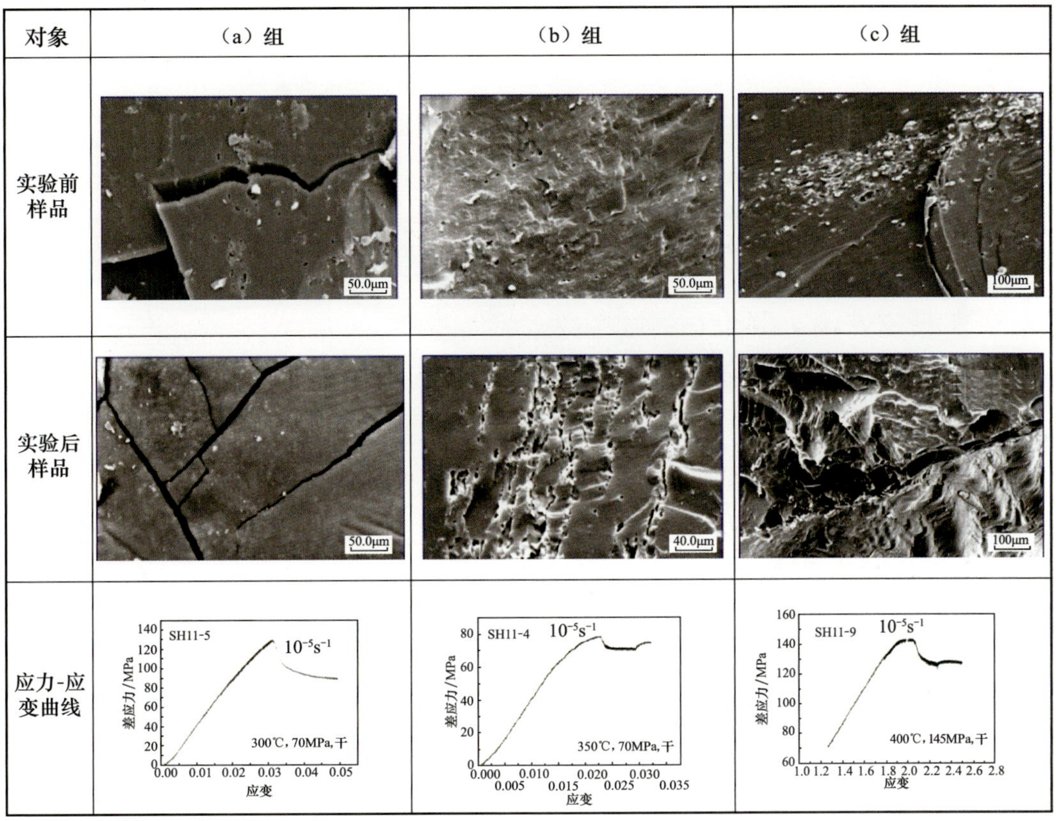

图 1.48　代表性煤岩样品实验前后微观变形特征（扫描电镜）及其对应的应力-应变曲线

表 1.12　代表性样品实验前后孔、渗性特征对比

实验	样品号	变形类型	孔隙度/%	平均孔径/nm	比表面积/(m^2/g)	渗透率/mD
实验前	SH-11-01	原生结构	6.10	17.93	0.28	0.086
实验后	SH-11-05	脆性变形	11.10	20.99	0.21	3.660
	SH-11-04	脆、韧性叠加变形	5.70	2.46	3.04	1.067
	SH-11-09	韧性变形	8.40	3.12	61.45	0.027

（三） 富集高产模式

不论是物理模拟实验数据分析还是淮北煤田实例数据统计分析，都可以发现经历脆、韧性叠加变形的煤样，渗透率和含气量配置最好，最有利于煤层气经济开采。因此，可以认为在煤储层脆韧性变形过渡带煤层气相对富集高渗，进而认为存在煤储层脆韧性变形过渡带煤层气富集高产模式（图 1.49）。

含煤盆地在构造演化过程中，煤储层受到挤压作用影响，含煤层系会逐渐形成褶皱系统，并且随着煤储层受挤压和剪切作用的增强，会沿挤压运动方向形成逆冲构造，煤岩多韧性变形；断层附近煤层气逸散，含量降低，渗透性较好。断层夹持的中间区域，

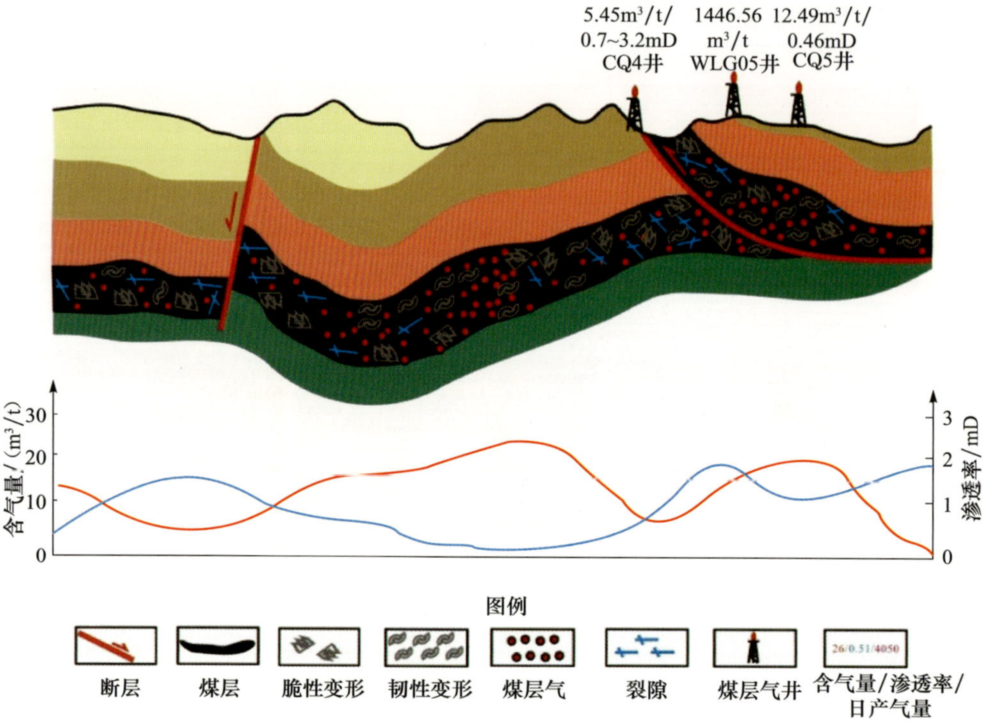

图 1.49 脆、韧性变形过渡带富集高渗模式示意图

常形成宽缓褶皱区，其中，背斜轴部区域以张性作用为主，形成脆性变形煤；向斜核部以挤压应力为主，形成韧性变形煤；向斜、背斜翼部，煤岩多以脆性、韧性变形为主；煤储层含气性自核部向翼部降低，渗透性自核部向翼部增大。脆-韧性叠加变形模式多在褶皱系统和复杂褶皱系统中起到控制煤储层物性的关键性作用，因此脆-韧性叠加变形的区域含气量和渗透率的匹配要好于以脆性变形为主或以韧性变形为主的区域，并形成具有高产意义的煤层气富集区。

三、富集区相对构造高部位高产模式

（一） 地质特征

沁水盆地南部总体上为一宽缓的斜坡带，区内褶皱、断层较为发育，煤层含气量总体上较高，平均为 10～25m^3/t，区内樊庄、潘庄、郑庄已初步实现规模开发，通过大量的实例证明，在含气量差不多的情况下，构造不同部位产气差别较大，表现为相对构造高部位煤层气高产。在南部固县井组，断层两侧含气量相当，但东侧高部位单井产量是断层西侧低部位单井产量的 10 倍以上，在断块上盘的构造高点（交叉断层上倾部位）气富水贫，单井日产气 3000～6573m^3；而在断块形成地堑，即断槽内气贫水富（图 1.50），投产 4 口井均未见气，单井日产水 6～10m^3，开采 4 年基本维持原状。在樊庄区块蒲池井组，高部位区初期单井产气量高、产水少；低部位区则相反（图 1.51，表 1.13），以构造高点 PN1-4 井和构造翼部 PN2-5 井为例，PN1-4 井煤层埋深为 673m，2006 年 10 月 27 日投产，最高日产气 2900m³，目前日产气 1641m³，日产水少于 0.1m³；PN2-5 井平均日产水 10m³ 左右，日产气平均仅 200m³ 左右（图 1.52、图 1.53）。

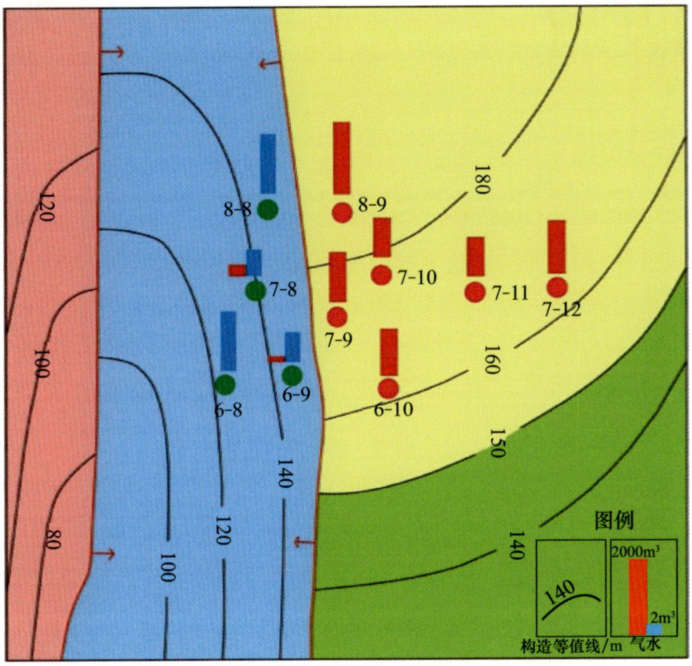

图 1.50　固县井组构造图

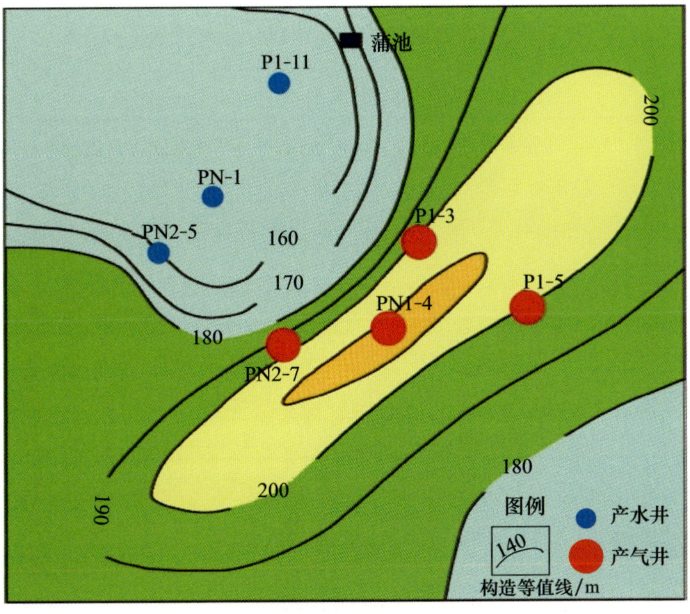

图 1.51　蒲池井组煤层气开发特征图

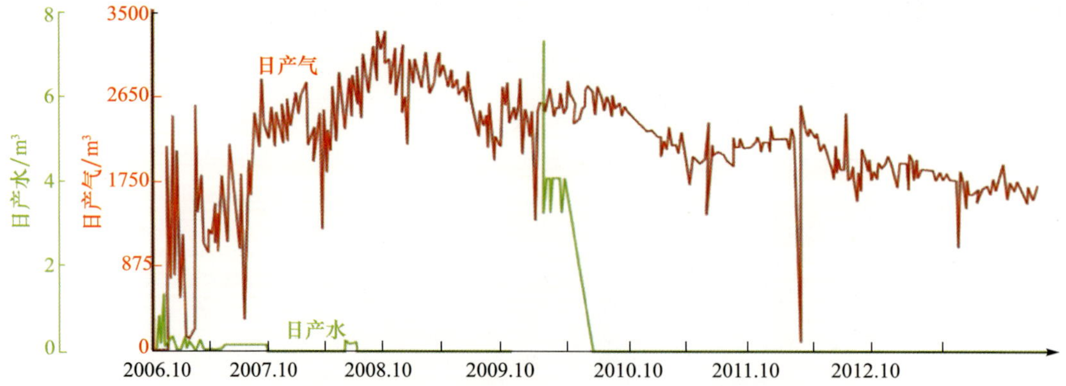

图 1.52　蒲池井组构造高点 PN1-4 井排采曲线

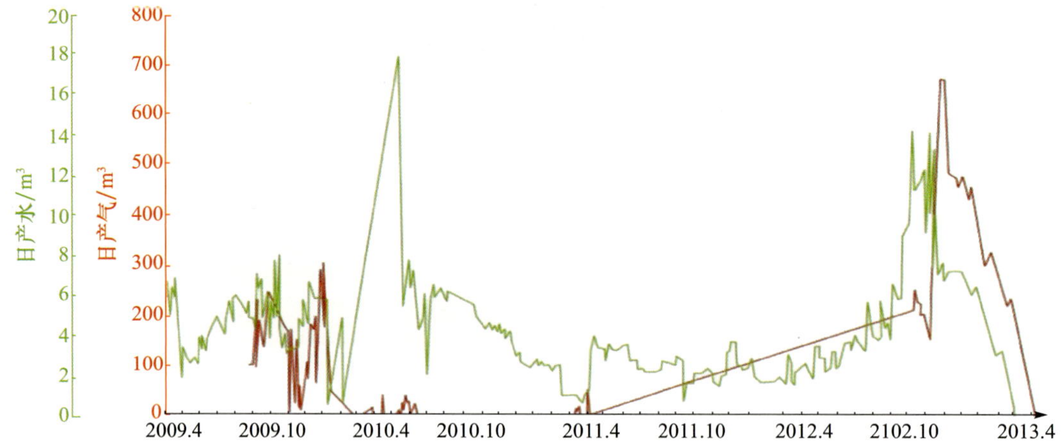

图 1.53　蒲池井组构造翼部 PN2-5 井排采曲线

表 1.13　蒲池井组煤层气井气水产量统计表

井号	煤顶海拔/m	日产气/m³	日产水/m³
PN1-4 井	210	2208/1641	0/0.1
P1-3 井	195	4731/3172	0.5/0
PN2-7 井	186	4452/3460	0.3/0.1
P1-5 井	204	2933/1777	0.2/0.1
P1-11 井	146	0/0	24/7.6
PN-1 井	141	130/1402	12/10.2
PN2-5 井	147	200/0	6.1/1.2
HP1-10 井	170	375/214	11.7/0.9

注：斜杠前数据为平均日产量，斜杠后数据为当时日产量。

（二）物理模拟

构造调整降压富集，相对构造高部位饱和度高。富集区内，构造抬升幅度较小，未造成煤层气大量散失，同时由于储层压力下降，吸附能力降低，相应吸附饱和度增高

(图 1.54、图 1.55)。通过开展模拟实验表明，构造调整，储层压力降低，吸附饱和度增高。

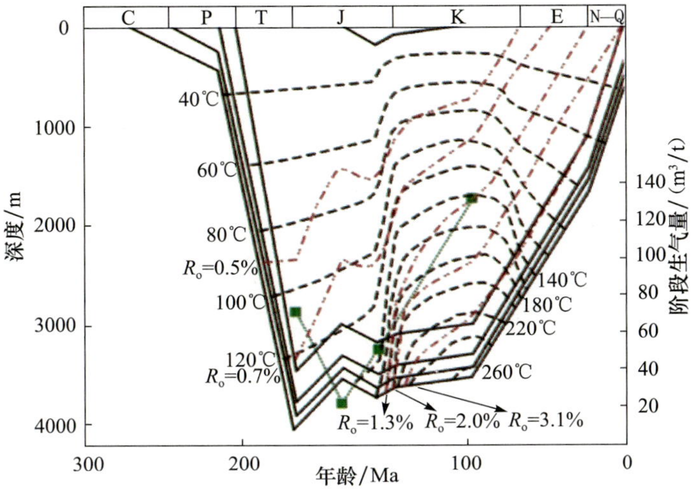

图 1.54 沁南构造演化图

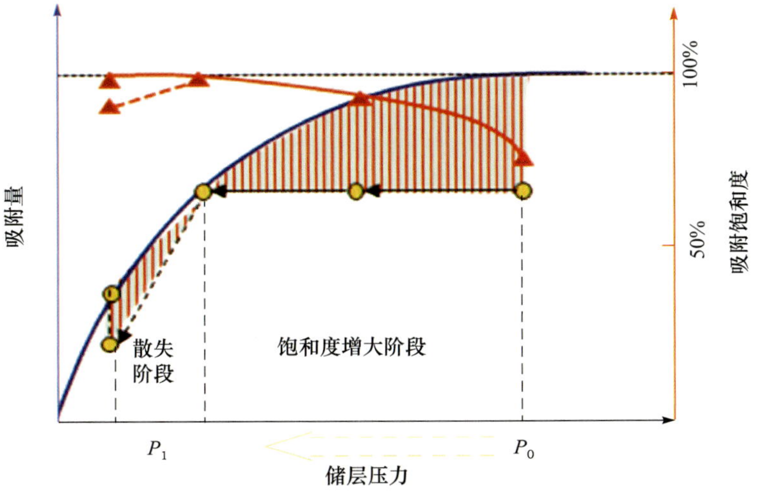

图 1.55 煤岩吸附饱和度演化图

利用自主研发的煤层气成藏模拟仪，在构建不饱和煤层气藏基础上，通过改变流体压力的方式模拟构造抬升过程，分析对吸附饱和度的影响，实验过程如下。

(1) 测量自由空间体积。装载煤心样品，施加围压，保持参考罐和样品仓连通，抽真空后注入 P_1 压力的氦气至参考罐，1min 后连通样品仓并平衡 10min 记录平衡压力 P_1 并排气；将已知体积钢球放置于参考罐，二次抽真空后注入 P_2 压力的 He 至参考罐，1min 后连通样品仓，平衡 10min 记录平衡压力 P_2，计算得到的自由空间体积。

(2) 构建不饱和煤层气藏。根据自由空间体积和 Langmuir 公式计算所需气压，向样品仓注气，平衡 12h 后记录压力；再向样品仓注水至设计压力并稳定 12h。

（3）改变流体压力。先后降低流体压力和围压至设计压力，测量出口端排出的气水量（有气体产出即说明吸附已达饱和），平衡 2h 后记录样品罐压力。

（4）测算含气量及吸附饱和度变化。逐步降低流体压力，采集气水产量，根据 Langmuir 吸附曲线、排出气水量，计算对应状态下的含气量和吸附饱和度。

如图 1.56 所示，模拟构造抬升过程，储层压力由 9MPa 降至 7MPa，吸附饱和度由 81.8%增大到 89.1%，含气量不变，为 17.25m^3/t；储层压力继续降至 5MPa，出现气体解吸现象，吸附饱和度达到 100%，含气量降低，为 16.67m^3/t。证实在含气区的相对构造高部位吸附饱和度高。

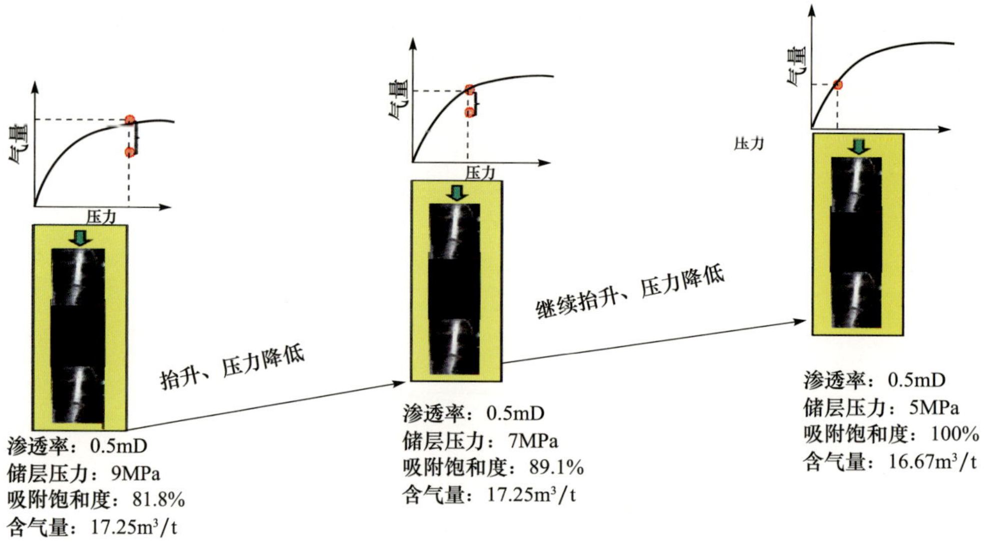

图 1.56　吸附饱和度变化图

富集区相对构造高部位裂隙比较发育且有效应力小，渗透率高。轴部煤层为应力释放区，张裂缝发育，渗透率高。大宁-吉县地区煤层气井宏观煤岩观测表明，构造高部位井的煤岩割理发育，渗透率高，低部位井的煤岩割理不发育，渗透率低（表 1.14、表 1.15）。由于构造高部位和浅部井上覆地层压力小，有效应力低，渗透率高，均大于 1.2mD；低部位渗透率低，均小于 0.5mD。

表 1.14　大宁-吉县煤岩割理统计表

部位	井号	煤层	面割理				端割理		
			条/5cm	高度/cm	宽度	矿物充	条/5cm	宽度	矿物充填
构造高部位	吉试 1 井	8	16～27	0.3～1.5	0.1	无	12～14	0.1	无
	吉试 4 井	5	20～22	0.1～0.4	0.1		16～17	0.1	
		8	15～19	0.2～0.5	0.1	充填	13～17	0.1	充填
	吉试 5 井	5	16～20	0.2～0.4	0.1	无	13～18	0.1	无
		8	18	0.3～0.5	0.1	充填	14	0.1	充填
构造低部位	吉试 10 井	5	12	0.1～0.2	0.1	部分充填	11	0.1	部分充填

表 1.15 大宁-吉县地区煤层渗透率注入压降测试结果表

部位	井名	煤层号	渗透率/$10^{-3}\mu m^2$
构造高部位	吉试 1 井	5 号	1.2
	吉试 4 井	5 号	42.86
埋深浅部井	701 井	8 号	4.3
	702 井	5 号	6.65
		8 号	3.87
低部位	吉试 3 井	8 号	0.1
	吉试 14 井	5 号	0.49

实验表明，有效应力与局部构造部位呈镜像关系，随着有效围压的增加，相对渗透率呈指数降低（图 1.57）；同时，渗透率随埋深增加而降低（图 1.58）。

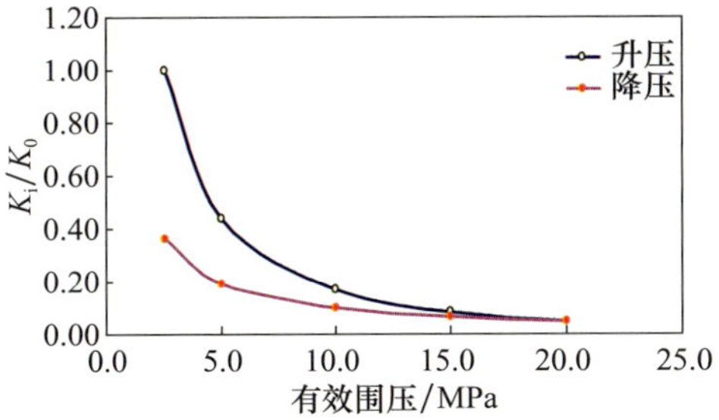

图 1.57 有效围压与渗透率关系图

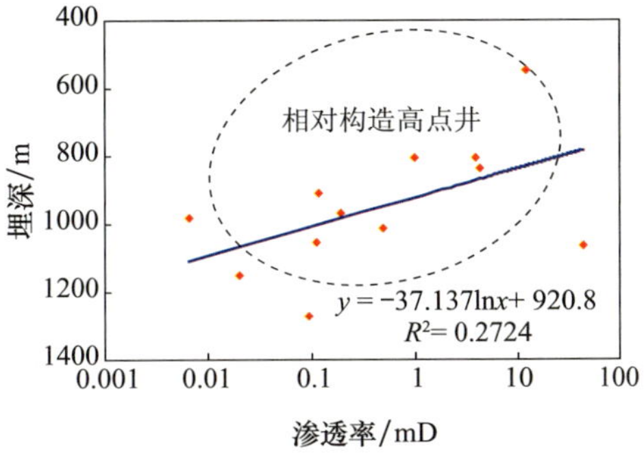

图 1.58 埋深与渗透率关系图

模拟实验表明，煤层气井排采过程中，气水差异流向，相对构造高部位气多水少、低部位气少水多。

将同一煤样缩分成 A、B 两份样品，分别模拟同一煤层气压力系统的不同构造部位：样品 A 位于低位样品仓，用于模拟构造相对低部位；样品 B 则位于高位样品仓，模拟构造相对高部位，二者高程相差 1m 左右。通过调整系统结构，增加同压串联控制等，实验过程如下：①样品初始化，首先将煤样缩分成 A、B 两份，分别装入高低样品仓，并对管路系统抽真空；②注气吸附，再注入 CO_2 气体至设定压力，平衡 12h；③构建不饱和煤层气藏，注水至设定压力，至少稳定 24h，观测样品压力变化，直至系统达到平衡；④模拟排采，用同一回压控制高低样品仓出口压力，实现同步排采，分别记录气水产量。

实验结果表明，相对高部位产气早，易排采；相对高部位气大水小、相对低部位气小水大，证实存在“气水差异导流”现象。

构造相对高部位经历了较多压力释放，造成吸附饱和度高，易于解吸，故产气早。如图 1.59 所示，当出口压力降至 2.5MPa 时，相对构造高部位开始产气，此时低部位尚没有气产出；当压力降至 2.2MPa，低部位才开始见气。

不同降压阶段，相对高部位产气量均大于同期低部位，同时，低部位水产量均大于高部位（图 1.60）。水主要受控于重力作用，向低部位聚集，表现出低部位产水泄压为

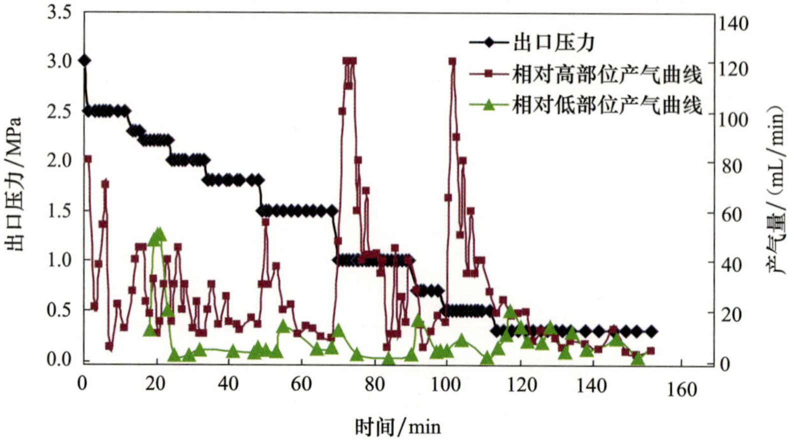

图 1.59　产气曲线对比图

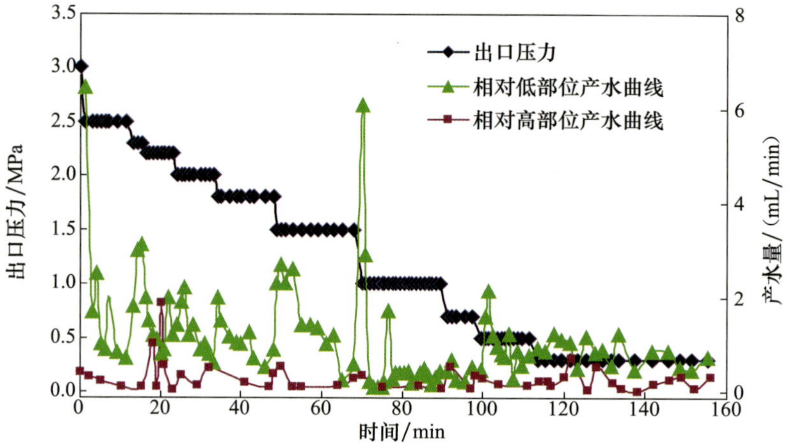

图 1.60　产水曲线对比图

主、产气次之；而解吸气泡则主要受控于浮力作用，易沿上倾方向流向高部位聚集，表现出高部位产气为主、产水次之。

(5) 相对高部位累积产气多、累积产水少，相对低部位则相反，证实“气水差异导流”存在于整个排采期。

如图 1.61、图 1.62 所示，至降压结束（0.3MPa），相对高部位累计产气量始终高于低部位，相反累计产水量始终小于低部位。从实验过程看，“气水差异导流”导致的低部位主产水低部位主产气现象存在于整个排采期的不同降压阶段。

（三） 富集高产模式

相对构造高部位高产的前提是位于富集区，其高产机制可归纳为：富集区的构造高部位为应力释放区，微裂缝发育，且上覆地层压实作用弱，造成渗透率较高，煤层气易

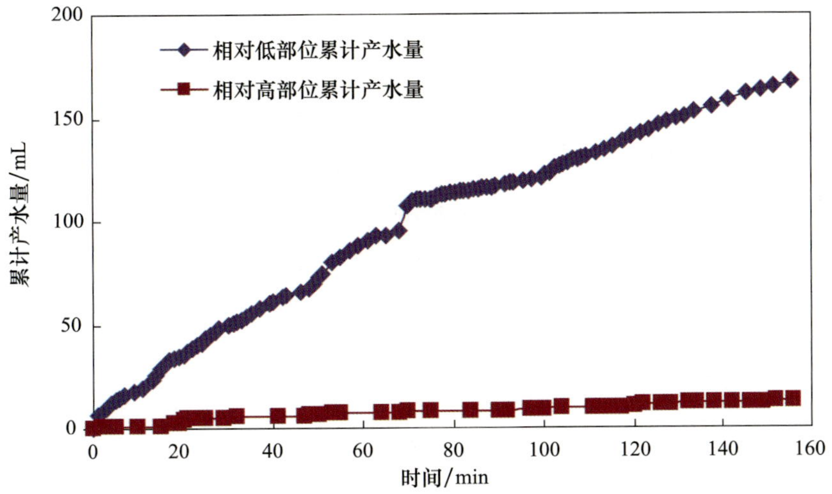

图 1.61 累计产水量对比图

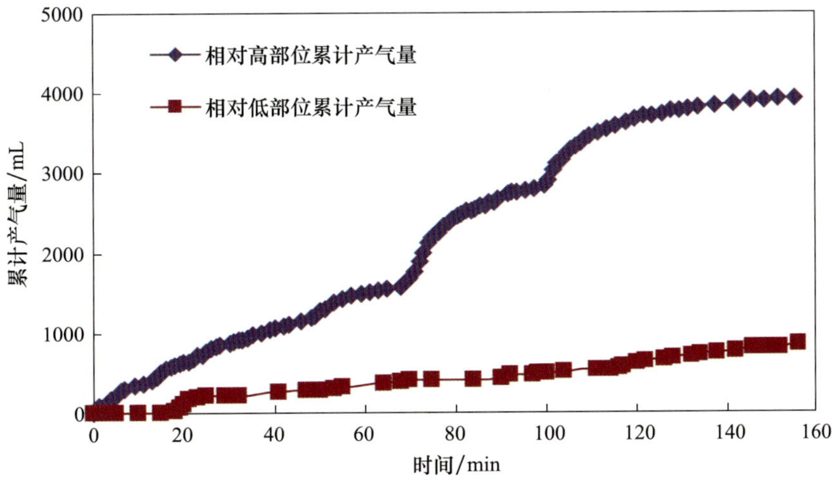

图 1.62 累计产气量对比图

产出；构造抬升引起的储层压力降低相当于煤层内自解吸，造成吸附饱和度增大；储层压力降至临界解吸压力之下，煤层气由吸附态变为游离态，水因重力作用易流向下倾方向，气因浮力作用易流向上倾构造相对高部位，使得相对构造高部位产量高。富集区相对构造高部位高产模式如图 1.63 所示。含煤盆地斜坡带复向斜部位，由于煤层埋深适中，煤层气相对富集；复向斜内部次级褶皱的相对构造高部位由于抬升应力释放微裂缝发育，且上覆地层压实作用弱，为相对高渗带，再者构造抬升导致储层压力降低，相当于储层内自排采过程，在保存条件好的区域易形成煤层气高吸附饱和带；“气上水下”排采动态地质效应的补给作用，致使其相对构造高部位产气早，产气量大而产水量少。

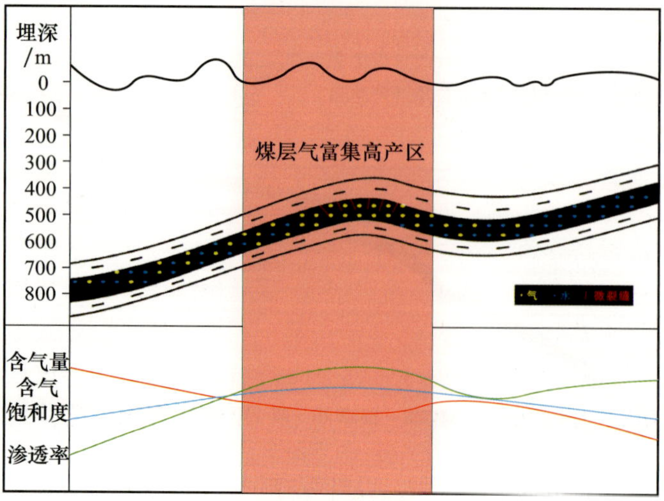

图 1.63　富集区相对构造高部位高产模式

第二章 煤层气富集高产区评价方法及应用

煤层气富集高产区具有丰富的资源条件和优越的开采条件。煤层气富集高产区的评价和优选不仅要考虑资源条件，同时还要考虑开采条件。煤层气富集高产区的形成受气源条件、储集条件和保存条件的约束。这些条件可以系统地归结为煤层几何形态、煤岩生烃能力、解吸与吸附常热、储层温压、含气量、煤岩渗透率、有效盖层、构造运动与水动力状态等。控制这些地质条件的地质因素有煤盆地沉积动力学过程、煤变质动力学环境、构造运动和煤系变形历程、有机质生气史、流体活动史。这些地质控制因素是错综复杂的，它们之间存在着相互影响、相互制约关系，单一因素或许对个别地区的高丰度煤层气富集区形成起到关键作用，而大多数煤层气富集高产区则是多种地质因素在时间和空间上有效配置的结果。

本章以高产区作为刻度区，从生产井产能入手，通过分析生产井产能与含气量、煤厚、渗透率、煤层吸附性能、储层压力（梯度）、水文地质条件、构造部位、埋深等诸多因素关系，确定影响煤层气富集的主控因素，利用非线性方法，结合产能模拟确定评价指标集及各指标权重，在高产区产能指标分析的基础上，建立中高阶煤盆地煤层气富集高产区科学合理的评价指标体系和评价方法，采用新的评价方法预测出沁水盆地南部和鄂尔多斯盆地东缘的典型地区两处富集高产区。相关理论与方法不仅能解决典型煤层气带的煤层气富集区分布规律和主控地质因素和评价指标，更能预测和寻找盆地内高丰度高产区块，从而有力地指导我国煤层气的勘探开发。

第一节 煤层气富集高产区评价指标体系

煤层气的分布受多种复杂因素的控制，不同地区、不同地质条件下煤层气富集程度和分布特征存在着明显差异。影响煤层气富集的基本地质条件或主控因素，已有众多论述，不同学者所使用的主控因素和因素划分级别也不同，部分学者（桂宝林，1999；张培河，2007）对有关煤层气富集的主控因素、富集区（有利区）评价参数选取等方面，虽有不同的参数，但是共性的因素有：煤厚、含气量、吸附性、储层压力、水文地质条件等。

根据煤层气形成和富集机理，在前人煤层气资源评价与有利区优选的基础上，基于产能分析，依据指标相关性、独立性和可操作性，筛选出煤层气富集高产区的全新评价指标体系，采用煤层气井产量与各个单因素的叠合分析方法，结合相关地质分析确定各个单因素的取值范围。

一、评价指标集及指标优化

在详细分析前人关于煤层气富集区研究成果的基础上，结合国内煤层气勘探开发的实际情况，系统归纳总结了煤层气富集高产区的影响因素，进而确定初步评价指标集（图 2.1）。该评价指标集是富集区评价的所有的指标集合，涵盖了影响煤层气富集的各个因素，但并不能体现出煤层气富集的主控因素，尤其是有针对性的评价实际区域时，众多的指标导致计算烦琐，加之所有评价指标的获取都有一定难度，并不能满足评价指标体系对简明性、可操作性及精度适应性的要求，因此有必要对其进行优化处理。

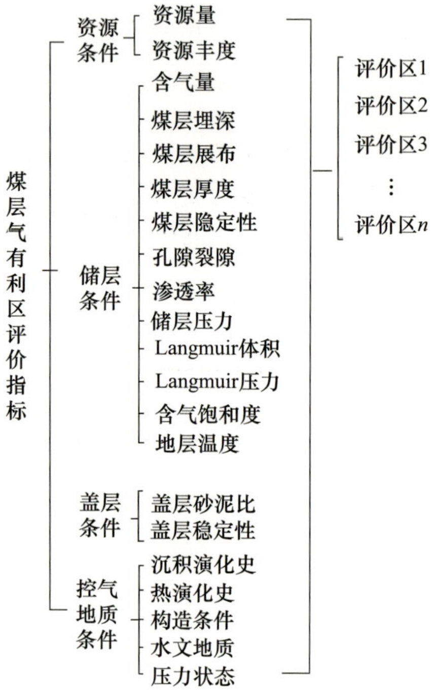

图 2.1　高丰度煤层气富集区影响因素

依据地质类比分析，煤层气评价选区的诸多因素中，以煤层的含气量与渗透率最为关键，在众多指标中，共性的指标有资源条件中的煤厚与含气量，开采条件中的渗透率。其余出现概率较高的指标分别是资源丰度、埋深、压力、水文地质、封盖性能和构造条件等。

此外，煤层气含量因素与煤岩灰分及煤层顶板（盖层）岩性、厚度、连续性等相关性极高（田文广等，2010），因此在后期的评价中含气量因素，即可表达或大部分表达灰分、直接顶板岩性、厚度因素的作用等也考虑进去。在此基础上，采用主成分分析法、相关分析法等统计学方法对影响煤层气藏富集的定性因素与定量因素进行数学分析，从中找出对煤层气直井产量影响较为显著的因素，建立相应的评价体系，并对煤层气产能进行预测。

本书评价所用参数包括定量参数和定性参数。定量参数型数据（如煤层厚度、含气量、埋深等）采用实际数据，对部分无实际数据的区域，主要根据参数之间的相关关系利用数学统计法求得，或在相应的参数平面等值线图中求得。定性参数（如水文地质条件等）取值原则上根据各单元已有地质资料和研究成果，经分析、综合和比较而确定。

（一）采用相关分析法确定相对独立指标

相关分析法是计算因素间相关性的方法，可用来对因素的重复性进行检验。各因素与目标因素的相关性越高则评价体系中两因素的重复性越高，同时增加评价指标体系的繁杂程度与评价难度。

相关分析法的理论基础是概率论，在计算因素间的相关关系方面有较大的可靠性。同时，由于它是对因素间阵列的比较，能较好地解决数据初值化改变原有联系的问题（孔兰，2008）。同灰色关联分析法相比较，相关分析法具有更加完整的理论和计算公式，但是该方法要求有一定的数据量，同时计算过程也比灰色关联分析法复杂（陈祖安和伍向阳，2001）。相关分析法的计算公式为

$$r(x_0, x_i)=\frac{\sum_{i=1}^{n}(x_i-\bar{x})(y_i-\bar{y})}{\sqrt{\sum_{i=1}^{n}(x_i-\bar{x})^2}\sqrt{\sum_{i=1}^{n}(y_i-\bar{y})^2}} \tag{2.1}$$

式中，$\bar{x}$ 和 $\bar{y}$ 分别表示两个样本数列的平均值。$r(x_0, x_i)$ 为两要素之间相关程度的统计指标，其值在 [−1,1] 区间内，$r(x_0, x_i)$ 大于 0 时表现为正相关关系，小于 0 时表现为负相关关系。$r(x_0, x_i)$ 的绝对值越接近 1，两要素的关系越密切；越接近 0，两要素的关系越不密切。

选取煤层含气量作为检验目标，对煤层灰分、埋深、地层温度、顶板厚度、镜质体反射率和密度等七个因素进行检验（表 2.1、表 2.2），其中密度作为辨别量使用，用来评估相关性分析法的辨别程度与准确度。与含气量相关性越高，就表明该因素在煤层气评价中与含气量的重复性就越高，即含气量在很大程度上可以代表或大部分代表该因素的作用。

表 2.1 含气量与其相关因素样本

样本号	含气量/(m^3/t)	灰分/%	埋深/m	地层温度/℃	顶板厚度/m	镜质体反射率/%	密度/(g/cm^3)
1	17.95	6.39	588.3	25.40	5.2	3.75	1.42
2	11.57	12.80	690.4	26.61	5.7	2.62	1.41
3	16.27	4.80	384.5	18.87	6.8	3.18	1.32
4	18.52	4.42	514.6	23.46	7.1	3.76	1.32
5	17.19	6.71	435.4	20.66	6.9	3.38	1.31
6	16.19	6.82	570.3	24.16	4.1	3.38	1.45
7	15.95	11.2	472.4	22.80	3.8	2.81	1.36
8	24.81	5.02	521.6	31.01	9.5	3.97	1.46
9	20.08	3.21	564.3	25.22	8.8	4.11	1.30

表 2.2 含气量相关因素检验计算结果表

相关因素参数	灰分/%	埋深/m	地层温度/℃	顶板厚度/m	镜质体反射率/%	密度/(g/cm^3)
关联度	−0.7122	−0.2572	0.2112	0.7116	0.8473	0.1104
权重值	−0.3088	0.1115	0.0916	0.3086	0.3366	0.0479
关联序	2	4	5	3	1	6

由计算结果可知，选择的因素中镜质体反射率、灰分、直接顶板厚度与含气量有很高的相关性，因此在后期的评价中含气量因素即可表达或大部分表达镜质体反射率、灰分、直接顶板厚度因素的作用。对于部分量化困难的指标，采用统计学方法对其进行分析研究。

（二） 采用主成分分析法进行评价指标优选

主成分分析法是从系统角度来选择评价指标的一种数学方法。该方法可以在数据信息损失最小的前提下，经线性变换和舍弃一小部分信息，用较少的变量最大限度地刻画与描述系统，这样就可以只需对少数或是较少的指标进行分析即可达到评价目的（程东，2000）。

其基本方法是对于一个样本资料，观测 p 个变量 $\boldsymbol{x}_1,\boldsymbol{x}_2,\cdots,\boldsymbol{x}_p$，$n$ 个样品的数据资料阵为

$$\boldsymbol{X}=\begin{bmatrix} x_{11} & x_{12} & \cdots & x_{1p} \\ x_{21} & x_{22} & \cdots & x_{2p} \\ \vdots & \vdots & & \vdots \\ x_{n1} & x_{n2} & \cdots & x_{np} \end{bmatrix}=[\boldsymbol{x}_1,\boldsymbol{x}_2,\cdots,\boldsymbol{x}_p] \tag{2.2}$$

式中，$$\boldsymbol{x}_j=\begin{bmatrix} x_{1j} \\ x_{2j} \\ \vdots \\ x_{nj} \end{bmatrix},\ j=1,2,\cdots,p \tag{2.3}$$

主成分分析就是将 p 个观测变量综合成为 p 个新的变量（综合变量），即

$$\begin{cases} F_1=a_{11}\boldsymbol{x}_1+a_{12}\boldsymbol{x}_2+\cdots+a_{1p}\boldsymbol{x}_p \\ F_2=a_{21}\boldsymbol{x}_1+a_{22}\boldsymbol{x}_2+\cdots+a_{2p}\boldsymbol{x}_p \\ \qquad\vdots \\ F_p=a_{p1}\boldsymbol{x}_1+a_{p2}\boldsymbol{x}_2+\cdots+a_{pp}\boldsymbol{x}_p \end{cases} \tag{2.4}$$

可简写为

$$F_j=\alpha_{j1}\boldsymbol{x}_1+\alpha_{j2}\boldsymbol{x}_2+\cdots+\alpha_{jp}\boldsymbol{x}_p,\qquad j=1,2,\cdots,p \tag{2.5}$$

要求模型满足以下条件：

$$a_{k1}{}^2+a_{k2}{}^2+\cdots+a_{kp}{}^2=1,\qquad k=1,2,\cdots,p$$

（1）F_i、F_j 互不相关（$i\neq j$，$i,j=1,2,\cdots,p$）。

（2）F_1 的方差大于 F_2 的方差且 F_2 的方差大于 F_3 的方差，并依次类推。

（3）$a_{k1}{}^2+a_{k2}{}^2+\cdots+a_{kp}{}^2=1$，$k=1,2,\cdots,p$。

满足以上条件的称 F_1 为第一主成分，F_2 为第二主成分，依此类推，有第 p 个主成分。

以累积贡献率为测度，来确定主成分的个数 q。通常以累积贡献率为准，要求累积贡献率大于 85%，即累积贡献率满足式(2.6)：

$$\frac{\sum_{i=1}^{q}\lambda_i}{\sum_{j=1}^{k}\lambda_j}>0.85 \tag{2.6}$$

以此为准则确定主成分的个数。也就是说，如果前 q 个主成分的累积贡献率超过 85%，则我们就用前 q 个主成分（综合变量）$y_1,y_2,\cdots,y_q$ 的变化来刻画 $\boldsymbol{X}$ 原来的 p 个特征变量 $\boldsymbol{x}_1,\boldsymbol{x}_2,\cdots,\boldsymbol{x}_p$ 的变化。

利用主成分分析则可以将这一问题简化，即通过降维找到几个综合因子来代表原来众多的变量，使这些综合因子能尽可能地反映原来变量的信息，而且彼此之间不相关。

在初步筛选煤层气评价指标集的基础上，采用主成分分析法，对煤层埋深、煤层厚

度、煤层渗透率、煤层含气量、煤层镜质体反射率、煤储层压力、Langmuir 体积、Langmuir 压力、水文地质条件、地温、构造复杂程度、煤层稳定性等与煤层气高产富集的相关因素进行分析，保证筛选之前数据的全面性。

水文地质条件作为唯一的定性因素参加评价，水头高度、含水层与煤储层关系、水化学性质、补给区与汇集区关系、地下水径流特征等作用于煤储层，从而对煤层气风化带深度、含气性等产生影响，特别是对煤储层压力系统有决定性作用。参考专家经验，不同水动力区域赋值如表 2.3 所示。

表 2.3 水文地质条件评价赋值表

参数	评价区		
	补给区	径流区	滞流区
评价值	0.25	0.5	0.75

主成分计算原始数据见表 2.4。根据主成分分析法的主成分累计贡献率大于 85%的要求，前五个主成分累计贡献率达 89.09%。主成分是原来 n 个变量的线性组合，它不能简单地解释为单个变量的属性的作用，因而不能直接说明原变量属性对主成分的作用。但是与主成分相对应的特征向量中各元素的数值反映了各个变量属性对该主成分作用的大小，即可理解特征向量中各成分对该主成分作用的权数。

为了使回归模型在实际中得到解释，使模型本身易于分析，从原始变量所构成的子集合中选择最佳变量，构成最佳评价指标子集合。因此，从可以表征高丰度煤层气富集区的主成分评价指标体系中选取权重较大的变量，构成原始变量的评价指标体系。权重较大的因素包括煤层含气量、Langmuir 体积、Langmuir 压力、煤层厚度、储层压力、煤层渗透率及水文地质条件。

表 2.4 主成分计算原始数据表

气含量/(m^3/t)	渗透率/$10^{-3}\mu m^2$	V_L/(m^3/t)	P_L/MPa	储层压力/MPa	煤层厚度/m	地温/℃	灰分/%	构造复杂程度	水文地质条件	煤层稳定性
2.22	0.11	17.27	1.86	9.33	3.3	37.90	37.79	复杂	简单	不稳定
10.59	0.04	18.52	1.56	3.92	4.8	24.57	14.25	中等	中等	较稳定
6.69	1.36	17.8	2.19	4.67	6.67	23.61	21.5	简单	较复杂	稳定
6.58	0.93	20.66	2.47	5.41	5.48	27.71	19.13	复杂	简单	较稳定
9.68	2.44	10.46	1.13	4.65	7.5	24.56	17.46	简单	较复杂	稳定
6.83	1.83	20.2	2.26	5	2	32.67	25.1	复杂	简单	不稳定
3.56	0.02	14.69	1.64	7.2	4.5	28.00	23.44	复杂	简单	不稳定
6.83	0.89	20.08	2.3	4.43	2.4	22.63	21.05	简单	较复杂	稳定
4.58	0.64	22.08	2.94	6.93	7.43	19.64	29.33	简单	较复杂	稳定
9.62	0.09	22.66	2.33	2.58	3.3	20.33	19.6	复杂	简单	不稳定
4.6	0.11	20.48	1.4	5.09	3.9	28.60	30.42	简单	中等	稳定
4.75	0.76	20.4	2.03	7.7	3.85	35.10	35.62	复杂	简单	不稳定
3.43	0.15	20.7	2.37	8.37	2.85	33.20	12.04	简单	简单	稳定
8.98	0.46	21.12	2.68	6.86	3.39	27.50	28.43	中等	简单	中等

注：表中数据来自鄂尔多斯盆地东缘柳林煤层气区块。

（三） 七个优选指标分析

含气量是热演化、构造演化和水动力条件综合作用的结果，反映了煤阶（镜质体反射率）、煤中矿物质、水分、直接顶底板岩性的综合效应。

煤层厚度是计算资源丰度的主要参数，反映其成煤环境。

储层渗透率包含储层孔隙、割理系统、储层压力系统、煤物质组成等要素的综合作用和影响，直接影响气井产能。

Langmuir 体积（V_L）和 Langmuir 压力（P_L）组合可以推算出含气饱和度、临界解吸压力、地解比（临界解吸压力与原始地层压力的比值）。

储层压力影响煤层气的可采性。

水动力条件一方面与煤储层中煤层气的保存有关，另一方面对煤层气的开采具有至关重要的作用，该因素可作为一个独立变量。

含气量是评价煤层气资源和开发潜力的最重要因素，渗透性是评价煤层气可采性和高产能力最重要的因素，因此，含气量和渗透率是煤层气富集高产资源评价中的关键参数。

综合分析说明上述七个指标相对独立，可以通过室内实验测定或煤层气井的现场测试得到；还可以包含或推算出其他绝大多数参数。七个指标有效配置可以综合反映煤层气富集高产区的特征。

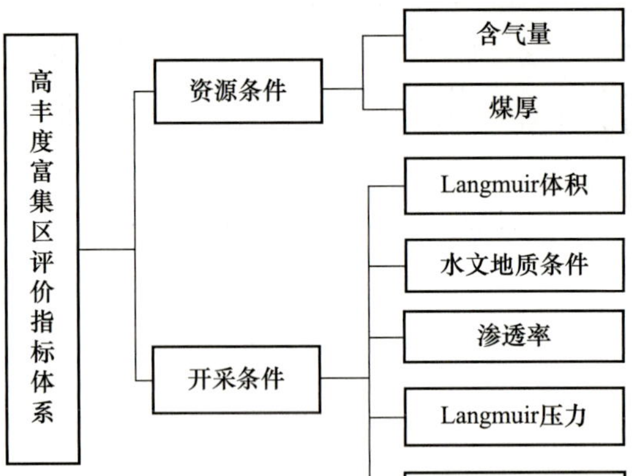

图 2.2 高丰度煤层气富集区评价指标体系

建立适合我国中、高阶地区煤层气富集高产区评价指标体系（图 2.2），符合关于系统性、简明性、可操作性的要求，同时也从资源条件与可采条件上体现指标全面性、特殊性与合理性原则。根据相关地质理论分析，利用主成分分析方法，该评价体系包括含气性因素（煤层气含量）和煤储层因素（储层压力、煤层厚度、渗透率、吸附性）。结合地质经验法，定性因素（水文地质条件）在研究区煤层气富集成藏的过程中也具有不可忽视的作用。

二、煤层气富集高产区评价指标取值

为了确定高煤阶、煤层气富集高产区的主要控制指标及取值范围，以沁水盆地南部为例，以 3 号煤层产气量数据为基础，采用煤层气井产量与各个单因素的叠合分析方法，结合相关地质分析确定煤层厚度、含气量、渗透率、Langmuir 体积、Langmuir 压力、煤储层压力、水文地质条件这七个高煤阶、煤层气富集高产区单指标的取值范围。

（一） 含气量

从产气量与含气量叠合的平面分布图可以看出（图 2.3），煤层气富集高产区的煤层含气量相对较高，基本上也是位于潘庄-端氏一带的西北方。其中，富集高产区的煤层含气量值差别较大，含气量为 9.0～24m^3/t，表明平均稳定产气量为 2000m^3/d 的情况下，煤层平均含气量至少应在 8m^3/t 以上。

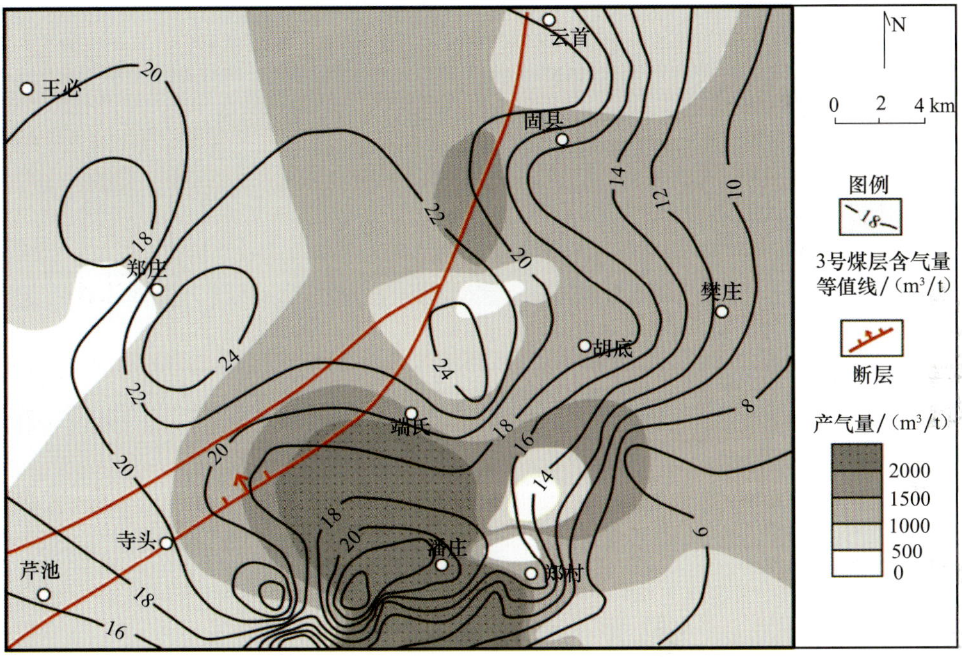

图 2.3 沁水盆地南部高煤阶煤层气井产量与 3 号煤含气量叠合图

（二） 煤层厚度

通过对沁水盆地南部煤层气井的稳定产气量等值线与煤层厚度等值线的叠合分析（图 2.4），目标煤层 3 号煤层的厚度为 5.0～7.0m，该煤层厚度稳定，横向变化小。煤层气富集高产区的煤厚与其他产气量相对较低的地区相比，煤层厚度变化不大，因此在沁水盆地南部，煤层厚度稳定的地区，煤层气井产量的高低与煤厚的相关性不甚明显；总体上，煤层气井产量大于 2000m^3/d 的地区，煤层厚度基本在 5m 以上。

依据煤层气资源量的计算公式为

$$Q=AHDq \tag{2.7}$$

式中，Q 为煤层气资源量，m^3；A 为计算单元面积，m^2；H 为煤储层厚度，m；D 为煤的视密度，t/m^3；q 为煤层含气量，m^3/t。

要达到资源丰度 $1.0\times10^8 m^3/km^2$ 以上要求，按照煤层平均含气量最低 8m^3/t 以上，煤层厚度的边界值要大于 2.3m。

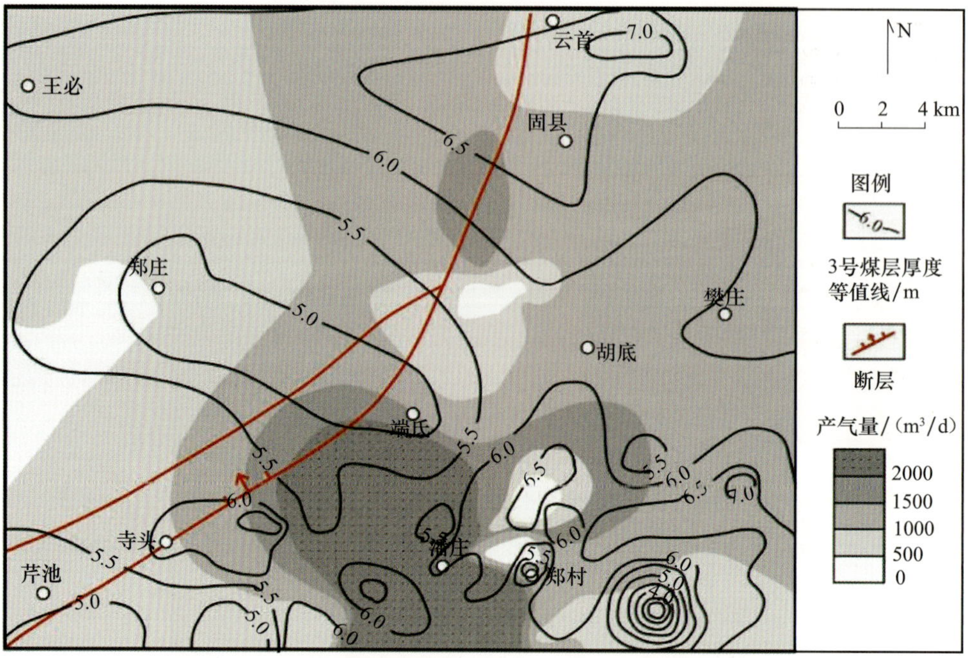

图 2.4　沁水盆地南部煤层气井产量与 3 号煤厚度叠合图

（三） 渗透率

渗透率是影响煤层气井产量的重要因素之一。但由于其储层的非均质性差异，在渗透率平面分布图上很难较为详细地展示其数据特征及分布规律。根据前述沁水盆地南部 3 号煤层的渗透率分区图（图 2.5），通过沁水盆地南部稳定产气量的煤层气井与煤储层渗透性的对比分析可知，平均稳定产气量为 $2000m^3/d$ 的情况下，3 号煤层的渗透率多为 $0.1\times10^{-3}\sim0.8\times10^{-3}\mu m^2$，多大于 $0.4\times10^{-3}\mu m^2$。因此，建议煤层气富集高产区的渗透率下限为 $0.1\times10^{-3}\mu m^2$。

（四） Langmuir 体积

根据煤的吸附理论，采用等温吸附试验对沁水盆地南部煤层气高产井的目标煤层的吸附能力进行试验，获取目标煤层的 Langmuir 体积（V_L）和 Langmuir 压力（P_L）。需要说明的是，Langmuir 体积反映煤的最大吸附能力，并不完全反映在某个压力点下 V_L 大，其煤的吸附量就大。沁水盆地南部平均稳定煤层气井产气量为 $2000m^3/d$ 的煤层气井与 Langmuir 体积叠合分析（图 2.6），沁水盆地南部 3 号煤层的吸附能力较强，V_L 为 $31\sim44m^3/t$；煤层气产气量大于 $2000m^3/d$ 的地区，其 V_L 为基本为 $37\sim40m^3/t$。因此，建议煤层气富集高产区的 Langmuir 体积（V_L）下限为 $30m^3/t$。

（五） Langmuir 压力

Langmuir 压力的物理意义是指相当于 Langmuir 体积 50％的气体被煤吸附时所需

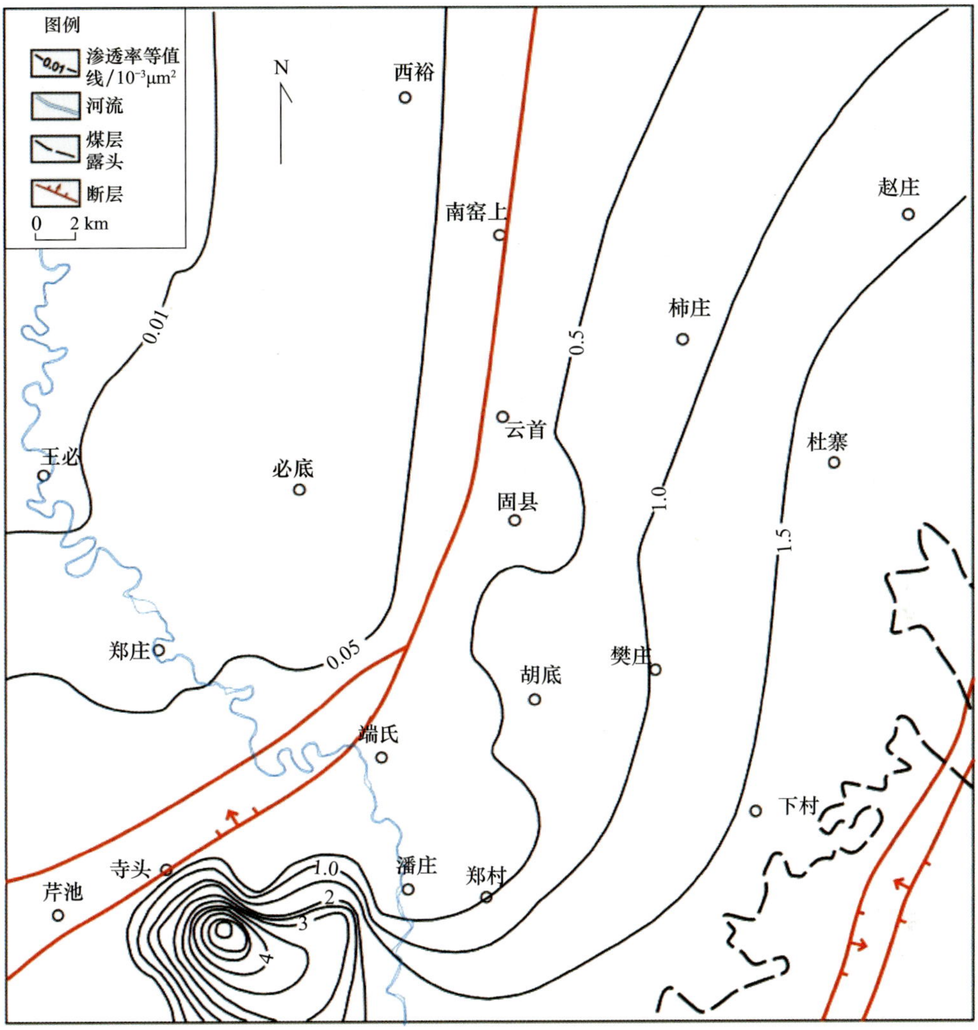

图 2.5 沁水盆地南部 3 号煤层渗透率分布图

要的压力。沁水盆地南部平均稳定煤层气井产气量为 2000m³/d 的煤层气井与煤储层 Langmuir 压力叠合分析（图 2.7），目标煤层 3 号煤的空气干燥基 Langmuir 压力值相对集中，分布区间为 2.20～3.10MPa。其中，煤层气产气量大于 2000m³/d 的地区，其 P_L 值为 2.80～3.00MPa。因此，建议煤层气富集高产区的 Langmuir 压力（P_L）下限为 2.00MPa。

（六） 煤储层压力及梯度

煤储层压力对煤层含气性、煤层气赋存状态、后期开发起着重要的作用。在煤层气开发过程中，储层压力是水和气体从煤的裂隙中流向井筒的动力，煤层气开采也就是利用排水降压，煤孔隙中的气体解吸，向裂隙扩散，靠压力差作用流向井筒，达到采气的目的。沁水盆地南部稳定产气量的煤层气井与煤储层压力及其梯度（图 2.8）的叠合分

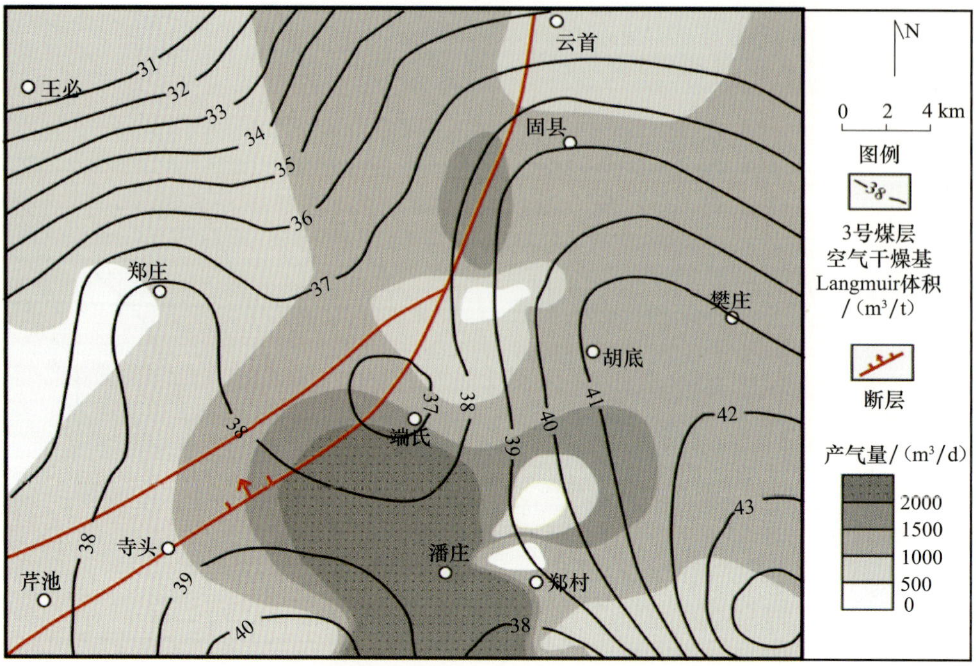

图 2.6 沁水盆地南部高煤阶煤层气井产量与 3 号煤的 Langmuir 体积叠合图

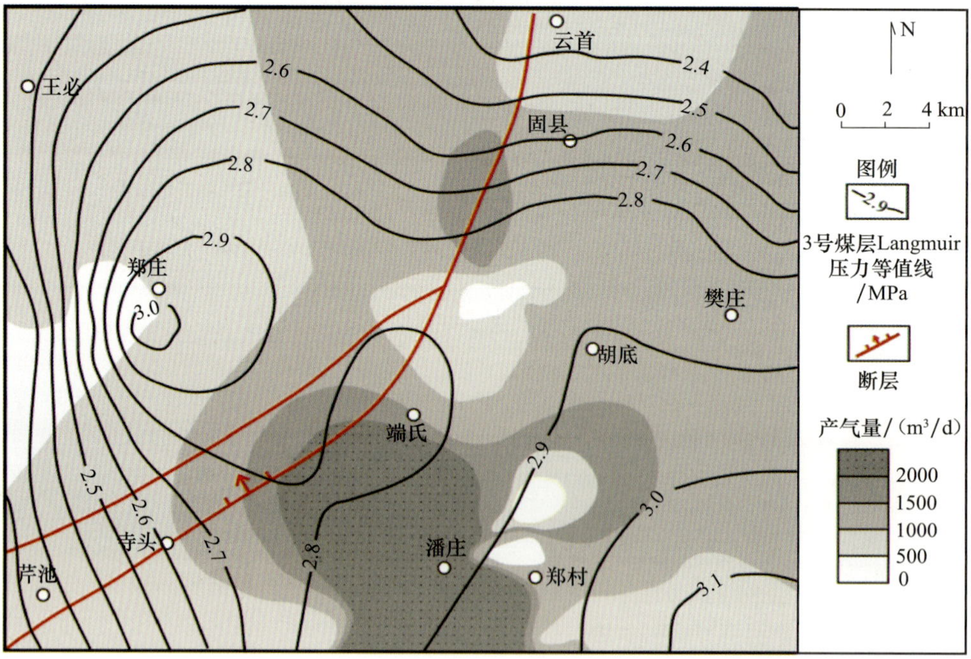

图 2.7 沁水盆地南部高煤阶煤层气井产量与 3 号煤 Langmuir 压力叠合图

析可以看出，平均稳定产气量为 2000m³/d 的情况下，目标煤层 3 号煤的储层压力为 0.5～3.5MPa [图 2.8(a)]，储层压力梯度 0.40～0.60MPa/100m [图 2.8(b)]，属于比较典型的欠压储层。因此，建议高储层压力梯度下限为 0.50MPa/100m。

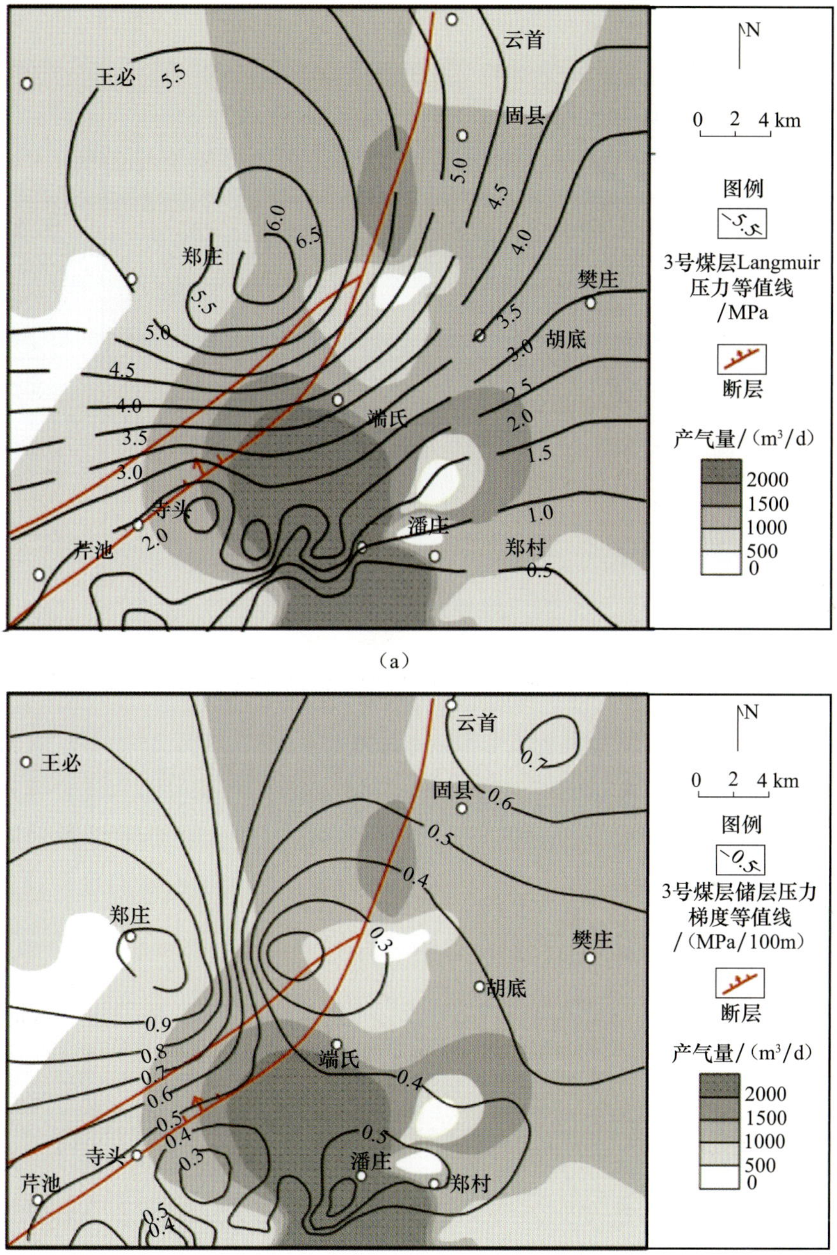

图 2.8 沁水盆地南部高煤阶煤层气井产量与 3 号煤储层压力及梯度叠合图

（七） 水文地质条件

水文地质条件包含水型、矿化度、复杂程度等多个控制因素，矿化度易于定量化，反映了地下水流动状态，直接影响煤层气的富集。沁水盆地南部稳定产气量的煤层气井与地下水矿化度的叠合分析可知（图 2.9），平均稳定产气量为 2000m³/d 的情况下，目标煤层 3 号煤的矿化度为 1000～2600mg/L，属于高矿化度区。

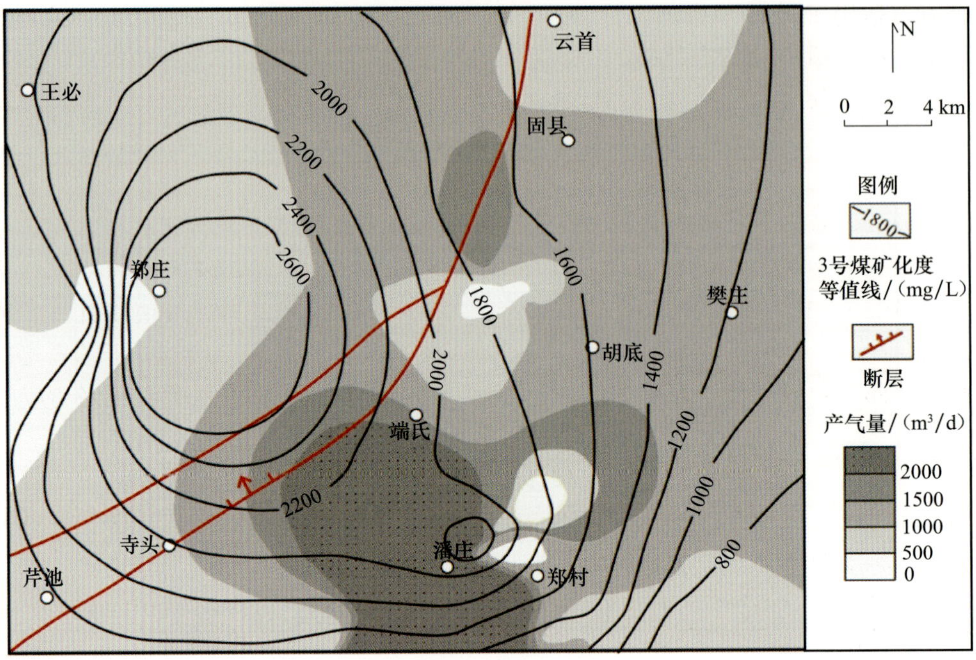

图 2.9 沁水盆地南部煤层气井产量与地下水矿化度叠合图

同样，鄂尔多斯盆地东缘柳林地区采用煤层气井产量与各个单因素的叠合分析方法确定中煤阶煤层气富集高产区的主要控制指标及取值范围。

对比分析我国沁水盆地南部高煤阶、煤层气富集高产区和鄂尔多斯盆地东缘中煤阶、煤层气富集高产区特征，结合现有煤层气井产量与各个单因素的叠合分析，综合考虑相关地质因素，确定了我国中、高阶煤煤层气富集高产区的主要评价指标的门槛值如表 2.5所示。

表 2.5 煤层气富集高产区的评价指标及取值范围

评价指标	高煤阶高丰度煤层气富集区（$R_{o,max}$>1.90%）	中煤阶高丰度煤层气富集区（0.65%≤$R_{o,max}$≤1.90%）
含气量/(m^3/t)	>8	>5
煤厚（开采厚度）/m	>2.3	>3.5
渗透率/$10^{-3}\mu m^2$	>0.1	>0.2
储层压力（梯度）/(MPa/100m)	>0.5	>0.7
Langmuir 体积（V_L）/（m^3/t）	>30	>20
Langmuir 压力（P_L）/MPa	>2.0	>2.0
水动力条件	低势滞流区矿化度为 1000～4000mg/L	低势滞流区矿化度为 1000～4000mg/L

第二节 煤层气富集高产区的评价模型与方法体系

在煤层气富集高产区的评价模型方面，人工神经网络模型具有稳定性好、计算精度高等特点，适用于煤层气富集高产区的产能预测；而基于灰色关联分析的综合量化模型指标取值、权重赋值科学合理，适用于勘探程度中等，有小井网开发的地区。

在煤层气富集高产区的评价模型方法体系方面，首先提出了按煤阶进行分区评价和按勘探程度进行不同精度评价的评价原则，而后遵循煤厚-含气量进行资源丰度筛选、单元划分、不同勘探开发程度采用不同方法分类评价和富集区验证的四个步骤评价的一整套评价方法体系。采用这套评价方法体系对我国中、高煤阶区进行优选，其特点是优化出相对独立的七个指标，其有效配置可以综合反映煤层气富集高产区的特征的指标集，进而将七个评价指标转化为产能（或产能指标），通过产能指标等值线直接预测煤层气富集高产区，消除了以往众多指标不一致的问题，提出了基于产能分析的多层次综合评价方法体系，在中、高煤阶煤层气，煤层气富集高产区预测方法得到很好的应用。

一、煤层气富集高产区量化评价模型

用于煤层气富集高产区量化评价的数学方法和量化模型很多，如加权求和法、模糊数学方法、灰色系统方法、层次分析方法、神经网络等，各自具有不同的优缺点。在此提出煤层气井产能数值预测模型和煤层气产能多因素综合量化模型，其中产能数值预测模型又分为神经网络模型、灰色系统模型和线性回归模型。

（一） 煤层气井产能数值预测模型

根据前面的研究成果，选取含气量、煤厚、渗透率、储层压力、Langmuir 体积、Langmuir 压力、水文地质条件这七个与气井产能极为密切的因素建立预测产能量化预测模型。

1. 基于 BP 神经网络的煤层气产能预测模型

1）神经网络的结构

BP（back propagation）神经网络的输入层和输出层的神经元数目是由输入向量和输出向量的维数决定的。输入向量的维数就是已经确定的煤层气富集高产区的评价指标体系，此处选取鄂尔多斯动缘部分气井参数的含气量、煤层厚度、储层压力、煤储层渗透率、Langmuir 体积（V_L）和 Langmuir 压力（P_L）、水文地质条件七个因素作为神经网络的输入层，输入层的神经元个数为 7；选取煤层气井的稳定产量作为唯一的评价结果，输出层神经元的个数为 1（表 2.6）。

2）神经网络的隐含层数

BP 神经网络由输入层、隐含层和输出层组成，隐含层又可以分为单隐含层和多隐含层。一般认为，三层神经网络（单隐含层）可以逼近任意一个连续非线性函数。多隐含层由多个单隐含层组成，同单隐含层相比，多隐含层泛化能力强，预测精度高，但是训练时间较长。隐含层层数的选择要从网络精度和训练时间上综合考虑，对于较简单的映射关系，在达到网络精度要求的情况下，可以选择单隐含层，以求加快速度；对于复杂的映射关系，则可以选择多隐含层，以期提高网络的预测精度。综合考虑，选择四层神经网络结构。

表 2.6　鄂尔多斯东缘部分气井产量及参数的原始数据

井号	含气量 /(m^3/t)	煤层厚度 /m	储层压力 /MPa	渗透率 /$10^{-3}\mu m^2$	V_L /(m^3/t)	P_L /MPa	水文地质条件	稳定产量 /(m^3/d)
LY01 井	2.22	3.30	9.33	0.11	17.27	1.86	0.25	203.00
LY02 井	10.59	4.80	3.92	0.04	18.52	1.56	0.50	648.00
LY03 井	6.69	6.67	4.67	1.36	17.80	2.19	0.75	1320.00
LY04 井	6.58	5.48	5.41	0.93	20.66	2.47	0.25	460.00
LY05 井	9.68	7.50	4.65	2.44	10.46	1.13	0.75	1157.30
LY06 井	6.83	2.00	5.00	1.83	20.20	2.26	0.25	123.10
LY07 井	3.56	4.50	7.20	0.02	14.69	1.64	0.25	361.44
LY08 井	6.83	2.40	4.43	0.89	20.08	2.30	0.75	1304.70
LY09 井	4.58	7.43	6.93	0.64	22.08	2.94	0.75	1629.00
LY10 井	9.62	3.30	2.58	0.09	22.66	2.33	0.25	296.00
LY11 井	4.60	3.90	5.09	0.11	20.48	1.40	0.50	1300.00
LY12 井	4.75	3.85	7.70	0.76	20.40	2.03	0.25	103.16
LY13 井	3.43	2.85	8.37	0.15	20.70	2.37	0.25	147.00
LY14 井	8.98	3.39	6.86	0.46	21.12	2.68	0.25	263.00

3）神经网络的隐层节点数

在 BP 神经网络中，隐层节点数的选择非常重要，它不仅对建立的神经网络模型的性能影响很大，而且是训练时出现“过拟合”的直接原因，但是目前理论上还没有一种科学的和普遍的确定方法。确定隐层节点数的最基本原则是：在满足精度要求的前提下取尽可能紧凑的结构，即取尽可能少的隐层节点数。研究表明，隐层节点数不仅与输入或输出层的节点数有关，更与需解决问题的复杂程度、转换函数的型式及样本数据的特性等因素有关。目前，隐含层节点数的设计主要依靠 Kolmogorve 定理或者经验公式。本书隐含层选择第一层节点为 $2n-1$ 个，即 13 个。

4）神经网络的学习率

学习率影响系统学习过程的稳定性。大的学习率可能使网络权值每一次的修正量过大，甚至导致权值在修正过程中超出某个误差的极小值呈不规则跳跃而不收敛；但过小的学习率导致学习时间过长，不过却能保证收敛于某个极小值。所以，一般倾向选取较小的学习率以保证学习过程的收敛性（稳定性），通常为 0.01～0.8。本次选取神经网络学习率为 0.1。

5）神经网络的训练

训练神经网络的首要和根本任务是确保训练好的网络模型对非训练样本具有好的泛化能力（推广性），即有效逼近样本蕴含的内在规律，而不是看网络模型对训练样本的拟合能力。要分析建立的网络模型对样本所蕴含的规律的逼近情况（泛化能力），应该也必须用非训练样本（检验样本或测试样本）误差的大小来表示和评价。判断建立的模型是否已有效逼近样本所蕴含的规律，最直接和客观的指标是从总样本中随机抽取的非训练样本（检验样本和测试样本）误差是否和训练样本的误差一样小或稍大。非训练样本误差很接近训练样本误差或比其小，一般可认为建立的网络模型已有效逼近训练样本所蕴含的规律，否则，若相差很多，就说明建立的网络模型并没有有效逼近训练样本所蕴含的规律。据此，本书从多组煤层气井排采数据中随机抽取 1～2 组作为验证验本，其余作为训练样本。

对计算结果反归一化，可以得到此网络预测值。与期望实际值相比，相对误差为6.15%，说明建立的煤层气富集高产区评价指标可用，利用 BP 神经网络可以完成预测输出。在已证明可用的基础上，利用遗传算法对 BP 神经网络进行优化，以期减少误差，提高网络预测精度，增加该网络在煤层气富集区评价中的可用性。

6）BP 算法改进

目前已有改进 BP 法、遗传算法（GA）和模拟退火算法、PSO 粒子群算法等多种现代优化算法用于 BP 网络的改进（这些方法从原理上讲可通过调整某些参数求得全局极小点）。这些方法中应用最广的是遗传算法。

遗传算法优化 BP 神经网路分为 BP 神经网络结构确定、遗传算法优化和 BP 神经网络预测三部分。其中，BP 神经网络结构确定部分根据拟合函数输入、输出参数个数，进而确定遗传算法个体的长度。遗传算法优化使用遗传算法优化 BP 神经网络的权值和阈值，种群中的每个个体都包含了一个网络所有权值和阈值，个体通过适应度函数计算个体适应度，遗传算法通过选择、交叉和变异操作找到最优适应度值对应个体。遗传算法优化 BP 神经网络算法流程如图 2.10 所示。

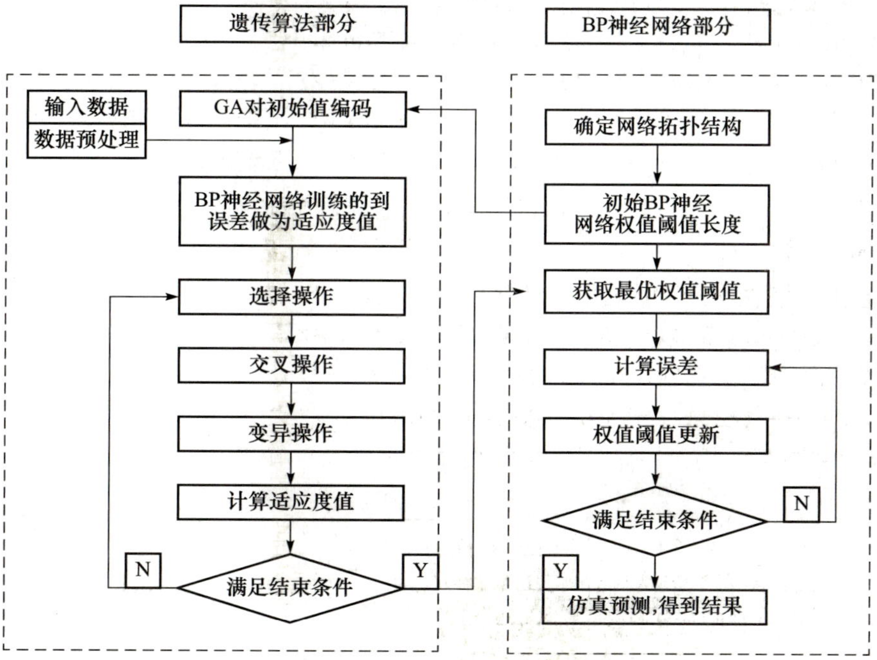

图 2.10 遗传算法优化 BP 神经网络流程图

7）遗传算法优化 BP 神经网络过实现

根据遗传算法和 BP 神经网络理论，在 MATLAB 软件中编程实现基于遗传算法优化的 BP 神经网络非线性系统拟合算法。遗传算法参数设置为：种群规模为 10，进化次数为 50，交叉概率为 0.4，变异概率为 0.2。

遗传算法主函数流程如下。

(1) 随机初始化种群。

(2) 计算种群适应度函数，从中找出最优个体。用训练数据训练 BP 神经网络，并且把训练数据预测误差作为个体适应度值。

(3) 选择操作。采用轮盘赌法从种群中选择适应度好的个体组成新种群。

(4) 交叉操作。从种群中选择两个个体，按一定概率交叉得到新个体。

(5) 变异操作。从种群中随机选择一个个体，按一定概率得到新个体。

(6) 判断进化是否结束，若否，则返回 (2)。

8) 计算精度分析

ECLIPSE 是斯伦贝谢 (Schlumberger) 公司软件子公司 Geoquest 公司的油藏数值模拟软件，ECLIPSE 油藏模拟器具有强大的功能、出众的可扩展性和通用计算方法，并且能在多种平台上运行，因此已成为近 25 年来商业油藏模拟的标杆。近几年，ECLIPSE 在煤层气的数值模拟中也得到了广泛的应用。

使用 ECLIPSE 数值模拟软件，对 LY05 井进行产能预测。模拟预测结果如下：煤层气井的服务年限以 15 年计，稳产期大概为 6～8 年，最高日产气量为 $2170m^3/d$，稳定日产气量为 $1043.55m^3/d$。软件偏差为 9.83%；BP 神经网络预测的煤层气井稳定日产量为 $1086.18m^3/d$，相对误差为 6.15%；而使用遗传算法优化的 BP 神经网络对煤层气井的产能预测比 BP 神经网络更为准确，预测柳林地区煤层气高产井稳定日产量为 $1210.16m^3/d$，相对误差只有 4.57%。因此，遗传算法优化的 BP 神经网络模型可用。经过遗传算法优化的 BP 神经网络为煤层气富集高产区稳定日产量预测提供了可靠方法。

2. 灰色系统理论 GM(0,*N*)多因素模型

采用灰色系统理论 GM(0,*N*)多因素预测型对煤层气井稳定产量进行预测。灰色系统理论的 GM(0,*N*)多因素预测模型适合在原始数据缺乏的情况下对具有多个相关因素的系统特征变量进行预测。使用灰色系统理论进行预测流程如图 2.11 所示。

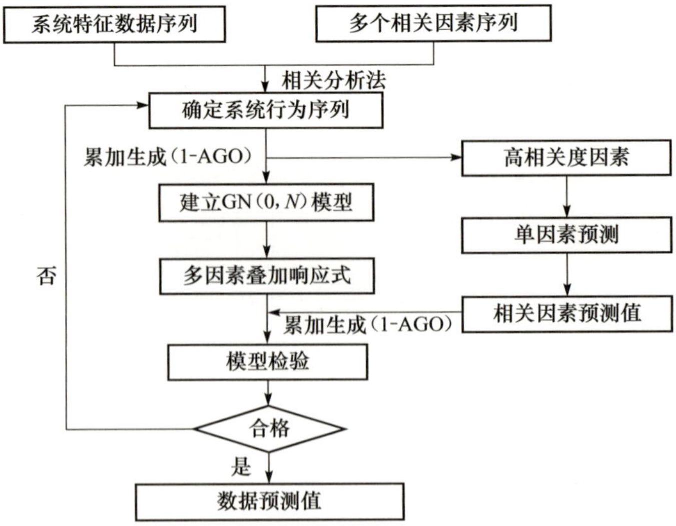

图 2.11　灰色系统理论预测流程图

采用相关分析法，通过含气量、煤厚、渗透率、储层压力及水文地质条件与产量间关联度的计算，得出各因素与产量的相关性，找出诸因素的主次关系及其对系统变量发展的影响大小（邓聚龙，2005）。

GM(0,N) 的建模基础是原始数据的 1-AGO 序列，随原始数据序列作累加生成，即 $\boldsymbol{X}^{(1)}=\{x^{(1)}(1),x^{(1)}(2),\cdots,x^{(1)}(n)\}$，累加数列 $X^{(1)}(k)=\sum_{i=1}^{k}x^{(0)}(i)$，$k=1,2,\cdots,n$，得到 $X_i^{(0)}(i=1,2,\cdots,m)$ 的 1-AGO 序列 $X_i^{(1)}$，则 GM(0,N) 模型为 $X_1^{(1)}(k)=\sum_{i=2}^{N}b_iX_i^{(i)}(k)+a$，其参数列 $\hat{\boldsymbol{b}}=[b_2,b_3,\cdots,b_N,a]^{\mathrm{T}}$ 的最小二乘估计为

$$\hat{\boldsymbol{b}}=(\boldsymbol{B}^{\mathrm{T}}\boldsymbol{B})^{-1}\boldsymbol{B}^{\mathrm{T}}\boldsymbol{Y} \tag{2.8}$$

$$\boldsymbol{B}=\begin{bmatrix}x_2^{(1)}(2) & \cdots & x_N^{(1)}(2) & 1\\ \vdots & & \vdots & \vdots\\ x_2^{(1)}(n) & \cdots & x_N^{(1)}(n) & 1\end{bmatrix} \tag{2.9}$$

$$\boldsymbol{Y}=\begin{bmatrix}x_1^{(1)}(2)\\ x_1^{(1)}(3)\\ \vdots\end{bmatrix}$$

求解得到模型的因素叠加响应为

$$X_1^{(1)}(k)=\sum_{i=2}^{N}b_iX_i^{(i)}(k)+a,\qquad k=1,2,\cdots,n \tag{2.10}$$

累减还原式为

$$\hat{x}_1^{(0)}(k+1)=\hat{x}_1^{(1)}(k+1)-\hat{x}_i^{(1)}(k),\qquad k=1,2,\cdots,n-1 \tag{2.11}$$

式中，$\hat{x}_1^{(0)}(1)=\hat{x}_1^{(1)}(1)$。

精度评估采用残差检验和后验差检验法。系统特征变量的实际观测序列为 $X_1^{(0)}$，模型预测序列为 $\hat{x}_1^{(0)}$。

1）残差检验

残差序列

$$e=\{e(1),e(2),\cdots,e(n)\}$$

式中，$e(k)=x_1^{(0)}(k)-\hat{x}_1^{(1)}(k),k=1,2,\cdots,n$。

则相对误差为

$$\varepsilon(k)=\frac{|e(k)|}{x_1^{(0)}(k)}\times 100\% \tag{2.12}$$

2）后验差检验

后验差检验就是残差概率检验，实际观测序列和残差序列的方差分别为

$$S_1^2=\frac{1}{n-1}\sum_{i=1}^{n}\left(x_1^{(0)}(k)-\bar{x}_i^{(0)}\right)^2 \tag{2.13}$$

$$\bar{x}_i^{(0)}=\frac{1}{n}\sum_{k=1}^{n}x_1^{(0)}(k),\qquad k=1,2,\cdots,n$$

$$S_2^2=\frac{1}{n-1}\sum_{i=1}^{n}[e(k)-\bar{e}]^2, \tag{2.14}$$

$$\bar{e}=\frac{1}{n}\sum_{k=1}^{n}e(k), \qquad k=1,2,\cdots,n \tag{2.15}$$

方差比：$c=S_2/S_1$；小误差概率：$p=\{p(|\ e(k)-\bar{e}\ |)\}<0.6745S_1$，即概率满足 $p=\{p(|\ e(k)-\bar{e}\ |)\}<0.6745S_1$ 基本事件数与 n 的比值。后验差检验标准见表 2.7。

表 2.7 后验差检验标准

模型精度等级	1 级（好）	2 级（合格）	3 级（勉强合格）	4 级（不合格）
p	$0.95\leqslant p$	$0.80\leqslant p<0.95$	$0.70\leqslant p<0.80$	$p<0.95$
c	$c\leqslant 0.35$	$0.35<c\leqslant 0.5$	$0.5<c\leqslant 0.65$	$0.65<c$

沁水盆地南部部分气井产量及参数的原始数据如表 2.8 所示。

气井产量 $\boldsymbol{Y}=(899,1888,2920,3829,4701,5815,8407,12507,14919,17644,21206,24255,28819,32405,35304,38797,41913,45507,47796,51365,52937,56497,59175,61022,62541,63539,65071,66423,66822,67274,68134,69277)^{-1}$。

由式(2.8)计算，得到 $\hat{\boldsymbol{b}}=(112.6056,628.553,167.3725,223.5672,-0.39472,-384.527,3733.558,1020.3)^{-1}$。

表 2.8 沁水盆地南部部分气井产量及参数的原始数据

井号	产量 /(m^3/d)	含气量 /(m^3/t)	煤厚 /m	渗透率 /$10^{-3}\mu m^2$	储层压力 /MPa	矿化度① /(mg/L)	Langmuir 体积 /(m^3/t)	Langmuir 压力 /MPa
QN1 井	899	6.53	5	1.00	5.01	885	42.60	3.08
QN2 井	989	7.20	6.2	1.05	5.07	900	42.50	3.075
QN3 井	1032	10.50	5.5	1.75	5.68	910	42.10	3.075
QN4 井	909	12.60	5.3	1.00	5.52	918	42.20	3.074
QN5 井	871	12.19	4.9	1.96	5.92	930	42.30	3.07
QN6 井	1113	11.15	5.1	1.16	5.82	1021	41.80	3.06
QN7 井	2592	15.20	6.32	5.50	6.23	1587	39.70	2.85
QN8 井	4100	19.80	6.75	6.31	5.15	1575	39.75	2.86
QN9 井	2412	14.20	6.58	6.81	4.18	1591	39.80	2.86
QN10 井	2724	17.50	6.57	6.51	5.93	1608	39.70	2.86
QN11 井	3562	19.59	6.05	8.77	5.40	1567	40.40	2.835
QN12 井	3049	19.94	6.63	8.01	6.04	1580	39.85	2.85
QN13 井	4563	21.50	6.80	8.50	6.48	1590	39.82	2.85
QN14 井	3586	19.82	6.72	7.90	5.80	1610	39.80	2.85
QN15 井	2899	14.90	6.81	5.24	6.07	1572	39.80	2.85
QN16 井	3493	16.20	6.72	8.51	6.24	1583	40.00	2.84
QN17 井	3115	14.80	6.64	7.80	5.20	1591	39.95	2.84
QN18 井	3594	16.40	6.75	7.43	6.27	1605	39.90	2.84
QN19 井	2288	14.20	6.45	7.31	5.95	1576	39.86	2.84
QN20 井	3569	10.20	6.75	8.20	6.30	1580	40.10	2.84
QN21 井	1572	10.01	6.35	5.00	5.82	1590	40.10	2.835
QN22 井	3559	17.60	6.32	7.64	5.96	1600	40.05	2.835
QN23 井	2678	7.10	6.53	7.69	5.85	1610	39.95	2.835

续表

井号	产量/(m^3/d)	含气量/(m^3/t)	煤厚/m	渗透率/$10^{-3}\mu m^2$	储层压力/MPa	矿化度①/(mg/L)	Langmuir 体积/(m^3/t)	Langmuir 压力/MPa
QN24 井	1847	11.70	6.45	8.08	5.46	1585	39.90	2.835
QN25 井	1519	6.60	6.24	7.43	5.76	1594	40.20	2.83
QN26 井	998	9.80	6.00	2.13	5.69	1605	40.20	2.825
QN27 井	452	9.60	5.90	1.10	2.36	1609	40.60	2.825
QN28 井	860	8.16	5.40	2.00	5.62	1642	40.50	2.82
QN29 井	1143	10.20	6.34	2.24	5.74	1620	40.00	2.82

①矿化度代表水文地质条件。

依据原始数据建立的稳定日产气量预测模型为

$$Q_1^{(1)}(k)=112.6C_i^{(i)}(k)+167.4P_i^{(i)}(k)+628.6H_i^{(i)}(k)+223.6P_{ri}^{(i)}(k)$$
$$-0.39V_L-384.5P_L+3733.6S+1020.3 \quad (2.16)$$

式中，Q 为直井稳定日产气量，m^3/d；C 为煤层含气量，m^3/t；H 为煤层厚度，m；P 为煤层渗透率，$10^{-3}\mu m^2$；P_r 为储层压力，MPa；S 为地下水矿化度，mg/L；V_L 为 Langmuir 体积，m^3/t；P_L 为 Langmuir 压力，MPa。

将预测的产量数据进行还原处理后，根据累减还原式就可达到预测的日产量稳定值。递减还原式为

$$Q_1^{(0)}(k+1)=Q_1^{(1)}(k+1)-Q_i^{(1)}(k) \quad (2.17)$$

从计算结果看，计算的预测结果的残差 ε 平均值为 0.2333，即预测结果与实际结果在数值上的偏差为 23.33%。

依据式(2.13)与式(2.14)得

$$S_1=1207.98,\quad S_2=485.93$$

方差比 c=0.402262；小概率误差 p=0.90625。

根据后验差检验标准表中对模型的分类数据，结果表明建立模型合格。

以表 2.6 的数据为基础，计算鄂尔多斯东缘地区的灰色预测产量模型为

$$Q_1^{(1)}(k)=1.1C_i^{(i)}(k)-25.5P_i^{(i)}(k)-27.8H_i^{(i)}(k)$$
$$-49.5P_i^{(i)}(k)-95.8V_L-1.6P_L-108.8S+3794 \quad (2.18)$$

依据式(2.13)与式(2.14)得

$$S_1=550.28,\quad S_2=67.24$$

方差比 c=0.1222；小概率误差 p=0.9375。

3. 多元线性回归模型

采用多元线性回归模型对表 2.8 的数据进行多元回归，回归软件采用 Origin 7.5，得到沁水盆地南部回归结果为

$$Q=116.0C+190.2P(k)+570.5H+108.8P_i+5.2S+505.8V_L$$
$$+12118.3P_L-67451.5 \quad (2.19)$$

方差分析结果表明：复相关系数(R)为 0.921；线性相关置信度为 99.99%。

采用多元线性回归模型对表 2.6 的数据进行多元回归，回归软件采用 Origin 7.5，得到鄂尔多斯东缘地区回归结果为

$$Q = 62.4C - 68.3P(k) + 59.56H - 72.9P_r + 2094.9S + 26.8V_L - 62.5P_L \quad (2.20)$$

方差分析结果表明：复相关系数(R)为 0.939；线性相关置信度为 99.99%。式中，Q 为直井稳定日产气量，m^3/d；C 为煤层含气量，m^3/t；H 为煤层厚度，m；P 为煤层渗透率，$10^{-3}\mu m^2$；P_r 为储层压力，MPa；S 为地下水矿化度，mg/L；V_L 为 Langmuir 体积，m^3/t；P_L 为 Langmuir 压力，MPa。

4. 气井产能数值模型比较

不同产能预测模型的性能对比见表 2.9。

表 2.9　不同产能模型的对比

评价指标	线性回归模型	灰色系统模型	神经网络模型
复杂程度	低	中	高
计算稳定性	中	中	高
计算精度	中	中	高
需要数据量	中	中	高
普适性	低	中	高

线性回归模型适合开发程度低、煤层气井排采数据少、需要粗略评价的区域；灰色系统模型适合煤层气井排采数据中等、开发程度中等、需要进一步评价的区域；神经网络模型适合煤层气井排采数据多、开发度高、需要精细评价的区域。

（二）基于灰色关联分析的煤层气产能多因素综合量化模型

煤层气富集高产区受多种地质因素的制约，在不同煤盆地或同一煤盆地的不同地区，影响煤层气富集的主要地质因素及各种主要影响因素在空间上的组合配置都会有很大的不同。因此，对煤层气富集高产区的评价和预测，需要在多种地质因素综合分析的基础上，研究适合该地区的主要控制性地质因素及这些因素之间的有效配置。由于不同地质因素对煤层气富集高产区的控制程度不同，因此，可建立多因素、多层次的非线性模型进行研究。在煤层气排采数据少，仅有小井网排采数据时，采用简单多因素加权分析，计算煤层气富集高产量化综合评价指标，其中权重确定引入灰色关联分析法。

煤层气富集高产量化综合指标计算步骤如下。

(1) 根据地质因素的分析，确定煤层气富集可采性主要影响因素，建立主要地质因素集合：

$$F = \{F_1, F_2, \cdots, F_n\}$$

式中，$F_1, F_2, \cdots, F_n$ 分别为影响煤层气富集可采性的主要地质因素。

(2) 分析不同地质因素对煤层气富集可采性的影响程度，建立权重集合：

$$D = \{D_1, D_2, \cdots, D_n\}$$

式中，$D_1, D_2, \cdots, D_n$ 分别为 $F_1, F_2, \cdots, F_n$ 地质因素的权重。

采用灰色关联分析确定不同地质因素的权重，灰色系统的关联理论是从系统内多因素中确定主要因素进行优势对比的一种理论，是指系统内部主要因素随时间而变化的同步程度，它定量刻画了系统内部结构之间的联系，是动态过程发展态势的量化比较分析。

分析过程中，设有参考数列为 x_0，被比较数列为 $x_i(i=1,2,\cdots,n)$。且 $x_0=\{x_0(1),x_0(2),\cdots,x_0(n)\}$，$x_i=\{x_i(1),x_i(2),\cdots,x_i(n)\}$，$i=1,2,\cdots,n$。灰关联度分析步骤如下。

① 原始数据变换：对原始数据消除量纲（或单位）转化为可比较的数据序列。分别用第一个数据去除后面的数据，得到新的倍数数列，即为初值化数列，量纲为1，各值大于零，且数列有共同的起点。

② 求关联系数：按式(2.21)计算参考数列 x_0 和比较数列 x_i 的关联系数

$$\xi_i(k)=\frac{\min\limits_i\min\limits_k|x_0(k)-x_i(k)|+\rho\max\limits_i\max\limits_k|x_0(k)-x_i(k)|}{|x_0(k)-x_i(k)|+\rho\max\limits_i\max\limits_k|x_0(k)-x_i(k)|} \tag{2.21}$$

式中，$\xi_1(k)$ 为 x_0 与 x_i 在 k 点的关联系数；$|x_0(k)-x_i(k)|=\Delta_i(k)$ 称为第 k 点 x_0 与 x_i 的绝对差；$\min\limits_i\min\limits_k|x_0(k)-x_i(k)|$ 为两级最小差，其中 $\min\limits_k|x_0(k)-x_i(k)|$ 为第一级最小差，这表示在第 i 条曲线上找各点与 x_0 的最小差；$\min\limits_i\min\limits_k|x_0(k)-x_i(k)|$ 为第二级最小差，表示在各条曲线中找出的最小差的基础上，找出 x_i 中的最小差；$\max\limits_i\max\limits_k|x_0(k)-x_i(k)|$ 为两级最大差，其意义与两级最小差相似；ρ 为分辨系数，其意义是削弱最大绝对差数值太大所引起的失真，提高关联系数之间的差异，一般取 $\rho=0.5$。

③ 综合各点的关联系数，得到整个 x_i 曲线与参考曲线 x_0 的关联度 r_i：

$$r_i=\frac{1}{n}\sum_{k=1}^{n}\xi_i(k) \tag{2.22}$$

④ 关联度 r_i 归一化得到各指标量化权重值。

（3）对主要地质因素进行有效配置，其公式如下：

$$M_j=\sum_{i=1}^{n}(F_{im}\times D_i) \tag{2.23}$$

式中，M_j 为第 j 个结点的煤层气富集可采性量化指标；F_{im} 为 F_i 因素分类指标；D_i 为 F_i 因素权重系数；m 为 F_i 因素分级数。

根据计算，确定不同网格结点的煤层气富集高产的综合量化指标集合如下：

$$M=\{M_1,M_2,\cdots,M_k\}$$

式中，K 为参与计算量化指标的结点数。

最后根据煤层气勘探开发区气井产能状况或通过煤储层数值模拟技术预测的煤层气井产能，检验建立模型的准确性；对主要富集可采性影响因素的权重系数作适当调整，使建立的模型更适合该区的实际情况及最终确定的综合量化指标，圈定富集高产区。

二、中-高煤阶煤层气富集高产区优选评价方法体系

（一）评价原则

1. 按煤阶分区评价

煤层气富集高产区的优选应根据不同地区实际情况确定不同富集高产区进行优选，

不可能按照统一标准进行全部煤层气富集高产区的优选排序工作。针对前一轮筛选的煤层气富集区及目前国内煤层气开发的实际情况，将煤层气富集高产区分为两大类。

高煤阶（$R_{max}>1.9\%$，贫煤、无烟煤）煤层气富集高产区，主要指标为：资源丰度大于$1\times10^8m^3/km^2$，直井日产量大于$2000m^3$或水平井日产量为$1\times10^4\sim2\times10^4m^3$，以沁水盆地南部煤层气富集高产区为代表。

中煤阶（$0.65\%\leqslant R_{max}\leqslant1.9\%$，气煤、肥煤、焦煤、瘦煤）煤层气富集高产区，界定煤层气富集高产区主要指标为：资源丰度大于$1\times10^8m^3/km^2$，直井日产量大于$1500m^3$或水平井日产量$0.5\times10^4\sim1\times10^4m^3$，以鄂尔多斯盆地东缘煤层气富集高产区为代表。

2. 勘探程度精度分类评价

针对煤层气富集区不同的勘探开发程度，区别不同勘探程度进行不同层次的评价。

煤层气勘探开发较高的地区，有一定量的生产井的产能数据，可在生产井数据基础上进行较高程度的评价。

煤层气勘探开发中等的地区，有小井网井的排采数据，可以计算煤层气富集区综合量化指标进行一定程度的评价。

未进行煤层气勘探开发地区，仅有煤田地勘资料，可进行单因素筛选煤层气富集高产区。

（二） 评价流程

根据具体情况，可以采用以下四个步骤对我国中、高煤阶的煤层气富集高产区进行优选。

1. 利用资源丰度筛选

依据资源丰度进行筛选，资源丰度大于$1\times10^8m^3/km^2$的区域作为煤层气富集高产区。

2. 区块划分

按主要构造边界或选定的区块边界划分评价区：同一评价区构造相对稳定，无大断裂带。

3. 根据不同区块的勘探程度，分别进行不同精度的评价

（1）对区块内仅有小井网或煤层气试验井的地区，采用基于灰色关联分析的煤层气产能多因素综合量化模型计算综合量化指标，圈出评价区的综合量化指标等值线图，综合量化指标等值线图的高值区为潜在煤层气富集高产区。

（2）对区块内拥有规模开发的煤层气井群的地区，建立产能和主要控制因素（含气量、煤厚、渗透率、储层压力、Langmuir 体积、Langmuir 压力和水文地质条件）的产能预测模数值模型（人工神经网络模型）预测煤层气井产量，通过产能预测模型计算评价区网格节点的产量（能），在此基础上画出区域产量（能）等值线，气井产量等值线图的高值区为煤层气富集高产区。

4. 煤层气富集高产区验证

按照不同煤阶的煤层气富集高产区的评价标准圈定富集高产区并进行验证，中、高

煤阶煤层气富集高产区评价方法体系的总体框架如图 2.12 所示。

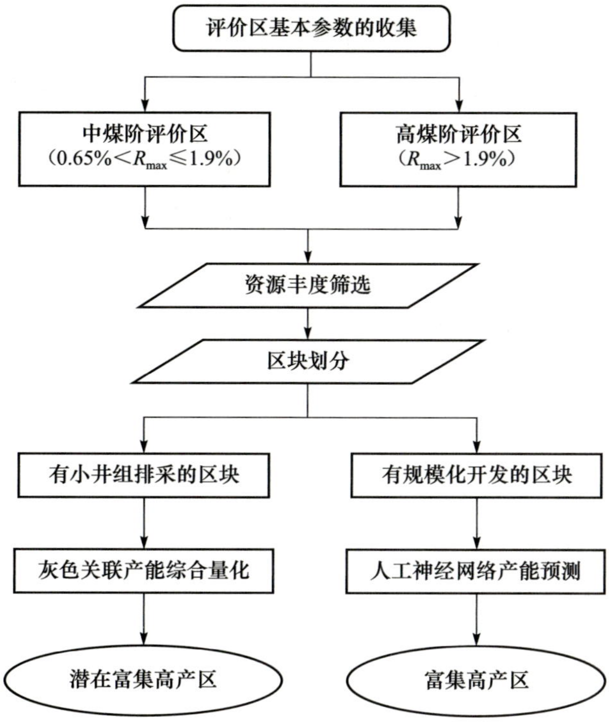

图 2.12　中、高煤阶高丰度煤层气富集区评价方法体系

第三节　典型煤层气富集高产区的分布与预测

沁水盆地地处山西省东南部，是华北地区石炭系—二叠系分布面积最大、保存最为完整、煤炭资源与煤层气资源最丰富的地区之一，已有上百年的基础地质研究历史和近半个世纪煤田地质与油气地质勘查史。早在 1995 年进行煤层气地质选区与资源评价时，就已看好盆地南部晋城地区优越的煤层气地质背景、资源丰度和勘探开发前景。近年来，经过生产性勘探试验，先后在樊庄、潘庄、郑庄、枣园区块获得了工业煤层气流，显示了煤层气开发的巨大潜力，同时也掀起了该区煤层气勘探开发的热潮。如今，沁水盆地南部地区已成为我国煤层气勘探程度和研究程度最高的地区之一，也是我国为数不多的煤层气规模化勘探和商业化开发取得成功的地区。以沁水盆地南部煤层气富集高产区为研究基地，通过剖析区内煤层发育与几何形态、含气量、渗透率等主要参数的分布状态与时空变化规律，对比研究它们之间及其与煤层气产量之间的关系，可以揭示煤层气富集高产区分布规律，预测潜在的富集高产区。

鄂尔多斯盆地东缘发育石炭纪、二叠纪煤系，不但煤炭资源丰富，而且煤层气资源规模大，是目前我国煤层气勘探开发最活跃的地区之一。该区的煤层气勘探开发最早始于 20 世纪 90 年代，地质矿产部华北石油地质局、长庆油田分公司、中联煤层气有限责任公司、中国煤田地质总局等国内企业及外国一些公司都曾在此进行过煤层气的勘探试验或开发工作。该区域韩城地区煤层气勘探开发程度较高，初步实现了煤层气的商业化开发。自2003年开始，中联煤层气有限责任公司和中国石油天然气集团公司扩大投资，并逐步向北部的下峪口、桑树坪等地区延伸，开展大规模的煤层气勘探开发工作，并实现了商业化。

在深入剖析典型沁水盆地南部高煤阶、煤层气富集高产区和鄂尔多斯盆地东缘中煤阶、煤层气富集高产区各个评价参数的分布特征的基础上，利用基于产能分析的高丰度煤层气富集区评价方法，分别在沁水盆地南部、鄂尔多斯盆地东缘地区预测出两处煤层气富集高产区，进而揭示典型地区煤层气富集高产区的分布规律。

一、沁水盆地南部高煤阶煤层气富集高产区评价及预测

（一）煤层气富集高产区评价参数特征

沁水盆地位于华北板块中部山西断块东南侧，东依太行山隆起，南接中条山隆起，西邻霍山隆起，北为五台山隆起，是华北晚古生代成煤期之后由断块差异性抬升形成的山间断陷盆地。盆地地层内倾，构造形态呈长轴NNE—SSW向的大型复式向斜，轴迹大致位于榆社—沁县—安泽东—沁水一线。区内煤系有上石炭统太原组和下二叠统山西组。层序齐全，保存完整，地层倾角为2°～7°，产状平缓。盆地南部构造形迹以NNE向次级平行线状短轴褶皱为主，褶幅一般小于50m，延伸长度在数百至上千米之间，波及面积小于5km^2。后城腰断层和寺头断层从沁水盆地南部中部呈弧形斜穿而过，断距均大于20m，导水和导气能力差，但对该区煤层气勘探和开发工程有重要影响。沁水盆地晚侏罗世强烈的中酸性岩浆侵入活动不仅造成盆地内部地温梯度异常，加速了煤岩变质，最终成为无烟煤而提前进入生气高峰期，同时区域岩浆热变质作用还极大地提高了煤岩的渗透率，改善了储层的物性条件。

以沁水盆地南部煤层气富集高产区为研究基地，通过剖析区内煤层发育与几何形态、含气量、渗透率等主要参数的分布状态与时空变化规律，对比研究它们之间及其与煤层气产量之间的关系，揭示煤层气富集高产区评价参数的分布特征。

1. 煤层厚度

沁水盆地南部主要煤系地层为二叠系下统山西组（P_1s）和石炭系上统太原组（C_3t），平均厚为136.02m。含煤15层，煤层总厚为14.67m，含煤系数为10.8%，其中可采和局部可采煤层3层，总厚度为10.32m，可采含煤系数为7.6%。

山西组（P_1s）厚为30.70～59.10m，平均为45.20m。含煤4层，自上而下依次为1号、2号、3号、4号煤层，煤层总厚为6.89m，含煤系数为15.2%，其中可采煤层1层（3号煤），平均厚度为6.31m，可采含煤系数为14.0%。太原组（C_3t）平均厚度为90.82m。含煤11～13层，编号依次自上而下为5号、6号、7号、8-1号、8-2号、9号、10号、11号、12号、13号、13下号、15号、16号，煤层总厚为7.78m，含煤系数为8.6%，其中可采煤层2层（9号、15号），平均可采厚度为4.01m，可采含煤系数为4.4%。

含煤地层共含煤15层，其中3号、15号为主要可采煤层，9号为局部可采煤层

(东区大部分可采),其余为不可采煤层。

3 号煤层:位于山西组中下部,上距 K_8 砂岩 30m 左右,下距 K_7 砂岩约为 7m,距 15 号煤层 60～110m。煤层厚度为 2.3～7.2m,且西北部较薄,向南东方向逐渐变厚,在固县—应郭、东沟北部形成两个厚度中心[图 2.13(a)]。煤层无明显的分岔尖灭现象,横向延伸稳定,结构简单-较简单,不含夹矸或偶含 1～3 层泥岩或炭质泥岩夹矸。

15 号煤层:位于太原组一段顶部,厚 1.5～5.75m,由西北向南东厚度逐渐增大,全区分布,稳定可采,南窑上—固县—潘庄和东沟一带分别存在两个厚度中心[图 2.13(b)]。煤层结构较简单,不含夹矸或偶含 1～4 层泥岩、炭质泥岩薄层。

2. 含气量

与国内其他煤层气盆地相比,沁水盆地南部煤层含气量要高得多。沁水盆地南部 3 号煤层含气量为 4～25m^3/t,由东南部的煤层露头线向西北方向总体上呈增大趋势;与 3 号煤层的埋深趋势具有一定的相似性。总体上,东部及东南部的赵庄、杜寨、下村、东沟及町店一带含气量较低,赵庄区块煤层含气量为 9m^3/t 左右,成庄区块煤层含气量为 7～13m^3/t,寺河东区煤层含气量为 7～9m^3/t,大宁区块为 9～13m^3/t,潘庄、樊庄、郑庄区块含气量高,潘庄区块含气量煤层含气量为 5～25m^3/t。樊庄区块为 10～22m^3/t,郑庄区块为 7～24m^3/t。区内含气量少于 10m^3/t 的面积约占到全区总面积的 1/3,含气量为

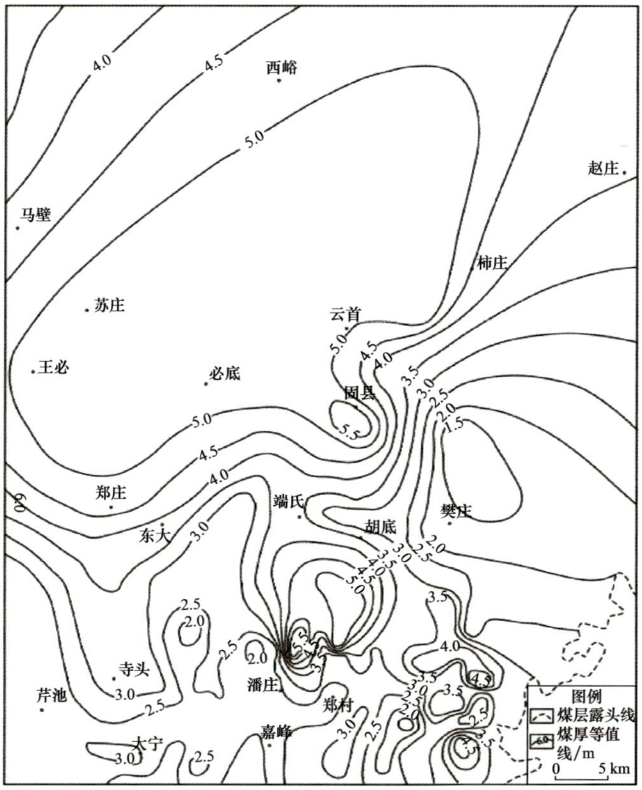

(a) 3号煤煤层厚度图

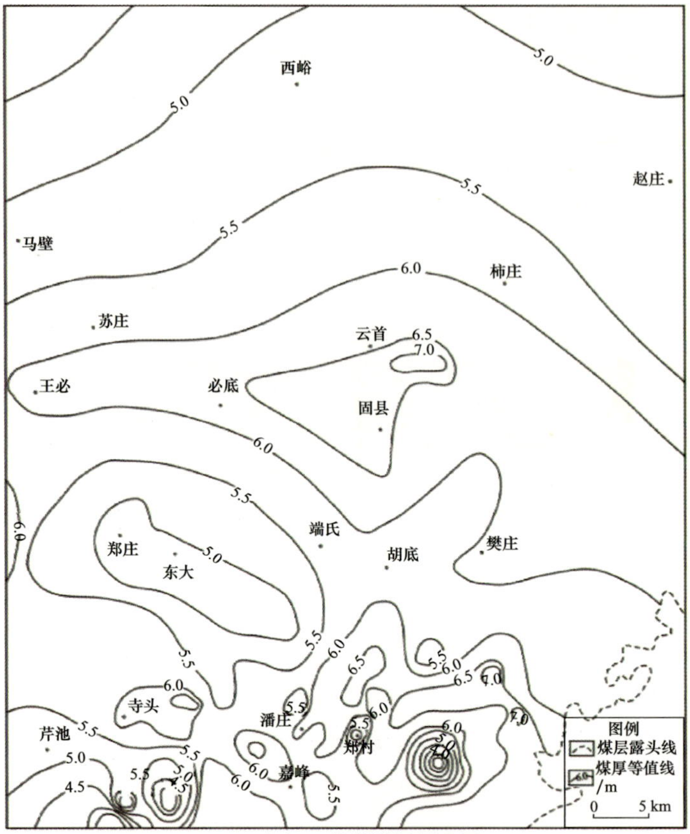

（b）15号煤煤层厚度图

图 2.13　沁水盆地南部 3 号、15 号煤层厚度等值线图

10～15m³/t 的范围约占 1/5，含气量大于 15m³/t 的面积约占到全区总面积的 1/3，大于 20m³/t 特高含气范围约占 1/5，主要分布于王必—郑庄西、胡底—端氏—潘庄和固县—应郭附近，并分别形成三个气含量高值中心［图 2.14(a)］。

15 号煤层含气量极值差别较大，最大值为 21.82m³/t，最小值为 4.26m³/t，平均为 11.58m³/t。平面上，西南部高，东北、东南侧低，即由东北和东南向西南方向逐渐增加。在区内西南部存在五个规模不等的高值区，分别为应郭、固县、固县东、郑庄—胡底—寺头、潘庄—郑村南。五个高值区中，以郑庄—胡底—寺头范围最大，含气量在 20.0m³/t 以上，等值线变化率较小；其次为潘庄—郑村南，含气量在 18.0m³/t 以上，区内最高含气量点即位于该范围内，含气量极值变化较大，致使等值线变化率较大。应郭、固县、固县东高值区的范围小，等值线变化率不甚明显［图 2.14(b)］。

3. 煤的吸附性能

沁水盆地南部 3 号煤南部寺头—中乡—端氏—郑村—下村一线以南，3 号煤 Langmuir 体积和 Langmuir 压力都较大；北部西峪以北，为贫煤分布，3 号煤 Langmuir 体积和 Langmuir 压力都逐渐减小。可见，沁水盆地南部 3 号煤 Langmuir 体积和 Langmuir 压力与煤级分布有一定的一致性，由西北向东南，3 号煤 Langmuir 体积和 Langmuir 压力都呈逐渐增大的趋势（图 2.6、图 2.7）。

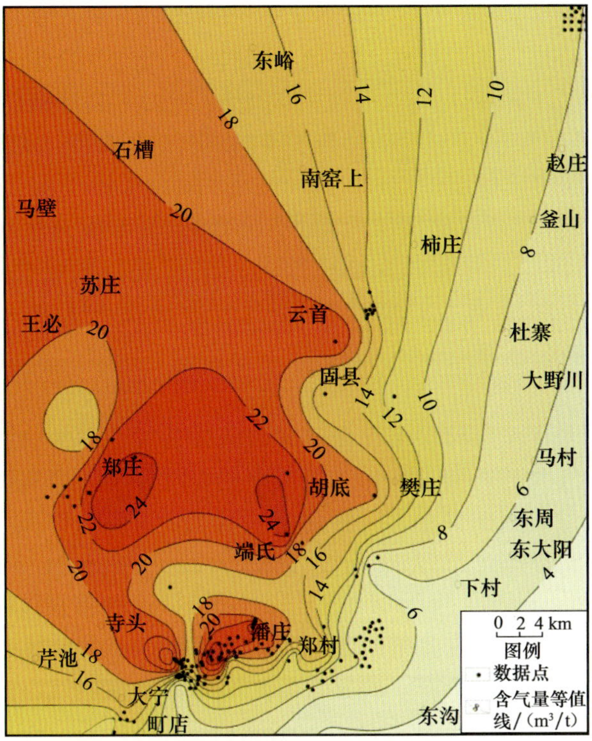

（a）3号煤煤层含气量分布图

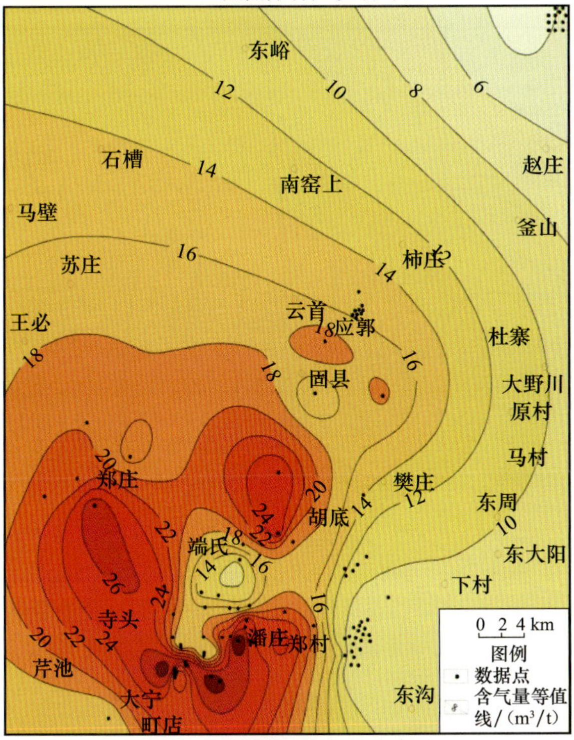

（b）15号煤煤层含气量分布图

图 2.14 沁水盆地南部 3 号、15 号煤层含气量分布图（李贵红等，2010）

4. 煤储层压力

沁水盆地南部 3 号煤层的储层压力变化范围较大，为 2～9MPa；自东南向西北储层压力呈增大趋势［图 2.15(a)］，与 3 号煤层的埋深（208～1150m）变化趋势基本一致；根据储层压力与煤层埋深的关系，3 号煤层的储层压力梯度一般小于静水压力梯度（0.98MPa/100m），属欠压储层。

沁水盆地南部 15 号煤层的储层压力为 2～9MPa；其平面分布规律与 3 号煤层具有相似的规律［图 2.15(b)］，在相同深度范围内，15 号煤层的储层压力较 3 号煤层大，自东南向西北储层压力呈增大趋势，其储层压力梯度一般也小于静水压力梯度（0.98MPa/100m），属欠压储层。

5. 渗透性

煤层渗透率是用来衡量煤储层多孔介质允许流体通过能力的物性参数，煤层渗透性好坏直接影响着煤层气井的产量。因此，渗透率是衡量煤层气富集高产区评价与预测的关键指标之一。沁水盆地南部目标煤层渗透率差别大，并且分布很不均匀。3 号煤层渗透率最大值为 $30.93\times10^{-3}\mu m^2$，最小值仅为 $0.0042\times10^{-3}\mu m^2$；15 号煤层渗透率最大值为 $98.29\times10^{-3}\mu m^2$，最小值仅为 $0.011\times10^{-3}\mu m^2$。这种差别体现了煤层渗透率的各向异性和非均质性。通过对沁水盆地南部地区主要煤层的试井和压汞试验，在遵循煤储层渗透率分布特征的基础上，舍弃一些异常值；结合目前煤层气生产情况，对所获得的测试渗透率数据进行区间划分（图 2.16）。

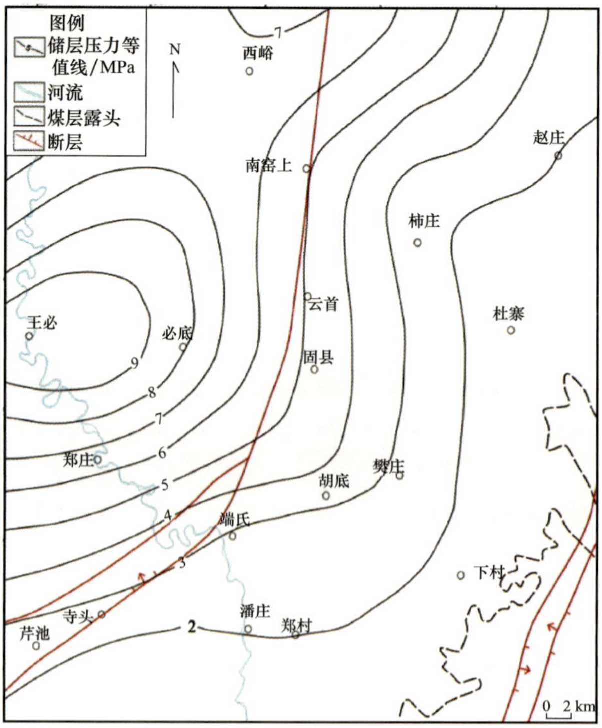

（a）3号煤煤层储层压力等值线图

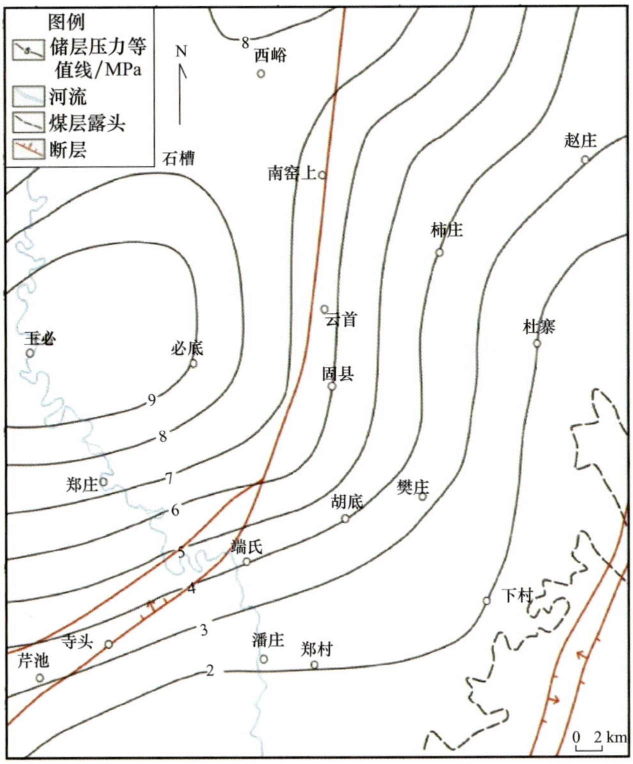

（b）15 号煤层储层压力等值线图

图 2.15 沁水盆地南部 3 号、15 号煤层储层压力等值线图

3 号煤层渗透率平面分布特征：南窑上—固县—中乡—芦池一线以西的广大西北地区汇聚了渗透率小于 $0.4\times10^{-3}\mu m^2$ 的大面积煤层，云首—胡底—端氏—寺头北—大宁西“S”狭窄地带的煤层渗透率为 $0.4\times10^{-3}\sim0.8\times10^{-3}\mu m^2$，该带东南至煤层露头线之间的赵庄、柿庄、杜寨、樊庄、下村、潘庄、嘉峰、寺头、永安及大宁一带的大片区域中煤层渗透率大于 $0.8\times10^{-3}\mu m^2$，且由南向北、由东向西逐渐增大（图 2.5）。

15 号煤层渗透率的平面分布趋势与 3 号煤层相似，但形态比较复杂。南窑上—郑庄—王必以北的储层渗透率小于 $0.4\times10^{-3}\mu m^2$，且由东南向西北方向逐渐降低。赵庄北—云首—郑村北—东大—中乡—寺头北一带的煤层渗透率为 $0.4\times10^{-3}\sim0.8\times10^{-3}\mu m^2$，该范围内的应郭—固县—胡底一带尚出现一个纺锤形渗透率低值区，长轴北东向。羊泉、芹池、大宁、端氏、潘庄、嘉峰、永安、下村、樊庄、杜寨、柿庄、赵庄均是渗透率高值分布区（图 2.16）。

沁水盆地南部地区 3 号煤层和 15 号煤层渗透率分布的共同趋势是高值区位于东南部，渗透率中值区位于区内中部 NE 向狭长地带，低值区分布在研究区西北部。但同一区域的煤层渗透率也存在差异，总体上，寺河、成庄煤储层渗透率较高，其次是潘庄，郑庄、樊庄较低。

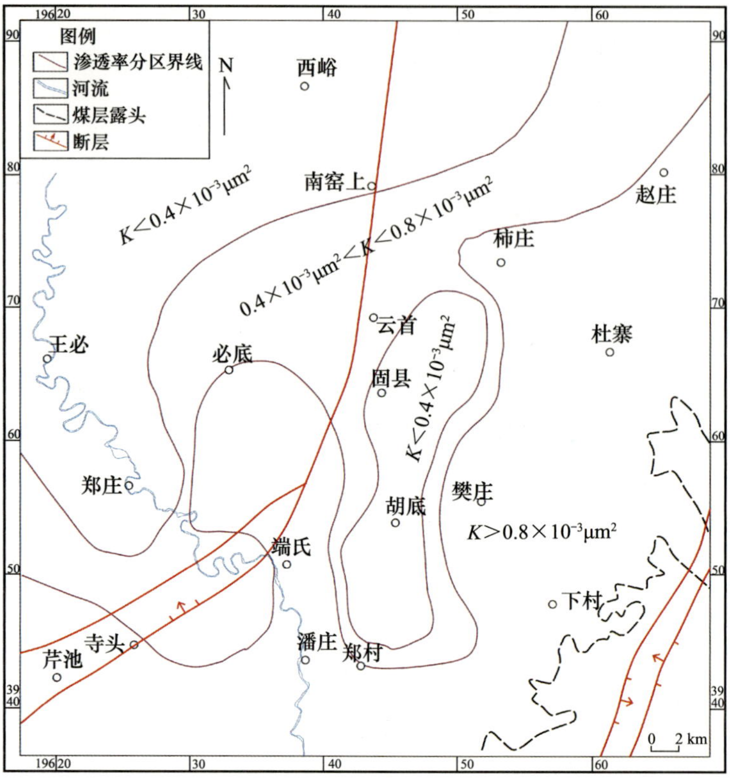

图 2.16　沁水盆地南部 15 号煤层渗透率分布区间

6. 水文地质条件

沁水盆地南部地下水矿化度值呈现由东向西增大的趋势，赵庄地下水矿化度为 800mg/L 左右，成庄—寺河东区为 800～1400mg/L，胡底为 1600～1800mg/L，潘庄为 1600～2500mg/L，郑庄为 1400～3400mg/L [图 2.17(a)]。与地下水等水位线图呈示出较强的一致性，矿化度最高值位于以郑庄和潘庄附近为中心的区域，表明此处地下水存在滞流区域，由周边地区向此中心区域地下水矿化度逐渐增大，反映了地下水动力场由补给区、径流区向滞流区的变化（李贵红等，2010）。地下水氯离子大部分区域含量为 40～60mg/L，在局部出现两个高值区，一个位于潘庄和郑庄之间，含量为 50～150mg/L，另一个位于赵庄区块，为 60～140mg/L。成庄—寺河东为 20～60mg/L，胡底为 60～80mg/L，郑庄为 40～60mg/L [图 2.17(b)]。这说明地下水动力场总体上与等水位线图、矿化度图具有一定的相似性，但在赵庄附近表现出差异。

沁水盆地南部 3 号、9 号煤层含气量总体上表现为由东向西增大，在郑庄及潘庄附近形成最大区域。地下水动力分区与煤层含气性趋势表现出较强的一致性。在郑庄、潘庄一带的高含气量区，对应于地下水滞流区域，地下水等势面呈四周高、中间低的汇流状态，地下水从各个方向往该处汇流，此处的地下水径流条件减弱，对煤层气形成水动力封闭作用；而东部及南部浅部露头区煤层裂隙较发育，赵庄、成庄和寺河东区等煤层气含量相对较低，为大气降水补给区，地下水交替较积极，径流强度较大，煤层气向外解吸逸散作用较强，导致这些地区在煤级、煤厚、围岩等保存条件类似的情况下煤层气含量降低。

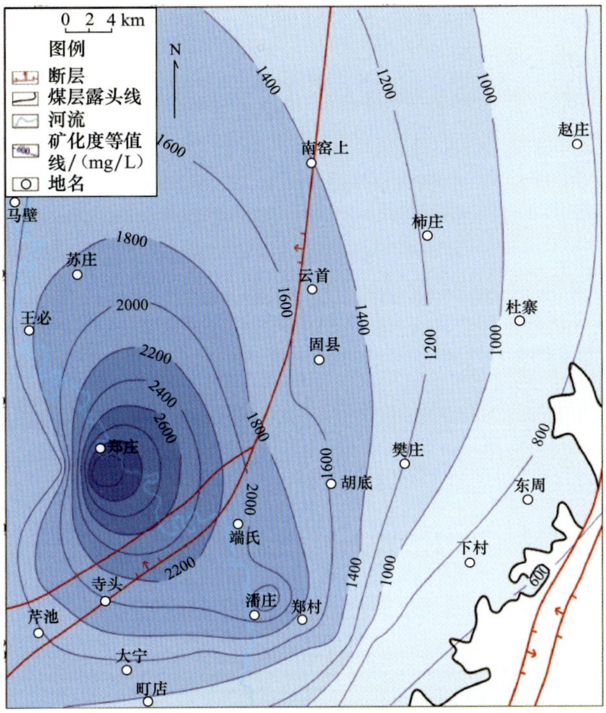

(a) 矿化度等值线图

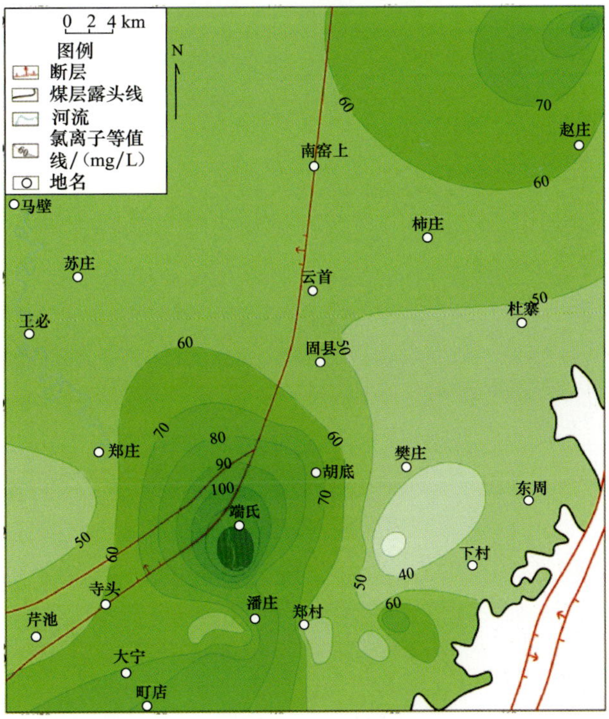

(b) 氯离子浓度等值线图

图 2.17 沁水盆地南部煤系地下水矿化度、氯离子等值线图

沁水盆地南部大多数地区远离地下水的强径流区，地下水基本处于缓慢迳流-滞流状态，受地下水的封堵，煤层气的保存比较有利。

在垂向上，区内的主要含水层的富水性弱，且煤系砂岩含水层间多有厚度不等的泥岩隔水层存在，隔断了含水层间的水力联系，使各含水层基本上都处于孤立状态。因此，在垂向上，该区不仅存在多个隔水层封闭，还存在多个区域的含水层封闭，煤层气成藏条件有利。

（二） 煤层气富集高产区评价及预测

1. 含气量-厚度筛选

沁水盆地南部依据含气量-厚度绘制的 3 号煤层的煤层气资源丰度等值线图如图 2.18 所示。可以看出：3 号煤层的煤层气资源丰度多在 $1.0\times10^8\mathrm{m^3/km^2}$ 以上，最大超过 $2\times10^8\mathrm{m^3/km^2}$，具有自边缘向内部增大的变化趋势。

在西北部王必—固县一带形成煤层气高丰度资源区，资源丰度大于 $1.8\times10^8\mathrm{m^3/km^2}$。在南北部端氏—胡底一带形成煤层气高资源丰度区，资源丰度大于 $1.6\times10^8\mathrm{m^3/km^2}$。另外，潘庄、南窑上一带资源丰度在 $1.2\times10^8\mathrm{m^3/km^2}$ 以上。

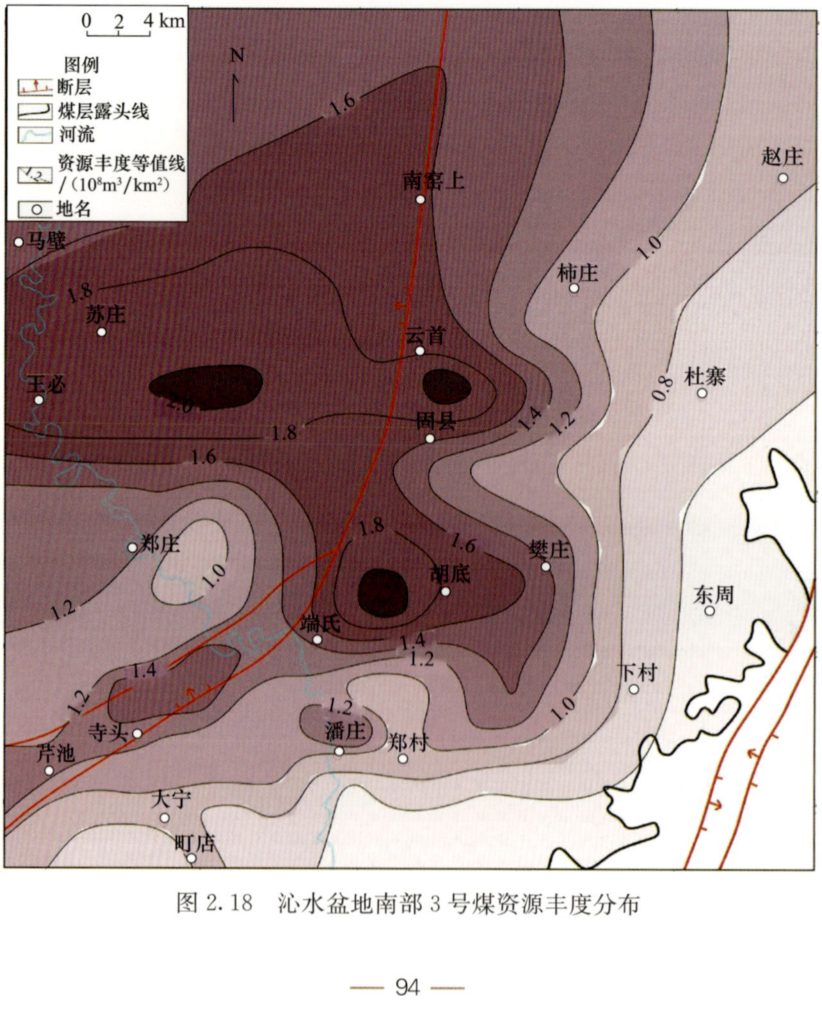

图 2.18　沁水盆地南部 3 号煤资源丰度分布

2. 富集高产区预测

该区构造相对稳定，无大断裂带，属于同一评价区。依据建立产能和主要控制因素（含气量、煤厚、渗透率、储层压力、Langmuir 体积、Langmuir 压力和水文地质条件）的产能预测模型（神经网络和灰色系统模型），计算了沁水盆地南部的赵庄、柿庄、云首、胡底、大宁、端氏、潘庄、寺河、胡底和郑村附近的直井产气量，绘制等值线图如图 2.19 所示。

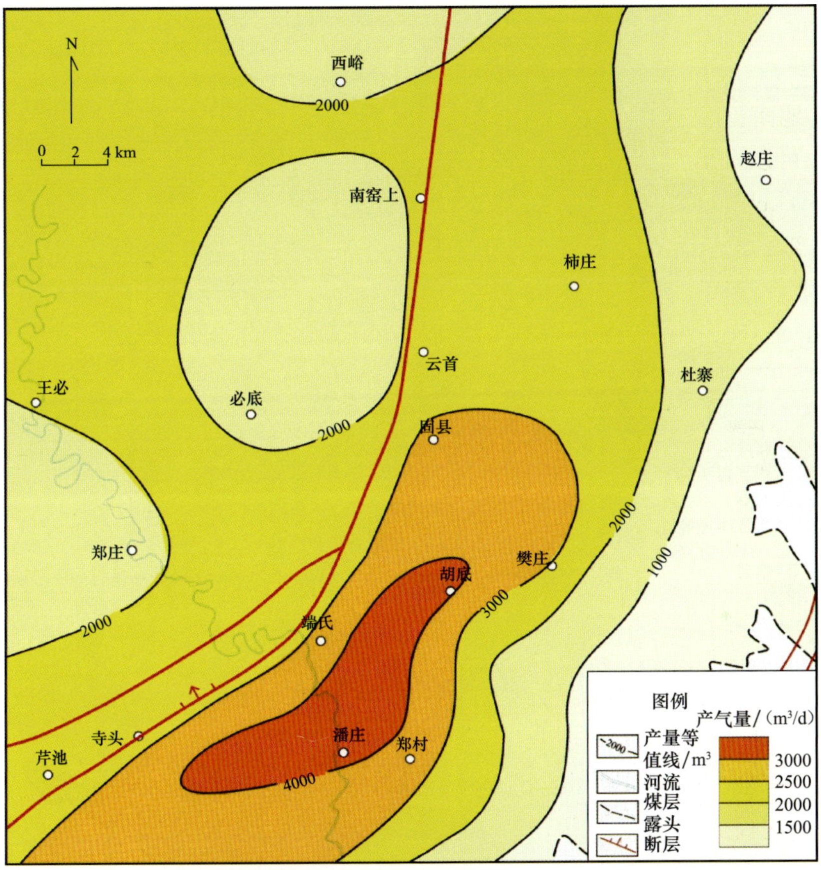

图 2.19 沁水盆地南部高丰度煤层气富集区直井稳定产量等值线图

通过对沁水盆地南部煤层气富集区的分析发现直井日产量 2000m^3 以上的高丰度区块覆盖全区大部。在潘庄—胡底形成高产中心，产能最高可达 4000m^3 以上。在寺头、固县、郑村、樊庄附近有一个较狭长的高产区，产能 3000m^3 以上。

3. 富集高产区地质分析

沁水盆地东南部总体上具有煤层厚度大、分布连续稳定、煤变质程度高、含气量大、储层渗透率分区性明显的特点。高于日产 2000m^3 的高丰度富集区，总体受构造控制，处于构造斜坡带，埋深为 300～700m（图 2.20）。

日产量高于 3000m^3 区域：大宁—固县—潘庄区域，煤层气高产区同时也是地下水的滞流区，反映了良好的气体保存条件，含气量高。该区域整体处于低地应力区、埋深浅、渗透率高。

日产量为 2000～3000m^3 区域：总体位于径流区，地下水交替较积极，但煤层气保存条件比浅部好，该区域埋深适中，煤体结构完整，地应力低，渗透率相对大，产气量高。

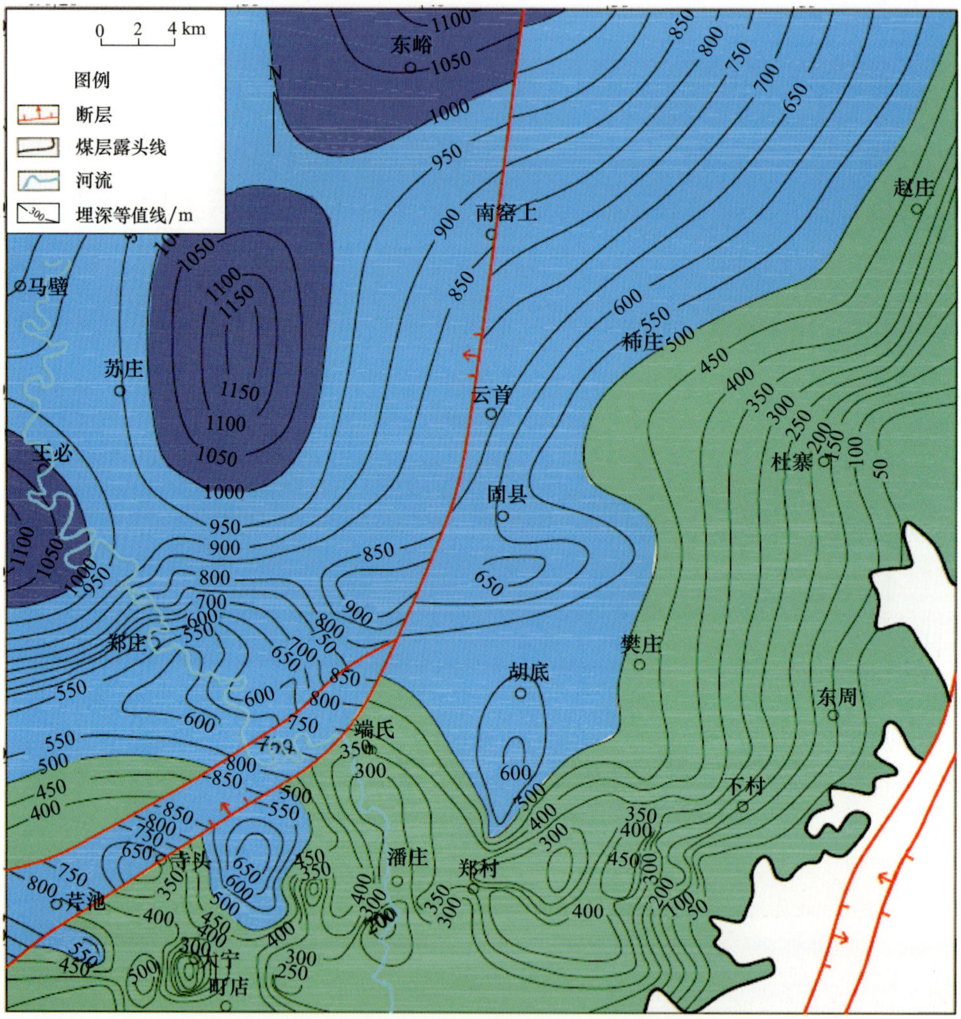

图 2.20　沁水盆地南缘地区 3 号煤层埋深等值线图

二、鄂尔多斯东缘中煤阶煤层气富集高产区评价及预测

鄂尔多斯盆地东缘煤层气富集高产区位于鄂尔多斯盆地东部边缘地带，呈南北条带状展布，其东为山西地块，南北两端分别与秦岭及阴山两个东西向构造带相接触。该区长期以来构造变形十分微弱，煤岩层产状总体上呈 NS 走向、向西倾的单斜，在单斜背景上发育有南北向宽缓褶皱，断层不太发育，表现为过渡性质的盆缘构造类型。该特点

是由其大地构造位置决定的，有别于山西地块的先期挤压，后期伸展、断陷，也不同于相对稳定的鄂尔多斯盆地。区内不同地段的构造发育程度及展布形式有所不同，南北方向上，以离石—柳林EW向构造带为界，南北两部分构造发育程度及表现形式有差异。根据南北差异，由北而南划分为三个构造分区，即北部构造分区、中部构造分区和南部构造分区（图2.21）。

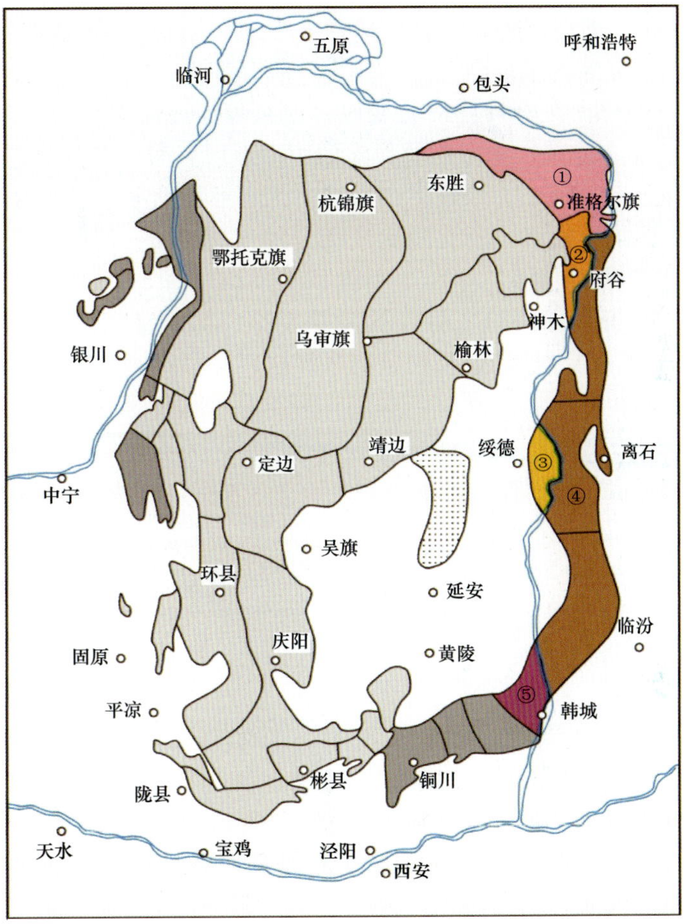

图2.21 鄂尔多斯盆地东缘地理位置及构造分区图

①准格尔煤田；②府谷含煤区；③吴堡含煤区；④河东煤田；⑤渭北煤田韩城矿区

（一） 煤层气富集高产区评价参数特征

东西方向上，由盆缘向盆内过渡，地质构造的发育程度也明显不同，主要表现为东部盆缘以断裂及派生挠褶为主，中部以宽缓的褶皱发育为特征，西部的构造形迹明显减少，成为比较平缓的单斜构造。依据东西方向的构造差异，从盆缘到盆内进一步划分成三个带，即盆缘断拗带、斜坡凹隆带及缓坡带，进入盆内缓坡带后，地层产状趋于水平，一般小于5°，构造形迹微弱，煤层埋藏较深。

1. 煤层厚度

鄂尔多斯盆地东缘晚古生代煤系含煤12层，其中上煤组编号1～5号煤层（自上而下编号），位于山西组；下煤组6～12号煤层发育于太原组。3号属于区内较稳定煤层，5号、8号煤层属稳定煤层。煤层气勘探开发主要目标层为5号和8号煤层。

研究区晚古生代煤系上、下煤组的煤层总厚度达到5～40m。兴县以北煤层厚度大于20m，准格尔—河曲一线存在一个NE向分布的煤层厚度大于30m的区带，局部在40m以上的区域；兴县以南一般厚度为10～20m，绥德—石楼—吉县一带厚度为15～20m。

3号煤层：在研究区自东向西变薄，厚度一般厚度为1～3.5m，最大可达5m以上，厚煤区位于乡宁县西部，在府谷县以北变厚；河东煤田该煤层一般分岔为两层，其中，北段的两个分层分布不连续，中段为较稳定的可采煤层，南段上分层厚度稳定，但大部分不可采，下分层稳定可采。3号煤层在韩城矿区南部不稳定，厚度为0～1.3m。

5号煤层：全区均有发育，自北向南变薄，厚度为0.8～15m，厚煤带位于研究区东北部，富煤区主要位于准格尔地区，中段和南段小于3.5m。在河东煤田中、北部5号煤层上覆砂岩不发育地段，与3号煤层间距变小；韩城地区的5号煤层分岔成2层（5^{-1}和5^{-2}煤层），其中5^{-1}号煤层为稳定可采煤层，一般厚为2m左右，5^{-2}号煤层局部可采。

3号和5号煤层总厚度为1～15m［图2.22(a)］。煤层厚度大于5m的区域有五处，分别是准格尔—河曲、府谷—保德、神木西北、临县—吴堡、吉县—韩城。其中，准格尔—河曲一带的厚煤带面积大，最厚达15m；其余四处厚度为5～6m，最大厚度可达8m。

8号煤层：厚度为2～20m，北纬38°以南煤厚一般小于5m，仅在吴堡西南部和大宁—吉县—宜川一带煤层厚度为5～9m。北纬38°以北一般大于5m［图2.22(b)］。富煤区位于兴县以北到研究区东北缘，厚度为8m以上，准格尔旗厚度最大达到20余米。

2. 含气量

含气量的变化与煤级保持了很好的一致性，总体上由北部的准格尔向南经三交、柳林到吉县，5号煤含气量由$1m^3/t$增加至三交柳林的$10m^3/t$左右，吉县煤层含气量为$18m^3/t$，向南往韩城略有下降，至$12m^3/t$左右［图2.23(a)］。

11号煤含气量变化趋势与上煤组保持了很好的一致性。不同的是除准格尔外，北部和中部含气量比5号煤增大了$3m^3/t$左右，但南部降低了$3m^3/t$左右［图2.23(b)］。

3. 煤的吸附特征

鄂尔多斯盆地东缘煤的吸附能力相对较强（表2.10）。

大宁—吉县—韩城—合阳地区煤的空气干燥基Langmuir体积为12.69～34.90m^3/t，平均为21.78m^3/t，干燥无灰基Langmuir体积为16.87～37.95m^3/t，平均为25.85m^3/t；Langmuir压力为1.22～3.93MPa，平均为2.14MPa。

柳林地区煤的空气干燥基Langmuir体积为11.67～25.54m^3/t。其中，3+4煤层共为15.57～22.66m^3/t，平均为20.08m^3/t；5煤层为11.67～23.21m^3/t，平均为18.50m^3/t；8+9+10煤层共为16.10～25.54m^3/t，平均为22.28m^3/t。Langmuir压力为1.40～3.52MPa，平均为1.98～2.23MPa。比较看来，8+9+10煤层吸附能力较强，5煤层次之，3+4煤层的吸附能力相对较弱。

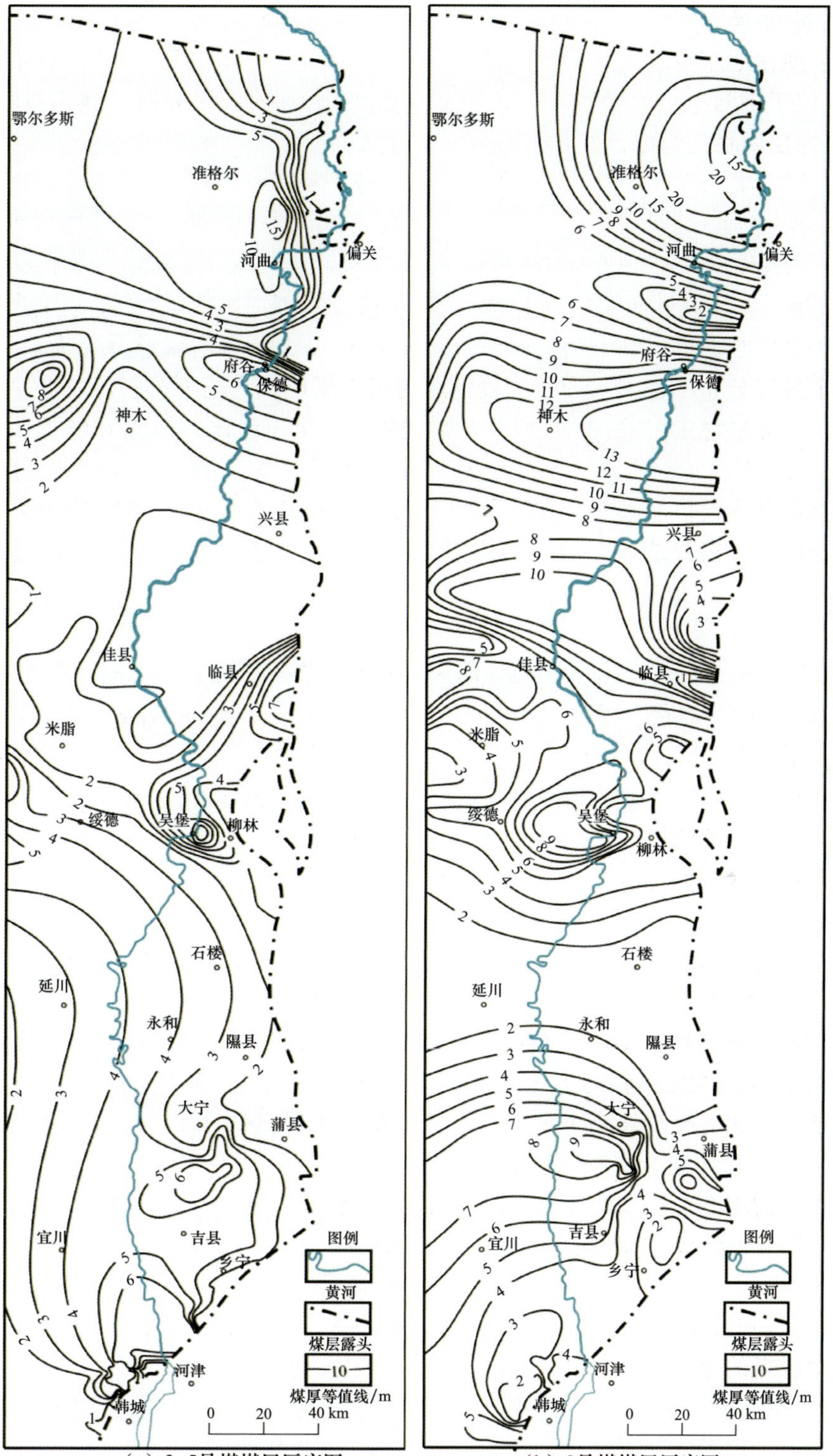

（a）3+5号煤煤层厚度图 （b）8号煤煤层厚度图

图 2.22 研究区 3+5 号煤层、8 号煤层煤厚等值线图

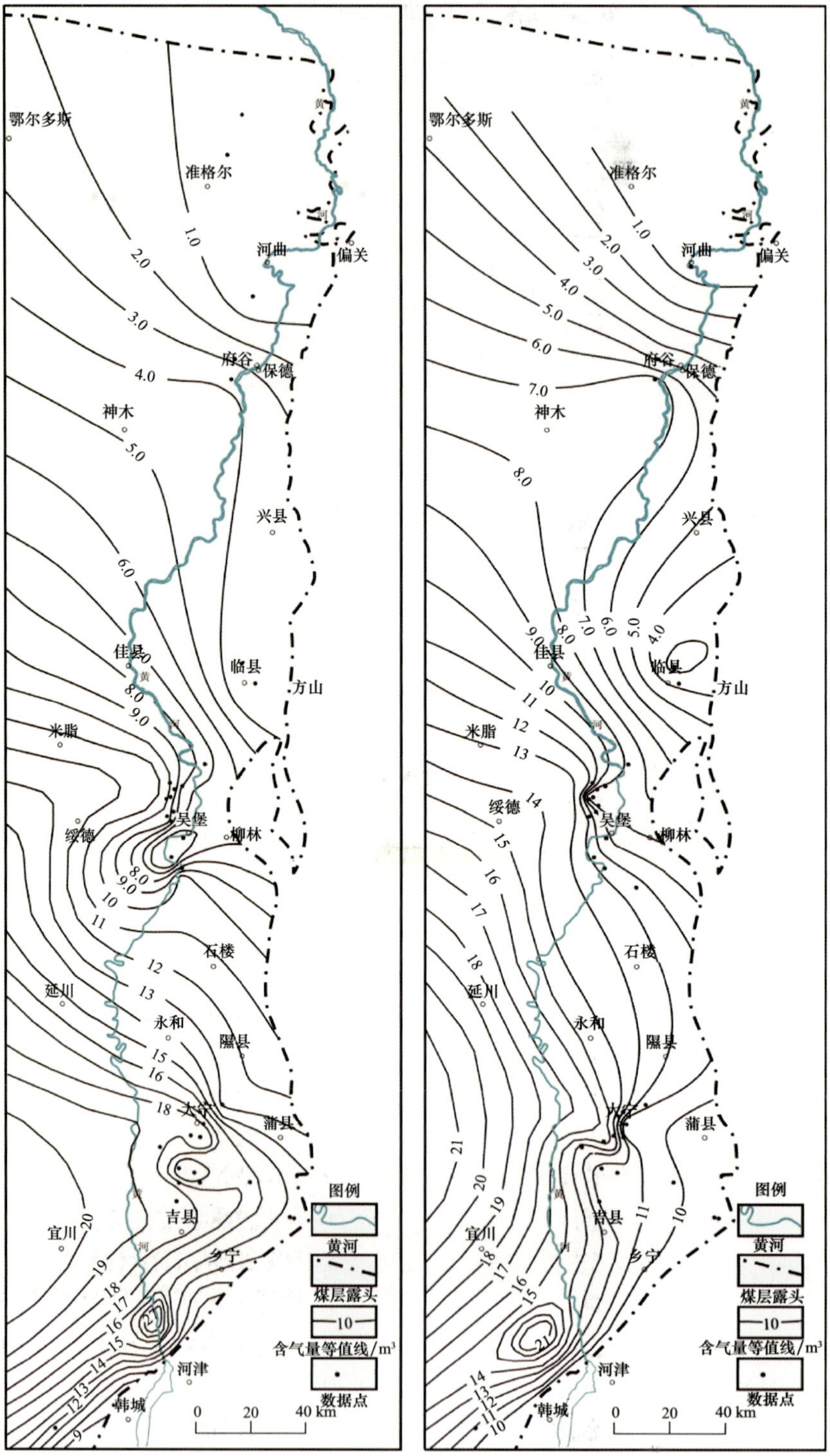

（a）5号煤煤层含气量等值线图　　（b）11号煤煤层含气量等值线图

图 2.23　5 号煤层、11 号煤层含气量等值线图

吴堡矿区煤的气干燥基 Langmuir 体积为 11.40～22.87m^3/t。其中，S1 煤层为14.38～22.20m^3/t，平均为 17.92m^3/t；T1^{上}煤层为 11.40～22.87m^3/t，平均为 18.93m^3/t；T1 煤层为 13.21～22.49m^3/t，平均为 18.92m^3/t。Langmuir 压力为 1.20～2.78MPa，平均为 1.87～2.43MPa。比较看来，T1^{上}和 T1 煤层吸附能力强，S1 煤层的吸附能力相对较弱，S2、S3 煤层居中。

表 2.10 鄂尔多斯盆地东缘各地区煤的吸附特征

地区	煤层	Langmuir 体积 V_L/(m^3/t)		Langmuir 压力 P_L/MPa
		空气干燥基	干燥无灰基	
大宁吉县	5 号	12.69～34.90 24.99 (8)	16.87～37.35 26.41 (8)	1.37～2.89 2.12 (8)
	8 号	16.29～28.90 22.01 (7)	20.31～37.95 26.15 (7)	1.22～3.93 2.00 (7)
韩城	5 号	19.88～24.96 21.98 (5)	21.83～31.05 26.57 (5)	1.68～2.76 2.12 (5)
	8 号	20.20～21.94 20.97 (5)	26.82～27.93 27.38 (5)	1.65～3.13 2.44 (5)
合阳	2 号	15.53	22.18	2.37
	3 号	16.41	22.58	1.72
	5 号	16.51～21.75 18.62 (4)	22.17～24.27 23.11 (4)	1.58～2.41 2.15 (4)
柳林	3+4 号	15.57～22.66 20.08	18.64～28.76 23.08	1.56～3.52 2.23
	5 号	11.67～23.21 18.50	15.99～30.75 23.38	1.40～2.64 2.06
	8+9+10 号	16.10～25.54 22.28	19.16～30.52 25.62	1.40～3.18 1.98
吴堡	S3	14.95～19.63 17.82	21.24～23.70 22.31	2.06～2.52 2.24
	S2	16.40～21.60 18.75	20.26～27.53 24.38	2.18～2.60 2.41
	S1	14.38～22.20 17.92	18.80～25.59 22.39	2.01～2.78 2.43
	T1^{上}	11.40～22.87 18.93	15.24～27.02 22.82	1.20～2.16 1.87
	T1	13.21～22.49 18.92	18.24～25.49 23.49	1.63～2.43 2.07

注：表中数据“—”上为范围，“—”下为平均值，括号中的数值为样品数。

4. 储层压力

储层压力是作用在煤储层孔隙空间流体上的压力，包括气压和水压，是地层流量能量的表征。储层压力不仅控制着煤层气赋存状态和含气量，还在一定程度上控制着气体的解吸、运移和气井产量。煤层气排采是通过排水降压实现的，一般说来，临储比越大，煤层气生产排水降压越容易，煤层气井的产量越高；欠压状态不利于煤层气的生产。

鄂尔多斯盆地东缘储层压力呈现南高北低、西高东低的变化趋势（图 2.24）。纵向

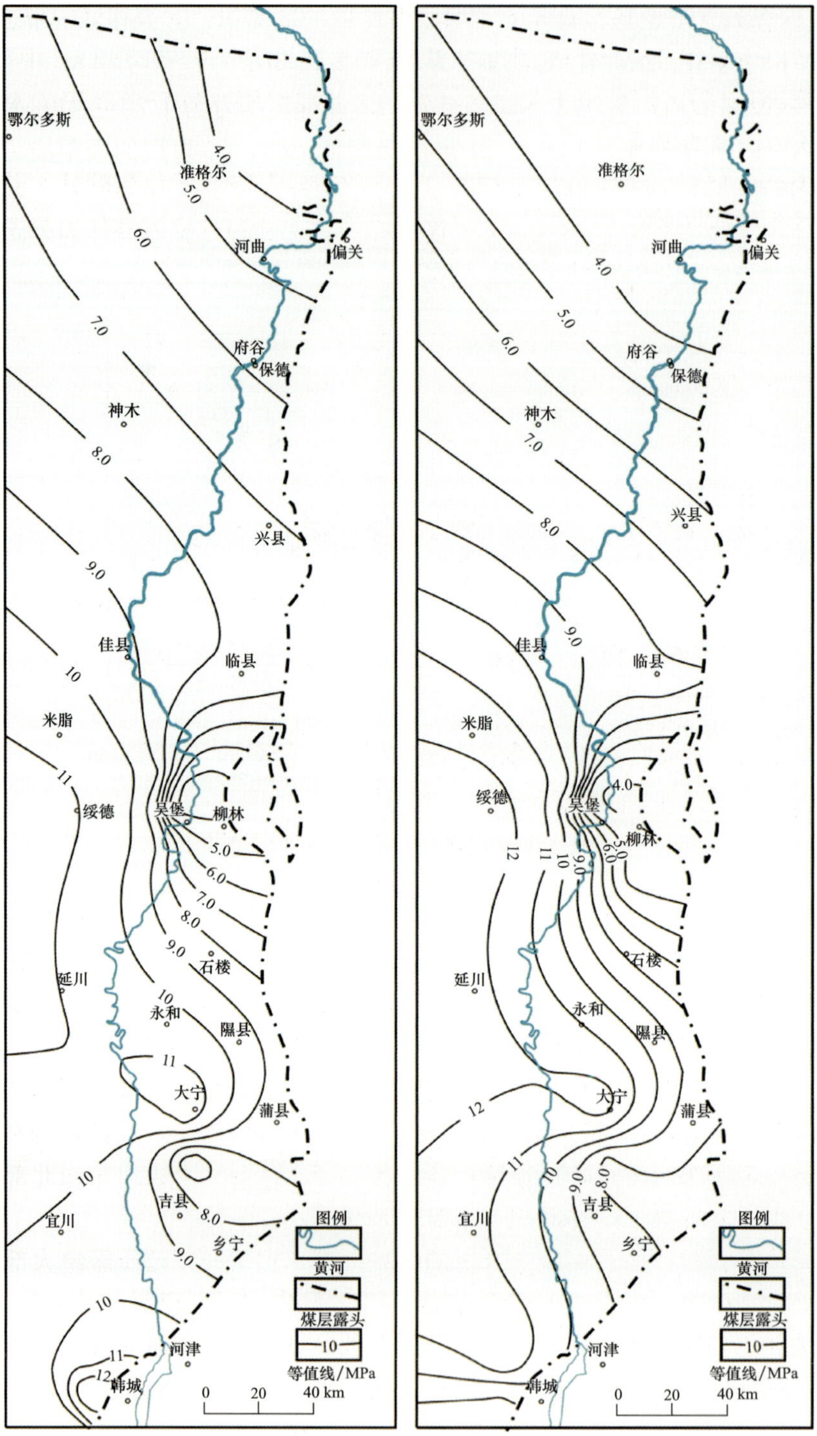

（a）5号煤层储层压力等值线 （b）8号煤层储层压力等值线

图 2.24 鄂尔多斯东缘 5 号和 8 号煤层储层压力等值线图

上，5 号煤的储层压力在总体上低于 8 号煤，但北部的准格尔、南部韩城一带表现为上煤组储层压力高出下煤组 1～2MPa。北部上煤组储层压力为 4.0～9.0MPa；中部为 4.0～11MPa，小于 5MPa 的区域仅位于吴堡、柳林；南部储层压力为 7～12MPa，韩城的边浅部存在局部压力增高的现象。

一般来说，储层压力与深度呈正相关（图 2.25），但韩试 1 井和韩试 3 井所测储层压力梯度上煤组值大于下煤组，可能受岩性及构造影响，与局部流体压力异常有关。煤层中地下水的运移是承压、超压区形成的原因。

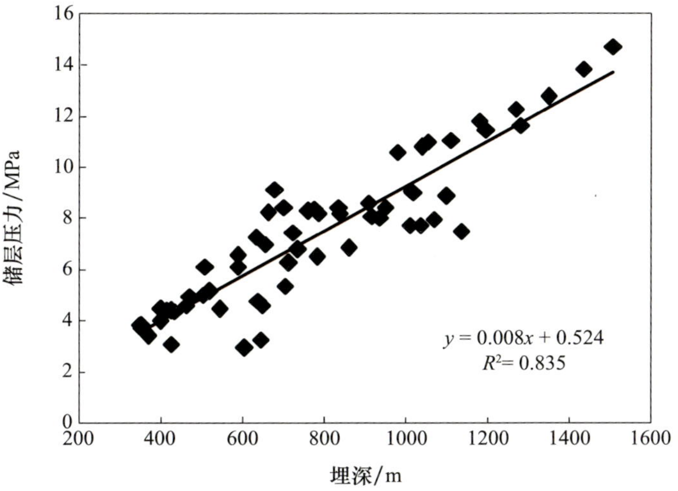

图 2.25 鄂尔多斯盆地东缘储层压力与深度关系图

储层压力梯度的变化基本与储层压力一致，表现为南高北低，西高东低，南部最大。依据储层压力梯度大于 1.0MPa/100m 为超压区、储层压力梯度大于 0.9MPa/100m 且小于 1.0MPa/100m 为过渡区、储层压力梯度小于 0.9MPa/100m 为欠压力区的划分方案，将研究区划分为三个区。超压区、过渡区和欠压区在东缘从西向东、近 NS 走向呈条带状分布，在北部和南部略有转向，北部转为 NW 走向，南部转为 NE 向。超压区基本上位于深部，浅部仅位于韩城；过渡区位于中等埋深处，浅部近柳林—吴堡全部煤层和乡宁一带下煤组为正常压力区；欠压区位于边浅部，上煤组东缘北部基本上位于欠压区，下煤组北部欠压区的面积与上煤组相比缩小了一半。

一般来说，尽管超压区是煤层气开发的有利区域，但研究区超压区绝大部分位于煤储层埋深大于 1500m 的范围，目前尚未有成功开发的先例。仅南部韩城一带在边浅部，韩城区块应是鄂尔多斯盆地东缘煤层气开发的有利区域之一；过渡区及正常压力区基本上位于中等埋藏深度，是区内煤层气开发选区的首选区域，如柳林—吴堡；而欠压区位于边浅部，煤层埋藏浅，但地层能量低，严重制约煤层气开发。

5. 渗透率

煤储层渗透率是反映煤层气能否成功采出的决定性条件之一。本书采用注入/压降试井的测试数据，研究区煤储层渗透率测值的分布极不均衡（表 2.11），从 0.01×

$10^{-3}\mu m^2$ 到 $233\times10^{-3}\mu m^2$ 不等，统计数据中，其中 $0\sim1\times10^{-3}\mu m^2$ 的值占 65%，大于 $1\times10^{-3}\mu m^2$ 的占 35%。渗透率值总体变化特征是北部、中部渗透率大，南部相对小。

3 号煤层渗透率为 $0.01\times10^{-3}\sim16.17\times10^{-3}\mu m^2$，其中有 7 个数据大于 $1\times10^{-3}\mu m^2$；5 号煤渗透率为 $0.013\times10^{-3}\sim42.86\times10^{-3}\mu m^2$，5 个数据大于 $1\times10^{-3}\mu m^2$；8 号煤渗透率 $0.01\times10^{-3}\sim213\times10^{-3}\mu m^2$，其中有 9 个数据大于 1mD。理论上讲，随着煤层埋藏深度增加，地应力增大，储层裂隙、孔隙度和渗透率降低，该区储层埋深与渗透率关系规律明显（图 2.26）。可见鄂尔多斯盆地东缘煤储层渗透率整体比较高，这是由于研究区为低、中煤级煤，天然裂隙发育良好的缘故。

表 2.11 鄂尔多斯盆地东缘煤层气井储层渗透率统计

测试层位	地区	渗透率/$10^{-3}\mu m^2$	数据个数	测试层位	地区	渗透率/$10^{-3}\mu m^2$	数据个数
3	神府	0.01～2.38	3	8	准格尔	0.40～50.00	2
	保德	1.40	1		保德	4.00～213.00	2
	三交	0.14～3.00	3		神府	2.37	1
	柳林	0.10～2.80	11		临县	0.01～0.15	2
	吴堡	0.16～10.72	5		三交	0.11～0.34	5
	韩城	16.17	1		柳林	0.02～24.8	14
5	临县	0.13～0.54	2		吴堡	0.11～9.87	6
	三交	0.19～23.27	2		石楼	0.46～2.72	2
	柳林	0.03～2.26	9		吉县	0.0918～83	2
	吉县	0.016～42.86	6		乡宁	3.87～4.30	2
	乡宁	0.98～6.65	2		韩城	0.01～3.50	3
	韩城	0.013～1.96	3				

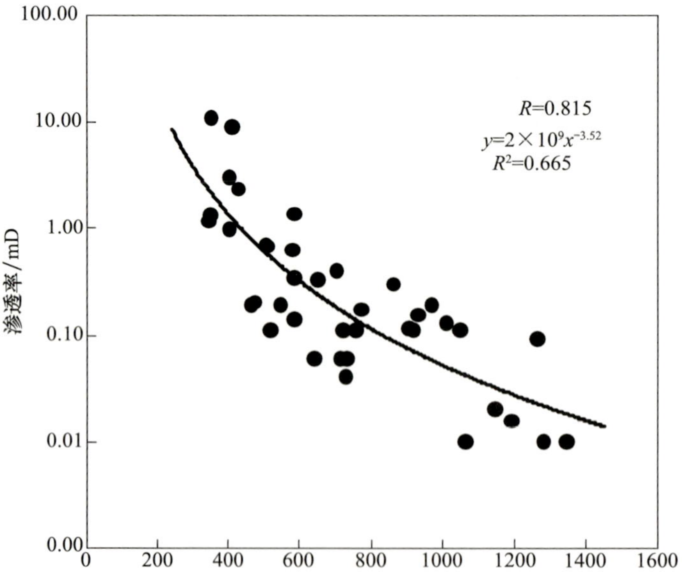

图 2.26 鄂尔多斯东缘渗透率与煤储层埋深关系图

6. 水文地质条件

鄂尔多斯东缘岩溶含水层总体自东向西、由浅而深呈单斜状产出，空间上总体为向西缓倾的单斜，包括天桥、柳林、河津-韩城三个地下水水流系统（泉域）（图 2.27）。总体来看，天桥系统水化学类型简单，矿化度较低，河津-韩城系统和柳林系统矿化度中等，但滞流区地下水矿化度最高。地下水由补给区向径流区及西部排泄区，随着埋深增加，水矿化度增加，地下水年龄逐渐变老。地下水高总矿化度的形成反映了滞流的水动力环境，地下水循环条件差（刘洪林等，2006）。据统计（田文广等，2011），鄂尔多斯盆地东缘煤层气井产出水的矿化度与含气量呈正相关关系，水动力活跃的地区煤层含气量小（宋岩和张新民，2005），说明滞流区的气体保存条件明显好于地下水交替活跃区。岩溶地下水流向与地层倾向相同，由东向西径流。

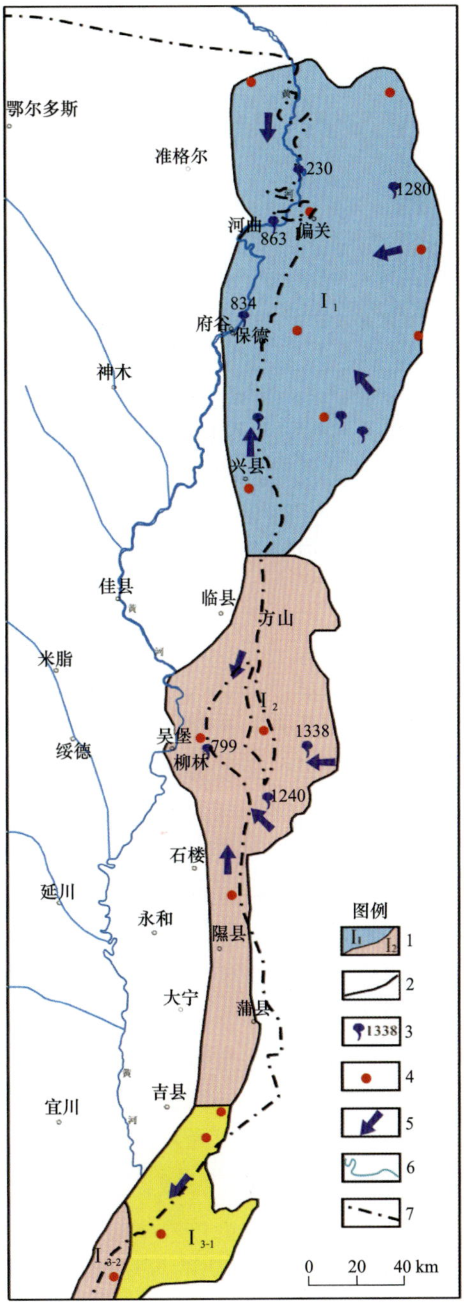

图 2.27　鄂尔多斯东缘岩溶地下水流向图
（侯光才和张茂省，2008，有修改）
1. 岩溶地下水系统及编号；2. 岩溶水子系统界线；3. 岩溶泉及编号；4. 岩溶溶蚀试验站点；5. 岩溶水流向；6. 黄河；7. 煤层露头。I_1. 天桥岩溶水系统；I_2. 柳林岩溶水系统；I_3. 河津-韩城岩溶水系统

寒武系—奥陶系碳酸盐岩构成统一的厚层含水系统，透水性较好，具有大体统一的水动力场和水化学场。天然条件下以降雨入渗补给为主，可占到 70%以上，其次为地表水入渗补给。受吕梁山复背斜隆起和西侧黄河排泄基准的控制，在东侧裸露区接受降水入渗补给后沿地层倾向由东向西顺层径流，在奥陶系顶面切割出露区形成集中排泄，地下水在河谷附近汇集并形成强径流带，在黄河及其支流切割含水层地段以大泉排泄（侯光才和张茂省，2008），形成盆地东缘“内流型”的循环模式。

该含水系统的东、北、南三侧分别以碳酸盐岩尖灭或与透水性较差的老变质岩对接或与地表分水岭构成隔水边界，西部边界随着含水层的逐渐深埋，岩溶发育程度减弱，水交替缓慢，岩溶地下水处于滞留状态。

富水地段主要集中在泉域下游地区，单井出水量为 1000 ～ 10000m^3/d，最大可达 50000m^3/d，矿化度小于 1g/L；在黄河以西碳酸盐岩地层呈膝状构造向西陡倾，埋深多大于

1000～1700m，矿化度陡增，岩溶水循环滞缓，进入滞流区。以1000m埋深线为界，该线以西划分为滞流区。

（二） 煤层气富集高产区评价及预测

1. 含气量-厚度筛选

5号煤层的煤层气资源丰度北部较低，多小于$0.4\times10^{8}m^{3}/km^{2}$；高丰度富集区分布在南部的吉县—大宁以东，其资源丰度在$1.0\times10^{8}m^{3}/km^{2}$以上，具有由北向南逐渐增大的变化趋势。

8号煤层的煤层气资源丰度明显高于5号煤层。北部高丰度富集区在吴堡—佳县—保德以东一带；南部高丰度富集区在吉县—大宁以东地区。

综合分析5号煤和8号煤发现：主要目标煤层的煤层气资源丰度大于$1.0\times10^{8}m^{3}/km^{2}$的地区主要分布在中、南部的吴堡—柳林、大宁—吉县、韩城等地（图2.28）。

2. 富集高产区预测

鄂尔多斯盆地东缘煤层气勘探始于20世纪90年代初，华北石油局、美国安然公司等在鄂尔多斯盆地东缘中部三交、柳林、石楼区块相继钻探了42口煤层气井，包括杨家坪、三交、碛口等井组，杨家坪井组单井产气量为$1000\sim3000m^{3}$，最高为$7050m^{3}$。亚美大陆煤层气有限公司和美国菲利普斯公司在北段兴县—临县钻探了13口井及142km地震勘探，但单井煤层气产气量比较低。中石油在南段大宁-吉县区块钻探了40余口井，但是，除进行参数测试和短期排采试验外，积极的煤层气开发活动一直处于停顿状态。中联煤层气公司与德士古公司曾在准格尔、神府、河曲—保德—偏关等地钻探了数口参数井，对煤层气开发前景做了初步评价，并在韩城南区块建成了11口井组成的小型开发井网，报批了约$50\times10^{8}m^{3}$的探明储量。中石油长庆勘探研究院、煤炭科学研究总院西安研究院对鄂尔多斯盆地及南段大宁-吉县、合阳煤层气资源进行过评估，中联煤层气有限责任公司对中段三交—柳林和南段韩城南区块开展过资源评价。综上所述，前人对鄂尔多斯盆地东缘煤层气资源的勘探开发的程度各有不同。依据该区的勘探开发程度及区域构造特点，该区划分为三个评价区，即北部评价区、中部评价区和南部评价区。中部临县—柳林—石楼勘探程度高，有规模开发的煤层气井，属于勘探程度较高地区，可采用人工神经网络产能预测模型进行评价；北部准格尔—府谷—保德—兴县及南部蒲县—乡宁—韩城属于勘探程度中等地区，可采用灰色关联分析的煤层气产能多因素综合量化模型进行评价。

1）灰色关联分析的煤层气产能多因素综合量化模型评价

依据关联分析计算各因素的权重，在对各网格节点地质因素定量分析的基础上，计算所有网格节点的煤层气富集高产区综合量化指标，并绘制量化指标预测等值线。根据上述方法，对本区高丰度煤层气富集区进行量化预测，结果如图2.29所示。综合量化指标筛选表明，1500m以浅的区域内，潜在的富集高产区位于中部的兴县—临县、吴堡—柳林、石楼及南部的蒲县一带。

产能量化指标相对高值区在北部的保德、河曲一带，中部的柳林、吴堡（指标值大于0.80）及南部的韩城、乡宁、蒲县以西。

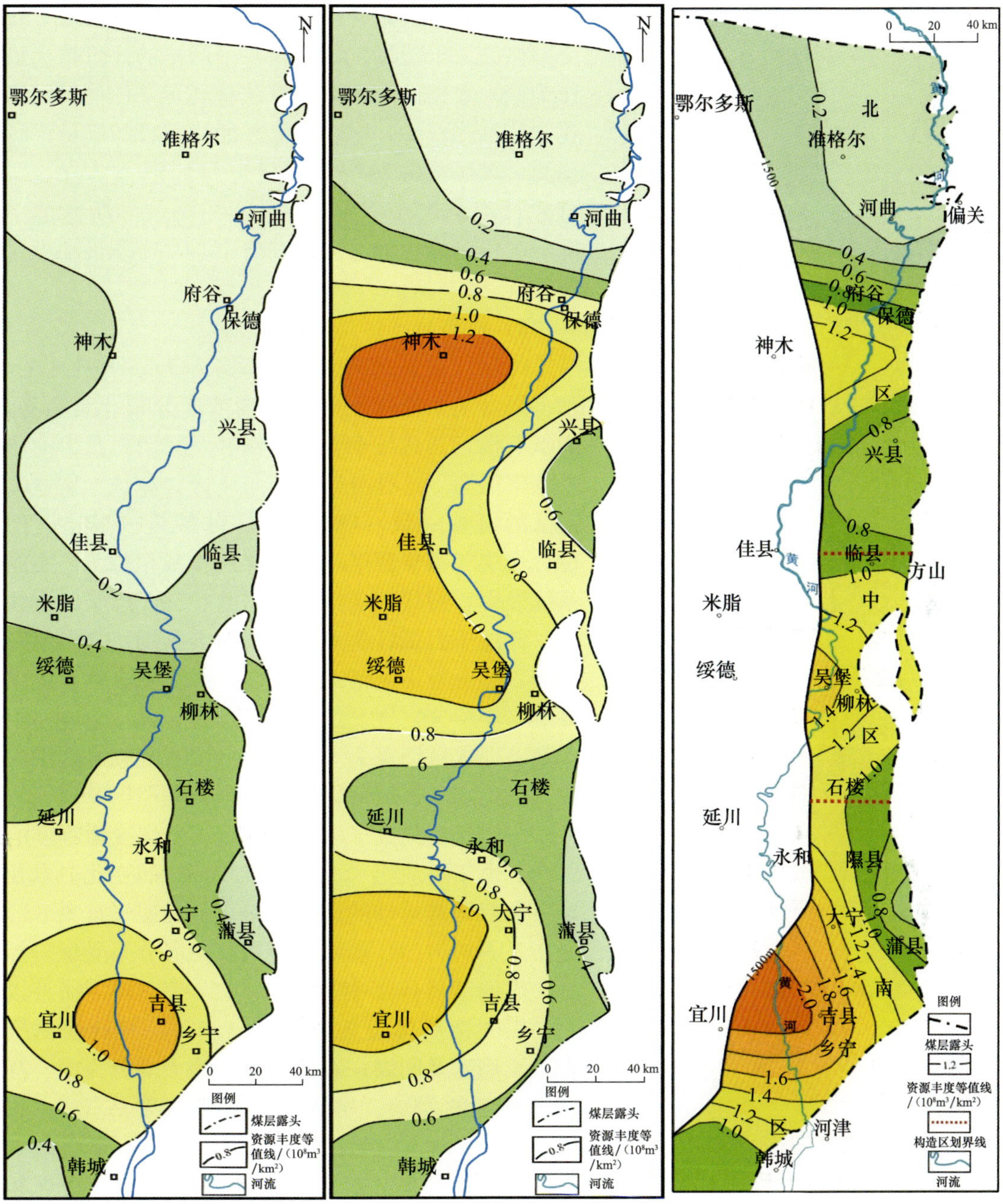

（a）5号煤资源丰度分布　（b）8号煤资源丰度分布　（c）5+8号煤资源丰度分布

图 2.28　鄂尔多斯盆地东缘煤层气资源丰度分布

2）人工神经网络产能预测模型评价

中部临县—柳林—石楼勘探程度高，有规模开发的煤层气井，属于勘探程度较高地区，可采用人工神经网络产能预测模型进行评价。根据前面建立的煤层气富集高产区评价指标体系及煤层气井产能预测模型，将该区的煤层气气含量、煤厚、渗透率等评价指

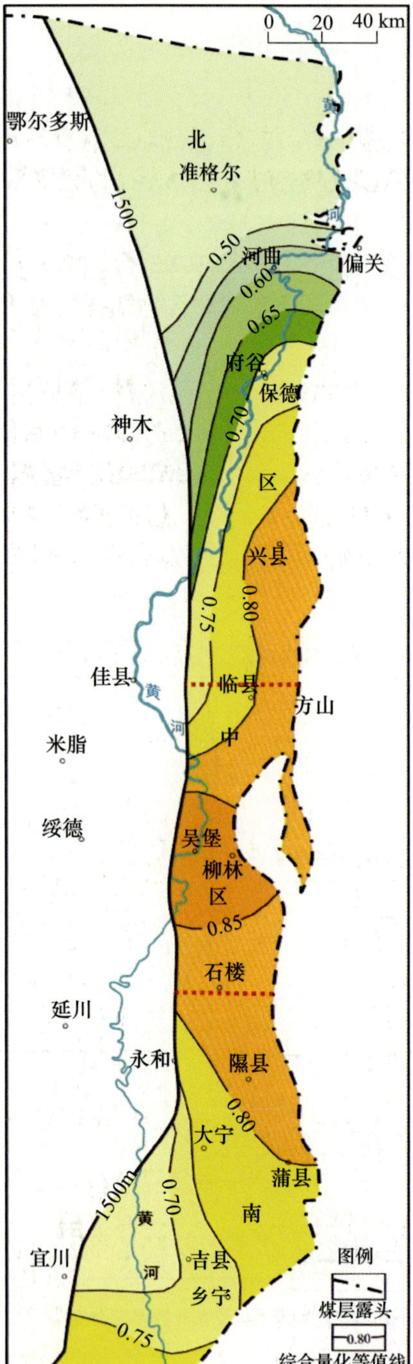

图 2.29　鄂尔多斯盆地东缘高丰度煤层气富集区量化指标等值线图

标矢量化，分别做各因素的等值线图。在获取了每个网格的评价指标之后，将每个网格的评价指标值作为输入数据，利用遗传算法优化的 BP 神经网络建立的预测模型，对煤层气井的稳定日产气量进行预测，煤层气井稳定日产量分布如图 2.30 所示。直井日产量为 1500m³ 分布区在鄂尔多斯盆地中部。吴堡、柳林地区形成高产中心，产能最高可达 2500m³ 以上。

3）富集高产区地质分析

煤层气富集高产区受局部构造隆起的控制，鄂尔多斯盆地东缘煤层气富集高产区分布北至临县，南抵石楼，西达吴堡，东至柳林，呈向西凸出的狭长条带展布。这种分布状态与该区“鼻状”构造隆起区的面貌一致（图 2.31）。越接近“鼻梁”部位，煤层气富集程度越高，煤层埋藏相对浅，裂隙系统发育，现代地应力处于松弛状态，煤层渗透性好、储层压力低，有利于背斜两翼的煤层气渗流和富集，加上地下水活动能力弱，在上覆有利盖层条件下，煤层气富集高产区呈弧形展布在“鼻梁”中下部，即煤层埋深为 500～1200m 的区域，埋藏深或浅均不利于煤层气富集。

煤层气富集高产区一定程度上受煤变质程度的影响，由于石炭纪—二叠纪沉积环境的变化，以及聚煤期后构造运动的影响，中煤阶煤层气富集区的分布是不均匀的。煤层气富集高产区分布受煤阶控制，煤的镜质体反射率为 1.0%～1.8%。临县以北，煤的镜质体反射率低于 1.0%，为低变质气煤、长焰煤及肥煤；石楼以南，绝大部分为中、高变质程度的瘦煤、贫煤及无烟煤（图 2.32）。因此，煤变质程度过低或过高均不利于煤层气富集。

煤层气富集高产区与现代地应力分布密切相关，现代地应力大小及其作用方向对储层有效孔隙度和渗透率有重要影响。地应力越大，与其垂直的储层孔隙和裂隙系统受挤压作用越强，张开度就越低，储层渗透率就越小。煤层气富集高产区分布在地应力为 8～18MPa 的区域，展布方向与地应力等值线走向一致。

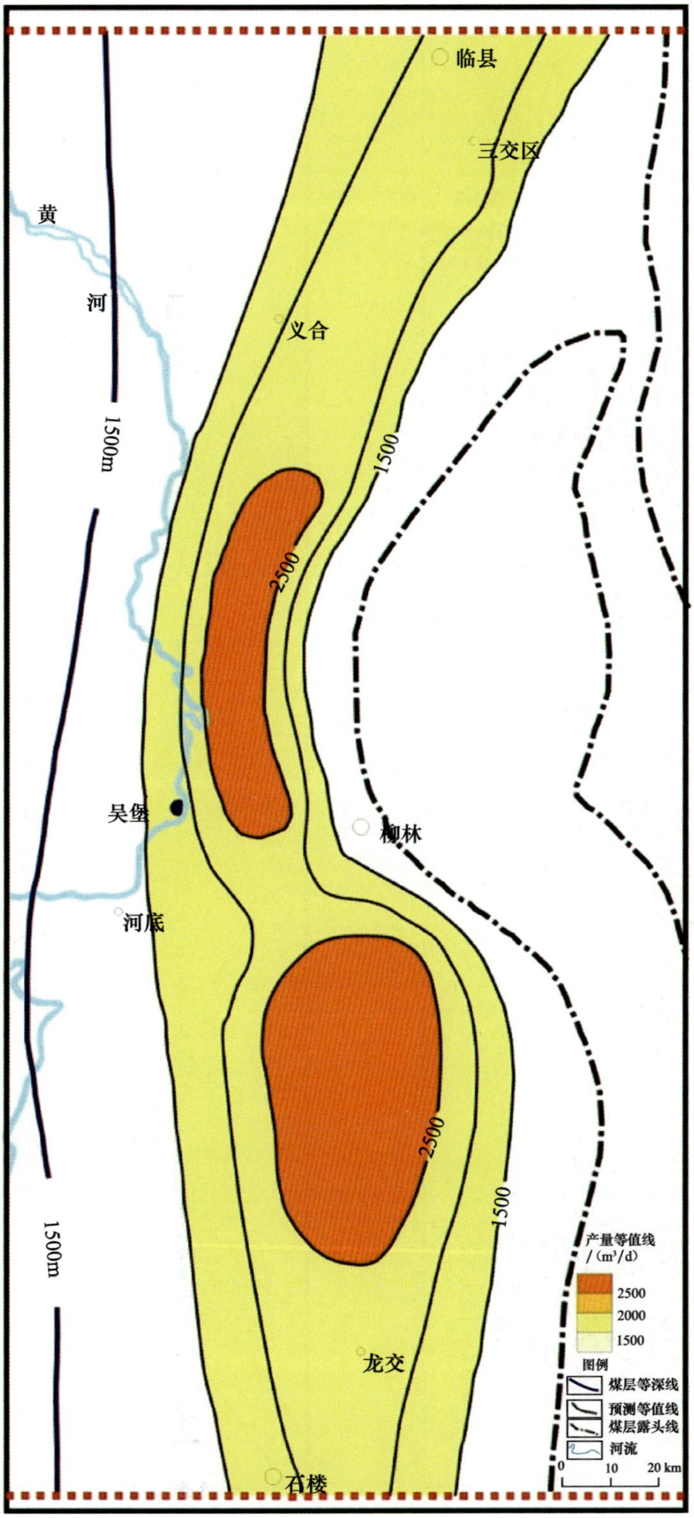

图 2.30 鄂尔多斯盆地东缘中部评价区煤层气直井预测稳定产量等值线

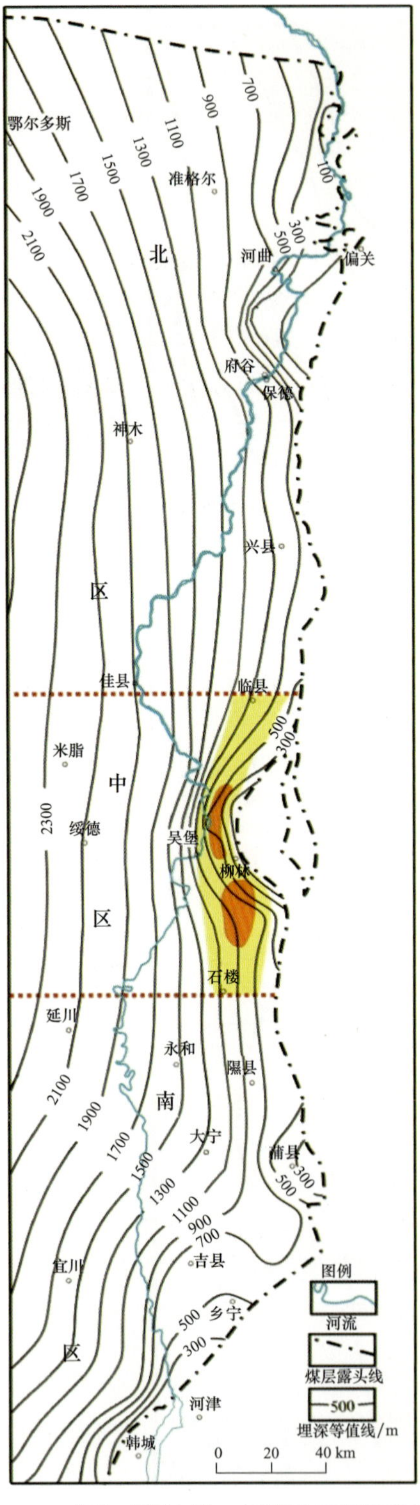

图 2.31　鄂尔多斯东缘 5 号煤层埋深等值线图

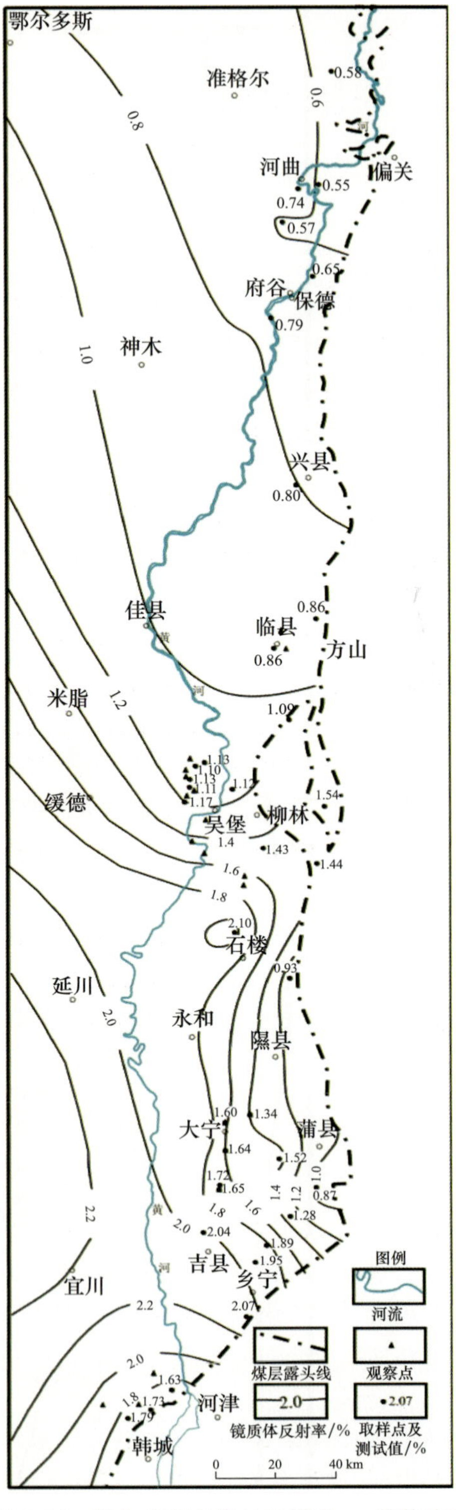

图 2.32　鄂尔多斯东缘 5 号煤 $R_{o,max}$ 等值线图

第三章 煤层气富集高产区地球物理预测方法及应用

煤层气富集区的准确预测是提高煤层气开采效率的基本保障，煤层气富集高产区是煤层气开发的重点。除陷落柱、构造、裂隙等构造因素影响煤层气富集形成外，还要从煤层气储层的资源条件、开采条件两方面加以研究。由于钻孔成本高，数量少，因而需要发展“少依赖钻孔、快速与低成本”识别煤层气富集高产区的方法——地球物理预测方法。地震方法具有无接触、连续观测、成本低、效益高、探测目标尺度小、分辨率高等优点。

由于煤层气绝大多数处于吸附状态，煤层气储层地球物理响应机制复杂，当前国内外对煤层气含量与地震响应关系的研究基本是空白。以往对煤层气储层的裂缝检测主要基于油气 AVO 分析方法，而针对煤层气储层反射波特征，其分析理论基础不清，需要发展能够检测煤层气储层裂缝密度，而且能标示出裂缝方向的地震分析方法。目前，国内外煤层气储层地震反演的研究方法较多，这些方法往往注重单一因素的研究，而煤层气富集高产区地质方法评价标准是多方面的，是综合指标最大化和信息融合的过程的体现。同时，地球物理方法本身的多解性具有明显的不确定性，必须采用地震多信息融合方法。

在煤层含气量和裂缝地球物理识别关键技术研究的基础上，在煤层气富集高产区的地质条件上构建资源条件、开采条件地震信息融合框架，将含气量与煤厚信息融合，提出煤层气富集高产区资源条件预测方法；将裂缝密度与地应力信息融合，提出煤层气开采条件预测方法；将资源条件与开采条件信息融合，形成煤层气富集高产区地球物理信息融合的预测方法。在沁水盆地煤层气实验区预测中取得了较好的效果，研究成果具有重要的推广价值。

第一节 煤层气储层含气量与地震响应关系

煤层气富集高产区资源条件主要包括煤层含气量与煤厚两个主要因素，其中利用地震预测煤层厚度的方法日趋成熟，本节重点研究煤层气储层含气量地震响应。研究思路是通过等效介质理论与井下原位测试，对煤层气储层富集进行了叠后数值模拟，定量揭示煤层气储层含气量与地震响应关系，提出地震多属性分析煤层气含量方法。

一、煤层气储层等效介质模型

煤层气在储层中处于吸附状态，在煤岩中甲烷以分子的状态吸附于煤裂缝的内表面，因此可以把煤层气看作是组成煤岩的矿物成分之一。在这种认识的基础上，可以利用等效介质理论对甲烷和煤岩的弹性参数进行平均，得到煤层气储层的弹性模量（刘雯林，2009）。

（一）等效介质理论

等效介质理论的基本思想为使用不同的数学物理地质模型尽可能地近似、等效实际的地质模型。大自然中的岩石是复杂的胶结物，由于数学计算和实际条件等原因，人们在研究弹性波在岩石中传播规律时，无法做到完全地模拟实际岩石的情况，但在一定研究精度范围内，一定尺度与力学性质下，将组成成分复杂的岩石经过简化处理，使其在某一物理量上尽可能地接近实际岩石。

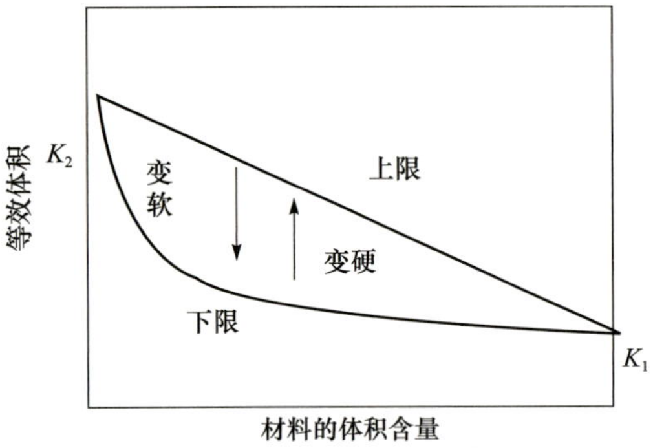

图 3.1　混合物的等效体积模量

在使用理论方法预测矿物颗粒和孔隙中物质的混合物的等效弹性模量时，如果想要获得较为精确的结果，一般需要知道以下几个方面：①各构成成分的百分比（体积分数）；②各构成成分的弹性模量值；③各种构成成分是如何相互结合在一起的集合细节。而在实际应用中，往往只知道构成物质的体积含量和各分量的体积模量，此时只能预测混合物弹性模量的上、下限（图 3.1）。

对于任意岩石给定各成分体积含量后，其等效体积模量将处于界限之内，但其精确值将依赖于其几何细节。Voigt 和 Reuss 界限是最简单的可容许上、下界限，可以用于计算矿物和孔隙流体的混合物的上、下限，或矿物颗粒混合物的平均矿物模量的大致范围（Gary et al.，1998；陈颙等，2009；席道瑛和徐松林，2012）。N 个成分的等效弹性模量的 Voigt 上限 $M_{上}$ 为

$$M_{上} = \sum_{i=1}^{N} f_i M_i \tag{3.1}$$

式中，f_i 为第 i 种矿物成分的体积含量；M_i 为第 i 种矿物成分的弹性模量。

Voigt 界限有时也被称为等应变平均，因为它给出了当各构成成分假设有相等的应变时平均应力与平均应变的比。

等效弹性模量的 Reuss 下限 $M_{下}$ 为

$$\frac{1}{M_{下}} = \sum_{i=1}^{N} \frac{f_i}{M_i} \tag{3.2}$$

Reuss 界限有时被称为等应力平均，因为它给出了当各构成成分假设有相等的应力时，平均应力与平均应变的比。

Voigt-Reuss-Hill 平均是 Voigt 上限和 Reuss 下限的算术平均，其平均值表示为

$$M_{H} = \frac{M_{上} + M_{下}}{2} = \frac{1}{2}\left[\sum_{i=1}^{N} f_i M_i + \left(\sum_{i=1}^{N} \frac{f_i}{M_i}\right)^{-1}\right] \tag{3.3}$$

在给定岩石的成分和各成分的体积含量时，如果需要估算模量而不只是需要该模量所容许的范围时，Voigt-Reuss-Hill 平均最有用，可以用它来估算岩石的等效弹性模量。已有文献证明这两个界限的平均是有用的，有时还可以较精确地估算岩石属性。

（二） 煤层气储层岩石物理参数计算

甲烷在煤岩中以分子状态吸附于煤裂隙的内表面，可以将其看作煤岩所含矿物的组成成分。利用式（3.3）对煤岩与甲烷的弹性参数进行平均，计算煤储层的弹性参数随煤储层中的甲烷吸附量变化的变化情况。

假设 1t 煤中所含的煤层气体积为 X（m^3/t），K_g 为吸附甲烷的体积模量（GPa），K_c 为煤岩的体积模量（GPa），则甲烷在煤储层中所占的体积分数 f_g 为

$$f_g = \frac{0.72X}{1000} \tag{3.4}$$

式中，0.72 为常温、常压下甲烷的密度，kg/m^3。

利用式（3.5）可以计算煤层气储层的体积模量为

$$K = \frac{1}{2}\left\{\left[f_g K_g + (1-f_g)K_c\right] + \left(\frac{f_g}{K_g} + \frac{1-f_g}{K_c}\right)^{-1}\right\} \tag{3.5}$$

煤层气储层的密度为

$$\rho = f_g \rho_g + (1-f_g)\rho_c \tag{3.6}$$

煤岩和甲烷的体积模量及煤岩密度分别选用典型值：$K_c=5.21$GPa，$K_g=0.011$GPa；$\rho_c=1.4788kg/m^3$，$\rho_g=0.065kg/m^3$。

煤层气储层的弹性参数及弹性参数变化率随含气量变化的曲线如图 3.2 所示。

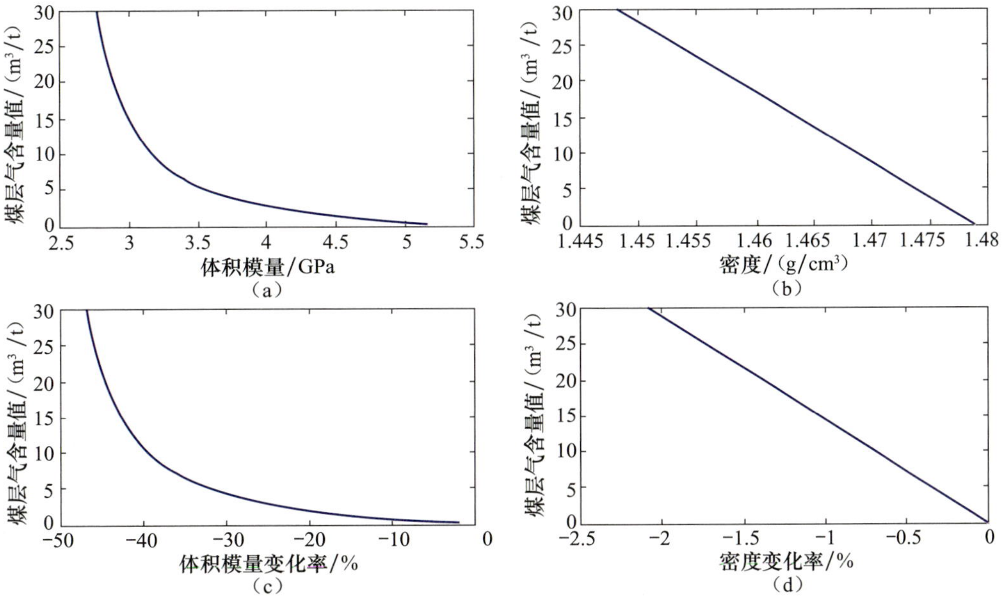

图 3.2 煤层气储层弹性参数及参数变化率与煤层气含量关系

把式(3.5)和式(3.6)计算出的煤层气储层体积模量 K 和密度 ρ，代入弹性模量计算速度公式：

$$V_P = \sqrt{\frac{K + \frac{4}{3}\mu}{\rho}} \tag{3.7}$$

$$V_S = \sqrt{\frac{\mu}{\rho}} \tag{3.8}$$

式中，μ 为煤层气储层的剪切模量，$\mu = \rho V_S^2$，选用典型值 $\rho = 1.4788\text{g/cm}^3$，$V_S = 1239.33\text{m/s}$，则 $\mu = 2.2714\text{GPa}$；V_P 和 V_S 分别表示纵波和横波速度。

采用式(3.7)与式(3.8)选用有代表性的典型值，计算煤层气储层速度与煤层气含量变化如图 3.3 所示。

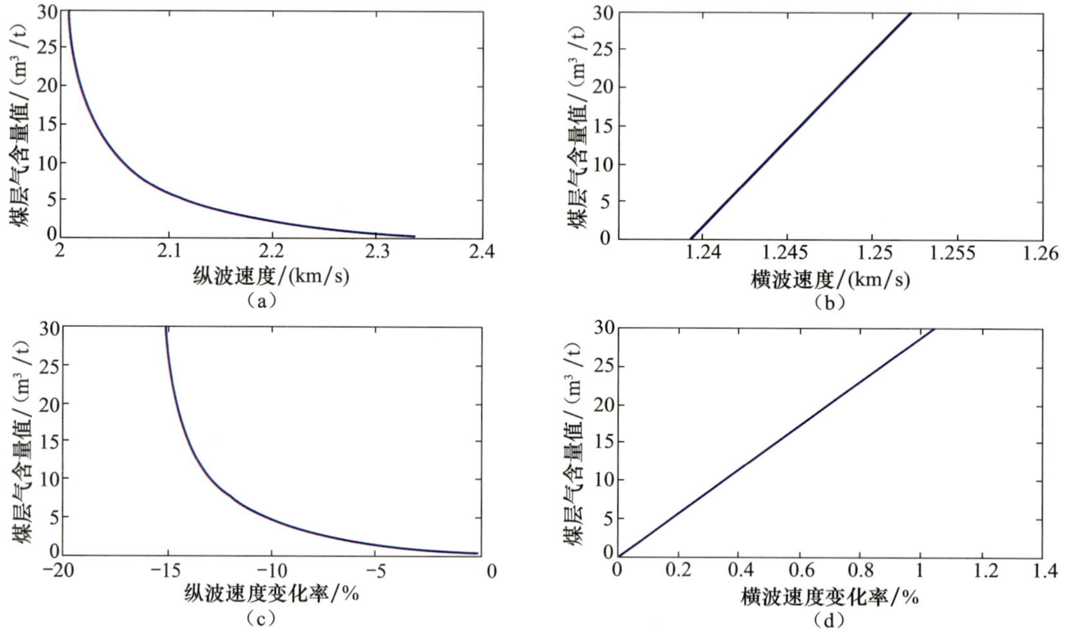

图 3.3　煤层气储层速度及速度变化率与煤层气含量关系曲线

图 3.3 为煤层气储层速度随煤层气含量及变化率曲线，从图中可以看出含气量的变化对储层纵波速度影响明显，在含气量为 $0\sim10\text{m}^3/\text{t}$ 时，速度与含气量关系较灵敏，煤层气含量与纵波速度呈近似线性关系；但当含气量大于 $10\text{m}^3/\text{t}$，速度与含气量关系不太灵敏，纵波速变化不大。根据煤层气富集高产区含气量评价标准，只有当含气量大于 $8\text{m}^3/\text{t}$ 才认定为富集区，因此，纵波速度能较好地区分煤层气富集区与不富集区。当煤层气含量为 $30\text{m}^3/\text{t}$ 时，储层纵波速度下降了 15.1%，而速度的变化又表现为煤储层振幅的变化。

二、煤层含气量与地震响应井下原位测试与分析

煤与岩石相比，煤层具有更低的波速与物理力学性质特征，煤层本身是煤与煤层气的多相介质体，建立煤层含气量与波谱特征的关系有助于煤层气的勘探。由于煤层含气量的测定需要对煤体进行破碎，小尺度的煤样测试会带来大量误差等，因此在实验方法上采用了实际尺度的原位测试方法，在不同煤层含气量的煤层上进行速度与波谱测试，建立宏观煤层气储层速度、波谱特征与煤层含气量的关系。

（一） 井下原位测试方法

实验选定瓦斯含量较高的安徽淮南矿区谢一矿、新庄孜矿、潘一矿以及郑州煤炭工业（集团）有限公司，瓦斯含量较低矿井选定山东兖州的东滩矿、济三矿（刘盛东和张平松，2008）。

利用新掘进工作面，进行地震勘探，研究瓦斯含量与地震波特性关系。按照巷道腰线方向进行线性观测系统布置，小偏移距观测（1～2 煤厚），三分量（或单分量）接收、人工锤击激发，进行多次跟踪探测试验，井下工作方式如图 3.4 所示。记录地震测波，提取地震波的频率和速度特性（图 3.5、图 3.6）。

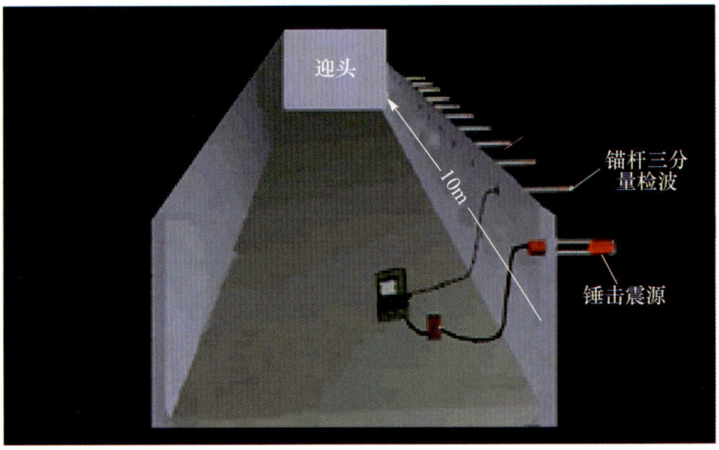

图 3.4 井下工作方式

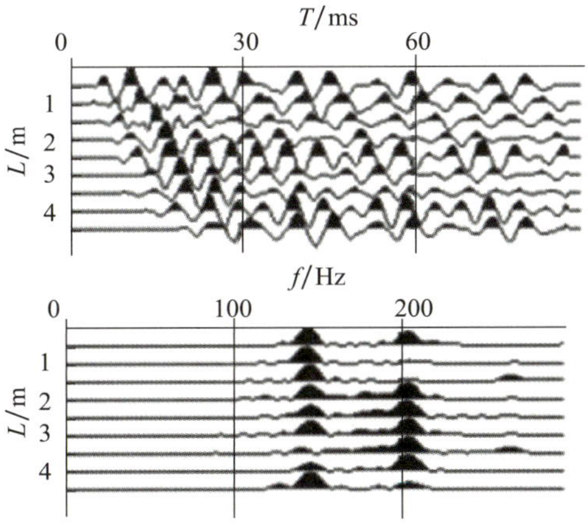

图 3.5 探测波形记录及其对方应频谱特征

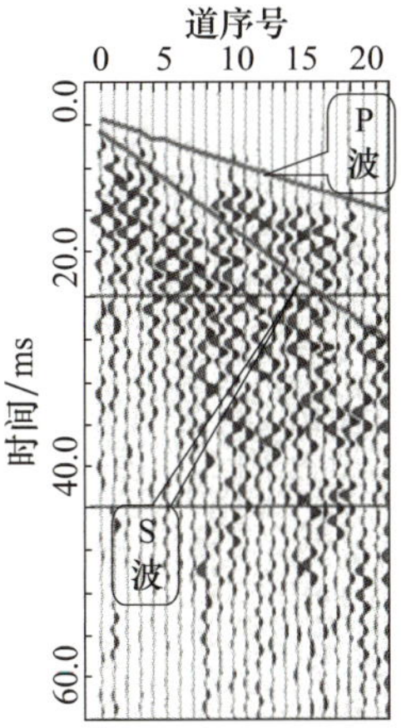

图 3.6 P、S 波识别

如图 3.7 和表 3.1 所示，山东岭子矿 2 煤主频值为 100～300Hz，主频值较高，郑州大平煤矿 2（1）煤层，频率主频值较低，多为 75～100Hz，随着距离的增加，高频部分迅速衰减。几乎不含煤层气的山东兖矿集团的东滩矿与济三矿的 3 煤、潘-矿 11 煤，煤层震波主频近 400Hz，频谱分布宽。

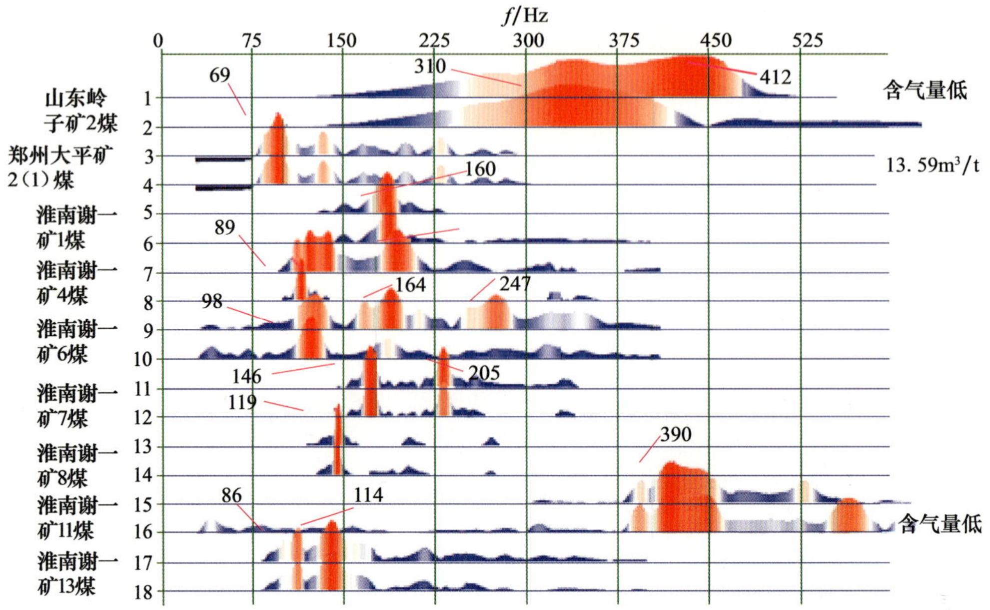

图 3.7　不同煤层探测得频谱特征

表 3.1　煤层波动力学参数与煤层含气量表

煤层名称	纵波速度 V_P/(km/s)	横波速度 V_S/(km/s)	频率 f/Hz	含气量 X/(m³/t)
新庄孜矿 1 煤	0.70	0.32	205	7.32
新庄孜矿 4 煤	0.82	0.46	268	6.67
新庄孜矿 6 煤	1.02	0.51	200	
新庄孜矿 7 煤	0.70	0.33	133	12.11
新庄孜矿 8 煤	0.64	0.25	119	14.30
新庄孜矿 11 煤	0.55	0.24	137	13.73
新庄孜矿 13 煤	0.62	0.26	207	10.27
郑煤大平矿 2（1）煤	0.69	0.31	69	13.59
兖矿集团东滩矿 3 煤	1.30	0.70	375	0.70

（二） 煤储层含气量与地震波主频关系研究

波谱是波动力学的重要参数，它既与震源和接收的性质有关，又依赖于传播介质的吸收性质。因此，对地震波进行频谱分析就能充分利用其所含的信息研究其物理内涵。综合煤层气地质资料与实际探测试验结果，分析煤层固有主频值与煤层含气量的相关性，相关分析如图 3.8 所示。其相关性方程为

$$X = 44.345e^{-0.0093f} \tag{3.9}$$

拟合度 R^2 为 0.8131。

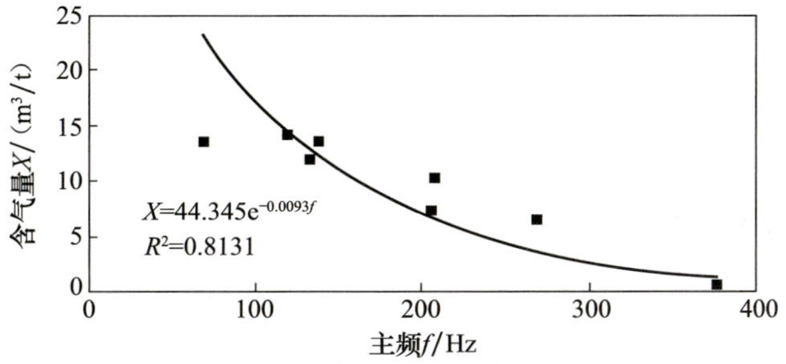

图 3.8 煤储层煤层气含量与煤层地震波主频值相关关系曲线

煤层的波谱特征客观地反映了煤层的物理力学性质特征，在不同煤层气含量的原状煤体上进行震波探测试验表明，煤储层煤层气赋存量与煤层含气量有较好的相关性，煤储层含气量的大小可以通过地震波的波谱特征来衡量。

（三） 煤储层含气量与地震波速度关系

对表 3.1 中井下测试的煤层含气量值和地震纵波速度关系进行分析，可以看出煤层含气量值和地震纵波速度之间呈指数相关关系，相关方程为

$$X = 175.24e^{-4.167V_P} \tag{3.10}$$

拟合度 R^2 为 0.9414。

煤层含气量值和地震纵波速度相关关系曲线如图 3.9 所示，从图中可以看出随着煤层含气量的增加，地震纵波传播速度呈指数关系降低。

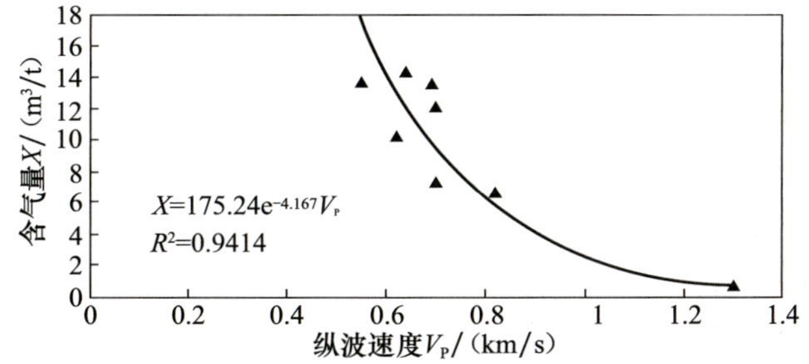

图 3.9 煤储层含气量与储层纵波速度相关关系曲线

对表 3.1 中井下测试的煤层含气量值和地震横波速度关系进行分析，可以看出煤层含气量值和地震横波速度之间呈线性关系，相关方程为

$$X = -27.425V_S + 19.702 \tag{3.11}$$

拟合度 R^2 为 0.8089。

煤层含气量值和地震横波速度相关关系曲线如图 3.10 所示，从图中可以看出随着煤层含气量值的增加，地震横波传播速度呈线性关系降低，因而比纵波速更有利于煤层含气量的预测。

煤体煤层含气量与地震响应井下原位测试表明，含气量与纵波速度、主频之间呈负

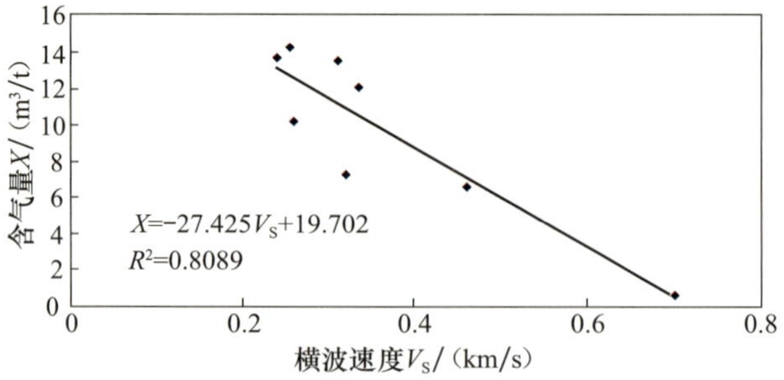

图 3.10　煤储层含气量与储层横波速度相关关系曲线

指数关系，验证了采用等效介质理论，在构建的煤层气储层地震模拟处理吸附状态煤层气方法正确性。

三、煤储层含气量地震响应数值模拟与地震属性优选

地震正演是全面认识地震波在各介质中的传播特点、帮助解释观测数据并搞清地质构造的有效手段，可以为实际地震资料的解释提供理论基础和指导，是研究地质体地震特征的重要方法。

（一）煤层气储层正演模拟

由于煤层气富集区的存在，使传统的基于弹性介质波传播理论已不能反映地下的真实情况，故采用复杂介质中地震波场高精度数值模拟算法研究，正演模拟薄层煤层气储层的叠后与叠前地震响应，为其开发了复杂地质条件下的地震正演软件——复杂地质条件下的地震正演软件［获国家软件著作权登记证书（2009SR051010）］。

1. 地质模型建立与正演模拟

以沁水盆地寺河井田为例。寺河井田位于山西省晋城市西偏北方向，属山西省晋城市所辖，跨沁水、阳城、泽州三县，距沁水县城 53km，距晋城市区 55km。区域范围包括原寺河井田、潘庄井田（包括一号、二号）、大宁二号井田。

主采煤层 3 号、9 号、15 号煤层，现主采 3 号煤层。

由于煤层中煤层气与构造、埋深、煤层顶底板、煤厚有关，因而设计水平单相介质、双相介质、顶板岩性变化、煤层厚度变化的模型，研究它们的地震响应。

图 3.11 所示长 1500m、深 400m 的二维地质模型，该地质模型是根据山西省沁水盆地实际的煤层气地质情况而建立。共分为五层，第一层：砂岩，厚为 200m，ρ=2.8g/cm³，V_P=3600m/s，V_S=2400m/s；第二层：砂质泥岩，厚为 10m，ρ=2.583g/cm³，V_P=4049m/s，V_S=2336m/s；第三层：3 号煤，厚为 6.0m，当轴压为 7MPa，围压为 12MPa，X=0m³/t，ρ=1.4788g/cm³，V_P=2360.583m/s，V_S=1239.33m/s；第四层：砂质泥岩，厚为 10m，ρ=2.583g/cm³，V_P=4049m/s，V_S=2336m/s；第五层：砂岩，厚 200m（吸收边界），ρ=2.8g/cm³，V_P=3600m/s，V_S=2400m/s；模型的网格剖分采用 500×200，网格间距为 2m，采样间隔为 Δt=0.25ms，纯纵波源激发，

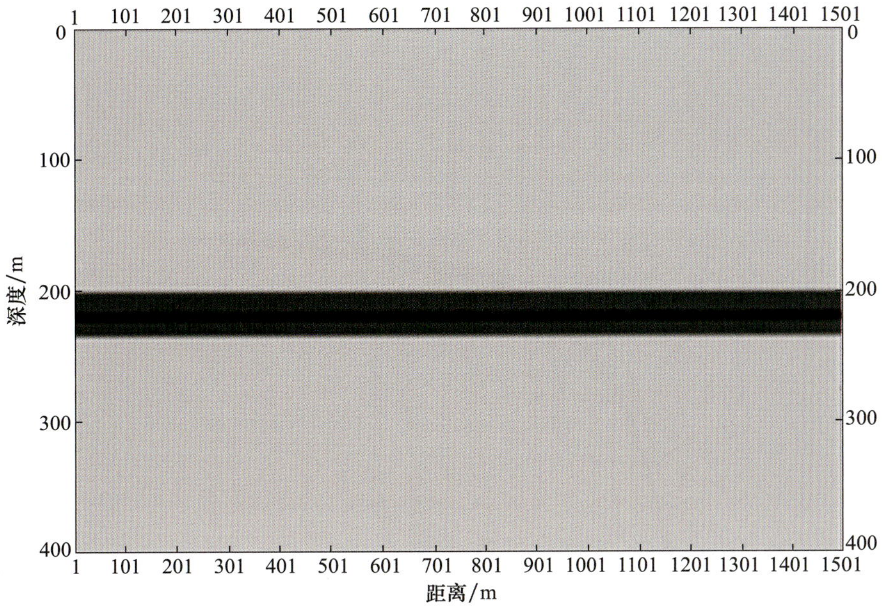

图 3.11 水平层状地质模型

震源分为 40Hz、60Hz、80Hz 三种主频的里克子波，震源位于（2m，10m），道距是 10m，24 次叠加。

使用有限差分法进行正演，地震子波选取主频为 60Hz 的最小相位里克子波。

设当煤层气储层含气量为 0 时，纵波速度为 $V_P=2360.583\text{m/s}$，横波速度 $V_S=1239.33\text{m/s}$，密度为 $\rho=1.4788\text{g/cm}^3$，当煤层储层含气量在 $0\sim30\text{m}^3/\text{t}$ 变化时，按照式(3.7)和式(3.8)计算含气量不同时纵波速度、横波速度及密度值。用有限差分算法正演计算不同地震属性。

2. 地震属性提取

地震属性指的是那些由叠前、叠后的地震数据经过一定的数学变换而导出的关于地震波的运动学、几何学形态、动力学和统计学等特征。

对煤层气储层的含气量变化，用常规的人工识别方法往往是无能为力的，但煤层气储层的含气量变化引起速度与频率的变化，因而地震波中含有含气量变化的地震信息，这些变化可能导致地震波在传播时间、振幅、相位、频率等方面的变化或异常。如果首先仔细地研究煤层气储层的含气量变化引起地震信息变化的特征，反过来提取这些特征，就可以作为煤层气储层的含气量识别的依据。地震属性种类很多，根据不同的需要可以有不同的分类结果。本书根据使用需要将地震属性分为振幅统计类、复地震道统计类、频谱统计类、层序统计类和相关统计类五大类（Taner et al.，1979；White，1991；Taner et al.，1994；Kurt et al.，1998；郭栋，2004；Sergey，2007；石明和张赛民，2008）。

1）振幅统计类属性

利用反射波振幅可以提取包括绝对振幅、均方根振幅、最大谷值振幅、最大峰值振幅、绝对振幅能量、平均能量、振幅总量、能量总体、平均反射强度、平均振幅等多种地震属性，这些属性可以从不同侧面反映储层的属性。

图 3.12 为正演模型归一化后的部分振幅属性，从图中可以看出随着煤层气含量值的增加，地震振幅属性均呈增大趋势，这是因为随着煤层气含量值的增加，储层密度和速度都降低，煤储层和顶底板的波阻抗差增大，因此反射系数会增大。

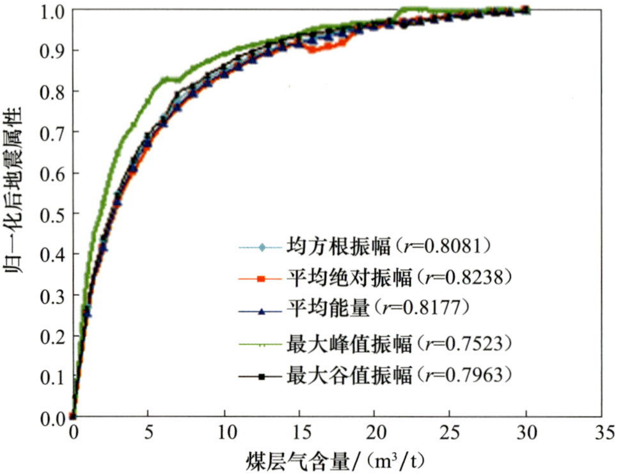

图 3.12 振幅类地震属性与煤层气含量关系

图 3.12 表明，振幅类地震属性与煤层气含量关系为单调函数关系，特别是当煤层气含量为 0～10m^3/t 时，它与振幅类地震属性呈近线性关系，振幅类地震属性能灵敏反映含气量的变化，但当煤层气含量大于 10m^3/t 时，振幅类地震属性不能较好地反映煤层气含量。

2）复地震道统计类属性

复地震道属性指的是通过复地震道分析在地震波到达的位置上提取的瞬时地震性。复地震道属性可以帮助分析气体和流体的特征，反映岩性、地层层序变化、不整合面、断层、储层裂隙、调谐效应及流体的变化。复地震道属性主要包括平均瞬时频率、平均瞬时相位、反射强度斜率、平均反射强度、轴中心频率、轴中心振幅、轴中心相位和目的层时窗起止点瞬时振幅变化等多种属性。

图 3.13 表明地质模型正演复地震道属性与煤层气的关系，特别是当煤层气含量为 0～10m^3/t 时，它与复地震道属性呈近似线性关系，平均瞬时频率、瞬时频率、瞬时相位随煤层气含量的增加而有减小的趋势，瞬时振幅、瞬时振幅变化则随着煤层气含量值的增加呈总体增加趋势。

3）频谱统计类属性

地震波的频率成分主要是由震源脉冲的带宽和地层介质的吸收特性共同决定的，当地震波通过一个含气的地层后，地震波的主频会有明显降低，因此地震波的频率是反映气的一个重要标志。同时地震波的频率属性还可以反映地层岩性、地层厚度的变化，也可用于识别地层特征、岩相变化等。频谱统计类属性主要包括频带带宽、主频、主频振幅、宽频带能量、有效段平均频率、主频带能量等多种地震属性。

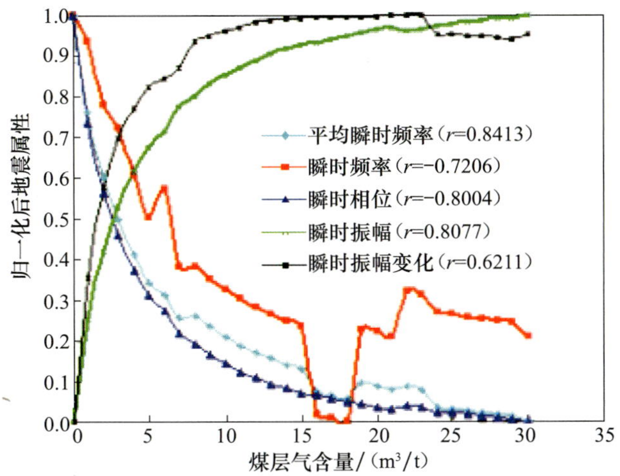

图 3.13 模型复地震道属性与煤层气含量关系

图 3.14 中归一化后的频谱类属性与煤层气含量的关系，从图中可以看出主频随着煤层气含量值的增加呈降低趋势，特别是煤层气含量值在 0～30m^3/t 变化的过程中，主频降低趋势非常明显，并呈指数关系。与井下原位测试的结果式(3.9)是吻合的，说明主频对煤层气含量值变化是比较明显的，可以用于煤层气含量值的预测。

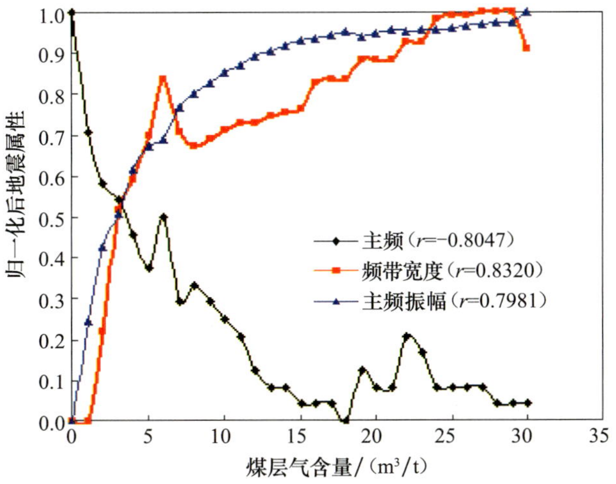

图 3.14 频率属性与煤层气含量的关系

（二） 煤层气含量敏感地震属性优选

本书共提取了振幅统计类、复地震道统计类、频谱统计类、层序统计类和相关统计类五大类 56 种地震属性。

由上述可知，地震属性和煤层气含量值的关系较为复杂，不具有线性相关关系。

因为众多地震属性之间可能并不是相互独立的，有些属性之间相关性比较大，反映的储层信息是相同的或类似的，在使用这些属性之前，首先对各属性之间的相关性进行分析，选择相关性较小的属性作为煤层气含量的敏感属性。通过分析选定均方根振幅、平均瞬时频率、平均瞬时相位和频带宽度主频值四种地震属性为煤层气含量敏感地震属性。

第二节　煤层气储层裂缝 AVA 预测方法

煤储层渗透性是提高煤层气开采效率重要指标之一，它与煤层气储层裂缝与地应力有关。煤的裂缝为近垂直断裂，当煤层有裂缝存在时，在地震上表现为各向异性。利用地震资料评价煤储层裂缝密度与方向，必须了解煤各向异性大小，通过煤岩样应力下速度各向异性实验测试与分析，揭示研究目标区煤的弹性各向异性大小，正演模拟方位AVO（AVA）与煤储层裂缝密度与方向特性，将煤层气储裂缝与地应力融合，得到煤层气开采条件预测方法。

渗透性的好坏对煤层气的产气速率和产气历程起直接作用，同时煤储层渗透性是提高煤层气开采效率重要指标之一。然而，煤层往往具有很强的非均质性，由于受不同因素的影响，在同一煤层的相邻部位，渗透性都会表现出很大的差异。这就需要大量而全面的数据对煤层的渗透率进行研究，这是一项非常复杂的过程。

岩层中裂隙的形成受现代地应力场、构造演化史、岩性和区域地质情况等控制。经济、安全开采需要了解裂隙、裂缝。在几乎所有的构造背景下，低渗透储层都具有天然裂隙，而煤层气储层更丰富。煤层的裂缝一般垂直于层理，如果应力方向频繁改变或转动，裂缝可能封闭。而开启的裂隙、裂缝极可能就是在现在相似的应力条件下形成的，因而裂缝的走向成为指示现代水平应力标志。裂缝在地震响应表现为煤层地震弹性各向异性，要了解煤层的裂缝密度与方向，需要研究煤的弹性各向异性。

一、沁水盆地煤岩弹性各向异性测试与分析

为了分析煤层气储层的裂缝，需要了解煤及其顶、底板的弹性各向异性。有关岩石弹性各性异性参数测试做了不少工作，Lo 等（1986）在最大压力 1000bars 条件下，分别测量 Berea 砂岩、Chicopee 页岩、Chelmsford 花岗岩的五个弹性参数；Vernik 和 Amos（1992）在高温（140℃）、高围压（80MPa）下测试页岩在不同含油饱和度情况下的各向异性参数；由于页岩是重要含油气地层，因而对页岩的各向异性研究报道较多，Johnston 和 Christensen（1995）认为在一定围压下，砂岩、页岩、花岗岩速度均具各向异性，当围压的增加时，孔隙和裂缝逐渐闭合，它们的各向异性不断减小，当围压增加到一定程度时，各向异性主要由层理和矿物各向异性所决定。

为了表述煤的弹性各向异性，常用 Thomsen（1986）垂向 P 波速度 V_P、垂向 S 波速度 V_S 和三个各向异性系数 δ、ε、γ 表示，而各向异性系数又与各向异性弹性常数 C_{11}、C_{12}、C_{13}、C_{33} 和 C_{44} 有关，因此通过测试煤样不同方向纵波速度 V_P 和横波速度 V_{SH}、V_{SV} 可求得各向异性系数。

（一） 沁水盆地煤岩样各向异性系数测试

1. 煤样采集与样品制备

煤样采自沁水盆地寺河井田，共 110 块。全部在矿井下新揭露的工作面上采取边长大于 30cm 且规则的大煤块，用黑塑料袋包装，再用宽胶带包扎好，运送到地面。在室内，根据实验要求将煤块加工成如图 3.15 所示的圆柱体煤样，煤样两端面要平整，该圆柱体直径为 5cm，长度为 10cm。另外还将煤矿加工成如图 3.16 所示的立方体煤样，该立方体边长为 10cm，加工精度按国际岩石力学学会推荐标准。

图 3.15　圆柱体试件

图 3.16　立方体试件

试验依据《工程岩体试验方法标准》（GB/T 50266—1999）进行。

测试前，对裂隙充填物进行观察，然后采用美国麦克仪器公司 9500 型全自动压汞微孔测定仪对煤样进行压汞法孔隙测定，主要包括煤样总孔面积、体积中值孔径、面积中值孔径、平均孔径、密度和孔隙率等参数的测试。

2. 测试原理及仪器设备

通过仪器脉冲发射，利用测得的样品长度 L，除以投射旅行时 t，计算岩样波速 V 为

$$V=L/t \tag{3.12}$$

密度的测试通过排水法测得岩样的总体积 V，高精度电子天平测得岩样总质量 m，从而最终计算岩样的密度 ρ

$$\rho=m/V \tag{3.13}$$

速度测试项目试验全部采用 MTS815 Flex Test GT 岩石力学试验系统（图 3.17），该设备是由美国 MTS 公司生产的专门用于岩样实验的多功能电液伺服控制的刚性试验机，具备轴压、围压和孔隙水压三套独立的闭环伺服控制功能。可进行岩石等材料的三轴压缩、单轴压缩、孔隙水压试验，并配以美国物理声学公司（PAC）产 PCI-2 声发射测试与定位系统，该仪器使用的频率高，具有稳定的性能，试验的结果客观可靠，能够满足目前科研和生产的需求。

图 3.17　MTS815 岩石力学试验系统

试验加载与测量均由计算机程序控制自动完成，整个加载过程速率控制稳定、精确。试验所施加荷载由力传感器测量，试件变形由引伸计测量，这些测量信息均由计算机自动进行数据采集、记录，消除了人为测量记录可能产生的误差。

3. 测试结果

1）垂向对称轴横向各向同性介质模型

对圆柱体煤岩样进行了常温变围压三轴压缩试验，主要测试煤岩样在不同围压下的声波波速。每组煤样分别平行于煤层、垂直于煤层和与煤层呈 45°夹角方向上，每个方向、每一级压力下测纵波速度 V_P 和横波速度 V_{SH}、V_{SV}，如图 3.18 所示。

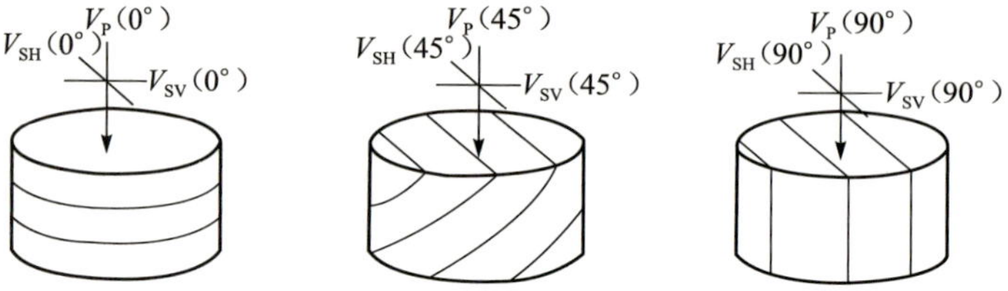

图 3.18　煤样速度测试方向示意图

对立方体试件以每对平行面为换能器耦合面，进行常规声波波速测试；对以立方体为基础制备的多面体，也以每对平行面为换能器耦合面测试了声波波速。每个测试方向上均进行了三点测试，一点为纵波波速，另两点为相互垂直的两个横波波速。

煤田勘探中，沉积环境不变的情况下，可认为煤各向异性主要是由横向各向异性变化造成的。横向各向同性介质的弹性常数共有五个，这些弹性常数反映不同方向不同类型速度的变化（图 3.18 不同方向不同类型速度），设煤的密度为 ρ，速度、密度与弹性常数之间遵从如下关系：

$$C_{11}=\rho V_{P90^\circ} \tag{3.14}$$

$$C_{12}=C_{11}-2\rho V_{SH90^\circ}^2 \tag{3.15}$$

$$C_{33}=\rho V_{P0^\circ}^2 \tag{3.16}$$

$$C_{44}=\rho(V_{SH0^\circ}+V_{SV0^\circ})^2/4 \tag{3.17}$$

$$C_{13}=-C_{44}+[4\rho^2V_{P45^\circ}^4-2\rho V_{P45^\circ}^2(C_{11}+C_{33}+2C_{44})+(C_{11}+C_{44})(C_{33}+C_{44})]^{\frac{1}{2}} \tag{3.18}$$

煤样中平行于裂隙面、垂直于裂隙面和与裂隙面呈 45°方向的纵波与横波速度决定了煤的弹性常数 C_{11}、C_{12}、C_{13}、C_{33} 和 C_{44}。弹性常数 C_{13} 取决于与裂隙面呈 45°方向压缩波相速度（$V_{P45°}$）。

横向各向同性介质中独立的弹性参数仅有 C_{11}、C_{12}、C_{13}、C_{33}、C_{44} 共五个。但这些弹性参数没有明确具体的物理意义。Thomsen（1986）认为在弱各向异性前提下，用介质垂直纵波速度 V_P、垂直横波波度 V_S 和三个各向异性参数（或系数）ε、δ、γ 来描述就够了。对于横向各向同性 VTI 介质，有

$$V_P=\sqrt{\frac{C_{33}}{\rho}} \tag{3.19}$$

$$V_S=\sqrt{\frac{C_{44}}{\rho}} \tag{3.20}$$

$$\varepsilon=\frac{C_{11}-C_{33}}{2C_{33}} \tag{3.21}$$

$$\gamma=\frac{C_{66}-C_{44}}{2C_{44}} \tag{3.22}$$

$$\delta\approx\frac{(C_{13}+C_{44})^2-(C_{33}-C_{44})^2}{2C_{33}(C_{33}-C_{44})} \tag{3.23}$$

按式(3.21)～式(3.23)可计算得到三个各向异性参数 ε、γ、δ。其中，γ 表示横波的各向异性程度；ε 表示纵波各向异性程度；δ 表示纵波横向和垂向之间各向异性变化程度。

通过不同围压下煤样速度测试和各向异性系数计算结果表明，围压为 12MPa 时各向异性系数 ε 的平均值为 0.061，γ 的平均值为 0.153，δ 的平均值为 0.078。围压为 10MPa 时，各向异性系数 ε 的平均值为 0.063，γ 的平均值为 0.163，δ 的平均值为 0.077。围压为 8MPa 时，各向异性系数 ε 的平均值为 0.06，γ 的平均值为 0.16，δ 的平均值为 0.071。围压为 6MPa 时，各向异性系数 ε 的平均值为 0.066，γ 的平均值为 0.166，δ 的平均值为 0.07。围压为 4MPa 时，各向异性系数 ε 的平均值为 0.074，γ 的平均值为 0.172，δ 的平均值为 0.053。围压为 3MPa 时，各向异性系数 ε 的平均值为 0.125，γ 的平均值为 0.158，δ 的平均值为 0.205。

从煤样测试与计算结果可知密度大小为 1.378～1.564g/cm^3，其平均值为 1.4882g/cm^3，各向异性系数 ε 的平均值为 0.542；各向异性系数 γ 的平均值为 1.211；各向异性系数 δ 的平均值为 0.01，按 Thomsen 的观点可知，常温、常压下该地区的煤层属于中等甚至强各向异性介质。但是在高温、高压的实际地应力下，该地区的煤层属于弱各向异性介质。

2）横向对称轴横向各向同性介质模型

煤的裂缝在某地应力作用下常为近平行的断裂，当煤层各向异性是由裂缝引起的时，煤层的裂隙模型简化为 HTI 模型。

Thomsen 原来定义的五个各向异性系数是相对于 VTI 介质，为了在 HTI 介质中使用上述五个系数，并表示在 VTI 介质中定义意义不同，Rüger（1997）在三个系数上加

了上标“(V)”以示区别。$\varepsilon^{(V)}$、$\delta^{(V)}$、$\gamma^{(V)}$ 与 Thomsen 参数之间的关系为

$$\varepsilon^{(V)}=-\frac{\varepsilon}{1+2\varepsilon},\quad \delta^{(V)}=\frac{\delta-2\varepsilon[1+(\varepsilon/f)]}{(1+2\varepsilon)[1+(2\varepsilon/f)]},\quad \gamma^{(V)}=-\frac{\gamma}{1+2\gamma} \tag{3.24}$$

式中，$f=1-(\beta_0/\alpha_0)^2$。

由 HTI 和 VTI 介质弹性常数之间的关系式：

$C_{11}=C_{33}^0$，$C_{33}=C_{11}^0$，$C_{13}=C_{13}^0$，$C_{12}=C_{23}^0$，$C_{44}=C_{66}^0$，$C_{66}=C_{44}^0$，$C_{55}=C_{55}^0$

可得到具体表达式为

$$\varepsilon^{(V)}=\frac{C_{11}^0-C_{33}^0}{2C_{33}^0}=\frac{C_{33}-C_{11}}{2C_{11}} \tag{3.25}$$

$$\gamma^{(V)}=\frac{C_{66}^0-C_{44}^0}{2C_{44}^0}=\frac{C_{44}-C_{66}}{2C_{66}} \tag{3.26}$$

$$\delta^{(V)}=\frac{(C_{13}^0+C_{55}^0)^2-(C_{33}^0-C_{55}^0)}{2C_{33}^0(C_{33}^0-C_{55}^0)}=\frac{(C_{13}+C_{44})^2-(C_{11}-C_{44})^2}{2C_{11}(C_{11}-C_{44})} \tag{3.27}$$

式中，加上标“0”的为 HTI 介质的弹性常数；未加上标“0”的为 VTI 介质的弹性常数。

利用以上公式计算得到此种模型的弹性常数和各向异性参数。

HTI 介质不同围压下煤样各向异性测试与计算结果表明，当围压为 12MPa 时，各向异性系数 ε 的平均值为−0.052，γ 的平均值为−0.111，δ 的平均值为−0.035。围压为 10MPa 时，各向异性系数的 ε 平均值为−0.054，γ 的平均值为−0.117，δ 的平均值为−0.040。围压为 8MPa 时，各向异性系数 ε 的平均值为−0.051，γ 的平均值为−0.115，δ 的平均值为−0.039。围压为 6MPa 时，各向异性系数 ε 的平均值为−0.056，γ 的平均值为−0.119，δ 的平均值为−0.048。围压 4MPa 时，各向异性系数 ε 的平均值为−0.062，γ 的平均值为−0.122，δ 的平均值为−0.075。围压为 3MPa 时，各向异性系数 ε 的平均值为−0.118，γ 的平均值为−0.063，δ 的平均值为 0.045。

对于常温、常压下的 HTI 各向异性介质，各向异性系数 ε 的范围为−0.326～−0.143，平均值为−0.250；各向异性系数 γ 为−0.433～−0.124，平均值为−0.317；各向异性系数 δ 的大小为−0.472～0.005，平均值为−0.354，按 Thomsen 的观点可见常温常压下该地区的煤层属于中等甚至强各向异性介质。

（二） 煤岩样各向异性测试数据分析

下面分析煤样测试的纵横波速度、密度、压力、孔隙度等数据在不同围压下的变化规律，并对其各向异性形成机理做了简单的分析。

1. 速度与压力关系

图 3.19～图 3.21 表明，煤样的声波速度在围压为 0～14MPa 时，随围压的增大而增高，这说明煤样原来具有一定的孔隙裂隙，在围压作用下，孔隙裂隙被压密闭合而使声波速度加大。

从弹性常数与不同围压关系（图 3.22），可以看出，在围压为 0～14MPa 内，弹性常数随围压的增大而增高。

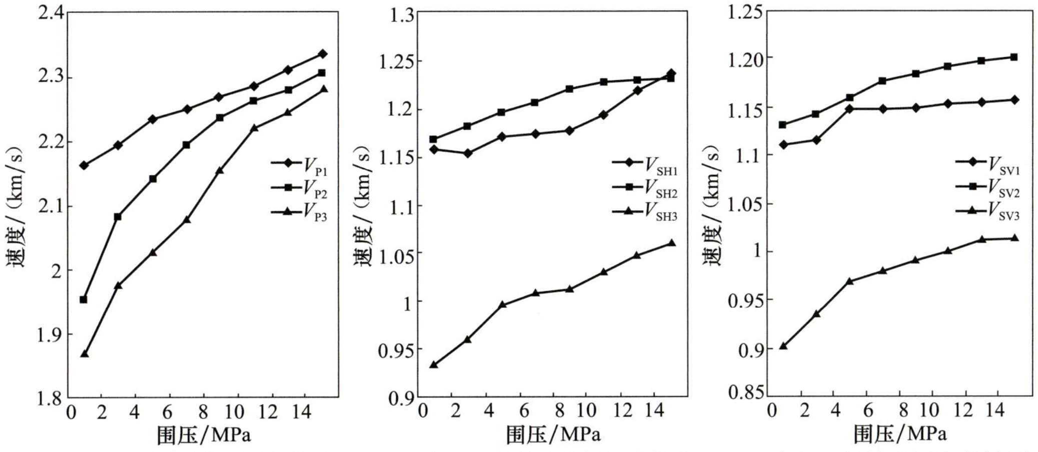

（a）P波速度与围压的关系（b）SH波速度与围压的关系（c）SV波速度与围压的关系

图 3.19 煤样 1 声波波速与不同围压关系

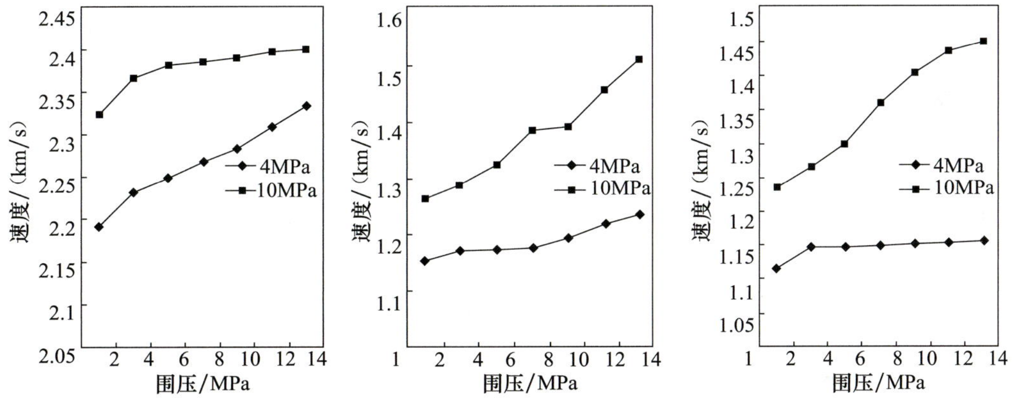

（a）P波速度与围压的关系（b）SH波速度与围压的关系（c）SV波速度与围压的关系

图 3.20 煤样 1 平行煤层方向的声波波速与不同轴压关系

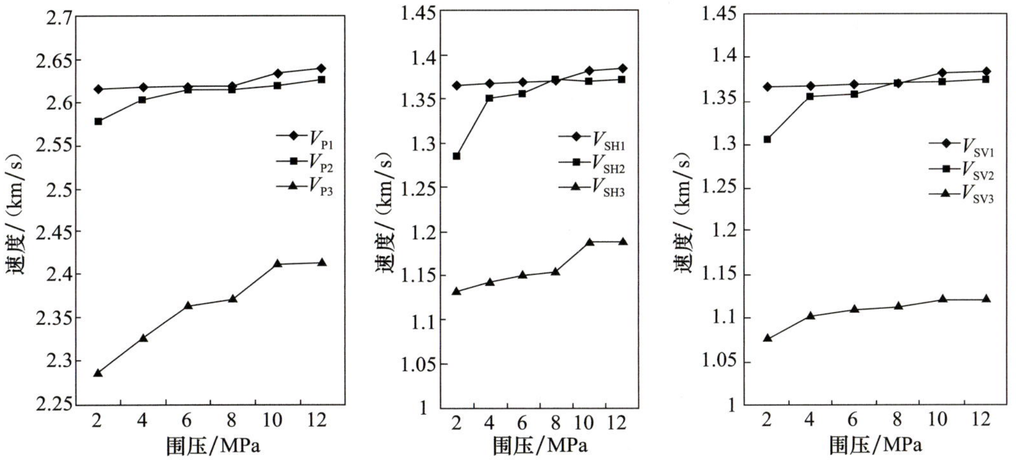

（a）P波速度与围压的关系（b）SH波速度与围压的关系（c）SV波速度与围压的关系

图 3.21 煤样 6 声波波速与不同围压关系

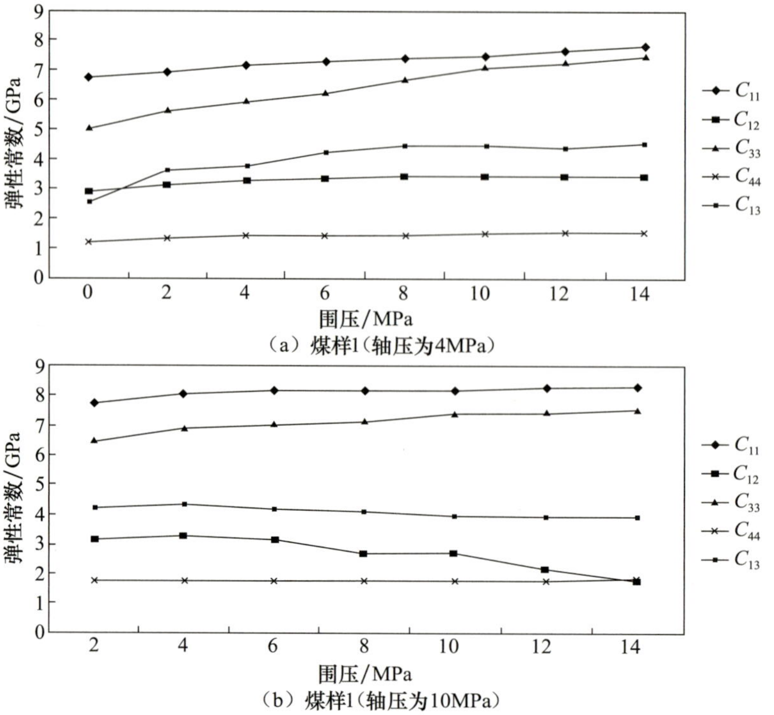

图 3.22　煤样 1 弹性常数与不同围压关系

从各向异性参数与围压关系可以看出（图 3.23），VTI 介质中各向异性参数 ε 随围压的增加呈减小趋势，但各向异性参数 γ 随围压的增大呈先减小后增大的趋势，表明煤样原来具有一定的平行层理的孔隙裂隙，在围压作用下，孔隙裂隙被压密闭合，从而使各向异性减小。

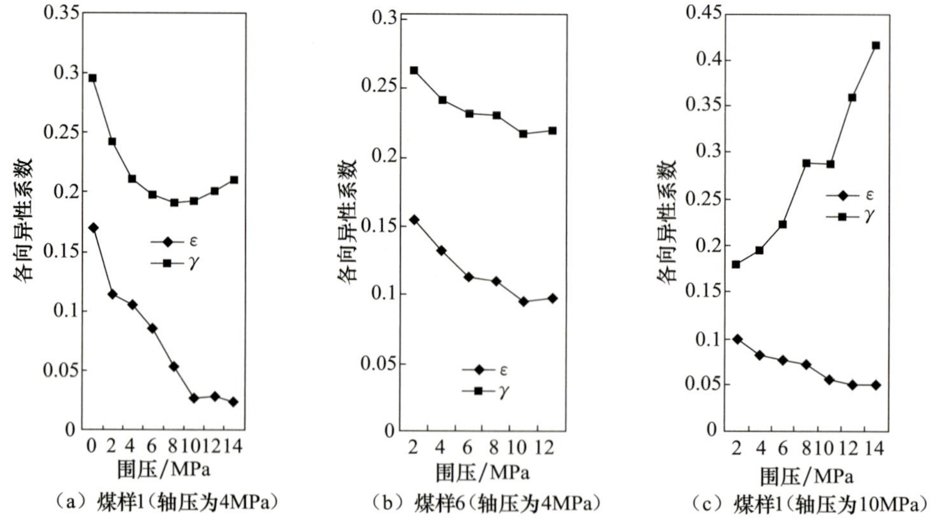

图 3.23　各向异性系数与不同围压关系

煤层顶板在轴压 8MPa，围压为 4～12MPa 的情况下，在平行于煤层、垂直于煤层和与煤层呈 45°方向的纵波速度为 4042～4071m/s（图 3.24），速度不变，顶板未表现出各向异性。

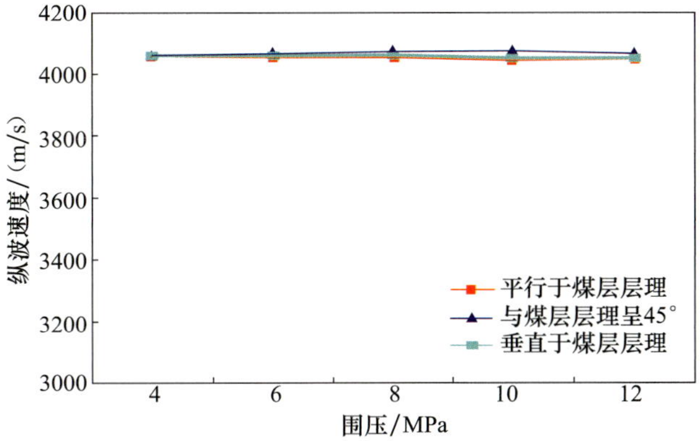

图 3.24　煤层顶板泥岩不同方向速度随围压变化

2. 动态弹性模量与围压的关系

由以上测量的结果可以获得煤样的动态弹性模量，动态的弹性模量是由测量的纵横波速度所得，而不是在静态测量所得。如动态杨氏模量（E_v、E_h）、动态泊松比（σ_1、σ_2、σ_3）、动态体积模量（K）等，计算结果如图 3.25 所示。

从动态弹性模量-围压关系图 3.25 可以看出，动态体积模量（K）随围压的增大而增大，且轴压越大，其对应的值也越大；动态杨氏模量（E_v、E_h）也随围压的增大而呈现增大的趋势，且动态杨氏模量 E_v 的值小于 E_h 的值，但动态体积模量（K）的值在轴压较大的情况下，具有随围压的增大而减小趋势；动态泊松比（σ_3）随围压的增大变化不大，动态泊松比（σ_1、σ_2）随围压的增大关系较复杂。

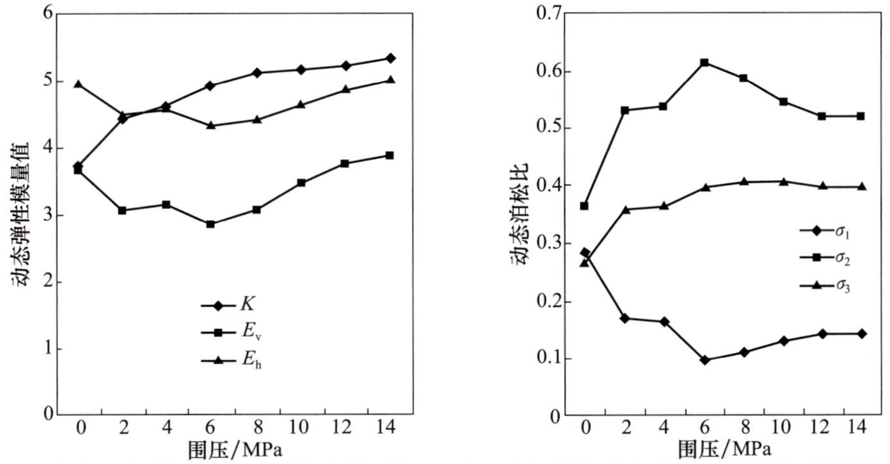

（a）煤样1动态弹性模量与围压关系（轴压为4MPa）　（b）煤样1动态泊松比与围压关系（轴压为4MPa）

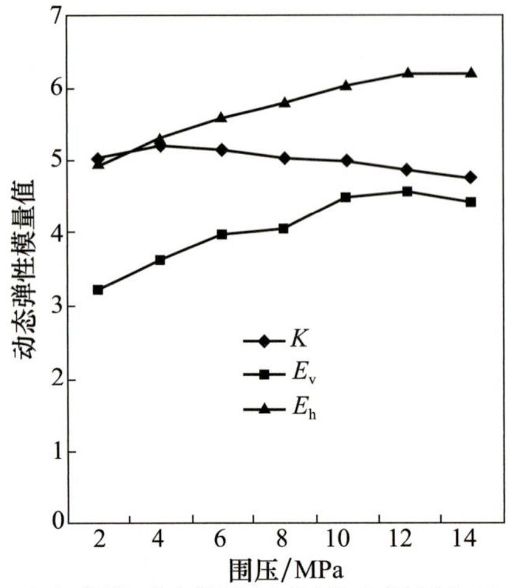

（c）煤样1动态模量与围压关系（轴压为10MPa）

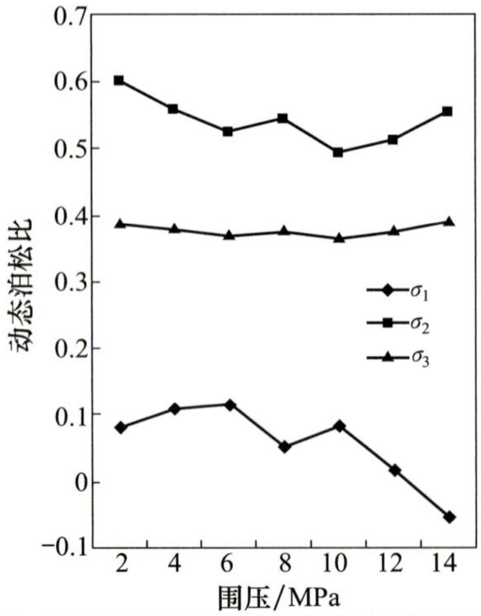

（d）煤样1动态泊松比与围压关系（轴压为10MPa）

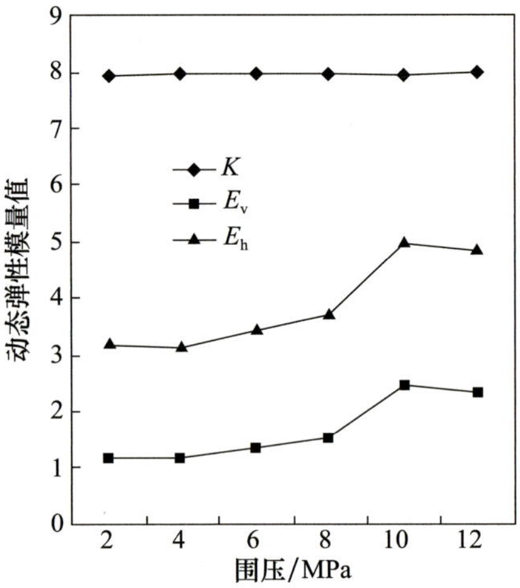

（e）煤样6动态弹性模量与围压关系（轴压为4MPa）

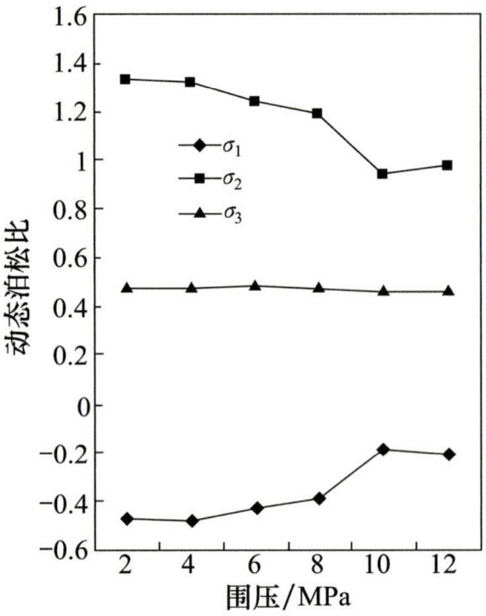

（f）煤样6动态泊松比与围压关系（轴压为4MPa）

图 3.25　动态弹性模量与围压的关系

（三）煤样多方位速度测试

当纵波超声波传播方向由平行于裂隙方向变化到垂直于裂隙方向时，速度由大逐渐变小；对横波 SV 和 SH 来讲，其传播方向与震动方向垂直，当存在各向异性（裂隙）时要发生横波分裂，SV 波速度与纵波速度变化一致，SH 波的传播速度与纵波速度变化相反。为了了解煤层裂缝发育方向，可以通过对煤样进行多方位的速度测试获取煤层中弹性各向异性（裂缝）信息来预测。

1. 煤样加工

选择大块煤样加工成直径为 20cm、高为 18cm 的圆柱，在圆柱的侧面每隔 20°～30° 加工平面，要保证相对面平行，形成多棱柱体，并根据煤样加工难易程度、发射接收超声波探头大小加工成多棱柱体。实验采用 12 棱柱体与 14 棱柱体，如图 3.26、图 3.27 所示。

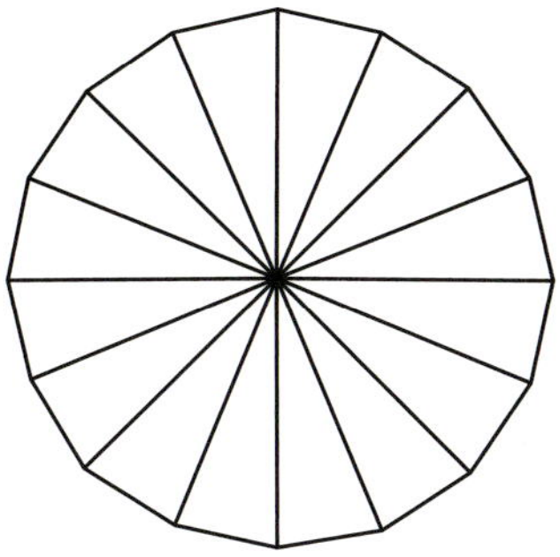

图 3.26　棱柱体正视图

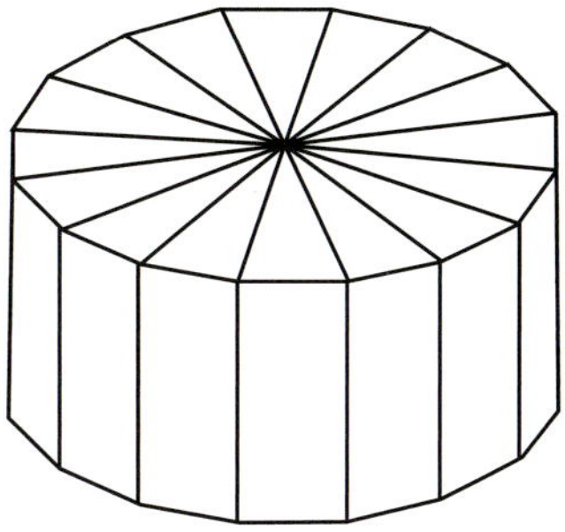

图 3.27　棱柱体示意图

2. 多边形棱柱体煤样测量与结果分析

多边形棱柱体速度测量，以过棱柱体的轴心相对面测量速度，测量方法先记录波形，再根据距离，计算出速度。将速度按方位，画出它们的雷达图。

图 3.28 为 14 棱柱体多边形 P 波、SH 波和 SV 波速度随方位角度的变化关系示意图。对 P 波来说，在平面上速度呈现扁椭圆形状，速度最大方向在方位角 20°附近，即椭圆长轴方向，P 波速度最小在方位角 120°附近，即在椭圆短轴方向附近，在不同方位角上，P 波速度最大相差 100m/s，表明煤样具有弹性各向异性，而且速度随方位角周期性变化，周期为 π。当煤样的弹性各向异性主要由煤样中裂隙造成时，那么煤中裂隙走向与椭圆的长轴一致。

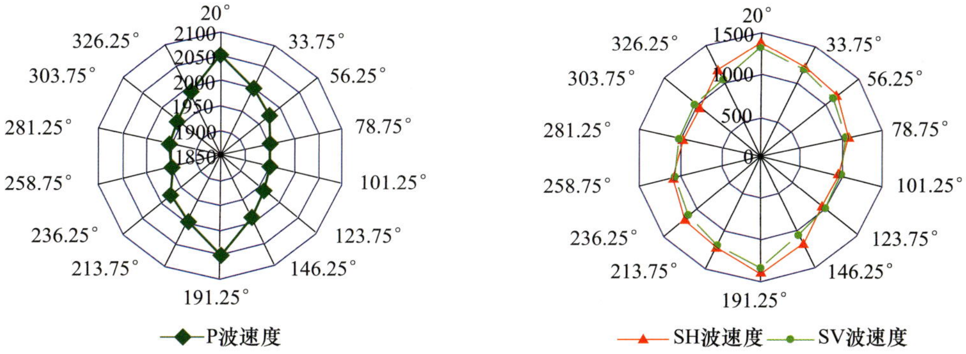

图 3.28　14 棱柱体方位角与 P 波、SH 波、SV 波实测速度关系（单位：m/s）

对 14 棱柱体多边形，SH 波、SV 波速度具有方向性，理论上 SH 波的速度变化与 P 波的速度变化方向相反，SV 波速度与 P 波速度变化一致，SV 波和 SH 波速度随方位角变化曲线与椭圆相差较大，从实测结果来看，SV 波的变化速度与 P 波速度变化一致，而 SH 波的变化不明显，在同方位角上 SH 波与 SV 波速相差最大相差 132m/s，相差较大处位于方位角 100°～145°，说明由裂隙引起弹性各向异性最大在此范围内，也就是说横波分裂最严重，与 P 波认为裂隙的走向在 20°附近相一致，但煤样各向异性较小，所以称为弱各向异性介质。

二、煤层气储层薄层 AVA 正演模拟与地震响应

（一） 典型模型建立

根据沁水盆地寺河井田煤系地层，山西组 3 号煤层为主要煤层气储层，建立如图 3.29所示的各向异性介质层状模型。

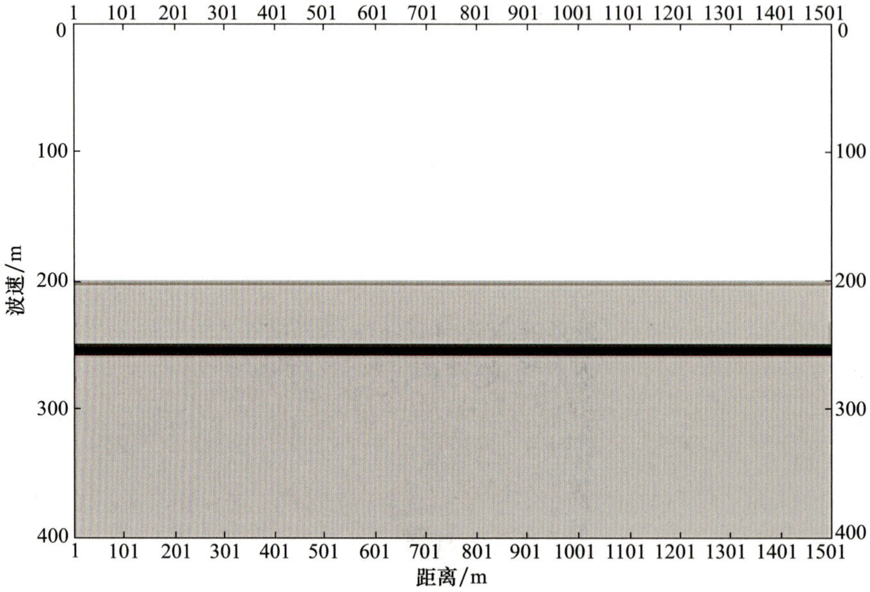

图 3.29 各向异性介质层状模型

该模型参数如表 3.2 所示，第一层为各向同性的砂岩；第二层为各向同性砂质泥岩；第三层为各向异性的煤层，煤层分两种情况，一种情况为围压为 4MPa 时，其中的各向异性系数 ε、δ、γ 的参数值和 V_P、V_S、密度的值为所测试煤样在围压 4MPa 时的平均值，另一种情况是围压 6MPa 时，其中的各向异性系数 ε、δ、γ 的参数值和 V_P、V_S、密度的值为所测试煤样在围压 6MPa 时的平均值；第四层为各向同性砂质泥岩。

表 3.2 层状各向异性介质模型参数

层数	岩性	纵波速度/(m/s)	横波速度/(m/s)	密度/(g/cm³)	厚度/m	各向异性系数		
						$\varepsilon^{(V)}$	$\delta^{(V)}$	$\gamma^{(V)}$
1	砂岩	3600	2400	2.8	200	0	0	0
2	砂质泥岩	4050	2336	2.583	50	0	0	0
3	煤（4MPa）	2350	1470	1.45	6	−0.062	−0.075	−0.122
3	煤（6MPa）	2350	1500	1.45	6	−0.056	−0.048	−0.119
4	砂质泥岩	4050	2336	2.583	144	0	0	0

（二） 煤层最大振幅方位各向异性正演模拟

煤层裂隙在地应力的作用下，能形成一种平行的裂隙系统，这类煤层可等效为

HTI各向异性介质。对于HTI各向异性煤来说，由于裂隙的存在，地震波在不同方位的传播速度就存在差异，随着裂隙流体和裂隙密度的不同，接收到的地震响应就会相应变化。方位AVO正演模拟方法就是分析在具有水平对称轴的横向各向同性介质（即HTI介质）反射界面上的反射系数随入射角和方位角的变化而变化的规律（董守华，2004）。

由于HTI介质各向同性面垂直，对称轴水平，在其反射面内的P-P反射系数随着裂隙方位不同，呈现方位各向异性，HTI介质P-P反射振幅随入射角、方位角变化。

Rüger（1997）关于HTI介质近似P-P反射系数有

$$R_{\mathrm{pp}}^{\mathrm{HTI}}(\theta,\varphi)=\frac{1}{2}\frac{\Delta Z}{\overline{Z}}+\frac{1}{2}\left\{\frac{\Delta V_{\mathrm{P}}}{\overline{V}_{\mathrm{P}}}-\left(\frac{2\overline{V}_{\mathrm{S}}}{\overline{V}_{\mathrm{P}}}\right)^{2}\frac{\Delta G}{\overline{G}}+\left[\Delta\delta^{(\mathrm{V})}+2\times\left(\frac{2\overline{V}_{\mathrm{S}}}{\overline{V}_{\mathrm{P}}}\right)^{2}\Delta\gamma\right]\cos^{2}\varphi\right\}\sin^{2}\theta$$
$$+\frac{1}{2}\left(\frac{\Delta V_{\mathrm{P}}}{\overline{V}_{\mathrm{P}}}+\Delta\varepsilon^{(\mathrm{V})}\cos^{4}\varphi+\Delta\delta^{(\mathrm{V})}\sin^{2}\varphi\cos^{2}\varphi\right)\sin^{2}\theta\tan^{2}\theta \tag{3.28}$$

式中，θ为入射角；φ为射线方位与裂缝方位的夹角；$Z=\rho V_{\mathrm{P}}$为P波垂向阻抗；$G=\rho V_{\mathrm{S}}^2$为S波垂向剪切模量；$\overline{V}_{\mathrm{P}}=(V_{\mathrm{P2}}+V_{\mathrm{P1}})/2$；$\overline{V}_{\mathrm{S}}=(V_{\mathrm{S2}}+V_{\mathrm{S1}})/2$；$\Delta V_{\mathrm{P}}=V_{\mathrm{P2}}-V_{\mathrm{P1}}$；$\Delta V_{\mathrm{S}}=V_{\mathrm{S2}}-V_{\mathrm{S1}}$；$\Delta\varepsilon^{(V)}=\varepsilon_2^{(V)}-\varepsilon_1^{(V)}$；$\Delta\gamma=\gamma_2-\gamma_1$；$\Delta\delta^{(V)}=\delta_2^{(V)}-\delta_1^{(V)}$。

在各向异性介质中，根据Thomsen（1986）理论，反射与透射P波及其转换波（两种）有三个下行波和三个上行波，而对于P波来说相速度和群速度不一定相等，它们的传播射线由相角和群角决定，各种类型波在介质中传播时间由传播方向和速度计算，单个界面反射系数由式(3.28)确定，这样反射系数转变为随时间的变化，再褶积就合成了地震。

现正演计算不同围压下自由空间表面P波入射时，不同炮检距纯P波反射时的反射系数。震源为纵波，里克子波，主频为60Hz，偏移距分别为61m、135m、233m，按直线射线估算相对于煤层入射角分别为6°、15°和25°，不考虑多次波、介质吸收和波型转换，正演定偏移距方位剖面如图3.30所示。

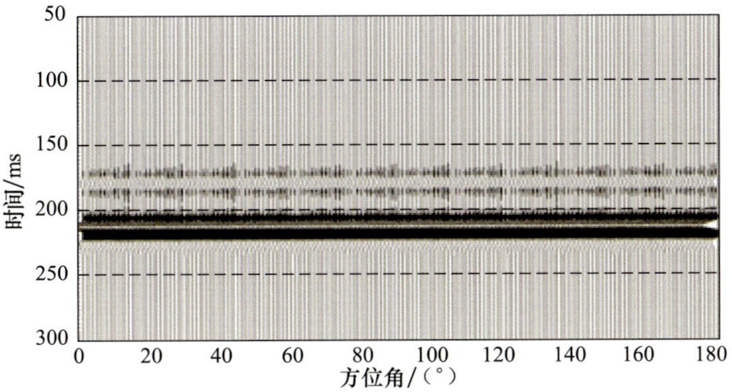

图3.30 反射P波不同偏移距233m的方位剖面（围压为4MPa）

正演计算不同围压下偏移距分别为61m、135m、233m的方位剖面，计算煤层反射P波最大振幅值如图3.31和图3.32所示。煤层AVA正演模拟表明，煤层最大振幅在入射角为0°～6°，各个方位上最大值与各向异性变化相比忽略；随着入射角增大，方位各向异性越明显，且围压越大，方位各向异性也越明显，但是入射角继续增大（偏移距变大），受动校畸变影响增大，又因为煤层埋藏太浅易与折射波干涉，得不到大偏移距的P波反射，不能用于AVA分析。随着入射角增大方位方向各向异性越明显，在入射角为15°～30°的范围内，最大振幅与方位关系符合式(3.29)

$$A \approx M + N\cos 2\varphi \tag{3.29}$$

式中，M、N为与裂缝密度有关的常数；φ为对称轴与裂缝之间的夹角。

数值模型表明：对于HTI煤层模型，在入射角不是太大的情况下，其复合波振幅最大值具有方位各向异性。同时也说明寺河矿区的煤层存在方位各向异性，可以利用P波方位AVO技术预测该矿区煤层的裂隙分布情况和裂隙密度，更好地指导煤层气开发。

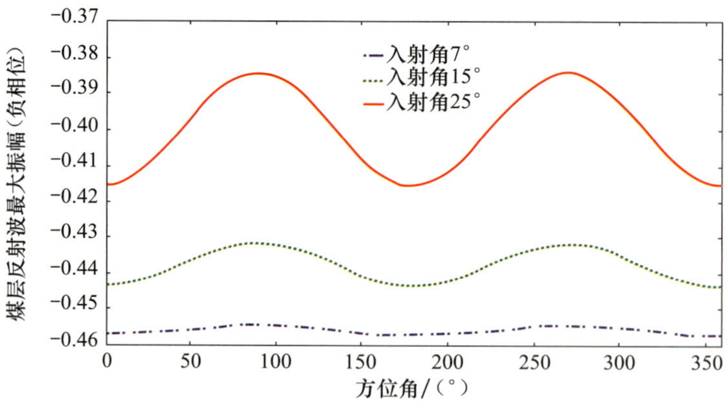

图3.31　不同入射角煤层（HTI）振幅最大值与方位角的关系（围压为4MPa）

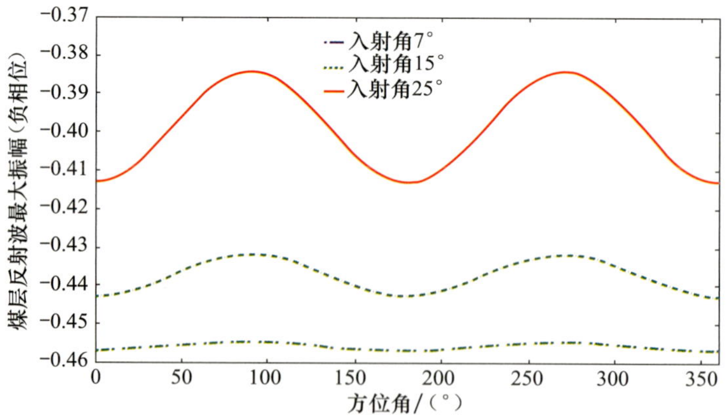

图3.32　不同入射角煤层（HTI）振幅最大值与方位角关系（围压为6MPa）

由式(3.29)可以看出，具有谐振特性，M为基波，看成均匀介质下反射强度，而N为定偏移距下随方位变化的振幅，并且数值模拟表明煤层气储层裂缝具有可检测性。

当炮检距方向平行于裂缝走向时（$\varphi=0°$），$A=M+N$，即振幅最大；当炮检方向垂直于裂缝走向时（$\varphi=90°$），$A=M-N$，即振幅最小。

三、煤层气储层裂缝 AVA 检测与处理方法

理论上说，只需要三个方位的地震观测资料就能寻找裂缝方向，实践表明六个以上方位角观测结果才适合定量分析裂缝方向。如果方位道集的方位少于六个，则裂缝图结果质量会变差。因而三维地震勘探设计至少应有六个炮检方位上大、中、小炮检距（入射角）分布。

直接解方程组方法常用于二维地震资料叠前各向异性（裂缝）方位分析，也可以用于三维地震资料多方位各向异性（裂缝）方位分析。

不同方位、炮检距数不全、数据量少，因此要进行方位各向异性分析，首先进行道均衡、炮-检方位角、炮检距的分析，抽取宏面元，剩余时差校正，形成方位道集、方位角度道集，将各个方位振幅归一化处理，采用最小二乘法 M、N 和 φ，求裂缝的密度与方向。

剩余时差校正。由于宏面元由原相邻多个面元组成，如由 9 个面元组成，相应的同相轴受动校速度横向变化的影响，组成 CMP 宏面元后，相邻面元道之间可能有一定的时差，或由于动校正速度分析的影响造成微量的时移。在裂缝分析之前应进行剩余时差校正。剩余时差校正采用与模型道相干时移来实现。

方位角度道集归一化。由于在同一个 CMP 中两条振幅随偏移距并不一致，随入射角变大而不断减小时，即垂直入射时，这与来自不同方向反射应为同一反射点，AVA 的振幅收敛于同一值。为了保证垂直入射时 AVA 曲线收敛到同一振幅值，必须将各方位 AVA 响应归一化到它的垂直入射 P 波振幅上。

（1）在宏面元中所有方位角度道集提取垂直入射地震道进行叠加，计算垂直入射叠加道包络。

（2）通过垂直入射地震道包络除以宏面元中各方位道集的垂直入射地震道的包络，得到每个方位角度道集的归一化系数 $N_i(i=1,2,\cdots,m)$。

（3）每个方位角度道集乘以该方位角度道集中道的归一化系数 N_i，就得到经过归一化的方位角度道集。

最后，采用最小二乘法求裂缝的密度与方向。

第三节　基于信息融合的煤层气富集高产区地球物理预测方法

以前煤层气储层特性地震反演的方法单一，对地质评判标准理解表达不够，不确定性不易解决，精度有待提高。一方面，高丰度煤层气富集部位地震识别信息较多，它们与关键地质参数映射关系复杂，必须采用地震多信息融合方法；另一方面，地球物理方法本身的多解性，具有明显的不确定性，因而必须提出一个地质评判标准，模拟专家思想与思维过程。Dempster-Shafer（D-S）证据推理先验数据比概率推理理论中的更为直观、更容易获得，并且不需要指定先验概率，较好地解决了不确定性（刘同明等，

1998；涂嘉文和徐守时，2001；李新德，2007）。因此，应研究基于 D-S 证据理论地震多信息融合煤层气富集高产区地球物理信息融合的预测方法。

从本章第一节的描述中可以看出，单一的地震属性虽然能够反映煤层气含量的变化，但是由于其受到多种地质因素的综合影响，导致使用单一地震属性解释必然具有多解性和不确定性。为减少这种多解性和不确定性，提高预测精度，可以将多种地震属性进行联合研究，使其相互印证、补充，达到提高预测精度的目的。

一、煤层气富集高产区的地震识别模式

根据煤层气富集高产区特征及评价，将富集高产区判别指标分为资源条件、开采条件，构建融合信息源框架（图 3.33），建立的地震识别模式。将含气量与煤厚信息融合，提出煤层气富集高产区资源条件预测方法；裂缝密度与地应力信息融合，提出煤层气开采条件预测方法。资源条件与开采条件信息融合，形成煤层气富集高产区地球物理信息融合的预测方法。

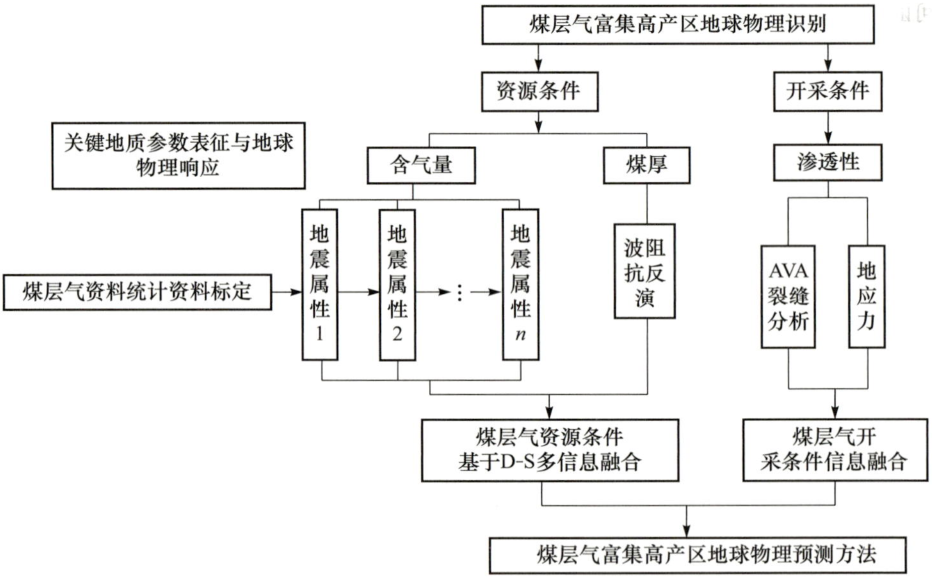

图 3.33　煤层气富集高产区的地震识别模式

二、基于证据理论的信息融合方法

（一）证据理论的基本原理

20 世纪 60 年代，美国哈佛大学数学家 Dempster（1967，1968）在进行利用上、下限概率来解决多值映射问题方面的研究工作。此后，Dempster 的学生 Shafer（1976）对证据理论做了进一步的发展，并且引入信任函数概念，形成了一套基于“证据”和“组合”来处理不确定性推理问题的数学方法。

总体而言，D-S 证据推理是 Bayes 方法的扩展，Bayes 估计是融合静态环境中多传

感器低层信息的一种常用方法，其信息描述为概率分布，适用于具有可加高斯噪声的不稳定性。该融合方法产生于多传感器融合技术的初期。应用 Bayes 估计方法时，首先，应描述出模型；然后，赋予每个命题一个先验概率；再使用概率进行推断，特别根据信息数据估计置信度获取结果。但是，当某一个传感器的新信息到来，而此时未知命题的数量大于已知命题的数量时，已知命题的概率是非常不稳定的。

D-S 证据推理的优点是在证据理论中需要的先验数据比概率推理理论中的更为直观、更容易获得，并且不需要指定先验概率；其缺点是一般情况下计算量非常大，而且，在工程实际应用中，如何有效获取基本概率赋值也有待于进一步深入研究。目前 D-S 证据推理的主要适用领域是信息融合、专家系统、情报分析、法律案件分析、多属性决策分析等。

在 D-S 证据理论中有三个重要的函数：基本概率赋值函数（BPA），信任函数（Bel）和似然函数（Pl），其中似然函数是 D-S 证据理论对信息的不确定性表示。

Dempster 合成法则是一个反映证据联合作用的法则。给定几个同一识别框架上基于不同证据的置信度函数，如果这几个证据不是完全冲突的，那么就可以利用 Dempster 合成法则计算出一个总的置信度函数，作为那几个证据联合作用下产生的置信度函数。该函数称为原来那几个置信度函数的直和，用⊕表示。

给定 $A \subset \Omega$（样本空间），若有 $A_i \cap B_i = \phi$，那么 $m_1(A_i)$ 和 $m_2(B_i)$ 就是确切地分配到 A 的一部分置信度，确切地分配到 A 上的总置信度为

$$\text{bel}(A) = \sum_{A_i \cap B_j = A} m_1(A_i) m_2(B_j) \tag{3.30}$$

式中，对应着 $A_i \cap B_i = A$，但是未包含 $A_i \cap B_i = \phi$。

丢弃这部分置信度，总的置信度就要小于 1，为此应该将式（3.30）乘以归一化因子 K 以满足总置信度为 1 的要求，K 可表示为

$$K = \left[1 - \sum_{A_i \cap B_j = \phi} m_1(A_i) m_2(B_j)\right]^{-1}$$

因此当 $A \neq \phi$ 时，Dempster 合成法则可以表示为

$$m(A) = K \cdot \sum_{A_i \cap B_j = A} m_1(A_i) m_2(B_j) = \frac{\sum_{A_i \cap B_j = A} m_1(A_i) m_2(B_j)}{1 - \sum_{A_i \cap B_j = \phi} m_1(A_i) m_2(B_j)}$$

式中，$\sum_{A_i \cap B_j = \phi} m_1(A_i) m_2(B_j) \neq 0$ 反映了两证据的冲突大小。

当证据冲突时，D-S 证据理论有很好的解决方案。

（二）地震信息的基本可信区间、可信度分配与融合

（1）建立识别框架 $\Theta = \{H, L, N\}$，分别表示高丰度煤层气富集资源条件好、中等、差三类。

（2）证据信息源与表达方式，建立地震属性和煤厚。

（3）概率分配，确定多种信息的基本概率分配函数为 $m_k = \{h_k, l_k, n_k\}$，$k = 1, 2,$

3,…，其中 $\sum_k(h_k,l_k,n_k)=1$，$k=1,2,3,\cdots$。

(4) 将研究区根据多种信息分类按道进行划分，得到每道的多信息基本可信度分配。

例如，对于煤厚来说，确定资源条件好、中等、差的条件为：差≤1m＜中等≤3m＜好。则按照煤层厚度分类判定为分为资源条件好、中等、差的概率为

m={资源条件好的概率,中等的概率,差的概率}

煤厚值处于资源条件好的范围：$m=\{0.5,0.3,0.2\}$。

煤厚值处于资源条件中等范围：$m=\{0.3,0.4,0.3\}$。

煤厚值处于资源条件差的范围：$m=\{0.2,0.3,0.5\}$。

以煤厚为 4m 为例，此时煤厚值处于资源条件好的范围，因此 $m=\{0.5,0.3,0.2\}$，即煤厚支持该点资源条件好的概率最大，为 0.5，支持该点资源条件为中等和差的概率分别为 0.3 和 0.2，总概率和为 1。

识别框架概率大小不能从根本改变预测结果，如改变煤厚值处于资源条件好的范围时的概率分配为：$m=\{0.6,0.2,0.2\}$，只要满足支持该点为资源条件好的概率值最大，就不会改变最终的融合结果。

(5) 根据 D-S 证据理论融合规则按道进行融合。

融合计算时两信息之间进行，没有先后性，信息种类增减不影响计算。

煤层气含量值与煤厚融合获得煤层气勘探开发的资源条件，资源条件与开采条件再做融合获得最终的预测结果，这两次融合都采用直接融合方法。将煤层气资源条件和开采条件根据一定的条件划分为煤层气富集开发有利区、中间区和不利区，并将有利区的取值赋值为 3，中间区赋值为 2，不利区赋值为 1。

三、煤层气富集高产区预测实例

本节研究的三维地震数据体来自沁水盆地南部寺河井田，分东、西两个区。

区内东部第四系黄土覆盖，西部出露二叠系上石盒子组地层和石千峰组。区内地层从老到新有：奥陶系中统峰峰组，石炭系本溪组、太原组，下二叠统山西组、下石盒子组，上二叠统上石盒子组、石千峰组及新生界古近系和新近系、第四系。

勘探区的含煤地层为石炭系的上统太原组（C_3t）和二叠系的下统山西组（P_1s），含煤地层平均厚度为 147.44m，共含煤层 15 层，平均厚度为 12.58m，平均含煤系数为 8.5%。该区主要可采含煤为山西组 3 号煤层和太原组 15 号煤层。

(1) 3 号煤层。位于二叠系山西组（P_1s）下部，上距 K_8 砂岩距离为 24.08～48.53m，平均为 37.39m，下距 K_7 砂岩距离为 0～12.80m，层位稳定。厚度为 4.64～5.45m，平均厚度为 4.72m。夹矸一般为一层，位于煤层下部，结构简单，顶板主要是泥岩、砂质泥岩，次为粉砂岩，局部为中、细粒砂岩；底板主要是泥岩、砂质泥岩，个别为中、细粒砂岩或粉砂岩。该煤层为全区稳定的主要可采煤层之一，是本次三维地震勘探的主要目的煤层之一。

(2) 15 号煤层。位于石炭系上统太原组（C_3t），上距 K_2 石灰岩平均距离为

4.30m，煤厚为3.15～3.85m，平均厚度为3.62m，结构简单—复杂，含0～12层泥岩夹矸，一般为2～3层，煤层稳定，为全区主要可采煤层之一，也是本次三维地震勘探的主要目的煤层之一。

观测系统：8线8炮束状观测系统。纵向最大炮点距：570m；CDP网格：10m×5m；叠加次数：24次。

（一）煤层气储层资源条件预测

根据正演模拟或钻孔标定得到的地震属性与煤层厚度作为信息源，优选了均方根振幅、平均瞬时频率、平均瞬时相位、频带宽度四种地震属性，采用D-S证据理论信息融合方法预测资源条件。

沁水盆地寺河井田西区3号煤层含气量等值线如图3.34所示，在1002、1102钻孔附近煤层气含量低，煤层气含量少于8m³/t。

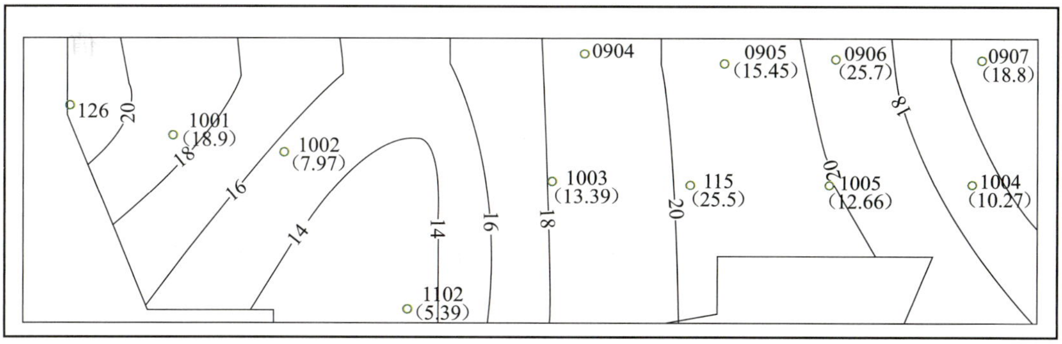

图3.34 沁水盆地寺河井田西区3号煤层钻孔实测煤层气含量插值等值线

钻孔号下面括号内的数据是含气量，单位为m³/t

从该区提取4种地震属性看出（图3.35），它们均不能直接反映煤层气含量变化，表明地震响应多样性、多解性，需要D-S证据理论信息融合，融合结果如图3.36所示。

融合成果表明，与该区钻孔实测煤层气含量总的趋势相一致。

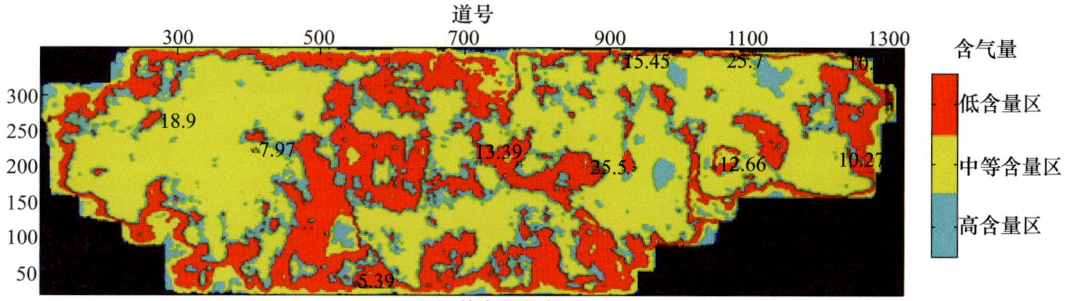

（a）均方根振幅

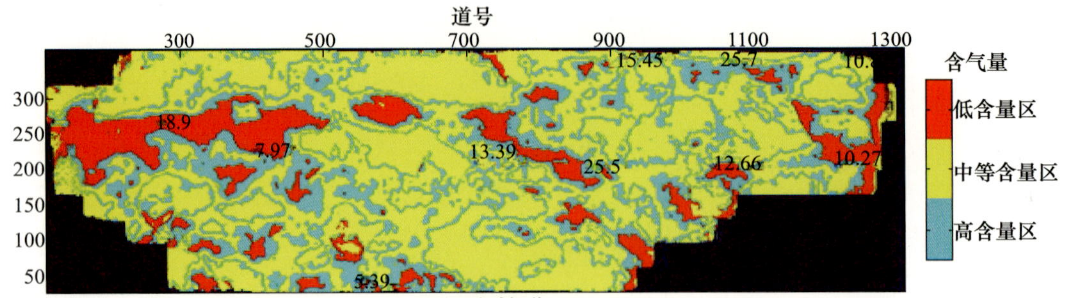

（b）瞬时相位

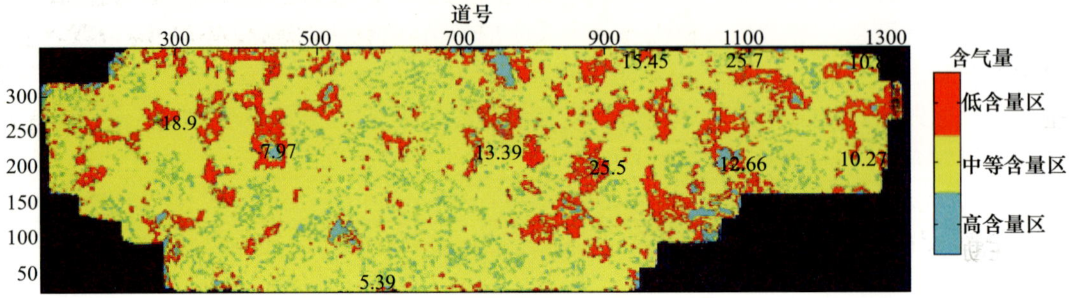

（c）频带宽度

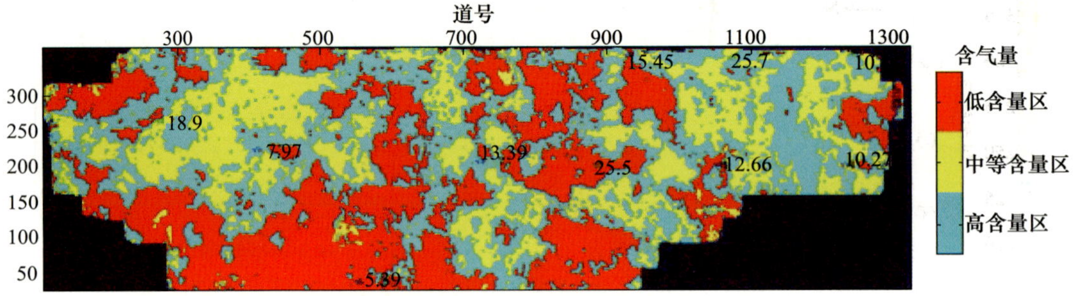

（d）主频

图 3.35 沁水盆地寺河井田西区 3 号煤层 4 种地震属性信息源

图中数据表示钻孔处 3 号煤的含气量，单位为 m^3/t

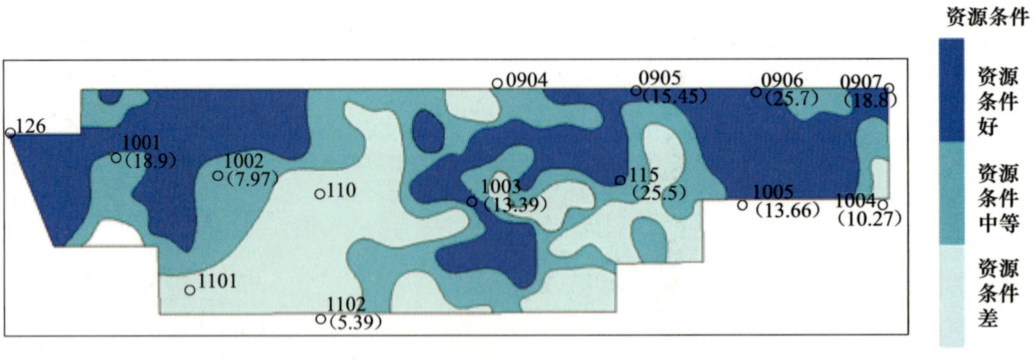

图 3.36 基于 D-S 证据理论沁水盆地寺河井田西区 3 号煤层 4 种地震属性与煤厚融合高丰度富集区资源条件

钻孔号下面括号内的数据是含气量，单位为 m^3/t

（二） 煤层开采条件预测

根据影响开采的渗透性因素，煤层的裂缝密度值和地应力信息可以利用测井资料结合地震 AVA 分析获取，再通过裂缝密度值和地应力信息直接融合来预测煤层气高产区。

1. 煤层气储层裂缝检测成果

通过叠前三维地震资料的处理，得到 M、N 及 φ，其中，M 为平均振幅，N 为振幅随炮检变化量，φ 为裂缝方向。振幅随炮检的变化量 N 大小决定了裂缝的发育程度，N 值越小，说明平行于裂缝方向与垂直于裂缝隙方向的地震观测振幅差异小，方位各向异性不明显，裂缝不发育；振幅相对差异越大，即 N 值越大，表示平行于裂缝方向与垂直于裂缝方向的地震观测振幅差异大，方位各向异性明显，裂缝发育。φ 表示裂缝的走向，裂缝方位是以正西方向为参考方位，通过裂缝方位分析可以与勘探区的构造走向与主应力分析结合起来。

在勘探区中西部有背斜，东、西各有一个向斜的轴部（图 3.37）。

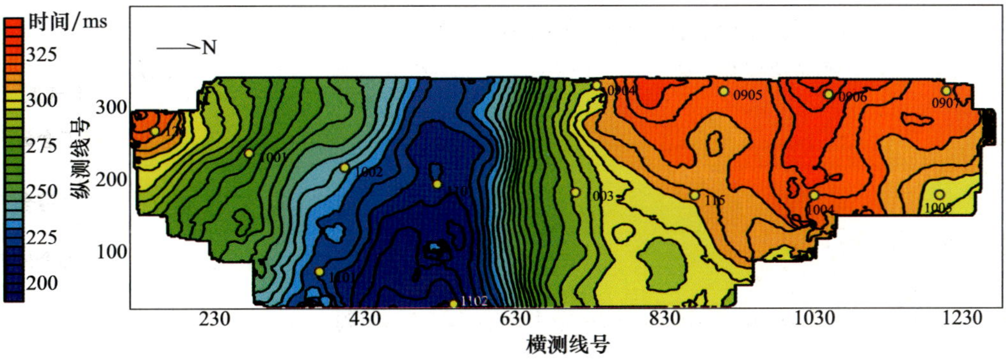

图 3.37 沁水盆地寺河井田西区 3 号煤层等时图

1）裂缝密度分析

按方位分析方法，做出平均振幅 M、N 平面图，在利用振幅变量 N 进行裂缝密度分析时，要结合平均振幅 M 的分析，平均振幅 M 值大，N 值小，裂缝发育好，反之裂缝不发育。为消除平均振幅大小对预测结果的影响，取 N/M 作为裂缝密度直接指示（图 3.38）。由于无法对 N/M 进行标定，因而它仅仅是目的层内裂缝的相对发育大小。红线的方向表示裂隙方向，线颜色表示裂隙密度，裂隙密度从红色到蓝色依次降低。

勘探区有四个裂缝密度高区、两个裂缝密度低区（图 3.39）。

2）裂缝方位角

从图 3.39 可知，全区裂缝绝大多数走向方位角为 140°～150°（参考方向正西），同时出现了一小部分走向方位角近测线方向，即方位角为 170°～180°。在裂缝相对较小的两个区域内，往往在宏面元方位分析时出现多个方位的极大值，认为该宏面元无各向异性，也就是没有裂缝。

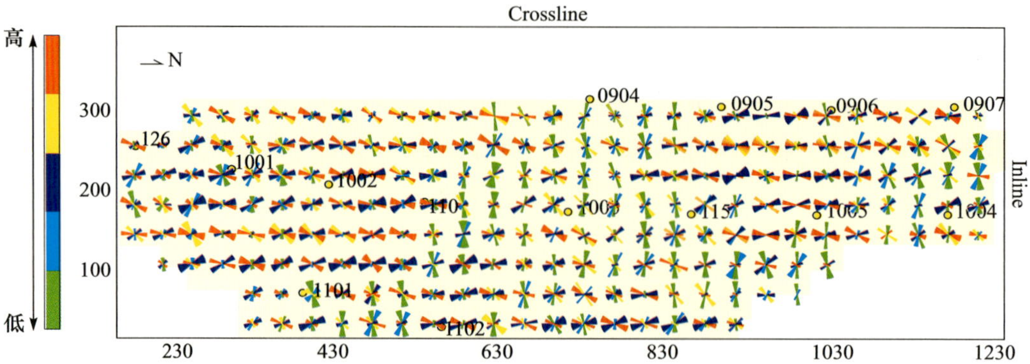

图 3.38　沁水盆地寺河井田西区 3 号煤层裂缝方位与相对密度平面图

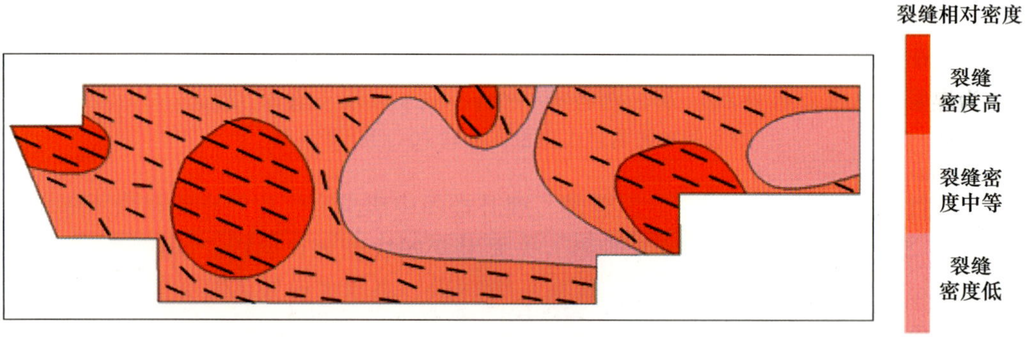

图 3.39　沁水盆地寺河井田西区 3 号煤层煤裂缝相对密度与方向

2. 煤层气储层开采条件信息融合预测成果

根据地震高密度特点，利用钻孔测井曲线求出主要地震标志层井段的平均密度，以求各点的地应力值（图 3.40）。将裂缝密度（图 3.39）和地应力（图 3.40）两信息直接融合得到开采条件，认为裂缝密度大和地应力小，则开采条件好；裂缝密度大和地应力大，或裂缝密度小和地应力小，则开采条件中等；裂缝密度小和地应力大，则开采条件差，得到沁水盆地寺河井田西区 3 号煤开采条件预测成果（图 3.41）。

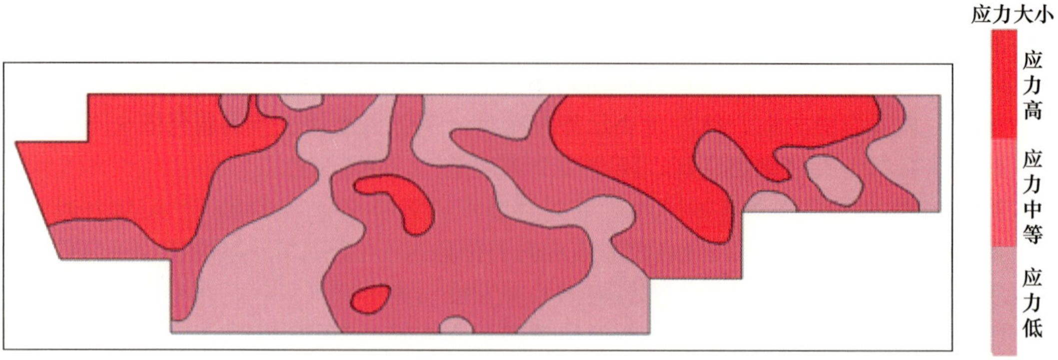

图 3.40　沁水盆地寺河井田西区 3 号煤地应力

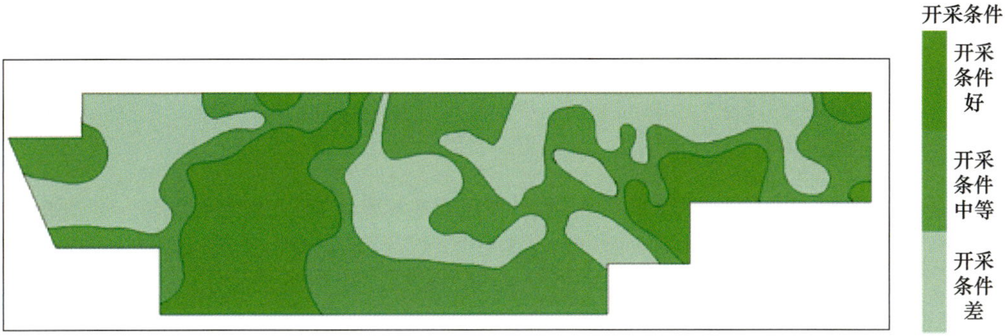

图 3.41 沁水盆地寺河井田西区 3 号煤层开采条件信息融合预测成果

（三） 煤层气富集高产区预测

根据煤层气富集高产区高效开采的宗旨，资源条件与开采条件有利的情况下，资源条件为煤层气含量与煤厚，开采条件为渗透性。将煤层气资源条件和开采条件依据有利区的数值赋值为 3，中等区赋值为 2，不利区赋值为 1，按每个 CDP 点资源条件和开采条件按赋值累加求和，划分煤层气富集高产区，凡是 CDP 点上值为 5～6 即为煤层气富集高产有利区，CDP 点上值为 4 即为煤层气富集高产中等有利区，CDP 点上值为 2～3 即为煤层气富集高产不利区。资源条件好与开采条件好、资源条件好与开采条件中等、资源条件中等与开采条件好，则划分为煤层气富集高产有利区；资源条件中等与开采条件中等、资源条件好与开采条件差、资源条件差与开采条件好，则划分为煤层气富集高产中等有利区；资源条件中等与开采条件差、资源条件差与开采条件中等、资源条件中等与开采条件中等，则划分为中等煤层气富集高产区；资源条件差与开采条件差、资源条件中等与开采条件差、资源条件差与开采条件中等，则划分为煤层气富集高产不利区。依据此原则，采用直接信息融合，将勘探区划分为煤层气富集高产区有利区、中等有利区和不利区三大类。

根据富集区资源条件分类图 3.36 与开采条件分类图 3.41 直接信息融合，得到沁水盆地寺河矿西区 3 号煤层煤层气富集高产区分布图（图 3.42）。

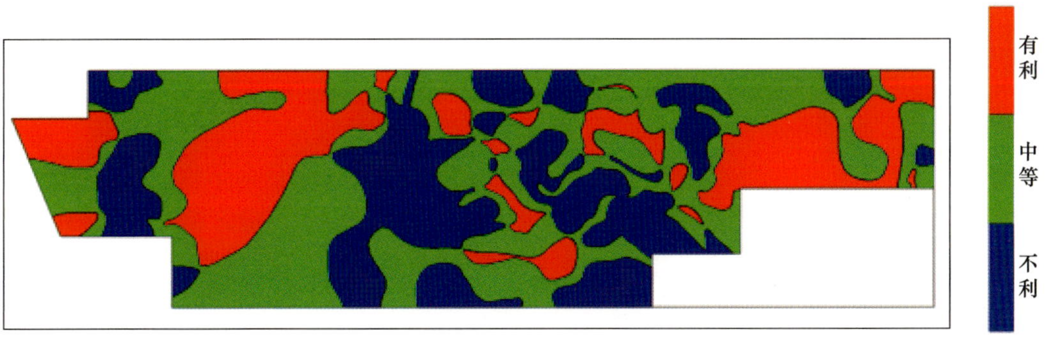

图 3.42 沁水盆地寺河井田西区 3 号煤层信息直接融合煤层气富集高产区预测成果

图 3.42 中，蓝颜色为煤层气不利区，绿颜色为煤层气中等有利区，红颜色为煤层气有利区。

沁水盆地寺河井田西区 3 号煤层现有煤层气孔 7 个，有 2 个煤层气孔日产量少于 $2000m^3/d$，如表 3.3 所示。

表 3.3　寺河井田西区 3 号煤层现有煤层气孔产量

序号	钻孔号	产量/(m^3/d)
1	X1	3467
2	X2	782
3	X3	1392
4	X4	3504
5	X5	2832
6	X6	2520
7	X9	2307

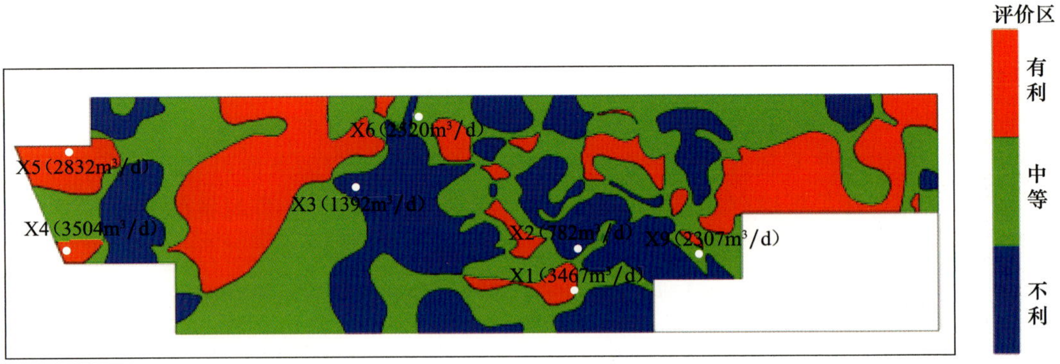

图 3.43　沁水盆地寺河井田西区 3 号煤层信息直接融合预测煤层气富集高产区效果

由图 3.43 可知，X2 井煤层气孔日产量为 $782m^3$，X3 井煤层气孔日产量为 $1392m^3$，均在蓝颜色煤层气不利区，证明该方法的正确性。

第四章 开发过程中煤储层渗透率阶段变化规律

煤层气开采过程中，煤层气的解吸、渗流特征是选择煤层气开发工艺和控制煤层气井产能的关键因素。在排水降压开发煤层气的过程中，煤储层空间结构、流体系统、应力场随流体介质的采出呈现连续变化，导致煤储层不同尺度孔裂隙结构中煤层气的压力、浓度及解吸、扩散、渗流的协同变化。目前对煤储层有效应力、煤基质收缩对渗透率的综合作用及其在井网中的叠加效应尚不明了，实际生产中大面积排水降压、解吸效果不十分理想。本章通过煤储层产能动态分析，将阐述开发过程中煤储层渗透率阶段变化规律，进一步发展以渗透性变化为核心的煤储层动态分析理论和技术，为高效开发煤层气提供煤储层工程理论和技术支撑。

第一节 煤储层渗流特性动态变化机理

煤储层绝对渗透率变化特征与控制机理是煤储层动态研究的核心内容之一。煤储层绝对渗透率变化主要受有效应力效应与基质收缩效应的控制，与煤层气吸附、解吸和渗流过程直接相关。本节基于煤岩气体吸附膨胀实验和煤岩三轴应力实验，结合相关渗透率变化理论模型分析，重点考察基质收缩和有效应力作用机制，厘定有效应力和吸附膨胀效应双重作用对煤岩渗透性的影响，综合考虑基质、煤体和流体相互作用，深刻揭示煤储层渗透性变化机理，得出煤的渗透率与有效应力、吸附变形的函数关系，指出煤岩吸附膨胀和有效应力对煤岩渗透性影响的实质是煤岩内部的孔裂隙受到力的作用逐渐减小或闭合。

一、有效应力效应

Terzaghi（1923）在实验基础上最早提出有效应力概念，将其定义为应力与中性应力的差值。Cook（1965）对其进行修正并应用于岩石类材料中。有效应力是影响煤储层渗透性的重要作用之一。有效应力对煤岩渗透性的影响主要体现在应力作用下岩石发生变形，进而影响流体在煤岩中的渗透通道——孔裂隙系统的形态和联通性能，从而改变渗透性的大小（McKee et al.，1986；谭学术等，1994；胡耀青等，1996；孙培德和凌志仪，2000；傅雪海等，2003；唐巨鹏等，2006；石必明等，2007；杨永杰等，2008；彭守建等，2009；李志强等，2009）。

（一） 三轴伺服渗流实验

实验设备采用重庆大学西南资源开发及环境灾害控制工程国家重点实验室三轴伺服渗流装置，该装置可进行不同温度条件下地应力和煤层气储层压力共同作用时煤层气渗流过程中的变形破坏特征试验研究，以揭示煤层气运移机制。该装置主要由伺服加载系统、三轴压力室、水浴恒温系统、孔压控制系统、数据测量系统和辅助系统六个部分组成。通过三轴伺服仪的数据测量系统，主要可以采集到以下七类数据，包括时间、轴向应力、轴向应变、环向应力、径向应变、实验温度和气体流量。

实验煤样采自晋城寺河煤矿，煤样平行层理面钻取。煤样的显微组分鉴定结果表明，煤岩成分主要以镜质组为主，含量为94.07%，其他为惰质组分和少量矿物。煤的镜质体反射率为2.89%。考虑到无裂隙的基质煤样和微裂隙煤样极低的渗透性，为了保证实验成功和实验速度，煤样的选择上主要考虑采用具有明显割理裂隙的煤样。实验前将煤样放置在80℃的真空干燥箱内干燥24h。干燥后，用千分尺等间距量取煤样的直径（共9个）和长度（共5个），取均值得煤样的实测尺寸，同时样品称重。

实验分别完成了氦气、甲烷和二氧化碳气体在不同的孔隙压力、轴向压力和环向压力条件下煤样的变形特性和渗透性测试（表4.1）。由于实验设计的每个测点的轴向压力和环向压力相等，在以后的叙述中统称其为围压。实验首先将系统抽真空，接着进行氦气孔隙压力为1MPa时，不同围压条件下的煤岩渗透性测试；随后煤样抽真空24h，进行甲烷气体测试；完成甲烷气体测试后，煤样抽真空24h，接着完成氦气孔隙压力为1MPa时，不同围压条件下的煤岩渗透性的重复检测；随后煤样抽真空12h进行二氧化碳气体的测试；二氧化碳气体测试完成后样品抽真空24h，继续完成氦气在不同孔隙压力和围压条件下的渗透率重复测试。针对吸附性的甲烷和二氧化碳气体，在每个孔隙压力下，气体至少吸附24h。在每个测点上电子流量计稳定时间一般为20～30min，在同一孔隙压力下，首测点的用时略长。

表4.1　煤岩渗流实验条件

编号	气体	孔隙压力/MPa	围压/MPa	有效应力/MPa	编号	气体	孔隙压力/MPa	围压/MPa	有效应力/MPa
1	He、CH_4、CO_2	0.5	1.5	1	11	He、CH_4、CO_2	2	6	4
2		0.5	3	2.5	12		2	7	5
3		0.5	4.5	4	13		3	4	1
4		0.5	5.5	5	14		3	5.5	2.5
5		1	2	1	15		3	7	4
6		1	3.5	2.5	16		3	8	5
7		1	5	4	17		4	5	1
8		1	6	5	18		4	6.5	2.5
9		2	3	1	19		4	8	4
10		2	4.5	2.5	20		4	9	5

注：在进行甲烷和二氧化碳渗流实验前，首先分别进行了三次氦气的煤样渗透性检测。

煤岩渗透性测试采用稳态法，即在试件两端施加稳定的气压差，待试件中渗流稳定后通过测量渗透流量来计算试件的渗透率。计算公式如下：

$$K = 2Q_a P_a \mu L / A(P_1^2 - P_2^2) \tag{4.1}$$

式中，K为煤样的实测渗透率，$10^{-3}\mu m^2$；μ为气体在压力$\overline{P}[\overline{P}=1/2(P_1+P_2)]$下的绝对黏度，Pa·s；$P_a$为流量计算的基准压力，本书取实验时的大气压，MPa；Q_a为在基准压力下的气体流量，m^3/s；L 为煤体试件长度，m；A 为渗透有效面积，m^2；P_1、P_2 分别为入口、出口压力，MPa。

试验中通过测量煤样周长的变化，也就是环向形变，反映煤样的吸附膨胀，并设定煤样径向压缩变形为负应变，径向膨胀变形为正应变，即围压增大，煤岩径向压缩，环向位移计读数减小；煤岩吸附膨胀，径向扩张，位移计读数增加。实验中煤岩轴向位移由轴向位移计测量。由于轴向位移的准确性不高，分析中使用该数据较少。煤岩轴向位移的设定以煤岩压缩为正应变，以煤岩膨胀为负应变，即其数值变化与环向位移计变化的意义正好相反。

（二） 煤岩应力与应变关系

JCC-01 样品的测量结果表明，煤样的径向变形和围压呈明显的线性相关关系（图 4.1、图 4.2），表明在 0～6MPa 的应力范围内，煤样仍处在弹性变形阶段，可视为弹性体。当测量气体为氦气，在孔隙压力为 1MPa 条件下，煤样围压与径向变形数据拟合直线的斜率为－0.01014；当测量气体为甲烷，且在 0.5MPa 孔隙压力下吸附 24h 后，煤样的围压与径向变形散点图拟合直线斜率为－0.0093，反映煤样吸附甲烷前后的煤岩力学性质略微增强。

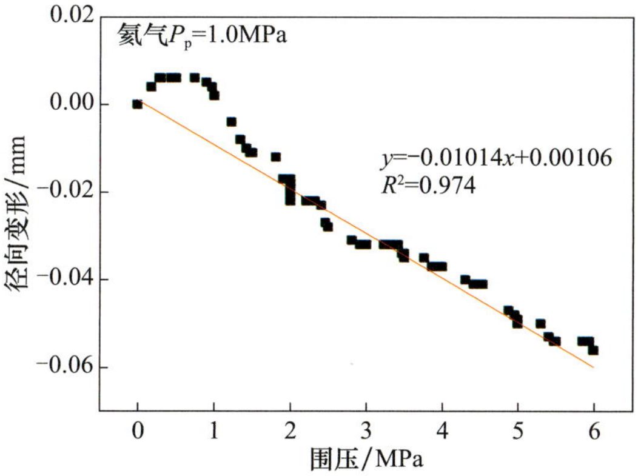

图 4.1 JCC-01 样品径向变形与围压关系图

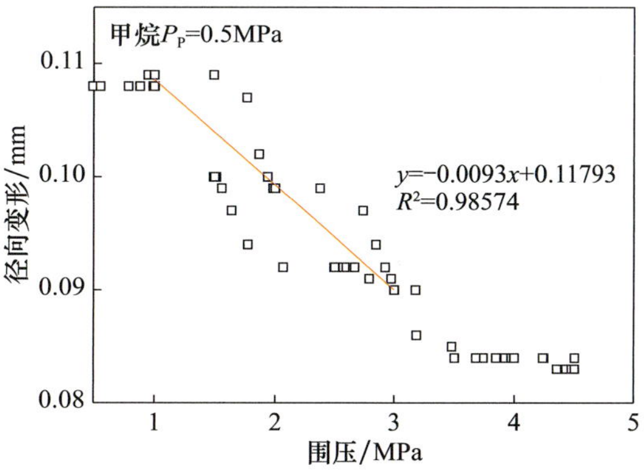

图 4.2 JCC-01 样品径向变形随围压变化曲线

氦气孔隙压力为 1.0MPa 时，JCC-03 样品的应变变形和围压呈线性关系，煤样轴向变形的斜率接近于煤径向变形斜率的三倍，即煤在径向上的杨氏模量是轴向上杨氏模量的三倍，煤样在垂直层理方向较平行层理方向具有更强的抗压能力。

在不同孔隙压力条件下，JCC-03 样品吸附甲烷后的应力-应变特征见图 4.3，不同孔隙压力煤吸附甲烷后煤的应力性质基本变化不大，煤径向应变随有效应力变化斜率的绝对值由 0.5MPa 压力时的 0.012 减小到了 4.0MPa 时的 0.010。煤吸附甲烷后，煤抗压模量有一定提高。对比煤吸附甲烷后和吸附甲烷前的应力-应变特征，应力-应变曲线斜率绝对值由吸附甲烷前的 0.016，下降到了吸附甲烷后的 0.010～0.012，煤在吸附甲烷后抗压强度增强。煤吸附甲烷后体积膨胀，在围限压力条件下，煤的微孔隙和微裂隙被压实缩小或闭合，由此改变煤的孔隙结构，从而使煤的抗压强度增强。

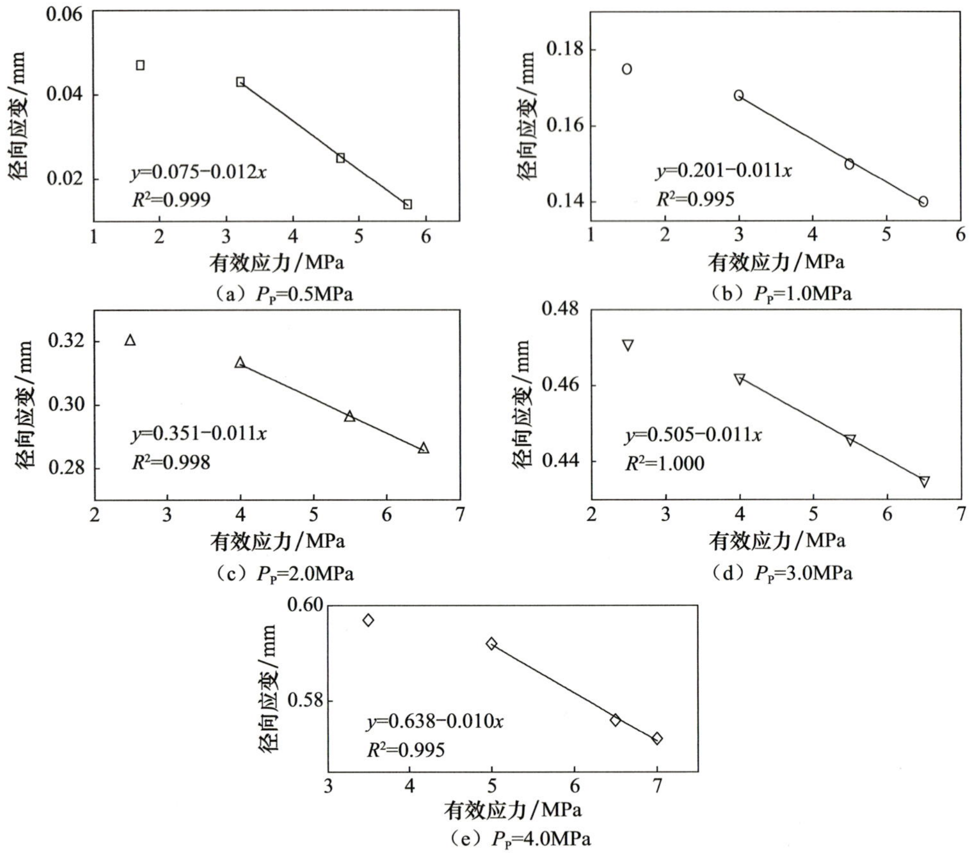

图 4.3　JCC-03 样品吸附甲烷后在不同的有效应力下的径向应变特征

与煤吸附甲烷后的情况类似，不同孔隙压力煤吸附二氧化碳后煤的应力性质基本变化不大（图 4.4）。每个孔隙压力条件下吸附 24h，煤径向应变随有效应力拟合曲线斜率的绝对值为 0.010 或 0.011，与压力条件下吸附甲烷的测试结果相同。煤吸附二氧化碳或甲烷后，对煤力学性质的改变相同。

完成二氧化碳系统抽真空 12h 后，重新用氦气测定煤样的渗透率，同时测量了不同孔隙压力下煤的应力-应变关系曲线（图 4.5）。煤样应力-应变曲线斜率的绝对值保持在 0.010 左右，与煤吸附甲烷和二氧化碳的测值相比基本无变化。煤吸附甲烷或二氧化碳气体后，存在不可恢复的孔隙结构上的改变。

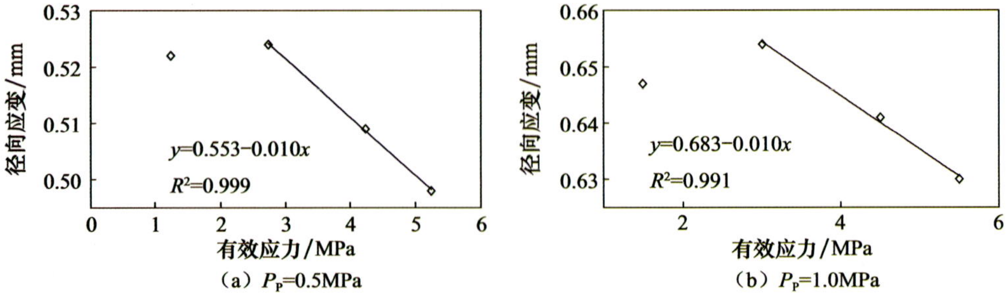

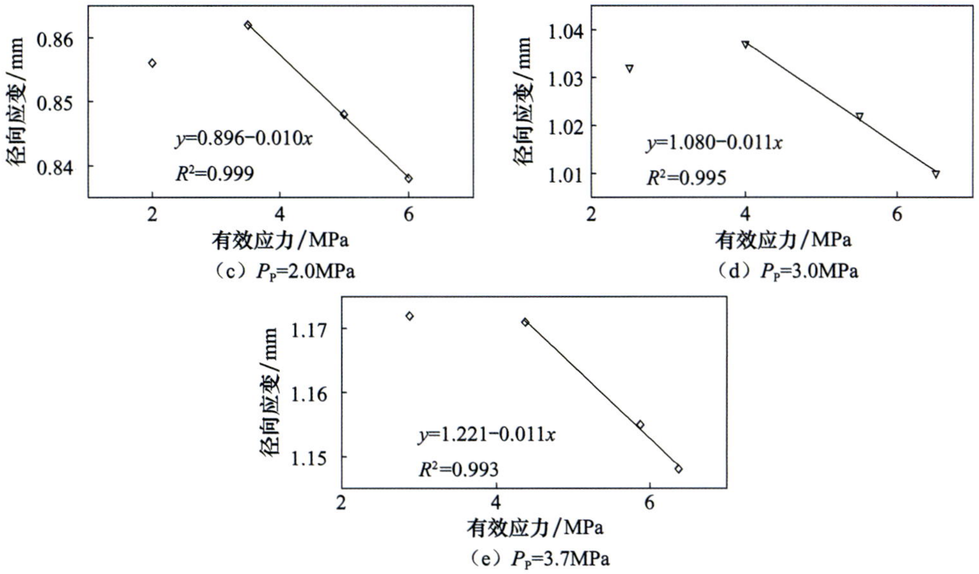

图 4.4 煤样吸附二氧化碳后随有效应力变化的径向变形特征

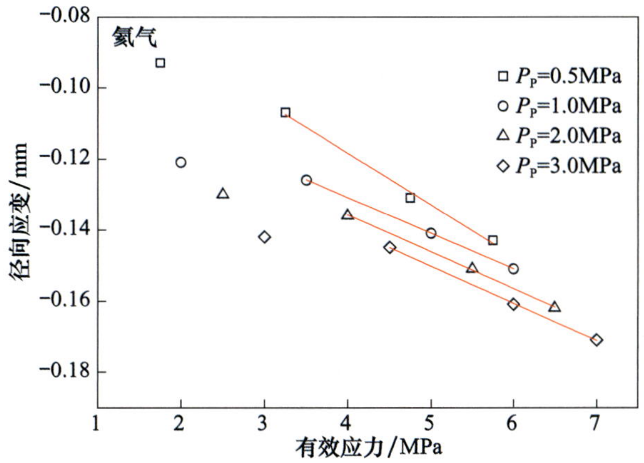

图 4.5 JCC-03 样品氦气实验应力与应变关系图

（三） 煤渗透性应力效应

氦气在 1MPa 孔隙压力和甲烷在 0.5MPa 孔隙压力条件下，JCC-01 样品的渗透率随有效应力变化呈指数函数关系，与彭永伟等（2008）探索煤样渗透性对围压的敏感性时的表达形式一致，满足式(4.2)：

$$K = a\exp(-b\sigma_e) + c \tag{4.2}$$

式中，K 为渗透率，$10^{-3}\mu m^2$；σ_e 为煤岩所受有效应力，MPa；a、b、c 均为拟合常数，其中 a、c 单位为 $10^{-3}\mu m^2$，b 的单位为 MPa^{-1}。

系数 a、c 决定煤岩的原始渗透性，相同条件下，a 值越大，煤样的渗透率越大；c

不改变曲线的形状，只改变曲线上下的位置。b 表示煤样渗透率随压力的变化程度；相同条件下，b 值越大，渗透率曲线斜率的绝对值越大，渗透率随压力变化速率就越快。在 b 值相同的条件下，通过平移，两个煤样的渗透性变化曲线可以完全重合。这说明 b 值反映了煤岩的固有性质，与煤岩组成、强度和孔、裂隙系统结构相关（图 4.6）。

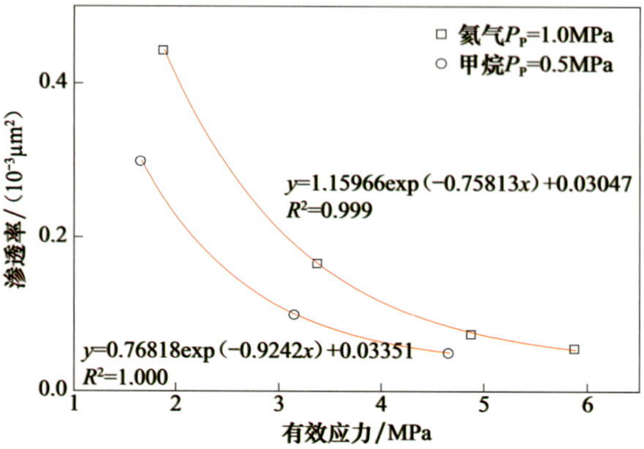

图 4.6　JCC-01 样品有效应力与渗透率关系图

a 表示煤样受有效应力变化煤中的微孔隙、微裂隙压缩或恢复导致渗透性改变的那部分渗透率。而 c 看似与有效应力的变化无关，根据式(4.2)，$\sigma_e \to \infty$ 时，$K \to c$，说明在弹性变形阶段，随有效应力增高，煤样渗透率并不会变为 0。同 b 一样，c 值可能也反映了煤样的固有性质，即在煤的弹性变形范围内，随有效应力的增加，煤样的微孔裂隙系统并不会完全闭合，而存在一固有残余渗透率（彭永伟等，2008）。式(4.2)中的 a 不仅包含了煤中微孔、微裂隙压缩或恢复导致渗透性改变的那部分渗透率，还包含了由 Klinkenberg 效应（特别是在低压和较低渗透率条件下）引起的煤的视渗透性增加的那部分渗透率。

假设在固体颗粒不可压缩的条件下，根据火柴束模型理论推导，多孔介质的渗透性和有效应力符合指数关系（McKee et al.，1987）

$$K = a\exp(-b\sigma_e) \tag{4.3}$$

式(4.3)较式(4.2)减少了 c 项。由于随着煤岩所受有效应力增大，煤岩孔裂隙宽度相应减少，Klinkenberg 系数 b 值增大，导致实验测得的视孔隙率和 Klinkenberg 渗透率比值相应增大，在使用实验测得的视渗透率进行公式拟合时，c 值出现。因此，式(4.2)中的 c 项不是煤岩固有的性质，而是 Klinkenberg 效应作用的结果。采用甲烷为测试气体，分别保持孔隙压力为 0.5MPa、1MPa、2MPa、3MPa 和 4MPa，并让煤岩自由吸附 24h。分别用式(4.2)和式(4.3)对实验结果进行拟合（图 4.7）。

各孔隙压力下煤样渗透率-有效应力拟合关系，表明随着孔隙压力的增高，煤岩吸附甲烷之后，渗透率依次降低，同时渗透性随有效应力增加而减小的变化速率也逐渐降低。罗瑞兰等（2007）的研究表明，当储层有效渗透率大于 $1\times10^{-3}\mu m^2$ 时，滑脱效应对生产没有影响，在实际生产过程中不用考虑滑脱效应的影响；当储层渗透率为 $0.1\times10^{-3}\sim1.0\times10^{-3}\mu m^2$ 时，同时，当气藏压力为 2～5MPa 时，滑脱效应对储层渗透性有

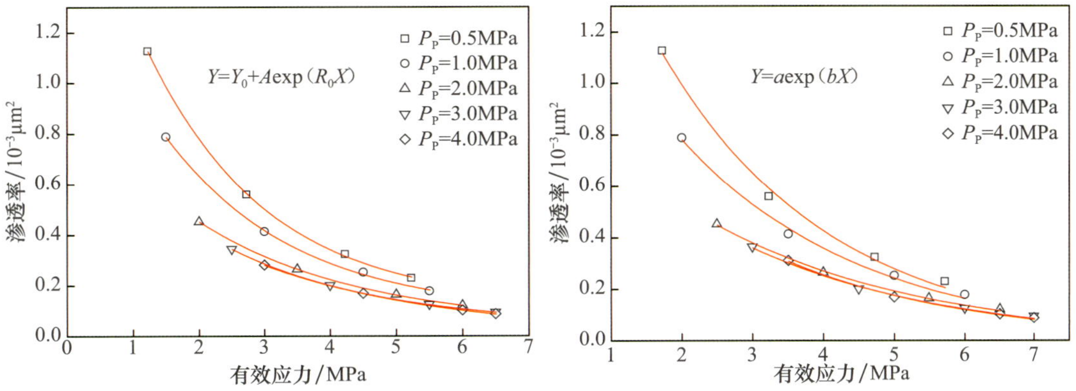

图 4.7 不同孔隙压力条件下渗透率与有效应力关系（甲烷）

弱的影响，影响程度在5%以内；当气藏压力小于2MPa时，应该考虑滑脱效应的影响。本次煤岩对甲烷的渗透率测试结果为0.09×10^{-3}～1.13×10^{-3}μm^2，而孔隙压力分别为0.5MPa、1MPa、2MPa、3MPa和4MPa，因此，当孔隙压力为0.5MPa、1MPa时测得的结果，除需要考虑煤吸附甲烷基质膨胀和孔裂隙系统闭合引起的渗透性降低外，还应考虑分子滑脱效应的影响。从图4.7还可以看出，当孔隙压力超过2MPa，达到3MPa和4MPa时，反映渗透率随有效应力变化速率的b值差别不大。

煤样在不同孔隙压力下吸附二氧化碳24h后，各种条件下测得的二氧化碳的渗透率为0.07×10^{-3}～0.99×10^{-3}μm^2，在考虑煤吸附二氧化碳体积膨胀对渗透性的影响时，同样需要考虑分子滑脱效应的影响（图4.8）。

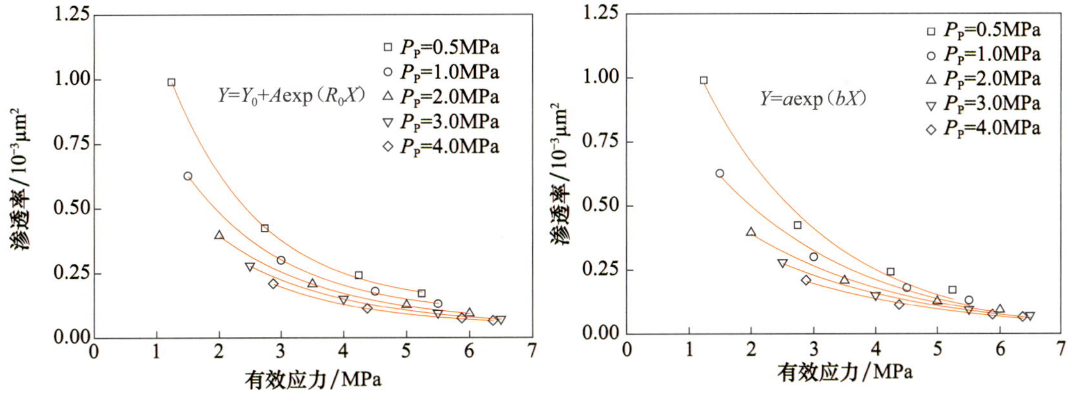

图 4.8 不同孔隙压力条件下渗透率与有效应力关系（二氧化碳）

二、基质收缩/膨胀效应

Harpalani和Schraufnagel（1990）通过煤样吸附/解吸实验首次发现甲烷解吸过程中煤样会发生基质收缩效应导致渗透率增加。此后，煤层气开发中基质收缩效应的存在得到了现场生产实践的证实（Mavor and Vaughn，1998；Shi and Durucan，2010；Mazumder et al.，2012）。大量有关煤基质膨胀/收缩效应相关的理论和实验研究表明，煤基质膨胀/收缩效应的实质是煤岩吸附/解吸气体后，内部的孔裂隙结构发生改变，从而导致渗透率的变化；其强度主要与煤的物理化学性质和气体种类有关（Seidle and Huitt，1995；Palmer and Mansoori，1998；傅雪海和李大华，2002；陈金刚等，2004；Shi and Durucan，2005，2010；Robertson and Christiansen，2007；Durucan et al.，2009；邓泽等，2009；周军平等，2009；Liu and Harpalani，2013）。

（一）光学法测定煤基质膨胀量实验

光学法测膨胀量具有直观的优点。实验样品分别采自霍州（R_o=0.85%）、长治（R_o=1.89%）和晋城（R_o=0.85%），煤样分别沿主轴平行层面和垂直层面方向制成20mm×5mm×2mm（长×宽×厚）的薄片。实验温度设定为40℃，实验最大压力设定为12MPa。实验仪器采用杭州工业大学自行研制的原位光学法测定吸附膨胀量的装置。仪器的核心部件为一可视高压平衡釜（规格为200mm/20MPa/200℃），此外配置有温压控制系统、光学照相系统（型号为DSC-T90的CCD相机）和数据处理系统（MB-ruler软件）。由于高压可视反应釜中压力改变可能导致光学系数的改变，造成测量结果不准确，实验中采用1个20mm的细钢丝（在实验温压条件下基本无形变）标定各个温压下的测量结果。

试验共设置1MPa、2MPa、4MPa、6MPa、8MPa、10MPa和12MPa共七个压力点，实验测定每个样品在设定温压条件下沿长轴的线性应变量。在每个压力点下，连续三个CCD相机拍照结果（每次拍照时间间隔为20min）显示样品长度无变化时，认为样品已达到吸附平衡，进入下一压力点测试。假设煤样在平行层理方向的线性应变一致，则由煤样沿平行层理方向和沿垂直层理方向的线性应变量，可分别算得不同方向上煤样的单位体积应变量为

$$\frac{\Delta V}{V_0}=(1+\varepsilon_1)^2(1+\varepsilon_2)-1 \tag{4.4}$$

式中，ε_1 为平行层面线性膨胀量；ε_2 为垂直层面线性膨胀量；ΔV 为体积膨胀量；V_0 为原始体积。

根据实验结果表明，随着压力增大，煤样吸附甲烷后的线性膨胀量增大，在压力10MPa左右线性膨胀量达到最大，然后略有降低（图4.9～图4.11）。垂直层面方向最大线性膨胀量值大于平行层面方向，相差为8.4%～8.7%。随煤阶增高，最大体积膨胀量增大（图4.12，表4.2）。

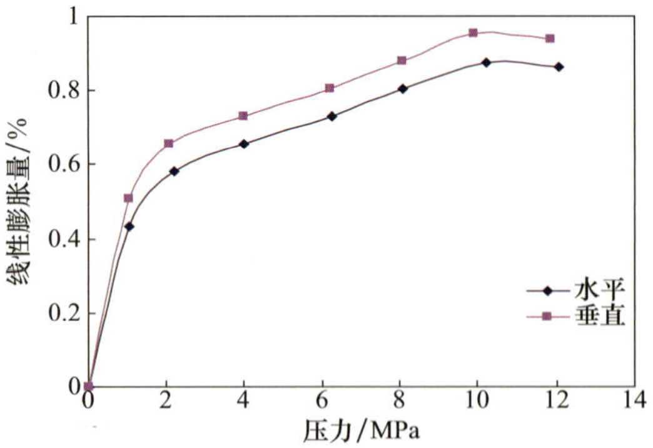

图4.9　霍州煤吸附甲烷后线性膨胀量

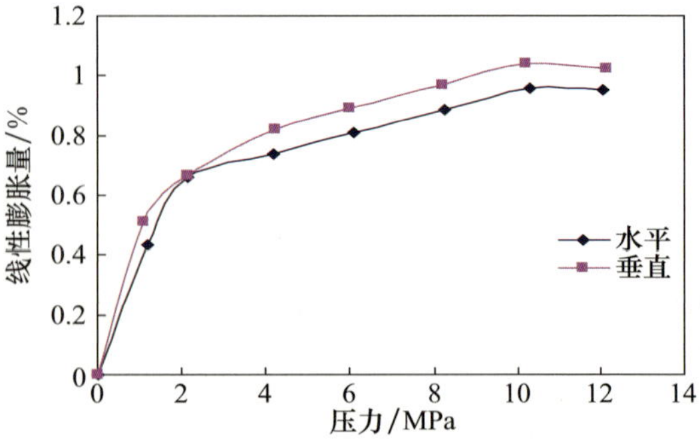

图4.10　长治煤吸附甲烷后线性膨胀量

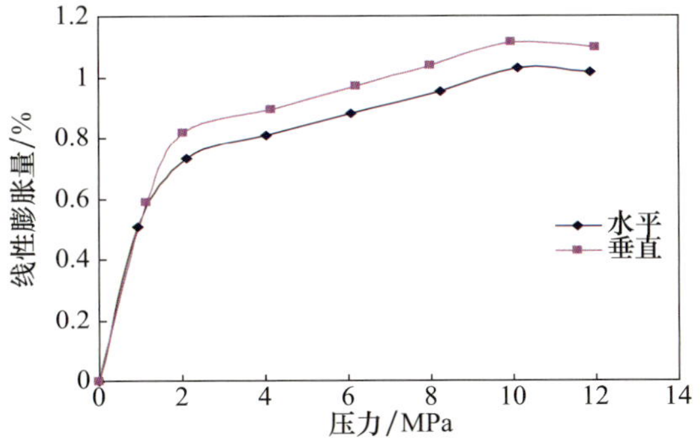

图 4.11 晋城煤吸附甲烷后线性膨胀量

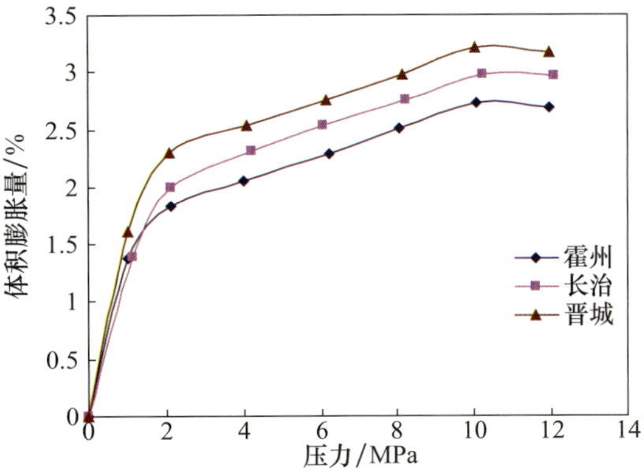

图 4.12 三个地区煤吸附甲烷后的体积膨胀量

表 4.2 煤吸附 CH_4 后最大线性和体积膨胀量

地区	最大线性膨胀量/%		最大体积膨胀量/%
	垂直层面	平行层面	
霍州	0.951	0.876	2.728
长治	1.04	0.957	2.983
晋城	1.114	1.028	3.205

Day 等（2008）提出的修正 DR 模型用来拟合煤吸附气体后的膨胀量，表达式为

$$S=S_{\max}e^{-D[\ln(\rho_a/\rho_g)]^2}+k\rho_g \tag{4.5}$$

式中，S 为煤样体积膨胀量；$S_{\max}$为煤样最大膨胀量；ρ_g 为实验温度、压力下气体密度；k 为与 CH_4 在煤中吸附量相关的常数；D 为与吸附热相关的常数；ρ_a 为吸附相密度，420kg/m^3。

分别对晋城、长治、霍州的实验数据用式(4.5)进行 Polymath 拟合计算（表 4.3），相关性较好。实验结果验证了修正的 DR 模型描述煤岩吸附膨胀量和孔隙压力之间关系的适用性。

表 4.3 三个地区煤样吸附甲烷膨胀模型的参数回归值

地区	$S_{\max}$	D	k	R^2
霍州	2.947326	0.0447874	0.0010962	0.9927537
长治	3.587185	0.0542836	−0.0017025	0.9944247
晋城	3.811353	0.0475446	−0.002336	0.9913374

（二）基质收缩的渗透率效应

按照煤基质吸附膨胀和解吸收缩的可逆性假定，根据煤吸附甲烷气体的膨胀实验结果，可以对煤层气开采过程中降压解吸引起的煤基质收缩渗透率效应进行评价。依据实验所得到的煤样的单位体积膨胀量（或单位体积收缩量）$\Delta V/V_0$，可进行煤层气开发过程中煤储层孔隙度和渗透率变化情况的分析。

由于实验所获得的是煤储层单位体积收缩量（即收缩率），实际相当于煤储层孔隙度的变化量，即

$$\Delta\varphi=\frac{\Delta V}{V_0} \tag{4.6}$$

由孔隙度的变化引起的煤储层渗透率的变化，可用式(4.7)表示：

$$\frac{K}{K_i}=\left(\frac{\varphi}{\varphi_0}\right)^3 \tag{4.7}$$

式中，K_i 为煤储层的初始渗透率；φ_0 为煤储层的初始孔隙度。

那么，渗透率的变化率与孔隙度的变化量的关系也应符合式(4.8)，即

$$\Delta K=(\Delta\varphi)^3=\left(\frac{\Delta V}{V_0}\right)^3 \tag{4.8}$$

将实验所获得的降压解吸引起的煤基质收缩率数据代入式(4.8)，可计算得出煤层气开采过程中降压解吸引起的渗透率变化率，做出煤样在降压解吸时的渗透率变化率曲线（图 4.13～图 4.15）。煤储层在降压解吸时的渗透率变化分为两个阶段，大致以 10MPa 为界，当储层压力大于 10MPa 时，随着储层压力降低，煤储层渗透率的增加率基本平稳或有增大的趋势；而当储层压力小于 10MPa 时，随着储层压力降低，煤储层渗透率的增加率有逐渐减小的趋势。即对于埋深 1000m 以深的煤储层，在开采过程中的渗透率变化较复杂，而埋深 1000m 以浅的煤储层，开采过程中渗透率变化较简单；但无论哪种情况，总体来看，渗透率都是在逐渐增加。随着煤阶的增高，降压解吸过程中煤储层的渗透率累计变化率增大，霍州煤、长治煤和晋城煤的渗透率累计增量分别为 85％、106％、145％（图 4.16）。

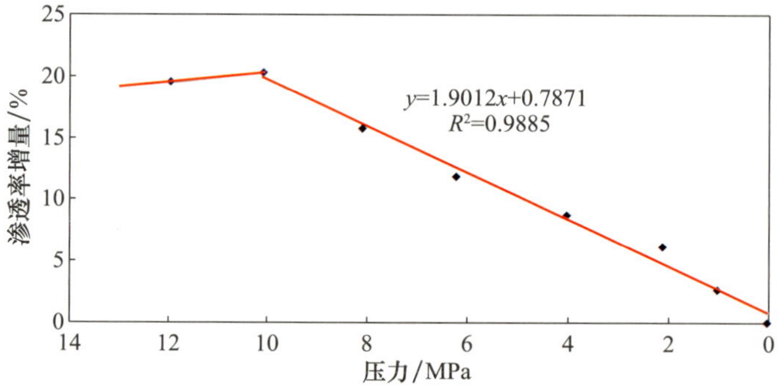

图 4.13 霍州煤在不同压力下的渗透率变化率

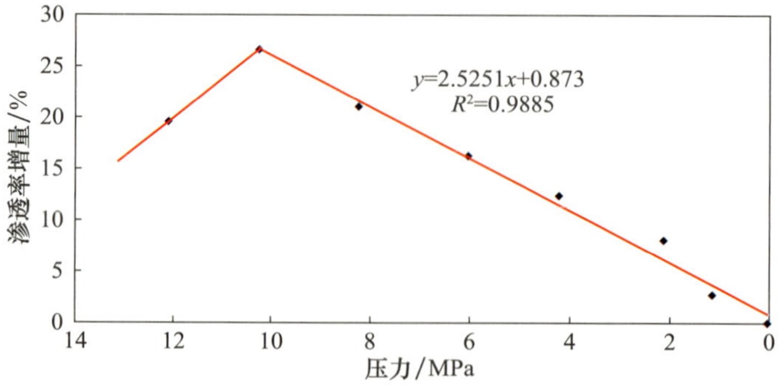

图 4.14 长治煤在不同压力下的渗透率变化率

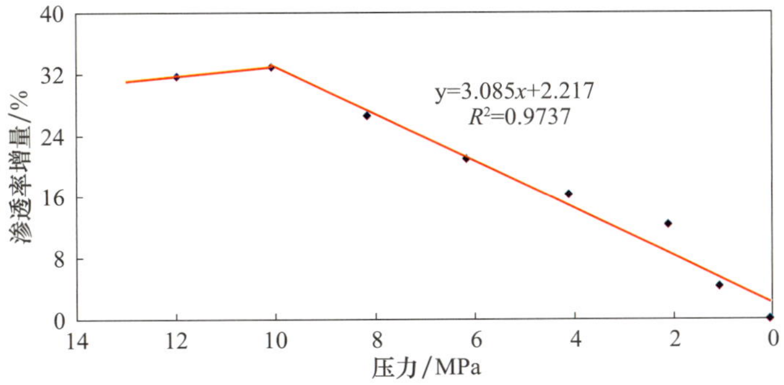

图 4.15 晋城煤在不同压力下的渗透率变化率

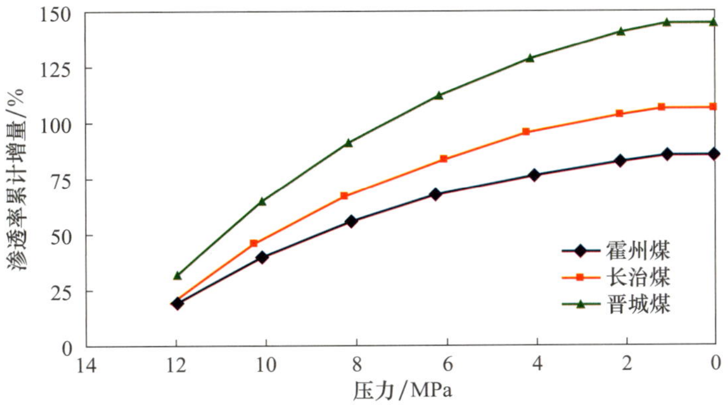

图 4.16 降压解吸引起的三个地区煤样的渗透率累计变化率

三、煤储层渗透率变化理论模型

煤储层割理、微裂隙和孔隙系统可视为不同延伸方向的管束，这些管束为水、气提供了运移通道，单位体积内管束数量越多，截面积及渗透率就越大。

（一） 煤储层裂缝应力敏感性模型

由上述实验结果可知，在一定应力范围内，煤岩呈弹性变形，因此，在煤层气开发过程中，煤岩属于弹性体，其变形是弹性应变。依据弯曲变形理论，可将裂缝的上壁看作是一个弹性体简支架，根据材料力学知识，对简支架挠曲线微分方程进行积分，得到挠曲线方程为

$$\omega=\frac{\sigma_e x}{24EI}(l^3-2lx^2+x^3) \tag{4.9}$$

式中，ω 为距支点为 x 距离处的挠度，m；σ_e 为作用于梁上的有效应力，N/m；E 为弹性模量，Pa；I 为惯性矩，m^4；l 为两支点间的宽度，m；x 为距其中一个支点之间的距离，m。

根据上述方程，可以得到第 i 条裂缝变形后 x 处裂缝的高度：

$$d_i=b_i-\frac{\sigma_{ie} x}{24EI}(l_i^3-2l_i x^2+x^3) \tag{4.10}$$

式中，d_i 为第 i 条裂缝在 x 处的高度，cm；b_i 为第 i 条裂缝的高度，cm；σ_{ie} 为第 i 条裂

缝上的有效应力，Pa；l_i 为第 i 条裂缝的宽度，cm。

根据地层有效应力的计算方法：

$$\sigma_{ie} = F_{ie} - \eta P = \sigma_{iV}\cos\theta_i + \sigma_{iH}\sin\alpha_i + \sigma_{ih}\sin\beta_i - \eta P \tag{4.11}$$

式中，F_{ie} 为上覆地层压力，Pa；P 为孔隙流体压力，Pa；η 为有效应力贡献系数，通常取 1；σ_{iV}、σ_{iH}、σ_{ih} 分别为第 i 条裂缝上的垂向、水平最大、水平最小地应力，MPa。

由 Boussinesq 方程可知，第 i 条裂缝受有效应力作用变形后，其流量方程可表示为

$$Q_i = \frac{\Delta P}{12\mu L_i}\int_0^{l_i} d_i^{\,3}\,\mathrm{d}x \tag{4.12}$$

式中，L_i 为裂缝长度，cm；μ 为流体黏度，Pa · s。

将式(4.10)代入式(4.12)得到

$$Q_i = \frac{\Delta P}{12\mu L_i}\int_0^{l_i}\left[b_i - \frac{\sigma_{ie}x}{24EI}(l_i^3 - 2l_i x^2 + x^3)\right]^3 \mathrm{d}x \tag{4.13}$$

设 $m = \dfrac{1}{24EI}$，对式(4.13)积分、整理后，得

$$Q_i = \frac{\Delta P}{12\mu L_i}\left(b_i^{\,3} l_i - \frac{3}{5}b_i^{\,2}\sigma_{ie} m l_i^{\,5} + \frac{b_i\sigma_{ie}^{\,2} m^2 l_i^{\,9}}{10} - \frac{3433\sigma_{ie}^{\,3} m^3 l_i^{\,13}}{14586}\right) \tag{4.14}$$

设通过 N 条裂缝流经整个煤样的流量为 Q_f，则

$$Q_f = Q_1 + \cdots + Q_i + \cdots + Q_N \tag{4.15}$$

综合式(4.14)和式(4.15)得到通过整个煤样裂缝的流量为

$$Q_f = \sum_{i=1}^{N}\frac{\Delta P}{12\mu L_i}\left(b_i^{\,3} l_i - \frac{3}{5}b_i^{\,2}\sigma_{ie} m l_i^{\,5} + \frac{b_i\sigma_{ie}^{\,2} m^2 l_i^{\,9}}{10} - \frac{3433\sigma_{ie}^{\,3} m^3 l_i^{\,13}}{14586}\right) \tag{4.16}$$

式中，Q_f 为通过整个煤样裂缝的流量，cm^3/s；ΔP 为煤样两端的折算压力差，Pa。

（二） 煤储层毛细管应力敏感模型

根据广义 Hooke 定律，煤层气开采过程中的应力-应变具有如下关系：

$$\begin{cases} \varepsilon_H = \dfrac{1}{E}\{(\sigma_H - \eta P) - \lambda[(\sigma_h - \eta P) + (\sigma_V - \eta P)]\} \\ \varepsilon_h = \dfrac{1}{E}\{(\sigma_h - \eta P) - \lambda[(\sigma_H - \eta P) + (\sigma_V - \eta P)]\} \\ \varepsilon_V = \dfrac{1}{E}\{(\sigma_V - \eta P) - \lambda[(\sigma_H - \eta P) + (\sigma_h - \eta P)]\} \end{cases} \tag{4.17}$$

煤层在一定埋藏深度下，煤层厚度是煤层分布面积尺寸的高阶无穷小量，因此可以假设孔隙流体压力的变化只是引起垂向毛细管半径的变化，横向应变很小，可忽略不计。变形后的毛细管半径与变形之前毛细管半径存在如下关系：

$$r_{j\varepsilon} \approx r_j(1 - \varepsilon_V) \tag{4.18}$$

式中，r_j 为原始状态下毛细管半径，cm；$r_{j\varepsilon}$ 为应变状态下的毛细管半径，cm。

毛细管束的半径会随着煤岩所受有效应力的增大而被压缩变小。煤层中通过单根毛细管的流量可由 Poiseuille 公式计算：

$$Q_j = \frac{\pi r_{j\varepsilon}^4 \Delta P}{8\mu L_j} \tag{4.19}$$

式中，L_j 为单根毛细管长度，cm。

将式(4.18)代入式(4.19)得到单根毛细管束变形后的流量公式：

$$Q_j = \frac{\pi r_j{}^4 (1-\varepsilon_V)^4 \Delta P}{8\mu L_j} \tag{4.20}$$

式中，ε_V 为煤岩体积应变。

则通过 M 根的毛细管束流经整个煤样的流量为

$$Q_{\mathrm{m}} = \sum_{j=1}^{M} \frac{\pi r_j^4 (1-\varepsilon_V)^4 \Delta P}{8\mu L_j} \tag{4.21}$$

式中，Q_{m} 为通过煤样的毛细管束的总流量，$\mathrm{cm^3/s}$。

（三） 开发过程储层应力敏感综合分析

流经煤储层的煤层气总流量等于流经微裂缝和毛细管束的气体流量之和，即

$$Q = Q_{\mathrm{f}} + Q_{\mathrm{m}} \tag{4.22}$$

将式(4.16)和式(4.21)代入式(4.22)，得到流经煤储层的气体总流量为

$$Q = \sum_{i=1}^{N} \frac{\Delta P}{12\mu L_i}\left(b_i{}^3 l_i - \frac{3}{5} b_i{}^2 \sigma_{ie} m l_i{}^5 + \frac{b_i \sigma_{ie}{}^2 m^2 l_i{}^9}{10} - \frac{3433\sigma_{ie}{}^3 m^3 l_i{}^{13}}{14586}\right) + \sum_{j=1}^{M} \frac{\pi r_j^4 (1-\varepsilon_V)^4 \Delta P}{8\mu L_j} \tag{4.23}$$

为了使计算更加简便，假设煤储层相对均质，每条裂缝的长度、宽度、高度都近似相等，毛细管半径、长度近似相同，且毛细管长度与裂缝长度也近似相等，即满足如下关系式：

$$L = L_1 = \cdots = L_i = \cdots = L_N = L_j = \cdots = L_M$$
$$l = l_1 = \cdots = l_i = \cdots = l_N$$
$$b = b_1 = \cdots = b_i = \cdots = b_N$$
$$\theta = \theta_1 = \cdots = \theta_i = \cdots = \theta_N$$
$$\alpha = \alpha_1 = \cdots = \alpha_i = \cdots = \alpha_N$$
$$\beta = \beta_1 = \cdots = \beta_i = \cdots = \beta_N$$
$$r = r_1 = \cdots = r_j = \cdots = r_M$$
$$F_{\mathrm{e}V} = F_{1\mathrm{e}V} = \cdots = F_{i\mathrm{e}V} = \cdots = F_{M\mathrm{e}V}$$
$$F_{\mathrm{e}H} = F_{1\mathrm{e}H} = \cdots = F_{i\mathrm{e}H} = \cdots = F_{M\mathrm{e}H}$$
$$F_{\mathrm{e}h} = F_{1\mathrm{e}h} = \cdots = F_{i\mathrm{e}h} = \cdots = F_{M\mathrm{e}h}$$

式中，L 为裂缝长度；l 为裂缝宽度；b 为裂缝高度；r 为毛细管半径；$F_{\mathrm{e}V}$ 为上覆地层压力；$F_{\mathrm{e}H}$ 为最大水平压力；$F_{\mathrm{e}h}$ 为最小水平压力。

如果每条微裂隙的产状相同，则作用于每条微裂隙上的应力也相同，这样就有

$$\sigma_{\mathrm{e}} = \sigma_{1\mathrm{e}} = \cdots = \sigma_{i\mathrm{e}} = \sigma_{N\mathrm{e}}$$

$$\sigma_{\mathrm{e}} = F_{\mathrm{e}V} + F_{\mathrm{e}H} + F_{\mathrm{e}h} - \eta P = \sigma_{\mathrm{e}V}\cos\theta + \sigma_{\mathrm{e}H}\sin\alpha + \sigma_{\mathrm{e}h}\sin\beta - \eta P$$

于是，式(4.23)可以简化为

$$Q=N\frac{\Delta P}{12\mu L}\left(b^3l-\frac{3}{5}b^2\sigma_e ml^5+\frac{b\sigma_e^2m^2l^9}{10}-\frac{3433\sigma_e^3m^3l^{13}}{14586}\right)+M\frac{\pi r^4(1-\varepsilon_V)^4\Delta P}{8\mu L} \tag{4.24}$$

通过煤储层的气体流量，用达西公式可表示为

$$Q=\frac{K}{\mu}A\frac{\Delta P}{L} \tag{4.25}$$

式中，Q 为通过岩体的流量，cm^3/s；K 为煤层的渗透率，μm^2；A 为渗流截面积，cm^2。

根据等效渗流阻力原理，对于同一个研究对象来讲，式(4.24)与式(4.25)相等，即

$$\frac{K}{\mu}\cdot A\cdot\frac{\Delta P}{L}=N\frac{\Delta P}{12\mu L}\left(b^3l-\frac{3}{5}b^2\sigma_e ml^5+\frac{b\sigma_e^2m^2l^9}{10}-\frac{3433\sigma_e^3m^3l^{13}}{14586}\right)+M\frac{\pi r^4(1-\varepsilon_V)^4\Delta P}{8\mu L} \tag{4.26}$$

$$K=\frac{N}{12A}\left(b^3l-\frac{3}{5}b^2\sigma_e ml^5+\frac{b\sigma_e^2m^2l^9}{10}-\frac{3433\sigma_e^3m^3l^{13}}{14586}\right)+\frac{M}{8A}\pi r^4(1-\varepsilon_V)^4 \tag{4.27}$$

把 ε_V 带入式（4.27）得到

$$K=\frac{N}{12A}\left(b^3l-\frac{3}{5}b^2\sigma_e ml^5+\frac{b\sigma_e^2m^2l^9}{10}-\frac{3433\sigma_e^3m^3l^{13}}{14586}\right)+\frac{M}{8A}\pi r^4\left\{1-\frac{1}{E}\left[\sigma_V-\eta P-\lambda(\sigma_H+\sigma_h-2\eta P)\right]\right\}^4 \tag{4.28}$$

由式(4.28)可以看出，渗透率模型由两部分构成，第一项是裂缝对渗透率的贡献，煤岩的弹性模量、裂缝的倾角、原始地应力状况等对渗透率的应力敏感程度都有影响，对于一个地区，当这些参数一定时，就只随孔隙流体压力的变化而变化；第二项是孔隙对渗透率的贡献，当其他参数一定时，开发过程中随着孔隙流体压力的变化而减小。假煤层埋藏深度为600m，上覆岩层压力为13.0MPa，原始孔隙流体压力为6.0MPa，煤岩泊松比为0.435，水平方向主应力为13.8MPa，裂隙的倾角为10°，$\theta=10°$，$\alpha=10°$，$\beta=0°$，有效应力贡献系数 η 取1，分别计算了不同弹性模量条件下的应力敏感程度（图4.17）。从图上可以看出，随着孔隙流体压力 P 的降低，无因次渗透率 K/K_o 也随之降

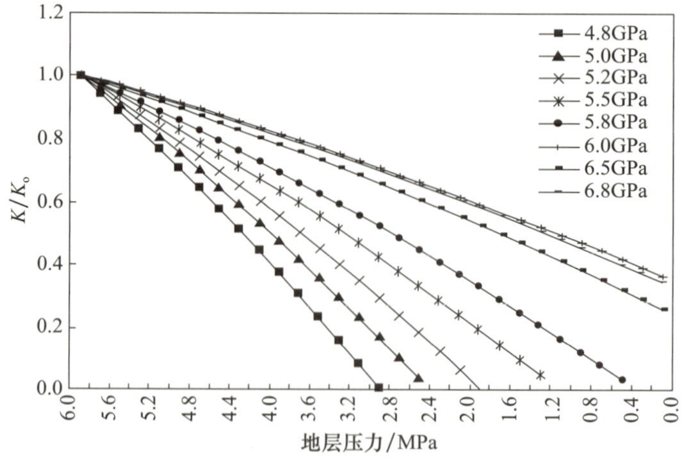

图 4.17　不同弹性模量的煤样应力敏感对渗透率的影响

低。随着煤岩弹性模量的降低，敏感性程度变强。通常情况下，煤阶越高，弹性模量越大，对应力的敏感程度降低。

根据 Langmuir 理论，当地层压力由原始地层压力 P_o 降到 P（小于临界解吸压力）时，由于解吸作用，单位体积煤储层增大的孔隙空间体积为解吸的气体地下体积：

$$\Delta V = B_o V_L \left(\frac{P_o}{P_L + P_o} - \frac{P}{P_L + P}\right)\rho_c \tag{4.29}$$

式中，B_o 是地面条件下煤层气的密度（6.756×10^{-4}g/cm^3）与地下凝聚态煤层气的密度（0.375g/cm^3）的比值，为 1.8016×10^{-3}；ρ_c 为煤岩的密度，取 1.54g/cm^3；V_L 和 P_L 分别为 Langmuir 体积和压力；P_o 为原始地层压力；P 为当前地层压力。

假设原始状态下煤岩基质孔隙度为 ϕ'_o，解吸后孔隙度为 ϕ'，则二者满足以下关系：

$$\phi' = \phi'_o + \Delta V \tag{4.30}$$

$$\phi' = \phi'_o + B_o V_L \left(\frac{P_o}{P_L + P_o} - \frac{P}{P_L + P}\right)\rho_c \tag{4.31}$$

依据 Seidle 和 Huitt（1995）给出的无因次渗透率与无因次孔隙度之间的关系为

$$\frac{K'}{K'_o} = \left(\frac{\phi'}{\phi'_o}\right)^3 \tag{4.32}$$

式中，K'为基质孔隙部分的渗透率，μm^2；K'_o为基质孔隙部分的原始渗透率，μm^2。

将式(4.31)代入式(4.32)得到煤层气解吸引起的储层渗透率数学模型：

$$\frac{K'}{K'_o} = \left[1 + \frac{B_o V_L \rho_c}{\phi'_o}\left(\frac{P_o}{P_L + P_o} - \frac{P}{P_L + P}\right)\right]^3 \tag{4.33}$$

假设晋城某矿区某煤储层原始孔隙度为 6.0%，原始地层压力 P_o 为 6.0MPa，Langmuir 体积为 V_L 为 30m^3/t，Langmuir 压力 P_L 为 2.35MPa，临界解吸压力为 4.7MPa。根据计算结果，达到临界解吸压力之后，随着地层压力的降低，无因次渗透率（K/K_o）增大（图 4.18），早期单位压降下增大幅度小，后期增加幅度大。

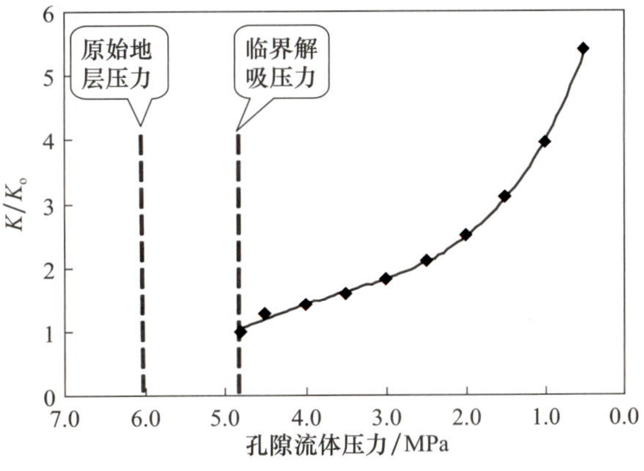

图 4.18 甲烷解吸对煤基质渗透率的影响

煤层气生产过程中伴随储层应力敏感导致的渗透率降低，同时又存在由于煤层气解吸而引起的渗透率反弹的现象，这样的“正反”效应使储层渗透率处于复杂的动态变化之中。综合前面研究的结果，可以建立煤层气开发过程中渗透率的综合地质效应模型。

当地层压力低于临界解吸压力，开始解吸后，两种地质效应开始同时显现，毛细管直径以扩大为主，式(4.26)中的第二项毛细管的贡献可以用式(4.23)取代，因此将式(4.26)和式(4.33)叠加后得到

$$\frac{K}{\mu}\cdot A\cdot\frac{\Delta P}{L}=N\frac{\Delta P}{12\mu L}\left(b^3l-\frac{3}{5}b^2\sigma_e ml^5+\frac{b\sigma_e^2m^2l^9}{10}-\frac{3433\sigma_e^3m^3l^{13}}{14586}\right)$$
$$+\frac{K_o'}{\mu}\cdot A\cdot\frac{\Delta P}{L}\left[1+\frac{B_oV_L\rho_c}{\phi_0}\left(\frac{P_0}{P_L+P_0}-\frac{P}{P+P_L}\right)\right]^3 \tag{4.34}$$

式中，$K_o'=\frac{M}{8A}\pi r^4$，则

$$K=\frac{N}{12A}\left(b^3l-\frac{3}{5}b^2\sigma_e ml^5+\frac{b\sigma_e^2m^2l^9}{10}-\frac{3433\sigma_e^3m^3l^{13}}{14586}\right)$$
$$+\frac{M}{8A}\pi r^4\left[1+\frac{B_lV_L\rho_c}{\phi_0}\left(\frac{P_0}{P_L+P_0}-\frac{P}{P+P_L}\right)\right]^3 \tag{4.35}$$

综合应力敏感和解吸孔隙度增大两种作用，得到渗透率的最终变化趋势（图 4.19）。从图中可以看出，早期，应力敏感占主导地位，当地层压力降低到解析压力后，渗透率开始反弹，随着地层压力降低幅度的增大，渗透率反弹幅度也随之提高。

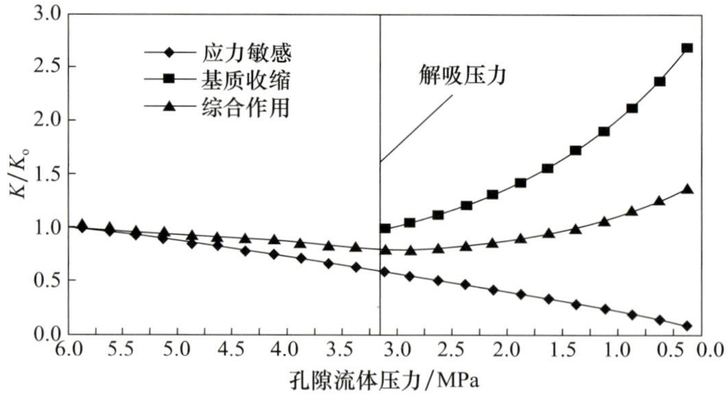

图 4.19 开发过程中渗透率综合变化规律

第二节 煤储层渗透率阶段变化规律

有效应力效应和基质收缩效应从根本上控制了煤储层渗透率的变化。吸附解吸特征从体系能量角度控制了基质收缩效应的作用时间与作用强度。不同生产阶段，由于受诸多因素的影响，煤储层渗透率始终处于动态变化之中。煤层气井生产过程通常难以开展中途测试，因此，依据生产资料预测储层物性（特别是渗透性）变化意义重大（汪伟英等，2009）。

一、煤层气排采阶段划分

（一） 解吸理论及阶段划分

众多研究者试图从动力学理论、热力学理论与位能理念三个方面解决煤层气等温吸附特性（Kankare and Vinokurov，1999）。目前，在煤层气研究中多采用单分子层吸附

动力学理论，即 Langmuir 方程（Langmuir，1916）。

$$V = V_L \frac{P}{P + P_L} \tag{4.36}$$

式中，V 为吸附量，m^3/t；P 为压力，MPa；V_L 为 Langmuir 体积，m^3/t，反映煤的最大吸附能力，取决于煤的性质；P_L 为 Langmuir 压力，MPa，在此压力下吸附量达到最大吸附能力的 50%。通过等温吸附实验可以测定 V_L 和 P_L 的大小。

从 Langmuir 等温吸附曲线可以看出（图 4.20），煤层吸附量随着压力的增大而增大。若实际测量的含气量大于理论含气量为过饱和；若两者相等，为饱和；若实测含气量小于理论含气量为欠饱和。对于过饱和煤层气藏只要煤储层压力下降，就有吸附气从煤层中解吸；对于气欠饱和煤层，需要降到临界解吸压力以下，才能有吸附气解吸。废弃压力为储层压力能下降到最小值。废弃压力一般采用美国的经验值，大致为 0.4～1.38MPa，绝大多数集中在 0.4～0.7MPa。目前，国内在贫煤和无烟煤区一般采用 1.38MPa，长焰煤-瘦煤区一般采用 0.7MPa，褐煤区一般采用 0.4MPa。

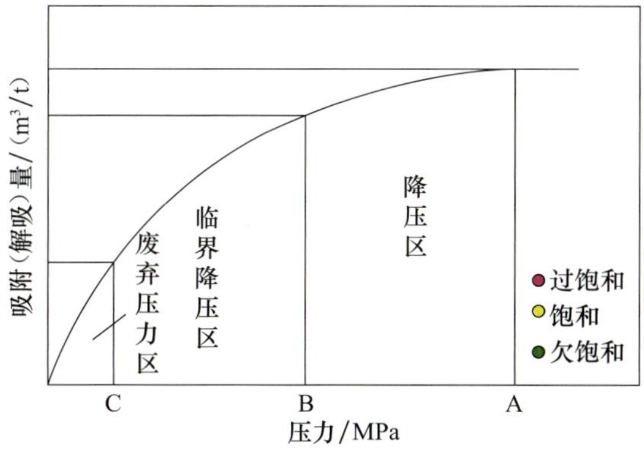

图 4.20 煤层 Langmuir 等温吸附曲线示意图

A. 原始地层压力；B. 临界解吸压力；C. 废弃压力

基于 Langmuir 方程的一系列数学推导，引进解吸效率的概念，可定量划分煤层气解吸阶段，分析各个阶段的解吸特征，并进一步分析阶段解吸特征对渗透率变化的影响。

1. 解吸效率

为定量表征不同储层压力条件下煤层气解吸量的差异及其对煤层气产出的贡献，将解吸效率定义为单位压降下吨煤煤层气的解吸量，单位为 $(m^3/t)/MPa$。

由 Langmuir 方程可知，煤层气的解吸效率（η）可以表征为 Langmuir 方程的一阶导数

$$\eta = \frac{V_L P_L}{(P + P_L)^2} = \left(\frac{\alpha}{\beta}\right)^2 \tag{4.37}$$

为便于作图与直观显示，此处选用典型中煤阶等温吸附参数（Langmuir 体积为 $21m^3/t$，Langmuir 压力为 2.7MPa）进行算例分析。煤层气解吸效率随压力变化如图 4.21 所示，可见随着储层压力的降低，煤层气解吸效率逐渐增大。

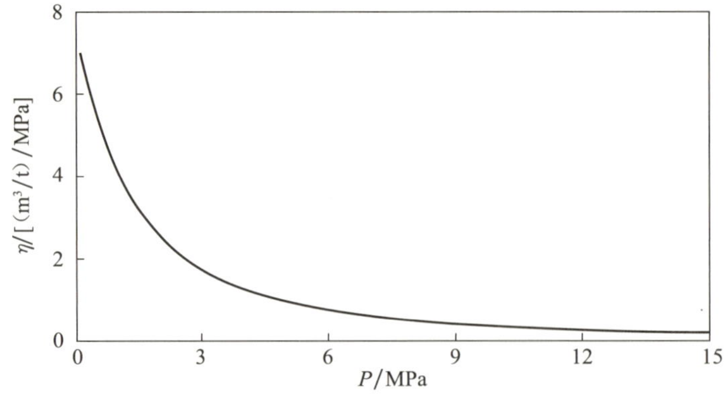

图 4.21　煤储层解吸效率曲线 Langmuir 方程一阶导数

2. 转折压力

研究引入 Langmuir 方程曲率，对煤储层解吸阶段进行定量划分。曲率可以定量表征曲线的弯曲程度，平面曲线的曲率就是针对曲线上某个点的切线方向角对弧长的转动率，通过微分来定义，表明曲线偏离直线的程度（Coolidge，1952）。曲率越大，曲率半径越小，表示曲线的弯曲程度越大。

$K=\lim|\Delta\alpha/\Delta s|$，$\Delta s$ 趋近于 0 的时候，定义 K 就是曲率，其数学表达式为

$$K=\frac{|y''|}{(1+y'^2)^{3/2}} \tag{4.38}$$

Langmuir 方程二阶导数

$$V''=-\frac{2V_L P_L}{(P+P_L)^3}=-\frac{2\alpha^2}{\beta^3} \tag{4.39}$$

式中，$\alpha=\sqrt{V_L P_L}$；$\beta=P+P_L$。

将式(4.37)、式(4.39)代入式(4.38)，可得 Langmuir 方程曲率（图 4.22）：

$$K_L=\frac{2\alpha^2/\beta^3}{(1+\alpha^4/\beta^4)^{3/2}} \tag{4.40}$$

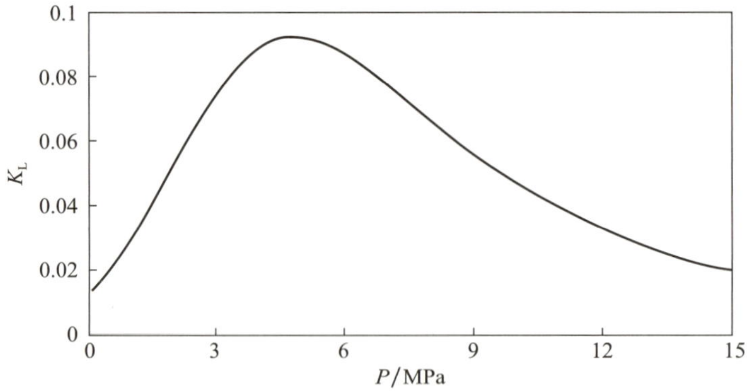

图 4.22　Langmuir 方程曲率曲线

当曲率取得最大值时，即曲率一阶导数（图 4.23）

$$K'_L=6\alpha^2\beta^{-8}(1+\alpha^4\beta^{-4})^{-5/2}(\alpha^4-\beta^4)=0 \tag{4.41}$$

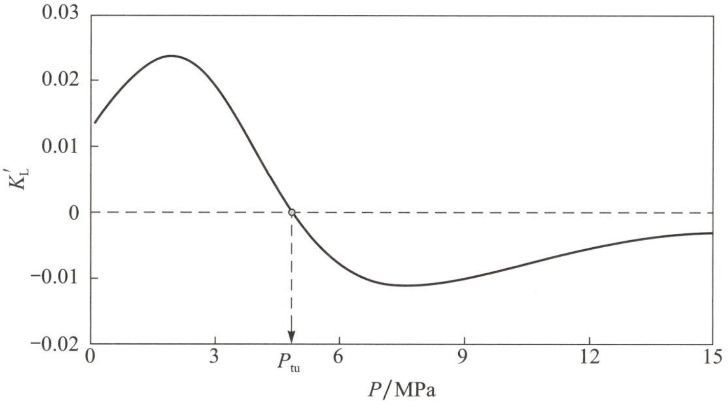

图 4.23 Langmuir 方程曲率一阶导数曲线

P_{tu}为转折压力

此时，对应的储层压力为

$$P=\sqrt{V_L P_L}-P_L=\alpha-P_L \tag{4.42}$$

对应的吸附量为

$$V=V_L-\sqrt{V_L P_L}=V_L-\alpha \tag{4.43}$$

解吸效率为

$$\left.\frac{V_L P_L}{(P+P_L)^2}\right|_{P=\sqrt{V_L P_L}-P_L}=1(m^3/t)/MPa \tag{4.44}$$

Langmuir 方程曲率驻点（一阶导数为零对应点）对应的压力定义为转折压力（P_{tu}），不论 Langmuir 体积与 Langmuir 压力取何值，当储层压力等于转折压力时，煤储层解吸效率为 1（m^3/t)/MPa。随储层压力的下降，煤储层解吸效率逐渐增大，当储层压力降至转折压力后，煤层气解吸效率开始显著增大。

3. 启动压力与敏感压力

Langmuir 方程曲率的大小在一定程度上可以表征解吸效率变化的快慢，由图 4.22 与图 4.23 可知，压力由高到低，曲率依次为缓慢增大、快速增大、快速减小、缓慢减小四个阶段，对应解吸效率为基本不变、缓慢增大、快速增大与急速增大四个阶段。

Langmuir 方程曲率曲线拐点（二阶导数为零对应点）为曲率由缓慢增大到快速增大与快速减小到缓慢减小的分界点（图 4.23、图 4.24），即

$$K''_L=12\alpha^2\beta^{-13}(1+\alpha^4/\beta^{-4})^{-7/2}(\alpha^8-7\alpha^4\beta^4+2\beta^8)=0 \tag{4.45}$$

此时，$\beta_1=\left(\frac{7-\sqrt{41}}{4}\right)^{1/4}\alpha$，$\beta_2=\left(\frac{7+\sqrt{41}}{4}\right)^{1/4}\alpha$。

定义 β_1-P_L 为敏感压力（P_{se}），β_2-P_L 为启动压力（P_{st}）。敏感压力对应的煤层气解吸效率为

$$\left.\frac{V_L P_L}{(P+P_L)^2}\right|_{P=\beta_1-P_L}=2.59m^3/MPa \tag{4.46}$$

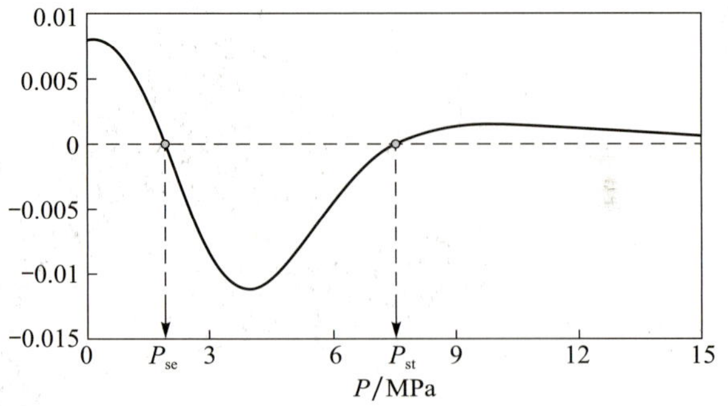

图 4.24 Langmuir 方程曲率二阶导数曲线

P_{st}为启动压力；P_{se}为敏感压力

而启动压力对应的煤层气解吸效率为

$$\left.\frac{V_L P_L}{(P+P_L)^2}\right|_{P=\beta_1-P_L}=0.55(m^3/t)/MPa \tag{4.47}$$

从 Langmuir 方程的一系列数学推导可以看出，在煤层气解吸曲线上存在三个阶段性转折点，分别将这些点定义为启动压力、转折压力与敏感压力。启动压力、转折压力与敏感压力对应的解吸效率分别为 0.55 $(m^3/t)/MPa$、1.0 $(m^3/t)/MPa$ 和 2.59 $(m^3/t)/MPa$，以此为分界点，将等温吸附/解吸特征划分低效解吸、缓慢解吸、过渡解吸与敏感解吸四个阶段（图 4.25）。

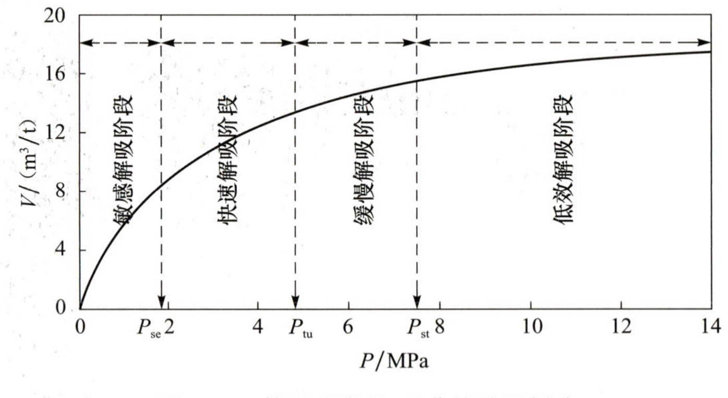

图 4.25 等温吸附/解吸曲线阶段划分

P_{st}为启动压力；P_{tu}为转折压力；P_{se}为敏感压力

以原始储层压力为 10MPa、Langmuir 体积与 Langmuir 压力分别为 $21m^3/t$、2.7MPa 的饱和煤层气藏为例，低效、缓慢、快速和敏感解吸阶段煤层气解吸量占含气量的比例分别为 6.67%、11.88%、27.72%和 53.73%（表 4.4）。对于欠饱和煤层气藏，敏感与快速解吸阶段的解吸量占含气量的比例会更大（表 4.5，其中符号代表的参数意义如表 4.6 所示）。由此可以看出，低效解吸与缓慢解吸阶段对煤层气产出贡献较小，快速解吸特别是敏感解吸阶段，决定了煤层气井的产能潜力。

表 4.4 饱和煤层气藏不同解吸阶段煤层气解吸量

压力	数值/MPa	对应含气量	解吸量	所占比例/%	解吸阶段
原始压力	10	16.54	1.10	6.67	低效解吸
启动压力	7.49	15.44	1.97	11.88	缓慢解吸
转折压力	4.83	13.47	4.59	27.72	快速解吸
敏感压力	1.98	8.88	8.88	53.73	敏感解吸

表 4.5 不同原始储层压力煤层气藏不同解吸阶段煤层气解吸量

解吸阶段	解吸效率/[(m^3/t)/MPa]	压力起点	表达形式	解吸气所占比例		
				$P_i>\beta_2-P_L$	$\beta_1-P_L<P_i<\beta_2-P_L$	$\beta_2-P_L<P_i<\alpha-P_L$
敏感解吸	>2.59	敏感压力	β_1-P_L	$\left(1+\frac{P_L}{P_i}\right)\left(1-\frac{\gamma}{C_1}\right)$	$\left(1+\frac{P_L}{P_i}\right)\left(1-\frac{\gamma}{C_1}\right)$	$\left(1+\frac{P_L}{P_i}\right)\left(1-\frac{\gamma}{C_1}\right)$
快速解吸	1～2.59	转折压力	$\alpha-P_L$	$\frac{\gamma}{C_2}+\left(\frac{\gamma}{C_2}-1\right)\frac{P_L}{P_i}$	$\frac{\gamma}{C_2}+\left(\frac{\gamma}{C_2}-1\right)\frac{P_L}{P_i}$	$\frac{\gamma}{C_1}+\left(\frac{\gamma}{C_1}-1\right)\frac{P_L}{P_i}$
缓慢解吸	0.55～1	启动压力	β_2-P_L	$\left(1+\frac{P_L}{P_i}\right)\frac{1-C_1}{C_1}\gamma$	$\frac{\gamma}{P_i}(P_i+P_L-\alpha)$	0
低效解吸	<0.55	储层压力	P_i	$\frac{\gamma}{C_2}+\left(\frac{\gamma}{C_2}-1\right)\frac{P_L}{P_i}$	0	0

表 4.6 煤层气等温解吸阶段模型参数含义汇总表

Langmuir 体积 V_L/(m^3/t)	V 煤岩吸附量/(m^3/t)
Langmuir 压力 P_L/MPa	V' Langmuir 方程一阶导数
原始储层压力 P_i/MPa	V'' Langmuir 方程二阶导数
启动压力 P_{st}/MPa	K_L Langmuir 方程曲率
转折压力 P_{tu}/MPa	K_L' Langmuir 方程曲率一阶导数
敏感压力 P_{se}/MPa	K_L'' Langmuir 方程曲率二阶导数
解吸效率 η/[(m^3/t)/MPa]	$\alpha=(V_L P_L)^{1/2}$
$\beta=P+P_L$	$\gamma=(P_L/V_L)^{1/2}$
$\beta_1=\left(\frac{7-\sqrt{41}}{4}\right)^{1/4}\alpha$	$\beta_2=\left(\frac{7+\sqrt{41}}{4}\right)^{1/4}\alpha$
$C_1=\left(\frac{7-\sqrt{41}}{4}\right)^{1/4}$	$C_2=\left(\frac{7+\sqrt{41}}{4}\right)^{1/4}$

总结起来，煤储层降压开发过程中的四个解吸阶段分别具有以下特征。

(1) 低效解吸阶段：压力大于启动压力，煤层气解吸量对压力几乎不敏感，解吸效率小于 0.55 (m^3/t)/MPa，煤层气解吸量占含气量比例很低，对煤层气井产能贡献很小。通常该阶段储层压力尚未降到临界解吸压力以下，几乎不产气；渗透率受有效应力效应影响，逐渐下降。

(2) 缓慢解吸阶段：压力介于转折压力与启动压力之间，煤层气解吸量对压力敏感程度低，解吸效率大于 0.55 (m^3/t)/MPa 且小于 1.0 (m^3/t)/MPa，煤层气解吸量占含气量的比例较低，对煤层气井产能贡献较小。通常该阶段煤层气开始缓慢解吸产出，但产量较小，基质收缩效应不明显，渗透率仍受有效应力效应主导，逐渐下降。

（3）快速解吸阶段：压力介于敏感压力与转折压力之间，煤层气解吸量对压力敏感程度较高，解吸效率大于1（m^3/t）/MPa且小于2.59（m^3/t）/MPa，煤层气解吸量占含气量的比例较高，对煤层气井产能贡献较大。通常该阶段煤层气开始快速解吸产出，产量较大，基质收缩效应较明显，渗透率逐渐由下降转变为回升。

（4）敏感解吸阶段：压力小于敏感压力，煤层气解吸量对压力敏感程度很高，解吸效率大于2.59（m^3/t）/MPa，煤层气解吸量占含气量的比例很高，对煤层气井产能贡献大。通常该阶段煤层气快速解吸产出，产量较大，基质收缩效应明显，加上低压下Klinkenberg效应的影响，渗透率快速升高。

理论上，任一Langmuir等温吸附曲线（解吸曲线）上都存在启动压力、转折压力和敏感压力三个节点，而且相应的解吸效率都为定值，即0.55（m^3/t）/MPa、1.0（m^3/t）/MPa和2.59（m^3/t）/MPa。值得注意的是，理论推导基于饱和煤层气藏，因此实际生产中，由于煤层吸附能力、储层压力和含气饱和度等的差异，多数不饱和煤层气藏不会经历全部四个解吸阶段；对于埋深较浅的中高煤阶储层，多数煤层气井不会经历低效和缓慢解吸阶段，有的甚至不会经历快速解吸阶段，而只经历敏感解吸阶段。因为在漫长的地质历史过程中，煤层通常已经经历部分解吸阶段。

煤层气井产能主要受解吸量和渗透率的共同影响。在初始渗透率相近的情况下，不同气井产能差异就主要体现在解吸量上。当压降速度大，同时解吸效率高时，煤层气解吸量就会很大。煤层气开发过程中，初期储层压力下降速度较快，到中后期逐渐减慢；而煤层气解吸效率则是初期很低，中后期逐渐升高。由此可见，煤层气开发过程中快压降速度阶段和高解吸效率阶段并不统一。因此，煤层气井产能曲线往往呈现上升后下降的趋势。通常，低效解吸和缓慢解吸阶段大致对应于煤层气井排水阶段；快速解吸和敏感解吸阶段大致对应于煤层气井不稳定产气阶段；敏感解吸阶段大致对应于煤层气井稳定产气阶段和衰竭阶段。

（二）解吸实验

1. 等温解吸

以往研究表明，煤层气等温吸附与解吸过程在理论上是可逆的（Mavor et al.，1990；钱凯等，1997），因此用Langmuir方程来研究解吸过程在理论上是可行的。近年来，不少学者实验研究表明，煤层气等温吸附与解吸过程并不是完全可逆的，解吸过程存在解吸滞后现象（Chaback et al.，1996；张遂安等，2005；马东民等，2011）。马东民等（2011）分别对褐煤、长焰煤、气煤、肥煤、焦煤、瘦煤和贫煤样品进行气体等温吸附和解吸实验，结果表明各煤级煤样普遍存在不同程度的解吸滞后现象，且高煤阶滞后程度大于低煤阶（图4.26）。尽管解吸过程存在滞后现象，但可以看出煤层气解吸曲线与吸附曲线趋势是大致相反的，因此用Langmuir方程来研究解吸过程在生产实践上也是可行且有指导意义的。值得注意的是由于解吸滞后效应的存在，各特征压力点处煤层气实际解吸效率会低于理论计算值。

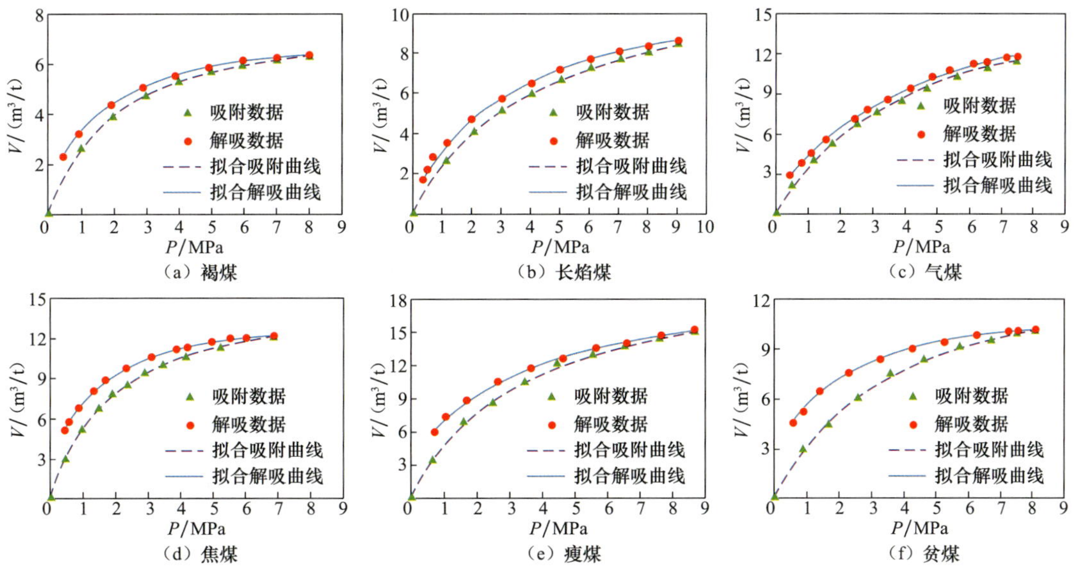

图 4.26　不同煤级煤样等温吸附与解吸实验曲线对比图

2. 逐级降压解吸

为了模拟煤储层带压解吸特征，采用大块煤样进行煤层甲烷的带压解吸实验。估算不同废弃压力下煤层气的采收率，初步揭示煤储层排采解吸规律。

实验煤样取自沁水盆地晋城寺河煤矿，水分（M_{ad}）为 1.27%，灰分（A_d）为 7.33%，挥发分（V_{daf}）为 6.52%，煤类为无烟煤 3 号。实验采用大块煤样（图 4.27），重量达 2850g，不经过干燥处理，使之接近原始状态。

参照煤的高压等温吸附实验中的高压容量法，对样品进行吸附/解吸实验。结构原理如图 4.28 所示。

图 4.27　大块无烟煤煤样

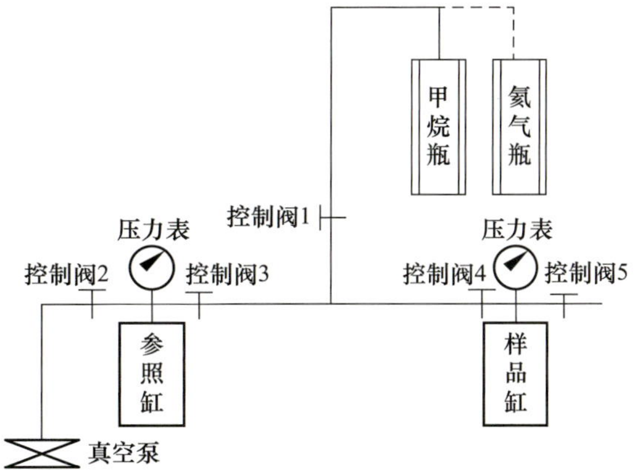

图 4.28　煤层甲烷逐级降压解吸实验系统

实验在室温条件下进行，吸附阶段注入 2.5MPa 甲烷，维持缸内压力 2.5MPa 不变，吸附 72h（吸附可能没有达到平衡，实验在于研究真实储层的解吸情况，原始储层煤层气也未必达到饱和状态)；解吸阶段让样品缸内压力从 2.5MPa 逐渐降至 2MPa、1.5MPa、1.0MPa、0.7MPa、0.5MPa、0.3MPa 和 0.1MPa，实测各降压阶段煤层甲烷解吸量（表 4.7)。块煤样的逐级降压解吸符合 Langmuir 方程，吸附/解吸是可逆的（图 4.29)。

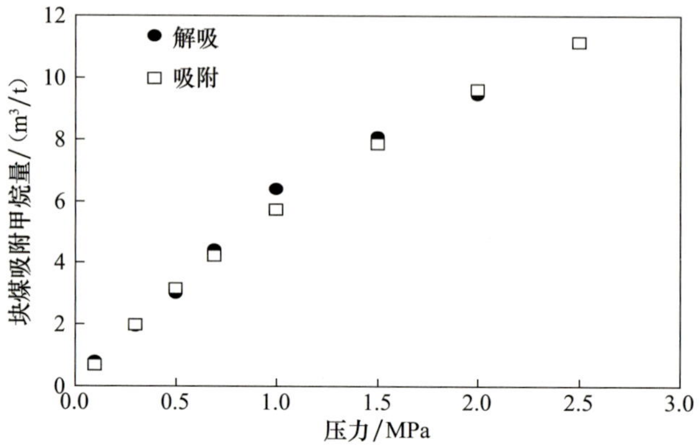

图 4.29　块煤样逐级吸附/解吸对比图

各压降阶段甲烷解吸量随时间呈现类似煤层气井后三阶段的解吸特征，即除第Ⅰ阶段——水流阶段没有外，第$Ⅱ_1$阶段：游离气、水溶气阶段；第$Ⅱ_2$阶段：不稳定解吸阶段；第Ⅲ阶段：稳定解吸阶段；第Ⅳ阶段：递减解吸阶段与煤层气井排采几乎一致（图 4.30)。逐级降压至 0.1MPa 时累计解吸量为 9.53m^3/t，直接降至 0.1MPa（常压解吸）累计解吸量为 6.53m^3/t（表 4.7)，逐级降压累计解吸量是常压累计解吸量的 1.46 倍（图 4.31)。

各压降阶段累计解吸率（η）与压力（P）呈指数关系，有

$$\eta=0.9889e^{-0.891P}, \qquad r=0.99 \tag{4.48}$$

逐级降压废弃压力 0.7MPa、0.5MPa、0.3MPa 下的累计解吸率分别约为 53.6%、64.5%、75.2%（图 4.32)。

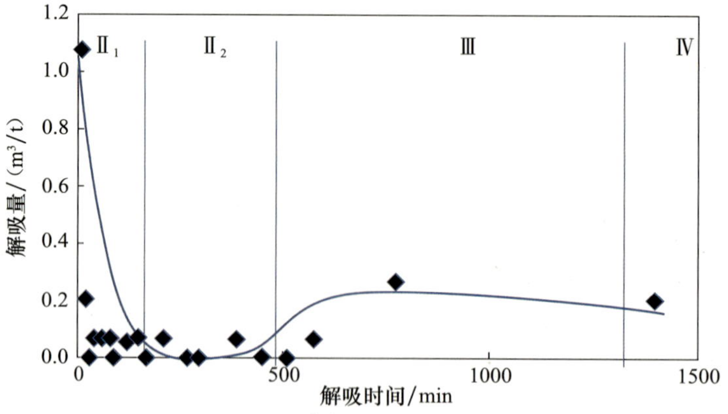

（a）0.5~0.3MPa

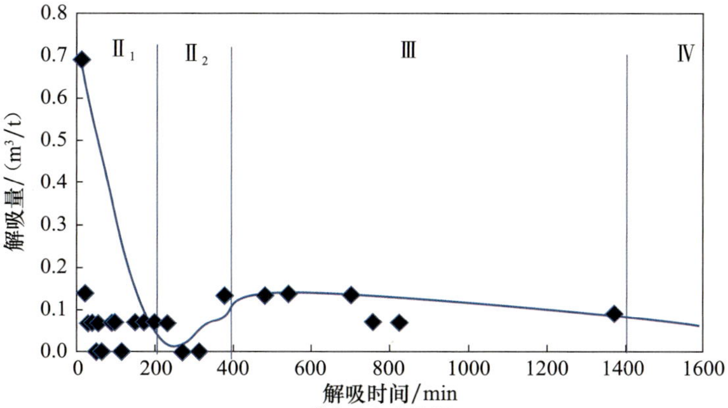

（b）0.1~0.3MPa

图 4.30 大块煤甲烷解吸阶段示意图

表 4.7 块样随时间变化的甲烷累计解吸量统计表

时间 t/min	不同压力下甲烷解吸量/(m³/g)							
	2.5MPa 降至 2.0MPa	2.0MPa 降至 1.5MPa	1.5MPa 降至 1.0MPa	1.0MPa 降至 0.7MPa	0.7MPa 降至 0.5MPa	0.5MPa 降至 0.3MPa	0.3MPa 降至 0.1MPa	2.5MPa 降至 0.1MPa
10	0.73	0.65	0.53	0.35	0.19	0.32	0.11	1.01
20	1.24	0.90	0.79	0.56	0.28	0.53	0.14	1.21
30	1.31	0.91	0.83	0.63	0.28	0.53	0.21	1.41
60	1.39	0.92	0.86	0.67	0.32	0.66	0.34	1.74
90	1.40	0.89	0.93	0.71	0.37	0.72	0.41	2.29
120	1.47	0.88	1.00	0.71	0.43	0.78	0.48	2.40
150	1.51	0.85	0.94	0.77	0.47	0.85	0.55	2.54
180	1.51	1.03	0.96	0.84	0.50	0.85	0.56	2.88
240	1.45	1.03	1.06	0.83	0.55	0.91	0.68	3.43
300	1.45	1.13	1.16	0.91	0.60	0.91	0.68	3.68
360	1.45	1.21	1.22	0.92	0.66	0.95	0.80	4.08
480	1.65	1.31	1.29	0.96	0.83	0.98	0.88	4.64
600	1.68	1.43	1.35	1.09	0.96	1.06	0.90	4.98
720	1.68	1.61	1.43	1.17	1.03	1.11	0.97	5.27
1440	1.68	1.55	1.43	1.30	1.22	1.19	1.16	6.53

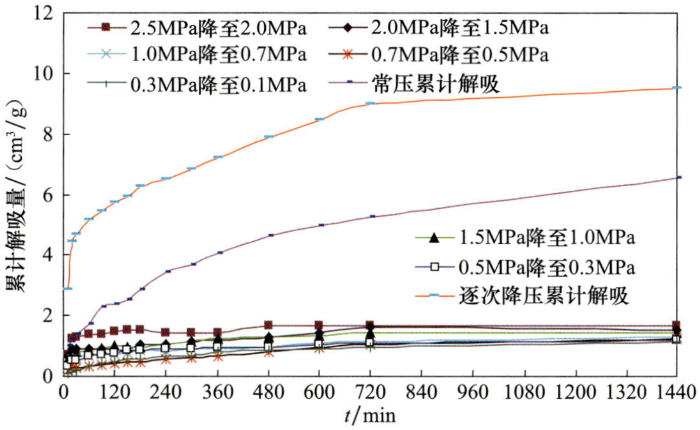

图 4.31 大块样带压解吸与常压解吸累计解吸量对比图

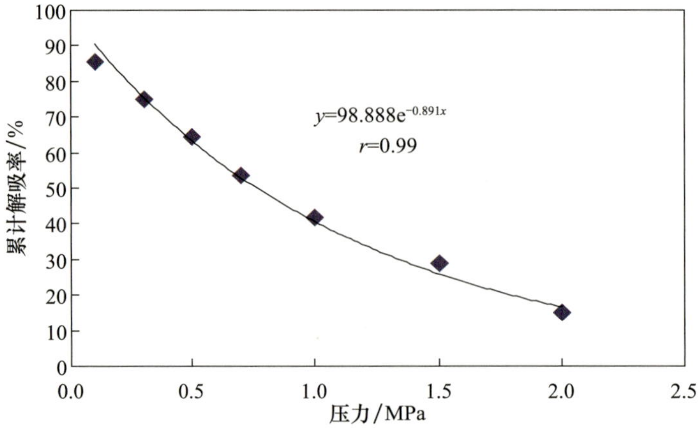

图 4.32　各压降阶段累计解吸率与废弃压力的关系

（三） 生产曲线

煤层气井开发是基于排水降压实现的，因此煤层气井生产曲线也称为排采曲线。排采曲线主要指示煤层气井的日产气量和日产水量，有时也会附有动液面、井底流压和套压等排采参数曲线。排采曲线分析是煤层气产能分析的重要环节。沁水盆地南部某煤层气井排采曲线为典型的煤层气井排采曲线（图 4.33），具有产水量逐渐下降，产气量先上升后下降的特点。通过排采曲线，可以直观地了解煤层气井生产周期产气量与产水量的连续变化特征，可以根据产水量和产气量曲线形态划分排采阶段或进行产能预测。

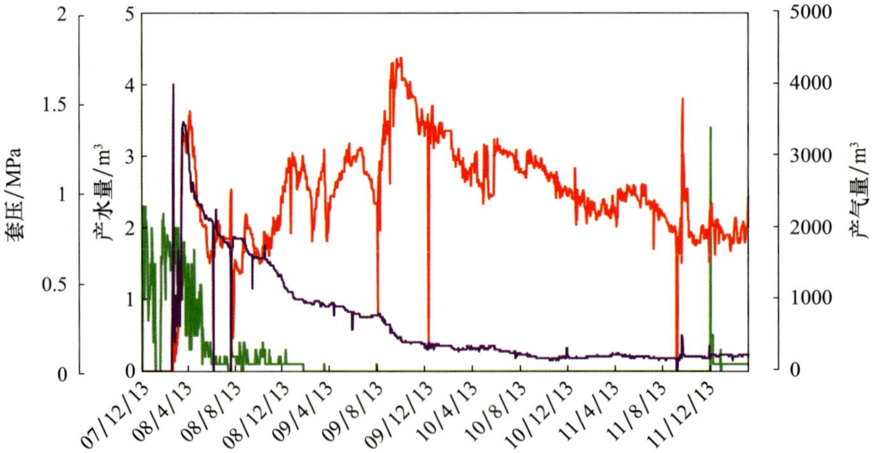

图 4.33　沁水盆地南部某煤层气井排采曲线图

（四） 无因次产量分析

由于不同煤层气井产水量、产气量千变万化，此处探索采用无因次产气量和无因次产水量之比作为阶段划分的依据，其实质是排采过程气液产出量相对数量关系的变化。

1. 无因次产气量及无因次产水量的定义

定义无因次产气量和无因次产水量如下：

$$N_{gD}=\frac{q_g}{q_{gmax}} \tag{4.49}$$

式中，N_{gD}为无因次产气量；q_g 为气井产气量，m^3/d；q_{gmax}为最大产气量，m^3/d。

同理，定义无因次产水量为日产水量与最大日产水量的比值，即

$$N_{wD}=\frac{q_w}{q_{wmax}} \tag{4.50}$$

式中，N_{wD}为流动产水量；q_w 为气井的日产水量，m^3/d；q_{wmax}为最大产水量，m^3/d。

经过上述无因次处理后，可将气、水产量变化限定在一定区间内，即 $N_{gD}\in[0,1]$，$N_{wD}\in[0,1]$。

2. 无因次产气率的定义

无因次产气率为无因次产气量与无因次产气量和无因次产水量之比。即

$$\eta_{gD}=\frac{N_{gD}}{N_{gD}+N_{wD}}=\frac{\dfrac{q_g}{q_{gmax}}}{\dfrac{q_g}{q_{gmax}}+\dfrac{q_w}{q_{wmax}}} \tag{4.51}$$

从式(4.51)可以看出，无因次产气率 $\eta_{gD}\in[0,1]$。由无因次产气率可将煤层气生产过程划分为四个阶段。

(1) 排水阶段：从排采开始到产气开始，此时间范围内只有水产出，区间范围为 $[0,\eta_1)$。η_1 对应的是此时的无因次产气率，对于不同生产井情况，排水阶段持续时间不同，因此，η_1 对于每口生产井均不同。

(2) 不稳定产气阶段：该阶段气体开始产出，产气量也逐渐上升，而产水量开始呈下降趋势，对应的无因次产气率逐渐升高，对应的区间范围为 $[\eta_1,\eta_2)$，一般情况下无因次产气率 $\eta_2>0.5$。

(3) 稳定产气阶段：此阶段产气稳定在一个较高水平，而对应的日产水量也维持在一个较低水平，此后水产量可能会偶尔出现较大波动，但基本浮动在一个较低的水平。基本区间范围为 $[\eta_2,\eta_3]$。

(4) 产气递减阶段：该阶段中产气量开始呈递减趋势，而产水量依然很低。区间范围是 $[\eta_3,1]$。

从生产数据进行统计分析确定不同阶段划分的参数 $[\eta_1,\eta_2)$，$[\eta_2,\eta_3]$。以沁南地区实际生产井数据进行无因次处理，统计分析不同阶段的无因次产气率取值，其中后五口井生产时间在五年以上（表 4.8）。

表 4.8 生产井生产数据统计

井名	生产天数/d	排水天数/d	产气天数/d	累计产气/10^4m^3	累积产水/m^3	最大产气/(m^3/d)	最大产水/(m^3/d)	平均产气/(m^3/d)	平均产水/(m^3/d)
井 1	407	82	325	18.036	617.1	1055	5	554.954	1.516
井 5	336	129	207	28.3238	1220	2123	6.3	1368.3	3.63

续表

井名	生产天数/d	排水天数/d	产气天数/d	累计产气/10^4m^3	累积产水/m^3	最大产气/(m^3/d)	最大产水/(m^3/d)	平均产气/(m^3/d)	平均产水/(m^3/d)
井 8	336	128	208	20.6781	1992.4	1679	10.5	1615.48	5.93
井 12	770	128	642	190.159	1024.8	5806	7.1	2961.98	1.33
井 13	770	52	718	175.009	455.1	4488	4	2437.45	0.591
井 14	580	126	454	144.527	1455.9	5144	10.2	3183.41	2.51
井 15	574	116	458	92.6667	845.5	2714	4.2	2023.29	1.473
井 16	771	74	697	124.676	705.8	4122	5.7	1788.75	0.915
井 20	749	180	417	136.752	809.5	4235	11	2960	1.356
井 27	409	186	223	26.1348	451.5	2468	3.4	1171.96	1.104
井 a	1908	186	1722	209.19	3281.8	2928	8.4	1214.81	1.72
井 b	1910	185	1725	212.42	1780.6	1935	6.7	1231.42	0.93
井 c	1890	224	1666	161.44	3624.7	1848	9.2	969.03	1.92
井 d	1749	120	1629	595.01	2424.1	6343.6	8.3	3652.61	1.39
井 e	1908	210	1698	342.87	10178.5	3272	9.5	2019.26	5.33

这些井都经历排水阶段，但前 10 口井生产时间较短，后五口井生产时间将近 2000d。其中，井 12、井 13、井 14、井 16、井 20、井 d、井 e 是高产井。而生产时间较短的 10 口井中只有井 16、井 20 经历了稳定产气阶段。对这些井的产气、产水等生产数据进行无因次处理，其各个井的气、水无因次产量和无因次产气率变化统计数据如表 4.9 所示。煤层气井排水阶段结束时的无因次产气率范围为 0.11～0.43，通常高产井该值要低于低产井；不稳定产气阶段结束时间的无因次产气率的值为 0.6 左右；气井稳定产气阶段结束时的无因次产气率为 0.9 左右。

通过生产数据进行分析，得到煤层气井生产阶段划分的指标及其值，为煤层气井的生产阶段划分提供依据。

表 4.9 各阶段无因次产气率

井名	产水阶段起始点 0	不稳定产气阶段起始点 η_1	稳定产气阶段起始点 η_2	递减阶段起始点 η_3
井 a	0	0.393	0.635	0.713
井 b	0	0.426	0.652	0.844
井 c	0	0.406	0.607	0.867
井 d	0	0.238	0.632	0.897
井 e	0	0.279	0.621	0.891
井 1	0	0.174	0.607	0.904
井 5	0	0.339	0.606	
井 8	0	0.321	0.547	
井 12	0	0.153	0.637	
井 13	0	0.127	0.646	
井 14	0	0.107	0.621	

续表

井名	产水阶段起始点 0	不稳定产气阶段起始点 η_1	稳定产气阶段起始点 η_2	递减阶段起始点 η_3
井 15	0	0.353	0.659	
井 16	0	0.172	0.683	0.909
井 20	0	0.124	0.627	0.866
井 27	0	0.328	0.651	

二、不同开发阶段煤储层渗透率变化规律

（一）渗透率反演计算方法

对利用生产数据反求储层渗透率的方法进行了推导，建立了煤层渗透率变化与累积气水产量之间的理论关系式。

根据渗流力学理论，可以推导得到，煤层气井的产能方程可以表示成

$$P_e^2 - P_{wf}^2 = Aq_g + Bq_g^2 \tag{4.52}$$

式中，P_e 为地层压力，MPa；P_{wf} 为井底压力，MPa。

（1）对于常规煤层气井

$$\begin{cases} A = \dfrac{1.291\times 10^{-3}T\bar{\mu}\bar{Z}}{Kh}\left(\ln\dfrac{0.472r_e}{r_w}+S\right) \\ B = \dfrac{2.828\times 10^{-21}\beta\gamma_g\bar{Z}T}{r_w h^2} \end{cases} \tag{4.53}$$

（2）对于压裂煤层气井

$$\begin{cases} A = \dfrac{1.291\times 10^{-3}T\bar{\mu}\bar{Z}}{Kh}\left(\ln\dfrac{2r_e}{x_f}-\dfrac{3}{4}+S\right) \\ B = \dfrac{5.106\times 10^{-12}MT\bar{Z}}{x_f h^2 K\phi}\left[2\arctan\left(\dfrac{2r_e}{x_f}\right)-\dfrac{\pi}{2}\right] \end{cases} \tag{4.54}$$

式中，A、B 为系数；x_f 为裂缝半长；ϕ 为孔隙度；K 为煤层渗透率，μm^2；h 为煤层厚度，m；T 为煤层温度，K；$\bar{\mu}$、$\bar{Z}$ 为平均压力和温度下的气体黏度和压缩因子；r_e 为距井轴的任意半径，m；r_w 为井筒半径，m；S 为煤层气井的表皮系数。

在实际生产中，可以认为在一定的时间范围内，煤层气井的地层压力近似不变，这样，利用生产数据就可以计算得到产能方程，根据产能方程，可以推算渗透率。气井每一工作制度下的产量及相应的井底压力，即 q_{gi}，$P_{wfi}(i=1,2,\cdots,N)$，气井产能方程可用式(4.52)表示。较短时间内煤层气井地层压力 P_e 变化很小，可认为其保持不变，那么对于每一点均有

$$\begin{cases} P_e^2 - P_{wf1}^2 = Aq_{g1} + Bq_{g1}^2 \\ P_e^2 - P_{wf2}^2 = Aq_{g2} + Bq_{g2}^2 \\ \quad\vdots \\ P_e^2 - P_{wfi}^2 = Aq_{gi} + Bq_{gi}^2 \end{cases} \tag{4.55}$$

将式(4.55)分别两两相减，并整理，则有

$$\frac{P_{\mathrm{wf}(i-1)}^2 - P_{\mathrm{wf}i}^2}{q_{\mathrm{g}i} - q_{\mathrm{g}(i-1)}} = A + B(q_{\mathrm{g}i} + q_{\mathrm{g}(i-1)}) \tag{4.56}$$

由式(4.56)可知，$\frac{P_{\mathrm{wf}(i-1)}^2 - P_{\mathrm{wf}i}^2}{q_{\mathrm{g}i} - q_{\mathrm{g}(i-1)}}$ 与 $q_{\mathrm{g}i} + q_{\mathrm{g}(i-1)}$ 呈线性关系，只要将实际生产数据整理后进行回归，就能拟合出二项式系数 A、B，然后再结合某时刻的产量及流压值就能求出该时刻的地层压力 P_{e}

$$P_{\mathrm{e}} = (Aq_{\mathrm{g}i} + Bq_{\mathrm{g}i}^2 + P_{\mathrm{wf}i}^2)^{1/2} \tag{4.57}$$

同时由式(4.53)或式(4.54)即可求得该工作制度下的储层渗透率 K

$$K = f^{-1}(A) \tag{4.58}$$

韩城 WL1 井组中 WL1-004 井于 2005 年 7 月 8 日开始投产，至 2009 年 10 月 25 日已累计开采 1570d，累计产气量为 562655.8m^3，累计产水量为 1815.8m^3。井底压力、套管压力及产水、产气量变化分别如图 4.34、图 4.35 所示。在开采期间，WL1-004 井底压力及套管压力均较小且变化不大，其中井底压力一般小于 2.5MPa，套管压力小于 1.5MPa。WL1-004 井产气量在 1450～1550d 产量较低，随后产气量升高，在 1600d 左右达到最大值，1600d 以后产量又逐渐下降，出现小幅震荡。整个排采期间，日产水量相对较小，产水量波动较大。

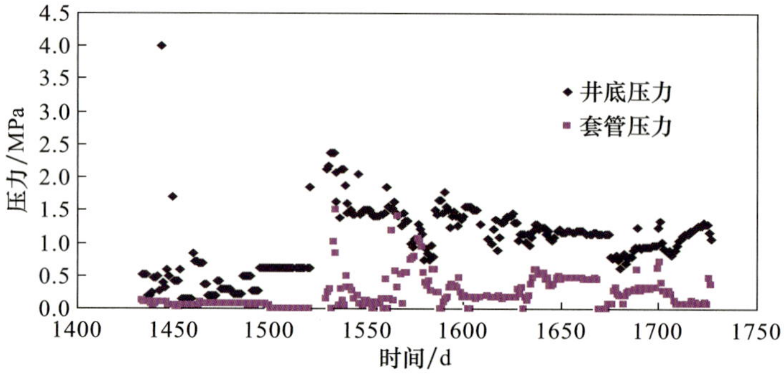

图 4.34　WL1-004 井排采期间井底压力及套管压力变化情况

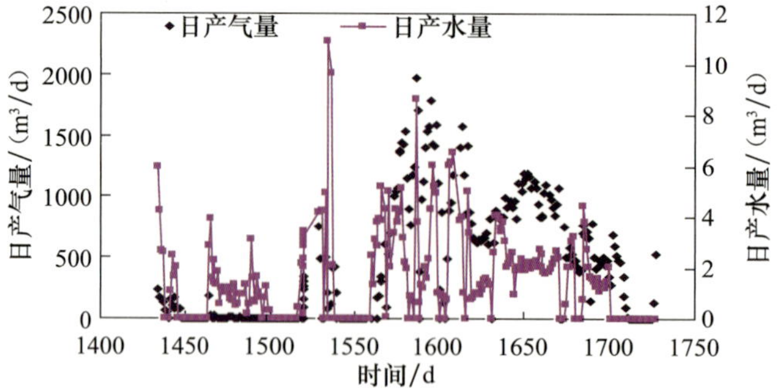

图 4.35　WL1-004 井排采期间产气量与产水量变化曲线

以 WL1-004 为例进行计算，其储层及煤层气参数如表 4.10 所示。表 4.11 为 2009 年 10 月份内的四组产量数据，该时间段内煤层气从 3 号、5 号及 11 号煤层均有产出，因此表 4.10 中温度取三个煤层的平均值，储层厚度为三个煤层有效产出层厚度的和。

表 4.10　韩城 WL1-004 井煤层及天然气参数

参数	r_e/m	x_f/m	μ/(MPa·s)	Z	T/°C	h/m
数值	500	200	0.02	0.864	24.4	4.15

表 4.11　WL1-004 井生产数据

序号	产量/(m³/d)	井底压力/MPa	备注
1	181.5	1.46	冲程：1.5m
2	345.7	1.40	冲次：2.5
3	522.6	1.33	泵径：38mm
4	611.2	1.27	下泵深度：428.77m

上述数据按式(4.55)的两端进行处理，整理结果如表 4.12 所示。以 $\dfrac{P_{wf(i-1)}^2-P_{wfi}^2}{q_{gi}-q_{g(i-1)}}$ 与 $q_{gi}+q_{g(i-1)}$ 为纵横坐标作图，如图 4.36 所示，并对所有点进行线性回归，可得二项式产能方程系数 A、B、P_e 及 q_{AOF}（煤层气井日产气量）分别为：$A=0.0003$，$B=1.1297\times10^{-6}$，$P_e=1.4954$，$q_{AOF}=1008.73\text{m}^3/\text{d}$。

表 4.12　WL1-004 井数据处理表

参数	序号			
	1	2	3	4
q_{gi}	181.5	345.7	522.6	611.2
$q_{gi}+q_{g(i-1)}$	527.2	868.3	1133.8	
P_{wfi}	1.46	1.40	1.338	1.27
$\dfrac{P_{wf(i-1)}^2-P_{wfi}^2}{q_{gi}-q_{g(i-1)}}$	0.0010451	0.0010451	0.0010451	

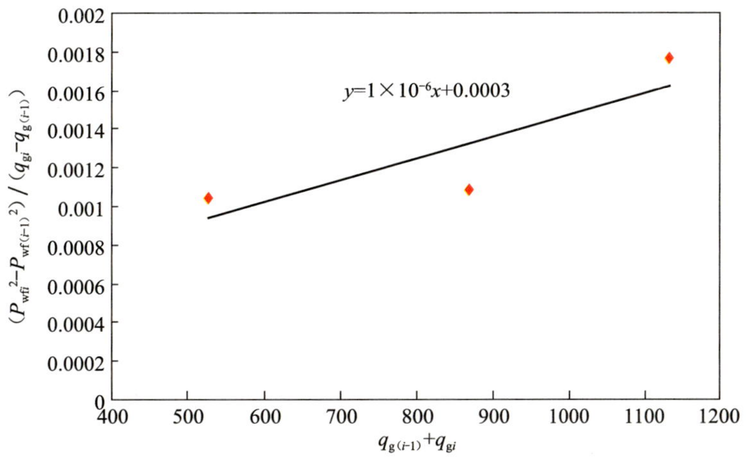

图 4.36　WL1-004 井生产资料分析曲线

在该工作制度下，该井的产能方程为

$$P_{\mathrm{e}}^{2}-P_{\mathrm{wf}}^{2}=3.429\times10^{-4}q_{\mathrm{g}}+1.1297\times10^{-6}q_{\mathrm{g}}^{2} \tag{4.59}$$

以表 4.11 中的产量与压力数据作 WL1-004 井的流入动态曲线如图 4.37 所示。

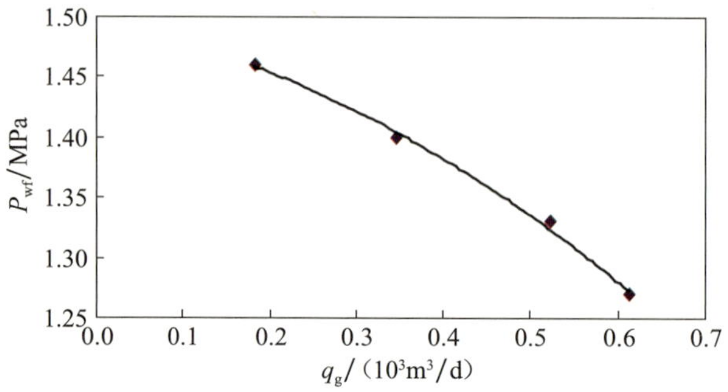

图 4.37 WL1-004 井流入动态曲线

将表 4.12 中产量数据带入拟合出的煤层气产量式(4.58)中，得出相应的井底压力如表 4.13 所示。

表 4.13 WL1-004 井实际数据与计算数据对比表

序号	产量/(10^3m³/d)	井底压力/MPa		计算误差
		实际值	计算值	
1	0.1815	1.46	1.462726	0.186709
2	0.3457	1.40	1.409067	0.647626
3	0.5226	1.33	1.323362	−0.49914
4	0.6112	1.27	1.267841	−0.16999

将实际生产数据点与计算生产数据点绘于同一坐标系下（图 4.38）。

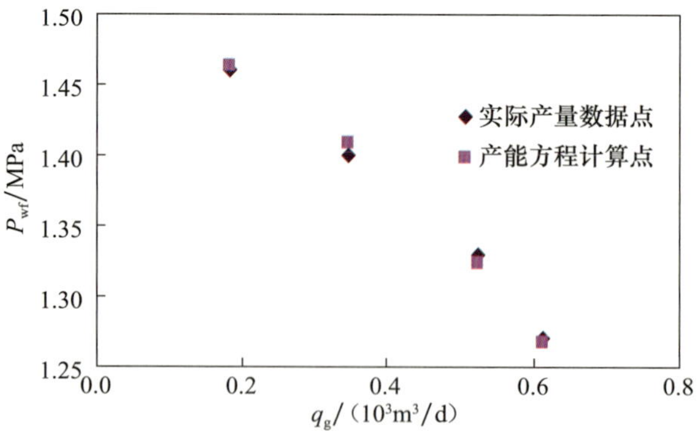

图 4.38 实际生产数据与计算数据对比

实际生产数据点与产能方程计算的数据点存在良好的吻合关系，说明上述通过拟合得出的产能方程比较准确。因此，可以用上述方法求得此时的储层渗透率

$$K=\frac{1.291\times10^{-3}T\bar{\mu}\bar{Z}}{3.429\times10^{-4}h}\left(\ln\frac{0.944r_{\mathrm{e}}}{x_{\mathrm{f}}}+S\right)=4.0 \tag{4.60}$$

（二） 渗透率变化规律

煤层渗透率随着煤层气的开采和煤层水的排采而发生变化，关系到煤层气渗流通道、煤层气井产量及后期煤层气开发方案调整等。根据渗透率变化计算方法和开发的软件，计算分析沁南地区实际生产井的不同阶段渗透率变化情况，所取井的储层参数和基本生产状况如表 4.14 和表 4.15 所示。

表 4.14 煤储层基本参数

井名	埋深/m	有效厚度/m	原始压力/MPa	原始等效渗透率/mD
井 1	464.5	5.6	3.62	9.04
井 5	692	6.2	5.4	10.02
井 8	696.7	6.8	5.43	13.13
井 12	542.05	5.7	4.23	7.26
井 13	561.1	5.55	4.38	7.14
井 14	534.7	6	4.17	5.59
井 15	684.1	5.8	5.34	7.05
井 16	584.65	6.1	4.56	6.46
井 20	692.8	5.8	5.40	5.33
井 27	625	6.4	4.88	3.23
井 a	599.6	5.6	3.62	1.002
井 b	698.5	6.2	5.4	1.226
井 c	750.3	6.8	5.43	1.043
井 d	525.6	5.7	4.23	1.148
井 e	704	5.55	4.38	1.068

表 4.15 生产井生产数据统计

井名	生产天数/d	排水天数/d	产气天数/d	累积产气量/10^4m^3	累积产水量/m^3	最大产气量/(m^3/d)	最大产水量/(m^3/d)	平均产气量/(m^3/d)	平均产水量/(m^3/d)
井 1	407	82	325	18.036	617.1	1055	5	554.954	1.516
井 5	336	129	207	28.3238	1220	2123	6.3	1368.3	3.63
井 8	336	128	208	20.6781	1992.4	1679	10.5	1615.48	5.93
井 12	770	128	642	190.159	1024.8	5806	7.1	2961.98	1.33
井 13	770	52	718	175.009	455.1	4488	4	2437.45	0.591
井 14	580	126	454	144.527	1455.9	5144	10.2	3183.41	2.51
井 15	574	116	458	92.6667	845.5	2714	4.2	2023.29	1.473
井 16	771	74	697	124.676	705.8	4122	5.7	1788.75	0.915
井 20	749	180	417	136.752	809.5	4235	11	2960	1.356
井 27	409	186	223	26.1348	451.5	2468	3.4	1171.96	1.104
井 a	1908	186	1722	209.19	3281.8	2928	8.4	1214.81	1.72
井 b	1910	185	1725	212.42	1780.6	1935	6.7	1231.42	0.93
井 c	1890	224	1666	161.44	3624.7	1848	9.2	969.03	1.92
井 d	1749	120	1629	595.01	2424.1	6343.6	8.3	3652.61	1.39
井 e	1908	210	1698	342.87	10178.5	3272	9.5	2019.26	5.33

所分析的井全部经历了排水阶段。平均日产水量从 1.787m^3/d 到 4.121m^3/d 不等。其中，井 12 及井 14 少量间断性气体产出。生产时间较长的五口井排水阶段都很完整，排水阶段基本不产气。五口井排水时间都在 200d 左右，排水期最短井为井 d，只有 120d，最长为井 c，经历了 224d。平均日产水量从 2.094m^3/d 到 4.226m^3/d 不等。其中两口高产井的平均排水量较大，且渗透率变化幅度较小。

排水期累积压力下降值从 0.050MPa 到 0.144MPa 不等，压降值与排水量呈较好的正相关性，一般排水量越大，压降越大。排水期储层渗透率均降低，降低幅度从 0.35%到 0.919%不等，其与压降幅度有较好的正相关性。此外，单位压降下的渗透率变化均在 8.6%左右，平均为 8.6568%，说明排水期单位压降的渗透率下降幅度较大，说明排水阶段的应力作用较强（表 4.16）。

表 4.16　排水阶段渗透率变化特征

井名	排水时间/d	平均产水量/m^3	累积产水量/m^3	平均产气/10^4m^3	累积产气量/10^4m^3	累积压力下降值/MPa	渗透率变化值/%	单位压降渗透率变化值/%
井 1	81	3.773	305.6	0.000	0.000	0.06881	0.6	8.660
井 5	126	3.570	449.2	0.0003	0.0381	0.094	0.814	8.645
井 8	127	4.121	523.4	0.0002	0.0293	0.1064	0.919	8.638
井 12	127	3.382	429.4	0	0	0.09	0.7785	8.648
井 13	51	2.635	134.4	0.000	0.000	0.03985	0.35	8.677
井 14	125	1.878	234.7	0.000	0.000	0.05705	0.494	8.667
井 15	115	2.08	239.2	0.000	0.000	0.05782	0.501	8.666
井 16	73	3.163	230.9	0.000	0.000	0.05668	0.491	8.667
井 20	181	2.468	446.7	0.0011	0.1978	0.0974	0.8419	8.643
井 27	185	1.787	330.5	0.000	0.000	0.07313	0.633	8.657
井 a	186	3.773	668.5	0	0	0.144	0.619	4.297
井 b	185	2.094	387.3	0	0	0.043	0.318	7.398
井 c	224	3.634	814.8	0	0	0.081	0.594	7.339
井 d	120	4.085	490.2	0	0	0.018	0.105	5.807
井 e	210	4.266	895.8	0	0	0.050	0.290	5.805

不稳定产气阶段生产时间较长，排采时间范围从 70d 到 719d（表 4.17）。最大平均日产水量为井 e 的 11.07m^3/d，最少日平均产水量为井 13 的 0.449m^3/d；最大日平均产气量为井 d 的 0.4345×10^4m^3/d，最小日平均产气量为井 13 的 0.0243×10^4m^3/d。渗透率变化率从 2.32%到 20.18%不等，其与储层压力降呈较好的相关性。该阶段虽有大量气体解吸产出，但储层渗透率下降幅度依然较大，说明应力作用对渗透率的影响一直占主导地位，基质收缩效应还不明显。单位压降下渗透率变化率从 3.997%到 8.430%不等，平均值为 7.59%，相对于排水阶段的平均值 8.66%稍有降低，说明基质收缩效应对储层渗透率的影响已经起到应有的作用。

表 4.17 不稳定产气阶段渗透率变化特征

井名	排水时间/d	平均产水量/m³	累积产水量/m³	平均产气/10⁴m³	累积产气量/10⁴m³	累积压力下降值/MPa	渗透率变化值/%	单位压降渗透率变化值/%
井 1	254	1.25	317.5	0.0439	11.1522	0.2753	2.32	8.430
井 5	209	3.669	766.8	0.1353	28.2804	0.703	5.747	8.171
井 8	207	7.067	1462.8	0.0997	20.637	0.6426	5.264	8.1924
井 12	642	0.925	593.89	0.2991	192.013	3.0592	20.18	6.596
井 13	719	0.449	322.9	0.0243	17.5007	2.8926	19.65	6.793
井 14	454	2.692	1221.8	0.3183	144.52	2.5628	17.961	7.008
井 15	458	1.319	604.3	0.2023	92.658	1.8044	13.58	7.524
井 16	683	0.722	492.9	0.1813	123.834	2.2464	16.241	7.230
井 20	249	1.386	345.1	0.2992	74.5047	1.4768	11.351	7.686
井 27	223	0.557	124.1	0.1162	25.9082	0.5802	4.8	8.27
井 a	119	2.584	304.9	783.0	9.24	0.103	0.412	3.997
井 b	288	0.975	280.7	597.6	17.21	0.270	1.907	7.061
井 c	70	5.947	416.3	1290.1	9.03	0.165	1.177	7.132
井 d	330	3.062	1010.5	4344.8	143.38	0.872	4.107	4.710
井 e	455	11.07	5008.2	974.9	44.36	0.619	3.249	5.249

所选取的井中共有 8 口井经历了稳定产气阶段。最短为井 16，只经历了 13d（表 4.18）。平均日产水量从 0.083m³/d 到 4.322m³/d 不等，平均日产气为 0.0133×10⁴～0.2871×10⁴m³/d。储层压力降最大为 1.493MPa，最小为 0.02565MPa。单位储层压力降渗透率变化值最大为 8.43%，最小为 1.46%，平均值为 6.73%，较不稳定产气阶段的平均值 7.54%又有所降低，说明基质收缩效应对渗透率的影响更加明显，但此阶段应力作用仍占主导地位。

表 4.18 稳定产气阶段渗透率变化特征

井名	排水时间/d	平均产水量/m³	累积产水量/m³	平均日产气/10⁴m³	累积产气量/10⁴m³	累积压力下降值/MPa	渗透率变化值/%	单位压降渗透率变化值/%
井 1	70	0.111	7.8	0.1593	11.1522	0.2753	2.32	8.43
井 16	13	0.100	1.3	0.0133	0.1735	0.02565	0.145	5.671
井 20	216	0.083	17.9	0.2871	62.0219	0.9069	5.5272	6.095
井 a	360	1.449	521.8	646.1	23.26	0.210	0.756	3.601
井 b	403	1.162	468.4	1201.5	48.42	0.649	4.196	6.465
井 c	264	2.913	769.0	1094.7	28.90	0.438	2.967	6.774
井 d	975	0.835	813.9	3559.3	347.03	1.408	2.055	1.460
井 e	908	4.322	3924.2	2374.3	215.59	1.493	3.844	2.574

所计算的只有后五口井生产时间较长，有完整的递减阶段，其余井都没有进入产气递减阶段。现选取这五口井作递减阶段特征分析（表 4.19）。三口低产井在递减阶段都做了增产措施，因而递减一段时间后产量都得到提升，所以这三口井的递减阶段特征变化不明显。而两口高产井都有完整的递减阶段。在递减阶段，平均产水量非常少，平均只有 1.034m³ 左右，而产气量有所下降，平均为 1754.15m³，累积压力下降值进一步降

低到 0.3MPa。而从表中可以看出，此时渗透率没有下降，反而有所提升，单位压力渗透率变化值提升 0.3%左右。说明此时基质收缩效应占到主导地位，储层渗透率得到改善。

表 4.19　产气递减阶段渗透率变化特征

井名	生产时间/d	平均产水量/m³	累积产水量/m³	平均产气/m³	累积产气量/10^4m^3	累积压力下降值/MPa	渗透率变化值/%	单位压降渗透率变化值/%
井 a	541	1.661	898.4	620.5	33.57	0.088	0.284	3.233
井 b	129	0.884	114.1	1222.5	15.77	0.186	1.114	5.992
井 c	464	1.247	578.5	927.8	43.05	0.535	3.269	6.110
井 d	324	0.307	99.5	3228.1	104.59	0.308	−0.779	−2.532
井 e	335	1.045	350.3	2773.7	92.92	0.395	−0.454	−1.149

上述变化表明，排水阶段受强应力敏感作用，煤层渗透率逐渐降低；不稳定产气阶段较排水阶段稍有降低，基质收缩效应的影响已经开始起作用；稳定产气阶段基质收缩效应的影响更加明显，渗透率由下降到上升发生逆转；进入衰减阶段基质收缩效应占主导地位，储层渗透率反弹增大（图 4.39）。

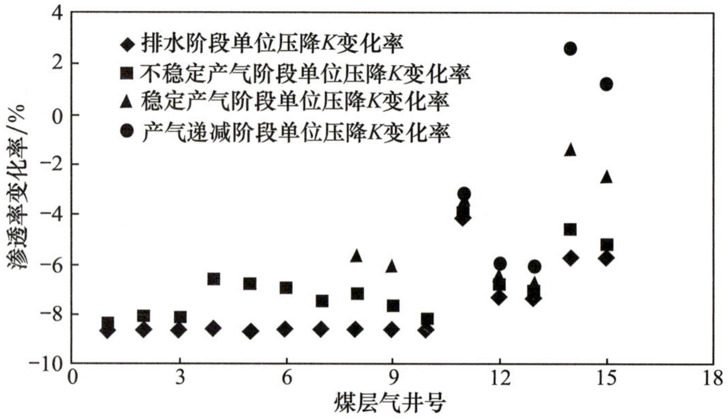

图 4.39　不同生产阶段煤储层渗透率变化

影响煤储层渗透率变化的因素有很多，各个因素间又存在彼此的联系与影响。从基本机理角度来讲，有效应力效应、基质收缩效应和 Klinkenberg 效应是引发煤储层渗透率变化的根本因素，特别是前两个因素。从体系能量的角度来讲，开发过程中煤层气的解吸时间、解吸效率与解吸量，影响基质收缩效应作用的时间与强度，对煤储层渗透率的提高程度有至关重要的影响（图 4.40、表 4.20）。

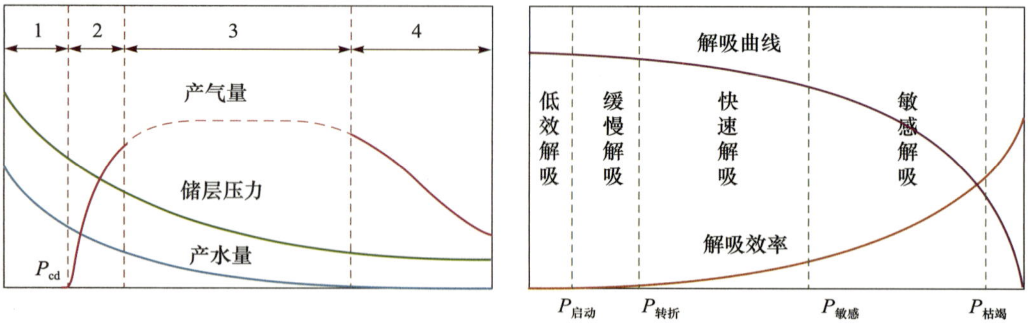

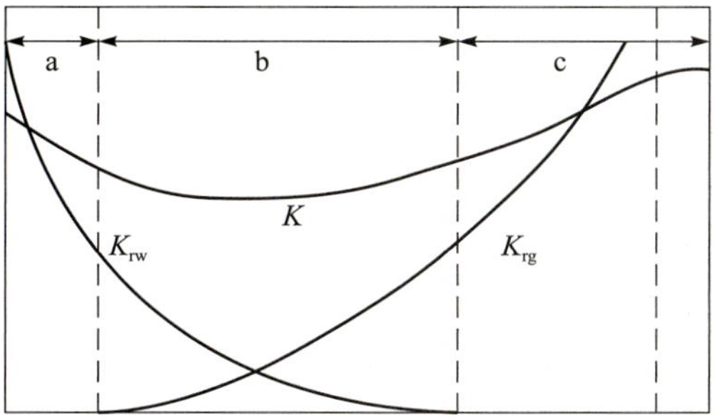

图 4.40 煤储层渗透率变化阶段划分示意图

1. 排水阶段；2. 不稳定产气阶段；3. 稳定产气阶段；4. 衰减阶段；

a. 有效应力效应主导阶段；b. 基质收缩效应主导阶段；c. 基质收缩效应和滑脱效应主导阶段；

K 为绝对渗透率；K_{rw}为水相相对渗透率；K_{rg}为气相相对渗透率

表 4.20 渗透率变化阶段划分及各阶段特征对比表

渗透率变化阶段	渗透率变化	主导机制	体系能量	相态构成	产能动态
排水阶段	逐渐降低	有效应力效应	低效解吸和缓慢解吸阶段	单相水流	起步阶段
不稳定产气阶段	先降低再升高	有效应力效应、基质收缩效应	快速解吸和敏感解吸阶段	气-水两相流	上升、递减阶段早期
稳定产气阶段	较快升高	基质收缩效应	敏感解吸阶段	气相流	缓慢递减阶段
衰减阶段	基本不变	有效应力效应	敏感解吸阶段	单相气流	晚期递减阶段

1. 排水阶段

从体系能量角度讲，该阶段通常对应解吸曲线的低效解吸和缓慢解吸阶段，储层压力高于临界解吸压力（对应欠饱和煤层气藏），通常处于转折压力和启动压力之间，解吸效率很低，除游离气外，几乎没有煤层气解吸产出，基质收缩效应微乎其微。从相态构成的角度讲，该阶段以单相水流渗流占绝对主导作用，水相相对（有效）渗透率高，气相相对（有效）渗透率极低，气井几乎无有效产能。从产能动态角度讲，该阶段对应煤层气井开发的起步阶段，产水量较大，产气量极低。总之，该阶段以单相水流为主，解吸效率极低，气井几乎无有效产能，煤储层渗透率变化受有效应力效应主导，渗透率呈逐渐下降趋势。

2. 不稳定产气阶段

从体系能量角度讲，该阶段通常对应解吸曲线的快速解吸和敏感解吸阶段，储层压力低于临界解吸压力，通常处于敏感压力和转折压力之间，解吸效率较高，解吸量逐渐增大，基质收缩效应逐渐增强，逐渐弥补有效应力效应造成的渗透率损失。从相态构成角度讲，该阶段为气水两相渗流，水相相对（有效）渗透率逐渐降低，气相相对（有效）渗透率逐渐增大，气井产能快速提高。从产能动态角度讲，该阶段对应煤层气井开发的上升阶段和递减阶段早期，通常产气量在该阶段中后期可达到峰值。总之，该阶段为气-水两相渗流，解吸效率较高，且通常气井在该段中后期可达到产能峰值，煤储层渗透率变化逐渐由受有效应力效应主导转变为受基质收缩效应主导，渗透率逐渐下降趋势减缓，中后段渗透率可出现反弹。

3. 稳定产气阶段

从体系能量角度讲，该阶段通常对应解吸曲线的敏感解吸阶段，储层压力低于临界解吸压力，通常处于衰竭压力和敏感压力之间，解吸效率高，基质收缩效应明显；加之低压条件下气体 Klinkenberg 效应迅速增强，渗透率得到迅速回升。从相态构成角度讲，该阶段以气体渗流为主导，气相相对（有效）渗透率高。从产能动态角度讲，该阶段对应煤层气井开发的相对稳定阶段，通常产气量在该阶段缓慢下降。总之，该阶段以气体渗流为主，解吸效率较高，渗透率出现反弹并缓慢上升；但由于储层压力下降缓慢和可采资源量有限的制约，其井产能缓慢递减。

4. 衰减阶段

衰减阶段煤储层压力缓慢降低，煤层气井产气逐渐停止，直到储层压力达到废弃压力，煤层气井关闭停产。虽然该阶段煤层渗透率和解吸效率高，但是由于储层压力下降困难，煤层气解吸产出趋于终止。

第五章 煤层气开发过程中三级流动规律及排采制度优化

煤层气在开发过程中，从煤储层到井筒基于路径的多尺度性，随着压力的传播，煤层气的流动呈现出阶段性、持续性的特点，存在扩散、渗流、层流等多种流态。煤层气井产量受控于排采制度。对不同的煤层气地质、储层条件（煤储层水系统、含气、水饱和度、气、水相渗透率）和排采阶段，需制定不同的排采制度（康永尚等，2007；秦义等，2011），而排采制度的调整取决于排采动态参数。不同排采阶段，煤层气井排采过程中的排采动态参数变化特征不同，其相互关系亦具有不同规律。研究变化排采动态参数特征进而优化排采制度方能提高煤层气井产量。

本章基于煤储层三相介质、三元结构特征，通过不同尺度空间渗透率/扩散系数的物理模拟、结合数值模拟成果，初步揭示煤层气的三级流动规律，探讨初期排采速率、连续排采、间歇式排采等制度对煤层气井产能的控制作用，模拟水流阶段不同最大产水量下的煤层气产能，初步提出煤层气井排采制度的优化方案。

第一节 煤层气三级流动模型及机理

美国煤储层高压、高渗的特点掩盖了煤层气产出过程中物性变化和流体相态变化，因而将扩散、渗流割裂开来。20 世纪构建了煤储层双孔-单渗数学模型（McKee et al.，1986；杨其銮和王佑安，1986），21 世纪以来构建了三孔-两渗煤层气解吸-流动数学模型（张群，2003；张先敏，2007）。本节通过煤储层空间结构分析，结合物理模拟、数值模拟，揭示煤储层排采过程中煤层气从基质块中解吸、扩散，并通过显微裂隙、宏观裂隙渗流至井筒的多级流动规律及机理。

一、煤储层空间结构

煤的空间结构是指煤中裂隙、孔隙的分布特征。孔裂隙是煤体未被固体物质（有机质和矿物质）充填的空间。Close（1993）认为煤储层系由孔隙、裂隙组成的双重结构系统（McKee et al.，1986），Gamson 在研究澳大利亚鲍恩盆地时，认为在孔隙、裂隙之间还存在着一种过渡类型的孔隙、裂隙（Gamson et al.，1998）。傅雪海等认为煤储层系是由宏观裂隙（存在相互垂直或大致垂直的两组，主要的一组称为面裂隙，次要的一组称为端裂隙）、显微裂隙和孔隙组成的三重孔、裂隙介质（图 5.1），孔隙是煤层气的主要赋存场所，宏观裂隙是煤层气运移的通道，而显微裂隙则是沟通孔隙与裂隙的桥梁（傅雪海等，2001）。

基于煤储层宏观裂隙［图 5.2(a)］、显微裂隙［图 5.2(b)］、孔隙［图 5.2(c)］三元结构，煤基质块、水、气三相介质，构建煤储层空间结构及流体介质组成的系统模

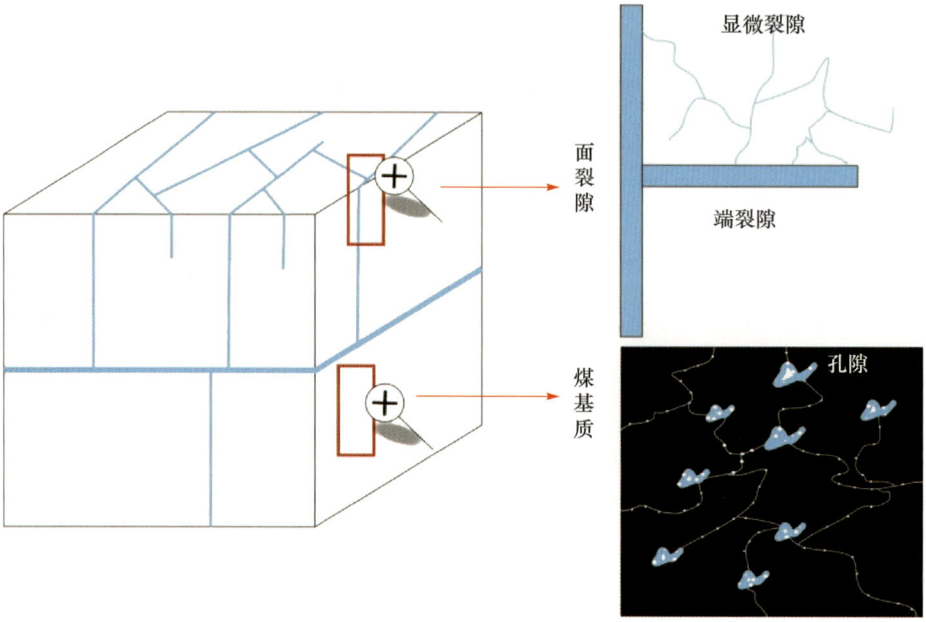

图 5.1 煤储层裂隙、孔隙模式图

型。宏观裂隙、显微裂隙内主要赋存重力水、弱结合水、游离气和水溶气，大孔、中孔、过渡孔内主要赋存游离气、吸附气、水溶气及重力水、弱结合水，微孔中以吸附气为主（图 5.3）。

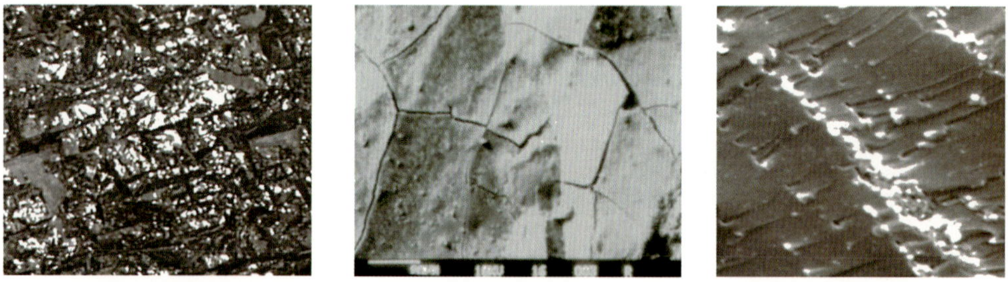

（a）宏观裂隙 （b）显微裂隙 （c）孔隙

图 5.2 煤储层三元结构系统

煤层气井在排水降压过程中，随着储层压力降低，煤储层内宏观裂隙、显微裂隙内的重力水流动，逐渐过渡到裂隙、大孔、中孔、过渡孔内游离气、水溶气和弱结合水的流动［图 5.3(a)］；当压力降至临界解吸压力后，大孔、中孔、过渡孔内的吸附气开始解吸［图 5.3(b)］，逐渐过渡到微孔中气体扩散（图 5.4）；当压力降至废弃压力后，气体在浓度差作用下在微孔内缓慢扩散。

煤层甲烷分子在煤基质块微孔内解吸、扩散到相对微孔大一些的其他空间结构内（过渡孔、中孔、大孔）（图 5.5），随着分子的不断聚集，形成气泡，然后气泡脱离界面，在压力差作用下沿裂隙流向煤层气井筒（图 5.6）。

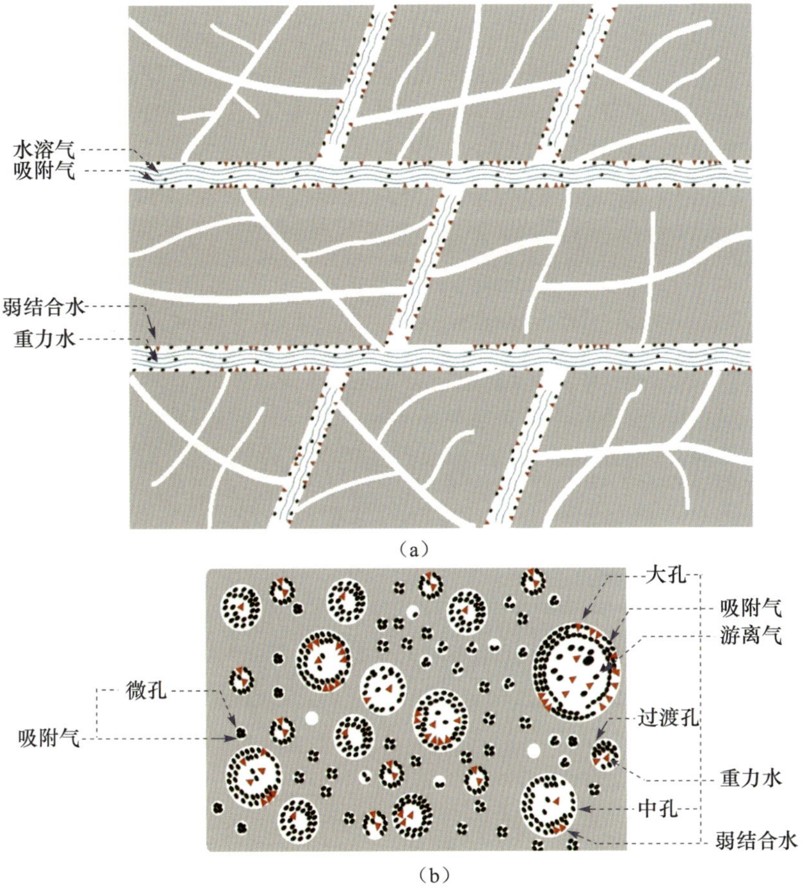

图 5.3 煤储层空间结构及流体介质组成系统模型

以具有两条压裂裂缝的煤层气直井为例，在水流阶段，煤储层内宏观裂隙、显微裂隙中的重力水由压裂裂缝流向井筒(图 5.7)，当井底压力降到产气压力约为理论临界解吸压力的 1.1 倍（陈振宏，2009a）时开始产气，即进入游离气、水溶气阶段，此时，重力水已发生流动的压裂裂缝、宏观裂隙、显微裂隙内的游离气以及溶解在这些裂缝和裂隙水中的溶解气析出呈游离气产出，吸附在这些裂缝和裂隙表面的吸附气也开始产出，在压裂裂缝所在的Ⅰ区，与显微裂隙沟通的孔隙中的游离气、水溶气也开始产出（图 5.8）。当井底压力降到临界解吸压力以下时，在

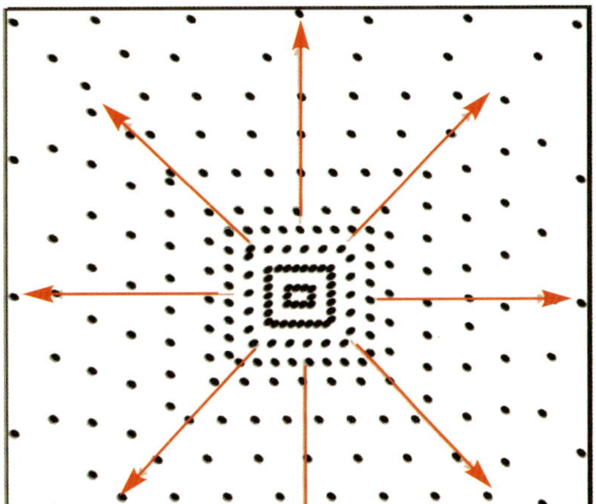

图 5.4 气体扩散模式图

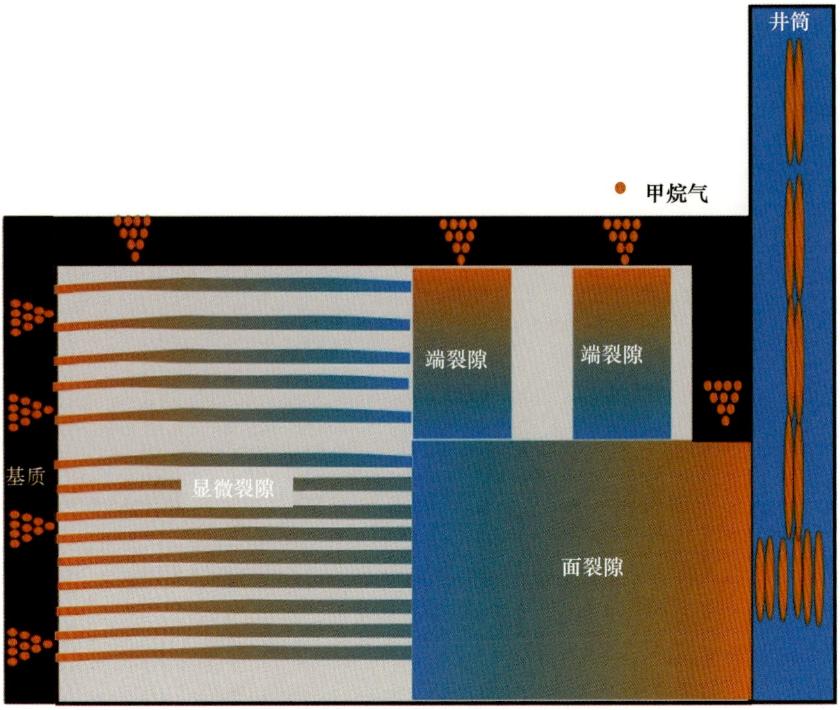

图 5.5　三元结构内流体流动模式图

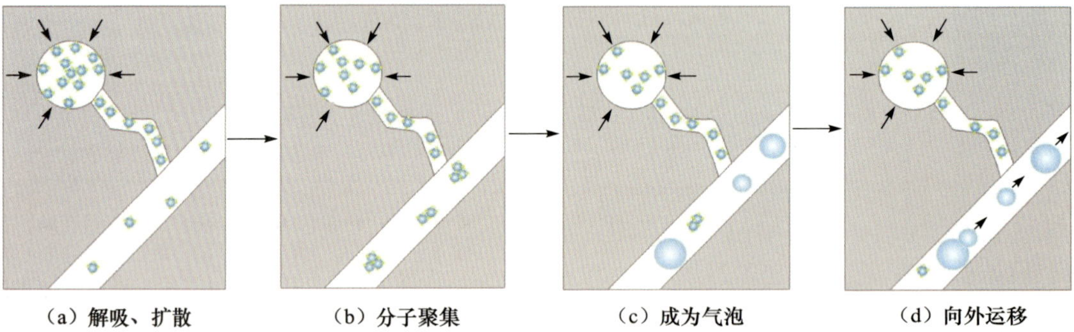

图 5.6　煤层甲烷分子扩散、并聚、流动示意图

压裂裂缝所在的Ⅰ区微孔内吸附气开始解吸、扩散；Ⅱ区与显微裂隙沟通的孔隙中的游离气、水溶气也开始产出；Ⅲ区处于重力水排出阶段（图 5.9）。此时近井地带（Ⅰ区）储层压力在临界解吸压力附近，Ⅱ区、Ⅲ区处于压力调整阶段，总体表现为不稳定解吸，与煤层气井排采的控压阶段相当。

随煤层气井的连续排采，空间上煤储层重力水的流动、煤层气的解吸由井筒、压裂裂缝向外递进推进；时间上煤储层井筒，压裂裂缝，Ⅰ、Ⅱ、Ⅲ区先后经历了水流阶段、游离气-水溶气阶段、不稳定解吸阶段、稳定解吸阶段、递减解吸阶段，形成了由Ⅲ、Ⅱ、Ⅰ区向压裂裂缝、井筒连续接力供气的局面。

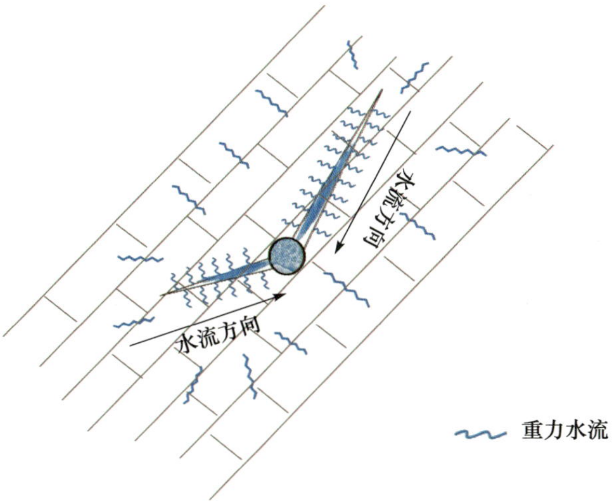

（a）平面图

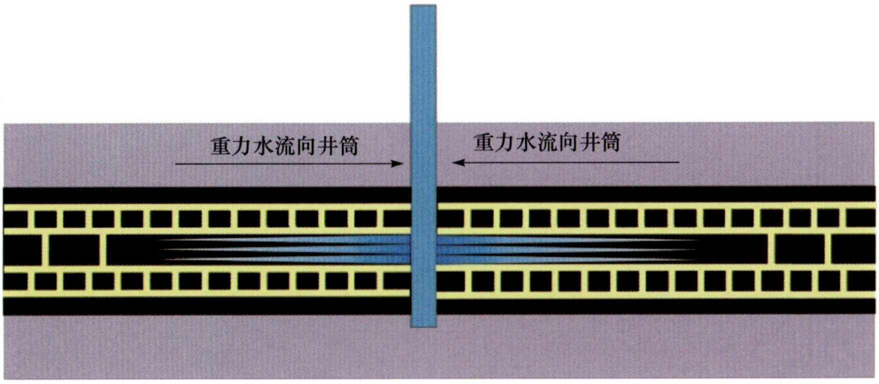

（b）剖面图

图 5.7 水流阶段煤层气井排采示意图

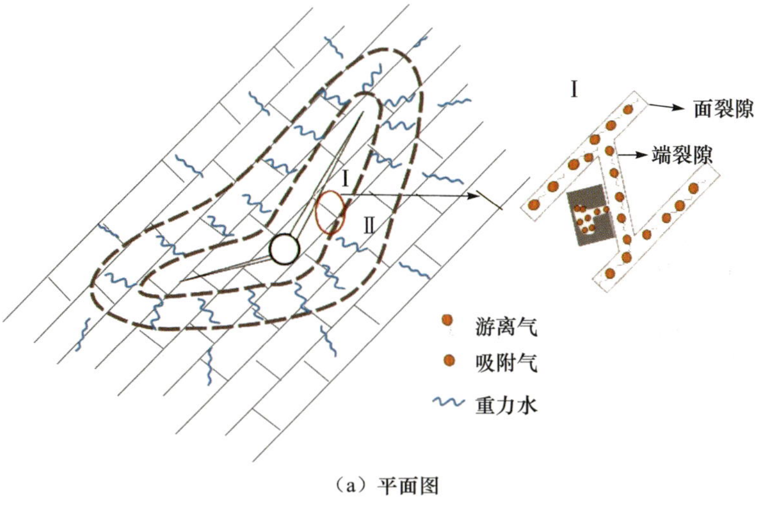

（a）平面图

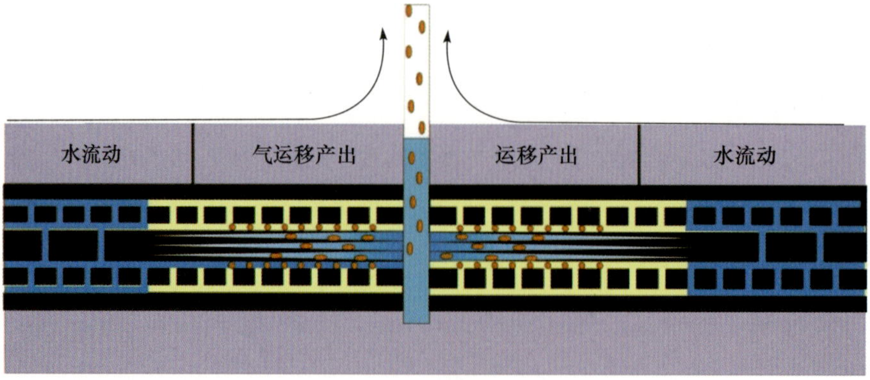

（b）剖面图

图 5.8　游离气、水溶气阶段煤层气井排采示意图

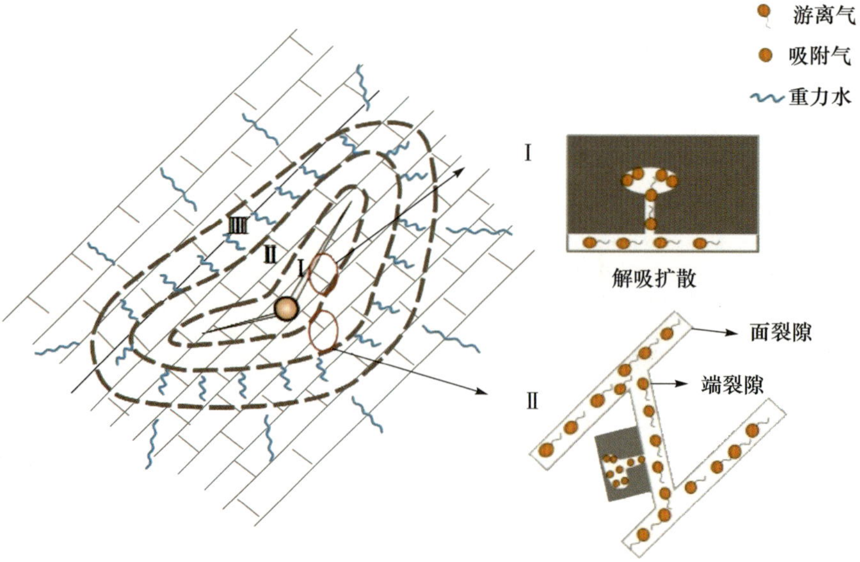

（a）平面图

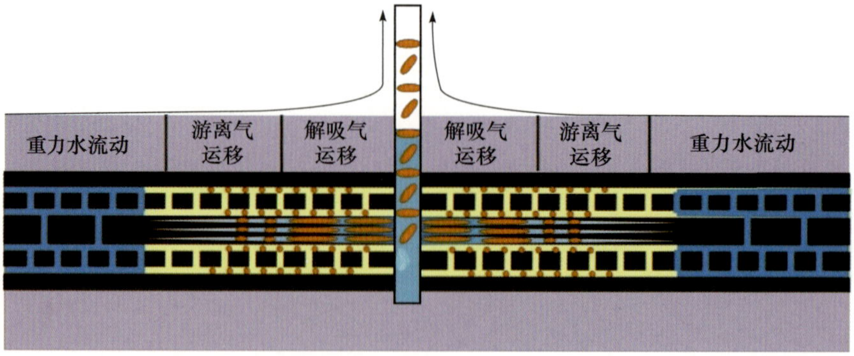

（b）剖面图

图 5.9　不稳定解吸阶段煤层气井排采示意图

二、煤储层不同尺度空间结构渗透率特征

为了得到不同尺度煤空间结构的渗透率特征，分别进行模拟人工裂隙、宏观裂隙发育煤样、显微裂隙发育煤样的渗透率对比实验和煤基质块的扩散实验。

（一） 人工裂隙渗透率

为了模拟人工裂隙渗透率，本书设计建造了“可视化多功能裂隙渗流模拟实验台”（获得国家发明专利，专利号为 ZL201010202288.2)。台面上开有多条横纵斜相互连通的进出流体裂隙通道，裂隙通道内设有预制裂隙块，各裂隙通道的裂隙通水（气）接口处分别设有与水泵（气源）构成循环通路的进出管线，进出管线连至流体传感器、压力传感器及控制阀门等组成的测试系统（图 5.10)，各裂隙通道两侧设有橡胶密封垫，并设有固定在橡胶密封垫上的透明盖板，在测量实验数据的同时，还能观察裂隙中流体的运移。

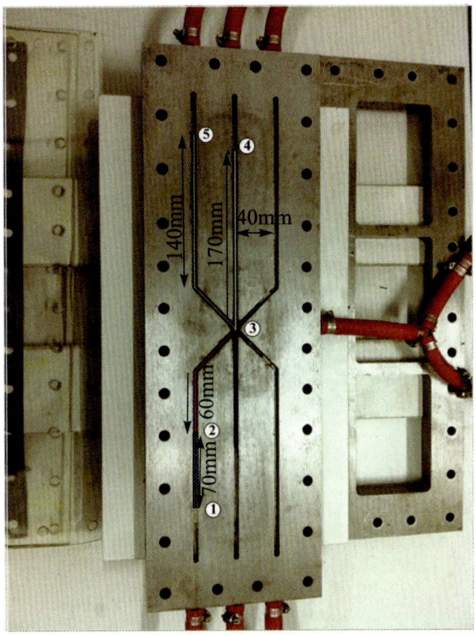

图 5.10 可视化多功能裂隙渗流模拟实验

裂隙宽度为 0.6mm 时，渗透率随压差波动小，幅度为 15%左右，平均渗透率为$15.7\times10^{-7}\mu m^2$；裂缝宽度为 0.6mm 时，平均渗透率是初始值的 14 倍，波动幅度为 15%左右。裂隙宽度为 0.15mm 的渗透率随压差波动较大，幅度达 30%，平均渗透率为 $1.55\times10^{-7}\mu m^2$。4 倍裂隙宽度（2～3 隙宽为 0.15mm；3～4 隙宽为 0.6mm）的渗透率增加了 10 倍（按 Darcy 流计算）（图 5.11)。

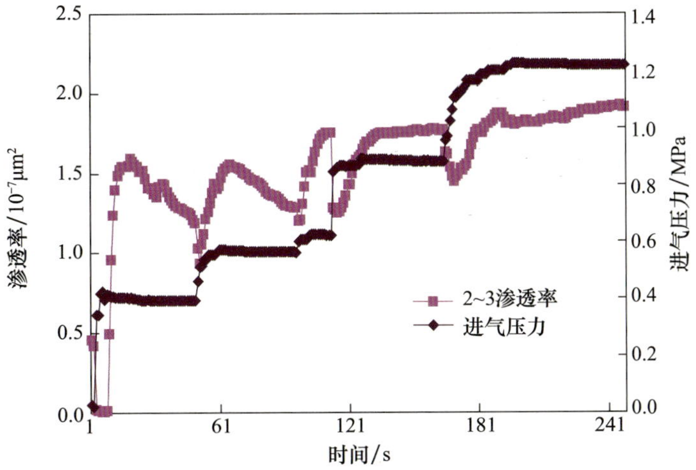

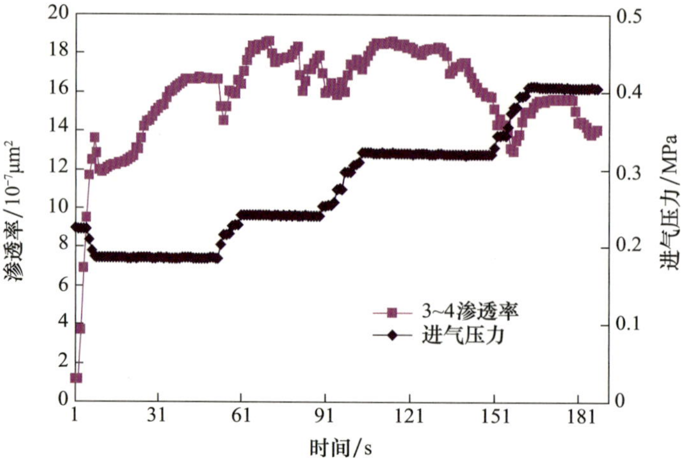

图 5.11　不同人工裂隙宽度渗流模拟实验

2～3：隙宽为 0.15mm；3～4：隙宽为 0.6mm

（二）宏观裂隙、显微裂隙渗透率

在裂隙发育（称为宏观裂隙煤样）[图 5.12(a)]、未见裂隙（称为显微裂隙煤样）[图 5.12(b)] 的煤样上顺层理方向钻取直径为 50mm、高为 100mm 的大圆柱样，在美国 Terra Tek 公司生产的全直径岩心流动仪（whole core flow system）上进行甲烷渗透率对比实验，表明宏观裂隙煤样、显微裂隙煤样甲烷 Klinkenberg 渗透率分别为 $3.801\times10^{-3}\mu m^2$、$0.034\times10^{-3}\mu m^2$（图 5.13），前者约是后者的 112 倍；水单相渗透率分别为 $0.205\times10^{-3}\mu m^2$、$0.015\times10^{-3}\mu m^2$，前者约是后者的 14 倍。

(a)　　(b)

图 5.12　宏观裂隙、显微裂隙渗透率对比实验煤样

（三）扩散实验

在中国石化石油勘探开发研究院无锡石油地质研究所对沁水盆地、鄂尔多斯盆地东

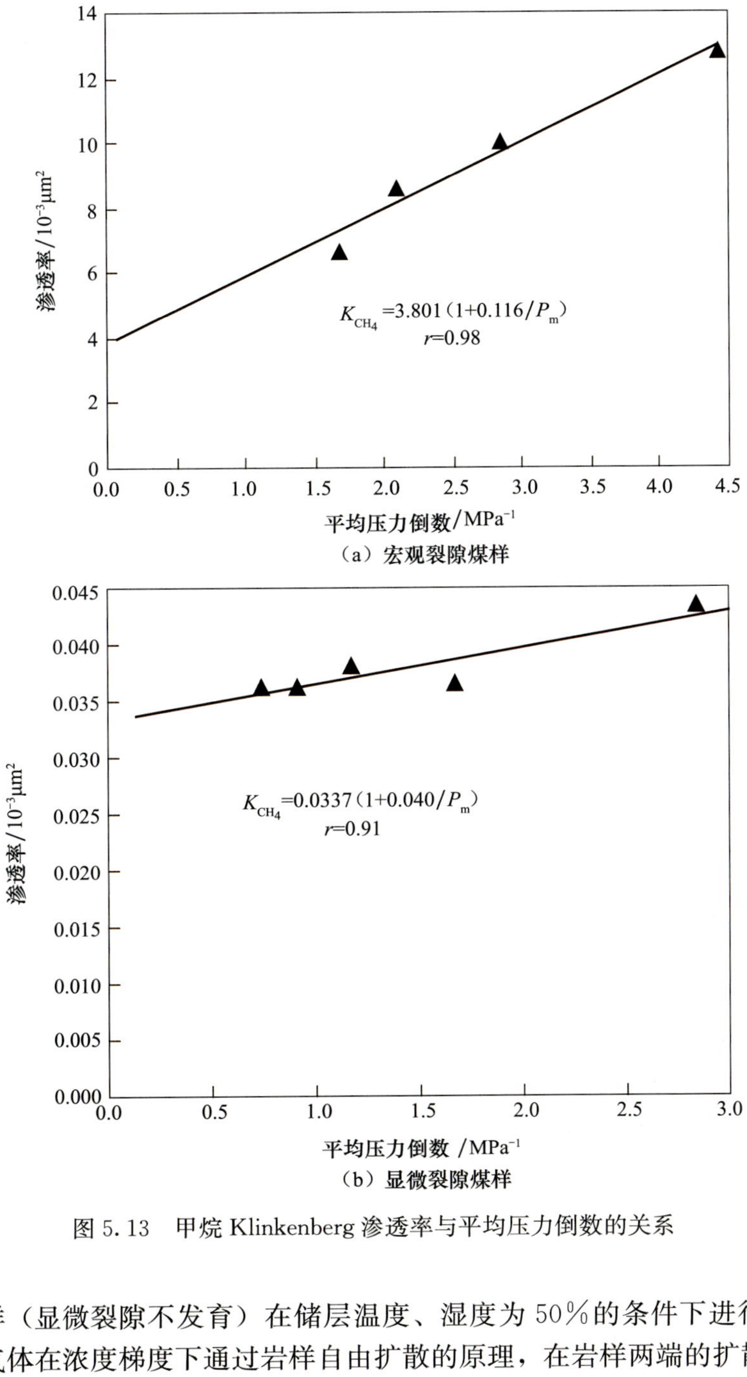

图 5.13 甲烷 Klinkenberg 渗透率与平均压力倒数的关系

部 6 件块煤样（显微裂隙不发育）在储层温度、湿度为 50%的条件下进行了扩散系数测试。根据气体在浓度梯度下通过岩样自由扩散的原理，在岩样两端的扩散室中，一端充入甲烷气体，另一端充入氮气，在恒温、恒压条件下，各组分气体的浓度随时间而变化，通过测试在不同时间两扩散室各组分气体的浓度，求得甲烷气体在岩样中的扩散系数（图 5.14）。结果表明沁水盆地煤样的扩散系数普遍高于鄂尔多斯盆地东部（表 5.1），就煤类而言，焦煤的扩散系数最高，是其他煤类 20 倍以上。

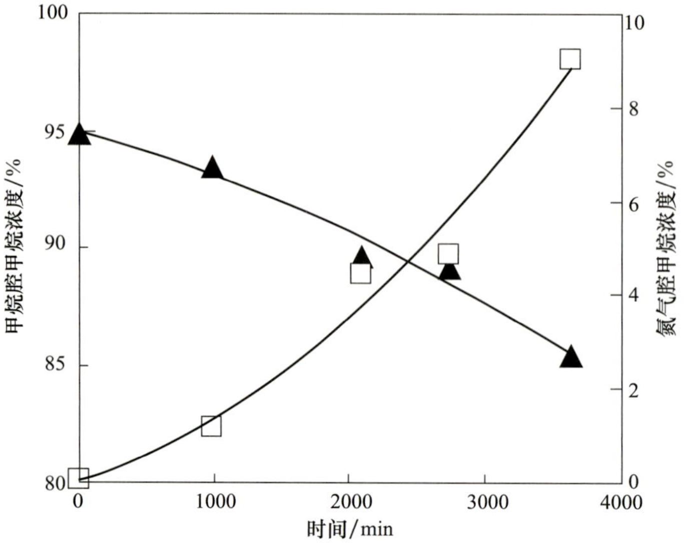

图 5.14　扩散室中甲烷、氮气浓度随时间的变化规律

表 5.1　不同煤类的扩散系数（圆柱样）特征表

煤矿	煤层	煤类	扩散系数/($10^{-5}cm^2/s$)
阳泉寿阳段王矿	15	焦煤	15.90
阳泉五矿	15	三号无烟煤	0.612
潞安屯留矿	3	贫煤	0.755
大宁-吉县	5	瘦煤	0.499
大宁-吉县	8	贫瘦煤	0.665
乡宁	2	贫煤	0.148

煤层气的扩散是气体分子从高浓度区向低浓度区的运动过程，据 Fick 定律，浓度梯度越高，扩散速度越大。因此，煤层含气量越高，甲烷浓度越高，若裂隙及时排出从孔隙中扩散出来的气体，从而保持较高的甲烷浓度梯度，则越有利于煤层甲烷的扩散。

三、三级流动数学模型

煤层气在地层中的运移规律具有很强的尺度依赖特性，从吸附态微孔中的扩散，再到裂隙中的渗流、管流等，流动形式与介质路径几何特征密切相关。从煤储层吸附中解吸到井口紊流基于路径的多尺度持续高效接力供气是煤层气井稳产高产的基本保证。三级流动模型建立的基本思想是：①煤层气解吸、扩散和渗流是一连续过程，即“接力供气”；②排水和采气同时进行，即渗流过程为两相流动，水气比例不断变化；③考虑煤基质变形、运移路径的动态变化。

（一） 孔隙内气体解吸-扩散方程

煤层气解吸量服从 Langmuir 等温吸附解吸方程：

$$C(P_g)=V_L\frac{P_g}{P_g+P_L} \tag{5.1}$$

式中，$C(P_g)$ 为解吸气体浓度；P_g 为气体压力；V_L 和 P_L 分别表示为 Langmuir 体积和 Langmuir 压力。

煤层气解吸后，由浓度差驱使，以 Fick 扩散形式进入小孔和中孔：

$$\frac{\partial C_m}{\partial t}=-\frac{1}{\tau}[C_m-C_m(P)] \tag{5.2}$$

解吸气体流量与浓度变化率存在以下关系：

$$Q_m=-\rho_{ga}\rho_c(1-\phi)\frac{\partial C_m}{\partial t} \tag{5.3}$$

式中，Q_m 为解吸气流量；ϕ 为孔隙度；ρ_{ga} 为煤层气在标准大气压的密度；ρ_c 为煤岩的密度。

理想气体密度压力关系为

$$\rho_g=\frac{P_g}{P_a}\rho_{ga} \tag{5.4}$$

式中，P_a 为标准大气压；P_g 为煤层中气体压力。

（二） 裂隙系统渗流方程

裂隙系统包含显微裂隙和宏观裂隙，它是气、水两相流体的储集空间和运移通道，其中气体流动满足 Darcy 定律：

$$\vec{v}_g=-\frac{kk_{rg}}{\mu_g}\nabla P_g \tag{5.5}$$

式中，k、k_{rg}分别为绝对渗透率和气体相对渗透率；$\vec{v}_g$ 为气体比流量；μ_g 为气体黏度；P_g 为气体压力。

气体质量连续性方程为

$$\frac{\partial m_g}{\partial t}+\nabla(\rho_g\vec{v}_g)+Q_m=0 \tag{5.6}$$

式中，游离气质量 $m_g=\rho_g\phi S_g$，ϕ、S_g 和 ρ_g 分别表示煤层裂隙孔隙度、气体饱和度和煤层气的密度。

将式(5.4)、式(5.5)代入式(5.6)中，得到气体连续性方程：

$$\frac{\partial}{\partial t}\left(\frac{P_g}{P_a}\rho_{ga}\phi S_g\right)+\nabla\left(\frac{P_g}{P_a}\rho_{ga}\frac{k_{rg}k}{\mu_g}\nabla P_g\right)+Q_m=0 \tag{5.7}$$

加入气体的汇相，得

$$\frac{\partial}{\partial t}\left(\frac{P_g}{P_a}\rho_{ga}\phi S_g\right)+\nabla\left(\frac{P_g}{P_a}\rho_{ga}\frac{k_{rg}k}{\mu_g}\nabla P_g\right)+Q_m=Q_g \tag{5.8}$$

同样，可以推导出水的连续性方程：

$$\frac{\partial}{\partial t}(\phi S_w)+\nabla\left(-\frac{kk_{rw}}{\mu_w}\nabla P_w\right)+Q_w=0 \tag{5.9}$$

式中，S_w、k_{rw}分别为水饱和度和水相相对渗透率；Q_w 为煤层气井的产水量；μ_w 为水黏度；P_w 为水压力。

为了完整地描述煤层气-水在储层中的运移过程，还需要辅助方程来完善数学模型：

$$S_w + S_g = 1 \tag{5.10}$$

$$P_c = P_g - P_w \tag{5.11}$$

式中，S_w 和 S_g 分别为储层中水和气的饱和度；P_g 和 P_w 为煤储层内的气相压力和水相压力；P_c 为毛细管压力值。

煤的变形控制方程为

$$Gu_{i,jj} + \frac{G}{1-2\nu}u_{j,ji} = \left[K_c \frac{\varepsilon_L P_L}{(P_g + P_L)^2} + \alpha\right]P_i \tag{5.12}$$

式中，G 是剪切弹性模量，$G=\frac{E}{2(1+\nu)}$，$\alpha=1-K_c/K_s$ 为 Boit 系数；ε_L 是吸附应变；$K_c=\frac{E_e}{3(1-2\nu)}$是煤的体积模量，其中 E_e 为煤有效弹性模量；$K_s=\frac{E_s}{3(1-2\nu)}$是煤基质的体积模量；$P$ 是孔隙压力；u 是煤岩的位移；ν 是煤岩的泊松比；E 是弹性模量。

煤层气解吸运移过程中，气/水压变化将导致基质孔/裂隙孔隙度和渗透率的变化，具体关系如下（滑脱比例小，此处暂不考虑滑脱效应）：

$$\phi = \frac{1}{1+S}[(1+S_0)\phi_0 + \alpha(S-S_0)] \tag{5.13}$$

$$\frac{K}{K_0} = \left(\frac{\phi}{\phi_0}\right)^3 = \left\{\frac{1}{1+S}\left[(1+S_0) + \frac{\alpha}{\phi_0}(S-S_0)\right]\right\}^3 \tag{5.14}$$

式中，$S=\varepsilon_v+\frac{P}{K_s}-\varepsilon$，$S_0=\varepsilon_{v0}+\frac{P_0}{K_s}-\varepsilon_{s0}$，其中 ε 为多相介质总体应变，ε_v 为孔隙体变形率，ε_{v0} 为初始孔隙变形率，ε_{s0} 为初始解吸体应变；ϕ_0 和 K_0 为初值孔隙度和渗透率；$P=S_wP_w+S_gP_g$，为孔隙压力；α 为 Boit 系数。

对式(5.13)求导，得孔隙度变化率

$$\frac{\partial\phi}{\partial t} = \frac{\alpha-\phi}{1+S}\left\{\frac{\partial\varepsilon_v}{\partial t} + \left[\frac{1}{K_s} - \frac{\varepsilon_L P_L}{(P_L+P_g)^2}\right]\frac{\partial P_g}{\partial t}\right\} \tag{5.15}$$

将式(5.15)代入式(5.7)和式(5.9)，再与式(5.12)、式(5.13)、式(5.14)式联立，整理可得动态排水采气控制方程为

$$\begin{cases} \left\{\phi S_g + P_g S_g \frac{\alpha-\phi}{1+S}\left[\frac{1}{K_s} - \frac{\varepsilon_L P_L}{(P_L+P_g)^2}\right]\right\}\frac{\partial P_g}{\partial t} + \nabla\left(-P_g\frac{k_g k_{rg}}{\mu_g}\nabla P_g\right) \\ = -\rho_c(1-\phi)P_a\frac{\partial C_m}{\partial t} - P_g S_g\frac{\alpha-\phi}{1+S}\frac{\partial\varepsilon_v}{\partial t} - \phi P_g\frac{\partial S_g}{\partial t} \\ \phi\frac{\partial S_w}{\partial t} + \left\{\frac{\alpha-\phi}{1+S}\left[\frac{1}{K_s} - \frac{\varepsilon_L P_L}{(P_L+P_g)^2}\right]\frac{\partial P_w}{\partial t} + \frac{\alpha-\phi}{1+S}\frac{\partial\varepsilon_v}{\partial t}\right\}S_w = \nabla\left(\frac{k_w k_{rw}}{\mu_w}\nabla P_w\right) \\ \phi = \frac{1}{1+S}[(1+S_0)\phi_0 + \alpha(S-S_0)] \\ \frac{K}{K_0} = \left(\frac{\phi}{\phi_0}\right)^3 = \left\{\frac{1}{1+S}\left[(1+S_0) + \frac{\alpha}{\phi_0}(S-S_0)\right]\right\}^3 \\ Gu_{i,jj} + \frac{G}{1-2\nu}u_{j,ji} = \left[K\frac{\varepsilon_L P_L}{(P_g+P_L)^2} + \alpha\right]P_{,i} \end{cases} \tag{5.16}$$

第二节 煤层气排采压力传播与控制

一、煤储层水系统及储层压力类型

煤储层水系统系指煤层气井排采时直接或间接供给煤层气井地下水的煤岩层组合。由煤储层、直接给水含水层和间接给水含水层组成。直接给水含水层在煤层气排采时，其所含地下水可直接流入煤储层或排采井；间接给水含水层，系指与直接给水含水层有水力联系的其他含水层。直接给水含水层、间接给水含水层与煤储层有较强水力联系的煤储层水系统，本书称之为“开放型”煤储层水系统；水力联系弱的称之为“封闭型”煤储层水系统。

煤储层压力可概括为气压型、水压型、水压与气压混合型（宋岩和张新民，2005；傅雪海等，2007）。气压型：属于封闭体系，储层压力为气压，煤层大多为构造软煤，含气量高、渗透性差，煤层气排采时压力传播速度慢、传播距离近。水压型：属于开放体系，储层压力为水压，储层压力可用地下水水头高度来直接计算，大多发育在低煤级煤地区，一般含气量低、渗透性好，煤层气排采时压力传播速度快、传播距离远。水压与气压混合型：属于半封闭体系，煤储层与其顶、底板含水层有较弱的水力联系，储层压力由水压与气压共同构成，煤层气排采时压力传播速度、传播距离受含水饱和度和含气饱和度共同控制（表 5.2）。

表 5.2 煤储层压力类型、特征及分布区

储层压力类型	储层特征				工程特征	分布区域
	含气量	煤体结构	渗透性	压力		
气压型	高	碎粒、碎粉	较差	气压	以应力封闭为主，压力传播缓慢	构造软煤发育地区
水压型	低	碎裂结构煤为主	好	水压	压力传播快	低煤级煤发育地区
水压与气压混合型	变化大	变化大	较好	气压与水压并存	压力传播变化大	沁南、河东等

二、排采阶段压力传播规律

选择位于“封闭型”煤储层水系统的沁南潘庄 QN01 井（水压与气压混合型，储层压力为 4.91MPa，临界解吸压力为 3.82MPa）（表 5.3），采用 COMET 3 对该井储层压力传播进行数值模拟。结果表明，当排采 40d 时，单井的有效解吸区和有效供气区（压降低于临界解吸压力）的半径为 40m；当排采 1500d 时，有效解吸区和有效供气区的半径为 150m（图 5.15）。因此，选择沁南高煤级储层间距为 300m×300m 是合适的。

表 5.3 QN01 井 3 煤储层参数表

煤厚/m	Langmuir 体积/(m^3/t)	Langmuir 压力/MPa	含气量/(m^3/t)	含气饱和度/%	储层压力/MPa	临界解吸压力/MPa	裂隙孔隙率/%	储层渗透率/mD
5.5	42.51	2.84	23.92	90.8	4.63	3.65	5.82	0.33

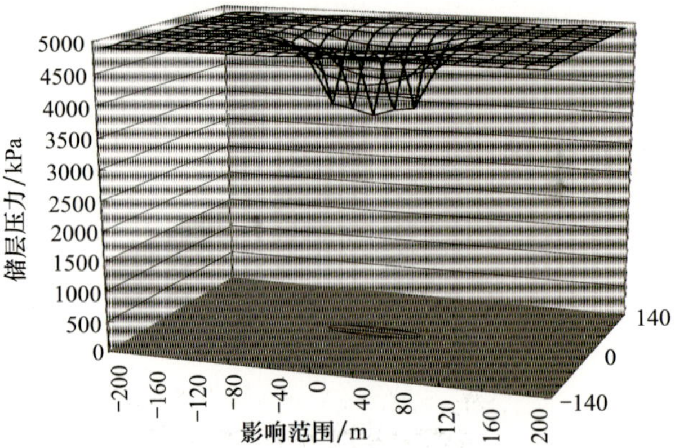

（a）40d

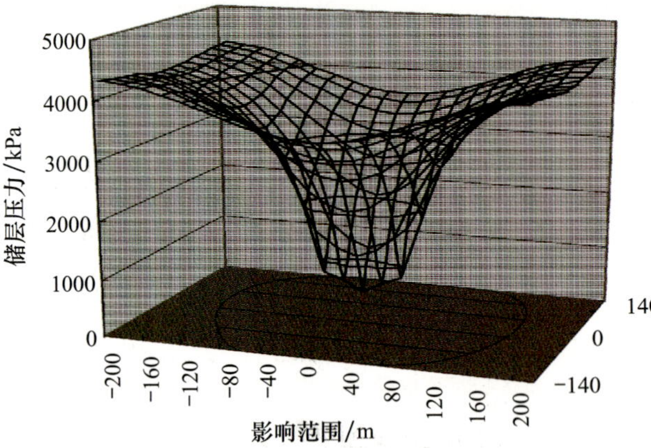

（b）1500d

图 5.15　QN01 井排采储层压力变化曲面图

模拟结果表明，不同排采阶段、距井筒不同距离，煤储层的压降速度（单位时间压力降低的程度）不同，排采初期井筒附近的下降速度快；离井筒越远，储层压力下降速率越慢。在排采约 500d 后，储层压力下降速度总体变缓，与前期相反，井筒附近储层压力下降速度慢于远离井口储层的下降速度（图 5.16）。

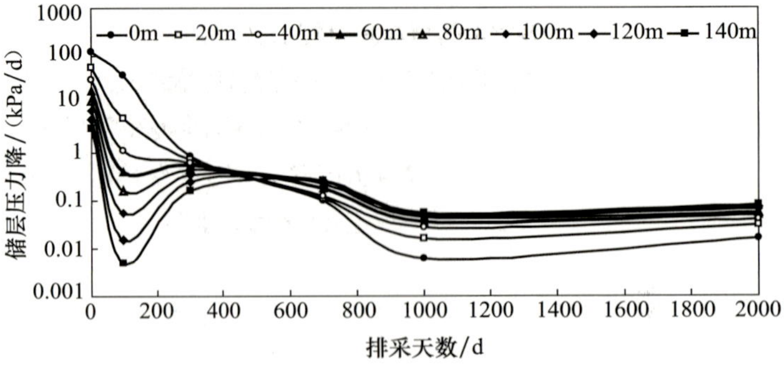

图 5.16　QN01 井不同排采时间、距井筒不同位置储层压力变化速率图

模拟排采初期至排采 100d 压降速率由井筒的 129.96kPa/d 呈指数形式快速降至影响半径 140m 处的 0.01kPa/d（图 5.17、表 5.4），即

$$\Delta V_{\mathrm{p}} = a\mathrm{e}^{-br} \tag{5.17}$$

式中，ΔV_{p} 为压降速率，kPa/d；r 为影响半径，m；a、b 均为拟合系数。

排采至 300d，压降速率由井筒的 0.82kPa/d 呈线性逐渐降至影响半径 140m 处的 0.16kPa/d；当排采 700d 后，压降速率随影响半径的增加而呈线性增大（图 5.17，表 5.4）。

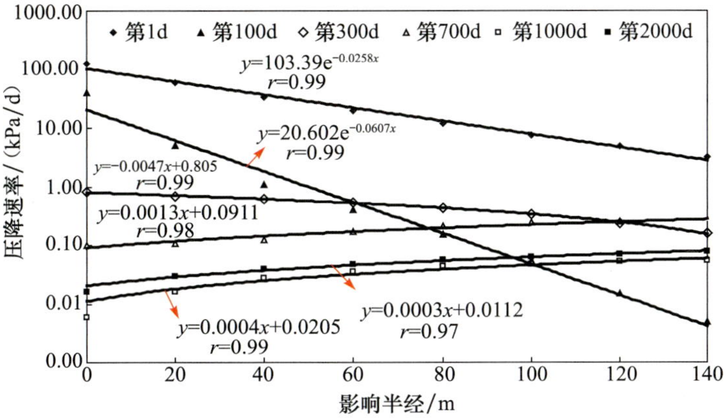

图 5.17 QN01 井距井筒不同位置储层压力变化速率图

表 5.4 排采过程中的压降速率变化表 （单位：kPa/d）

排采时间	井筒附近	20m	40m	60m	80m	100m	120m	140m
第 1d	126.96	60.49	33.23	19.63	12.02	7.54	4.84	3.22
第 100d	39.87	5.12	1.09	0.40	0.15	0.06	0.02	0.01
第 300d	0.82	0.69	0.62	0.53	0.44	0.34	0.24	0.16
第 700d	0.10	0.11	0.12	0.17	0.21	0.24	0.25	0.26
第 1000d	0.01	0.02	0.03	0.04	0.04	0.05	0.05	0.05
第 2000d	0.02	0.03	0.04	0.05	0.06	0.06	0.07	0.08

同一排采距离储层压力随排采时间呈对数下降（图 5.18，表 5.5）、同一排采时间储层压力随排采距离呈多项式关系，三次式拟合程度高于二次式，相关系数均在 0.98 以上。

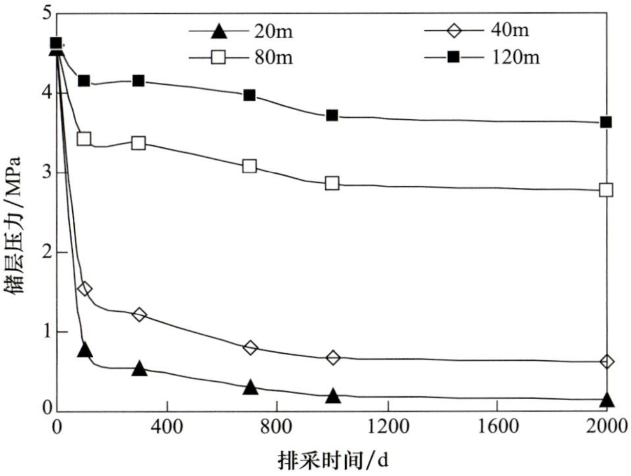

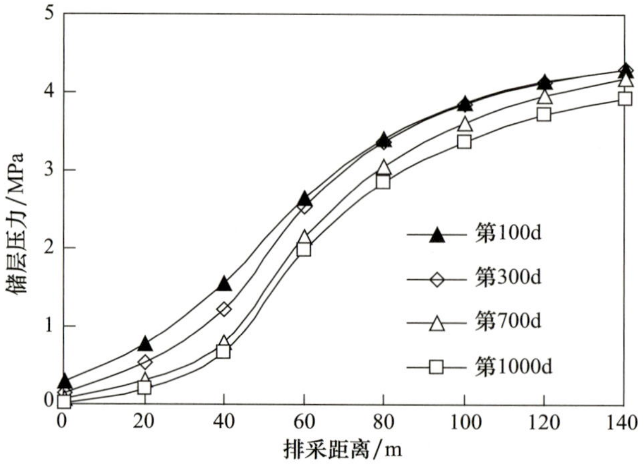

图 5.18　储层压力与排采时间、排采距离的关系

表 5.5　储层压力与排采时间、排采距离的关系

储层压力与排采时间（t）的关系			储层压力与排采距离（x）的关系		
t	拟合公式	r	x	拟合公式	r
20	$y=-0.6031\ln t+4.2453$	0.97	100	$y=-0.0001x^2+0.0509x+0.0433$	0.99
				$y=-2\times10^{-6}x^3+0.0003x^2+0.0255x+0.2372$	1.00
40	$y=-0.5448\ln t+4.4231$	0.99	300	$y=-0.0001x^2+0.0517x-0.1808$	0.99
				$y=-3\times10^{-6}x^3+0.0005x^2+0.0175x+0.08$	0.99
80	$y=-0.2431\ln t+4.6175$	0.99	700	$y=-8\times10^{-5}x^2+0.0443x-0.2944$	0.98
				$y=-4\times10^{-6}x^3+0.0007x^2+0.0026x+0.0241$	1.00
120	$y=-0.124\ln t+4.6818$	0.95	1000	$y=-7\times10^{-5}x^2+0.0421x-0.3583$	0.99
				$y=-4\times10^{-6}x^3+0.0007x^2+0.0016x-0.049$	1.00

三、排采压力控制下的各阶段的解吸、流动规律

（一）水流阶段

排水降压开始后，压降由压裂裂缝向宏观裂隙逐渐传递，煤储层中的裂隙水开始流动，从井口往储层内部呈类似的“漏斗式”压降（图 5.19），水在端裂隙和面裂隙交界处速度会发生明显的增加（图 5.20），在基质块中，由于基质微孔的孔径很小，煤储层的压力基本保持不变。

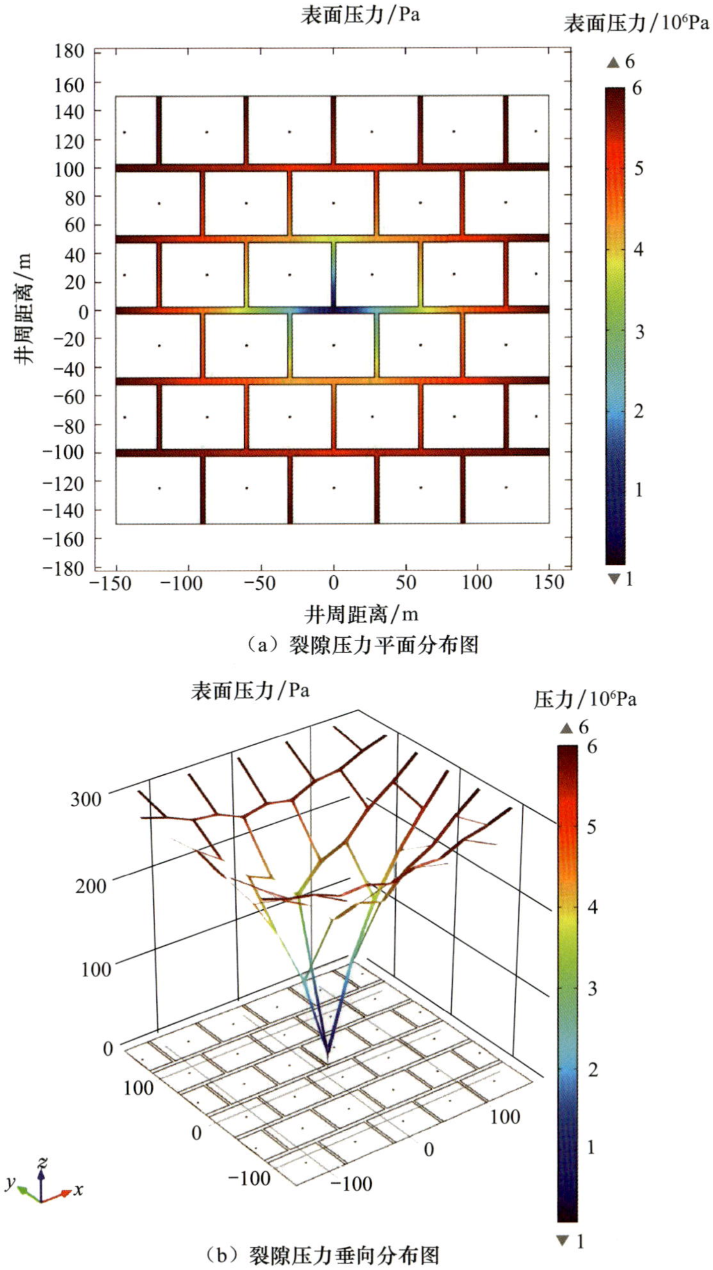

(b) 裂隙压力垂向分布图

图 5.19 裂隙压力图

水流阶段持续 1～4 个月，最长达 802d（表 5.6，不完全统计，下同），随煤储层水系统内水的排出，储层压力沿压裂裂缝、宏观裂隙方向逐渐降至产气压力（表 5.6），没有套压，只有水流，水雷诺数为 0～24492（在钻孔中雷诺数 $Re<2320$，可以认为是层流；$Re>2320$，可以认为是湍流。即产水量少于 $17m^3/d$ 为层流，大于 $17m^3/d$ 为湍流），无煤层气解吸。日产水量最大达 $180m^3$，一般为 $5～20m^3$，降液速度一般为 10～12m/d。

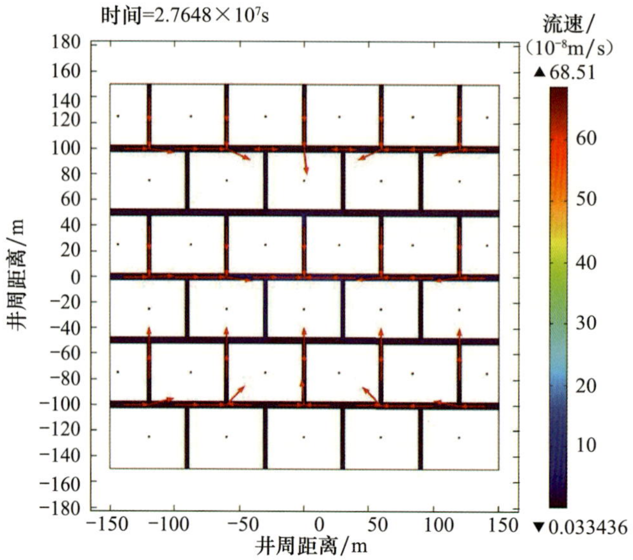

（a）水流速度平面分布图

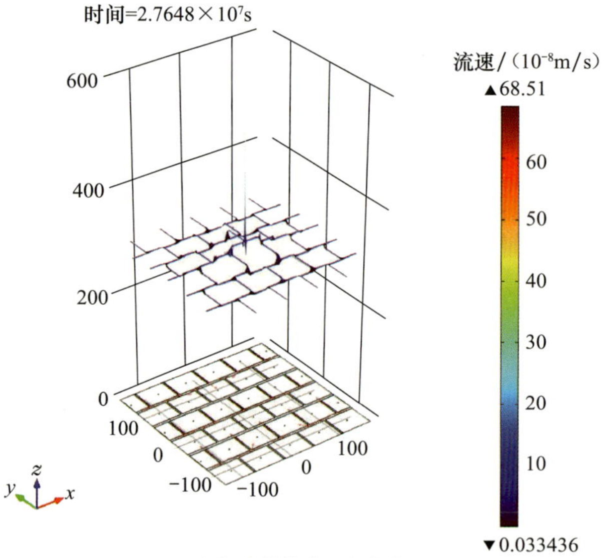

（b）水流速度垂向变化图

图 5.20　水流速度分布图

表 5.6　直井排采过程中压力、解吸、渗流特征

阶段		持续时间	压力	套压/MPa	解吸	流动特征（雷诺数）
Ⅰ		1～4 个月	储层压力	0	无解吸	0～24492（水）
Ⅱ	Ⅱ1	5～7 个月	产气压力	0.3～1.9/1.0	无解吸	0.696～13.392（气）
	Ⅱ2	7～9 个月	临界解吸压力	0.2～1.6/0.8	波动解吸	0～8.0355（气）
Ⅲ		10 个月～5 年	废弃压力	0.2～1.1/0.3	稳定解吸	2.678～42.346（气）
Ⅳ		6～10 年		0	递减解吸	0.696～13.392（气）

注：斜杠之后的数据为平均值。

（二） 不稳定解吸阶段

不稳定解吸阶段，压力降至临界解吸压力附近，煤层气开始从煤基质块微孔中解吸，通过基质块孔隙扩散到裂隙中，裂隙和孔隙之间的压力差尚未达到平衡，基质微孔中的煤层气解吸、扩散运移到裂隙系统的流量呈现不稳定状态。该排采阶段一般采取憋压和控压的方式进行，憋压阶段模拟结果表明煤层气从基质块向裂隙扩散，由于产水量降低、套压增加，压降范围变化不大（图 5.21）。

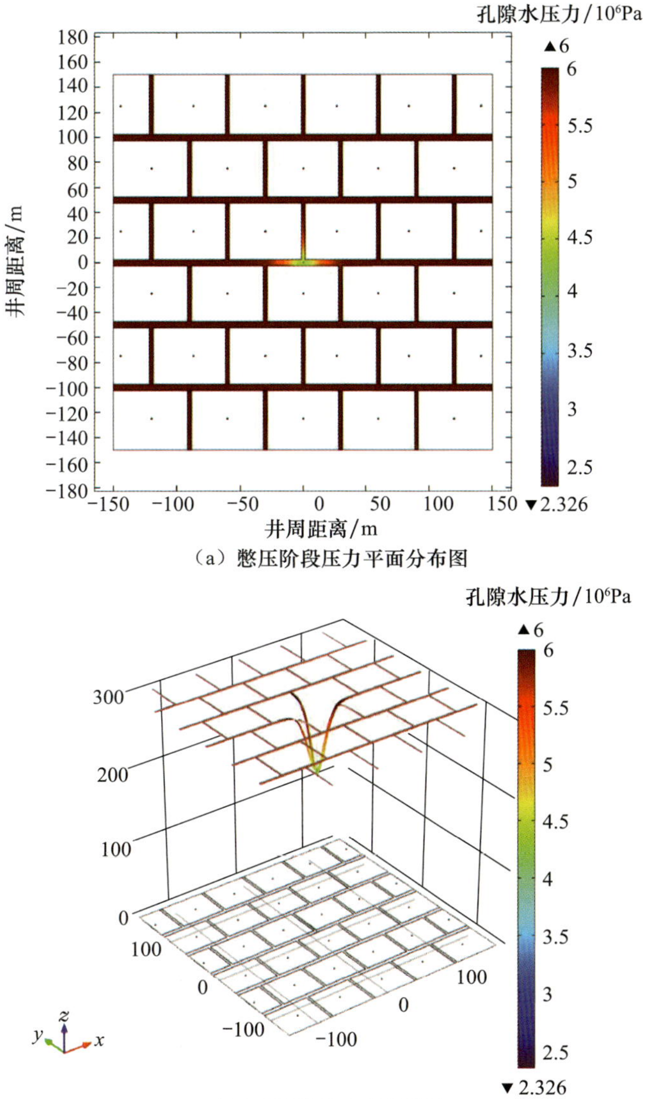

（a）憋压阶段压力平面分布图

（b）憋压阶段垂向压降图

图 5.21　憋压阶段裂隙中压力变化图

憋压阶段结束后，模拟 0.02MPa/d 的压降速率控压，结果表明煤储层解吸能力强，解吸区域不断扩大，从基质块向裂隙扩散的煤层气浓度增加（图 5.22），产气量呈现波动变化。

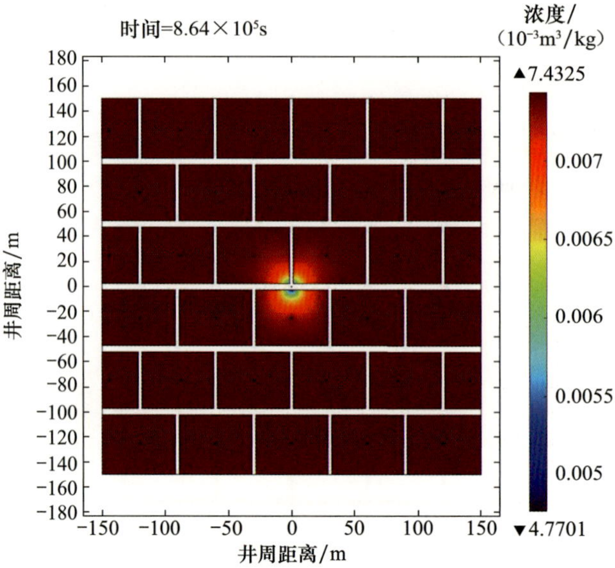

(a) 控压阶段基质块浓度平面分布图

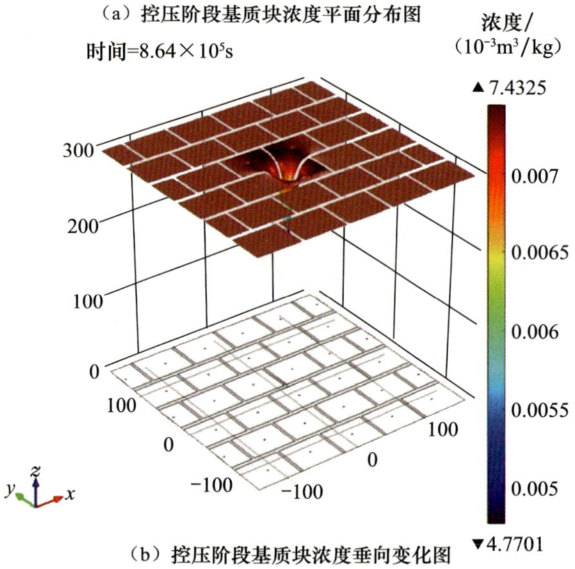

(b) 控压阶段基质块浓度垂向变化图

图 5.22 控压阶段基质浓度分布图

实际产气压力略大于理论临界解吸压力。因此，在煤层气解吸前存在游离气与水溶气产出，该阶段又可划分为两个次阶段，即游离气、水溶气阶段和波动解吸阶段。游离气、水溶气阶段一般持续 1～2 个月，最长达 140d，压力由产气压力逐渐降至临界解吸压力（表 5.6），套压为 0.3～1.9MPa，平均为 1.0MPa，无煤层气解吸；日产水量最大达 $40m^3$，一般为 1～$10m^3$，降液速度一般为 0.5～$3m^3/d$，累计排水量一般为 30～$300m^3$；日产气量一般为 800～$2800m^3$，出现第一个短期产气高峰；气雷诺数为 0.696～13.392，主要为 Darcy 线性渗流。波动解吸阶段：该阶段持续 1～3 个月，最长达 410d（表 5.6），煤层气开始解吸阶段；日产水量一般低于 $2m^3$，动液面一般置于煤层顶板附近；日产气量一般为 600～$1500m^3$；井底压力在临界压力附近，套压为 0.2～

1.6MPa，平均为 0.8MPa（表 5.6）；气雷诺数为 0～8.0355，为 Darcy 线性渗流。

（三） 稳定解吸阶段

由于煤层气不断从煤层中开采出来，煤层内部压力和浓度基本达到平衡。煤基质块内扩散系数几乎一致，扩散速度也相差不大（图 5.23），解吸、扩散、运移量持续在稳定范围之内。

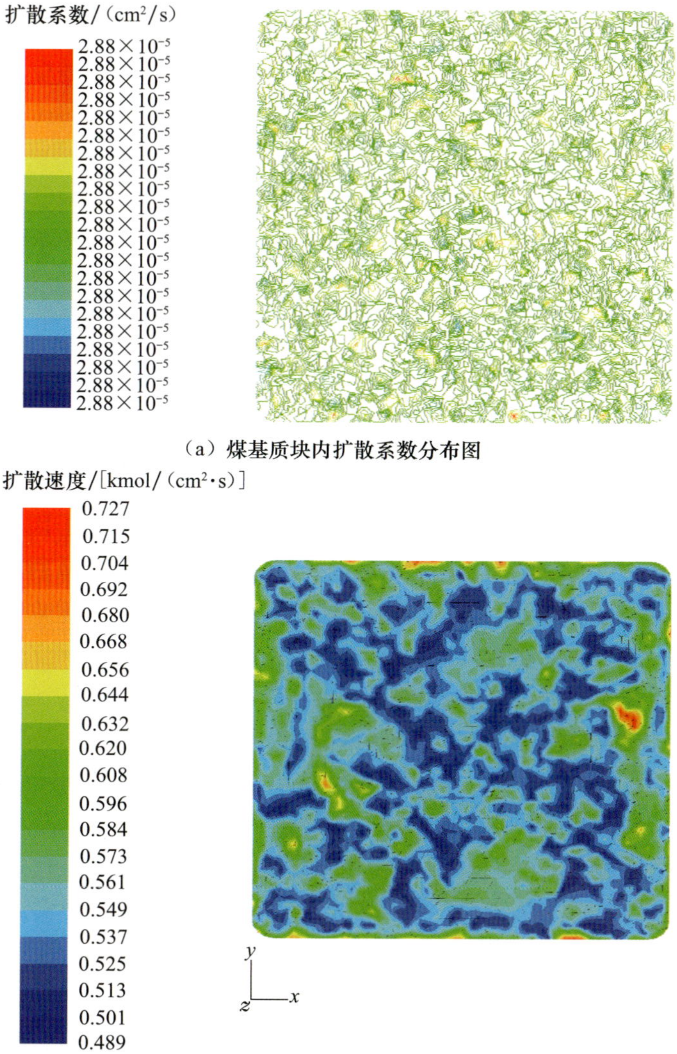

（a）煤基质块内扩散系数分布图

（b）煤基质块扩散速度分布图

图 5.23 稳定解吸阶段煤基质块扩散系数与扩散速度分布图

该阶段持续时间 5 年左右；出现第二个长期稳定的产气高峰，日产气量极值为 800～12648m^3，一般为 1600～3700m^3，平均为 2500m^3 左右；产水量很低；动液面位于煤储层之下；井底压力介于临界压力至废弃压力之间，套压为 0.15～1.10MPa，平均为 0.30MPa（表 5.6）；气雷诺数为 2.678～42.346，为 Darcy 线性或非线性渗流。

（四）衰减阶段

由于煤层气不断从煤层中采出，煤层内部压力不断降低，各处的压差逐渐变小，解吸的煤层气量逐渐减少，储层各处的煤层气浓度梯度也减小，煤层气的扩散变缓慢。

该阶段持续时间 5 年左右，日产气量极值为 200～800m^3，一般为 300～500m^3，平均为 500m^3 左右；几乎不产水；动液面位于煤储层之下；井底压力在废弃压力附近，几乎没有套压（表 5.6）；气雷诺数为 0.696～13.392，主要为 Darcy 线性渗流。

第三节　煤层气井排采优化方案

地面原位煤层气开发实际上是排水降压采气过程，煤层气井产量受控于排采制度，排采制度是煤层气生产中的关键环节。排采制度的调整取决于产气量、产水量、液面深度、井口套压、井底流压等排采动态参数。初期排水速度过快，产气量低，初期排水速度过慢，后期强排，产气量低；排水阶段最大产水量过高，气产量衰减较快，最大产水量过低，峰值气产量出现很晚；停排后重启，产气量低；套压下降过快，不稳定解吸阶段时间长，稳定解吸阶段变短，控压持续时间短，产气量低。根据煤层气井不同排采阶段储层动态参数变化，采取不同的排采制度，可以达到优化排采方案，指导煤层气井持续、稳定生产的目标。

一、排采制度对产能的影响

（一）初期排采速率

初期排采速率过快，井筒附近的流体会以较高的速度和较大流体压差流向井筒，有效应力快速增加，裂缝过早闭合，渗透率降低，无法将压力传播到更远处，造成降压漏斗得不到充分扩展，排采半径得不到有效延伸，在井筒附近很小范围内形成有效降压，有效排采半径变得很小。气井产气量在达到高峰后，由于气源的供应不足而急剧下降，无法长期持续生产，甚至停产。如 G8-8 井排采初期排采强度较大（产水量最高达 14.9m^3/d），日均产气量低，后期不产气（图 5.24）；相似地质条件下的 G8-9 井，排采初期最大排水强度为 7.4m^3/d，日均产气量达到 4662m^3/d（图 5.25），远高于 G8-8 井的产气量。

（二）初期缓排后期强排

初期泵量少，后期强排，煤层气井产能低。例如，HP3-16 井在排采初期排水量少于 1m^3/d，长时间未产气，加大排水力度（最高达 15.2m^3/d）至第 145d 开始产气，随着强排进行，产气量直线下跌，日均产气量维持在 100m^3/d 左右，甚至不产气，随着排采强度的不断变化，该井始终没有出现高的产气量（图 5.26）。而相似地质条件下的 HP4-20 井在排采初期排水量为 2m^3/d 左右，最高排水量在第 169d 时达到 7.2m^3/d，该井在第 128d 时开始产气，在第 214d 时产气量超过 1000m^3/d，随着排采的不断进行，产气量一直较高，并且持续稳定（图 5.27）。排采初期泵量较少，有效应力降低缓慢，

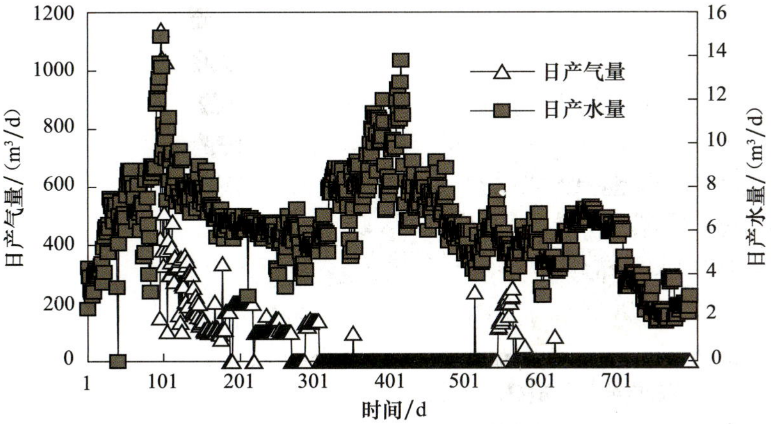

图 5.24 G8-8 井产气与产水关系图

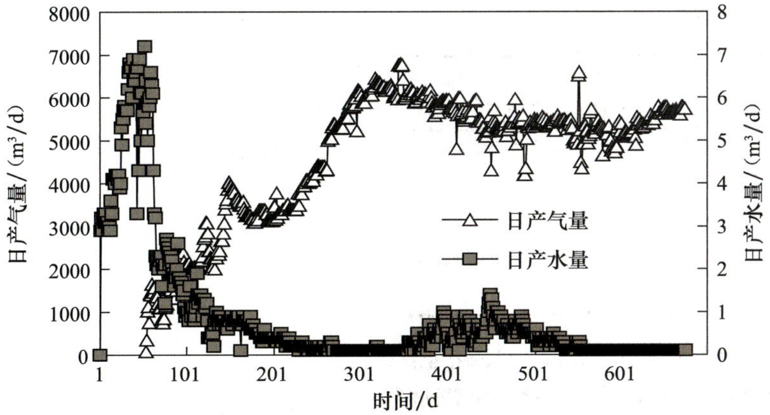

图 5.25 G8-9 井产气与产水关系

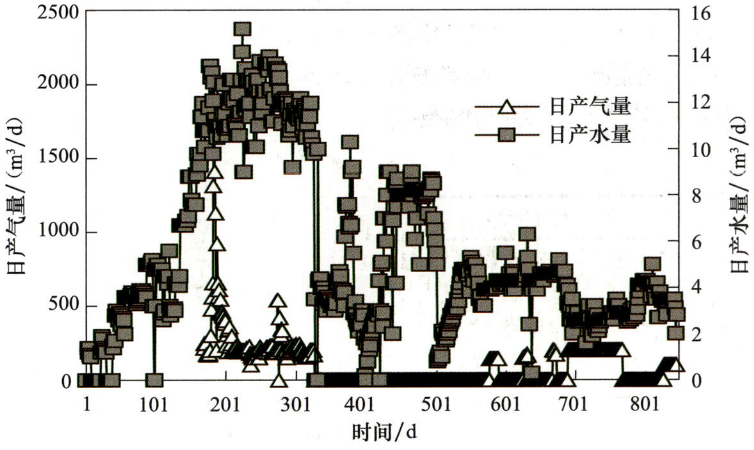

图 5.26 HP3-16 井产气与产水关系图

没有达到煤层气临界解吸压力，随着排采强度的突然持续加大，动液面的快速下降，造成临井地带裂缝因有效应力的快速增加而过早闭合，产气量不高，甚至不产气。

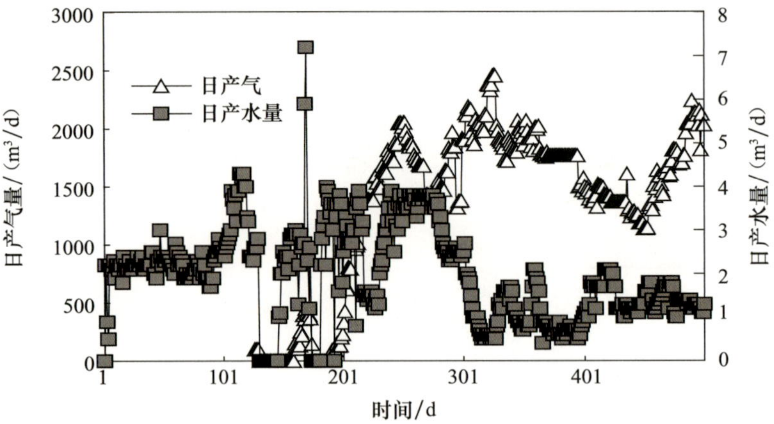

图 5.27　HP4-20 井产气与产水关系图

（三） 间歇性排采

连续排采有利于煤层气产能稳定，间歇性排采不但影响煤层气井排水时间，甚至会引起煤层气井产能下降甚至不产气。如 HP1-39 井在排采第 177d 时开始产气，产气量为 $200m^3/d$，在排采第 205d 时该井停止排采，产水与产气均停止，在排采第 216d 时继续排采，产水量为 $0.9m^3/d$，此时仍未产气，到排采第 330d 时又停止排采，到排采第 350d 继续排采，产水量为 $3.8m^3/d$，可产气仍未开始，到排采 522d 时又停止排采，直到排采第 673d 继续排水，该井始终未产气（图 5.28）。而相似地质条件下的 HP1-38 井在排采第 144d 时开始产气，在排采期间未出现停排现象，该井的产气量较稳定，最高产气量达到 $4614m^3/d$（图 5.29）。

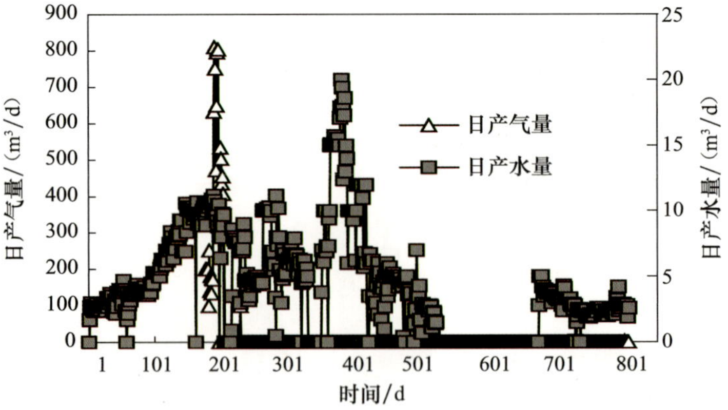

图 5.28　HP1-39 井产气与产水关系图

（四） 控压时间

延长控压时间将更有利于降压漏斗的扩展，待降压漏斗扩展充分后再开始新一轮降压，最大限度地提高泄压体积，可以使煤层气的解吸范围增大，从而使更多的煤层气从

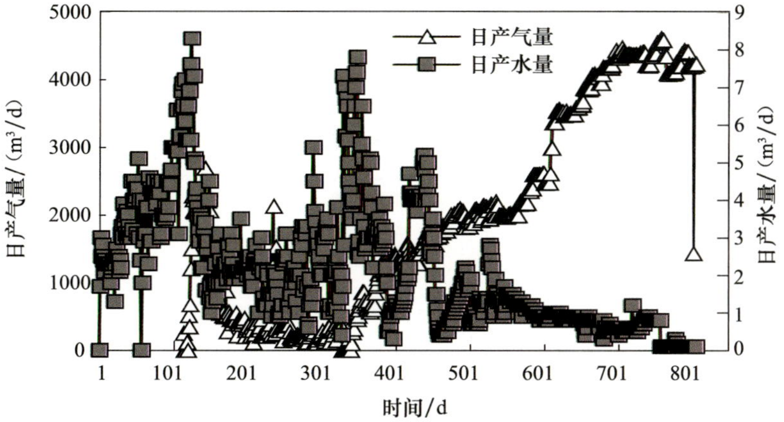

图 5.29 HP1-38 井产气与产水关系图

煤层中解吸出来，可以提高煤层气单井的采收率，获得持续时间更长的煤层气单井产量，同时煤粉迁移和裂隙吐砂的现象还可得到缓解，并减轻对井筒的伤害。

沁南某井套压到 0.4MPa 就开始产气，后期套压波动，大多为 0.2MPa 左右，产气量大多为 200m³/d 左右（图 5.30）。到 2012 年 3 月 5 日至 5 月 23 日憋压两个多月，套压上升到 1.4MPa 后再产气，产气量突破了 1800m³/d（图 5.30）。

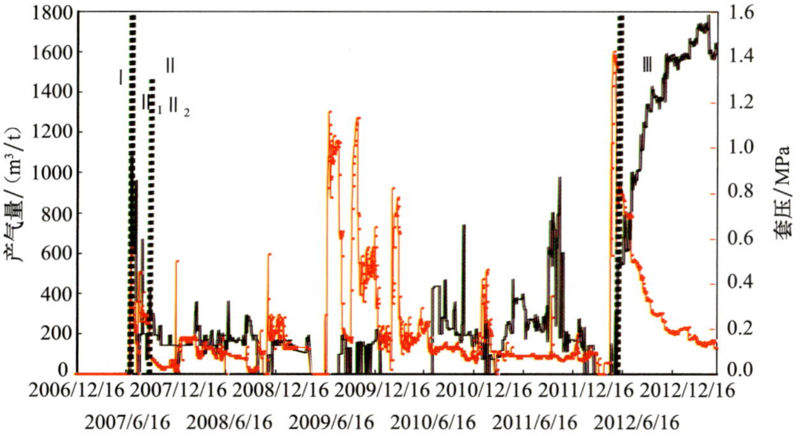

图 5.30 排采各阶段套压与产气量变化曲线

二、不同压力下煤层气井排采的流体效应

为了揭示不同压力（套压、液面高度、井底压力）控制下的煤层气排采效应及机制，选取一口排采时间较长且产气有代表性的井，分析其在各个排采阶段的压力与产能的关系。

HX1-8 井已排采 2300 多天，水流阶段井底压力持续降低，不稳定解吸阶段维持在临界解吸压力附近，稳定解吸阶段稳定在 0.8～0.3MPa；套压从 1.4MPa 连续下降到 0.1MPa（图 5.31，除 2010 年 5 月 6 日异常值为 0.74MPa 外）。

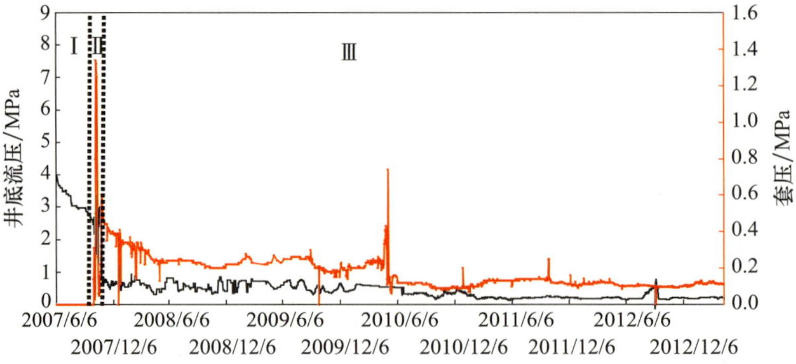

图 5.31　HX1-8 井各排采阶段井底压力变化图

（一） 液面高度与套压、井底压力的关系

在 HX1-8 井的整个排采阶段中，井底压力随液面高度（液面至 3 号煤层底板的高度）的降低而降低（图 5.32）。当液面高于 3 号煤层 20m 以上时，套压随液面高度的降低呈现增大的趋势（图 5.33）；当液面降至 3 号煤层 20m 左右时，套压变化较大。因此，在煤层气井早期排采过程中，可以通过控制液面深度来调整套压和井底压力。

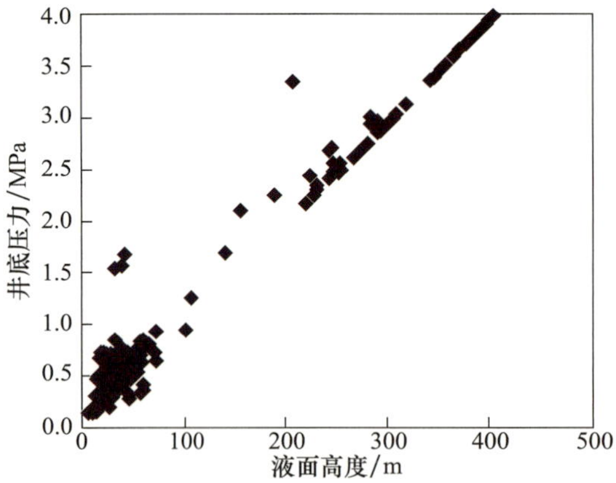

图 5.32　井底压力与液面高度的关系

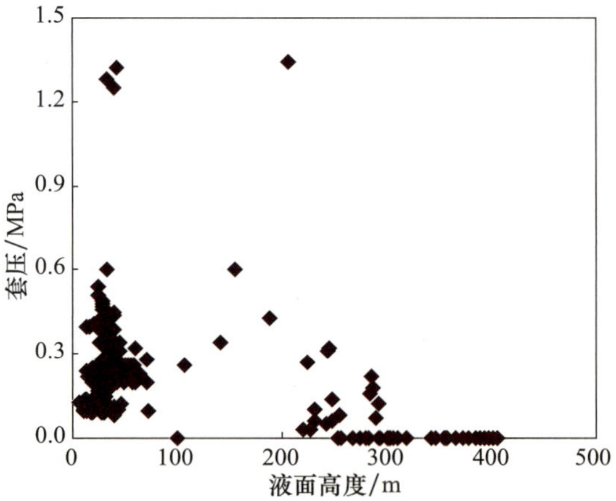

图 5.33　套压与液面高度的关系

（二） 产气量、产水量与液面高度的关系

在整个排采阶段中，当液面高于 3 号煤层 20m 以上时，产气量随液面高度的降低而升高，产水量随液面高度的降低而减少；当液面降至 3 号煤层 20m 左右时，产气量变化很大，产水量在 5.5m^3/d 以下（图 5.34、图 5.35）。

液面下降快，气井见气早。但降压快，煤岩容易发生压敏效应，导致井筒附近煤层渗透率降低，致使气井产气量相对较低。液面下降慢，降压缓慢，气井见气时间晚，但生产相对比较稳定，容易获得高产。因此，在煤层气井排采早期，要充分了解气井煤层产液规律和产量，建立产液动态平衡，保证液面稳定缓慢下降，保持合理的套管压力。

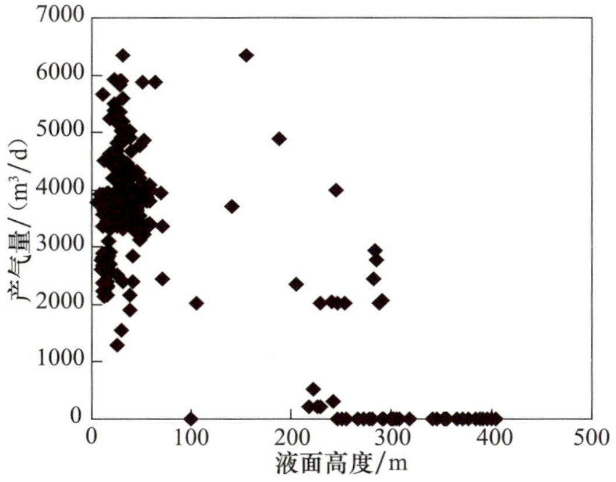

图 5.34 产气量与液面高度的关系

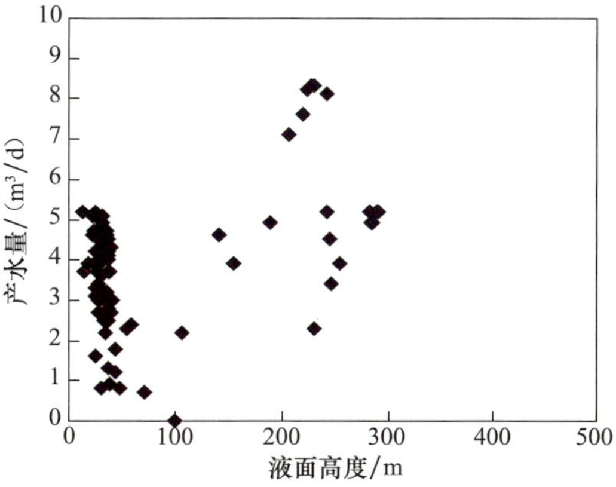

图 5.35 产水量与液面高度的关系

（三） 产气量与套压的关系

排采资料统计表明套压与产气量在不同排采阶段，二者之间的关系不同。在不稳定解吸阶段，套压与产气量之间为正相关关系［图 5.36(a)］，由于控压呈现出两条线性关系；在稳定解吸阶段，二者之间关系不明显［图 5.36(b)］。

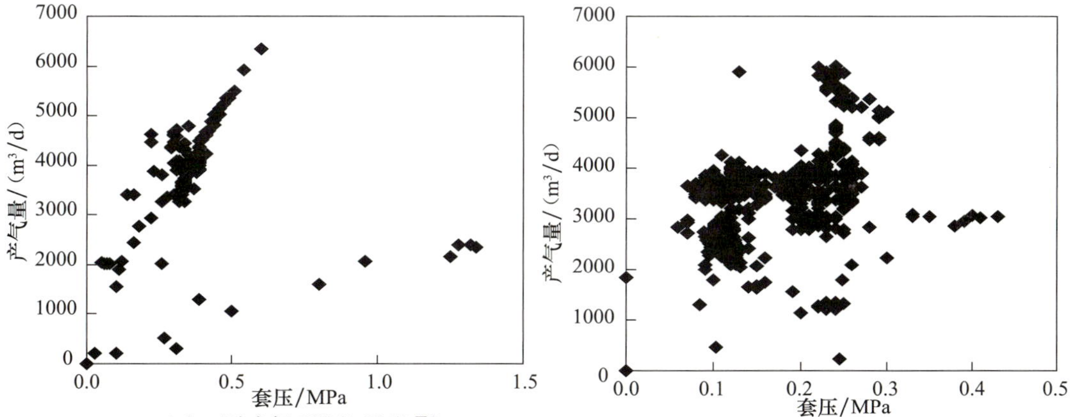

（a）不稳定解吸阶段（阶段Ⅱ） （b）稳定解吸阶段（阶段Ⅲ）

图 5.36 产气量与套压关系图

（四） 产气量与井底压力的关系

井底压力由三部分组成，即套压、液面压力（井筒液面至井口区段中气柱重和气自液面至井口的环空中的摩阻损失）及水气混合液柱压力。井口套压可通过压力计直接测量；液面压力（P'_d）可用井底压力式(5.18)来计算；水气混合液柱压力（$P_{流}$）可通过产气量相近、排水量相当［式(5.19)］，套压和液面深度有显著变化的两个稳定段井底压力相等的方法计算得到［式(5.20)］。

$$P'_d = P_t e^{1.293\times10^4 rh} \tag{5.18}$$

$$P_{流} = \rho g h \tag{5.19}$$

$$P_d = P_t + P'_d + P_{流} \tag{5.20}$$

式中，P_d 为井底压力；P_t 为套压；P'_d为液面压力；$P_{流}$ 为水气混合液柱压力；ρ 为气水混合液平均密度；h 为储层中心深度与液面深度之差；r 为天然气相对密度。

根据 HX1-8 井的生产资料，井底压力的计算结果如表 5.7 所示。

表 5.7　井底压力计算结果表

序号	套压 P_t /MPa	产气量 Q /(m³/d)	液面深度 h /m	液面压力 P'_d /MPa	平均产气量 Q' /(m³/d)	气水混合液柱密度 /(g/mL)	井底压力 P_d /MPa
1	0.26	3260	472	0.261	3260	0.53	0.55
	0.34	3260	487	0.341			
2	0.25	4368	508	0.2503	4383	0.33	0.31
	0.24	4398	505	0.2404			
3	0.26	3801	476	0.261	3937.5	0.24	0.38
	0.31	4074	496	0.3107			
4	0.34	3739	495	0.3408	3770	0.42	0.47
	0.26	3801	476	0.261			
5	0.24	6019	519	0.2401	6010.5	0.11	0.25
	0.22	6002	501	0.2204			
6	1.28	2391.8	494	1.2830	2397.1	0.792	1.53
	1.32	2402.4	499	1.3226			

通过不同产气量条件下的气水混合液柱密度计算可以获得气水混合液柱密度与产气量的变化关系曲线（图 5.37），进而通过气水混合液柱的压力计算得出井底压力。

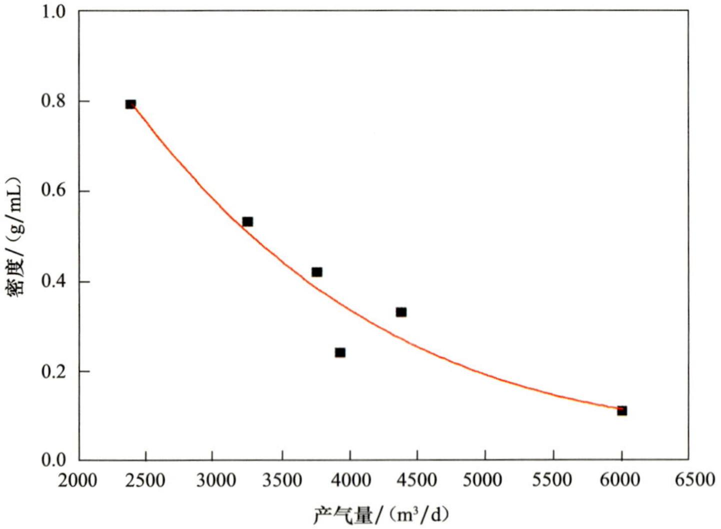

图 5.37　气水混合液密度与产气量关系

当液面高于3号煤层20m以上时，动液面和套压之间具有相互调整的变化关系，彼此消长，二者的共同作用导致井底压力的变化，从而影响产气量的变化。虽然井底压力与产气量关系不明显（图5.38），但是在排采时要分级逐次降低煤层气井的井底压力，使每一级降压都持续一定的时间，使降压漏斗得到充分的扩展，最大限度地提高泄压体积，也就可以使煤层气的解吸范围增大，从而使更多的煤层气从煤层中解吸出来，进而可以提高煤层气单井的采收率，获得持续时间更长的煤层气单井产量。

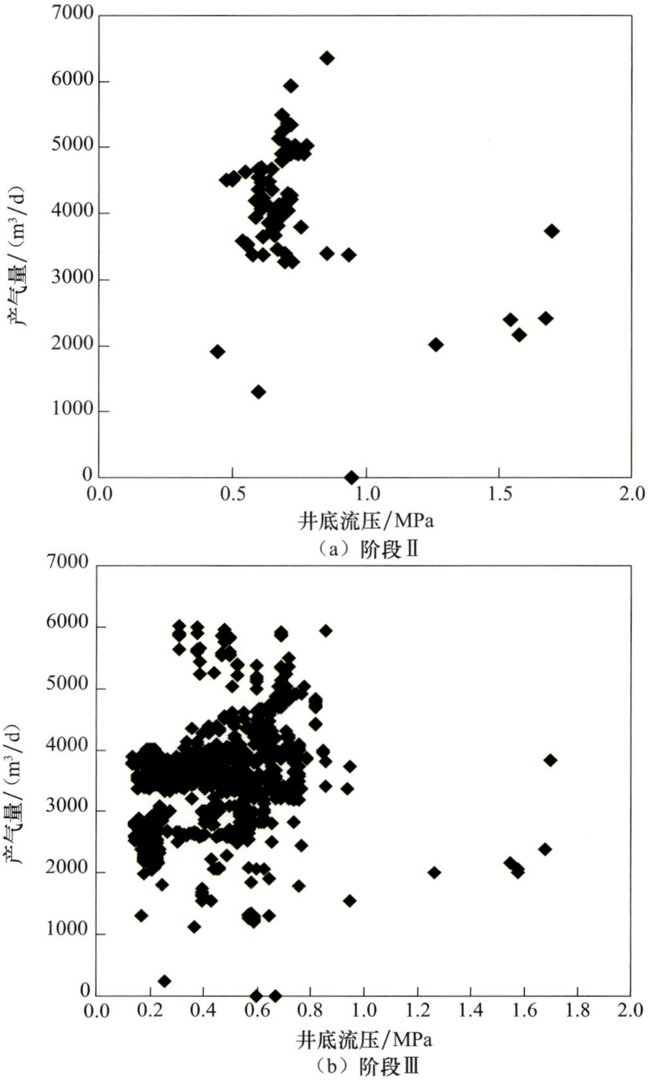

图5.38 井底压力与产气量关系图

（五） 产气量与废弃压力的关系

废弃压力越低，煤层气井生产时间越长，累计产气量越大。HX1-8井数值模拟表明废弃压力为1.0MPa、0.7MPa、0.5MPa、0.3MPa情况下累计产气量分别为4.71×

10^6m^3、$6.15\times10^6m^3$、$7.18\times10^6m^3$、$8.37\times10^6m^3$（图 5.39），按排采面积 300m×300m 计算煤层气采收率分别为 39.3%、49.2%、57.4%、67.0%。废弃压力为 0.7MPa、0.5MPa、0.3MPa 下的累计产气量比废弃压力 1.0MPa 分别增加 30.6%、52.4%、77.7%。

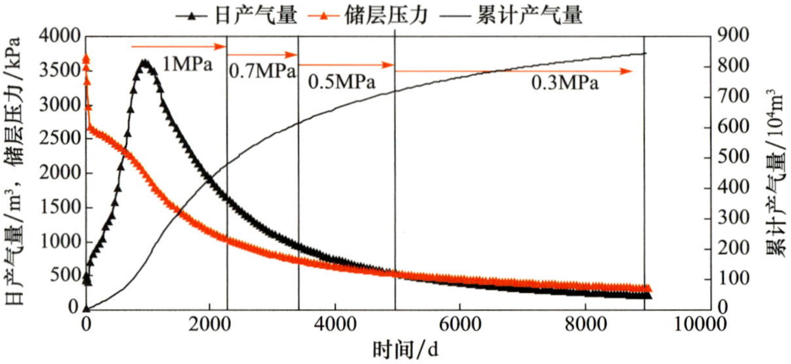

图 5.39　HX1-8 井产气量与废弃压力的关系

三、排采制度优化分析

初期排水阶段可直接控制液面深度，即通过设计水泵的冲程和冲次来控制排水量，由排水量控制液面深度，由液面深度控制井口套压、井底流压。液面降受储层水系统、储层压力、渗透率等控制。我国煤层气井的排水降压制度主要是采取控制流量的方法进行的，在不控制压降的情况下，液面降速随渗透率的增加而减少（图 5.40）。

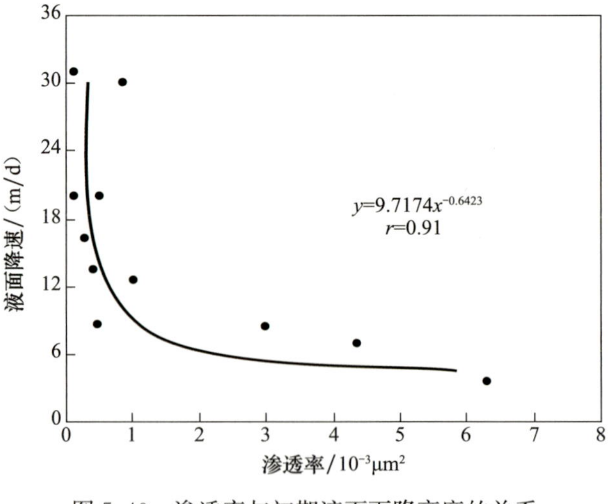

图 5.40　渗透率与初期液面下降高度的关系

（一）控制水流阶段最大产水量

选择位于樊庄地区 HX1-8 井（该井只排采 3 号煤层，排采时间为 2306d，累计产气

量为 $6.5\times10^6m^3$，排水阶段最大产水量为 $8.2m^3/d$，稳定解吸阶段最高日产气量出现在第 321d，为 $6019m^3$)，运用该井历史拟合得到的参数对其排采过程进行制度优化（废弃压力设为 0.7MPa，排采时间截至日产气量降到 $500m^3/d$)。

初期排水量是储层压力和渗透率的综合反映。因此，按排水阶段最大产水量设计五种方案：方案一，排水阶段最大产水量为 $12m^3/d$；方案二，排水阶段最大产水量为 $10m^3/d$；方案三，排水阶段最大产水量为 $8m^3/d$；方案四，排水阶段最大产水量为 $6m^3/d$；方案五，排水阶段最大产水量为 $4m^3/d$。各方案均随排采的进行产水量逐渐减少。

随排水阶段最大产水量的逐渐降低，最高日产气量逐渐降低，见峰时间增长，产气时间增长（图 5.41)。方案一在排采第 150d 出现最高产气量为 $11954m^3/d$，排采 2430d 后产气量降到 $500m^3/d$ 以下，累计产气量为 $7.52\times10^6m^3$；方案二最高产气量为 $10556m^3/d$，出现在排采 240d，排采 2460d 后产气量降到 $500m^3/d$ 以下，累计产气量为 $7.60\times10^6m^3$；方案三最高产气量为 $9048m^3/d$，出现在 390d，排采 2520d 后产气量降到 $500m^3/d$ 以下，累计产气量为 $7.80\times10^6m^3$；方案四在排采 630d 时，出现了最高产气量 $7322m^3/d$，排采 2670d 后产气量降到 $500m^3/d$ 以下，累计产气量为 $800\times10^4m^3$；方案五最高产气量为 $5369m^3/d$，出现在排采 1171d，排采 3000d 之后产气量降到 $500m^3/d$ 以下，累计产气量为 $7.89\times10^6m^3$。实际排采情况与方案四类似。排水阶段最大产水量对累计产气量影响不大，由于前期排水量过大会伤害储层，造成裂隙闭合；过小会使压降困难，延长见气时间，日产气量降低。由图 5.41 可知，排水阶段最大产水量选择 $6m^3/d$ 合适（方案四），排采曲线平稳，累计产气量达到 $8.00\times10^6m^3$。

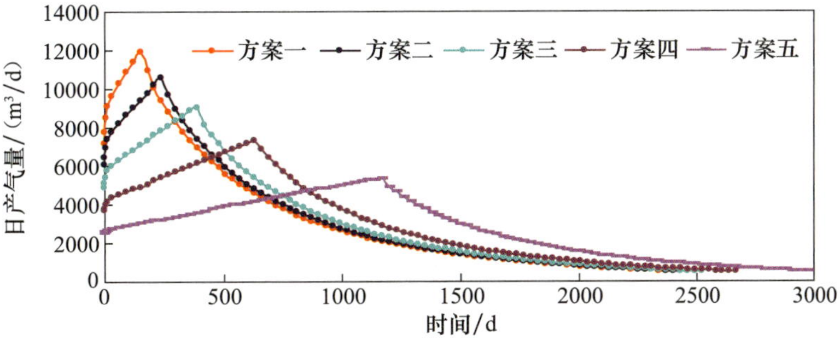

图 5.41 排采各方案日产气量曲线

（二） 不稳定阶段控制套压

水流阶段后，经过憋压，套压上升，当套压足以弥补排水阶段水压损失后，进行控压产气。套压下降过快，产气量快速上升到 $5000m^3/d$，后套压持续下降，稳定解吸阶段两年多，产气量降到 $2000m^3/d$（图 5.42)。

四、应用实例及效果

煤层气开发是一个排水—降压—解吸—产气过程，初期排水降压速度过快、套压下

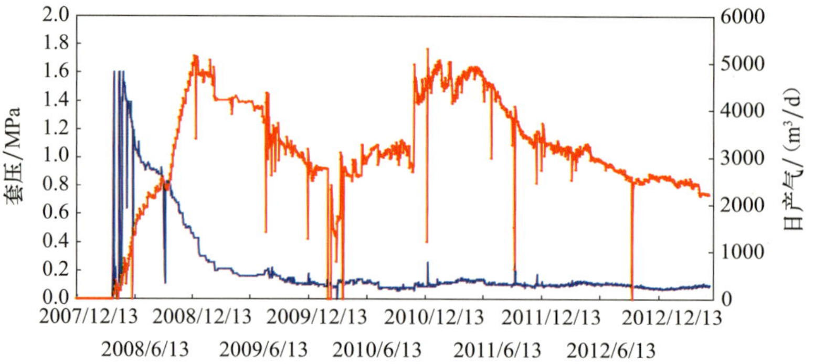

图 5.42　排采各阶段套压、产气量变化曲线

降过快、控压持续时间短，均导致煤层气井产量偏低。在煤层气井开发过程中，对排水阶段、憋压阶段、控压阶段、稳产阶段和衰减阶段（五段）的井底流压、液面高度和套压（三压）的合理控制是实现煤层气井平衡开发和累计产气量最大化的重要保障。

（一） 排水阶段

煤层气井排采与压裂裂缝沟通的煤层顶、底板地下水、煤储层内宏观裂隙、显微裂隙、孔隙中的重力水及压裂过程中压裂液。排水过程中煤储层的流体压力降低，地层围限应力不变导致煤体骨架承受的有效应力增大，煤体被压缩，呈现应力敏感效应。为了避免应力敏感导致渗透率过度损伤，控制降压速度为 0.02～0.06MPa/d（表 5.8）。通过控制降液速度，使井底压力缓慢下降，保持动液面连续平稳下降，煤储层渗透率均衡损伤，解决前期排水量过大，流体压力下降过快，近井地带过度损伤，渗透率下降、煤粉增加等问题。

表 5.8　排采各阶段控压方法和解决的问题

排采阶段		关键控制参数	流压/套压	周期/d	煤粉量	解决的问题
水流阶段		产水量、井底压力、煤粉量	流压降为 0.02～0.06MPa/d	120	初期多、中后期少	卡泵、应力闭合、煤粉
不稳定解吸阶段	游离气、水溶气阶段	产水量、井底压力、套压	最大流压降小于 0.02MPa/d	70	解吸初期增多	气锁
	波动解吸阶段	产水量、产气量、井底压力、煤粉量、套压	最大套压降小于 0.02MPa/d	90	多	卡泵、煤粉堵塞、井壁失稳
稳产解吸阶段		井底压力	套压台阶压降，最大小于 0.01MPa/d	1500	少	产量波动、井壁稳定、煤粉
衰减解吸阶段		井底压力		1500	少	

（二） 憋控压阶段

当煤层气井井底压力降至产气压力时（略大于临界解吸压力），采取憋压方式使煤储层气压增加和控压方式使煤储层气压稳定，煤储层内流体压力增加，有效应力减少，使煤储层渗透率得到一定程度的恢复。

憋压：井底压力降至临界解吸压力时，煤层气井不产气开始憋压，水压缓慢下降，最大降压速度小于0.02MPa/d（表5.8），套压逐渐上升。产水量、渗透率、煤粉变化不大。此时地层通道中主要以水相达西流为主，压力得以较快传播，压降范围持续扩大。

控压：当套压达到弥补排水流压的降低值时开始缓慢放压产气，尽量保持套压稳定，实施平衡产气。套压保持困难，产气过程也必须控制套压降落速率，最大降压速度小于0.02MPa/d（表5.8），如套压降落速率太快，一方面渗流通道内有效应力相对增加过快，会引起局部煤层微裂隙发生变窄或闭合，降低气-水两相渗透率。另一方面产气速率太快，气-水两相流流速增加，携灰能力增强，一旦发生停抽，将造成严重的地层堵塞或卡泵现象。

憋、控压的目的，一是使压降漏斗尽可能地扩展，解吸范围尽可能增大以形成连续气流，高煤阶煤储层相对渗透率具有束缚水饱和度高、等渗点相对渗透率低、两相共流区跨度窄的特点（傅雪海等，2003），有效地提高煤层水的相对渗透率，才能有效降低煤储层压力和含水饱和度，从而促进煤层气的解吸、扩散与渗流，减弱或避免水锁效应；二是保持煤储层流体压力稳定，使煤储层渗透率得到一定程度的恢复；三是分段逐步降低井底流压，保持煤粉的相对稳定。

（三） 稳产阶段

稳产阶段产水量低，套压缓慢下降，煤储层流体压力降低，煤储层有效应力有所增加，渗透率缓慢降低；但随煤层气的解吸，煤基质块收缩，煤储层渗透率快速增大。煤基质收缩效应超过有效应力效应成为渗透率变化的主导因素，其综合作用的结果使煤储层渗透率正向增大。此阶段使套压呈台阶性压降，最大压降小于0.01MPa/d（表5.8），重点控制排采的连续性和稳定性，不追求高峰产量，尽量保持相对稳定的套压，减少煤粉运移、稳定井壁，延长稳产时间。

（四） 衰减阶段

此阶段基本不产水，也几乎没有套压，气体流动以扩散作用和滑脱效应占主导地位。由于储层不同尺度孔裂间流体压力差小、煤基质块内浓度差也低，煤层气产量低。

各阶段采取的措施如下。

(1) 降液面阶段：控制重点是降液速度，排采强度不宜过大，以阶梯降液为主，排液应连续平稳，保持动液面平稳下降。排量的大起大落会造成生产压差上下波动，使储层激动，出砂、出粉。

(2) 控压产气阶段：稳定排采一段时间后，煤层气生产井的动液面将会降低到比较低的水平，油、套环形空间的套管压力将会逐渐上升到比较高的状态。此阶段，为了降压漏斗尽可能扩展，气体的解吸范围尽可能增大，需要控制生产压力让气井产气。因此，煤层段的流动压力需要控制在排采设计的技术指标范围以内的同时，煤层的排水工作必须保持连续进行。初期，由于液柱中的气体较少，井底流压主要为液柱压力，可以通过调整环空液面来控制流压；后期，由于环空间的气量增大，液柱中的含气体量也多，井底流压主要取决于套压，可以通过调整套压来控制流压。

（3）控压稳产阶段：随着排采的进行，需要根据单井的生产能力确定合理的产能指标进行稳定生产。这一阶段排采控制的重点是尽可能维持排采作业的连续性和稳定性，不追求峰产，尽量控制井底流压，以延长稳产时间，实现煤层气井产量最大化。

上述排采阶段的划分及精细排采控制的优点在于：每一阶段降压的幅度都很小，煤层的渗透率受到的影响也很小；延长降压时间有利于降压漏斗的扩展。因此，通过对煤层气井压力降和持续时间的控制，有利于提高泄压面积、增加煤层气单井采收率，获得持续时间更长的煤层气单井产量，同时也缓解煤粉迁移堵塞现象，减轻对储层的伤害。

以一口井的实际数据为例，实线表示模拟计算下的优化控制条件，包括套压、流压和产水、产气等，离散数据点表示相应的实际数据，从控制优化计算的结果可以看出，优化控制下的生产参数与实际生产数据的吻合度较高（图 5.43、图 5.44），能有效对煤层气井开采进行优化设计。

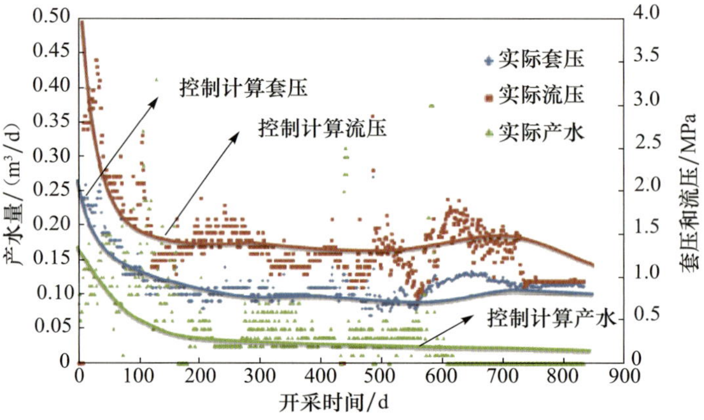

图 5.43 模拟与实际对比

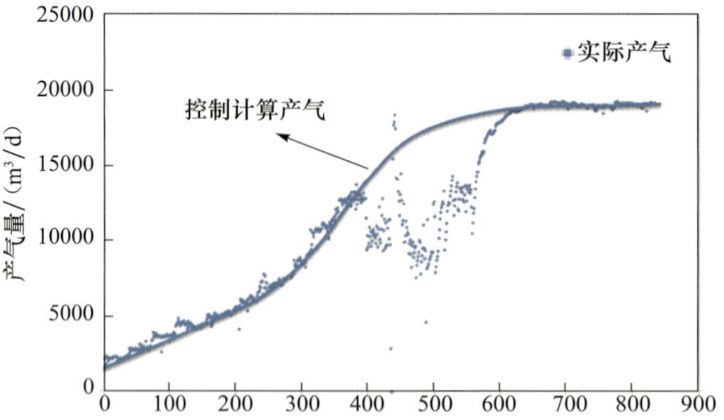

图 5.44 实际产气与控制计算对比

2006 年，华北油田在山西樊庄区块投产的第一批 60 口井，在排水期日降液面最高十几米，排水 3 个月后开始解吸产气，初期产量上升较快，在 2007 年底至 2008 年初到达一个产气高峰后，产量下降，维持在 $4.4\times10^4m^3$ 左右，平均单井日产气量平均为 $730m^3$。

2009 年至 2010 年投产 117 口，按照“四段三压”排采控制方法，截至 2013 年 4 月底平均产气量为 $1794m^3/d$。在投产时注重液面下降速度控制，排水期（137d）液面下降速度控制在 0.0036MPa/d，憋压期（100d）液面下降速度控制为 0.0029MPa/d，控压期（886d）液面下降速度控制为 0.0016MPa/d，稳产期（439d）液面下降速度稳定在 0.00068MPa/d，产气量 $21\times10^4m^3/d$（图 5.45）。

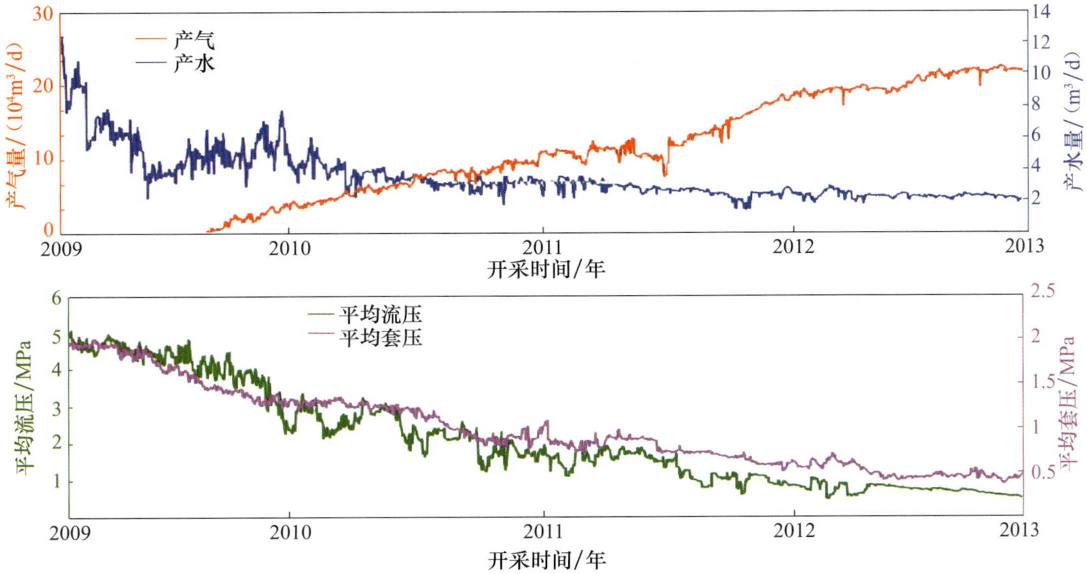

图 5.45 2009～2010 年投产井生产曲线

第六章 煤层气开发井间干扰与井网优化

根据煤层气的生产特点，开采煤层气首先需排出煤层中的承压水，在较大范围内降低煤层压力，释放煤层中吸附的甲烷。井网排采可以有效地扩大煤储层的压降漏斗，多井进行连通，形成井间干扰效应，提高单井日产量，提高煤层气开采率。井网开发在美国、加拿大均得到成功应用，在我国沁水盆地南部与鄂尔多斯盆地东缘也获得初步成功，但对井间干扰机理这一问题缺乏理论认识。本章从压力传播出发，建立不同开发阶段压力传递模型，分析压力传播规律，划分井间干扰的不同阶段并分析其不同阶段特征，揭示井间干扰对产能的影响规律，构建井间干扰的定量化评价指标，形成基于井间干扰理论的井网优化方法，并在鄂尔多斯盆地东缘得以应用。

第一节 煤层气开发井间压力传播规律

正确认识煤层压力变化对煤层气开发非常重要，表现在以下几个方面：①煤层气开发需排采卸压将地层压力降到临界解吸压力；②煤层气开发整个过程要“控压”以控制煤粉产出；③压力传播距离决定泄压范围；④压降漏斗分布决定解吸范围或储量动用程度；⑤井间压力干扰可提高井网开采效率等。因此，研究压力传播规律对煤层气开发非常必要。

一、煤层气开发井间压力传播过程

煤层气井的生产是通过抽排煤储层的承压水，降低煤储层压力，促使煤储层中吸附的甲烷解吸的全过程。即通过排水降压，使吸附态甲烷解吸为大量游离态甲烷并运移至井口。这是目前唯一可以采用的方法，因此，通过抽排地层中的承压水，暂时、相对地降低煤储层压力是煤层气井采气的关键（马东民，2003）。煤层气井采气前，井中液面高度为地下水头高度，此时井筒与储层之间不存在压力差，地下水系统基本平衡，属于稳定流态；当煤层气井开始排采后，井筒中液面下降，井筒与煤储层之间形成压力差，地下水从压力高的地方流向压力低的地方，地下水就源源不断地流向井筒，使煤储层中的压力不断下降，并逐渐向远方扩展，最终在以井筒为中心的煤储层段形成一个地下水头压降漏斗，随着抽水的持续，该压降漏斗不断扩大和加深；当煤储层的出水量和煤层气井井口产水量平衡时，形成稳定的压力降落漏斗，降落漏斗不再继续延伸和扩大，煤储层各点压力也就不能进一步降低，解吸停止，煤层气井采气也就终止（马东民，2003）。

煤层气生产过程按照储层相态可以分布单相水阶段、气-水两相阶段及单相气阶段，如图 6.1 所示，煤层气压力传播是以井筒为起点，压降漏斗不断向外扩展，而传播半径随时间不断增加。随着时间的推移，压力持续降低，两相区范围不断往外扩展，压力波传播介质从单相水—气水两相—单相气变化。

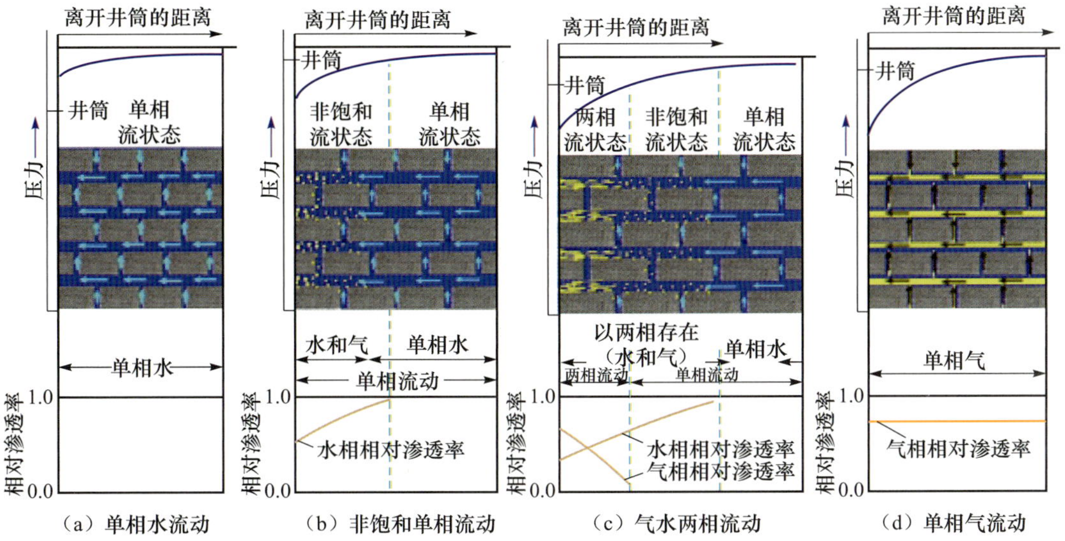

（a）单相水流动 （b）非饱和和单相流动 （c）气水两相流动 （d）单相气流动

图 6.1 煤层气生产阶段划分及相态变化特征

二、开发过程中井间压力传播规律

井间干扰从井间发生压力干扰直至煤层气井废弃一直存在，由于煤层气的吸附解吸特征，导致压力干扰与产能呈现复杂的变化规律。井间干扰可划分为两个标志性干扰点：井间压力干扰点是指压力刚传到两井之间，压力刚开始接壤的时刻；解吸区干扰点是指两井之间地层压力等于临界解吸压力，两井的解吸区发生干扰（图 6.2）。

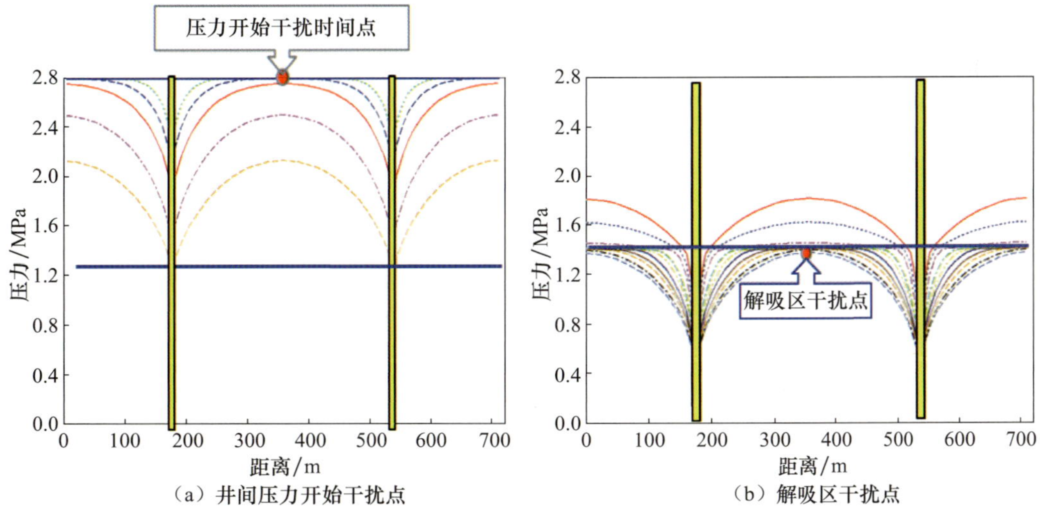

（a）井间压力开始干扰点 （b）解吸区干扰点

图 6.2 煤层气井间压力干扰划分

煤层气井多井生产过程可以划分为单相水生产阶段、解吸区形成及扩展阶段、全区解吸阶段（图 6.3）。单相水生产阶段是指从开始排水到井底流压等于临界解吸压力，

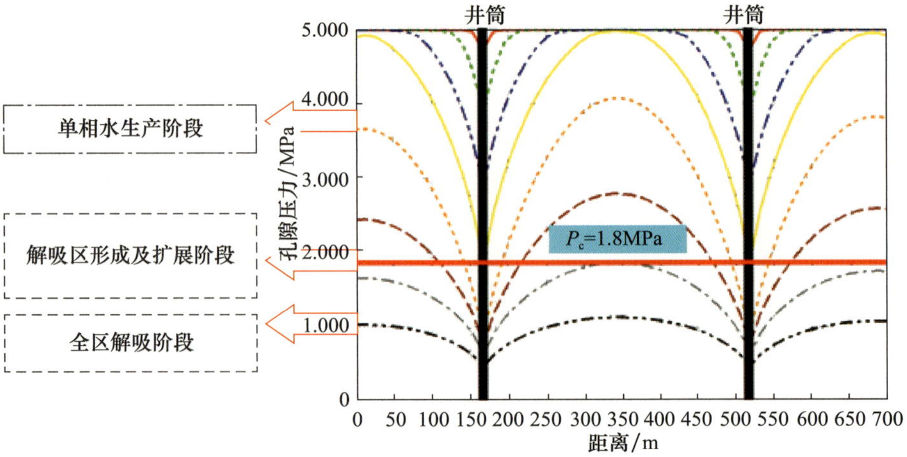

图 6.3 煤层气多井生产阶段划分

解吸区扩展阶段是指从井底流压小于临界解吸压力到井间中点压力等于临界解吸压力，全区解吸阶段是指井间中点压力小于临界解吸压力直到废弃。每个阶段的生产规律都可以对生产进行指导。

（一） 单相水生产阶段特征

为了使煤层气开发初期尽可能地排掉割理中的水，使井与井之间尽早达到压力干扰，要求在两井压力干扰前使煤层始终保持单相水流状态。换言之，就是保证井间压力干扰前井底压力尚未达到临界解吸压力，如图 6.4 所示。临界状态是井与井之间压力干扰开始时井底压力为临界解吸压力。

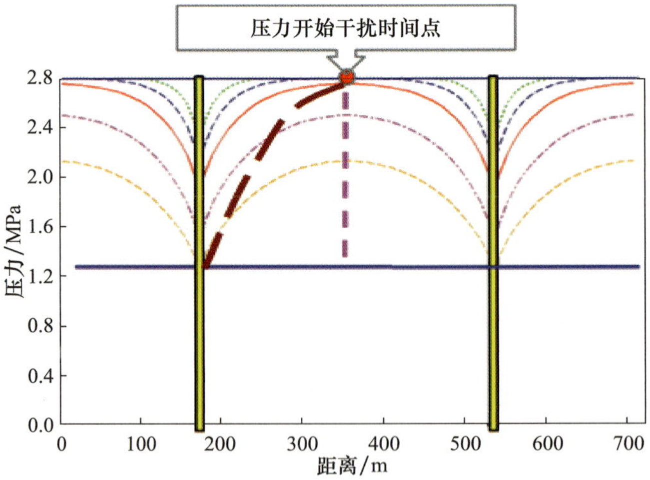

图 6.4 单相水生产阶段井间压力干扰示意图

依据煤层气井间发生压力干扰时井底流压不小于临界解吸压力的原则，通过确定井间压力干扰所需时间，可以制定排水制度。具体步骤如下。

（1）确定井间压力发生干扰时间 t_i。

（2）根据井间压力干扰时间，制定合理降压速率。

$$\frac{\Delta P}{\Delta t}=\frac{P_i-P_d}{t_i} \tag{6.1}$$

（3）降压速率是通过降低液面高度来实现的，液面降低速率为

$$\frac{\Delta h}{\Delta t}=\frac{1}{\rho_w g}\frac{\Delta P}{\Delta t} \tag{6.2}$$

则煤层气初期排采满足

$$\frac{\Delta h}{\Delta t}\leqslant\frac{1}{\rho_w g}\frac{P_i-P_d}{t_i} \tag{6.3}$$

式中，P_d 为解吸压力，MPa；P_i 为原始地层压力，MPa；t_i 为井间发生压力干扰的时间，d；ρ_w 为水的密度，g/cm^3；Δh 为井筒液面高度差，m；$\Delta P/\Delta t$ 为压降速率 MPa/d；g 为重力加速度，9.8m/s^2。

（二） 解吸区形成及扩展阶段

解吸区扩展阶段具有产气量增加与产水量降低的生产规律，随着割理系统含气量增加及气相渗透率的增加，气井产气量出现一个上升阶段，气井产水量也随之降低。随着压力的降低，解吸压降漏斗逐渐向外扩展，其扩展速率如图 6.5 所示，解吸半径扩展速率随时间降低。由图 6.6 可知，多井压力干扰同样可以加快解吸区扩展速率。依据煤层气井解吸区扩展特征建立井间解吸区扩展预测方法。

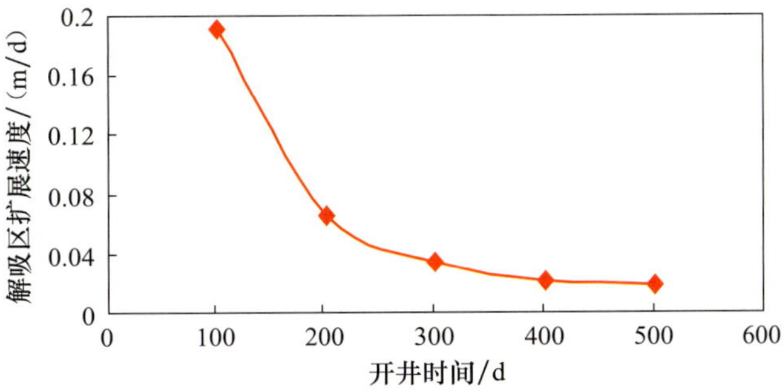

图 6.5 煤层气解吸半径扩展速率

压裂直井生产时，解吸区前缘以一系列共焦椭圆族向外扩展。根据物质平衡方程，不考虑裂缝系统中的游离气，整个解吸区内累产气量为

$$G_p=\pi hL^2\int_{\xi_w}^{\xi_d}\left(\frac{P_d V_L}{P_L+P_d}-\frac{PV_L}{P_L+P}\right)\cos 2\xi \mathrm{d}\xi \tag{6.4}$$

式中，h 为井筒液面高度；P_d 为解吸压力；ξ_d 为椭圆坐标系下的解吸边界；ξ_w 为椭圆坐标系下的井筒半径。

气-液两相流初期压力可以用下式表示：

$$P=P_{wf}+\frac{P_d-P_{wf}}{\xi_d-\xi_w}(\xi-\xi_w) \tag{6.5}$$

式中，P_{wf}为井底流压。

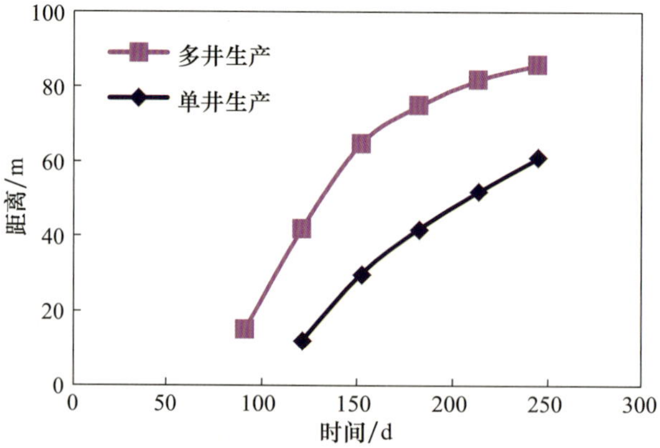

图 6.6 多井干扰与单井生产解吸区扩展速率对比

全区解吸以后，产气主控期的压力可以表示为

$$P^2 = P_{\mathrm{wf}}^2 + \frac{P_{\mathrm{d}}^2 - P_{\mathrm{wf}}^2}{\xi_{\mathrm{d}} - \xi_{\mathrm{w}}}(\xi - \xi_{\mathrm{w}}) \tag{6.6}$$

解吸区半径用下式表示为

$$x_{\mathrm{d}} = L\cos\xi_{\mathrm{d}}, \quad y_{\mathrm{d}} = L\sin\xi_{\mathrm{d}}$$

式中，L 为裂缝半长，m；x_{d} 为椭圆解吸区长半轴，m；y_{d} 为椭圆解吸区长半轴，m。

（三） 全区解吸干扰阶段

全区解吸干扰阶段储层压力全部降到临界解吸压力以下，储层割理中全部为气-水两相流状态，近井地带含气饱和度较高，随着向地层远处推进，含气饱和度逐渐降低，如图 6.7 所示。

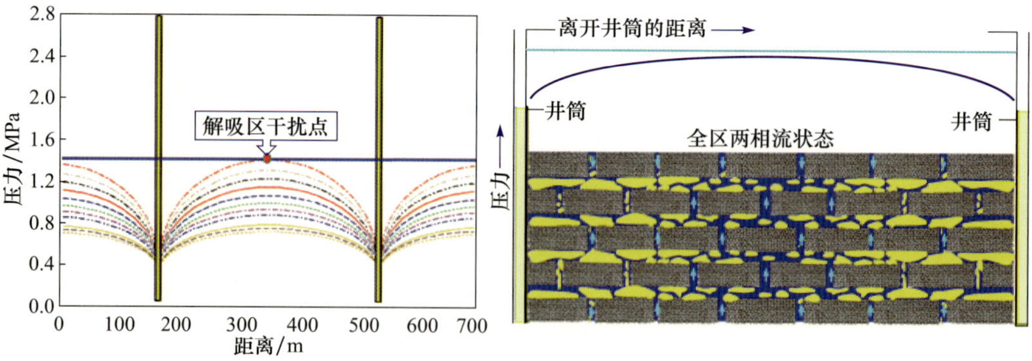

图 6.7 全区解吸阶段储层压力及相态分布

煤层气井最高产量产生在解吸气量大及生产压差大的情况，应该在煤层气井间解吸区干扰后某一时段发生，在该阶段煤层气井产量可以保持较长时间稳产、高产。

三、不同井型井间压力传播规律

压力传播形态指的是煤层气开发过程中压力波在平面上的传播形式，反映了煤层气开发泄压区域，不同井型样式压力传播形态也存在差异。

（一） 压裂直井情况

对于各向同性地层，直井生产时压力波是以同心圆的方式向外传播；对于压裂直井而言，人工裂缝改变了渗流样式，压力传播以共焦椭圆的方式向外传播。煤层矩阵状割理系统使煤层具有各向异性，各向异性加剧了椭圆流动方式，使椭圆流的焦距更长，如图 6.8 所示。

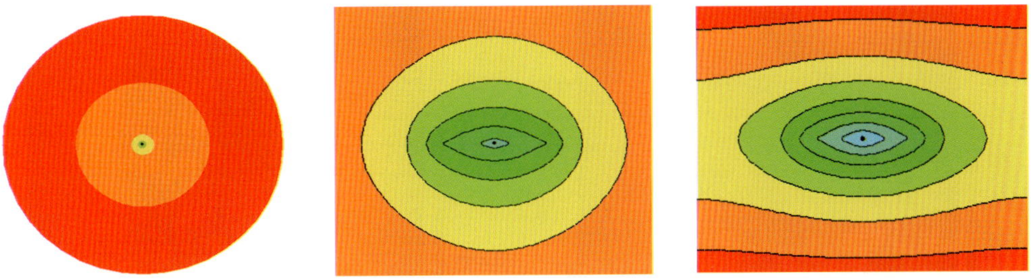

（a）直井（圆形）　（b）压裂井（椭圆）　（c）各向异性压裂井（椭圆）

图 6.8　不同井型样式压力传播形态

（二） 水平井情况

常规气藏水平井压力传播形态是一系列以水平井半长为焦距的椭圆族，与压裂井情况类似。对于各向异性煤层，水平井井眼一般沿着垂直最大渗透率方向钻井，渗透率各向异性在一定程度上可减弱椭圆流动形态，如图 6.9 所示，渗透率各向异性比越小，泄压区越扁；各向异性比越大，压力波具有向垂直方向延伸的趋势。

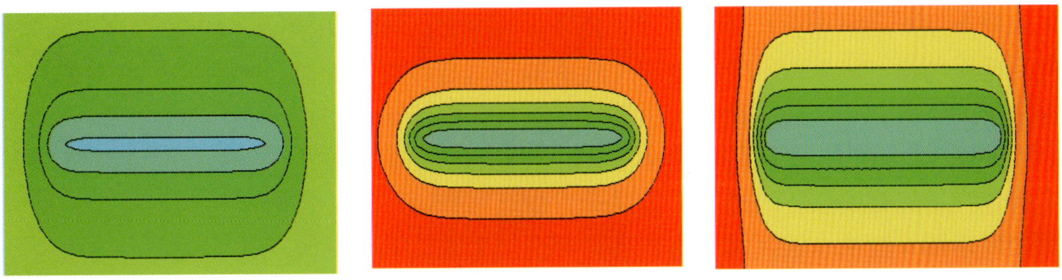

（a）$K_y:K_x=1:1$　（b）$K_y:K_x=4:1$　（c）$K_y:K_x=16:1$

图 6.9　不同井型样式压力传播形态

（三） 多分支水平井情况

羽状水平井的情况比较复杂，不仅涉及各向异性的问题，还涉及主分与分支不同角度对压力传播影响。运用数值模拟研究多分支水平井压力传播特征，水平井主分支沿面割理方向布置，其他分支在主分支两侧与面割理大约呈 45°夹角布置。图 6.10 分别为排采 20d 和 60d 后，沿多分支水平井的煤层压力分布图。

从图 6.10 中可以看出，由于面割理方向的绝对渗透率要比端割理方向的渗透率高，并且沿垂直于分支方向的渗流面积大，因此，在水平井的同侧多分支之间，最先形成压力干扰，并且在面割理方向，压力传播速度明显高于端割理方向，整个压力变化以椭圆形向四周传播；其次，由于多分支水平井在煤层中射开的范围大，在排采过程中，整个地层压力能够比较均匀地下降。

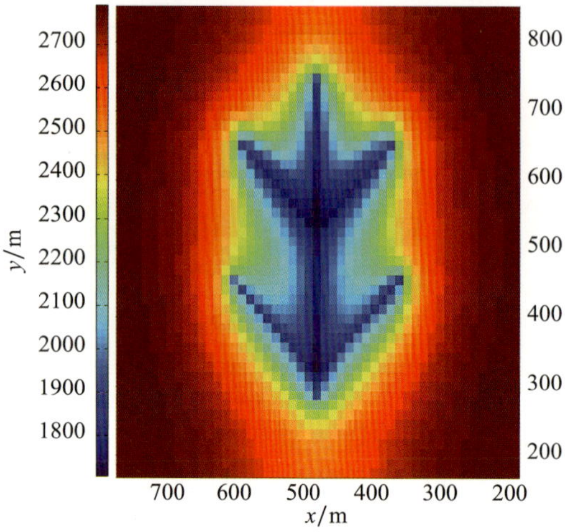

（a）20d后

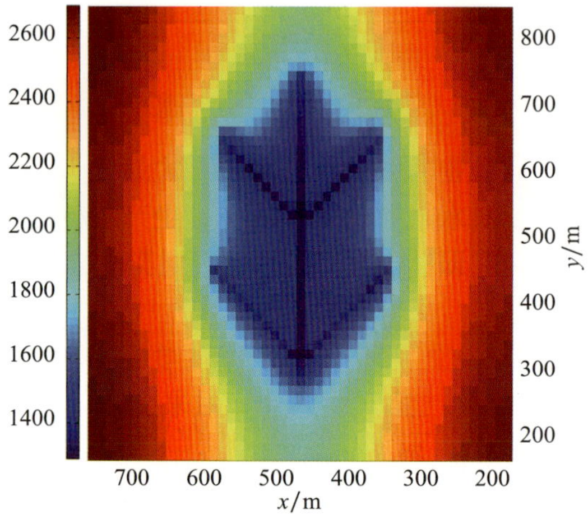

（b）2个月后

图 6.10 多分支水平井开发压力分布

第二节 煤层气开发井间干扰控制因素

煤层气生产是利用井网排水降压，而不是单独的一口或相距甚远的几口井来降压的，将井网排采与增产措施相结合可使煤层气资源得到更可观地动用。井网开采主要是利用井与井之间的干扰作用，使煤储层压力场发生变化，促使煤层甲烷解吸达到增产和稳产的目的。当井网中的井与井之间的距离小于各井的影响半径时，彼此之间的流量和降深都要发生干扰。在承压含水层中，地下水的流动方程是线性的，可以直接运用叠加原理，即当两口井的降落漏斗随抽水的延续不断扩展至两个压力降落漏斗相互交接、重叠时，重叠处的压力降等于两个降落漏斗所形成的压力降之和（图 6.11）。这种情况下，井间干扰对煤层气井生产具有促进作用。产气速度上，煤层气井间的储层压降幅度由于压降的叠加而成倍提高，因此相对于单井来说，单位时间内的压力下降幅度大，煤层气解吸速度加快，井口表现为一定时间内产出气量增多，即气产量高。总产气量上，当两个压降漏斗相接时，即相当于分别遇到了封闭隔水边界，此时随着排水的延续，压降漏斗不再在水平方向上扩大，而在垂直方向上加深，最终使得两井间的煤储层压力可以下降到很低水平，这将使得两井间范围内的大部分煤层气解吸出来，使煤层气井的总产气量增加（李国富和田永东，2002）。将对煤层气开发井间干扰特征进行研究，通过分析煤层气地质及开发等多因素对井间干扰效果的影响，查明煤层气井间干扰的控制因素。

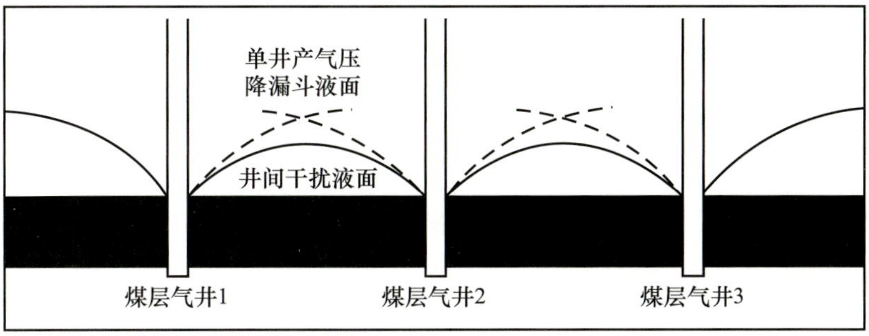

图 6.11 多井开采造成井间干扰时的液面情况

一、煤层气井间干扰定量化评价指标

近年来，国内外研究学者对煤层气单井的排采理论及应用做了广泛并深入的研究（Pashin and Groshong，1998；何伟钢和叶建平，2003；刘曰武等，2005；Zulkarnain，2006；Harrison et al.，2006；康永尚等，2007；杨焦生和李安启，2008；冯文光，2009；李金海等，2009；李国富和侯泉林，2012；肖晓春等，2012）。国内外通过现场实验及工程资料分析，研究了煤层气单井排采与压降漏斗扩展与井间干扰之间的关系，取得了有益的研究成果，这些研究成果为煤层气井间干扰定量化研究的深入和展开奠定了基础。但现有研究多集中在理论分析及煤层气井单井产能影响因素分析，对井网排采条件下井间干扰强度规律等方面研究较少。由于我国煤层气井网开采尚处于起步阶段，目前国内关于煤层气藏直井井网开发的井间干扰效应方面的研究主要集中在定性分析上，在定量描述方面的研究甚少。

（一） 煤层气开发井间干扰强度定量化表征方法

井间干扰效应最主要的特点是多井生产时各井的压降漏斗相互干扰，使压力波及区域内地层压力快速下降，降至临界解吸压力后，气体分子从煤层基质脱附后运移至井口产出，进而可提高产气量。为了定量化表征一口井受邻井干扰的程度，提出一种井间干扰强度的定量化表征方法。

在煤层气单井开始排采之前，煤储层处于原始平衡状态，井筒与煤层之间不存在压力差，煤层压力为原始地层压力 P_i（杜严飞等，2011）（图 6.12）。当煤层气井开始进行排水作业时，油套环空内的动液面开始下降，井筒与煤储层之间形成压力差；随着排水的延续，井筒周围压力不断下降，压降曲线逐渐呈以井筒为中心的漏斗形状（如图中红色虚线，记为 P_s）并不断向外扩展。在多井排采条件下，地层内各点压力重新分布并形成压降漏斗的叠加，此时压力为 P_m。

为定量化表征煤层气井网开发条件下井间干扰的程度，提出无因次化的干扰强度因子 FI（factor of interference），将其定义为：任意时刻，煤层气井控制范围内某点由邻井排采导致的压力下降与该点整体压力下降之比，用以表征该井受邻井排采的压力干扰程度。其数学表达式为

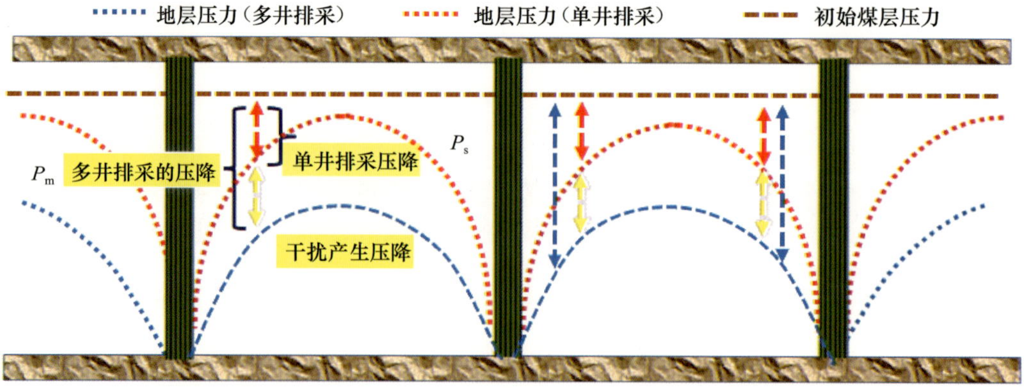

图 6.12　井间干扰定量化表征示意图

$$\mathrm{FI}=\frac{P_{\mathrm{s}}-P_{\mathrm{m}}}{P_{\mathrm{m}}-P_{\mathrm{i}}} \tag{6.7}$$

式中，P_s 为任一煤层气井单独排采时控制区域内某点任意时刻的压力，MPa；P_m 为井网排采时的压力，MPa；P_i 为煤层初始地层压力，MPa。该式分子即为多井的压降幅度与单井的压降幅度之差，表征井间干扰程度的强弱。

在此基础上，进一步定义单井控制面积的井间干扰强度因子，其意义在于只研究井网中周围邻井对中心一口井的干扰，定义控制面积干扰强度因子 FI_{avg} 为孔隙度加权并在控制面积 D 上的积分，定义如下：

$$\mathrm{FI}_{\mathrm{avg}}=\frac{\iint_D \mathrm{FI}\cdot\phi\,\mathrm{d}x\mathrm{d}y}{\iint_D \phi\,\mathrm{d}x\mathrm{d}y} \tag{6.8}$$

式中，$\mathrm{d}x$ 为 x 方向微元，m；$\mathrm{d}y$ 为 y 方向微元，m；ϕ 为微元体内的孔隙度，小数。

定义排采周期内的平均干扰强度 FI_s 为

$$\mathrm{FI}_{\mathrm{s}}=\frac{\int_{t_0}^{t}\mathrm{FI}_{\mathrm{avg}}\,\mathrm{d}t}{t-t_0} \tag{6.9}$$

式中，t 为排采周期内任一时间点；t_0 为排采初始时刻。

（二） 井间干扰边界的等效性假设

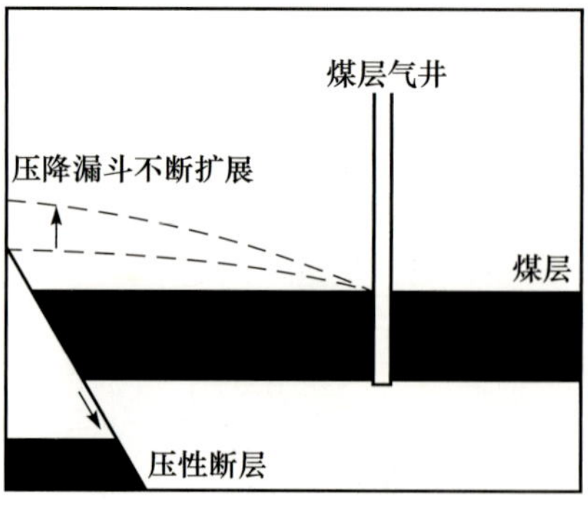

图 6.13　降落漏斗不断扩展

当煤储层中存在隔水边界时（如逆断层、推覆断层等），随着排水时间的延续，压降漏斗不断扩展。当压降漏斗扩展至隔水边界时，由于隔水边界无法补给或补给量少于排出量，压降漏斗不再向远处发展，而迅速加深，煤储层压力快速下降（图 6.13）（马东民，2003）。

当煤层气井附近存在其他煤层气井时，随着抽水时间的持续，降落漏斗不断扩展。当两个降落漏斗相接时，双方就相当于分别遇到了前述的隔水边界，此时随着抽水的延续，压力降落漏斗不再在水平方向上扩大，而是在垂直方向上加深，最终使两井间的煤储层压力可以下降到很低的程度（马东民，2003）。

从井网流线分布图来看（图 6.14），煤层气井的流线是呈四周封闭的区域。因此可以将无限大地层无穷井排的渗流问题转化为封闭边界内储层中的一口生产井的拟稳态渗流问题，通过求取封闭边界内生产井的压力分布近似等效为无穷井排的井网压力分布。

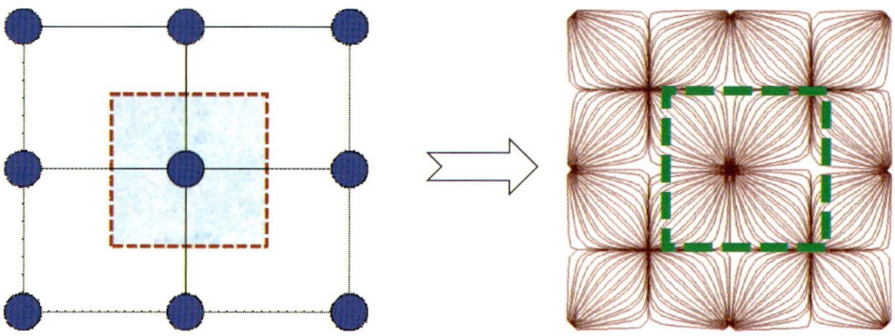

图 6.14　中心井控制面积区域压力分布示意图

（三）干扰强度因子变化规律研究

在无穷井排等效假设条件下，可求取正方形井网中心一口井的干扰强度因子。利用各参数对干扰强度因子曲线的形态影响，以及与 FI 的相关性。研究气-水两相流条件下储层物性、流体物性及不同工作制度对井间压力的传递规律影响，并找出井间干扰的控制因素。根据无限大地层无穷井排的等效性假设和定量化表征方法，得出单井控制面积区域内干扰强度因子的分布。

从单井控制面积为 400m×400m 的干扰强度因子分布可以看出，正方形井网的单井控制面积仍为正方形。在排采第 100d 时［图 6.15(a)］，区域内没有干扰产生，干扰强度为 0。在排采第 500d 时［图 6.15(b)］，区域的四边的中点首先出现干扰，干扰快速向井筒附近扩散，最后在井筒中心达到干扰。随着持续的排水降压，在排采第 1400d［图 6.15(d)］，四边的中点位置的干扰强度接近 1。

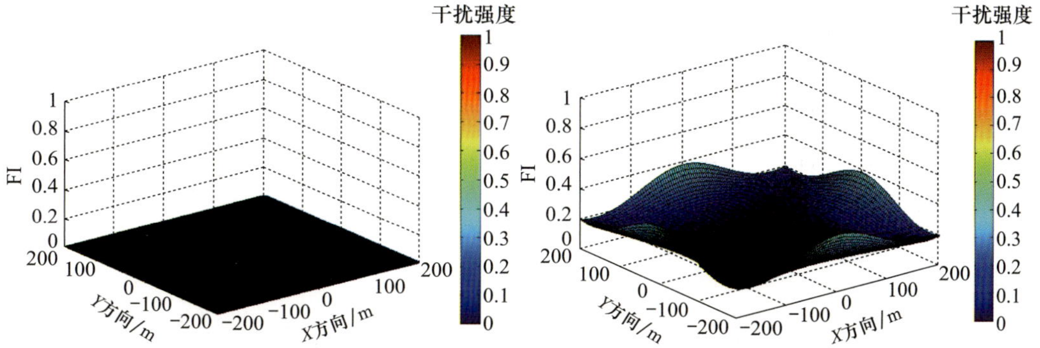

（a）排采100d　（b）排采500d

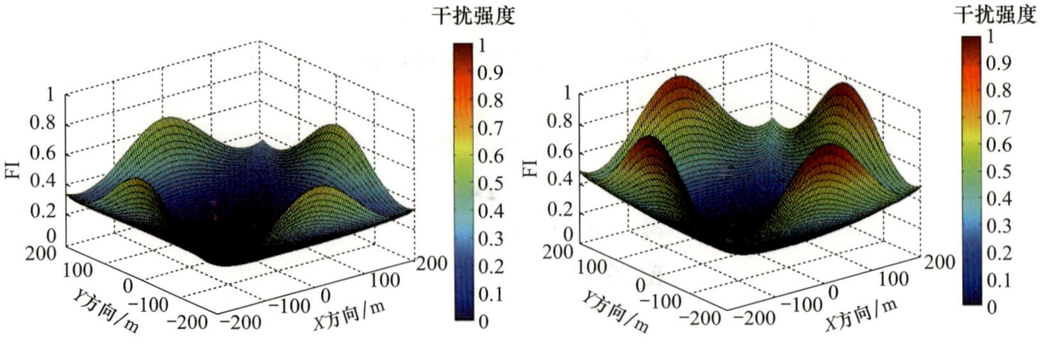

（c）排采900d （d）排采1400d

图 6.15 井间干扰强度因子空间分布图

求出 FI_{avg} 如图 6.16 所示，模拟结果表明：中心井的控制面积干扰强度在排采第750d 出现井间干扰现象，并迅速上升，达到干扰高峰，此时压力降至临界解吸压力以下，煤基质颗粒表面气体开始解吸，阻碍了水的流动，干扰慢慢减小，作缓慢递减趋势。根据干扰强度分子变化规律可将其分为三个阶段，即未见干扰阶段、井间干扰强度上升阶段、达到干扰高峰后的缓慢递减阶段。

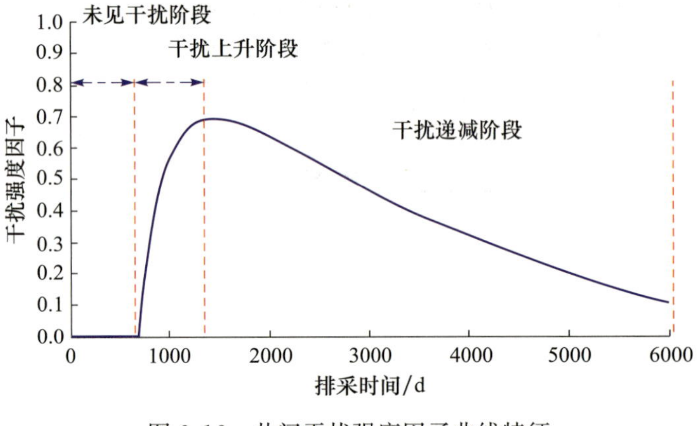

图 6.16 井间干扰强度因子曲线特征

二、井间干扰相关参数敏感性分析

鄂尔多斯盆地东部煤层厚度总体呈现北厚南薄的趋势，北部准格尔地区煤层气厚度一般为 10～40m，保德地区一般为 10～25m，南部韩城地区厚度为 3～14m。现场的试井资料表明，鄂尔多斯盆地东南缘煤储层渗透性在各区变化较大，渗透率一般为 0.0068～4.84mD，平均渗透性较好，为 0.637mD。北部保德井区煤储层渗透率高，为 0.3～12mD，一般为 2.5～8mD。临汾的两套主力开发煤层的渗透率为 0.04～42.86mD。韩城井区主力煤层为 0.22～3.5mD。对鄂尔多斯盆地东南缘各探区煤层气井主力煤层的含气量资料统计分析结果表明，大部分地区主力煤层具有中、高含气量的特点，主力煤层含气量范围为 4～22m^3/t。鄂尔多斯盆地东缘煤储层的孔隙度为

2.55%～8.43%，平均为4.83%；自北向南随煤阶增高，孔隙度明显降低。这是因为随着变质程度增强，煤的物质组成对孔隙度大小有控制作用。煤层解吸压力为1.7～4.0MPa，煤储层总体吸附能力中等，含气饱和度为55%～86%。采用鄂尔多斯盆地东缘煤储层及流体物性参数现场测试资料，建立井间干扰强度分析的概念模型，模型所用储层及流体参数选取范围（表6.1）。

表6.1 储层及流体参数选取范围表

煤储层及流体物性参数	选取范围	煤储层及流体物性参数	选取范围
孔隙度/%	2～8	含气量/(m^3/t)	4～22
裂隙渗透率/mD	0.2～1.0	Langmuir体积/(m^3/t)	12～32
初始含水饱和度/%	40～100	Langmuir压力/MPa	1.6～2.8
煤层厚度/m	5～40	解吸时间/d	15～60

（一） 储层流体参数的影响

1. 煤层孔隙度

煤层的孔隙度决定煤层中含水量的大小，孔隙度越大，则水的资源量越大，使得排水降压周期时间越长。模拟了不同煤层孔隙度与井间干扰强度的影响，分别设定孔隙度为2%、4%、6%、8%，模拟结果如图6.17所示，可以看出：排采初期，压力波及范围尚未传递至中心井控制面积区域，未形成井间干扰现象；当排采至726d时，孔隙度为2%的模型首先出现干扰，干扰迅速上升。随着煤层孔隙度值的升高，井间出现干扰时间越晚。这是由于孔隙度的数值越高，煤层中的水体积越大，排水降压所需的时间越长。而随着时间延续，大约在1500d达到井间干扰最高峰。

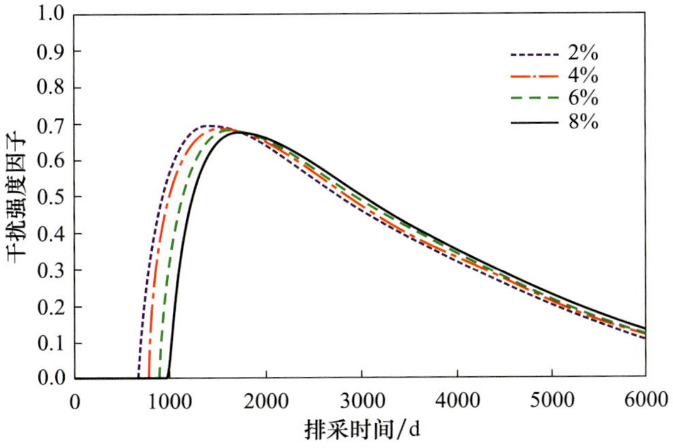

图6.17 煤层孔隙度对井间干扰的影响

2. 煤层渗透率

煤层的渗透率是影响煤层气运移和产出的最主要参数之一，煤层渗透率的大小取决于煤中裂隙发育程度、煤层埋深、地应力大小、煤体结构等。煤层的渗透率是利于产水、产气的关键因素，渗透率越大，压降漏斗的波及范围越大，则有效解吸范围越大。分别设裂隙渗透率为0.2mD、0.4mD、0.6mD、0.8mD，模拟不同裂隙渗透率与井间干扰强度的影响。图 6.18 表明不同煤层裂隙渗透率与井间干扰强度因子所呈关系曲线，可以看出：裂隙渗透率为 0.8mD 情况下，在排采第 255d 首先达到干扰，随着排采继续，井间干扰迅速上升。随着裂隙渗透率升高，井间出现干扰时间越早；在同一排采阶段，煤层渗透率越高，井间干扰越强。

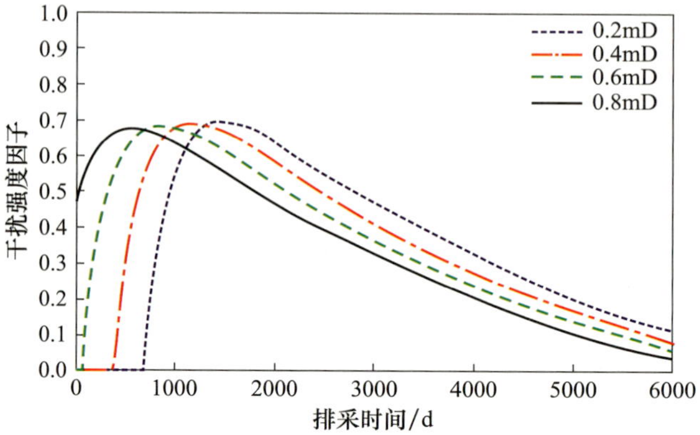

图 6.18　煤层渗透率对井间干扰的影响

3. 含水饱和度

含水饱和度是指煤储层孔隙内水的体积与储层孔隙体积之比。煤层气主要以吸附状态在承压水作用下赋存于煤储层基质孔隙中，其初始含水饱和度往往较高，在开发过程中气、水两相始终同时存在。分别设初始含水饱和度为 40%、60%、80%、100%，模拟煤层气开采前不同煤层初始含水饱和度与井间干扰强度的影响。由图 6.19 可知，在井网排采初始时刻，初始饱和度为 40%的地层条件下，中心井首先出现井间干扰现象。煤层初始含水饱和度 S_{wi}越大，出现井间干扰的时间越晚。这是由于煤层含水较高，在井口产水量不变的情况下，需要排出的水就越多，从而使泄压过程变慢。

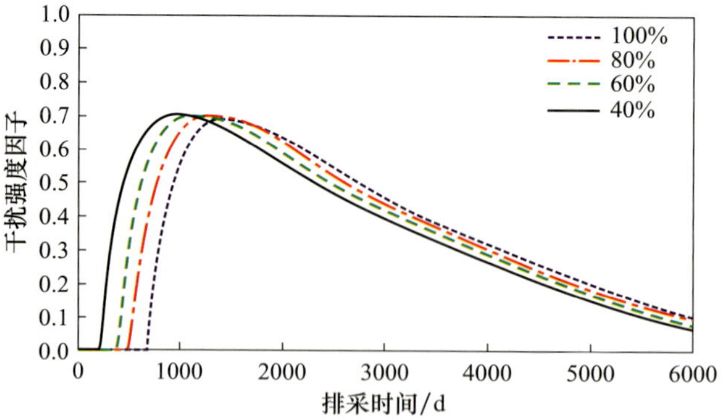

图 6.19　初始含水饱和度对井间干扰的影响

4. 煤层压力

模拟不同初始地层压力对井间干扰强度的影响，分别设初始煤层压力为 3.5MPa、4.0MPa、4.5MPa、5.0MPa。图 6.20 表明不同煤层压力与井间干扰强度因子所呈关系曲线，从图中可以看出，在气井排采时，煤储层压力越高，越容易降压开采，越有利于煤层气开发，如果储层压力远低于静水压力，降压排采就非常困难。由于是煤层气饱和气藏，初始地层压力即为临界解吸压力。煤层气开采是降低储层压力，使煤基质孔隙中吸附的气体开始解吸、运移、产出。所以煤层气储层压力的大小直接影响着煤层对甲烷等气体的吸附能力和解吸能力。

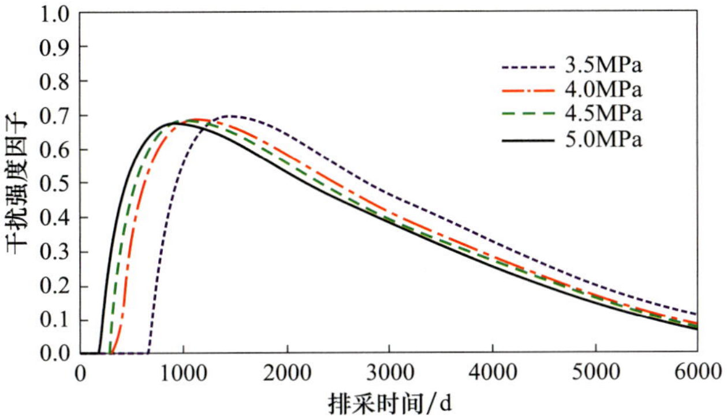

图 6.20　初始地层压力对井间干扰的影响

5. 煤层厚度

模拟不同煤层厚度对井间干扰强度的影响，分别设初始煤层厚度为 5m、15m、30m、40m。图 6.21 表明不同煤层厚度与井间干扰强度因子所呈关系曲线，从图中可以看出，煤层厚度越大，井间出现干扰时间越晚。因为厚度大表明水资源量大，需要排水的时间更长。当煤层气井产水量下降后，干扰强度也随之下降。在达到干扰高峰之前，同一排采时刻，随着煤层厚度增加，井间干扰程度越小。在干扰强度下降阶段，随着煤层厚度增加干扰强度相对较强。因为煤层厚度在一定程度上决定了储层的储集能力和供气能力，单井的供气能力越强，产量越大。同样也是煤层气资源量和产量的重要基础。

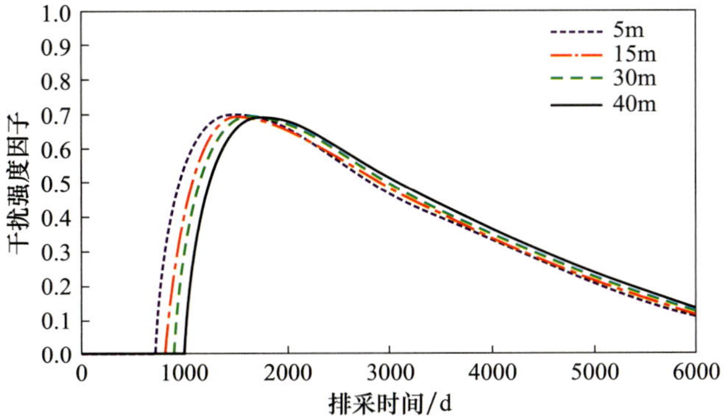

图 6.21　煤层厚度对井间干扰的影响

（二） 吸附特性参数的影响

煤层气通过排出裂隙中的地层水，从而降低储层压力，使煤层甲烷从煤基质表面迅速解吸。降压解吸是物理解吸过程，其基本特征是吸附在煤基质孔隙内表面的煤层甲烷分子因为储层压力的降低而变得活跃，致使甲烷分子摆脱了范德华力的束缚，由最初的吸附气变为自由气。目前国内外学者对解吸的认识基本服从 Langmuir 方程，用 Langmuir 等温吸附曲线表征，它对应的是不同压力下的吸附气含量。其中 Langmuir 体积和 Langmuir 压力是重要参数。

1. Langmuir 体积

Langmuir 体积是煤层原始状态下煤层吸附甲烷的最大吸附量。分别设 Langmuir 体积为 $25m^3/t$、$30m^3/t$、$35m^3/t$、$40m^3/t$，模拟不同 Langmuir 体积对井间干扰强度的影响。图 6.22 表明不同 Langmuir 体积与井间干扰强度因子所呈关系曲线，从图中可以看出，随着 Langmuir 体积增大，井间出现干扰时间越晚；在达到井间干扰高峰之前，同一排采时刻，随 Langmuir 体积增大，干扰强度越小。在高峰过后，同一排采时刻，随 Langmuir 体积增大，干扰强度越大。

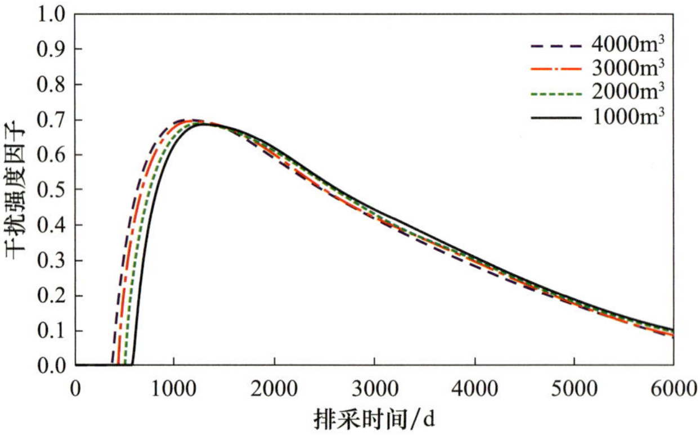

图 6.22 Langmuir 体积对井间干扰的影响

2. Langmuir 压力

Langmuir 压力是指吸附量达到最大吸附量的 50%所对应的压力。分别设 Langmuir 压力为 1.6MPa、2.0MPa、2.4MPa、2.8MPa，模拟不同 Langmuir 压力对井间干扰强度的影响。图 6.23表明不同 Langmuir 压力与井间干扰强度因子所呈关系曲线，从图中可以看出，Langmuir 压力的改变对井间干扰影响不明显，对井间干扰时间有微小影响，Langmuir 压力越大，干扰时间提前。

3. 解吸时间

解吸时间是指气体在基质孔隙中运移所需要的时间。分别设解吸时间为 15d、30d、45d、60d，模拟不同解吸时间对井间干扰强度的影响。图 6.24 表明不同解吸时间与井间干扰强度因子所呈关系曲线，从图中可以看出，随着解吸时间增加，井间干扰出现时间提前。这是因为解吸时间越小，煤层气的解吸速率越大，大量甲烷分子扩散到裂缝中形成连续气泡，此刻储层变成气-水两相流，气相阻碍了水的流动，促使水相渗透率下降，排水降压过程受到阻碍。随着解吸时间增高，FI 的影响呈递增趋势，且影响程度不大。

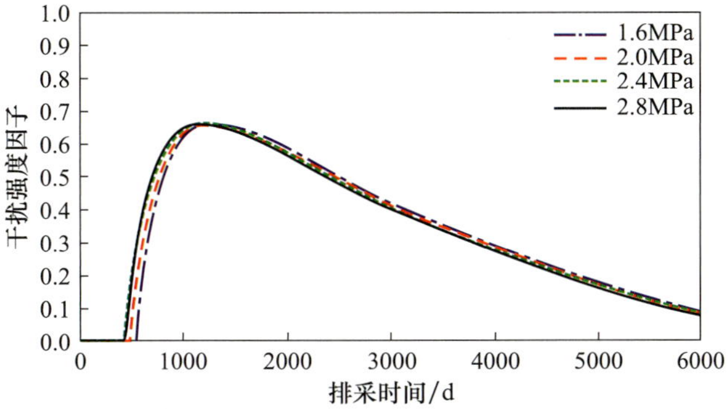

图 6.23　Langmuir 压力对井间干扰的影响

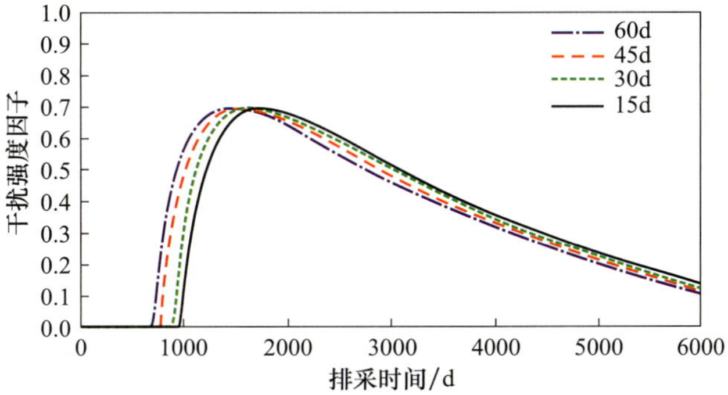

图 6.24　解吸时间对井间干扰的影响

（三） 单井控制面积的影响

模拟正方形井网开发井距、排距为 300m×300m、350m×350m、400m×400m、450m×450m，如图 6.25 所示。由图可知，随着井网排采的进行，井间干扰强度从未见干扰、出现干扰后干扰强度迅速上升，后期干扰强度上升平缓。单井控制面积越小，井间干扰出现时间越短，井间压力场叠加导致各井压降漏斗在纵向上快速扩展加深，煤层气快速解吸，单井产能及稳产能力得到加强。同一时刻，随着单井控制面积增大，干扰强度逐渐减弱。

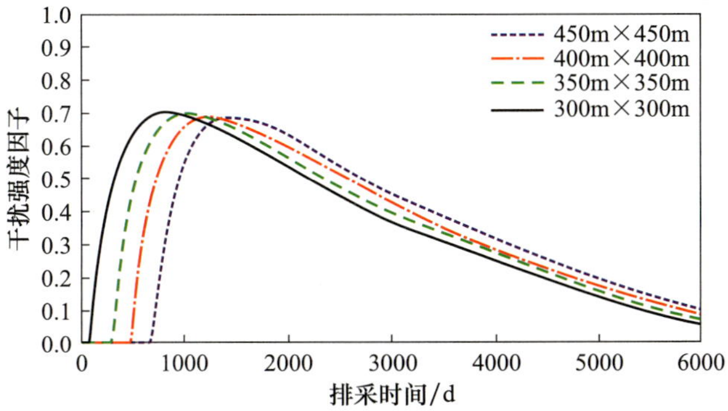

图 6.25　不同井排距对井间干扰的影响

（四） 工作制度的影响

模拟不同井底流压工作制度对井间干扰强度的影响，分别设井底流压为 0.2MPa、0.4MPa、0.6MPa、0.8MPa。模拟结果如图 6.26 所示，由图可知，随着井底流压降低，井间干扰出现时间提前，但是并不明显。这里模拟了不同定产气量的工作制度下对井间干扰强度的影响，分别设产气量为 1000m^3、2000m^3、3000m^3、4000m^3，模拟结果如图 6.27 所示，表明不同定产气量生产制度下对井间干扰强度因子的影响，从图中可以看出，随着产气量升高，排采速度大，井间干扰出现时间提前。

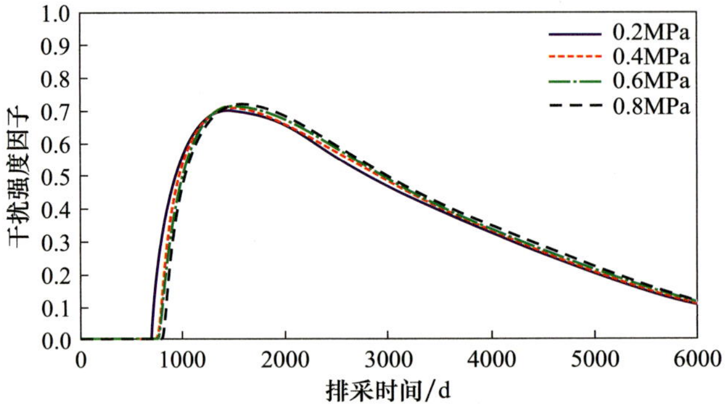

图 6.26 不同井底流压工作制度对井间干扰的影响

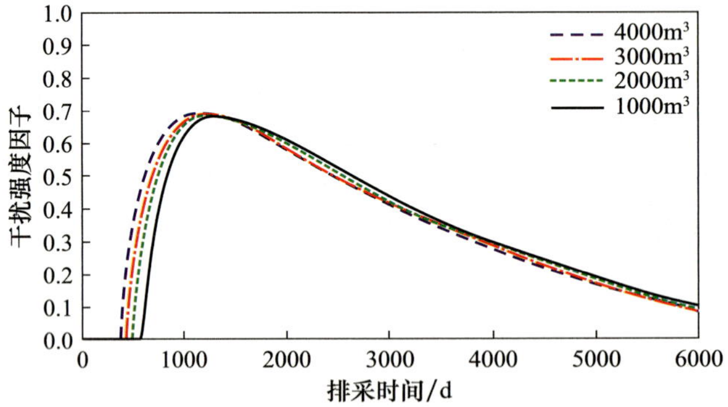

图 6.27 不同定产量工作制度对井间干扰的影响

三、井间压力干扰的主控因素厘定

根据干扰强度定量化表征方法，对煤层气井网开发井间干扰强度的不同地质、开发因素进行系统分析，找出影响井间干扰的控制因素。

（一） 正交试验的原理及特点

正交试验设计和分析方法是目前最常用的工艺优化试验设计和分析方法，是部分因子设计的主要方法。正交试验以概率论、数理统计和实践经验为基础，利用标准化正交表安排试验方案，并对结果进行计算分析，最终迅速找到优化方案，是一种高效处理多因素优化问题的科学计算方法。

在科学研究和工业化生产过程中往往有众多因素影响目标产品的生产，需要研究多个因素对产品指标的效应。若采用多因素完全方案，因素的数量为 m，因素的水平数都为 q，则多因素完全试验方案的次数 $n=q^m$，虽然因素完全试验方案可以综合研究各因素的简单效应、主效应和因素间的交互效应，但是从试验次数的计算式显然可以发现，随着因素数量和因素水平的增多，试验的次数将急剧增多，不仅会给研究带来极大的工作量，而且也会浪费大量的原料和时间。

正交试验则是采取部分试验来代替全面试验的方法，挑选出有代表性的试验点来进行试验，通过对代表性的试验的结果分析，了解全面试验的情况，以实现工艺的优化。因此，挑选有代表性的试验点成为正交试验的关键。1951 年，日本统计学家田口玄一根据试验的优化规律提出了正交表。正交表成为正交试验设计的基本工具，使得正交试验具备了分散性和整齐可比性，不仅可以根据正交表确定出因素的主次效应顺序，而且可应用方差分析对试验数据进行分析，分析出各因素对指标的影响程度，从而找出优化条件或最优组合，达到试验的目的。

（二） 正交试验设计的基本方法

在试验设计和优化中，分为同时试验与序贯试验两种工作方法。所谓同时试验，就是通过试验设计对有关因素的水平进行规划后，同时进行诸因子各水平的试验，综合分析所得的试验结果，求出最优条件。另一种方法是每进行一次或少数几次试验后，先分析已经取得的试验结果，再根据这些结果规划下一步的试验，这样序贯试验向最优条件逼近。正交试验也称为部分因子设计试验，属于同时试验法，因子设计实际上是一种多因素试验设计方法。因子设计的任务就是要通过这样的试验安排来了解各个因素及各因素水平之间的搭配对指标的影响。在各因素中对指标影响最大的为主效应，此外各因素之间互相影响称为交叉效应（白新桂，1987）。

（三） 正交试验设计的步骤

正交试验设计就是利用一套已有的规格化的表——正交表来安排多因素试验，并对试验结果进行统计分析，找出较优试验方案的一种科学方法（白新桂，1986）。正交表常记为 $L_n(t^m)$，其中，L 为正交表的符号；n 为正交表安排试验的次数，即正交表的行数；m 为正交表的列数（最多可安排因素的个数）；t 为每个因素的水平数。正交试验的科学性表现为：①表中任一列所含各种水平的个数都相同且有很好的整齐可比性；②表中任何两列所有可能的数对出现的次数都相同且有很好的均衡搭配性。因此，用正交表安排的试验对其中任意两个因素来说是具有相同重复次数的全面试验，代表性强、效率高。

（1）首先根据响应值及影响因子确定因子的个数和水平。这需要专业知识和以往的经验，还需要考虑因子之间的交叉作用。

（2）根据确定的因子和水平选取正交表。

（3）进行表头设计。注意表头上每列最多只能安排一个内容，不允许出现同一列包含两个或两个以上内容的混杂现象。避免交叉作用列与其他的因素或误差列同占一列的现象。

（4）按因素所占的列组成试验计划进行试验，得出结果并对试验结果进行数据评价。正交试验的数据分析方法主要有两种，一是直观性比较强也比较简单的极差分析法，另一种是分析比较全面计算量也较大的方差分析法。计算极差可以说明各因素对响应值的影响大小，极差越大，说明该因素对试验结果的影响越大。极差分析中必须计算空白列的极差，否则会使优选的试验结果不太可靠。

（四）模型选取

在参数范围选取的原则下，针对之前分析的八个地质参数，每个参数取五个水平，结合韩城及保德地区的煤层参数，确定正交设计参数的取值范围，并建立起参数水平取值表（表 6.2）。

表 6.2　煤层参数水平表

水平	渗透率 /$10^{-3}\mu m^2$	孔隙度	有效厚度 /m	含气量 /(m^3/t)	地层压力 /MPa	Langmuir 体积 /(m^3/t)	解吸时间 /d	孔隙压缩系数 /MPa^{-1}
水平 1	1.0	0.01	4	9	4.0	17.5	5	0.005
水平 2	1.5	0.02	6	10	4.5	19.5	10	0.010
水平 3	2.0	0.03	8	11	5.0	22.2	50	0.015
水平 4	2.5	0.04	10	12	5.5	24.5	100	0.020
水平 5	3.0	0.05	12	13	6.0	26.0	200	0.025

为此选择 $L_{50}(5^{11})$ 五水平正交表，其中 5 为水平数，11 为因素个数，用该表进行正交设计分析，共有 50 个试验，虽然只有 50 个试验，但是由于试验安排得巧妙，使各个因素的作用可以清楚地分开，它们的主效应都能估计出来，同时还可以考虑到其中的交互作用，并进行结果的误差分析，从而可以找到对开发效果影响较大的参数。以区域干扰强度因子值为评价指标，研究各煤层因素对井间干扰效果的影响程度，利用方差分析法对正交试验设计的结果进行分析，计算得到各因素的偏差平方和，如表 6.3 所示。偏差平方和表示各因素对煤层气井间干扰效果的影响，数值越大表示对结果的影响或作用程度越大。

表 6.3　计算结果的方差分析表

因素	偏差平方和	自由度	F 值	F 临界值	显著性
渗透率/$10^{-3}\mu m^2$	0.045	4	2.676	2.58	*
孔隙度	0.034	4	2.022	2.58	
地层压力/MPa	0.019	4	1.13	2.58	
有效厚度/m	0.013	4	0.773	2.58	
含气量/(m^3/t)	0.013	4	0.773	2.58	
Langmuir 体积/(m^3/t)	0.008	4	0.476	2.58	
解吸时间/d	0.008	4	0.476	2.58	
压缩系数/MPa^{-1}	0.002	4	0.119	2.58	
误差	0.19	32			

注：* 表示渗透参数的 F 值大于临界值。

从图 6.28 可以看出，各因素与井间干扰强度的影响各不相同。本书研究确定 F 值大于 1.0 的三大显著因素作为井间压力干扰主控因素，这包括煤层渗透率、孔隙度、地层压力等。

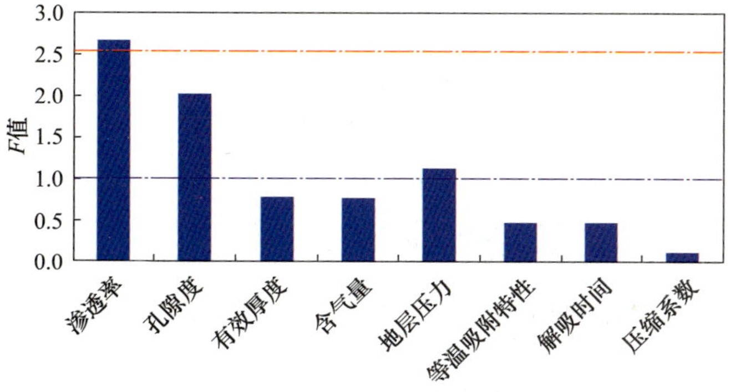

图 6.28 方差分析结果

第三节 煤层气开发井网优化

与常规天然气储层不同，煤层既是气体的源岩又是其储集岩。煤层气规模开发需采用井网进行区域排水降压。井网开发是实现煤层气规模开发的必要环节，井网开发可以大幅度降低煤层压力，可以促进煤层气解吸、扩散、渗流及产出过程的持续高效进行，从而使得气井达到长期稳定高产。井网开发效果是通过井间压力干扰实现的，煤层气井间干扰可以增大单井产气量，提高采收率。人工裂缝与渗透率各向异性使煤层气压力传播具有明显的方向性（孟召平等，2009，2010；马行陟等，2011；孟召平和侯泉林，2012），若井网井距布置不合理，会导致煤层压降不均衡，限制气井产能。目前，国内外关于煤层气井网排采的井间压力下降方面的研究主要集中在定性分析上，而定量化描述煤层气井网排采整体降压互动作用方面的研究甚少。针对煤层气井网整体降压开采的特征，建立基于压力传播形态特征的规则井网优化方法，首次提出储层均衡降压系数以定量化描述煤层气井网排采过程中储层压力整体下降的均衡程度，并利用该系数定量化分析不同井网形式下及非均质条件下的煤层气井网排采的整体降压开采效果，对于煤层气井网优化部署具有重要的指导意义和参考价值。

一、煤层气开发井网优化方法

煤储层（孔隙度、渗透率、含气量等）在空间上呈现出极强的非均质性特征，若井网井距布置不合理，会导致煤层气井的压降漏斗得不到有效扩展，难以发挥井网整体降压的互动作用，达不到最大面积地均衡降压，严重影响井网内气井的产能（刘贻军和娄建青，2004；赵贤正等，2011）。通过井网优化实现煤层大范围均衡降压，增大有效解吸区范围，有利于煤层气解吸与扩散乃至提高煤层气井产量。

（一）煤储层均衡降压评价标准的建立

1. 基本假设

假设煤层是由基质孔隙系统和裂隙系统组成的双重孔隙介质，在原始状态下裂隙被水100%饱和，且煤基质微孔隙孔径很小，水不能进入，仅含气体；水是微可压缩的流体，忽略水中溶解的气量；煤层自由气为真实气体，气体在基质中的扩散过程为非平衡拟稳态过程，遵循 Fick 第一定律，在裂隙中的流动遵循 Darcy 定律，流体流动为等温过程。

2. 煤储层气-水两相耦合流动控制方程

针对煤层气开采的解吸、扩散及渗流等复杂流动过程，建立煤层气藏三维、非平衡吸附、拟稳态条件下气-水两相耦合流动的数学模型（吴晓东和李安启，2000；张先敏，2007；张先敏等，2009）：

$$\nabla \cdot \left[\alpha \frac{k_{\mathrm{rg}}k_{\mathrm{f}}}{\mu_{\mathrm{g}}B_{\mathrm{g}}} \nabla (P_{\mathrm{g}} - \rho_{\mathrm{g}}gH)\right] + q_{\mathrm{vmf}} - q_{\mathrm{vg}} = \frac{\partial}{\partial t}\left(\frac{\phi_{\mathrm{f}}S_{\mathrm{g}}}{B_{\mathrm{g}}}\right) \tag{6.10}$$

$$\nabla \cdot \left[\alpha \frac{k_{\mathrm{rw}}k_{\mathrm{f}}}{\mu_{\mathrm{w}}B_{\mathrm{w}}} \nabla (P_{\mathrm{w}} - \rho_{\mathrm{w}}gH)\right] - q_{\mathrm{vw}} = \frac{\partial}{\partial t}\left(\frac{\phi_{\mathrm{f}}S_{\mathrm{w}}}{B_{\mathrm{w}}}\right) \tag{6.11}$$

$$\frac{\partial V_{\mathrm{m}}}{\partial t} = -\frac{1}{\tau}[V_{\mathrm{m}} - V_{\mathrm{E}}(P_{\mathrm{g}})] \tag{6.12}$$

$$q_{\mathrm{vmf}} = -\rho_{\mathrm{c}} \frac{\partial V_{\mathrm{m}}}{\partial t} \tag{6.13}$$

$$S_{\mathrm{w}} + S_{\mathrm{g}} = 1 \tag{6.14}$$

式中，α 为单位转换因子；k_{f} 为裂隙渗透率，$10^{-3}\mu\mathrm{m}^2$；ϕ_{f} 为裂隙孔隙度；k_{ri}、B_{i}、S_{i} 分别为煤层 i 相对渗透率、i 相体积系数、i 相饱和度，其中，下标 i＝g、w，分别表示气、水相；P_{i} 为煤层 i 相压力，MPa；μ_{i} 为煤层 i 相的黏度，mPa・s；ρ_{i}、ρ_{c} 分别为 i 相、煤体密度，t/m^3；H 为标高，m；t 为时间，d；q_{vi} 为井点所在网格单位体积煤层的 i 相产量，m^3/(m^3・d)；q_{vmf} 为煤基质单元中解吸气扩散进入裂隙系统的速率，m^3/(m^3・d)；τ 为吸附时间，d；V_{m} 为煤基质单元中吸附气平均浓度，m^3/t；V_{E} 为煤基质内表面上煤层气平衡吸附量。

V_{E} 可用 Langmuir 等温吸附方程描述为

$$V_{\mathrm{E}}(P_{\mathrm{g}}) = \frac{V_{\mathrm{L}}P_{\mathrm{g}}}{P_{\mathrm{L}} + P_{\mathrm{g}}} \tag{6.15}$$

式中，V_{L} 为 Langmuir 体积，m^3/t；P_{L} 为 Langmuir 压力，MPa。

采用有限差分方法对煤层气-水两相耦合流动数学模型进行数值求解，最终得到气、水两相的全隐式差分方程组：

$$\begin{bmatrix} a_{\mathrm{g}}^1 & a_{\mathrm{g}}^2 \\ a_{\mathrm{g}}^3 & a_{\mathrm{g}}^4 \end{bmatrix} \begin{bmatrix} \bar{\delta} p_{\mathrm{g}i-1} \\ \bar{\delta} S_{\mathrm{w}i-1} \end{bmatrix} + \begin{bmatrix} b_{\mathrm{g}}^1 & b_{\mathrm{g}}^2 \\ b_{\mathrm{w}}^1 & b_{\mathrm{w}}^2 \end{bmatrix} \begin{bmatrix} \bar{\delta} p_{\mathrm{g}i-1} \\ \bar{\delta} S_{\mathrm{w}i-1} \end{bmatrix} + \begin{bmatrix} c_{\mathrm{g}}^1 & c_{\mathrm{g}}^2 \\ c_{\mathrm{w}}^1 & c_{\mathrm{w}}^2 \end{bmatrix} \begin{bmatrix} \bar{\delta} p_{\mathrm{g}k-1} \\ \bar{\delta} S_{\mathrm{w}k-1} \end{bmatrix} + \begin{bmatrix} d_{\mathrm{g}}^1 & d_{\mathrm{g}}^2 \\ d_{\mathrm{w}}^1 & d_{\mathrm{w}}^2 \end{bmatrix} \begin{bmatrix} \bar{\delta} p_{\mathrm{g}i,j,k} \\ \bar{\delta} S_{\mathrm{w}i,j,k} \end{bmatrix} +$$

$$\begin{bmatrix} e_{\mathrm{g}}^1 & e_{\mathrm{g}}^2 \\ e_{\mathrm{w}}^1 & e_{\mathrm{w}}^2 \end{bmatrix} \begin{bmatrix} \bar{\delta} p_{\mathrm{g}i+1} \\ \bar{\delta} S_{\mathrm{w}i+1} \end{bmatrix} + \begin{bmatrix} f_{\mathrm{g}}^1 & f_{\mathrm{g}}^2 \\ f_{\mathrm{w}}^1 & f_{\mathrm{w}}^2 \end{bmatrix} \begin{bmatrix} \bar{\delta} p_{\mathrm{g}i+1} \\ \bar{\delta} S_{\mathrm{w}i+1} \end{bmatrix} + \begin{bmatrix} g_{\mathrm{g}}^1 & g_{\mathrm{g}}^2 \\ g_{\mathrm{w}}^1 & g_{\mathrm{w}}^2 \end{bmatrix} \begin{bmatrix} \bar{\delta} p_{\mathrm{g}k+1} \\ \bar{\delta} S_{\mathrm{w}k+1} \end{bmatrix} = \begin{bmatrix} h_{\mathrm{g}i,j,k} \\ h_{\mathrm{w}i,j,k} \end{bmatrix}$$

式中，对于一个 $II\times JJ\times KK$ 的网格系统，下标 $i-1$、$j-1$、$k-1$ 代表网格节点（$i-1,j,k$）、（$i,j-1,k$）、（$i,j,k-1$），其他类似；字母 a、b、c、d、e、f、g 分别表示节点（$i-1,j,k$）、（$i,j-1,k$）、（$i,j,k-1$）、（i,j,k）、（$i+1,j,k$）、（$i,j+1,k$）、（$i,j,k+1$），求解变量的系数。采用块系数预处理正交极小化方法（韩大匡等，1993）对上述差分方程组进行求解，联立求出各节点处的压力 $P_{gi,j,k}$ 和饱和度值 $S_{wi,j,k}$，同时可以求得平均地层压力 P_{avg}。

3. 煤层均衡降压系数

为定量化描述煤层气井网排采储压力下降的均衡程度，引入储层均衡降压系数，定义为煤层气井网排采一定时间内控制区域内各点的地层压力偏离该区域平均地层压力的平均值，数学表达式如下：

$$C_F=\frac{\int_{t_0}^{t}C_{ED}(t)\,dt}{t-t_0} \tag{6.16}$$

式中，$C_{ED}(t)=\sqrt{\frac{1}{II\times JJ\times KK}\sum_{k=1}^{KK}\sum_{j=1}^{JJ}\sum_{i=1}^{II}\left(\frac{P_{i,j,k}-P_{avg}}{P_i}\right)^2}$。

储层均衡降压系数为一无量纲参数，可反映煤层气井网控制范围内储层整体压力下降的均衡程度。均衡降压系数越大，代表煤层气井网控制区域内各点地层压力值与该区域平均压力值之间的差异越大，煤储层的均衡降压程度越差；反之，均衡降压系数越小，代表井网控制区域内各点地层压力值越接近该区域平均压力值，煤储层的均衡降压程度越高。

（二） 煤层气储层压力下降定量化分析

结合鄂尔多斯盆地东缘韩城矿区的部分实际资料，利用数值模拟方法开展不同井网形式和非均质条件下煤层气井网排采储层压力下降分析。模拟所用的参数如下：煤储层压力为 3.2MPa，顶深为 343.0m，有效厚度为 8.0m，孔隙度为 2%，渗透率为 4.0mD，含气量为 12.6m^3/t，Langmuir 体积为 21.6m^3/t，Langmuir 压力为 2.0MPa，吸附时间为 10.0d，废弃压力为 0.7MPa，单井控制面积为 0.09km^2。

1. 不同井网形式下煤层压降定量化分析

煤层气井网部署的合理性直接关系到煤层气区域开发的成败及最终采收率的高低，合理的井网形式有利于煤层整体排水降压，增大有效解吸区范围，提高煤层气井产量。针对韩城矿区的煤储层条件，在单井控制面积和工作制度相同的条件下，分别选择矩形井网和菱形井网井组进行数值模拟计算（图 6.29），定量化分析不同井网形式下煤储层的整体压力下降情况。

图 6.30 为矩形井网和菱形井网井组的平均单井累产气量，采用菱形井网形式的单井累产气量略高于矩形井网形式。模拟排采 15 年，矩形井网、菱形井网井组的煤层均衡降压系数分别为 0.0231、0.0216，与菱形井网井组相比，矩形井网井组的整体降压效果要差。图 6.31 为两种井网形式下井组排采 5 年的煤层压力场分布。从图 6.31 可以看出，矩形井网井组的 4 口井中间位置附近，煤层压降幅度较低，可能造成该区域的煤

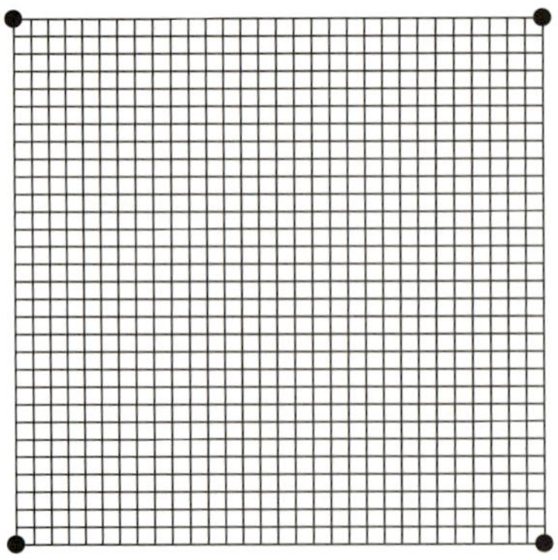

（a）矩形井网　　（b）菱形井网

图 6.29　井组示意图

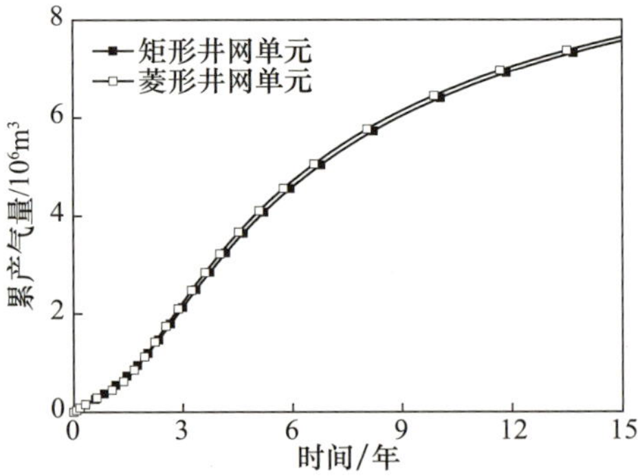

图 6.30　不同井网形式下单井累产气量

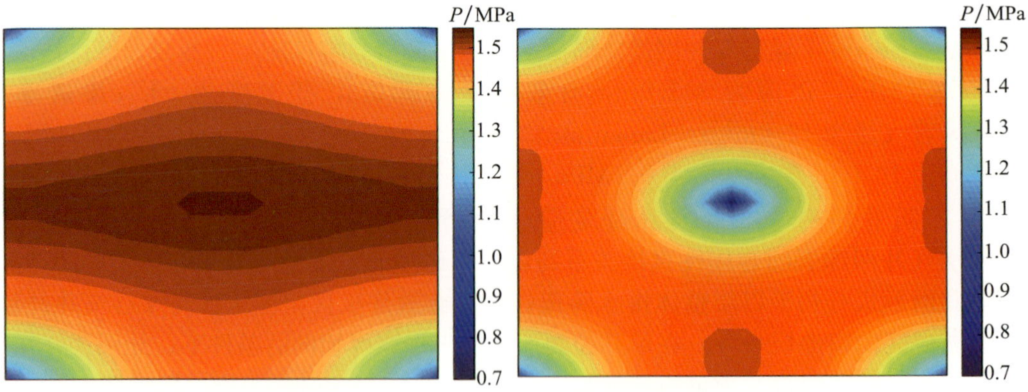

（a）矩形井网井组　　（b）菱形井网井组

图 6.31　排采 5 年末煤层压力场分布图

层气采收率偏低，而菱形井网井组的井与井之间压降较为均匀，可以实现开发区域均衡降压的目的。

2. 均质煤层不同井网开采降压分析概念模型

在均质煤层条件下设计了四种井网，开展均衡降压系数与累产气量的数值模拟计算。煤层气井网产能最大化与煤层均衡降压存在很好的对应关系，实现煤层均衡降压，才能实现井网最优（图 6.32～图 6.34）。

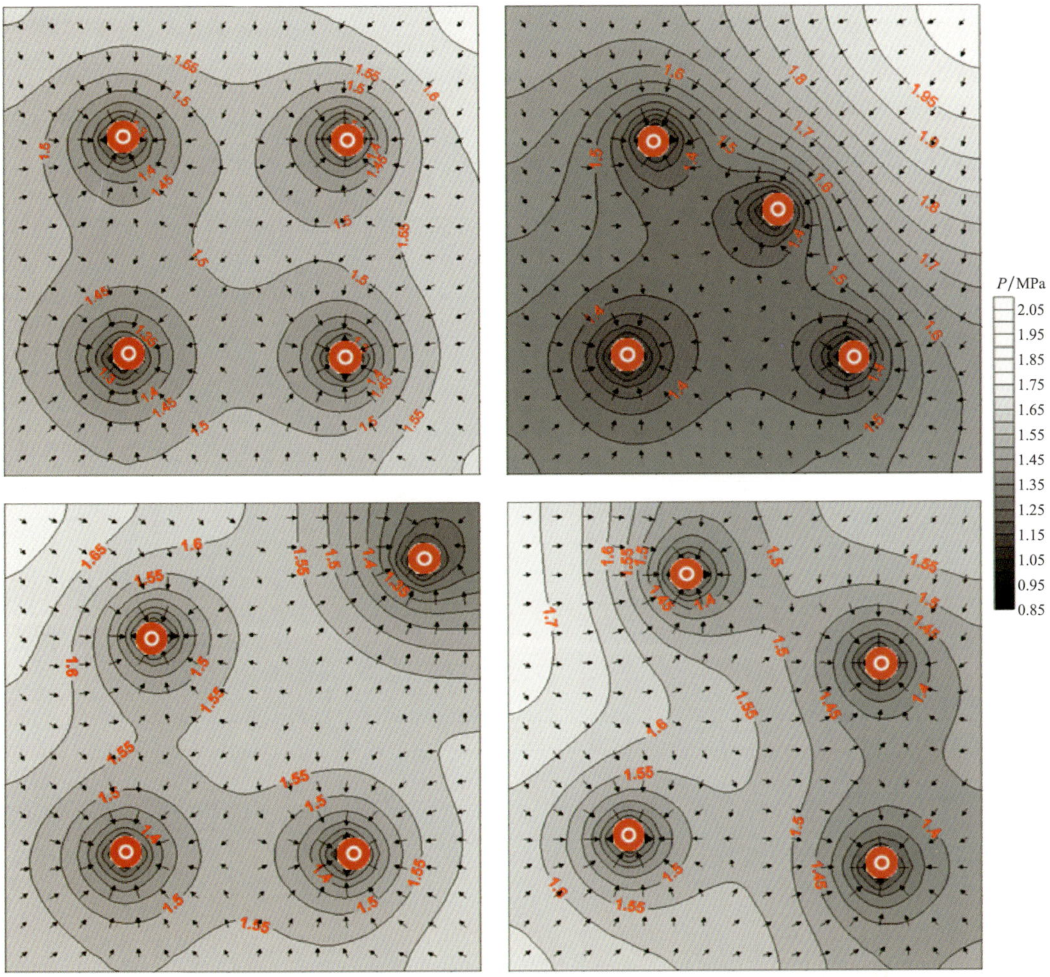

图 6.32 均质煤层不同井网开发方案及阶段末压力分布图

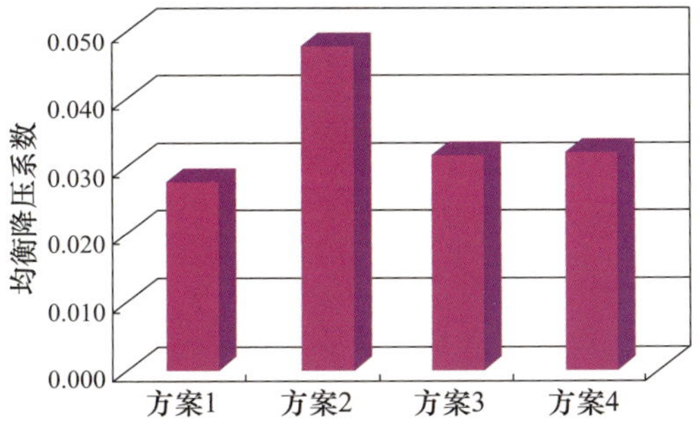

图 6.33 均质煤层不同方案的均衡降压系数对比图

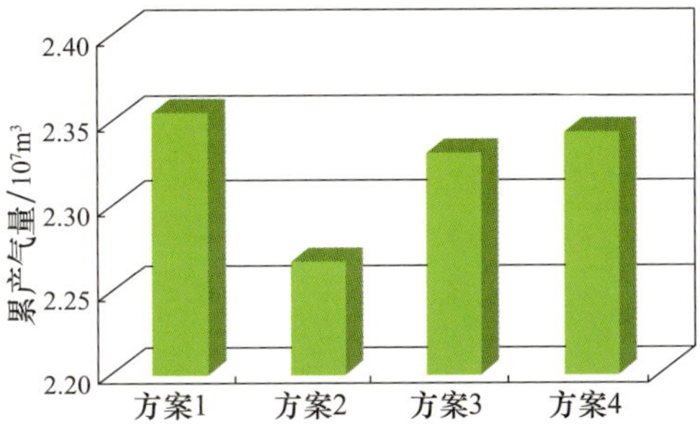

图 6.34 均质煤层不同方案的累产气量对比图

3. 非均质煤层不同井网开采降压分析概念模型

煤层气储层具有强烈的非均质性，主要包括煤层渗透率、含气性在水平空间展布及垂向分布上具有明显的差异及煤层压力系统在空间分布上呈现出分异明显特征。煤层非均质性导致储层特性在一定范围内发生改变，使煤层气井的压降漏斗得不到有效扩展，难以发挥井网整体降压的互动作用，达不到最大面积地均衡降压，严重影响井网内气井的产能（刘贻军和娄建青，2004；赵贤正等，2011）。在非均质煤层条件下设计了四种井网，开展均衡降压系数与累产气量的数值模拟计算（图 6.35～图 6.37）。

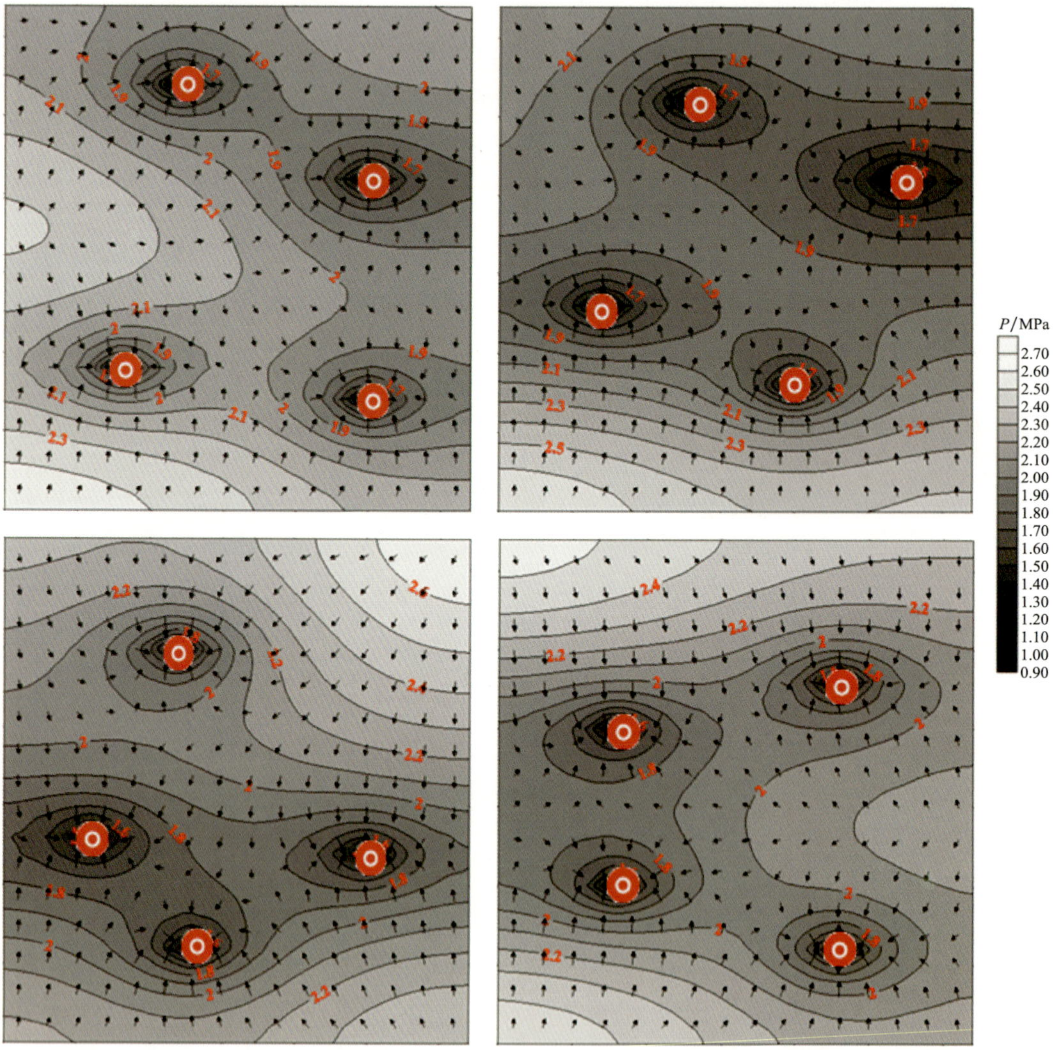

图 6.35　非均质煤层不同井网开发方案及阶段末压力分布图

二、煤层气开发井网自动优化设计方法

煤层气井网优化设计应充分考虑非均质性特征影响，实现煤层大范围均衡降压。以

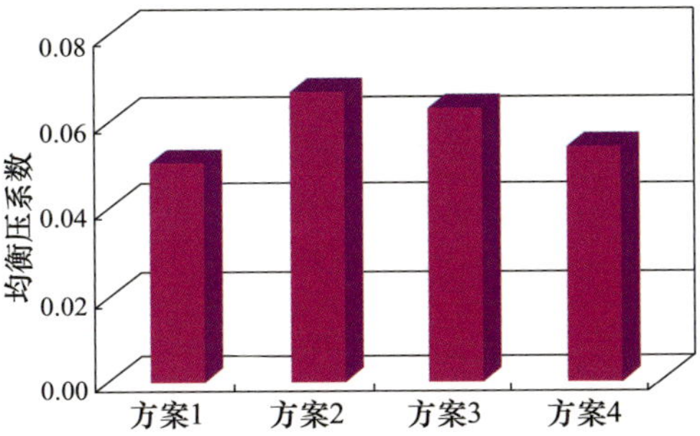

图 6.36　非均质煤层不同方案的均衡降压系数对比图

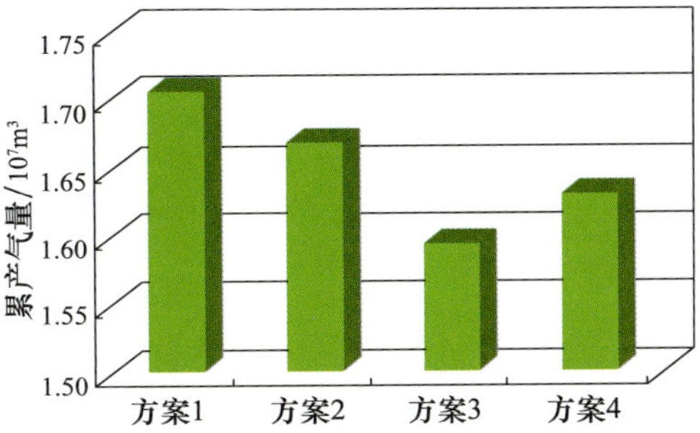

图 6.37　非均质煤层不同方案的累产气量对比图

煤层大范围均衡降压及产气量最大化为目标，建立了一套基于粒子群优化算法的煤层气直井井网自动优化设计方法。该方法可在合理井网密度条件下，根据煤层气开发区块完整的地质资料信息进行井网的自动优化布井设计及井网自动优化加密等工作，不受地质因素局限。

采用粒子群优化算法进行煤层气井网自动优化的流程图（图 6.38）。该方法的关键是实现粒子群算法与数值模拟器的嵌套。为提高运行速度，本书采用自主开发的煤层气数值模拟器，从源代码上实现优化算法与数值模拟器的快速衔接。

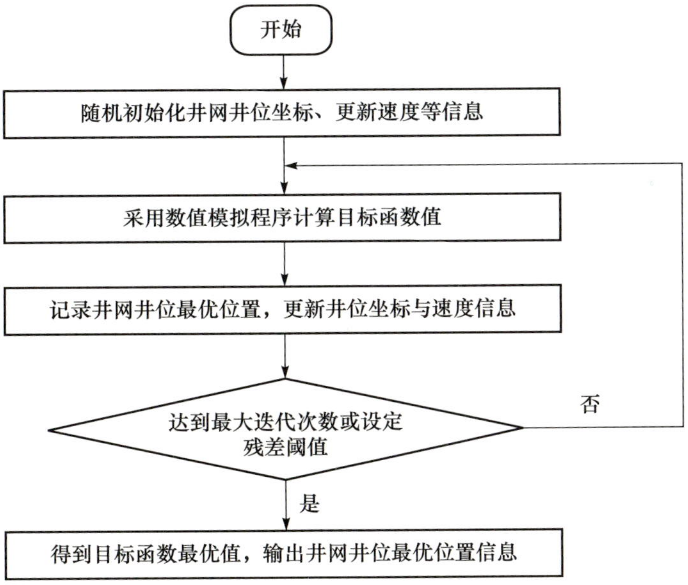

图 6.38　粒子群算法井位优化流程图

第四节　应用实例及效果

鄂尔多斯盆地东部为典型的华北地区地层，上古生界石炭系—二叠系煤系地层十分发育，主力煤层集中发育在太原组和山西组，分布较稳定，主力煤层埋深大多浅于

1500m，有利于煤层气的勘探开发。鄂尔多斯盆地东缘作为我国煤层气勘探的活跃区，预测 1500m 以浅煤层气地质资源量约为 $9\times10^{12}m^3$，其中，韩城矿区和保德矿区煤层气勘探开发程度较高，是鄂尔多斯盆地东部现实的重点开发建产区块（接铭训，2010）。运用基于均衡降压概念的井网优化方法对鄂尔多斯盆地东缘韩城区块、保德区块进行井网优化，取得了良好效果。

一、韩城地区煤层气井组优化应用及效果

（一） 地质特征及参数选取

韩城矿区位于鄂尔多斯盆地东南缘，边浅部构造复杂，断裂发育，中深部地层平缓，断裂稀少。韩城地区主要可采煤层为山西组 2 号、3 号煤层和太原组 4 号、5 号、11 号煤层。钻井资料和地震资料综合研究表明，韩城地区山西组 3 号煤层和太原组 5 号、11 号煤层发育较厚，平面分布较稳定，是矿区内煤层气勘探开发的主要目的层；而 2 号、4 号煤层厚度变化大，为局部可采，不作为煤层气勘探目的层。3 号煤结构较简单，含 1～2 层夹矸。5 号煤层结构相对简单，变化不大，有薄层夹矸 1～3 层。11 号煤层结构简单到复杂，含薄层夹矸 1～3 层。

该区的煤岩特征表现为以半亮煤-暗煤为主。显微组分主要为镜质组和惰质组，基本上不含半镜质组和壳质组。3 号、5 号和 11 号煤层的镜质组含量基本上为50%～60%，惰质组含量基本上为 40%～50%；无机物含量为 17%～28%，属于中灰-中高灰煤。

区内煤的演化程度比较高，其中，3 号煤的 R_o 为 1.85%～2.05%，属于瘦煤-贫煤；5 号煤的 R_o 为 1.90%～2.12%，属于瘦煤-贫煤；11 号煤的 R_o 为 1.89%～2.07%，属于瘦煤-贫煤。固定碳含量为 88%～91%。

根据 WL1 井的化验分析结果，3 号、5 号和 11 号煤层的孔隙度为 4%～6%，属于低孔隙度致密储层。另外，根据收集到的中国煤田地质总局韩试 1 井的资料，其 5 号煤和 11 号煤的渗透率分别为 1.96mD 和 3.50mD；港联 1 号井 3 号和 11 号煤层的渗透率分别为 1.93mD 和 0.22mD。

根据对 WL1 井煤心的实际测定，3 号煤原煤的饱和吸附量（V_L）为 22.18m³/t，5 号煤为 24.52m³/t，11 号煤为 20.02m³/t，表现为煤层具有中等-较强的储气能力（图 6.39～图 6.41）。Langmuir 压力中等，其变化范围为 2.17～2.58MPa，平均约为 2.40MPa。3 号煤临界解吸压力为 1.38MPa，含气饱和度为 69%，临界解吸压力与储层压力之比（临：储）约为 0.5；5 号煤分别为 1.46MPa、75%和 0.6；11 号煤分别为 1.35MPa、68%和 0.5。

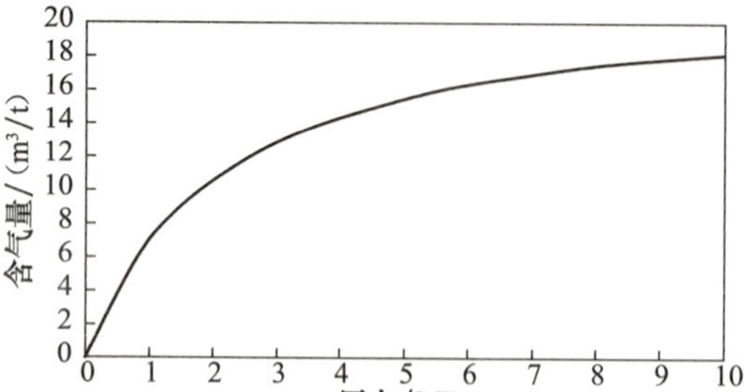

图 6.39　WL1 井 3 号煤等温吸附曲线

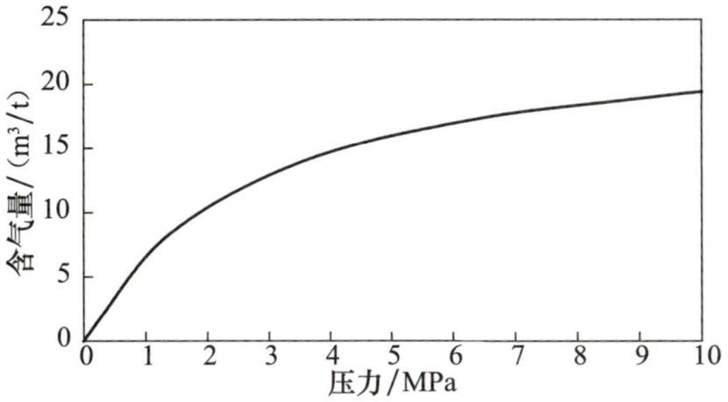

图 6.40　WL1 井 5 号煤等温吸附曲线

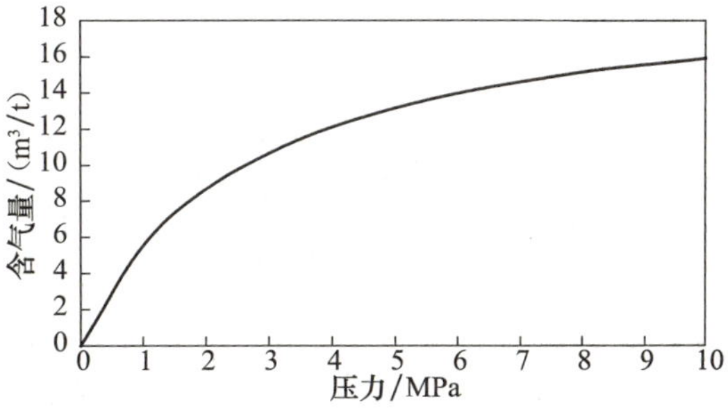

图 6.41　WL1 井 11 号煤等温吸附曲线

韩城矿区煤田地质勘探资料表明，煤层含气量的变化较大，为 3.1～16.13m^3/t。矿区南部的含气量比较高，其中，3 号煤平均值为 8.05m^3/t，5 号煤平均值为 8.83m^3/t，11 号煤平均值为 8.77m^3/t。

从该区 WL1 井的实际勘探情况来看，3 号煤储层压力为 2.80MPa，5 号煤储层压力为 2.39MPa，11 号煤储层压力为 2.65MPa，压力系数为 0.6～0.8。该区煤储层温度为 22～26℃。

（二） 井组历史拟合

由于受煤储层的复杂性、勘探程度以及测试方法局限性等不确定因素的影响，勘探试验过程中直接测得的煤储层参数数据不能完全客观、准确地反映煤储层的实际情况，如果使用这样的数据进行储层模拟，预测煤层气井气、水产量，其可靠性就差。因此，应该采用历史拟合方法，利用煤层气井的实际生产数据来校验软件的计算结果，客观地认识煤储层特征，对生产井做出正确的评价，为开发和动态预测奠定基础。

根据 WL1 井组的地质与开发资料建立地质模型，并通过对井组的生产历史拟合进行地质参数微调，得到各煤层较为准确的含气量、渗透率、孔隙度等参数场分布情况（图 6.42～图 6.44）。

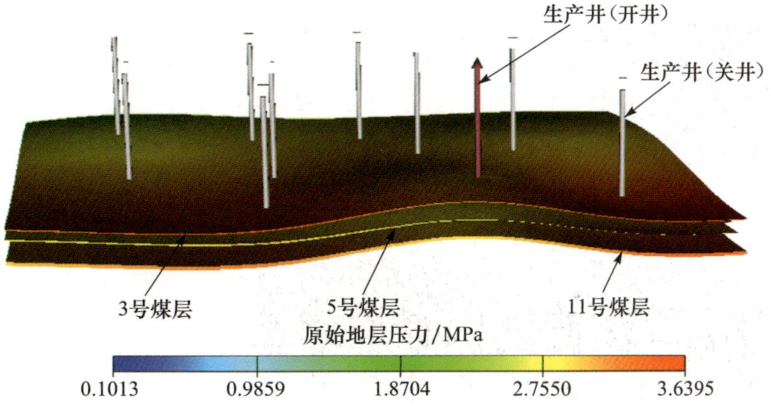

图 6.42　地质模型的建立

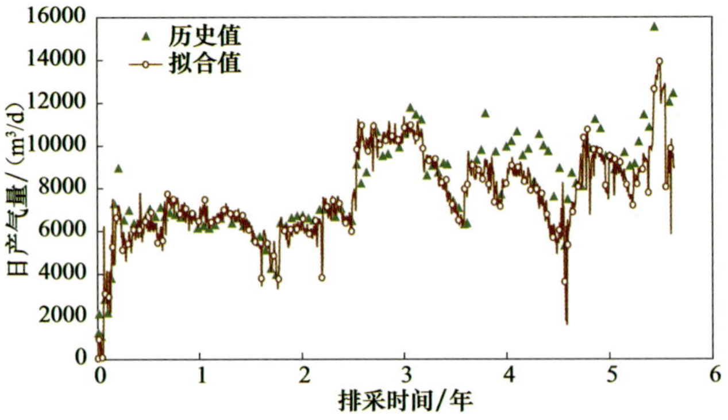

图 6.43　产气量拟合曲线

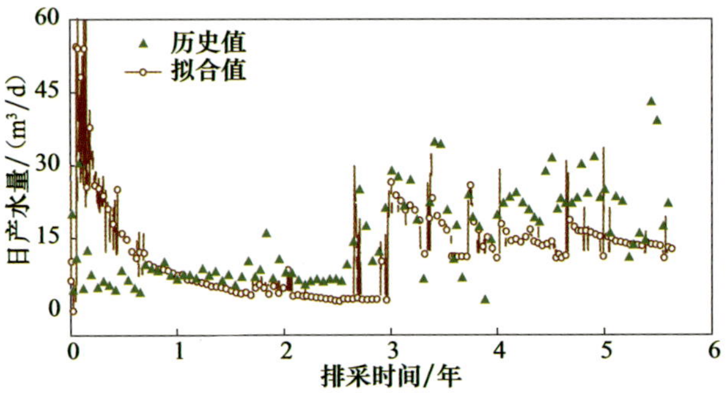

图 6.44　产水量拟合曲线

（三）韩城井组自动优化及效果

利用优化方法对 WL1 井组 10 口井的井位井距进行优化设计。该井组控制区域内煤层气资源量为 $4950\times10^4m^3$，优化后的井位多分布在高渗区域（图 6.45）。预测排采生产 15 年，优化前后的累产气量分别为 $2.06\times10^7m^3$、$2.31\times10^7m^3$，提高采收率 5.1%；优化前后的累产水量分别为 $3.26\times10^4m^3$、$3.62\times10^4m^3$（图 6.46）；预测排采生产 15 年末，优化前后井网的均衡降压系数分别为 0.138、0.111，优化后的井网降压较为均衡（图 6.47）。

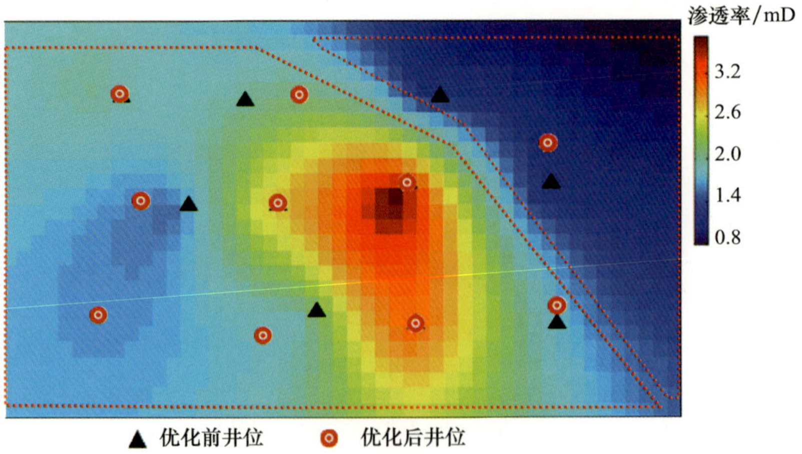

图 6.45　优化后的井网

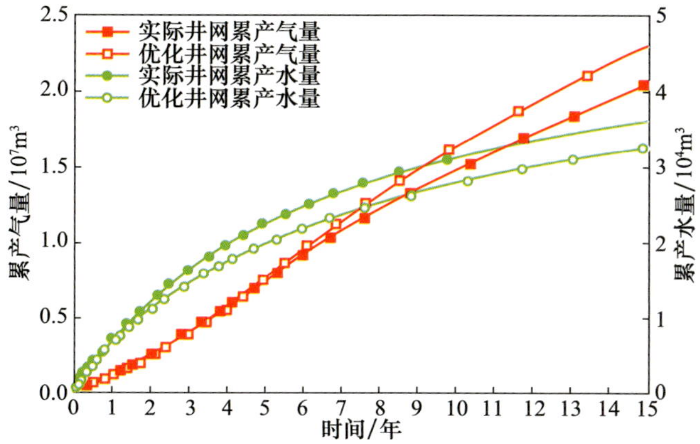

图 6.46 优化前后的气水累产量对比图

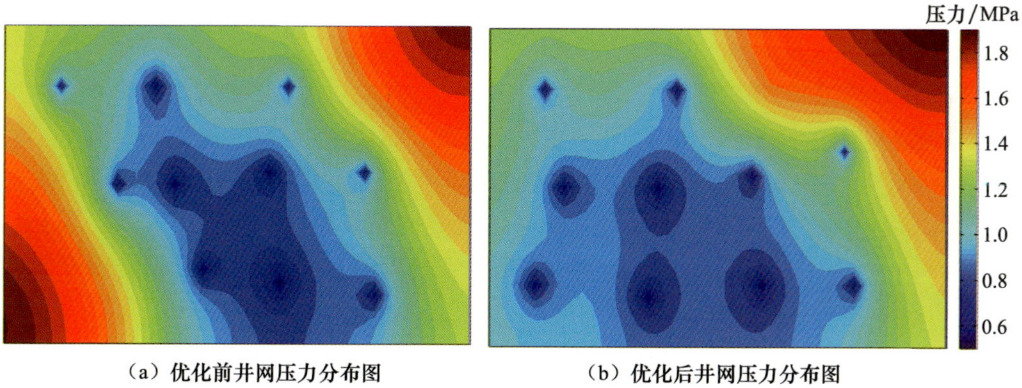

图 6.47 优化前后井网压力分布图

二、保德地区煤层气井组优化应用及效果

(一) 地质特征及参数选取

保德地区位于山西省西北部，构造上位于鄂尔多斯盆地东缘晋西挠曲带北段，总体上表现为侧倾向 W 或 NWW 的波状起伏的单斜构造，大的断裂、褶皱构造均发育微弱，只有零星的小型断层发育。岩层基本上呈 SN 走向，向西倾斜，并且在走向和倾向上伴有不十分明显的波状起伏，地层倾角一般为 5°～10°。石炭系—二叠系的太原组和山西组是区域内的主要含煤地层。作为矿区主要含煤地层之一，山西组为一套陆相含煤沉积，该组厚为 22.86～95.44m，平均为 54.13m，井田内主要出露于东部沟谷中，岩性主要由浅灰色碎屑岩组成，含煤 1～4 层。区内山西组 4+5 号和太原组 8+9 号煤层为主要煤层，其中 4+5 号煤层单层厚度为 5～14.6m，平均为 7.6m；8+9 号煤层单层厚度为 5～14.2m，平均为 10.2m。

该区煤层具有镜质组含量高、灰分产率低的特征，镜质组含量一般大于 70%，灰分产率一般低于 25%。煤的镜质组最大反射率（R_o）为 0.60%～0.97%，平均为

0.8%左右，以气煤为主。根据保德地区煤层气井的实际测试情况，该区煤储层压力系数为 0.68～0.98，具有欠压-常压储层特点。保德地区煤层吸附饱和度 4+5 号煤较低，8+9 号煤高。其中 4＋5 号煤吸附饱和度为 86%～92%；8＋9 号煤吸附饱和度为 93%～97%。4+5 号煤层含气量为 4～10m^3/t，平均为 6m^3/t 左右；8＋9 号煤层含气量多为 4～12m^3/t，平均为 8m^3/t 左右。

保德地区的煤层属于中偏低阶煤，孔隙度主要为 4%～5.5%；以小孔、微孔为主，占总孔隙度的 68.5%～87.3%，大孔次之，中孔欠发育。全区煤层孔隙度都比较低，为 4%～5.5%，平均为 4.5%，均属特低孔隙（表 6.4）。

表 6.4　部分探井煤层密度、孔隙度表

井号	煤层号	真密度/(t/m^3)	视密度/(t/m^3)	孔隙度/%
保 1	4+5 号	1.58	1.51	4.43
	8+9 号	1.4	1.36	2.86
保 2	4+5 号	1.59	1.52	4.4
	8+9 号	1.4	1.36	2.86

保德地区煤层渗透率为鄂尔多斯盆地东缘最高，煤层渗透性的分布具有一定的规律性。整体随着埋藏的深度增加而变小，同时随着上覆压力的增大而变小。但是，煤层渗透性分布不均一性存在，局部异常值受断层、裂缝的发育影响。4+5 号煤的渗透性好于 8+9 号煤。4+5 号煤层渗透率北部高，渗透率为 3～11mD；8+9 号煤渗透率为 3～12mD。平均渗透率大于 5mD，渗透率较高（表 6.5）。

表 6.5　煤层渗透率统计表

井号	煤号	渗透率/mD
保 4	8+9 号	3.06
保 9	8+9 号	4.22
BD-2	8 号	12
BD-2	9 号	5.1

（二）保德井组自动优化及效果

保德某井组由五口井组成，根据该井组的分层地质参数及井数据，建立了井组地质模型如图 6.48 所示。

利用前述井网优化方法对该井组的五口井井位井距进行优化设计。表 6.6 给出了优化前后该井组生产 15 年末的相关指标参数对比情况。对比该井组优化前后的均衡降压系数、累产气量及经济净现值（NPV）等指标可以看出，该井组优化后的累产气量由 0.9833×10^8m^3 增加到 1.0485×10^8m^3，经济净现值相应地从 3440.3 万元增加到 3571.6 万元，增加 131.3 万元，而且优化后的区域优化后的均衡降压系数从 0.1732 降至 0.0965，区域降压更为均衡（表 6.6），排采 15 年末的压力分布图见图 6.49。

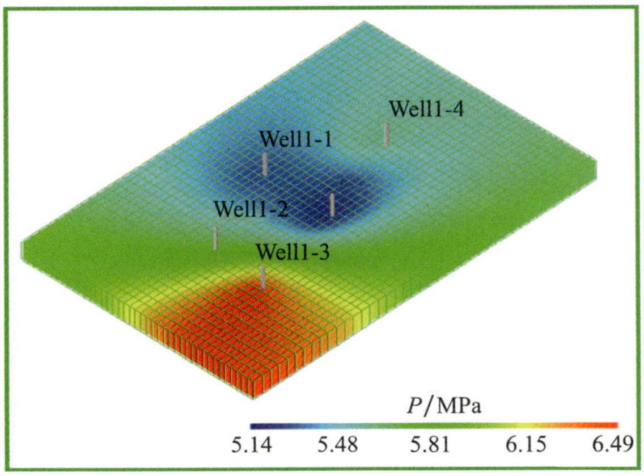

图 6.48　保德地区某井组井位图

表 6.6　优化前后井组 15 年末的参数对比表

井组	均衡降压系数	累产气量/$10^8 m^3$	NPV/10^7 元
优化前	0.1732	0.9833	3.4403
优化后	0.0965	1.0485	3.5716

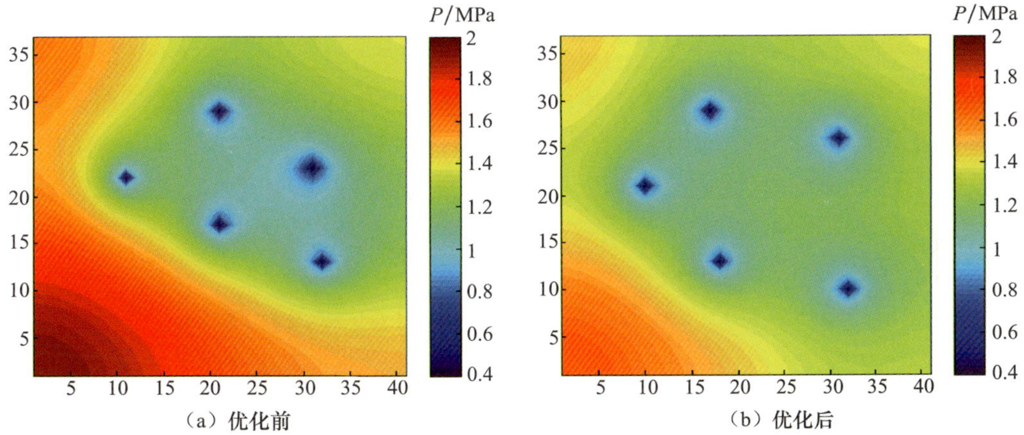

图 6.49　优化前后井组 15 年末压力分布

第七章 煤层气水平井井壁稳定性与优化技术

控制煤粉是煤层气井排采管理中的重要环节之一，过量煤粉引起的机械故障会导致频繁的检泵作业，从而产生大幅度的井底压力波动而破坏气、水、煤粉流态的连续性进而影响煤层气的正常生产（陈振宏等，2009b）。经统计部分沁水盆地南部产粉煤层气水平井平均检泵周期为六个月，频繁的检泵作业对气井生产动态产生负面影响，主要表现在液面不稳定引起的产能及井壁稳定性等方面的负面影响，同时也增加煤层气的排采成本。

在煤储层中，裂缝是煤层气的主要运移通道，这些裂缝主要包括外生裂隙及内生裂隙等组成的大裂隙系统（王生维等，1997，2004）。这样的大裂隙系统既是煤层水产出的通道，也是煤粉从储层富集之处运移到井筒的必经之路。与常规砂岩相比，煤的弹性模量小、泊松比低、硬度低，表明其在相同地应力条件下，煤比普通砂岩更易受应力而发生破坏，从而产生煤粉，堵塞煤储层裂缝。加之煤岩渗透率较低且具有不可恢复特性，因此煤粉造成煤岩渗透率下降直接影响着煤层气井产量。因此研究煤粉在裂缝中的运移机理对煤储层保护及生产参数的科学确定具有重要意义。

对于煤层气水平井来说，煤粉产出的关键是水平分支穿过的带的位置。如果穿过了破碎带，煤粉很容易产出。至于如何判断破碎带的存在，则可通过详细的小微构造剖析，煤层的测井曲线、钻孔取心等综合手段来判断是否发育破碎带及破碎程度。目前该技术已经发展到成熟和适用的水平。

第一节　煤粉来源和煤粉的赋存方式

煤的形成是一个漫长而艰巨的过程。虽然煤岩在钻采开发之前，在地下受到的应力、压力、温度等外界条件都是处于平衡状态，但是煤层中本身存在一定量的固相颗粒，这些颗粒可能是开采后产出煤粉的重要来源之一。

将煤粉颗粒分为有机质、交联体和外在矿物三类，有机（organic-rich）指矿物含量小于10％的煤粉颗粒，交联体（organic with included mineral）指矿物含量为10％～90％的煤粉颗粒，外在矿物（excluded mineral）指矿物含量大于90％的煤粉颗粒。相应地可将煤粉中矿物分为内在矿（included mineral）和外在矿物（excluded mineral）。值得指出的是，这一称谓与煤岩学中的内在矿物和外在矿物不是一个概念，但至今没有找到更合适的翻译方法。

一、煤粉成因及分类

密度级别反映了矿物在煤粉中的存在状态，低密度级别煤粉以纯有机质为主，中等密度级别煤粉中矿物与有机质交织在一起，而高密度级别煤粉中矿物独立存在。不同密度级别煤粉中无机矿物组分的变化规律如下。

对于无机矿物组分，所有煤粉都表现出相似的规律，黏土存在于各个密度级别煤粉中，而且随着密度级别增大含量增加，说明黏土矿物是煤粉中存在的主要无机矿物，不仅分散在有机显微组分中，也以外在矿物独立存在。

由于黄铁矿密度为 4.8～5.2g/cm^3，理论上推测黄铁矿应富集在高密度级别中，但实际结果有些出乎意料，各密度级别煤粉中都存在黄铁矿；而且除山西无烟煤密度大于 2.0g/cm^3、云南褐煤密度大于 1.6g/cm^3，黄铁矿含量明显偏高外，不同密度级别煤粉中黄铁矿几乎相等。

根据资料调研结果，煤岩固有颗粒主要有两方面来源：①煤岩中无机矿物；②受构造应力破碎而产生的煤粉。

（一） 无机矿物煤粉

煤岩中无机矿物是煤粉的重要来源，其中黏土矿物和黄铁矿等就是重要组成部分。黏土矿物具有不稳定性的机制，会产生遇水膨胀、分散或絮凝等不稳定现象（傅鹤林等，2000）。不同类型的黏土矿物具有不同的不稳定性机制。

采用 X 射线衍射分析方法，对樊庄主力煤层的煤岩进行了黏土矿物分析。樊庄 3 号煤黏土矿物的含量为 21%～25.7%，其中伊利石相对含量为 23%～30%，高岭石为 36%～58%，绿泥石为 7%～15%，伊-蒙混层为 9%～23%。陈振宏等（2009b）对樊庄区块煤岩组分测试结果显示，煤粉中黏土矿物含量较煤心中高约 30%，软煤中黏土矿物含量明显偏高。樊庄 3 号煤黏土矿物以高岭石和伊利石为主，高岭石属于速敏性矿物，其集合体对骨架颗粒附着力很差，同时各高岭石晶体之间结合力也很弱，在高速流体的剪切应力作用下，高岭石集合体很容易从骨架颗粒上脱落，被打成碎片，而且这些碎片在孔隙内随流体移动易堵塞喉道。而伊利石主要以片状、发丝状、卷曲片状分布于粒间孔隙内或颗粒表面，孔隙在原来的基础上变成大量的微孔隙，流体在孔隙中的通道变得曲折，渗透性大大降低。

煤中的其他无机矿物也是煤粉产生的来源。对郑庄-樊庄 3 号煤进行电镜扫描可见到煤岩裂缝中存在的无机矿物颗粒，扫描电镜观察到如下特征：煤样具块状结构，泥质、砂质等少量，晶体间结合较紧密，晶间孔隙少；晶体较粗大，结合较紧密，部分解理较清晰；见少量片状泥质充填于其间（图 7.1）。晶间微裂隙少，晶体间充填不规则片状泥质（图 7.2）。岩石中粉砂少量，磨圆较好，部分表面被溶蚀。岩石中见到缝隙，缝宽为 0.1mm 左右，缝内被细小晶体、不规则状泥质、砂质及碳酸盐质等充填完全（图 7.3）。晶体溶蚀呈蜂窝状，细粒状黄铁矿及菱铁矿少量（图 7.4）（郝琦，1987；贺承祖和华明琪，1998）。

（二） 受构造应力破碎产生的煤粉

根据煤结构成因可以分为原生结构、构造结构。在沉积时就已存在的煤岩结构称为原生结构。在构造应力作用下所形成的煤岩结构称为构造结构。具有构造结构的煤称为

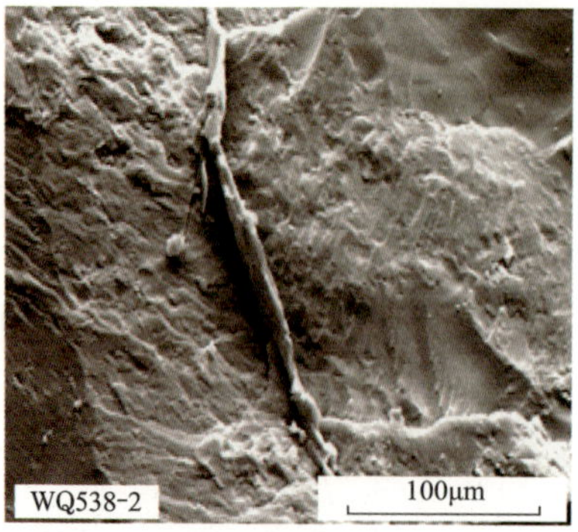

图 7.1　解理充填现象扫描电镜

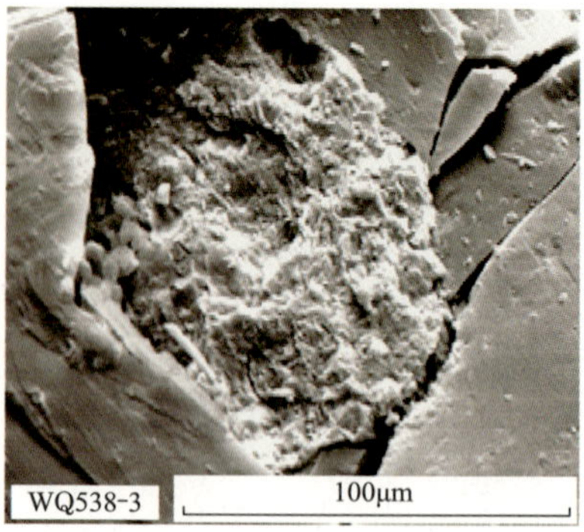

图 7.2　晶体间充填现象扫描电镜

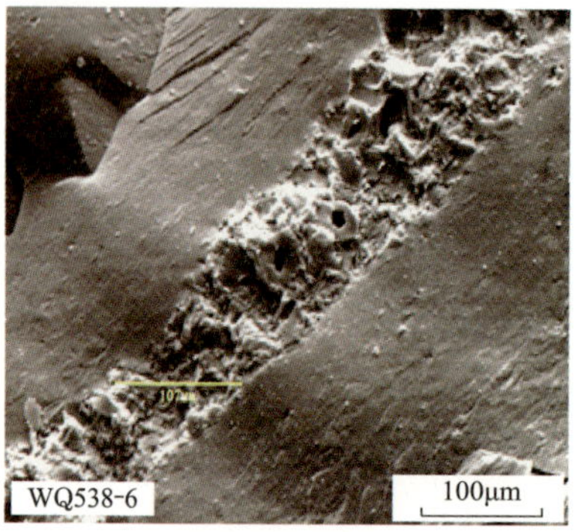

图 7.3　缝隙充填现象扫描电镜

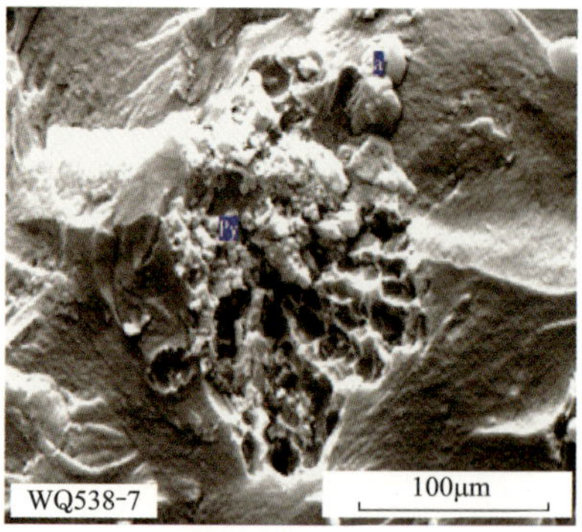

图 7.4　溶蚀及充填现象扫描电镜

构造煤，俗称酥煤、槽口煤、软煤等。按照煤受构造应力的破碎程度可分为碎裂煤、碎粒煤和糜棱煤三种类型。糜棱煤为煤层受到构造力作用后破碎成细粒状，并被重新压紧后的产物。在构造活动过程中，由于颗粒相互摩擦，不但失掉棱角，而且磨得很细，颗粒大小一般小于 1mm。糜棱煤是在强烈形变和发生理性流动造成的，因之常可见到流动构造。

图 7.5 为沁水盆地南部 3 号煤层底部广泛发育一套软煤层和原生结构煤电镜显微结构对比图，清晰地发现软煤岩表面凹凸不平，软煤表面附着大量的煤基质颗粒，这些煤基质颗粒是煤粉的主要来源，表明软煤结构易破碎，形成的煤粉远多于原生结构煤。

大量的矿井煤储层剖面观测表明，煤粉的主要来源可以分为原生煤粉和次生煤粉，次生煤粉是由于钻井工具与煤层研磨导致的煤粉颗粒；原生煤粉是构造裂隙面（带）内破碎的显微组分挤压而成的构造煤集合体。构造煤集合体是指其中颗粒小于 10mm 的煤粒经紧密挤压而成的集合体，其主要赋存于断层面及层间滑动面内。这些构造煤集合体是在煤体受到应力作用时伴随构造裂缝形成的产物，其中不少是由于多次破裂挤压剪切形成的，其规模与煤体结构的破碎程度有关。微观产状上，构造煤集合体赋存于软煤分层和斜交煤层的构造裂隙面（带）内。一般构造煤集合体的平面分布较广。

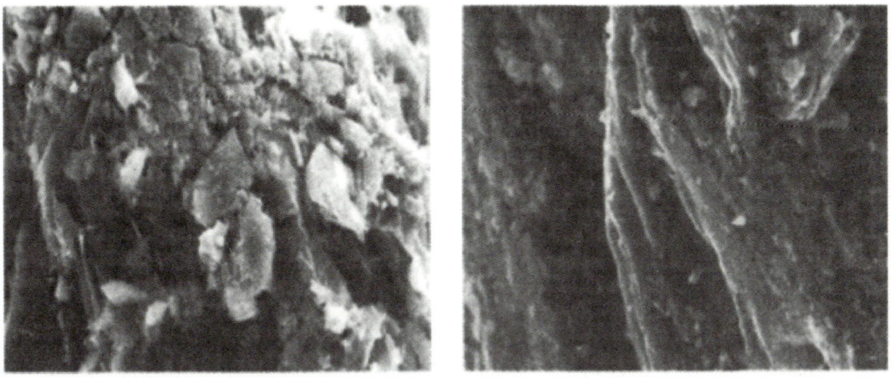

（a）宏观为粉状糜棱煤，微观为颗粒状，易形成煤粉　（b）原生结构煤，产生的煤粉相对较少

图 7.5　煤岩显微结构

煤粉的赋存产状主要是近水平和斜交方向，两种斜交角度为 50°～60°。近水平方向发育的煤粉主要发育在 3 号煤层的夹矸和煤层的底板之间。近竖直方向发育的煤粉主要发育在断层的断裂带内。赋存在断层面的煤粉整体被挤压呈层状或者薄片状，某些部位煤粉集合体构成褶皱形态，可清晰地看到层面间有因摩擦挤压产生的镜面（图 7.6）。

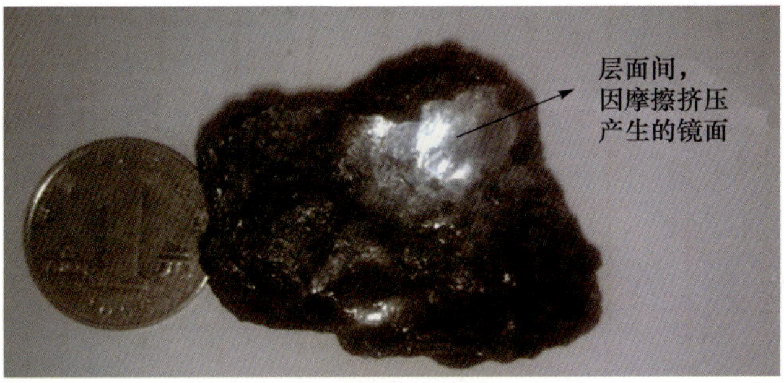

图 7.6　煤粉集合体层面间的镜面

在寺河矿区主要以近水平方向发育的煤粉集合体为主（图 7.7），近竖直方向发育的煤粉集合体几乎不发育，图 7.8 中煤粉集合体发育厚度为 5cm 左右，并且随着夹矸的减薄而尖灭。在靠近断层处，煤粉集合体的厚度增加到 30cm 左右。

在成庄矿区煤体比较破碎，近竖直方向发育的煤粉集合体比寺河矿区明显增多。图 7.9中煤粉集合体分布在距断层两侧 2～3m 的部位，在断层上盘，靠近断面处分布有一条厚约为 0.5m，长约为 2m 的煤粉集合体发育带（坚固性系数 $f=0.3$～0.5），主要块体为粒径 3～20cm 的碎块，其中充填有粒径更小的粉状煤。在下盘，断面与其共轭节理形成一个近三角状区域，该三角区内煤体破碎程度较大（坚固性系数 $f=0.3$～0.5），具体性状与上盘断面附近的煤粉集合体带相似。在下盘三角区碎煤与断面共轭节理接触带处，发育一条倾角为 45°的煤粉集合体带（坚固性系数 $f=0.2$～0.3），宽约为 5cm，煤粉粒度均匀，有轻微压实作用，呈结块状，用手指稍加挤压便破碎成粉状。这种煤粉集合体遇水或者气流扰动也会自动分离出煤粉颗粒。

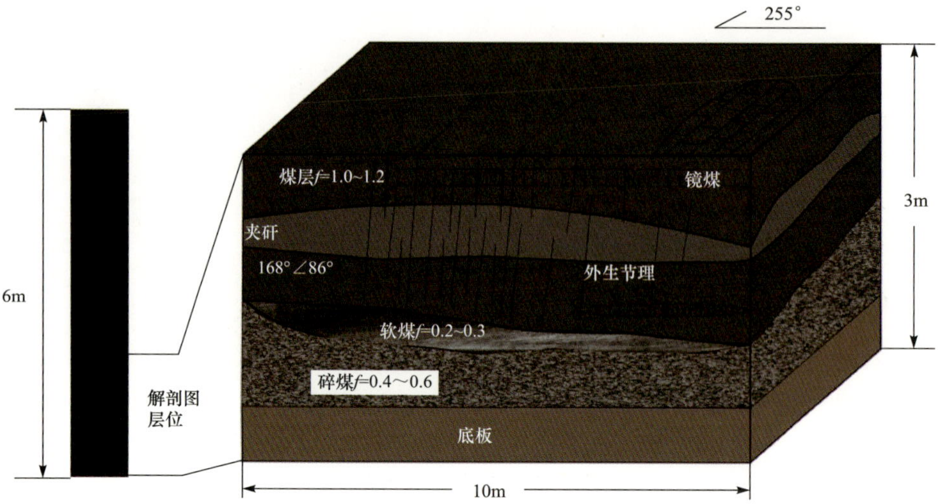

图 7.7 寺河矿 3 号煤层内的煤粉集合体

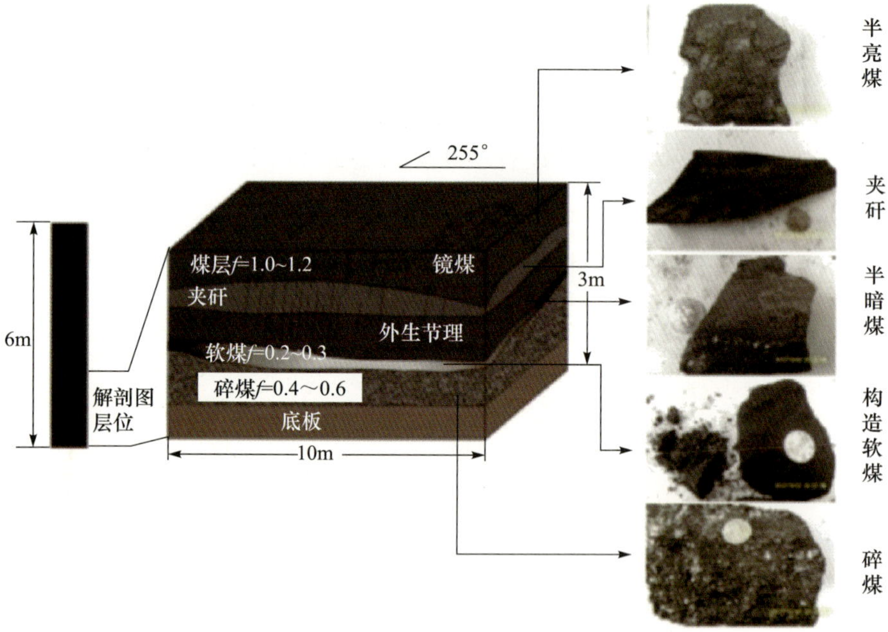

图 7.8 寺河矿 3 号煤层内的煤粉集合体

晋城番庄区块的成庄矿，煤粉集中产出在小（微）构造发育的部位构造裂隙面（带）的构造煤集合体宽度一般为 2～5cm，长度一般为 2～4m。有的裂缝只单纯发育为裂缝，内无煤粉集合体，一般断层内都含有煤粉集合体，且由于宽度较小，仅为 2～5cm，煤粉集合体一般都完全充填。不同部位的煤粉集合体内所含的煤粉比例不同，主要决定于煤粉集合体的受挤压程度。煤粉集合体的厚度一般要比正常部位厚 50%以上，说明其在受到挤压同时也造成层间的滑动加厚。

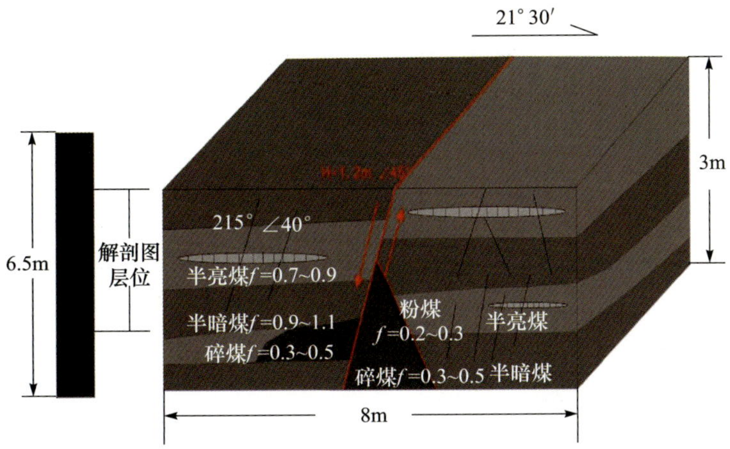

图 7.9 成庄矿区断层带煤粉集合体

（三） 机械破坏产生的煤粉

在钻井过程中，钻具与煤层研磨，由于机械破坏作用产生煤粉。这部分煤粉一般产生于近井筒附近，颗粒直径变化较大，通常会随着早期排水过程排出井筒。在压裂过程中，由于压裂液的高压、高速突进和支撑剂注入过程中对裂缝的冲击，也会在裂缝表面产生煤粉。图 7.10 为钻井过程中从 P14 井组和 P12 井组钻井泥浆池取出的煤屑照片。

（a）P14井组, D_{50}=1700μm　　（b）P12井组, D_{50}=30.499μm

图 7.10 P14、P12 井组井组钻井泥浆池取出的煤屑

表 7.1 中的数据为用激光粒度分析仪器测定的泥浆池中煤屑尺寸。从样品外形尺寸和表 7.1 中数据可以看出，在钻井过程中，钻具与煤层研磨，由于机械破坏作用产生的煤粉尺寸范围较大，大尺寸的煤屑无法进入煤岩裂缝而被排出，小尺寸颗粒可能会进入煤的割理和裂缝中，成为排采过程中的煤粉来源之一，但这种煤粉由于侵入地层不深，一般在排采的初始阶段会部分产出。

表 7.1 钻井泥浆池取出的煤屑分析数据

样品来源	采样时间	$D_{10}/\mu m$	$D_{50}/\mu m$	$D_{90}/\mu m$	备注
P12 井组钻井泥浆池	2009.6.28	3.571	30.499	122.874	深黑色溶液，呈泥浆状
P4 井组钻井泥浆池			1700		煤颗粒较大，干燥

（四） 水平井段液流冲刷产生的煤粉

煤层气的生产机理，决定了煤层气排采时，必须最大限度地进行排水作业。而水流的冲刷剪切作用很可能对裸眼完井的水平井井壁颗粒产生影响。为了分析排水期液流对井壁冲刷是否产生煤粉，在室内设计了水平井段排液模拟实验（图 7.11）。研究裸眼完井的水平井井壁煤粉产出机理。

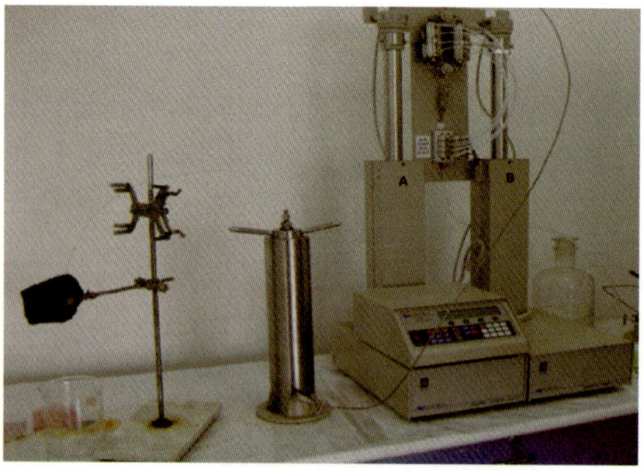

图 7.11 水平井段液体流动模拟实验

1. 实验方法

实验采用以下两种方案。

方案一：模拟不同流速连续流动时煤层水在水平孔眼中的流动，观察不同流速、不同累积产量时煤粉产出情况，在测定过程中变速度、不变孔眼。目的是研究速度、累积排水量和煤粉产出的关系。

方案二：在不同孔眼中，测定不同流速、相同累积排水量时的煤粉产出情况。目的是研究速度和煤粉产出的关系。

2. 实验结果及分析

方案一实验数据见表 7.2。由表中实验现象可知，在同一孔眼中，不同流动速度、不同排水阶段，煤样孔眼出口端煤粉的产出情况。由于水平孔眼小，长度短，产出煤粉量太少，无法用称重法确定，只能用肉眼观察，因此采用“*”符号表示出粉量的多少。“*”符号越多，表示出粉量越多。从表 7.2 中可以看出，当井筒完井后在液流冲刷作用下有煤粉产出，产出量随排水期而逐渐减少，在排水持续一段时间后即使提高速度，对煤粉的产出影响也不大。

方案二实验数据见表 7.3，该表为在不同孔眼中，采用不同流动速度排液，煤样孔眼出口端煤粉的产出对比情况。由表中观察的实验现象表明，在较低的排液速度下，出粉量与速度关系不大，当流速较高时，出粉量随速度升高而增大。

两种方案的实验结果都显示，在排水的前期阶段，由于液流对井壁颗粒的拖曳作用会有煤粉产出，但产出量很少，随着排水累积体积的增加，出粉现象逐渐消失。

表 7.2 方案一水相流动产出煤粉实验结果数据表（相同孔眼）

流量/(mL/min)	实验现象	产出水体积/mL	水体情况
0.1	间断出粉，煤粉为微小颗粒，含量较少（****）	60	透明清澈
0.25	间断出粉，煤粉为细小颗粒，含量较少（***）	200	透明清澈
0.5	间断出粉，煤粉为细小颗粒，含量较少（**）	400	透明清澈
1.5	前 50mL 出粉少量，之后无煤粉（**）	600	透明清澈
3	间断出粉，煤粉为细小颗粒，含量较少（**）	800	透明清澈
4.5	间断出粉，煤粉为细小颗粒，含量较少（*）	1500	透明清澈
6	间断出粉，煤粉为微小颗粒，含量极少（*）	2000	透明清澈

注：“*”表示出粉量的多少。

表 7.3 方案二水相流动产出煤粉实验结果数据表（不同孔眼）

流量/(mL/min)	实验现象	产出水体积/mL	水体情况
0.1	间断出粉，煤粉为微小颗粒，含量较少（****）	200	透明清澈
0.25	间断出粉，煤粉为细小颗粒，含量较少（****）	200	透明清澈
3	间断出粉，煤粉为细小颗粒，含量较少（*****）	200	透明清澈
6	间断出粉，煤粉为细小颗粒，含量较少（*******）	200	透明清澈

注：“*”表示出粉量的多少。

（五） 水平井段气液两相流产生的煤粉

赋存于煤层中的甲烷有三种状态，即游离状态、吸附状态和溶解状态，实际上很少有或没有游离气。煤层中绝大部分裂缝空间被水饱和，即使有一些游离气，其中大多数也吸附在煤的表面。当煤层压力降低到煤层气解吸压力临界值时，煤中被吸附的甲烷开始与微孔隙表面分离，发生解吸，由于割理中的压力降低，解析作用也可在煤层的割理-基质界面上发生。解吸的气体通过基岩和微孔隙扩散进入裂缝网络中，再经裂缝网络流向井筒（Harpalani and Schraufnagel，1990；陈萍和唐修义，2001；Pekot and Reeves，2003；霍永忠，2004）。

根据煤层气的解吸机理，煤层气井中甲烷产出情况可分为三个阶段。第一阶段随着井筒附近压力下降，首先只有水产出，因为此时压力下降比较小，井附近只有单相流动。当储层压力进一步下降，井筒附近开始进入第二阶段，这时，有一定数量的甲烷从煤的表面解吸，开始形成气泡，阻碍水的流动，水的相对渗透率下降，但气不能流动，无论在基岩孔隙中还是在割理中，气泡都是孤立的，没有互相连接（Shi and Durucan，2005），这一阶段叫作非饱和单相流阶段。虽然出现气、水两相，但只有水相是可动的。储层压力进一步下降，有更多的气解吸出来，则井筒附近进入第三阶段。水中含气已达到饱和，气泡相互连接形成连续的流线，气的相对渗透率大于零。随着压力下降和水饱和度降低，在水的相对渗透率不断下降的条件下气的相对渗透率逐渐上升，气产量逐渐增加。这三个阶段是连续的过程，随着时间的延长，由井筒沿径向逐渐向周围的煤层中推进（Klinkenberg，1941）。

在第二和第三阶段是井筒中气液两相同时存在的阶段，流体的流态已不同于单相液流，多相流体的混合流动必将对井壁产生更大的拖曳力（Connell and Detournay，2009）。根据从现场收集的资料，一般有气体开始产出时，煤粉产出量有增大的趋势。为了分析这一生产特征，作者通过室内煤岩流动实验，研究在气液两相流动条件下，煤粉的产出机理。

1. 实验方法

将煤层气井产气量转换到实验室条件下，模拟气液两相流动，测定在气液混合流动的过程中井壁煤粉的产出情况，实验装置如图 7.12 所示。

图 7.12　水平井段气-液两相流动模拟实验流程

结合樊庄煤层气井排采日报表，以煤层气井气体真实速度和室内实验时通过孔眼的真实速度相等的原则为基础，将地层中流体排采速度换算到实验室模拟实验中。转换方法如下：

$$Q_2 = 6.94 \times 10^2 \frac{Q_1}{R_2} \times r^2 \qquad (7.1)$$

式中，Q_1 为现场产气量，m^3/d；Q_2 为实验室气体流量，mL/min；R_2 为水平井井筒半径，cm；r 为实验室煤块钻孔半径，cm。

以樊庄的实际日产气量和水量为例，转换成实验室煤样孔眼中的流量。计算得出，实验室液相流量为 0～5.8mL/min，气体流量为 0～3000mL/min。

2. 实验结果及分析

在气-液两相流动状态下，即使气体流量很少，煤粉也会随着流体运移，产生比单相水流动时大得多的煤粉。出粉量随着累积排液量而逐渐减小。当流动达一定时间之后，虽然流速增大，也不会造成显著的出粉现象。实验结果见表 7.4。

表 7.4　气水两相流动时产出煤粉实验结果（不同孔眼）

水流量 /(mL/min)	气流量 /(mL/min)	实验现象	产出水中含粉量 /(mg/L)	水体情况
6	0	少量细小颗粒煤粉产出，一段时间之后不再产出煤粉	量少无法称量	透明清澈
0.5	6.4	细小颗粒煤粉产出，一段时间之后不再产出煤粉	11.43	透明清澈
6	1500	细小颗粒和大颗粒煤粉同时产出，一段时间之后不再产出煤粉	13.21	透明清澈

二、煤粉成分与微观特征研究

为了深入研究不同来源煤粉的特征，专门采集了煤层气井所产的煤粉样品，以及矿井下顺层与断层内可能成为煤粉来源的样品。对矿井下采集的煤粉样品进行水流模拟实验，将实验产出的煤粉与煤层气井煤粉进行比对。

（一） 成庄矿顺层与断层煤粉样品特征研究

1. 煤粉粒度组成与分布

经过对煤粉来源地的碎煤观测与筛分研究，综合考虑运移该粒径以上的煤粒所需要的通道空间及流体速度等，同时也考虑到煤粉在通道，特别是井筒内的再次破碎等因素，能够被水携带的最大粒径小于 0.3mm 的碎煤定义为煤粉，将粒度大于 1mm 的碎煤定义为煤粒，因为粒度大于 1mm 的煤粒不容易被移动。

为了便于宏观与微观研究的有机结合，在煤粉中又区分出碎煤粉与软煤粉两小类。所谓碎煤粉是指煤层受到应力作用，煤的原生结构、构造完全被破坏，煤体破碎成粒状，并被重新压紧后的煤。在构造活动中，颗粒相互摩擦失去棱角成为等粒结构，粒径为 0.30～0.1cm。光泽半亮或暗淡，有时可见斑状结构，磨圆度差，无定向排列。

所谓软煤粉是指在构造活动过程中，煤层发生顺层滑动，碎粒之间相互摩擦而成，粒度小于 0.1mm，土状光泽，在煤层中呈块状，但手捏即成煤粉，偶尔夹碎粒煤。软煤以顺层软煤层和底板常见，并常以裂隙充填的方式出现（段连秀等，1999）。

煤层气井煤粉进一步划分依据：依据对煤层气井产出煤粉研究，发现绝大部分粒度在 0.3mm 以下。在现有资料与观测实验的基础上，将煤层气井煤粉划分为：小于 0.125mm、0.125～0.2mm、0.2～0.3mm 三个等级。

对成庄顺层煤粉及断层煤粉样品做粒度筛分，如图 7.13、图 7.14 所示，顺层煤粉及断层煤粉的粒度分布组成整体趋势基本一致。

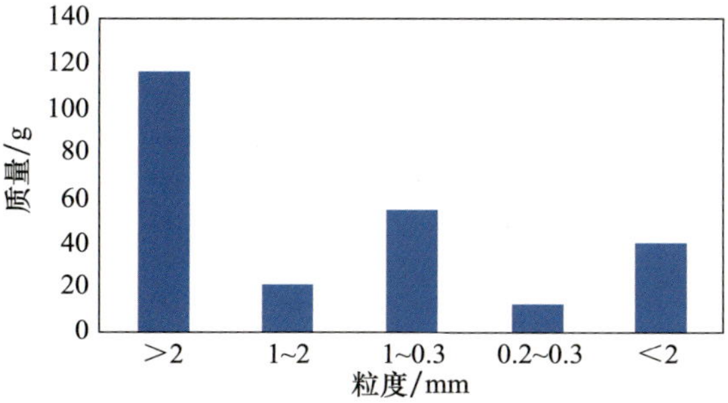

图 7.13　顺层碎煤的粒度组成柱状图

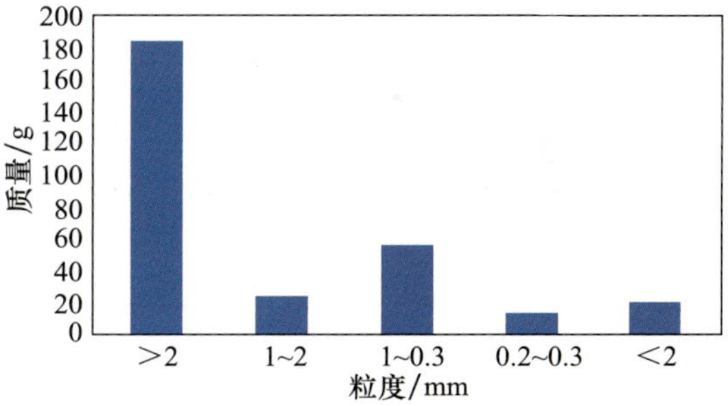

图 7.14　断层碎煤的粒度组成柱状图

图 7.15 表明顺层碎煤与断层碎煤的粒度分布差别：顺层碎煤中的煤粉的比例明显大于断层碎煤，即在矿井下顺层产生的细粒煤粉相对较多；粒度小于 0.3mm 的煤粉，顺层碎煤粉中粒度小于 0.2mm 的煤粉比例较大，而断层碎煤无此特征。对比顺层与断层两个部位可知，顺层碎煤粉细粉部分比较多。

2. 煤粉镜下形态特征

电镜下观察顺层煤粉的微观形态（图 7.16），发现顺层煤粉的主要特征是：煤粉颗粒整体形态较细碎，相对较大的颗粒呈块状，但明显发现这些块状基本都是扁块状，且大多菱角不明显边缘不规则，小颗粒多呈片状，层状。从图 7.16 可以看出来，这些煤粉颗粒杂乱的相互堆积在一起，粒度从大到小都有分布，其中相对大的颗粒呈扁块状，颗粒小大

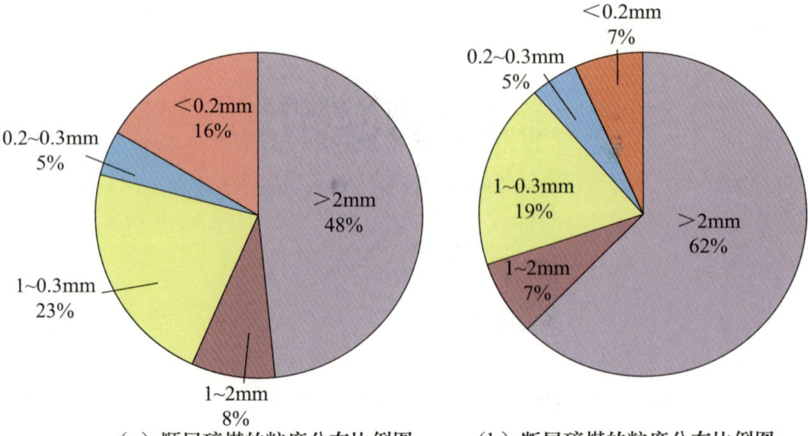

（a）顺层碎煤的粒度分布比例图　（b）断层碎煤的粒度分布比例图

图 7.15　顺层碎煤和断层碎煤的粒度分布比例图

多呈片状甚至层状分布，形态棱角分明的颗粒很少。将图 7.16 的扁块状、片状、薄层状颗粒单独提取出来，如图 7.17 所示。根据原图的比例尺可知三种颗粒的大小：扁块状颗粒的直径为 10～20μm，片状颗粒的直径为 3～5μm，薄层状颗粒的直径为 0.5～2μm。结合煤粉的采样部位分析可知，煤层的顺层滑动多产生形态呈扁块状、片状的煤粉颗粒，这也从微观形态上体现了井下的顺层煤粉中，细颗粒煤粉较多。

图 7.16　顺层煤粉扫描电镜图

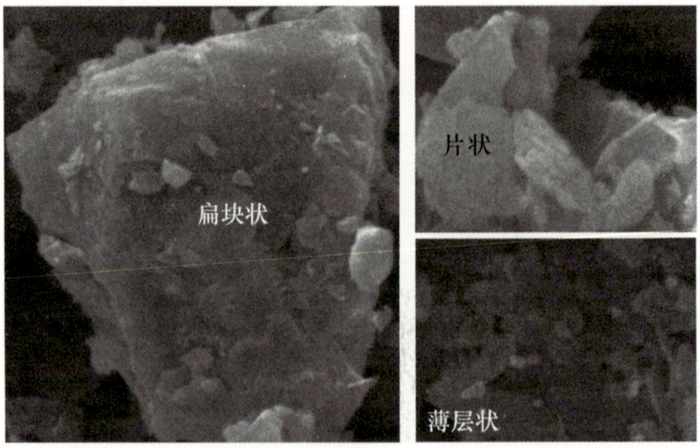

图 7.17　顺层煤粉提取颗粒后扫描电镜图

断层煤粉的主要特征是：整体观察时煤粉的颗粒清晰，其中相对较大的颗粒形态呈块状，块状边缘棱角分明，块状表面及边缘存在明显的破裂面及断口，并且这些破裂面整洁；小颗粒则形态多样，块状、片状、层状的形态均有分布。与顺层煤粉相比，断层煤粉镜下形态的粒度分布不均匀，形态、大小分界明显。

图 7.18(a) 的主体部分为一个相对较大的煤粉颗粒，可以明显看出颗粒表面的破碎面及断口，端口整洁呈贝壳状。图 7.18(b) 中为一形态特别的煤粉颗粒，整体呈片状，从侧面可观察到这个片状颗粒是许多薄层的压实体。片状颗粒周围的块状煤粉颗粒，同样具有明显的破裂面及整齐断口。

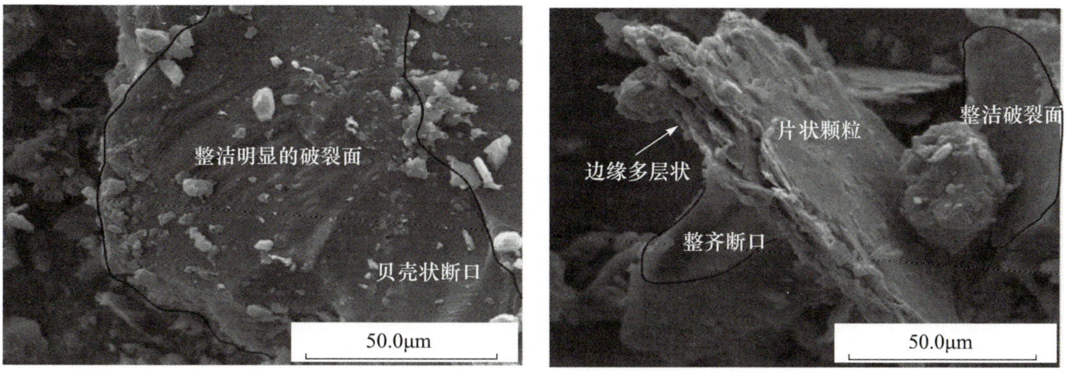

(a) (b)

图 7.18 断层煤粉扫描电镜图

结合采样部位分析可知，与顺层煤粉相比，煤层在断层部位产生的煤粉，多数呈块状颗粒；在断层两盘相互错断的部位，由于相互的挤压摩擦也会产生片状颗粒，这些片状颗粒内部受力压实；同时也会产生形态多样的细小的煤粉碎屑，大多颗粒很小，分布也相对较少。

（二） 成庄、樊庄煤层气井煤粉样品特征研究

研究过程中，采集了多个区块的煤层气井煤粉样品，主要包括成庄、樊庄、寺河、胡地及郑庄等地。由于不同区块煤层气井产粉也不完全相同，所以下面在分类说明的同时，着重总结共同点。

1. 煤粉粒度组成与分布

研究区块煤层气井煤粉样品整体粒度均匀，小于 0.3mm。各产粉井的粒度大小互不相等，采集于胡底、寺河及番庄区块的煤粉样品粒度很细，小于 0.2mm；陈庄及樊庄区块的煤粉中，有少量煤粉粒度为 0.2～0.3mm。

2. 煤粉镜下形态特征

煤粉的镜下形态特征描述如下，图 7.19 为寺河区块 SH-068 煤层气井产出粉的镜下形态，SH-068 井产出的煤粉粒度很细，图中煤粉颗粒的形态主要为薄片状，在图 7.19(a) 中，中心部分为多个片状煤粉的簇状疏松堆积体；图 7.19(b) 中煤粉颗粒

也都是呈片状分布，片状煤粉的边缘极不整齐，片状煤粉的表面不平滑，似乎可以一层层地剥落，可以想象片状煤粉就像云母一样，可以分离出许多鳞片。

水平煤层气井 FZP-11-3 井产出煤粉的粒度为小于 0.3mm，该井于 2009 年 4 月投产，排采方式为有杆泵，井底流压为 0.68MPa，管道压力为 0.09MPa，套管压力为 0.1MPa，日产气量为 3120m^3。扫描电镜下观察水平井 FZP-11-3 煤层气井产出的煤粉形态，如图 7.20(a) 所示：含有片状-扁块状形态的大颗粒煤粉，也有煤粉颗粒的堆积体，如图 7.20(a) 中箭头指出的片状与层状的松散堆积体。图 7.20(b) 中可见两个竖立着片状大颗粒，周围其他部分散落分布堆积着块状、片状及层状形态各异的小颗粒煤粉。综合来看煤层气井产出煤粉的镜下特征主要为：多数粒度分布均匀，颗粒形态以片状-扁块状及薄片状-层状为主，尤其是粒度细小的煤粉，其形态几乎全部为薄片状-层状，仅有少数颗粒呈有棱角的块状。

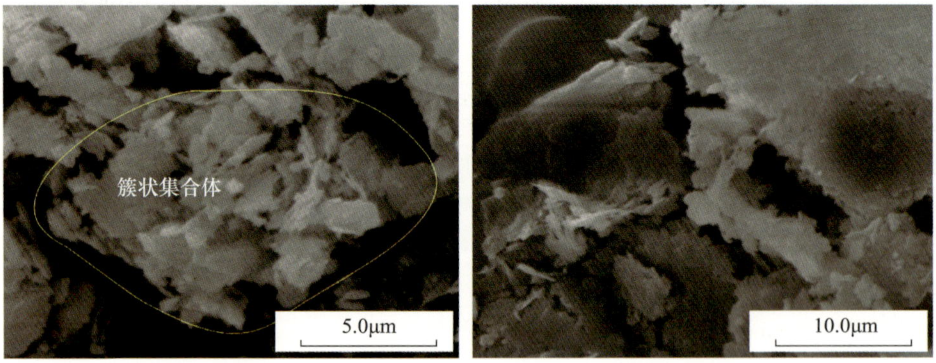

(a) (b)

图 7.19 SH-068 煤层气井产出煤粉扫描电镜图

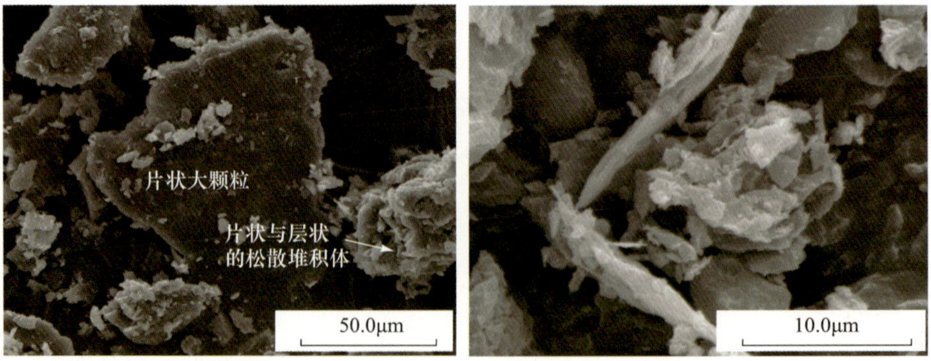

(a) (b)

图 7.20 水平煤层气井 FZP-11-3 井产出煤粉扫描电镜图

三、煤粉的来源对比研究

结合煤层气井产出的煤粉特征，将水流实验煤粉与成庄井下煤粉进行对比，在镜下的微观形态研究中发现，水流实验产生的煤粉颗粒整体特征是：约 70% 的煤粉颗粒粒度呈细小状均匀分布，且这些煤粉形态基本都呈片状甚至层状，少数相对较大煤粉呈块状颗粒。与成庄井下煤粉对比可知，水流实验产出煤粉的井下形态特征与成庄井下煤粉中那些形态呈片状与层状的煤粉颗粒形态特征一致。前已述及，井下顺层煤粉中含有大量的微观形态呈片状的煤粉，断层产生的煤粉颗粒则块状颗粒比例较大，片状与层状颗粒相对较少。

综上可知，煤层气井产出的煤粉来源主要是矿井下煤层受顺层滑动或断层错断时产生，粒度小于0.3mm，微观形态呈扁块状、片状或层状的细颗粒煤粉，其中顺层煤粉是主要来源。

第二节 煤粉的产出及运移

煤粉运移进入井筒还必须具有连通性好、有一定宽度且与井筒连通的裂缝。这种裂缝条件多数情况下是存在的。其发育方式主要有两种，一种是发育于软煤分层的上部煤分层中，另一种是发育在煤体内部与构造煤集合体连接的裂缝系统中。除了很少部分的煤粉几乎直接进入井筒以外，大部分是通过上述两种主要裂缝途径进入井筒的。水平井极容易塌孔扩孔，煤粉就比较容易分离，通过水平井运移出来。如果软煤发育层位于水平煤层气的水平分支之上，那么水平分支很容易垮塌，也会造成煤粉的产出。所以，对水平煤层气井来说，水平分支井所处的带的位置很关键。当煤粉进入水平井的水平分支后，要经过水平方向的运移，通过煤粉水平方向的运移试验，运移过程中会有部分煤粉沉淀，在水平段有明显的粒径差别。

一、裂缝宽度与出粉量关系

从煤粉迁移规律实验结果表明，煤粉的迁移主要发生在尺寸较大的裂缝割理中，微粒在宽度很小的割理中无法运移。因此了解裂缝宽度、流动速度、煤粉粒径与出粉量、渗透率的关系，对制定煤粉控制措施有重要的指导意义。

根据前期对郑庄煤储层裂缝割理分布的资料调研，根据沁水盆地郑庄煤心镜下观察结果表明，煤层割理十分发育，以一组高角度面割理为主，割理密度为4～5条/cm，缝宽为5～10μm，最宽达到30～50μm，另一组与之近于垂直的端割理发育于面割理之间，密度为1.1条/cm。构造裂缝多垂直煤层发育，呈不规则分布，构造裂缝密度可达1条/cm，裂缝未充填，起到疏通煤层孔隙和改善煤储层性能的作用。

由于煤岩裂缝受应力环境影响很大，取到地面后由于应力改变及制作煤岩心时的钻切使煤岩心表面的裂缝宽度发生了变化，有些裂缝甚至闭合。在此采用室内人造裂缝的方法，通过实验来模拟地层中不同缝宽的裂缝中煤粉的迁移规律。

1. 实验方法

将钻切后的煤岩心沿轴向从中间切开，然后重新闭合，并用胶带将圆柱体缠紧，两端面暴露在外。将处理后的煤岩心饱和水后装入岩心夹持器，加围压至一定值，通过围压调节裂缝尺寸。将煤层水以一定的速度注入煤岩心，测定岩心渗透率，然后根据渗透率与裂缝宽度的关系将渗透率转换成裂缝宽度。裂缝宽度确定后，将含有固相颗粒的煤层水在一定流速下注入煤岩心，测定不同时刻出口端流出液体积和液体中的固相浓度，及压力的变化，绘制流速与出粉量、流速与渗透率伤害率之间的关系曲线。

2. 裂缝宽度与渗透率的关系

基质孔隙渗透率极低，因此通常所说的煤储层渗透率实际上是指煤中裂隙渗透率，在不考虑煤基质孔隙有渗透能力的前提下，将裂缝的 Carmon-Kozeng 渗透率方程（Chin et al.，1998）推导为

$$K=\frac{\phi^3}{12T(nw)^2} \tag{7.2}$$

式中，T 为曲折系数；n 为单位面积的裂缝数；w 为裂缝高度；ϕ 为孔隙度。

因孔隙度可表示为

$$\phi=naw \tag{7.3}$$

因此可得

$$K=\frac{\phi a^2}{12T} \tag{7.4}$$

3. 实验结果及分析

实验采用了三种缝宽的煤岩心：第一级别缝宽为 37.61～38μm，第二级别缝宽为 22.71～23.53μm，第三级别缝宽为 13.63～13.98μm。实验结果见表 7.5。

表 7.5　产出煤粉与流动速度的关系实验数据表

岩心	裂缝宽度/cm	煤粉颗粒直径/μm	流量/(mL/min)	入口端煤粉含量/(mg/L)	300 倍孔隙体积时出口端煤粉累积含量/(mg/L)
F1	37.61	5.45	0.5	300	10.93
F2	38.91	5.45	1.5	300	61.14
F3	38.03	5.45	2.5	300	142.86
F4	37.22	10	0.5	300	0.00
F5	38.91	10	1.5	300	4.59
F6	38.55	10	2.5	300	13.39
F7	23.21	5.45	0.5	300	15.92
F8	23.53	5.45	1.5	300	31.67
F9	22.71	5.45	2.5	300	34.12
F10	23.21	10	0.5	300	44.20
F11	23.40	10	1.5	300	49.77
F12	22.71	10	2.5	300	64.31
F13	13.63	5.45	0.5	300	6.14
F14	13.98	5.45	1.5	300	14.02
F15	13.76	5.45	2.5	300	48.33

表 7.5 中的实验数据反映了流动速度与煤粉产出量的关系，用曲线表示的趋势见图 7.21。从图中曲线的趋势可以看出，随着流量的增大，煤心出口端煤粉含量增多。以 F1 和 F2 号煤岩心为例，同样缝宽为 38μm，分别以 0.5mL/min 和 1.5mL/min 的流动速度将含有相同粒径、相同固相含量的煤层水注入煤岩心（颗粒直径为 5.45μm，固

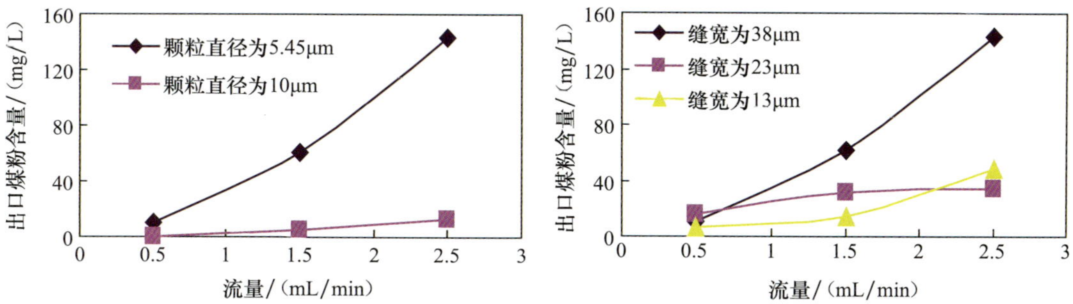

(a) 相同缝宽、不同颗粒直径　(b) 相同颗粒直径、不同缝宽

图 7.21　裂缝宽度、粒径出口端煤粉与流速关系图

相含量为 300mg/L)，同样注入 300 倍孔隙体积的液体时，F1 号煤岩心出粉量为 10.93mg/L，而 F2 号煤岩心出粉量为 61.14mg/L。两种速度相差 3 倍，但出粉量相差近 6 倍。由此可见在生产过程中，排水速度对煤粉的产出有至关重要的作用。

二、煤粉迁移与渗透率的关系

裂缝中煤粉运移时对渗透率的影响实验数据见表 7.6。图 7.22 表示的是不同裂缝宽度的煤岩心中煤粉运移时流速与渗透率损害率之间的关系曲线。

表 7.6　煤粉运移对渗透率伤害实验数据表

岩心	裂缝宽度/cm	煤粉颗粒直径/μm	流量/(mL/min)	注入 75 倍孔隙体积时渗透率伤害率/%	注入 150 倍孔隙体积时渗透率伤害率/%	注入 300 倍孔隙体积时渗透率伤害率/%
F16	37.61	5.45	0.5	19.38	19.38	19.56
F17	38.91	5.45	1.5	29.55	34.96	38.00
F18	38.03	5.45	2.5	65.91	67.47	69.26
F19	37.22	10	0.5	0.00	0.00	0.00
F20	38.91	10	1.5	25.00	31.87	32.26
F21	38.55	10	2.5	41.20	46.92	50.83
F22	23.21	5.45	0.5	60.71	62.92	67.33
F23	23.53	5.45	1.5	73.54	75.07	79.17
F24	22.71	5.45	2.5	83.40	86.67	87.10
F25	23.21	10	0.5	46.77	52.86	63.74
F26	23.40	10	1.5	62.26	73.41	80.38
F27	22.71	10	2.5	84.17	89.00	89.32
F28	13.63	5.45	0.5	27.18	27.05	34.18
F29	13.98	5.45	1.5	72.78	74.68	77.97
F30	13.76	5.45	2.5	74.46	74.66	75.41

从图 7.22 所有曲线的趋势中可以看出，无论缝宽、粒度如何变化，在煤粉运移时煤岩的渗透率都随流速的增大而下降，渗透率损害率升高。以 F16 和 F17 号煤岩心为例，同样缝宽为 38μm，分别以 0.5mL/min 和 1.5mL/min 的流动速度将含有相同粒径、相同固相含量的煤层水注入煤岩心（颗粒直径为 5.45μm，固相含量为 300mg/L)，同样注

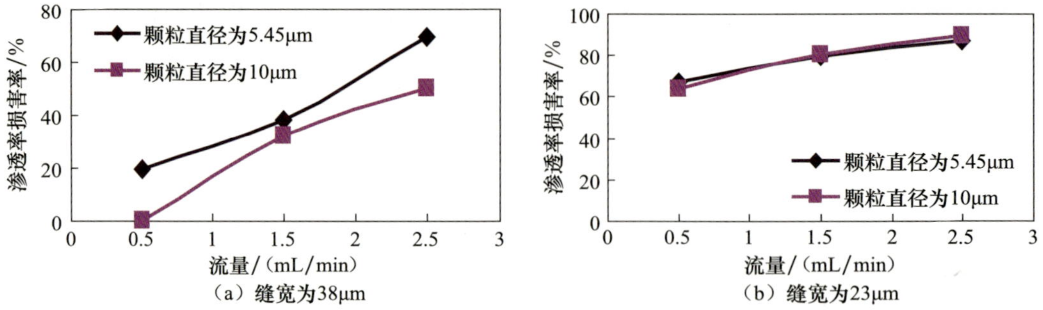

图 7.22　不同煤粉粒度对渗透率损害率影响

入 75 倍孔隙体积的液体时，F16 号煤岩心渗透率损害率为 19.38%，而 F17 号煤岩心渗透率损害率为 29.55%，相差 10.17%。注入 150 倍孔隙体积的液体时，F16 号煤岩心渗透率损害率为 19.38%，而 F17 号煤岩心渗透率损害率为 34.96%，相差 15.58%。由此可见，在煤粉迁移的过程中，煤粉在裂缝割理中逐渐沉积，使裂缝宽度变窄，渗透率下降。流速增大使得煤粉易发生迁移，更多的煤粉进入裂缝系统，堵塞流动通道，造成渗透率伤害。

裂缝宽度、颗粒尺寸对煤粉运移过程中的渗透率伤害也有一定的影响。从图 7.22 中可以看出，当缝宽为 38μm 时，颗粒越细，渗透率伤害越严重，出口端煤粉含量越大；当缝宽为 23μm 时，也有同样的趋势。这是由于裂缝越宽，颗粒越细，越容易进入裂缝并发生堵塞。

图 7.23 反映了不同排水阶段煤粉迁移时渗透率的伤害率。在相同裂缝宽度、相同颗粒直径下，随着注入体积的增加，渗透率伤害更加严重。在排水的初始阶段，随着注入体积的增加，渗透率伤害率非常大，但是排出一定体积之后，再注入流体渗透率下降速度减慢，表明煤岩渗透率伤害主要发生在煤粉运移的初始阶段，因此在降压排采过程初期，就应当严格控制煤粉产出。

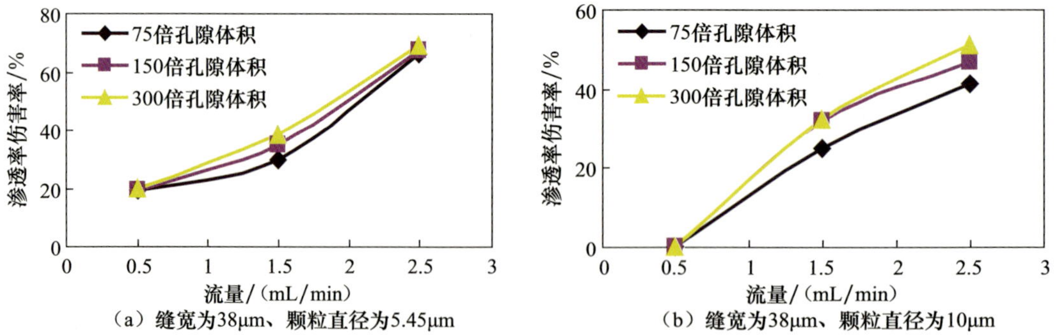

图 7.23　排水体积对渗透率损害率影响

以上实验结果表明，较低的排采速度可以降低煤粉对煤层渗透率的伤害，有利于煤层气长久开采。当裂缝宽度较大时，渗透率伤害相对较小且出粉量在低流速下较少，因此应在尽量满足生产要求的条件下，努力扩大裂缝宽度，控制排采速度。

煤岩本身性质、地应力变化导致的煤岩基质破裂、钻井工具研磨及压裂支撑剂的打磨、多相流体冲刷等是煤粉产生的主要原因。软煤层是煤粉的主要来源。

在降压排采过程中，当井底压力下降时，煤层中的水首先以一定流速流向井筒。由于煤的特殊孔隙结构特征，煤中水的流动实际上是在裂缝割理中的进行流动，而基质中没有流体流动。因此，煤粉的迁移主要发生在煤岩的裂缝割理中，处于这种状态下运移的煤粉，一方面可能是裂缝割理中固有的煤粉，另一方面可能是软煤中处于裂缝割理入口处的煤粉。

煤粉的迁移除了发生在裂缝割理中，另一方面也可能发生在井壁处。当钻采过程中有应力改变而使井壁煤岩破坏时，同样有煤粉产出。

1. 微粒运移的力学机理

由黏土矿物或其他矿物形成的地层微粒，在孔隙介质和流体中受到颗粒自身重力、微粒之间和微粒与孔隙壁间的范德华力、颗粒间双电层排斥力以及流体流动时地层微粒所受的水动力的综合作用。

在这个力学体系中，重力与范德华力维持地层微粒在原处不动，双电层排斥力和水动力促使微粒发生运移。正反两方面作用力的综合结果决定了地层微粒的运移能否发生，这就是地层微粒发生运移的力学机理。

从该力学体系的力矩平衡示意图可以看出（图 7.24），当微粒所处的外部环境发生变化时，微粒力矩平衡遭到破坏，地层孔隙中微粒发生运移，从而堵塞地层孔隙。

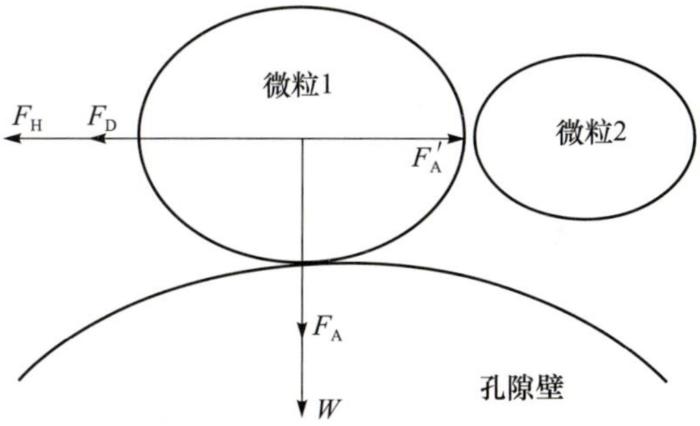

图 7.24　地层孔隙中微粒力矩平衡示意图

W 为微粒自身重力；F_A 为微粒与孔壁间范德华力；F_H 为水动力；F_D 为微粒间排斥力；F_A'为微粒间范德华力

2. 煤粉的分离、启运

在排采过程中，井筒附近地层流体压力逐渐降低，与外边界形成压力差，驱使远处的气和水向井筒运移。流体在裂缝中的运移势必携带一定量的固体颗粒（煤粉或支撑剂），流速越大，携带能力越强。排采速率过快，将造成单位距离内流体压差过高，从而导致裂缝内流体流速加快。高速流动的流体携带大量的煤粉及支撑剂快速向井筒运移。如果这些煤粉或支撑剂运移到了井筒，还可通过冲洗排出；如果堆积在邻井地带，将堵塞裂缝，产生速敏效应。樊庄排采井生产资料表明，排液工作制度过强，动液面下降速率过快，煤粉产出概率大幅度增加。由此可见煤粉的迁移与排液速度密切相关。

在室内进行了煤粉分离与启运的室内模拟，主要分为两种，一种为软煤粉团块试验，另一种为碎煤粉团块试验。

当软煤粉团块放到静水中时，刚碰到水的表面，煤粉就会有一部分浮于水面，伴随表面有气泡产生。等浸泡一会儿之后，微微晃动水面，煤团块就开始分解分散出煤粉，现象明显。当软煤遇到水流时，自身基本完全分解成煤粉（图 7.25）。

碎煤粉团块在静水条件下基本没煤粉分离出来，经过晃动后只是表面的少许煤粉分离出来，表面有气泡产生（图 7.26）。

通过上述试验可以看出，产粉的关键是软煤的发育程度。

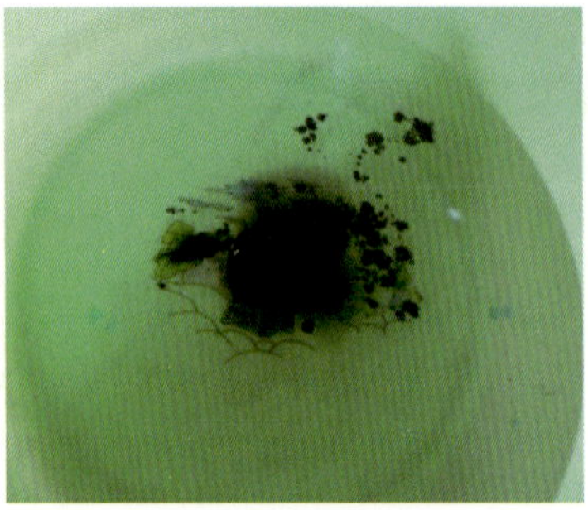

（a）静水条件

（b）动水条件

图 7.25　软煤的分离与启运试验

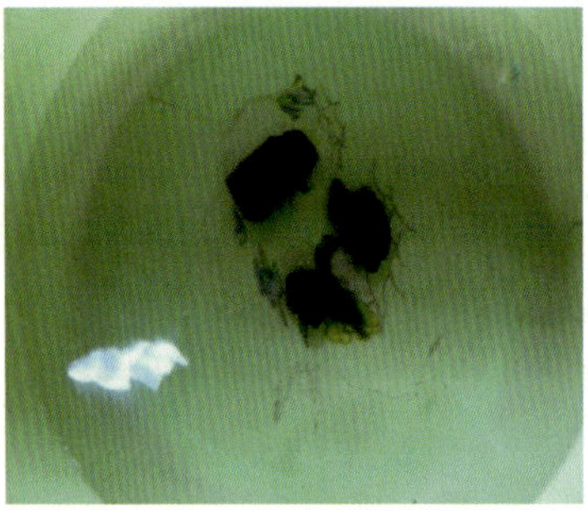

（a）静水条件

（b）动水条件

图 7.26　碎煤分离与启运试验

将软煤粉团块分离出的煤粉经过一段水槽运移（图 7.27），待稳定一段时间之后，可以明显发现粒度在横向上的从粗到细的变化，在通道末端沉淀的粉基本上成灰状，已经看不到粒度。这部分煤粉与地面煤层气井中产出的煤粉的主体部分特征相似。煤层气井产粉中煤粉颗粒有粒状、粉状及混合状，但主要为粉状。其中颗粒较大的煤粉主要受气-水两相作用产出。

通过气相流对煤粉分离与启运机制的试验可以发现（图 7.28），气相流也能对煤粉进行分离。但是对角度有一定要求，当射孔眼与沟通煤粉的裂缝通道角度为 90°时，煤粉比较容易分离，角度越小越不容易分离。

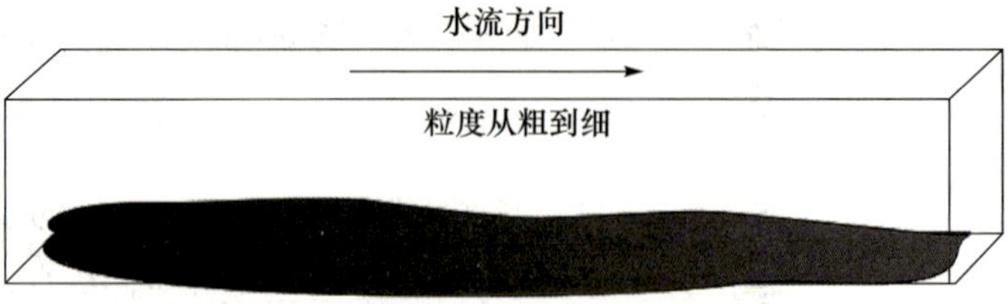

图 7.27　水流实验示意图

煤层气井排采时，气-水两相流对煤储层作用下使得煤粉分离启运，通过试验可以看出，气相流和液相流对煤粉的分离和启运都起着很大作用。因此，对于气-水两相流来说，更容易对煤粉进行分离和启运。

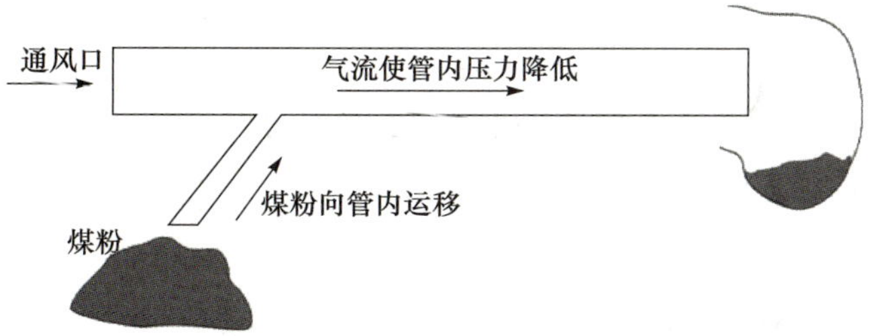

图 7.28 伯努利实验示意图

三、煤粉的流动特征研究

研究煤粉的流动特征需要将煤粉自身特性与流动环境紧密结合，将煤粉颗粒的自身特性及流动环境中影响煤粉运移情况的主要因素进行解剖，逐个对单一因素进行研究，能够更清晰地分析每个因素对煤粉流动的作用过程及影响大小。

1. 实验设计思路及原理

实验的设计原理，是依据排采过程中裂缝通道内煤粉的运移情况。主体部分就是在尽可能模拟实际环境的条件下，研究不同因素对煤粉运移及产出的影响。

考虑到在排采中低速水流的影响下，裂缝中随水流运动的煤粉粒度一般小于0.3mm，所以实验主要集中对粒度小于0.3mm的煤粉进行研究，将研究粒度分为三个等级：小于0.125mm、0.125～0.2mm、0.2～0.3mm。

2. 实验材料

实验中所用的煤粉，均为成庄及寺河井下取的煤粉，能够真实地反映研究区煤粉特征。实验中采取了内径为7mm、长度为20m的水平透明塑胶软管，能够较好地模拟裂缝通道的弯曲起伏，并且透明的材质能够很好地观察实验过程中煤粉的运移情况及实验后煤粉的分布情况。不足之处是实验对裂缝通道的摩擦及吸附性模拟较差。

3. 实验结果及解释

结合实验过程及实验结果，做出了以下分析与总结。

1）粒度越小，煤粉的产出量越多

在相同的水流速度下，不同粒度的煤粉运移速度不同，也导致产出量的不同，此时煤粉的粒度越细，运移速度越快。以实验水流速度约为 8.6×10^{-2}m/s 为例，说明相同水流速度时，煤粉粒度越大产粉量越小（表 7.7）；以水流速度约为 4.6×10^{-2}m/s 为例，说明在气-液两相作用时，同一流速的水流中，煤粉粒度越大产出量越小（表 7.8）。由此可见，煤粉颗粒越小，产粉量大。

表 7.7 煤粉粒度与产粉量

粒度/mm	水量为 2L 时流速/(10^{-2}m/s)	产粉量/g	水量为 3L 时流速/(10^{-2}m/s)	产粉量/g
<0.125	8.62	6.3	8.06	6.5
0.125～0.2	8.63	0.45	8.64	0.75
0.2～0.3	8.65	0.25	7.68	0.4

表 7.8　煤粉粒度与产粉量（气-液两相流）

粒度/mm	水量为 2L 时流速/(10^{-2}m/s)	产粉量/g	水量为 3L 时流速/(10^{-2}m/s)	产粉量/g
<0.125	4.74	7.1	5.13	7.5
0.125～0.2	4.59	0.8	4.52	1.7
0.2～0.3	4.63	0.35	4.98	1.06

2）流速与煤粉运动的数据关系

表 7.9 是不同粒度的煤粉产量随水流变化数据，$d<0.2$mm 的煤粉，水流速度越大，随水流产出的煤粉也就越多，基本上呈正相关；$d>0.2$mm 的煤粉，煤粉产出量随水流速的变化无明显规律。

3）相态与煤粉运动的数据关系

（1）煤粉受气液两相流的作用的运移特征。

图 7.29(a) 显示为气泡作用于粒度较大的煤粉，如图气泡运动的前进端为主要的煤粉聚集部位，气泡推动着这些煤粉前进；图 7.29(b) 显示由于气流影响，在末端产出的煤粉中，浮于水面的煤粉相对较多，大部分极小的气泡都是被煤粉包裹着流出的，这些气泡流出被破坏后，其表面包裹的煤粉几乎全都浮于水面，由此可见，在气泡前进的过程中，附着于气泡表层的煤粉大部分都是浮于水面的煤粉；图 7.29(c) 气泡在运移过程中，气泡的周围及气泡内部始终有煤粉附着，顺着水流方向，气泡的前进端为主要的聚集端，气泡推动着这些煤粉前进，气泡后部也有部分聚集，依靠气泡前进的动力前行；图 7.29(d) 是一个运动中完全被煤粉包裹的气泡。

表 7.9　不同粒度煤粉产量随水流速度的变化

粒度/mm	流速/(10^{-2}m/s)	产粉量/g
<0.125	2.89	1
	4.74	3.7
	8.62	6.3
	9.28	7.5
	9.89	8.4
	10.45	9.5
0.125～0.2	3.61	0.19
	4.14	0.24
	4.59	0.32
	5.99	0.42
	7.36	0.45
	8.63	0.52
	8.87	0.6
0.2～0.3	5.13	0.13
	5.15	0.2
	7.44	0.4
	7.71	0.5
	8.65	0.25
	8.8	0.45
	9.67	0.2
	12.3	0.5

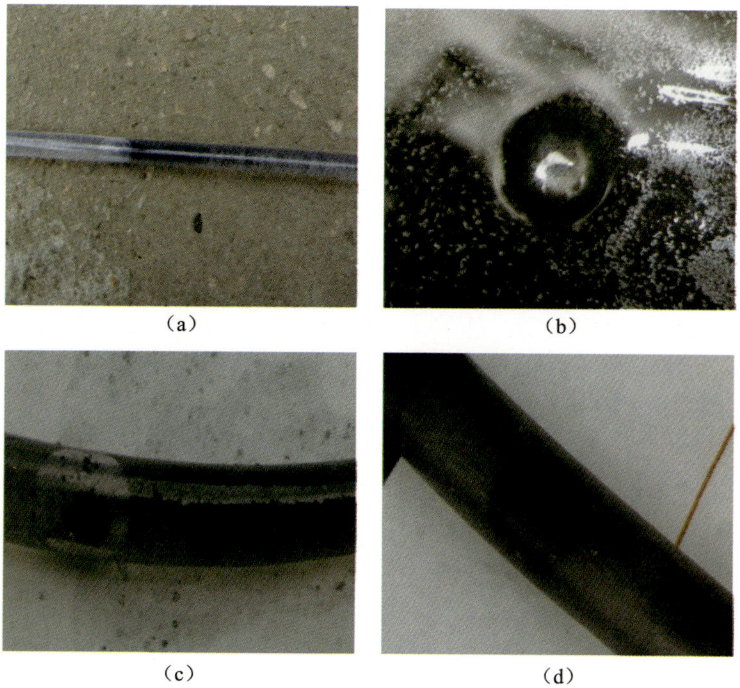

图 7.29　气液两相作用时，煤粉的运移形态

由此可见，运动中气泡对煤粉的携带能力很强，尤其是颗粒细小的煤粉一般都附着于气泡周围。在气泡前进的过程中，它对下沉的煤粉的搅动能力强于水流，随着气泡的运动，不断有煤粉被扰动搅起，并且加入到气泡周围前行。所以在气泡的前行的过程中带动煤粉运移的能力较强。

(2) 水流中的气体越多，煤粉产出也越多。

当气液两相共同作用时，气流的表现形式主要是在运移通道内形成浮于水流上部或将水流间隔的气泡。这些气泡对煤粉的运移产生了很大的影响。

如表 7.10 经过实验可以得出结论：气液两相作用时，煤粉的产出量明显大于液相作用，即气流对煤粉的产出有着极大的促进作用，随着气液比例的增大，煤粉的产出量也增大。

表 7.10　不同气体比例下的煤粉产量

粒度/mm	水量为 2L		水量为 3L		气液比例
	流速/(10^{-2}m/s)	产粉量/g	流速/(10^{-2}m/s)	产粉量/g	
<0.125	2.89	1	3.16	1.5	<1/10
	4.74	7.1	5.69	7.5	≈1/5
0.125～0.2	3.61	0.25	3.31	0.55	<1/10
	4.14	0.56	4.45	1.26	1/10～1/8
	5.48	4.3	5.7	11.7	1/5～1/4
0.2～0.3	5.13	0.46	5.5	1.06	≤1/5
	5.15	0.65	5.85	1.2	≈1/4
	8.8	0.6	9.81	0.8	<1/5

四、煤粉迁移特征研究

为了揭示多分支水平井煤粉形成、煤粉迁移、煤粉产出等问题的机理和规律，加深对煤层气的开发影响因素的认识，提出可行的解决制约煤层气多分支水平井的生产问题的方案，本书以流体力学、液固两相流理论、煤层气排采工程为基础，在充分了解及研究现场排采情况的前提下，利用相似原理设计实验方案，并根据实验方案研发出一套能够满足实验要求的多相管流设备，实现了压力和流量的测量、流态观察及数据采集等功能。

基于手头已有的实验条件，作者进行了煤粉-水两相流动实验，观察压力和流量变化时，煤粉的迁移流动状态，总结煤粉的迁移规律，目前已经完成了清水实验、液-固两相流中煤粉的启动规律实验，并根据实验结果得出相关结论。

1. 煤粉粒度分析

实验中采用多种煤粉，钻井过程中产生的煤粉粒径较大，排采产出的煤粉粒径小，为煤泥状态，为使实验更具代表性，首先对煤粉进行粒度分析，分别得出粒度组成分布曲线与累计粒度分布曲线。

1）排采过程中粒度分析曲线

由图 7.30 与 7.31 可以看出，煤粉粒度分布比较散乱，粒度大多集中在 0.008～0.35mm。

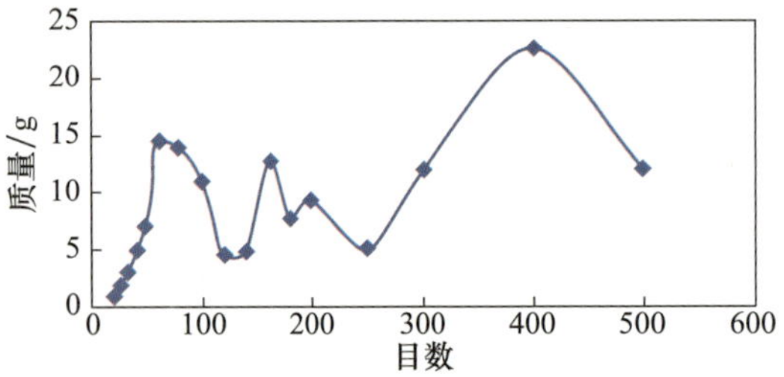

图 7.30　排采出的煤粉粒度组成曲线

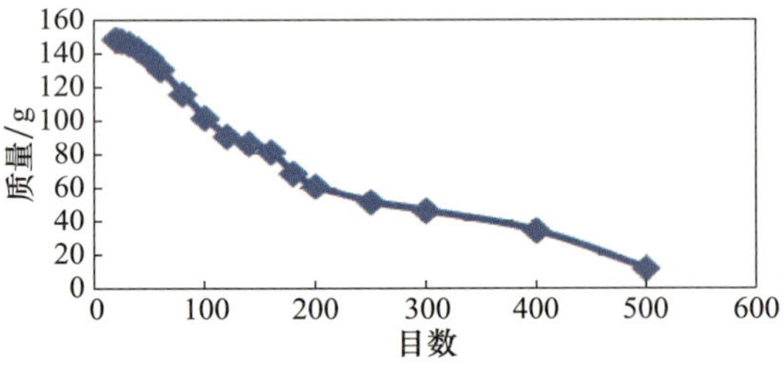

图 7.31　排采出的煤粉累计粒度分布曲线

2）检泵过程中粒度分布曲线

由图 7.32 与图 7.33 可以看出，粒度直径主要为 0.15～0.9mm。

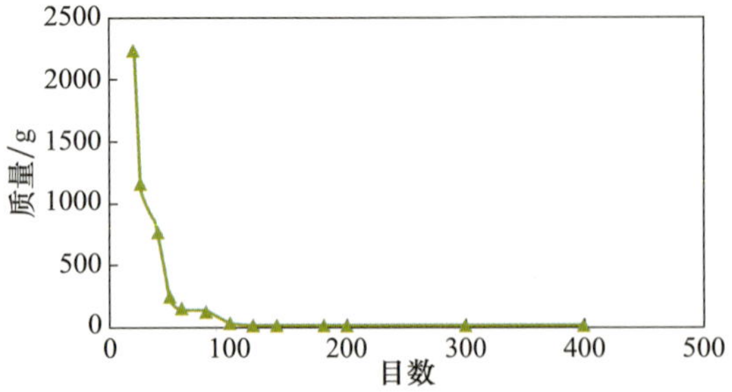

图 7.32　检泵的煤粉粒度组成曲线

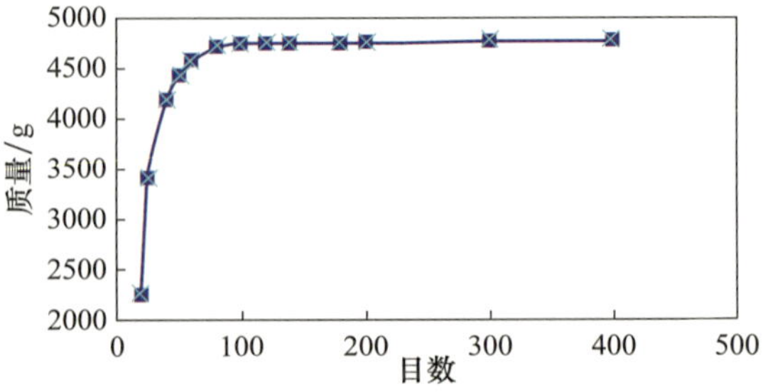

图 7.33　检泵的煤粉累计粒度分布曲线

2. 实时数据分析

清水管流实验：在开始两相流实验前，进行清水实验，实验采用自来水，以不同的压力和流量泵入管道中，循环流动，测量压力及流量数据。

煤粉启动实验：首先，从煤粉入口处加入适量煤粉，以较少的流量将煤粉缓缓泵入管道，待煤粉充满整个管道时，停泵。此时开始实时记录压差及流量数据，并通过观测段观察煤粉的流动状态，通过观测可以看出，在流量较小的情况下，铺满管底的煤粉颗粒几乎不流动，只有上层的小颗粒以很小的流速向前流动。

当流量接近 1300kg/h 时，管道中较小的颗粒开始悬浮起来，以很低的速率移动，绝大部分的煤粉颗粒仍然沉积在管底，据实时采集的压力、流量数据分析可见，在流量较低的情况下，观测段两端的压差也很低，在 40Pa 左右的压差下，较小的煤粉的颗粒开始悬浮起来，大部分煤粉颗粒因压差太小仍未流动。此时煤粉占水的质量分数为 30%。逐渐加大流量，上层更多的煤粉颗粒开始流动，但并未悬浮起来，管道中的小颗粒紧贴煤粉和水的分界面向前流动，较大的颗粒则在上层向前翻滚。

当两相流量接近 1500kg/h 时，上部煤粉颗粒开始出现明显流动，但底部颗粒未受到水流影响，仍然沉积在管底，此时，测得的煤粉占水的质量分数为 20%～28%，观测段压差明显增大上升至 500～700Pa。流量随压差的增大而增大。

当流量增大至 1700～1900kg/h 时，接近底部的煤粉一般已经开始流动，底部煤粉也有微小移动，压差也上升到 1kPa 左右。

继续增大流量到 3200kg/h 时，管道中所有的煤粉都开始流动，在此流量下，全部的煤粉都开始运移，管道上部的煤粉浓度明显小于下部，煤粉颗粒快速流动，沉积在管道中的煤粉大量向出口运移，在此流量下，可将煤粉全部排出水平管。

由以上数据看出，当流量达到 1300kg/h 时，上部煤粉颗粒开始有微小的流动，随着流量的增加，压差也逐渐增大，底部不流动的煤粉越来越少，直到流量增加到 3200kg/h 时，所有的煤粉颗粒都开始运动，但是上部的煤粉颗粒较下部仍少很多，煤粉在此流量和约 1200Pa 的压差下仍然不能完全悬浮，当流量增加到 4800kg/h 左右的过程中，管道底部的煤粉越来越少，上部逐渐增加，煤粉流速加快，但仍然没有达到完全悬浮的状态，通过实验数据拟合压力、流量的关系式，如图 7.34 和图 7.35 所示。在液固-两相流中，两相的总质量流量和压差呈正比。

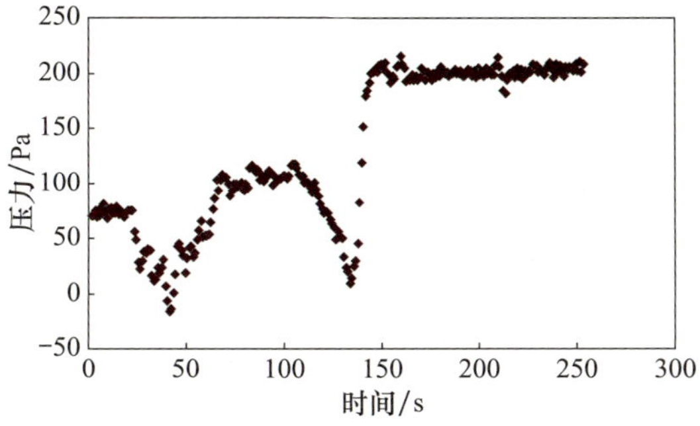

图 7.34 实验过程中的压力变化曲线

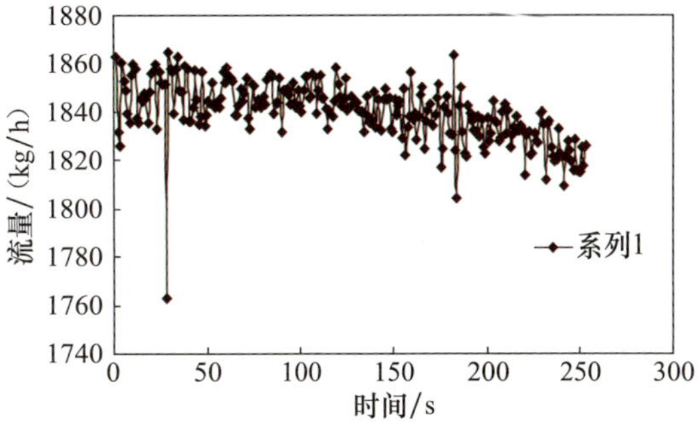

图 7.35 实验过程中的流量曲线

由图 7.36 可以看出，有几组比较稳定的时间段所对应的数据为有效数据。将其分别取出，线性回归，得到比较准确的流量及对应压力值。以其中一组为例，取 67～116s 之间的数值进行线性回归，作图 7.37。由图 7.37 可求取，压力 P＝104.14Pa，流量 Q＝1846.09kg/h。同理，读出不同压力、不同流量的数据汇总于表 7.11，表明液-固两相流压力与流量呈正比。

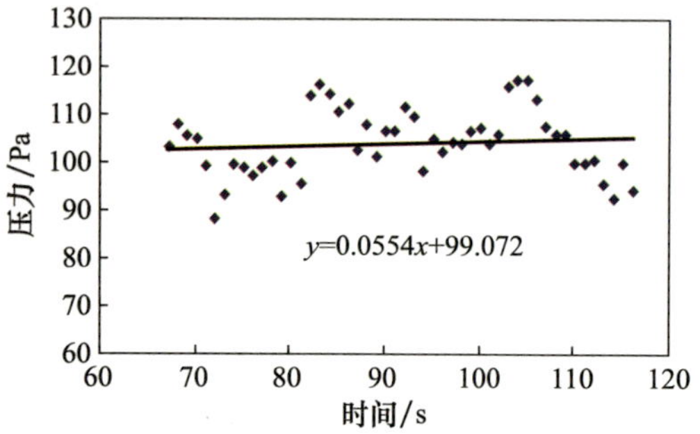

图 7.36　压力变化曲线拟合

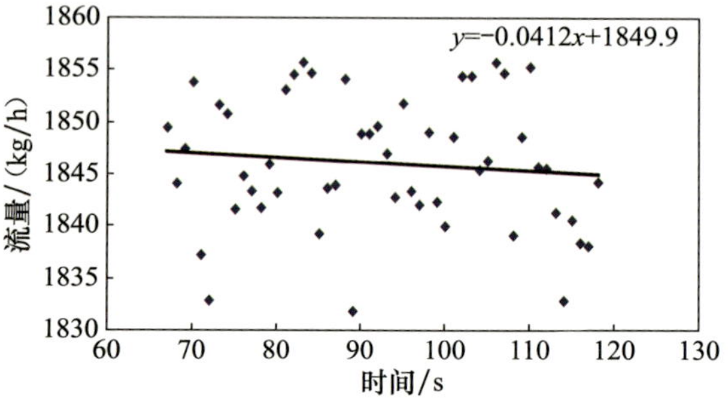

图 7.37　流量变化曲线拟合

表 7.11　压力、流量关系表

参数	压力/Pa							
	73.82	104.14	200.66	310.54	422.62	489.12	556.17	683.3
流量/(kg/h)	1847.36	1846.09	1832.55	2122.89	2427.07	2845.57	3089.68	3341.11

第三节　煤层气水平井井壁稳定性研究

煤层气水平井井壁稳定性是煤层气开发工程的关键因素，井壁稳定受到多种因素的控制，地质因素主要受煤岩孔隙结构、煤体结构、地应力等制约，同时也受到各种工程因素的控制。因此，在煤层气开发过程中，针对井壁稳定性控制因素进行研究，对煤层气稳定开采，减少钻探成本具有重要的意义。本节从构造与煤储层大裂隙关系研究入手，阐述井眼稳定性与煤体结构、地应力的关系，在此基础上进行煤层气井井壁稳定性数学模拟，为煤层气水平井设计提供理论基础。

一、构造与煤储层大裂隙系统之间的关系

（一）微小褶曲成庄矿 52062 巷道煤体结构特征

1. 实测点煤层小构造

工作区煤层构造形态情况见图 7.38，红色四角星处即为井下观察观测点。

工作区左侧煤层形态为轴向近 SN 的向斜，右侧煤层形态为轴向近 EW 的背斜，观测点位于向斜与背斜共同翼的拐点处，等高线自左向右由缓骤然变陡，坡角为 7.13°。观测区内无断层分布。

2. 实测点煤体解剖

观测点煤层厚度约为 6.2m，观测描述层位如图 7.39 所示，为煤层的中上部，实测煤层厚度为 3.5m，从底部起第二层厚约为 0.9m 的煤层，是煤粉主要产出带，煤粉产出能力较强。

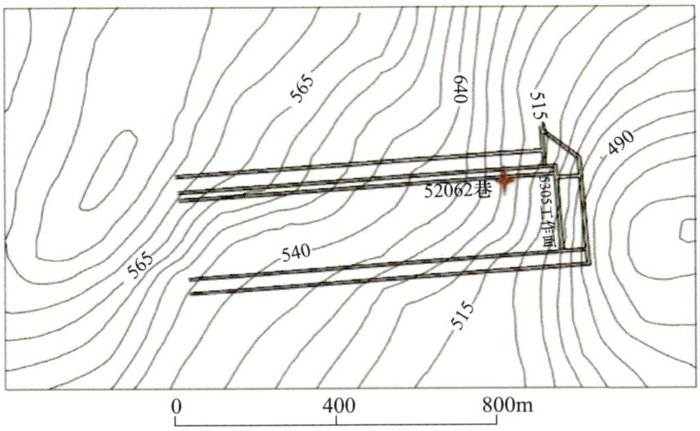

图 7.38　成庄矿 52062 巷道煤体结构观察点

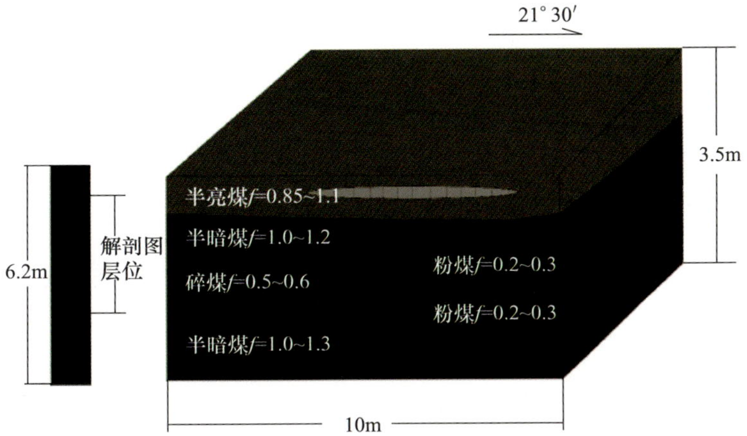

图 7.39　观察点煤体解剖图

实测煤层的煤体结构与宏观煤岩类型分带性明显。底层为半暗煤，厚约为 0.8m，光泽较暗、硬度大（坚固性系数 f=1.0～1.3）、煤体结构完整且致密，裂隙发育不明显，只有少数小节理，图中未标出。

自底部起第二层为半亮煤，厚约为 0.9m，光泽较亮、硬度较小（坚固性系数 f=0.5～0.6）、煤体结构破碎，裂隙比较发育，各走向裂隙交错将煤体切割为碎块状，碎煤粒度差异较大，块径为 1～50cm 不等，细小的煤粒与粉煤经常充填于较大煤块之间的裂隙中。与底层半暗煤接触部位，形成一条脉状软煤发育带，层厚为 3～5cm，在两侧尖灭。软煤受到一定的压实作用，整体呈土块状，但稍加扰动即破碎为细粒-粉末状（坚固性系数 f=0.2～0.3）。与上一层位的半暗煤接触部位，也分布条带、脉状软煤发育带，层厚为 3～5cm。具体性状与下部软煤带相似。

自底部起第三层为半暗煤，厚约为 0.8m，光泽较暗、硬度大（坚固性系数 $f=1.0\sim1.2$）、煤体结构完整且致密，裂隙发育不明显，只有少数小节理，图中未标出。

顶层为半亮煤，厚约为 1.1m，光泽明亮、煤体结构较完整，内生裂隙较发育，局部分布有小的外生节理，但对煤体的完整性影响不大（侯光久等，2005），图中未标出。

3. 褶皱与主应力方向的关系

1）纵弯褶皱与主应力方向的关系

地壳中大多数褶皱属于纵弯褶皱，主要是由于水平运动顺层挤压而形成的。当纵弯褶皱变形简单，轴面近于直立时，轴面为压性结构面。其最大主应力轴（σ_1）水平，轴线相当于中间主应力轴（σ_2），最小主应力轴（σ_3）直立。当褶皱轴面倾斜、倒转或平卧时，则不易确定三个主应力轴的空间位置，大致可以根据轴向确定中间主应力轴（σ_2）与之平行。当形成褶皱时（包括直立褶皱或同斜褶皱），则可与直立褶皱一样确定主应力方向。

2）横弯褶皱与主应力方向的关系

横弯褶皱是地壳受垂直岩层方向的差异升降运动而形成的。其最大主应力轴（σ_1）近于直立或陡倾，其他两个主应力轴则近于水平，但有时难以确定其具体方向（如圆形弯隆）。如果为短轴直立背斜时，一般其长轴方向为中间主应力轴（σ_2）方向，与之垂直的水平方向为最小主应力轴（σ_3）方向。

需要说明的是，褶皱变形的成因类型比较复杂，如滑褶皱、流褶皱等具有其独特的成因机制，需要具体研究分析。结合其各部位的小构造特征，研究其形成过程，确定最后的应力状态，供分析参考。多期叠加的褶皱情况就更复杂，需要分期考虑地应力方向的变化过程。

（二） 小断层构造成庄矿 53102 断层附近煤体结构特征

1. 实测点煤层小构造

工作区煤层构造形态见图 7.40，红色四角星处即为井下观察观测点。工作区的整体构造形态为向斜，煤层底板等高线变化较均匀，坡角为 2.47°。观测点位于向斜构造的侧翼。观测点处分布有一正断层，断距为 1.2m，倾角为 45°，距观测点约 200m 处有一陷落柱。

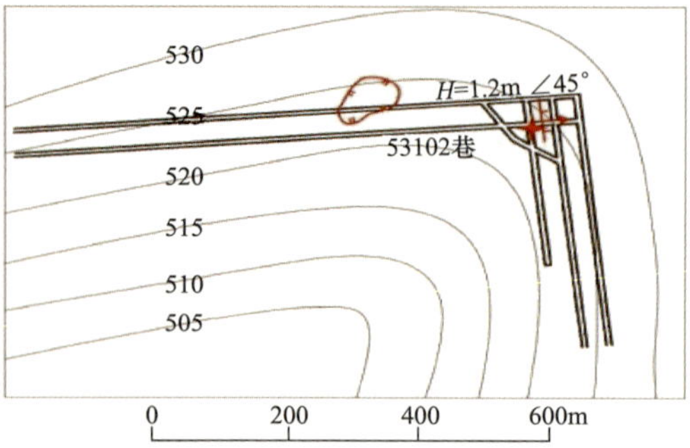

图 7.40　53102 断层附近观察点

2. 实测点煤体解剖

观测点煤层厚度约为 6.5m，观测描述层位如图 7.41 所示，为煤层的中部，实测煤层厚度为 3m。观测点有一断层构造，断层附近是软煤集中带，软煤赋存产状有近水平状也有倾斜状。如图 7.42 所示，断层上、下两盘的宏观煤岩类型分层明显，自底部起均可分为半暗煤、半亮煤、半暗煤、半亮煤

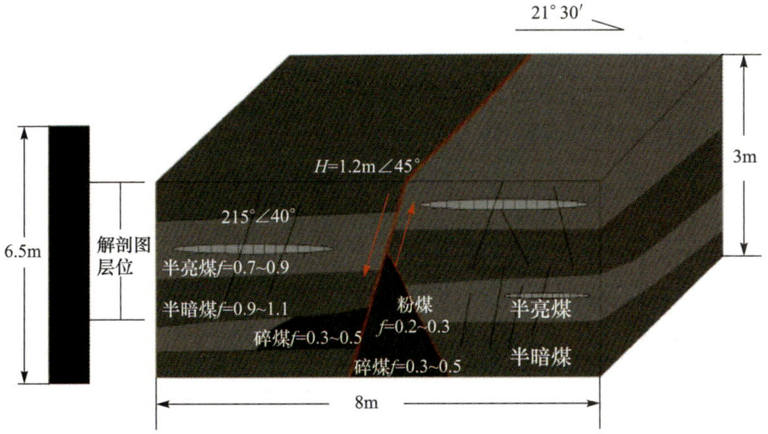

图 7.41　观察点立体解剖图

四层。远离断层煤体结构较完整，只在局部发育较多的外生节理，节理长度多为 1m 左右，但由于节理密度较小，对煤体结构影响有限。

图 7.42　观察点煤体解剖图

观测点的软煤分布在距断层两侧 2～3m 的部位，上盘靠近断面处分布有一条厚约为 0.5m、长约为 2m 的碎煤发育带（坚固性系数 $f=0.3\sim0.5$），主要块体是粒径为3～20cm 的碎块，其中充填有粒径更小的粉状煤。下盘断面与其共轭节理形成一个近三角状区域，该三角区内煤体破碎程度较大（坚固性系数 $f=0.3\sim0.5$），具体性状与上盘断面附近的软煤带相似。在下盘三角区碎煤与断面共轭节理接触带处，发育一条倾角为 45°的粉煤带（坚固性系数 $f=0.2\sim0.3$），宽约为 5cm，煤粉粒度均匀，有轻微压实作用呈结块状，稍加扰动便破碎呈粉状。

综上观测，认识到断层附近 3～4m 处易产出软煤，产状既有水平状也有倾斜状，主要以粒度差异性较大的碎煤为主，在裂隙边缘与硬煤接触带上能够产出结块状的粉煤带。

3. 断层形成的力学分析

成庄矿地质资料统计表明（侯景儒等，1998），井田范围内煤层小断层全部为正断层。根据 Anderson 断裂模式，形成正断层的应力状态是：最大主应力 σ_1 中间应力直立；σ_2 和最小主应力 σ_3 水平；σ_2 与断层走向一致，上盘顺断层倾斜向下滑动。应力以压应力为正值，应力增大为压应力值增大，应力减小为拉应力增大。

如图 7.43 所示的 53105 巷处断层构造，应用 Anderson 正断层断裂模式，由于垂向最大主应力的压缩作用和左右向最小主应力的拉张作用，导致煤体断裂形成断层。应力作用下煤体中倾斜状的裂隙十分发育（图 7.44）。

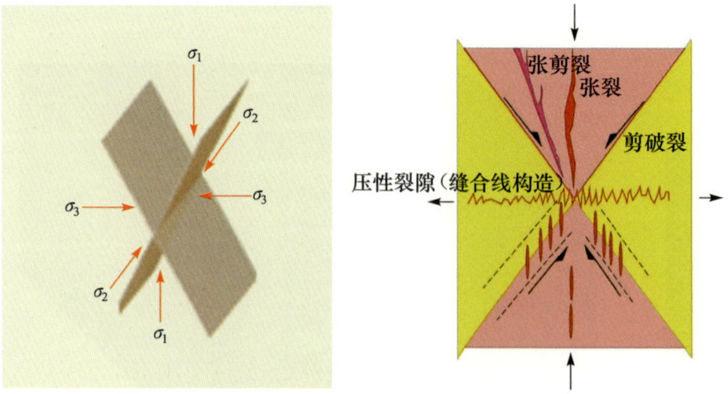

图 7.43　Anderson 正断层断裂模式

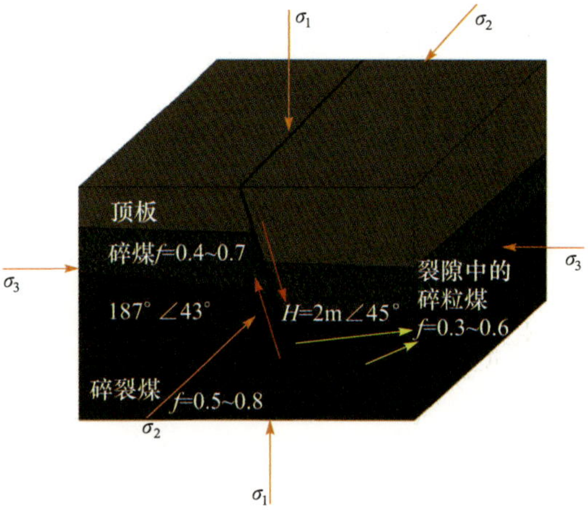

图 7.44　煤体结构断层构造应力分布图

（三）任意井眼应力分析模型

煤层气多分支水平井的井壁稳定性与煤岩强度、地应力状态、地层孔隙压力、地质构造特征等因素有关。为了研究井眼稳定力学机理，假设存在以下条件。

(1) 煤层为理想弹塑性材料，即在弹性范围内为各向同性线弹性，当应力达到屈服强度时就开始发生破坏。

(2) 不考虑煤层和钻井液的物理化学作用引起的力学性质变化。

(3) 不考虑温度变化对井壁力学性能的影响，且无温度应力的影响。

(4) 当井壁一点应力达到破坏准则时，井眼即发生破坏。

(5) 不考虑分支井连接处已有裂缝存在的影响。

假设在受到垂向应力 δ_v、最大水平应力 δ_H 和最小应力 δ_h 这三个原地主应力作用的地层中有一井斜角为 α（井眼轴线与铅垂线的夹角），方位角为 β（为井斜方位与水平最大主地应力方位的夹角）的定向井眼（肖树芳和杨淑碧，1987）（图 7.45）。

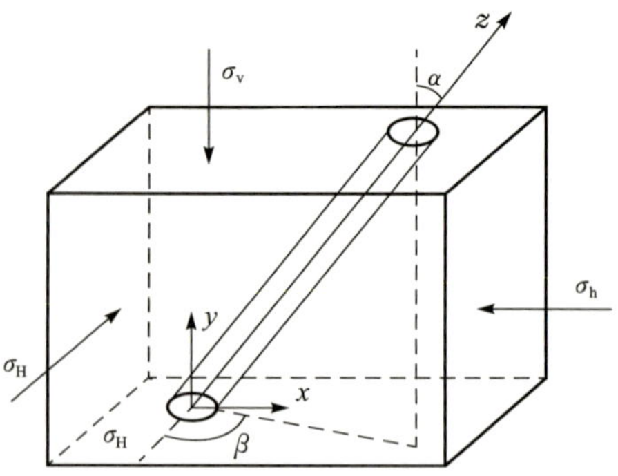

图 7.45　定向井眼位置图

根据图 7.45 中井眼位置与地应力关系，建立井眼直角坐标系 (x,y,z) 和柱坐标系 (r,θ,z)，其中，y 轴位于水平面内，z 轴为井眼轴线，(x,y,z) 为满足右手定则的直角坐标系，由于分析的需要，(x,y,z) 坐标可方便地与轴坐标 (r,θ,z) 互换（图 7.46）。

图 7.47 中，井眼坐标与地应力坐标存在以下关系：z 轴与 δ_v 的夹角为 α，y 轴与 δ_H 的夹角为 β 角，y 轴与 δ_h 轴的夹角为 $90°+\beta$。由立体几何关系可推知其他几个坐标轴之间的夹角。x、y、z 轴相对于 δ_v、δ_H、δ_h 坐标体系的方向余弦可用如下矩阵 $[L]$ 表示：

$$[L]=[\beta_\zeta]=\begin{bmatrix}\cos(\overline{\sigma_H},\overline{x}) & \cos(\overline{\sigma_h},\overline{x}) & \cos(\overline{\sigma_v},\overline{x})\\ \cos(\overline{\sigma_H},\overline{y}) & \cos(\overline{\sigma_h},\overline{y}) & \cos(\overline{\sigma_v},\overline{y})\\ \cos(\overline{\sigma_H},\overline{z}) & \cos(\overline{\sigma_h},\overline{y}) & \cos(\overline{\sigma_v},\overline{y})\end{bmatrix}$$

$$=\begin{bmatrix}\cos\alpha\cos\beta & \cos\alpha\sin\beta & -\sin\alpha\\ -\sin\beta & \cos\beta & 0\\ \sin\alpha\cos\beta & \sin\alpha\sin\beta & \cos\alpha\end{bmatrix}$$

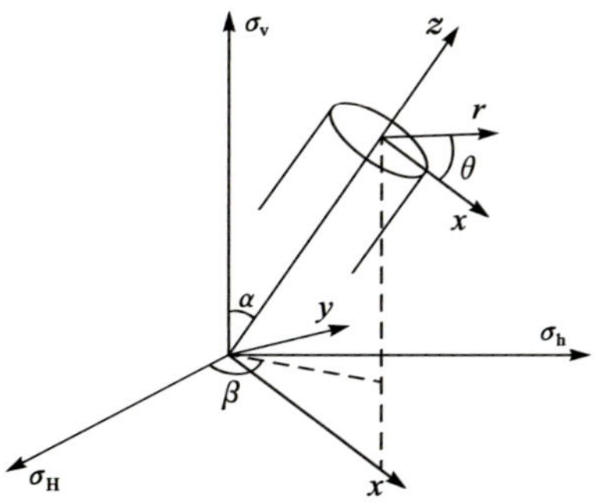

图 7.46 定向井坐标系统

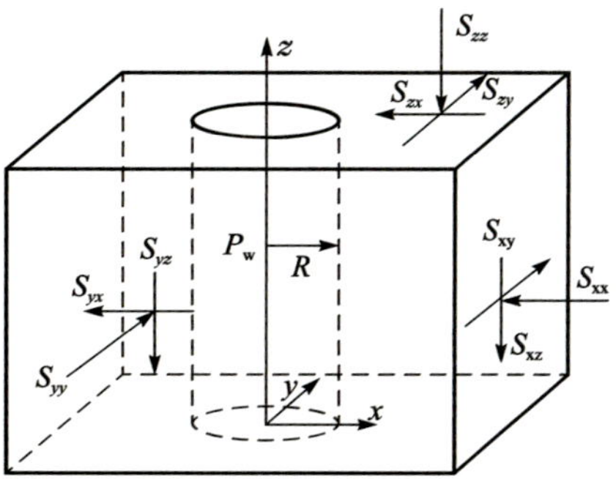

图 7.47 定向井应力转换

应力张量的分量在新、老两个坐标系之间的转换关系用矩阵表示为

$$[S']=[L][\alpha][L]^T$$

式中，新坐标系中应力分量矩阵为

$$[S']=\begin{bmatrix}S_{xx} & S_{xy} & S_{xz}\\ S_{yx} & S_{yy} & S_{yz}\\ S_{zx} & S_{zy} & S_{zz}\end{bmatrix}$$

原坐标系中的应力分量矩阵为

$$[\sigma]=\begin{bmatrix}\sigma_H & & \\ & \sigma_h & \\ & & \sigma_v\end{bmatrix}$$

因此，各远场地应力分量为

$$\begin{cases}S_{xx}=(\sigma_H\cos^2\beta+\sigma_h\sin^2\beta)\cos^2\alpha+\sigma_v\sin^2\alpha\\ S_{yy}=\sigma_H\sin^2\beta+\sigma_h\cos^2\beta\\ S_{zz}=(\sigma_H\cos^2\beta+\sigma_h\sin^2\beta)\sin^2\alpha+\sigma_v\cos^2\alpha\\ S_{xy}=\cos\alpha\cos\beta\sin\beta(\sigma_h-\sigma_H)\\ S_{yz}=\sin\alpha\sin\beta\cos\beta(\sigma_h-\sigma_H)\\ S_{zx}=\sin\alpha\cos\alpha(\sigma_H\cos^2\beta+\sigma_h\sin^2\beta-\sigma_v)\end{cases}$$

对于图 7.48 所示的受力条件下的井壁中，其在轴向上的尺寸远大于径向尺寸，在地下某一深度处，假设 z 方向上的应变为常数，并认为 xy 平面内的位移与 z 方向无关，这就将复杂的三维应力分析转换为广义平面应变问题（拟三维问题），它可以看作狭义平面应变、面外剪切和单轴压缩三个问题的叠加（图 7.49）（徐同台等，1999）。因此，在考虑井筒内压 P_w 时，定向井的井壁应力由井筒内压 P_w、垂直于井眼轴线的横切面内的应力（S_{xx}、S_{yy}、S_{xy}）（平面应变）、面外剪切应力（S_{xz} 和 S_{yz}）和轴向应力 S_{z2}（单轴压缩）所引起的井周应力的叠加。

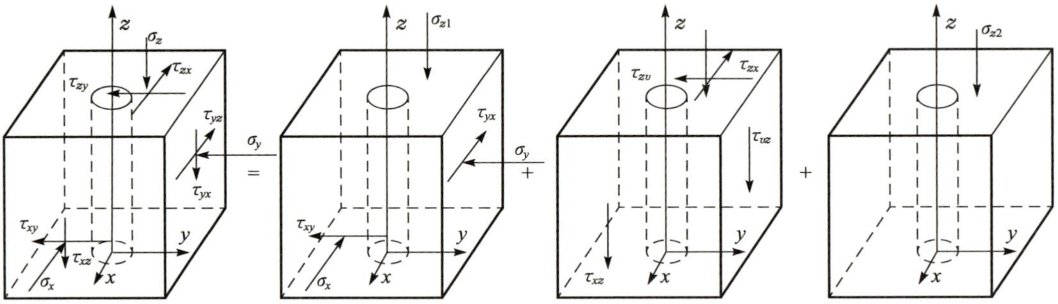

（a）广义平面应变　（b）狭义平面应变　（c）面外剪切　（d）单轴压缩

图 7.48　广义平面应力-应变分析

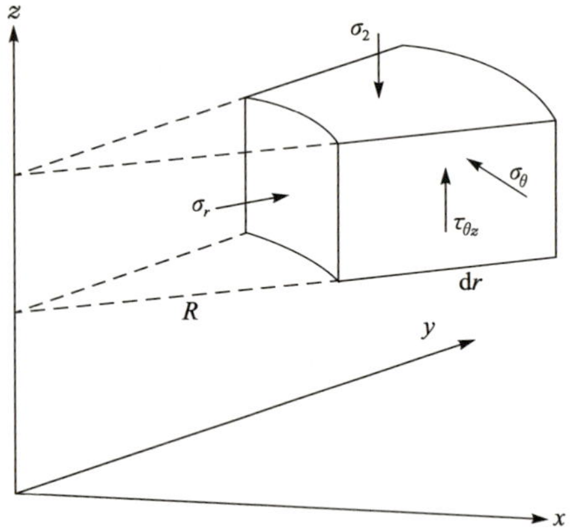

图 7.49　斜井井卢周围处应力分布

1. 井筒内压 P_w

当只有井筒内压 P_w 作用时，可由弹性力学圆筒受均布力作用问题得到井壁应力柱坐标解

$$
\begin{cases}
\sigma_r = \dfrac{R^2}{r^2} P_w \\
\sigma_\theta = -\dfrac{R^2}{r^2} P_w \\
\sigma_z = \tau_{rz} = \tau_{r\theta} = \tau_{\theta z}
\end{cases}
$$

2. 平面应变

对于平面应变问题，假定 z 方向应变为零。在内应力 S_{xx}、S_{yy}、S_{xy} 及 S_{z1} 作用下，井周应力问题实际上是狭义平面应变问题，由物理方程、几何方程、平衡方程及应变协调方程，并结合远场应力边界条件（等于原地应力），可解得狭义平面应变问题应力分布。

由地应力分量 S_{xx} 作用下引起的井周应力分布为

$$
\begin{cases}
\sigma_r = \dfrac{S_{xx}}{2}\left(1 - \dfrac{R^2}{r^2}\right) + \dfrac{S_{xx}}{2}\left(1 + \dfrac{3R^4}{r^4} - \dfrac{4R^2}{r^2}\right)\cos 2\theta \\
\sigma_\theta = \dfrac{S_{xx}}{2}\left(1 + \dfrac{R^2}{r^2}\right) - \dfrac{S_{xx}}{2}\left(1 + \dfrac{3R^4}{r^4}\right)\cos 2\theta \\
\tau_{r\theta} = -\dfrac{S_{xx}}{2}\left(1 - \dfrac{3R^4}{r^4} + \dfrac{2R^2}{r^2}\right)\sin 2\theta
\end{cases}
$$

地应力分量 S_{yy} 作用下引起的井周应力分布为

$$\begin{cases}\sigma_r=\dfrac{S_{yy}}{2}\left(1-\dfrac{R^2}{r^2}\right)-\dfrac{S_{yy}}{2}\left(1+\dfrac{3R^4}{r^4}-\dfrac{4R^2}{r^2}\right)\cos2\theta\\ \sigma_\theta=\dfrac{S_{yy}}{2}\left(1+\dfrac{R^2}{r^2}\right)+\dfrac{S_{yy}}{2}\left(1+\dfrac{3R^4}{r^4}\right)\cos2\theta\\ \tau_{r\theta}=\dfrac{S_{yy}}{2}\left(1-\dfrac{3R^4}{r^4}+\dfrac{2R^2}{r^2}\right)\sin2\theta\end{cases}$$

地应力分量 S_{xy} 作用下引起的井周应力分布为

$$\begin{cases}\sigma_r=S_{xy}\left(1+\dfrac{3R^4}{r^4}-\dfrac{4R^2}{r^2}\right)\cos2\theta\\ \sigma_\theta=-S_{xy}\left(1+\dfrac{3R^4}{r^4}\right)\sin2\theta\\ \tau_{r\theta}=S_{xy}\left(1-\dfrac{3R^4}{r^4}+\dfrac{2R^2}{r^2}\right)\cos2\theta\end{cases}$$

同时，由于是平面应变问题，应用广义 Hooke 定律，并考虑 z 方向应变为零这一假设，则有如下关系式：

$$\varepsilon_z=\frac{1}{E}[S_{zl}-v(\sigma_r+\sigma_\theta)]=0$$

所以，$S_{zl}=v\ (S_{xx}+S_{yy})\ -v\left[2\ (S_{xx}-S_{yy})\ \dfrac{R^2}{r^2}\cos2\theta+4S_{xy}\dfrac{R^2}{r^2}\sin2\theta\right]$

3. 面外剪切应力

在面外剪切力（S_{xz} 和 S_{yz}）作用下引起的井周应力为面外剪切应力，其大小为

$$\begin{cases}\tau_{rz}=(S_{xz}\cos\theta+S_{yz}\sin\theta)\left(1-\dfrac{R^2}{r^2}\right)\\ \tau_{\theta z}=(-S_{xz}\sin\theta+S_{yz}\cos\theta)\left(1+\dfrac{R^2}{r^2}\right)\end{cases}$$

4. 单轴压缩

在单轴压缩应力 S_{z2} 作用下，由于轴向应变为常数，根据 Hooke 定律有

$$S_{z2}=E\varepsilon_c$$

则有 $\begin{cases}\sigma_z=S_{z1}+S_{z2}=v\ (S_{xx}+S_{yy})\ +E\varepsilon_c-v\left[2\ (S_{xx}+S_{yy})\ \dfrac{R^2}{r^2}\cos2\theta+4S_{xy}\dfrac{R^2}{r^2}\sin2\theta\right]\\ \sigma_{z\,|\,r\to\infty}=S_{zz}=v\ (S_{xx}+S_{yy})\ +E\varepsilon_c\end{cases}$

从而得

$$\sigma_z=S_{zz}-v\left[2(S_{xx}+S_{yy})\frac{R^2}{r^2}\cos2\theta+4S_{xy}\frac{R^2}{r^2}\sin2\theta\right]$$

5. 斜井井眼周围总应力

斜井井眼周围总的应力（图 7.48）是由井筒内压作用、平面应变所产生的应力、面外剪切应力和单轴压缩应力四项组成，则井壁周围应力分布表达式为

$$
\begin{cases}
\sigma_r = \dfrac{S_{xx}+S_{yy}}{2}\left(1-\dfrac{R^2}{r^2}\right)+\dfrac{S_{xx}-S_{yy}}{2}\left(1+\dfrac{3R^4}{r^4}-\dfrac{4R^2}{r^2}\right)\cos2\theta \\
\qquad +S_{xy}\left(1+\dfrac{3R^4}{r^4}-\dfrac{4R^2}{r^2}\right)\sin2\theta+\dfrac{R^2}{r^2}P_{\mathrm{w}} \\
\sigma_\theta = \dfrac{S_{xx}+S_{yy}}{2}\left(1+\dfrac{R^2}{r^2}\right)-\dfrac{S_{xx}-S_{yy}}{2}\left(1+\dfrac{3R^4}{r^4}\right)\cos2\theta \\
\qquad -S_{xy}\left(1+\dfrac{3R^4}{r^4}\right)\sin2\theta-\dfrac{R^2}{r^2}P_{\mathrm{w}} \\
\sigma_z = S_{zz}-v\left[2(S_{xx}-S_{yy})\dfrac{R^2}{r^2}\cos2\theta+4S_{xy}\dfrac{R^2}{r^2}\sin2\theta\right] \\
\tau_{r\theta} = \dfrac{S_{xx}-S_{yy}}{2}\left(1-\dfrac{3R^4}{r^4}+\dfrac{2R^2}{r^2}\right)\sin2\theta \\
\qquad +S_{xy}\left(1-\dfrac{3R^4}{r^4}+\dfrac{2R^2}{r^2}\right)\cos2\theta \\
\tau_{rz} = (S_{xz}\cos\theta+S_{yz}\sin\theta)\left(1-\dfrac{R^2}{r^2}\right) \\
\tau_{\theta z} = (-S_{xz}\sin\theta+S_{yz}\cos\theta)\left(1+\dfrac{R^2}{r^2}\right)
\end{cases}
$$

由于实际煤岩孔隙内具有一定的孔隙压力。根据有效应力的概念可知，孔隙压力仅减小任一截面的主应力，而对剪应力没有影响。考虑孔隙压力影响后的有效主应力为 $\sigma-\eta P$，其中，η 称为孔隙弹性介质 Biot 常数，P 指孔隙压力，此处的 σ 指任意截面上的未减去孔隙压力的主应力，即 $\sigma_{\mathrm{e}}=\sigma-\eta P_{\mathrm{p}}$（其中 P_{p} 为孔隙压力）。

因此，按有效应力计算时，井眼周围地层应力分布为

$$
\begin{cases}
\sigma_r = \dfrac{S_{xx}+S_{yy}}{2}\left(1-\dfrac{R^2}{r^2}\right)+\dfrac{S_{xx}-S_{yy}}{2}\left(1+\dfrac{3R^4}{r^4}-\dfrac{4R^2}{r^2}\right)\cos2\theta \\
\qquad +S_{xy}\left(1+\dfrac{3R^4}{r^4}-\dfrac{4R^2}{r^2}\right)\sin2\theta+\dfrac{R^2}{r^2}P_{\mathrm{w}}-\eta P_{\mathrm{p}} \\
\sigma_\theta = \dfrac{S_{xx}+S_{yy}}{2}\left(1+\dfrac{R^2}{r^2}\right)-\dfrac{S_{xx}-S_{yy}}{2}\left(1+\dfrac{3R^4}{r^4}\right)\cos2\theta \\
\qquad -S_{xy}\left(1+\dfrac{3R^4}{r^4}\right)\sin2\theta-\dfrac{R^2}{r^2}P_{\mathrm{w}}-\eta P_{\mathrm{p}} \\
\sigma_z = S_{zz}-v\left[2(S_{xx}-S_{yy})\dfrac{R^2}{r^2}\cos2\theta+4S_{xy}\dfrac{R^2}{r^2}\sin2\theta\right]-\eta P_{\mathrm{p}} \\
\tau_{r\theta} = \dfrac{S_{xx}-S_{yy}}{2}\left(1-\dfrac{3R^4}{r^4}+\dfrac{2R^2}{r^2}\right)\sin2\theta \\
\qquad +S_{xy}\left(1-\dfrac{3R^4}{r^4}+\dfrac{2R^2}{r^2}\right)\cos2\theta \\
\tau_{rz} = (S_{xz}\cos\theta+S_{yz}\sin\theta)\left(1-\dfrac{R^2}{r^2}\right) \\
\tau_{\theta z} = (-S_{xz}\sin\theta+S_{yz}\cos\theta)\left(1+\dfrac{R^2}{r^2}\right)
\end{cases}
$$

6. 井壁上的应力

当 $r=R$ 时，井壁应力集中最大，其表示为

$$\begin{cases}\sigma_r=P_{\mathrm{w}}-\eta P_{\mathrm{p}}\\ \sigma_\theta=S_{xx}+S_{yy}-2(S_{xx}-S_{yy})\cos2\theta-4S_{xy}\sin2\theta-P_{\mathrm{w}}-\eta P_{\mathrm{p}}\\ \sigma_z=S_{zz}-2v(S_{xx}-S_{yy})\cos2\theta-4vS_{xy}\sin2\theta-\eta P_{\mathrm{p}}\\ \tau_{rz}=\tau_{r\theta}=0\\ \tau_{\theta z}=2(-S_{xz}\sin\theta+S_{yz}\cos\theta)\end{cases}$$

二、井眼稳定性与煤体结构、地应力的关系

（一） 地应力

沁水盆地煤储层压力为 2.77～4.76MPa，平均为 3.73MPa，储层压力梯度多为0.6～0.8MPa/100m，压力均较低，为低压煤层气藏。其中，樊庄区块 3 号煤层储层压力为 2.77～4.20MPa，平均为 3.48MPa，储层压力梯度平均为 0.67MPa/100m。樊庄区块 3 号煤层的埋藏深度为 400～750m；而郑庄区块 3 号煤层的埋藏深度为 600～1100m。对于浅煤层，最大主应力 δ_1 为最大水平主应力，中间主应力 δ_2 为垂直应力（上覆岩层压力），最小主应力 δ_3 为最小水平主应力；根据中国矿业大学（徐州）研究结果，对于深地层（大于 500m），最大主应力 δ_1 为垂直应力，中间主应力 δ_2 为最大水平主应力，最小主应力 δ_3 为最小水平主应力。为了得到深层地应力，根据水力压裂施工曲线确定最大水平主应力和最小水平主应力，垂向主应力根据浅层测试结果进行推算。计算公式如下。

垂向主应力为

$$S_Z=\rho gH$$

最小水平主应力为

$$S_{H\min}=P_{\mathrm{isi}}+P_{\mathrm{H}}$$

最大水平主应力为

$$S_{H\max}=T_{\mathrm{S}}+3S_{H\min}-P_{\mathrm{F}}-P_{\mathrm{R}}=T_{\mathrm{S}}+3(P_{\mathrm{isi}}+P_{\mathrm{H}})-P_{\mathrm{F}}-P_{\mathrm{R}}$$

式中，ρ 为岩石平均密度，根据浅层测试结果，取 $2700\mathrm{kg/m^3}$；H 为深度，m；P_{isi} 为瞬时停泵压力（地面上测量），MPa；P_{F} 为破裂压力（地面上测量），MPa；P_{R} 为压裂层孔隙水压（静压），MPa；P_{H} 为压裂层中部深度静水柱压力，MPa；T_{S} 为岩石抗拉强度，MPa。

根据中国科学院工程地质力学重点实验室提供的沁水盆地樊庄区块 3 号煤岩岩石抗拉试验结果，平均抗拉强度取 0.903MPa。表 7.12 给出了水力压裂法得到的地应力计算结果。

表 7.12 水力压裂法计算地应力汇总表 （单位：MPa）

井号	破裂压力	停泵压力	孔隙压力	液柱压力	最小水平主地应力	最大水平主地应力	垂向应力
HG40	17.49	8.56	3.39	5.03	13.59	20.8	13.58
HY10	13	9	3.83	5.69	14.68	28.14	15.36
G6-1	23.4	12.3	3.4	5.94	18.24	28.21	16.03

续表

井号	破裂压力	停泵压力	孔隙压力	液柱压力	最小水平主地应力	最大水平主地应力	垂向应力
G6-8	24.6	13.2	4.2	6.24	19.44	30.41	16.84
HY6	21	12	4.72	7.01	20.01	32.20	18.91

（二）水平井井眼稳定性与煤体结构关系

煤岩在形成过程中，由于地质构造作用的差异，使得煤体的宏观特征、物理力学性质发生了改变。这种煤体结构的变化使煤体产生严重的非均质性，严重影响煤储层的渗透性，影响煤层气井的钻井井眼稳定性，也影响煤储层的压裂特征及效果（胡宝林，2003；胡宝林等，2003）。

在构造发育或由构造引起的裂隙带上，煤体结构较为破碎，导致水平井施工困难，易造成塌孔从而影响施工进尺。水平井井眼稳定性主要受煤体结构保存完整程度的控制，由于水平井钻遇煤层的延长尺度大，其井眼稳定性受煤体结构保存完整程度的控制作用更强。而煤体结构保存完整程度又受控于小（微）构造。因此，水平井的井眼稳定性问题就成为煤层气水平井开发技术推广使用的重要制约前提条件。

晋城某矿在个别区域施工水平钻孔过程中经常会遇到塌孔现象。正常钻进的情况下，钻孔长度可达到设计长度150m，但遇到塌孔情况，钻孔长度最长只能达到90m，大大降低了瓦斯抽放孔的实际效用。将施工钻孔分布图与实测大裂隙系统图进行拟合（图7.50），可以发现正常钻孔、塌孔钻孔的分布位置与大裂隙系统有特定的规律。在大裂隙系统不发育的区域，煤体结构较为完整，施工水平钻孔能有效地穿过小范围的裂隙带而达到设计钻孔长度。在大裂隙系统发育的区域，煤体结构破碎严重，钻孔在施工到该区域时，产生对煤体的扰动就会使破碎煤体发生垮塌，钻孔在无法反风排水情况下只能停钻。

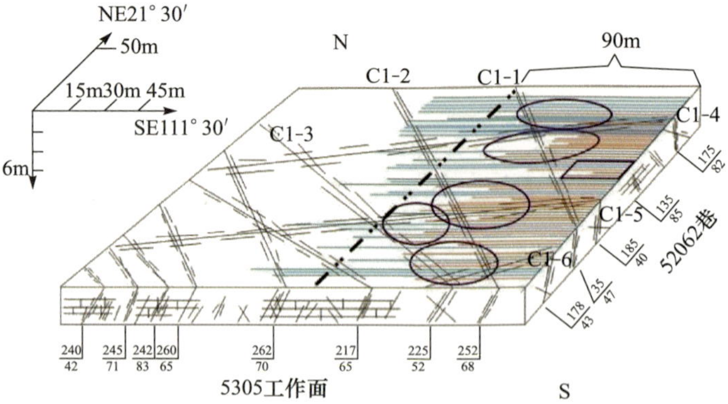

图7.50　5305钻孔与大裂隙拟合图

在另一区域晋城某矿5310工作面（图7.51），由于构造条件的不同，两侧巷道的钻孔效果明显不同。53102巷道小断层非常发育，由于断层引起的煤体结构破碎严重，钻孔施工过程中遇到大量的塌孔现象，导致施工进尺达不到设计要求。最短的塌孔钻孔只有 6m。而在相邻的 53103 巷道附近，由于构造不太发育，煤体结构比较完整，钻孔施工进尺大多数都能达到设计要求，钻孔长度最长达到 170m。

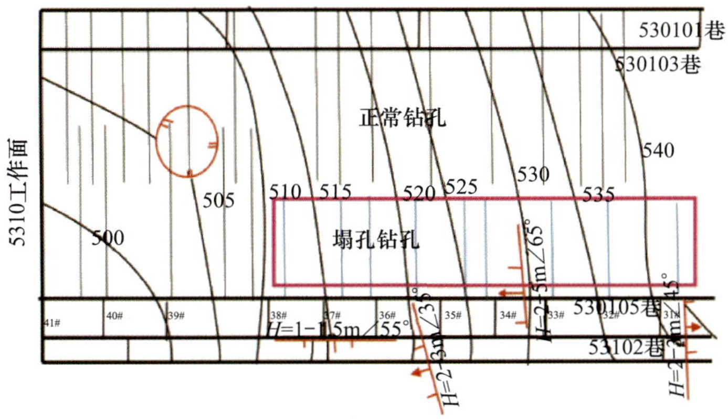

图 7.51　5310 巷道两侧钻孔施工进尺对比图

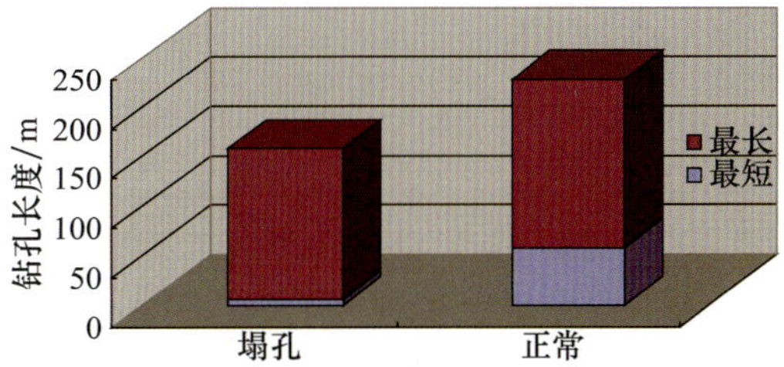

图 7.52　5310 工作面钻孔长度统计

综合以上分析，水平井井眼稳定性受煤体结构的影响非常大。在构造发育的区域或由构造引起的裂隙带上，煤体结构破碎，井眼容易发生垮塌（图 7.52）。在煤体结构完整的区域，施工钻孔一般能达到设计长度。

值得指出的是此处所指水平井井眼稳定性是包括钻井及之后排采一定时期（1～2 年）内水平井井眼稳定性，因此，大部分煤层瓦斯钻孔是经过一段抽采后垮塌的。尽管与地面水平井排采过程中的井壁稳定不完全一致，但是参考意义也很明显。

（三） 水平井井眼稳定性与地应力的关系

地应力对煤层水平孔钻孔施工具有重大作用。煤层尤其是突出煤层顺层钻孔施工的最大障碍是打钻过程中出现喷孔、垮孔，发生喷孔、垮孔，造成这些现象的原因之一就是地应力较高。

老矿区打钻过程中喷孔现象非常严重，最主要的原因是高地应力作用下的煤层因打钻作用导致应力重新分布时，在钻孔壁发生剧烈冲击性崩裂。在晋城某矿我们可以看到许多构造背景相同的区域，钻孔施工效果却大相径庭。

在 4310 工作面附近，没有大的构造发育，但是钻孔成孔率却很低，塌孔率高达 54%。塌孔钻孔最短的只有 9m，远未达到设计要求。有些正常钻孔为了防止钻进延伸太长而发生塌孔，影响瓦斯抽放效果，因而大大缩短了钻进距离，最短的也只有 39m，最长的达到 153m（图 7.53、图 7.54）。

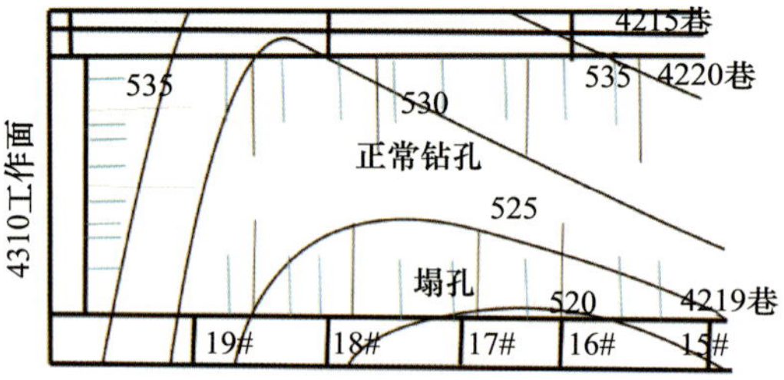

图 7.53　4310 工作面水平钻孔

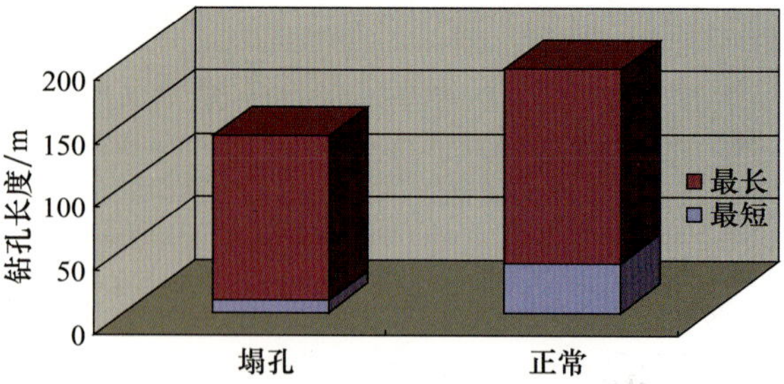

图 7.54　4310 工作面钻孔长度统计

5301 工作面附近同样没有大的断裂构造发育，施工水平钻孔基本上都能达到设计要求。钻孔长度最短的有 66m，最长的高达 182m，为该区瓦斯抽放提供了可靠的保障（图 7.55、图 7.56）。

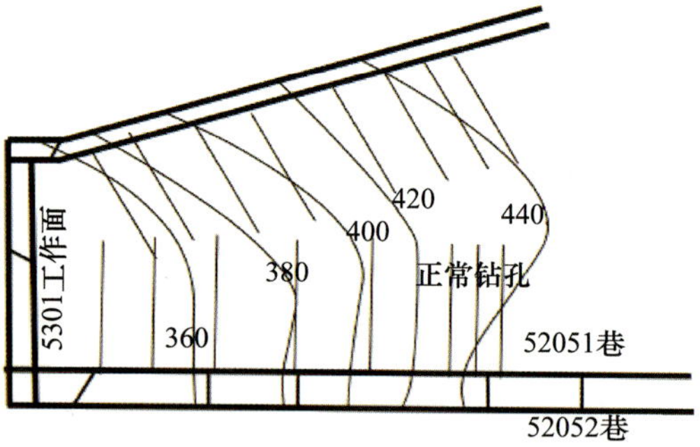

图 7.55　5301 工作面水平钻孔施工图

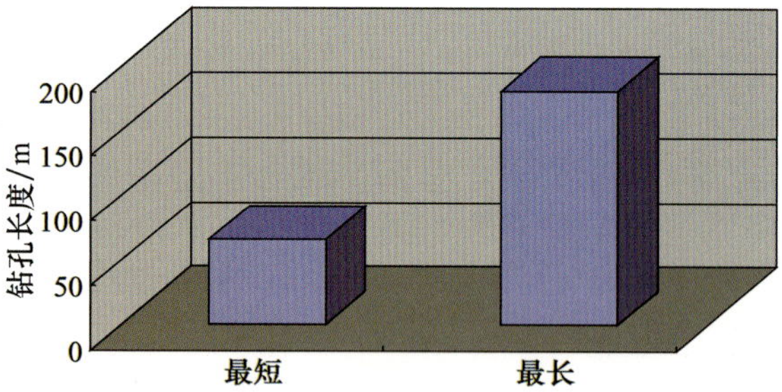

图 7.56　5301 工作面钻孔长度统计

原生状态下，埋深大的区域自重地应力大。钻孔钻进时导致地应力重新分配，对煤层尤其是钻孔周围产生的破坏作用较大，容易导致煤体结构破碎而发生塌孔（何伟钢等，2000）。同时较大的原始应力状态也会对钻孔施工造成不利影响。

在地应力一定的情况下，随着水平井内流体压力的逐渐降低，井壁的有效应力增加，达到一定程度会在某些薄弱部位发生垮塌，也可以产生缩颈和不规则变形与破坏。

三、降压排水过程中煤层气井井壁稳定性模拟研究

为了考察降压过程中水平井的稳定性，设计了三轴应力应变测定实验，模拟生产过程中井筒压力的降低过程，测定岩石发生破坏时的井筒压力，为煤层气井工作制度的制定提供依据。

（一） 实验方法

该模拟实验方法是将钻孔后的煤岩心饱和煤层水后放入三轴应力实验装置的岩心室中，模拟在煤层一定深度的垂向主应力和水平应力，降低井筒压力，测定岩石破坏时的井筒压力值（Reeves and Pekot，2001）。加压时，将围压（垂向主应力）、井筒压力、轴向压力（水平应力）按比例逐渐升高，达到所需压力后，保持围压和轴向压

力不变，逐渐降低井筒压力，测定不同井筒压力所对应的应变值，判断岩石破坏的井筒压力。

（二） 不同深度的应力计算

樊庄区块 3 号煤层的埋藏深度为 400～750m，而郑庄区块 3 号煤层的埋藏深度为 600～1100m。根据现场提供的晋城 3 号煤储层的地应力随深度关系图，计算并拟合出不同埋深（310～510m）的煤岩所对应的上覆压力、最大水平主应力、最小水平主应力。对于深层埋深（510～750m）的煤岩，结合水力压裂施工曲线参数，计算出三轴应力。实验以 50m 埋深为间隔，研究煤岩应力变化情况，实验所选数据见表 7.13 和表 7.14。

表 7.13　不同埋深的储层计算应力数据表

埋深/m	上覆压力/MPa	最大水平主应力/MPa	最小水平主应力/MPa
310	7.87	13.12	6.89
470	11.84	17.55	8.33
510	12.83	18.66	8.69
513.5	13.58	20.8	13.59
580.6	15.36	28.14	14.68
605.75	16.03	28.21	18.24
636.4	16.84	30.41	19.44
714.8	18.91	32.2	20.01

表 7.14　岩样基础数据表

岩样号	长度/cm	直径/cm	孔径/mm	实验条件
F44	3.92	2.55	2.5	饱和地层水
F45	4.41	2.55	2.5	饱和地层水
F46	4.53	2.58	2.5	饱和地层水
F47	4.92	2.58	2.5	饱和地层水
F48	4.11	2.56	2.5	饱和地层水
F49	3.81	2.54	2.5	饱和地层水
F50	3.92	2.53	2.5	饱和地层水
F51	3.74	2.54	2.5	饱和地层水
F52	3.78	2.56	2.5	饱和地层水

（三） 实验结果及讨论

表 7.15 为不同埋深的煤岩在轴向压力为最大主应力时，在降低井筒压力过程中岩石发生破坏所对应的井筒压力。从表中的实验数据分析可知，在最大主应力时，20 块煤岩中有 15 块煤岩在井筒压力下降的过程中没有发生破坏，即表明在降压排水过程中井壁稳定，另有 5 块煤岩在井筒压力分别下降到 3MPa、2.8MPa、2MPa 时发生了破坏。

表 7.15　不同埋深的水平井在最大水平主应力时煤岩发生破坏的井筒压力数据表

序号	岩心号	埋藏深度/m	上覆压力/MPa	最大水平应力/MPa	孔压/MPa	破坏时孔压/MPa
1	F44	310	7.9	13.1	3.5	0（未破坏）
2	F44	310	7.9	13.1	3.5	0（未破坏）
3	F44	470	11.84	17.55	3.5	0（未破坏）
4	F45	470	11.84	17.55	3.5	0（未破坏）
5	F45	510	12.8	18.6	3.5	0（未破坏）
6	F44	510	12.8	18.6	3.5	2
7	F45	510	12.8	18.6	3.5	0（未破坏）
8	F45	513.5	13.6	20.8	3.5	3
9	F46	513.5	13.6	20.8	3.5	3
10	F47	513.5	13.6	20.8	3.5	2.8
11	F48	513.5	13.6	20.8	3.5	0（未破坏）
12	F48	513.5	13.6	20.8	3.5	0（未破坏）
13	F48	580.6	15.36	28.1	3.5	0（未破坏）
14	F49	580.6	15.36	28.1	3.5	0（未破坏）
15	F49	605.75	16.03	28.21	3.5	0（未破坏）
16	F48	605.75	16.03	28.21	3.5	3
17	F50	605.75	16.03	28.21	3.5	0（未破坏）
18	F49	636.4	16.84	30.4	3.5	0（未破坏）
19	F50	636.4	16.84	30.4	3.5	0（未破坏）
20	F51	714.8	18.91	32.2	3.5	0（未破坏）

表 7.16 为不同埋深的煤岩在轴向压力为最小主应力时，岩石发生破坏所对应的井筒压力。实验数据反映了在最小主应力条件下，煤岩破坏时的井筒压力。共有 18 块煤岩心，其中有三块在降压过程中发生了破坏，对应的井筒压力分别是 3.5MPa、2MPa、1.2MPa。多数煤样当井筒压力降到零时也没有发生破坏。该实验结果进一步说明煤岩强度的非均质特点，与前面所述钻井过程中井壁稳定实验结果相符合。

表 7.16　不同埋深的水平井在最小水平主应力时煤岩发生破坏的井筒压力数据表

序号	岩心号	埋藏深度/m	上覆压力/MPa	最小水平应力/MPa	孔压/MPa	破坏时孔压/MPa
1	F50	310	7.9	7	3.5	0（未破坏）
2	F49	310	7.9	7	3.5	1.2
3	F51	310	7.9	7	3.5	0（未破坏）
4	F52	470	11.84	8.3	3.5	0（未破坏）
5	F51	470	11.84	8.3	3.5	0（未破坏）
6	F50	510	12.83	8.69	3.5	0（未破坏）
7	F50	510	12.83	8.69	3.5	0（未破坏）
8	F50	512	13.18	8	3.5	2
9	F51	513.5	13.6	13.6	3.5	0（未破坏）

续表

序号	岩心号	埋藏深度 /m	上覆压力 /MPa	最小水平应力 /MPa	孔压 /MPa	破坏时孔压 /MPa
10	F51	513.5	13.6	13.6	3.5	0（未破坏）
11	F52	580.6	15.36	14.7	3.5	0（未破坏）
12	F51	580.6	15.36	14.7	3.5	0（未破坏）
13	F51	605.75	16.03	18.3	3.5	0（未破坏）
14	F51	605.75	16.03	18.3	3.5	0（未破坏）
15	F52	636.4	16.84	19.44	3.5	0（未破坏）
16	F52	636.4	16.84	19.44	3.5	0（未破坏）
17	F51	714.8	18.91	20.01	3.5	0（未破坏）
18	F51	714.8	18.91	16	3.5	3.5

图 7.57 和图 7.58 分别为 F44 号岩心和 F49 号岩心测得的井筒压力与轴向变形关系曲线，图中曲线表明，当井筒压力加到地层压力后（图 7.57 曲线表示逐渐升高井筒压力的过程），开始降低压力（图 7.58），当降到某一压力值时，如果井筒压力出现骤然变大的现象，表明此时岩样已经遭到破坏。

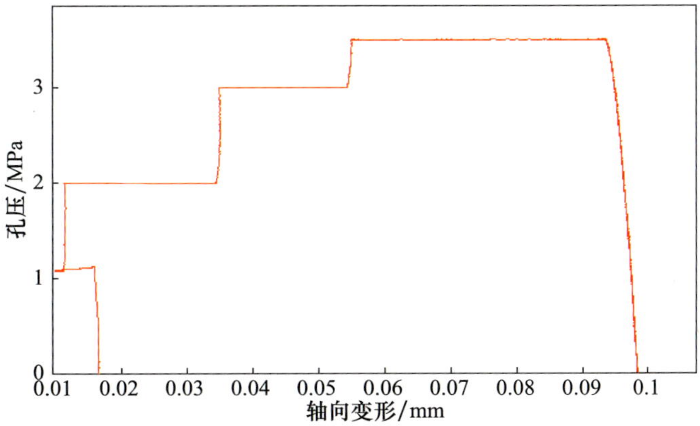

图 7.57　F44 岩心（未破坏）

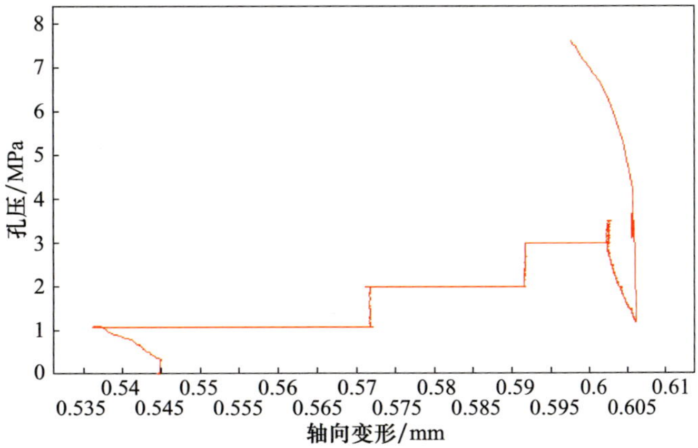

图 7.58　F49 岩心（孔压为 1.2MPa 时破坏）

由图 7.57 可以看出，加压过程中，随着孔压的增大，轴向变形增大，变形数量级为 0.01～0.1mm。在降孔压过程中，当孔压从地层压力开始下降直至 0MPa 时，轴向变形的变化幅度不大，从 0.095mm 变化至 0.098mm，表明煤岩在排水降压过程中，水平井段在水平方向没有发生破坏。而图 7.58 显示，当孔压降到 1.2MPa 时，孔压陡然增大，表明此时岩样已经发生破坏。

图 7.59、图 7.60 分别为 F44 号岩心和 F49 号岩心测得的径向变形随时间的示意图。如果径向变形曲线在某一处出现陡然变化现象，表明此时岩样已经发生脆性破坏。

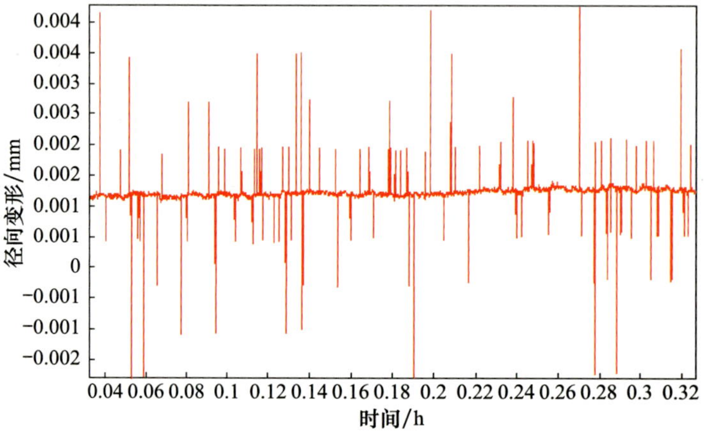

图 7.59　F44 岩心径向变形（未破坏）

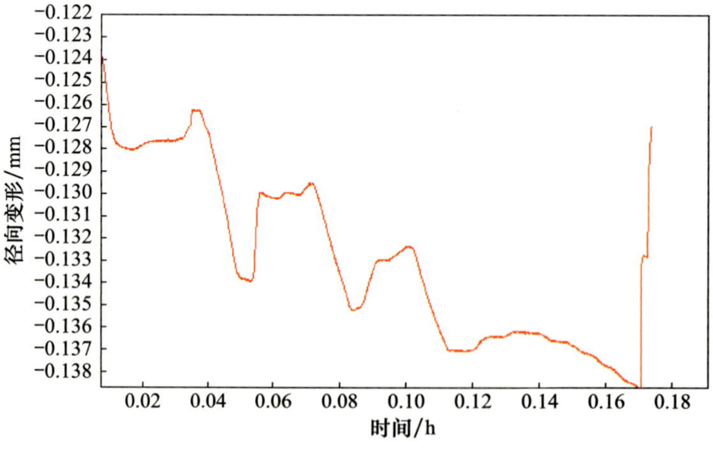

图 7.60　F49 岩心径向变形（破坏）

第四节　应用实例及效果

如何实现水平井眼的稳定性，是提高煤层气水平井产量的关键。通过以上理论分析，本节结合以上水平井眼稳定性控制因素和机理研究，以沁水盆地樊庄试验区为例，进行水平井眼稳定性计算和评价。

一、排采过程中煤层水平井眼稳定性力学分析

（一） 地应力坐标与井筒受力坐标的转化

假设绝对水平状态下井壁受力模型如下：假定水平井为绝对水平，地应力为绝对垂向和绝对水平方向的理想情况。为了描述地应力在水平井井壁上的分布状态，需要建立地应力坐标系和水平井坐标系，把地应力转化到井筒坐标系中去。如图 7.61 所示，地应力坐标轴 x_S、y_S、z_S 分别对应 S_H、S_h、S_z，井身坐标轴 x、y、z 分别对应井筒轴向应力 S_{hp}、水平且垂直井筒应力分量 S_{hv}、铅直方向应力 S_z。其中 z_S 轴和 z 轴重合，y_S 轴和 y 轴的夹角为 α，z_S 轴和 z 轴的夹角也为 α。

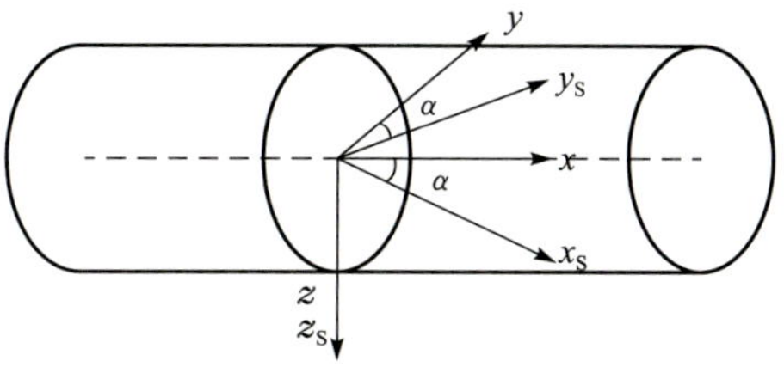

图 7.61 地应力和水平井坐标示意图

根据几何关系，可以得出

$$S_{hp}=S_h\sin^2\alpha+S_H\cos^2\alpha$$

$$S_{hv}=S_h\cos^2\alpha+S_H\sin^2\alpha$$

（二） 煤层水平井眼井壁受力分析

根据 Kirseh 方程的模型，各相同性弹性介质中，与垂直主应力平行的直井围岩应力集中情况。由于剪应力不能作用于自由面，圆柱形开孔（井眼）引起应力轨迹弯曲，并与井壁垂直或平行。此外，由于移除的材料不再支撑远场应力，所以在井眼周围出现应力集中。井壁受力如图 7.62 所示，其中 σ_{rr}、$\sigma_{\theta\theta}$、$\tau_{r\theta}$、σ_{zz} 的计算公式如下：

$$\sigma_{rr}=\frac{1}{2}(S_v+S_{hv}-2P_b)\left(1-\frac{R^2}{r^2}\right)+\frac{1}{2}\mid S_v-S_{hv}\mid\left(1-\frac{4R^2}{r^2}+\frac{3R^4}{r^4}\right)\cos2\theta+\frac{\Delta PR^2}{r^2}$$

$$\sigma_{\theta\theta}=\frac{1}{2}(S_v+S_{hv}-2P_b)\left(1+\frac{R^2}{r^2}\right)-\frac{1}{2}\mid S_v-S_{hv}\mid\left(1+\frac{3R^4}{r^4}\right)\cos2\theta-\frac{\Delta PR^2}{r^2}-\sigma^{\nabla p}$$

$$\tau_{r\theta}=\frac{1}{2}\mid S_v-S_{hv}\mid\left(1+\frac{2R^2}{r^2}-\frac{3R^4}{r^4}\right)\sin2\theta \qquad \sigma_{zz}=S_{hp}-2\nu\mid S_v-S_{hv}\mid\frac{R^2}{r^2}\cos2\theta$$

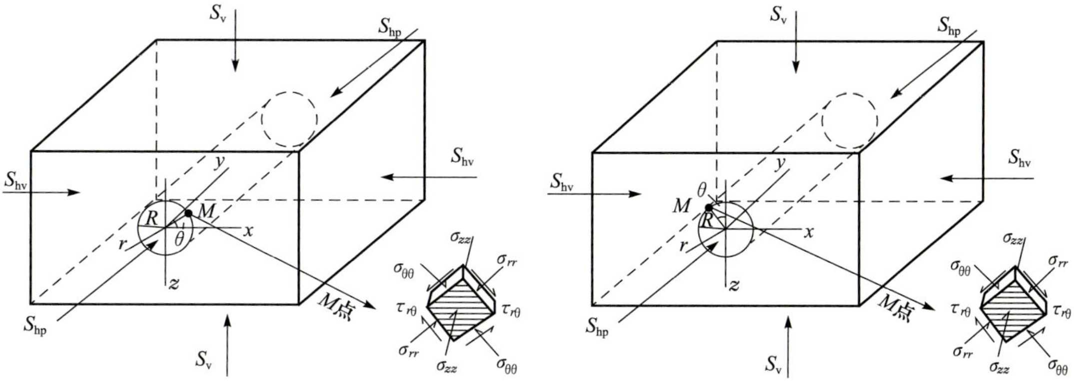

（a）当 $S_{hv}>S_v$ 时　　（b）当 $S_v>S_{hv}$ 时

图 7.62 水平井井壁受力示意图

式中，σ_{zz} 为轴向应力；$\tau_{r\theta}$ 为切应力；σ_{rr} 为径向应力；P_b 为地层压力；$\sigma_{\theta\theta}$ 为周向应力；P_0 为井底液柱压力；P_t 为套管压力；ΔP 为井内流压、套压与地层压力之差（$\Delta P = P_0 + P_t - P_b$）；$r$ 为径向距离；R 为井壁半径；ν 为泊松比；$\sigma^{\nabla p}$ 为井液与地层温差产生应力；S_{hv} 为垂直井壁的水平应力分量；S_{hp} 为平行井壁的水平应力分量。

（三） 排采过程中煤层水平井眼井壁受力分析

在实际开采过程中，靠近井筒的煤储层中的煤层气已经解吸排出，在井筒附近形成一个低储层压力区；在井筒远端煤层压力较高，接近于原始压力（Palmer and Mansoori，1998；Wei et al，2007）（图 7.63）。

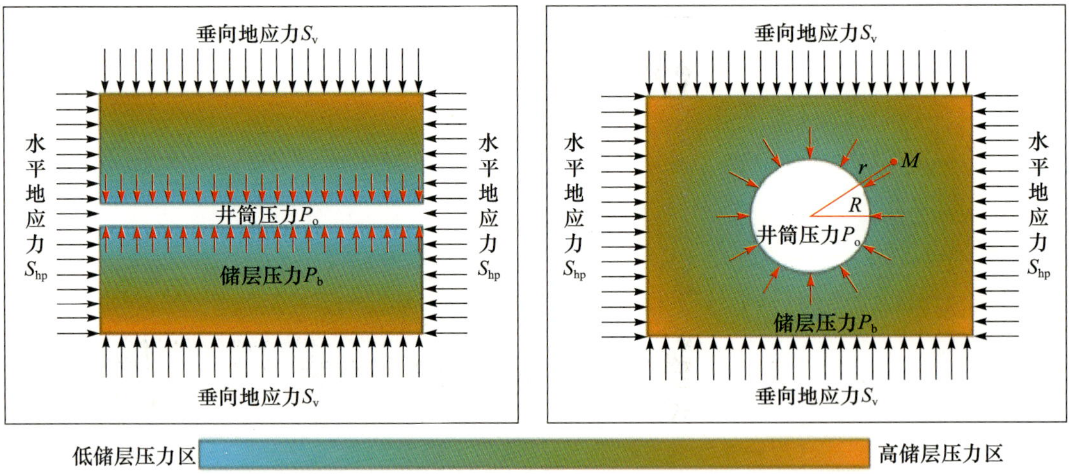

图 7.63　排采过程井壁受力分析

关于井壁受力，依旧使用 Kirseh 方程，地层压力 P_b 是随着排采降低的，井筒液柱压力 P_0、套管压力 P_t 也是变化的，考虑这两个动态的参数可以计算井筒随排采的受力变化：

$$\sigma_{\theta\theta} = \frac{1}{2}(S_v + S_{hv} - 2P_b)\left(1 + \frac{R^2}{r^2}\right) - \frac{1}{2}\mid S_v - S_{hv} \mid \left(1 + \frac{3R^4}{r^4}\right)\cos 2\theta - \frac{\Delta PR^2}{r^2} - \sigma^{\nabla p}$$

$$\sigma_{rr} = \frac{1}{2}(S_v + S_{hv} - 2P_b)\left(1 - \frac{R^2}{r^2}\right) + \frac{1}{2}\mid S_v - S_{hv} \mid \left(1 - \frac{4R^2}{r^2} + \frac{3R^4}{r^4}\right)\cos 2\theta + \frac{\Delta PR^2}{r^2}$$

$$\sigma_{zz} = S_{hp} - 2\nu \mid S_v - S_{hv} \mid \frac{R^2}{r^2}\cos 2\theta$$

式中，$\sigma_{\theta\theta}$ 和 σ_{rr} 都是随着地层压力 P_b 的降低而逐渐升高的；同时由于 $\Delta P = P_0 + P_t - P_b$，可以得知 $\sigma_{\theta\theta}$ 在地层压力 P_b 相对稳定的情况下，是随着 P_0 和 P_t 的值的升高而降低；σ_{rr} 在储层压力 P_b 相对稳定的情况下，是随着 P_0 和 P_t 的值的升高而升高。

随排采井壁受力值变化函数为

$$\Delta\sigma_{\theta\theta} = -(\Delta P_s + \Delta P_{wf})$$

对于最大受力点，即 $r = R$

$$\Delta\sigma_{\theta\theta}=-\left(\Delta P_{s}+\frac{R^2}{r^2}\Delta P_{wf}\right)$$

其中

$$\Delta\sigma_{\theta\theta}=\sigma_{\theta\theta排采后}-\sigma_{\theta\theta排采前}\quad \Delta P_{s}=P_{s排采后}-P_{s排采前}$$

$$\Delta P_{wf}=P_{wf排采后}-P_{wf排采前}=\rho g(h_{排采后}-h_{排采前})+(P_{t排采后}-P_{t排采前})$$

式中，$\sigma_{\theta\theta}$为轴向应力值；P_s 为储层压力；ΔP_{wf}为井底流压；$h_{排采后}$及 $h_{排采前}$分别为排采后、前的液注高度；$P_{t排采后}$及 $P_{t排采前}$分别为排采后、前的套管压力。在最大应力值 $\Delta\sigma_{\theta\theta}=-(\Delta P_s+\Delta P_{wf})$ 点，呈正比关系。

通过分析 $\sigma_{\theta\theta}$、σ_{rr}、σ_{zz}值的变化，可以看出最大应力一定会是 $\sigma_{\theta\theta\max}$，因此需要尽量多的考虑 $\sigma_{\theta\theta}$值。通过前面公式分析，可以得出以下认识：较高的套管压力 P_t、较高的井底液柱压力 P_0、较高的储层压力 P_b 是有利于井壁稳定的。

（四） 排采过程中煤层水平井眼稳定性判别准则

由于煤体节理容易造成强度下降，而且井壁内有一个自由面，为了提高保险系数，使用强度较低的单轴抗压强度作为判定强度。即 $\sigma_{\theta\theta}\geqslant\sigma'_s$、$\sigma_{zz}\geqslant\sigma'_s$或 $\sigma_{rr}\geqslant\sigma'_s$时，井壁失稳。

单轴抗压强度是判别井壁失稳的关键参数。所谓单轴抗压强度是指在无围压状态下，煤体在单一方向上能够承受的最大压力值。由于测试单轴抗压强度煤样获取困难，而测定煤坚固性系数容易，因此利用如下经验公式来求取。

苏联科学家巴隆的经验公式为

$$f=\frac{\sigma_s}{300}+\sqrt{\frac{\sigma_s}{30}}$$

式中，σ_s 可根据公式计算出煤常用坚固性系数的单轴抗压强度（表 7.17）。

表 7.17 坚固性系数与单轴抗压强度

坚固性系数	单轴抗压强度/MPa	坚固性系数	单轴抗压强度/MPa	坚固性系数	单轴抗压强度/MPa
0.1	0.29	0.6	9.67	1.1	30
0.2	1.15	0.7	12.94	1.2	35.17
0.3	2.54	0.8	16.63	1.3	40.68
0.4	4.45	0.9	20.71	1.4	46.5
0.5	6.83	1	25.18	1.5	52.63

井壁失稳判别准则为：井壁失稳，$\sigma_{\theta\theta}\geqslant\sigma_s$ 或 $\sigma_{rr}\geqslant\sigma_s$ 或 $\sigma_{zz}\geqslant\sigma_s$；单向失稳，$\sigma_{rr}\geqslant\sigma_s$；轴向失稳，$\sigma_{\theta\theta}\geqslant\sigma_s$。

（五） 实例分析

根据樊庄水平井进行地应力与单轴抗压强度计算，确定井眼稳定性。通过表 7.18～表 7.21 及图 7.64～图 7.67 充分看出井眼处于稳定状态和失稳状态。

表 7.18 井眼稳定型分析

地质因素			井壁受力计算结果	
埋深/m	地应力/MPa（最大主应力方向）	抗压强度/MPa	极值应力/MPa	比较
260	S_v=6.5 S_H=9.75 S_h=5.2 (NW280°)	30～35	20.83	极值应力小于抗压强度

表 7.19 井眼横向挤扁型分析

地质因素			井壁受力计算结果	
埋深/m	地应力/MPa（最大主应力方向）	抗压强度/MPa	极值应力/MPa	比较
400	S_h=8 S_H=15 S_v=10 (NW280°)	30	34.66	极值应力大于抗压强度

表 7.20 井眼严重横向挤扁型分析

地质因素			井壁受力计算结果	
埋深/m	地应力/MPa（最大主应力方向）	抗压强度/MPa	极值应力/MPa	比较
265	S_v=6.63 S_H=9.94 S_h=5.3 (NW280°)	5	21	极值应力大于抗压强度

表 7.21 井眼纵向挤扁型分析

地质因素			井壁受力计算结果	
埋深/m	地应力/MPa（最大主应力方向）	抗压强度/MPa	极值应力/MPa	比较
480	S_v=12 S_H=9.6 S_h=7.2 (NNE30°)	21	25.5	极值应力大于抗压强度

图 7.64 井眼稳定型图

图 7.65　井眼横向挤扁型图

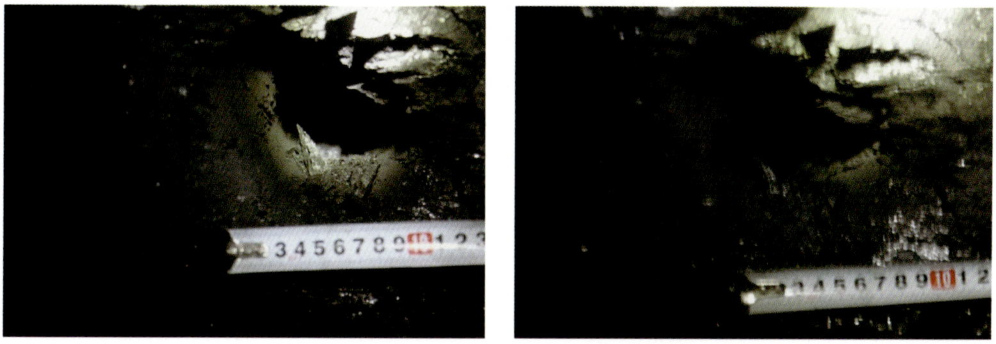

图 7.66　井眼严重横向挤扁型图

图 7.67　井眼纵向挤扁型图

二、樊庄区块水平井的整体计算

为了模拟井壁受力情况，应用表 7.22 对樊庄已有的 33 口水平井进行应力参数统计，储层压力的变化范围值是通过晋城地区的平均储层压力梯度计算的，垂向地应力 S_V 是通过 2.5MPa/100m 的平均压力梯度计算的，最大水平主应力 S_H 是根据晋城地区的平均测压比为 1.4 计算的，最小水平主应力 S_h 是根据晋城地区该参数 0.8 倍于垂向应力的统计规律计算的。

表 7.22　樊庄 33 口水平井的应力参数统计表

井号	埋深/m	地应力/MPa			储层压力/MPa		井底流压/MPa	
		S_H	S_h	S_v	最小值	最大值	最小值	最大值
FZP1-1	564.55	19.76	11.29	14.11	4.52	2.00	1.90	0.20
FZP1-2	574.07	20.09	11.48	14.35	4.59	2.00	2.10	0.20
FZP1-3	539.85	18.89	10.80	13.50	4.32	2.00	3.00	0.20
FZP1-4	586.65	20.53	11.73	14.67	4.69	2.00	2.20	0.10
FZP2-1	550.27	19.26	11.01	13.76	4.40	2.00	4.00	0.20
FZP2-2	562.74	19.70	11.25	14.07	4.50	2.00	3.60	0.10
FZP2-3	533.65	18.68	10.67	13.34	4.27	2.00	3.60	0.10
FZP3-1	454.12	15.89	9.08	11.35	3.63	1.50	4.00	0.00
FZP3-2	452.97	15.85	9.06	11.32	3.62	1.50	3.00	0.30
FZP3-3	387.8	13.57	7.76	9.70	3.10	1.50	2.60	0.10
FZP4-1	497.5	17.41	9.95	12.44	3.98	1.50	2.50	0.20
FZP4-2	483.49	16.92	9.67	12.09	3.87	1.50	2.20	0.10
FZP4-3	511.00	17.88	10.22	12.77	4.09	2.00	3.00	0.30
FZP4-4	502.5	17.59	10.05	12.56	4.02	2.00	3.00	0.10
FZP4-5	554.6	19.41	11.09	13.87	4.44	2.00	3.40	0.20
FZP8-2	589.85	20.64	11.80	14.75	4.72	2.00	4.30	0.10
FZP9-1	582.2	20.38	11.64	14.56	4.66	2.00	4.00	0.20
FZP9-2	652.35	22.83	13.05	16.31	5.22	2.50	4.10	0.10
FZP10-2	598.76	20.96	11.98	14.97	4.79	2.00	3.50	0.20
FZP11-1	288.00	10.08	5.76	7.2	2.3	1.00	1.80	0.20
FZP11-2	302.6	10.59	6.05	7.57	2.42	1.00	2.00	0.20
FZP11-3	279.93	9.80	5.60	7.00	2.24	1.00	2.20	0.20
FZP11-4	273.98	9.59	5.48	6.85	2.19	1.00	0.90	0.10
FZP12-1	681.59	23.86	13.63	17.04	5.45	2.50	3.50	0.40
FZP14-1	775.05	27.13	15.50	19.38	6.20	3.00	2.80	0.20
FZP14-2	753.00	26.35	15.06	18.82	6.02	3.00	1.60	0.10
FZP14-3	757.00	26.48	15.14	18.91	6.06	3.00	2.50	0.10
FZP14-4	743.4	26.02	14.87	18.59	5.95	3.00	1.80	0.10
FZP15-1	797.05	27.90	15.94	19.93	6.38	3.00	5.00	0.10
FZP15-2	776.15	27.17	15.52	19.40	6.21	3.00	3.00	0.10
FZP16-1	658.44	23.05	13.17	16.46	5.27	2.50	3.00	0.20
FZP16-3	720.95	25.23	14.42	18.02	5.77	2.50	2.50	0.20
FZP16-4	674.58	23.61	13.49	16.86	5.40	2.50	2.50	0.20

井壁稳定性判别主要是用井壁的最大受力值与原生结构煤的强度进行对比。由于构造软煤强度极低（小于 5MPa），在这里不做考虑，表中只估算了各井原生结构煤的强度，该强度受构造埋深等因素的影响。当最优方向与最差方向受力的最大值均大于原生结构煤强度时，判别为较差；当仅最差方向受力最大值大于原生结构煤强度时，判别为中等；当最优、最差方向的井壁受力最大值均小于强度时，判别为较好。

表 7.23 是井壁最大受力值的统计表。模拟计算过程中，把井筒理想化为绝对水平，并对井筒的方位角的范围进行了实际测量。地应力方向采用了樊庄区块最大水平应力 NEE 方向 50°的近似值。由于井筒方位与地应力方位之间的夹角不同，导致各井筒的井壁受力不同，同时由于计算方程中考虑到地层压力、井底流压两个动态参数的变化，因此在排采过程中井壁的受力值也是变化的。

表 7.23 樊庄区块 33 口水平井井壁稳定性判定表

井号	最优方向井壁最大受力值/MPa		最差方向井壁最大受力值/MPa		井壁稳定性判定				平均日产气量/m^3
	排采控制最小值	排采控制最大值	排采控制最小值	排采控制最大值	小微构造	埋藏深度/m	原生结构煤强度/MPa	判定结果	
FZP1-1	24.63	28.85	35.78	39.99	褶曲	564.55	约 30	中等	6149.89
FZP1-2	24.30	28.80	39.23	43.73	褶曲	574.07	约 30	中等	2776.83
FZP1-3	21.43	26.54	35.87	40.99	褶曲	539.85	约 30	中等	1018.57
FZP1-4	25.37	30.17	36.95	41.74	褶曲	586.65	约 30	较差	524.04
FZP2-1	21.61	27.82	29.43	35.63	断层、褶曲	550.27	约 25.18	较差	263.42
FZP2-2	22.59	28.60	33.96	39.96	较简单	562.74	约 40.68	中等	7418.53
FZP2-3	24.90	30.67	34.82	40.59	简单	533.65	约 40.68	较好	29413.64
FZP3-1	17.34	23.48	18.48	24.61	断层	454.12	约 30	较好	186.02
FZP3-2	17.83	22.66	29.61	34.44	断层	452.97	约 30	中等	311.80
FZP3-3	15.45	19.55	25.32	29.42	褶曲	387.8	约 30	较好	2776.84
FZP4-1	20.18	24.96	33.32	38.10	褶曲	497.5	约 30	中等	11197.73
FZP4-2	21.73	26.20	32.61	37.08	简单	483.49	约 40.68	较好	8189.22
FZP4-3	21.00	25.79	31.07	35.81	简单	511	约 40.68	较好	30322.14
FZP4-4	20.62	25.54	30.53	35.45	简单	502.5	约 40.68	较好	9332.24
FZP4-5	26.22	31.86	36.53	42.17	简单	554.6	约 40.68	中等	39207.40
FZP8-2	22.39	29.31	38.17	45.09	褶曲、断层	589.85	约 25.18	较差	2022.67
FZP9-1	21.18	27.64	37.92	44.38	较简单	582.2	约 35.17	较差	2674.87
FZP9-2	26.56	33.28	30.74	37.46	断层	652.35	约 30	较差	689.78
FZP10-2	24.64	30.73	24.04	30.13	褶曲	598.76	约 30	较差	1319.80
FZP11-1	11.74	14.44	11.29	13.99	简单	288	约 40.68	较好	13116.82
FZP11-2	12.22	15.44	19.68	22.90	断层	302.6	约 30	较好	245.13
FZP11-3	10.96	14.20	14.81	18.05	断层、褶曲	279.93	约 25.18	较好	4837.23
FZP11-4	11.98	13.97	15.74	17.74	简单	273.98	约 40.68	较好	11766.95
FZP12-1	28.53	34.59	44.65	50.70	较简单	681.59	约 30	较差	13.58
FZP14-1	32.27	38.07	53.00	58.80	褶曲	775.05	约 30	较差	263.64
FZP14-2	32.44	36.95	51.59	56.11	褶曲	753	约 30	较差	142.11
FZP14-3	33.03	38.49	51.97	57.43	较简单	757	约 30	较差	236.16
FZP14-4	32.80	37.45	30.35	35.00	较简单	743.4	约 30	较差	15.51
FZP15-1	32.46	40.74	52.39	60.66	较简单	797.05	约 35.17	较差	207.32
FZP15-2	33.48	39.59	48.80	54.91	褶曲	776.15	约 30	较差	18.72

续表

井号	最优方向井壁最大受力值/MPa		最差方向井壁最大受力值/MPa		井壁稳定性判定				平均日产气量/m^3
	排采控制最小值	排采控制最大值	排采控制最小值	排采控制最大值	小微构造	埋藏深度/m	原生结构煤强度/MPa	判定结果	
FZP16-1	27.87	33.44	44.41	49.98	褶曲	658.44	约 30	较差	661.35
FZP16-3	29.45	35.02	49.41	54.98	褶曲	720.95	约 30	较差	2.71
FZP16-4	28.90	34.10	36.08	41.28	褶曲	674.58	约 30	较差	174.81

表 7.23 中“最优方向井壁最大受力值”是指与最大水平应力夹角最小的井筒所受到的最大应力值，该值随着排采变化；同理“最差方向井壁最大受力值”是指与最大水平应力夹角（锐角）最大的井筒所受到的最大应力值，这个值也是随排采变化的。

从图 7.68 中可以看出，33 口井中有 30 口井的判别结果与日产气量的拟合效果很好，只有 FZP3-1、FZP4-5、FZP11-2 三口井偏差较大。下面将做出详细分析。

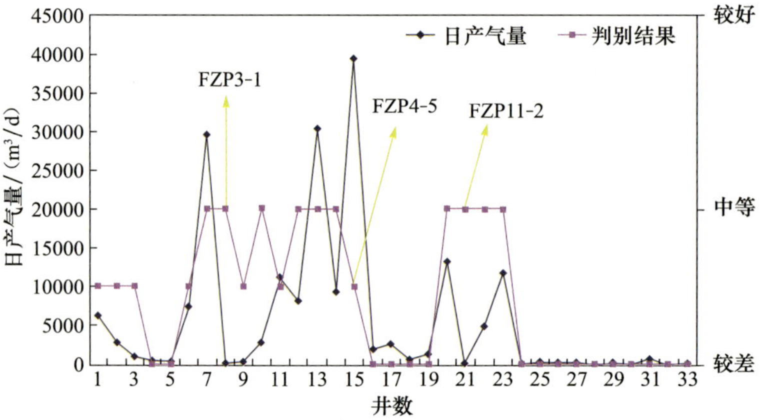

图 7.68　樊庄 33 口水平井单井稳定性判别结果与日产气量拟合关系图

1. FZP3-1 井判别误差分析

通过计算判别为井壁稳定性较好，但实际平均日产气量仅 186.02m^3，分析各个分支的地质背景可以得出，这种现象是由井眼穿过断层较多引起的（图 7.69）。

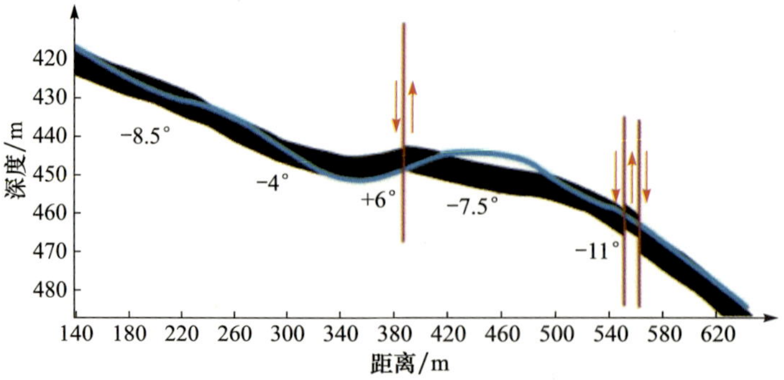

（a）FZP03-1 M1分支井眼轨迹图

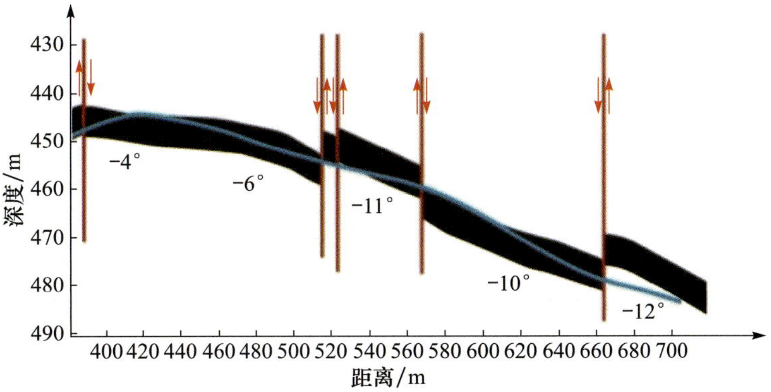

（b）FZP03-1 L1（M1分支）井眼轨迹图

图 7.69　井眼受断层破坏稳定性变差

2. FZP11-2 井判别误差分析

通过计算判别为井壁稳定性较好，但实际平均日产气量仅 245.13m³，分析各个分支的地质背景可以得出，这种现象是由井眼穿过断层较多引起的。如图 7.70 中水平井平面图（红色）所示从根部就有一条正断层截断了井眼，发生垮塌堵塞，导致断层以后的井眼无法向产气井供气。

3. FZP4-5 井判别误差分析

FZP4-5 井经过计算井壁稳定性判定为中等，但实际产能较高，日产气量大于 39000m³。出现这种情况可能是由于埋藏深度的计算不够全面，导致应力计算偏高。因为埋深值都是按照主井眼见煤点的埋深计算的，而实际上该井的分支向西延伸，靠近 FZP11 井组（图 7.71），而 11 井组的埋深为 300m 左右。

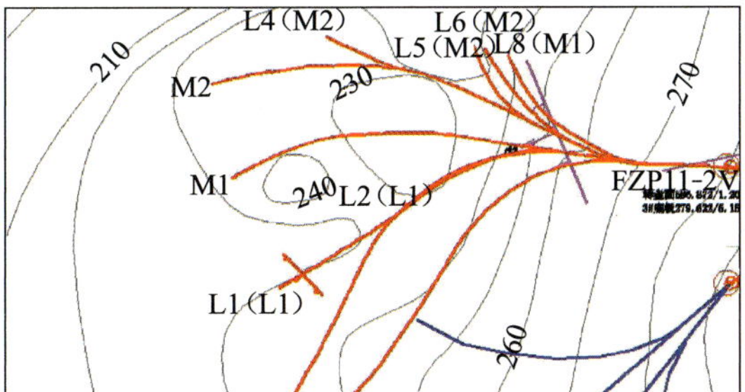

图 7.70　FZP11-2 井稳定性较差

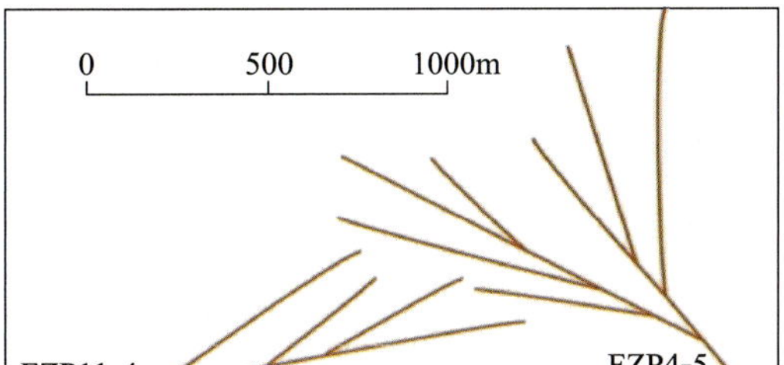

图 7.71　FZP4-5 稳定性较差

第八章 煤层水力压裂裂缝导流能力评价及高效支撑压裂技术

我国煤层气资源丰富，但煤层渗透性较低，70%以上煤层渗透率小于1mD，直井和丛式井一般需要压裂才能投产。通过水力压裂产生裂缝并铺置支撑剂，提高流体的流动能力是提高低渗煤层单井产量的有效途径。而导流能力是表征压裂质量的主要参数，与产量成正相关关系，提高导流能力是提高产量的重要基础。我国煤层气井在水力压裂的技术方法上充分借鉴了常规油气井的经验，但由于煤层埋深浅，割理裂隙发育，水力裂缝扩展复杂，支撑剂输送和铺置困难；煤杨氏模量低（750～8800MPa），支撑剂易嵌入及煤层排采过程中易产出煤粉，滞留在裂缝中，都会影响煤层水力裂缝导流能力，使煤层压裂裂缝难以建立较高的导流能力。

与砂岩和页岩气藏不同，煤层气需要经过排水降压后才能产气，在相同压差下的水力裂缝中，液体的高效流动比气体更需要较高导流能力，研究表明，煤层气井实现“有效排水”对导流能力的需求比砂岩气井高1倍左右，比页岩气井高10倍左右。而国内外对导流能力的研究多集中在砂岩储层，无法直接适用于煤岩，故需要进行多种煤层特有的影响因素条件下的煤层水力压裂裂缝导流能力评价研究。

第一节 煤岩裂缝导流能力单因素实验分析与评价

导流能力受裂缝缝宽和渗透率影响，而根据煤岩特征及压裂施工中可以进入煤层对裂缝缝宽或渗透率造成影响的因素进行分类，可以得到影响煤岩压裂裂缝导流能力的主要因素有以下三大类：①地层参数，其中闭合应力和煤粉会对裂缝渗透率造成影响，多裂缝会影响主裂缝的铺砂浓度，进而影响缝宽；②支撑剂，其粒径会影响裂缝渗透率，且其嵌入和铺砂浓度会影响裂缝宽度；③压裂液，主要包括活性水、清洁压裂液和胍胶压裂液三种类型，而这三种类型对裂缝渗透率的伤害程度差异较大，压裂液中添加剂的浓度也会对裂缝渗透率有很大影响，压裂液的黏度会影响压裂液滤失及支撑剂对裂缝的支撑效果，从而影响缝宽。同时发现，导流能力随着时间的变化逐渐降低，故评估压裂效果时，研究导流能力随时间的变化规律也是必不可少的。本节在创新实验的基础上，对煤岩裂缝导流能力单因素进行分析和对导流能力进行评价。

一、导流能力实验仪器及实验方案

实验使用的是美国Core. Lab公司生产的FCES. 100裂缝导流仪，该仪器可以模拟地层条件，对不同类型支撑剂进行短期或长期导流能力评价。仪器最高实验温度150℃，最大闭合压力150MPa，完全能满足我国油田的实际需要。该仪器按照API标准设计，图8.1为API支撑剂导流室解剖图，图8.2为FCES. 100导流仪实物图。

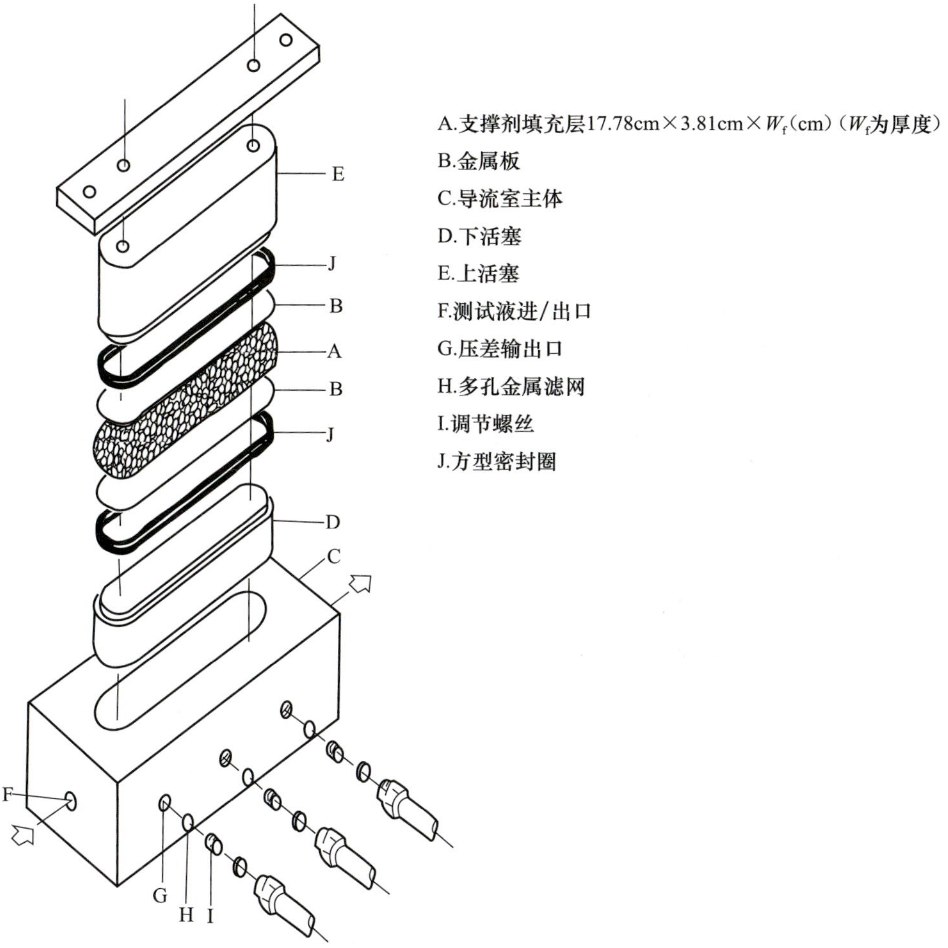

图 8.1　API 支撑剂导流室解剖图

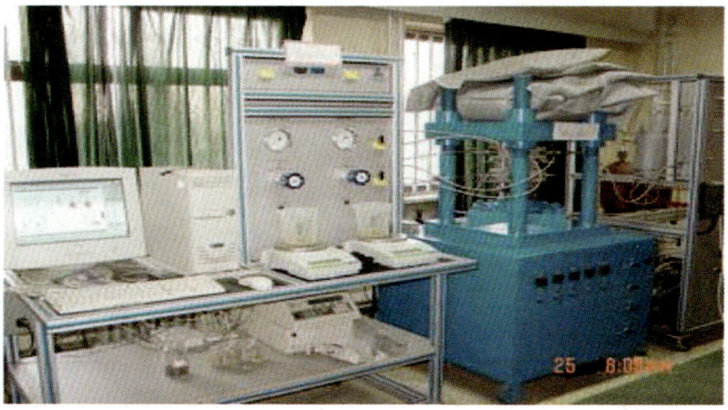

图 8.2　FCES. 100 型导流仪实物图

（一） 实验原理

实验原理可用 Darcy 定律表示：

$$k = \frac{Q\mu L}{A\Delta P} \tag{8.1}$$

式中，k 为支撑裂缝渗透率，μm^2；Q 为裂缝内流量，cm^3/s；μ 为流体黏度，mPa·s；L 为测试段长度，cm；A 为支撑裂缝截面积，cm^2；ΔP 为测试段两端的压力差，atm。

FCES.100 型导流仪使用 API 标准导流室，并严格按照 API 的程序操作，支撑剂渗透率及导流能力计算公式可以进一步表达为以下形式。

（1）支撑裂缝渗透率：

$$k = \frac{5.411 \times 10^{-4} \mu Q}{\Delta P W_f} \tag{8.2}$$

（2）支撑剂充填层导流能力：

$$kW_f = \frac{5.411 \times 10^{-4} \mu Q}{\Delta P} \tag{8.3}$$

式中，W_f 为充填裂缝缝宽，cm；Q 为裂缝内流量，cm^3/min；其他参数同上。

因此，实验中只需测得压差及流量即可求得支撑剂的导流能力。

（二）实验条件和实验方案

为了真实地反映支撑剂在地下裂缝的实际情况，选用长期导流能力测试，每个测试压力点都测量 48h，闭合压力为 5～30MPa，增幅为 5MPa。支撑剂主要选用煤层气压裂普遍采用的石英砂（兰州砂），支撑剂粒径 40/70、20/40 和 16/30 目进行试验。实验中的流体选择为含 2%的 KCl 溶液，流体速度为 2～5mL/min。实验使用晋城（高煤阶）和韩城（中煤阶）两地的天然煤岩，实验试件的尺寸为长 17.7cm、宽 3.8cm、厚 1～2cm，端部成半圆形（图 8.3）。

（a）韩城煤岩　　　　（b）晋城煤岩

图 8.3　煤岩导流测试标准岩板

二、导流能力的影响因素分析

（一）时间对导流能力的影响

时间是影响支撑剂导流能力的一个重要因素（Cobb and Farrel，1986；俞绍诚，

1987)，图 8.4、图 8.5 给出了兰州砂（20/40 目）不同铺砂浓度下导流能力随时间的变化曲线。如图所示，两种铺砂浓度下导流能力随时间的增加逐渐下降，但在前 20h 下降幅度较大，平均为 20.15%，20h 后下降幅度明显减小，30h 后曲线已经接近水平，48h 时导流能力平均下降幅度为 25.27%。因此每个压力点测试 48h 基本能反映裂缝内稳定的导流能力，而短期导流能力一般只测试 0.5h 左右，并不能反映支撑剂稳定时的导流能力。此外，48h 后晋城煤岩（高煤阶）导流能力平均下降幅度为 20.56%，而韩城煤岩（中煤阶）下降幅度为 24.86%，说明时间对强度低的中阶煤岩的导流能力影响更大，准确测试软煤岩的导流能力需要更长的时间。

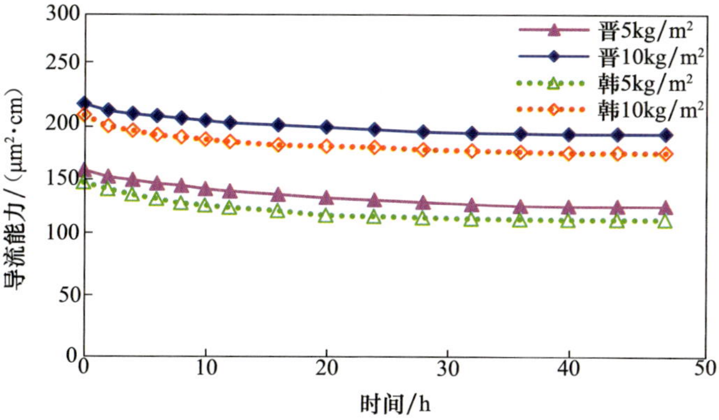

图 8.4　10MPa 闭合压力下导流能力随时间变化图

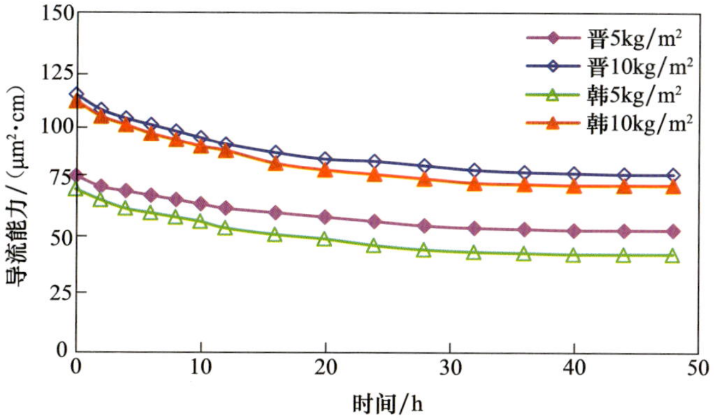

图 8.5　20MPa 闭合压力下导流能力随时间变化图

（二） 铺砂浓度对导流能力的影响

1. 物理意义及理论模型

裂缝铺砂浓度指的是单位面积裂缝壁面上铺置支撑剂的质量，如果裂缝长、宽、高等形态参数可以得到，则根据加入的支撑剂量，即可得到裂缝的铺砂浓度大小。如果将裂缝等效为与导流能力实验夹持器一样的平行板形状，则支撑剂在均匀铺置情况下，裂缝的铺砂浓度与裂缝缝宽呈正比，而同一种支撑剂在指定的闭合压力和时间下，渗透率是相同的，所以在相同支撑剂类型、粒径和时间下，裂缝的铺砂浓度与导流能力是成正比的，即 $W_s \propto F_{cd}$（温庆志等，2005）。

2. 实验及模型修正

为了避免嵌入等因素影响，铺砂浓度影响实验采用钢板代替岩板进行实验。选用 20/40 目兰州砂，分别选取 $2kg/m^2$、$5kg/m^2$ 和 $10kg/m^2$ 三种铺砂浓度进行实验，实验结果见图 8.6。

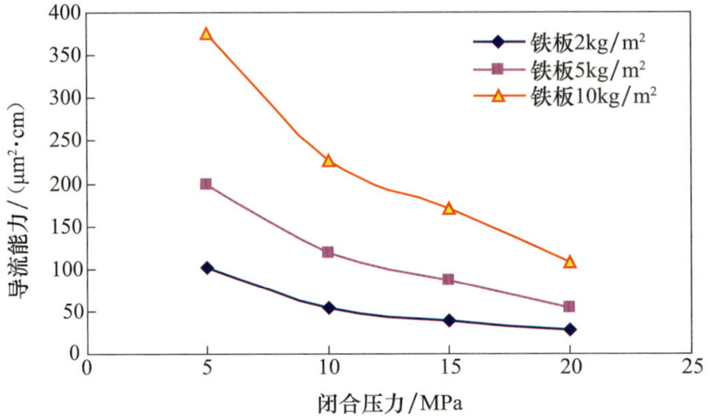

图 8.6 不同铺砂浓度导流能力对比图

由图 8.6 可以看出，提高支撑剂铺砂浓度，裂缝导流能力都有相应提高。但在闭合应力较低时（5MPa），铺砂浓度与导流能力的正比关系并不明显，分析认为在低闭合应力下，不同铺砂浓度的压实作用不同，所以对导流结果有微小影响。但随着铺砂浓度提高到 $5kg/m^2$ 以上，这种影响则可以忽略不计，$10kg/m^2$ 的铺砂浓度下导流能力与 $5kg/m^2$ 完全成正比关系，导流能力提高了 1 倍左右。因此，在压裂施工中，在条件允许情况下，应尽可能地提高施工砂比和加砂量，提高填充裂缝的铺砂浓度，从而提高裂缝导流。

（三） 支撑剂粒径和组合对导流能力的影响

由于煤层层理、割理和微裂隙较发育，压裂施工中常采用前置液段塞粉砂暂堵微裂缝的措施保证主裂缝能够较长延伸（金智荣等，2007；林启才，2007）。而在携砂液后期采用大粒径支撑剂尾追施工，以提高近井裂缝导流，增加增产效果。为了更加真实地模拟实际加砂过程，通过对导流实验的支撑剂铺置方式的研究，形成模拟“粉砂段塞+粗砂尾追”的导流实验支撑剂铺置方法，如图 8.7 所示。

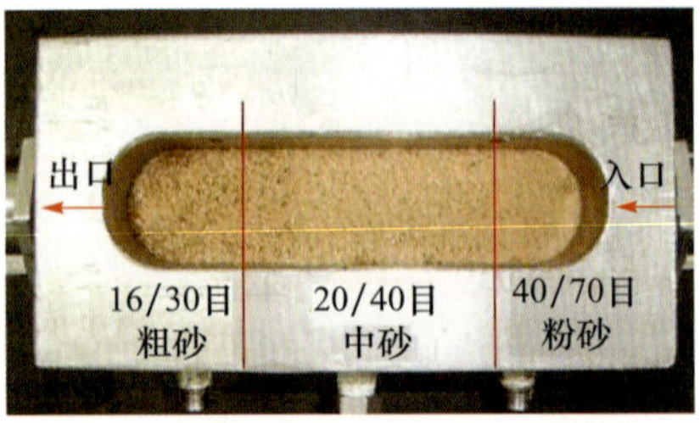

图 8.7 模拟“粉砂段塞+粗砂尾追”的导流实验支撑剂铺置方法

同样，为了消除嵌入影响，该实验应用钢板代替岩板，分别测试 16/30 目、20/40 目和 40/70 目石英砂支撑剂按不同比例混合时的导流能力，铺砂浓度为 $10kg/m^2$。

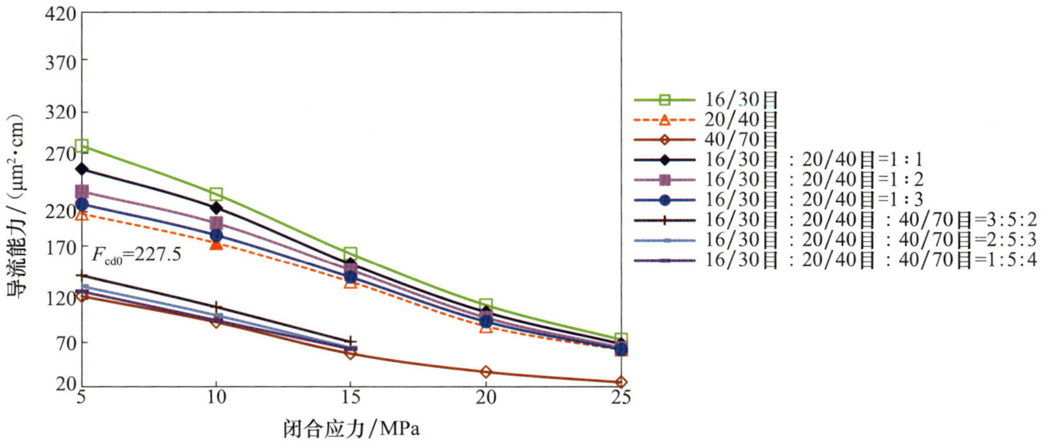

图 8.8 不同粒径支撑剂和粒径组合的导流能力对比图

由图 8.8 可以看出，当闭合压力低于 15MPa 时，单一粒径 16/30 目的石英砂的导流能力远高于 20/40 目和 40/70 目的导流能力，且大粒径支撑剂所占比例越大，其导流能力也越大。而当闭合压力高于 15MPa 时，16/30 目和 20/40 目各比例组合导流能力相差不大，含 40/70 目支撑剂组合的导流能力远小于大粒径的 20/40 目或 16/30 目的导流能力。沁水盆地最大水平主应力通常小于 20MPa，实际压裂施工过程中，考虑造缝和携砂效果，前期应用较小粒径支撑剂（40/70 目），可较好支撑微裂缝系统，并起到封堵作用，降低滤失，使裂缝延伸更长；中期主要应用 20/40 目支撑主裂缝，后期尾追较大粒径的 16/30 目支撑剂来提高近井地带的导流能力。

通过 16/30 目、20/40 目和 40/70 目石英砂支撑及其按不同比例混合时的导流能力实验结果，如果定义初始导流能力 F_{cd0} 为 20/40 目兰州砂铺砂浓度为 10kg/m² 在闭合压力 10MPa 下的导流能力，则可以定义不同粒径或组合对初始导流能力（F_{cd0}）的影响因子 C_{Dp}，用 C_{Dp} 与 F_{cd0} 的乘积来计算不同粒径组合下的导流能力值，即

$$F_{cdDp} = C_{Dp} \cdot F_{cd0} \tag{8.4}$$

根据实验结果计算某一闭合应力下，不同支撑剂粒径组合稳定后的 C_{Dp}，编制图版，进而可应用式（8.4）插值得出任一支撑剂组合情况的导流能力。图 8.9 就是闭合应力为 10MPa 时不同粒径组合的 C_{Dp} 图版。

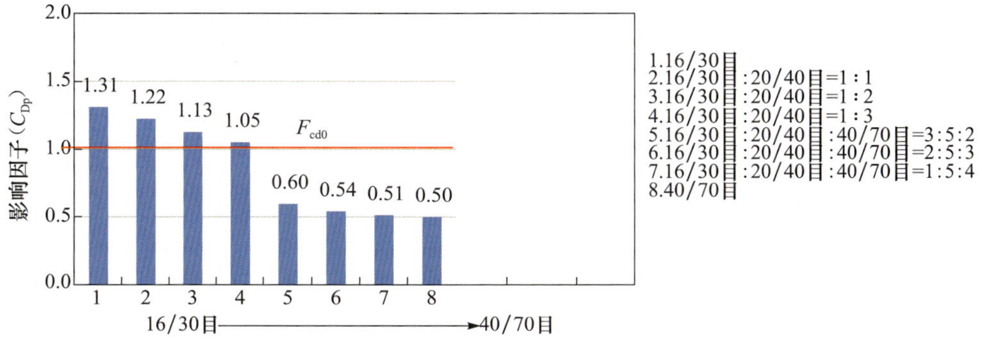

图 8.9 10MPa 下不同粒径支撑剂及组合对初始导流能力的影响因子 C_{Dp} 的影响

由图 8.9 可以看出，加入 40/70 目支撑剂以后，C_{Dp}均远小于 1.0，说明粉砂对导流能力的降低作用非常明显，能够有效地封堵煤层割理和裂隙，降低压裂液的滤失。

（四） 闭合压力对导流能力的影响

1. 物理意义及理论模型

闭合压力对裂缝导流能力影响的物理本质就是颗粒堆积体受压变形导致堆积高度及渗透率变化（Much and Penny，1987；Barree et al.，2003）。

颗粒堆积的多孔介质的孔隙度 ϕ（即体积孔隙率）是多孔介质的一种宏观性质。它定义为多孔介质空隙空间的体积 V_v 与总体积 V_b 之比（史海明，2005）

$$\phi=\frac{V_v}{V_b}\times 100\%=\frac{V_b-V_s}{V_b}\times 100\% \tag{8.5}$$

式中，V_v 为多孔介质的空隙空间的体积；V_s 为多孔介质内的固体骨架的体积；V_b 为多孔介质的总体积。

而在一定压力条件下，颗粒堆积体会发生压缩形变，主要包括堆积体的孔隙压缩及颗粒压缩变形，如图 8.10 所示。

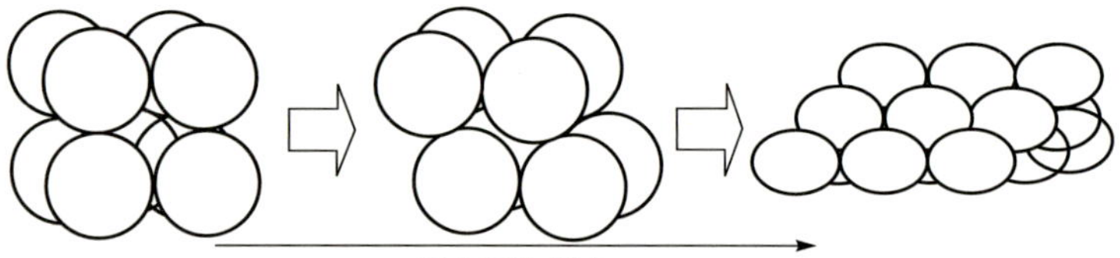

图 8.10 支撑剂排列方式随闭合压力变化示意图

设作用在该介质表面的压强为 P，如果 P 增加，则引起多孔介质的压缩。用压缩系数 c 表示单位体积的多孔介质在单位压差下减少的体积，则压缩系数可以写为

$$c=\frac{1}{V_b}\frac{dV_b}{dP} \tag{8.6}$$

式中，$V_b=V_s+V_v$ 为多孔介质中所取单元体的总体积。

V_s 是单元体中固体骨架体积，而 V_v 为其中的孔隙体积，故

$$\frac{dV_b}{dP}=\frac{dV_s}{dP}+\frac{dV_v}{dP} \tag{8.7}$$

式中，$V_s=(1-\phi)V_b$，$V_v=\phi V_b$。

上述两式结合，可以得出

$$c=\frac{1}{V_b}\left(\frac{dV_s}{dP}+\frac{dV_v}{dP}\right)=-\frac{1-\phi}{V_s}\frac{dV_s}{dP}-\frac{\phi}{V_v}\frac{dV_v}{dP} \tag{8.8}$$

令 $c_s=-\frac{1}{V_s}\frac{dV_s}{dP}$，称为固体骨架的有效压缩系数，表示固体颗粒本身的压缩性。

$c_p=-\frac{1}{V_v}\frac{dV_v}{dP}$，称为孔隙压缩系数，表示孔隙的压缩性。

因此可得

$$c=(1-\phi)c_s+\phi c_p$$

因为支撑剂骨架本身的压缩性要比孔隙的压缩性小得多，即 $(1-\phi)c_s \ll \phi c_p$，故有

$$c \approx \phi c_p \tag{8.9}$$

再将堆积体压缩系数代入其定义，可得

$$\phi c_p \approx c = \frac{1}{V_b}\frac{dV_b}{dP} = \frac{1}{V_b}\left(\frac{dV_v}{dP} + \frac{dV_s}{dP}\right) \approx \frac{1}{V_b}\frac{dV_v}{dP} = \frac{d\phi}{dP} \tag{8.10}$$

由于在一定的压力和温度下，孔隙压缩系数 c_p 是常数，则对两边积分，可得

$$\frac{\phi}{\phi_0} = e^{c_p(P-P_0)} \tag{8.11}$$

而根据 Palmer 的研究结果（Palmer and Mansoori，1998），颗粒堆积多孔介质的渗透率与孔隙度关系为

$$\frac{K}{K_0} = \left(\frac{\phi}{\phi_0}\right)^3 = e^{3c_p(P-P_0)} \tag{8.12}$$

由于导流仪的岩板表面积一定，所以颗粒堆积体的厚度（即裂缝宽度）与孔隙度的关系为

$$\frac{w}{w_0} = \left(\frac{1-\phi_0}{1-\phi}\right) = 1 - \phi_0\left(e^{c_p(P-P_0)} - 1\right) \tag{8.13}$$

式中，w 表示压力为 P 时的颗粒堆积厚度；w_0 表示压力为 P_0 时的颗粒堆积厚度。

定义函数 $f(\sigma_c, t)$ 为闭合应力对导流能力的影响函数，即

$$f(\sigma_c, t) = \frac{F_{cd\sigma_c}}{F_{cdDp}} = \frac{Kw}{K_0 w_0} = \left[1 - \phi_0\left(e^{c_p(P-P_0)} - 1\right)\right]e^{3c_p(P-P_0)} \tag{8.14}$$

式中，$F_{cd\sigma_c}$ 为闭合压力 σ_c 下的裂缝导流能力；F_{cdDp} 为压力 P 时的裂缝导流能力。则当闭合应力为 σ_c，时间为 t 时的导流能力为

$$F_{cd\sigma_c} = F_{cdDp} f(\sigma_c, t) \tag{8.15}$$

2. 实验结果及模型修正

为了消除嵌入对导流实验结果影响，闭合应力影响导流实验采用钢板作为岩板，分别采用 20/40 目、16/30 目和 40/70 目石英砂作为支撑剂进行实验，实验结果如图 8.11 和图 8.12 所示。

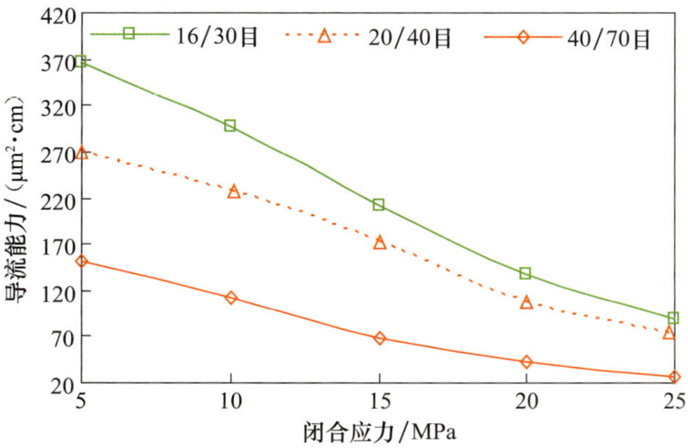

图 8.11 不同粒径支撑剂导流与闭合压力关系

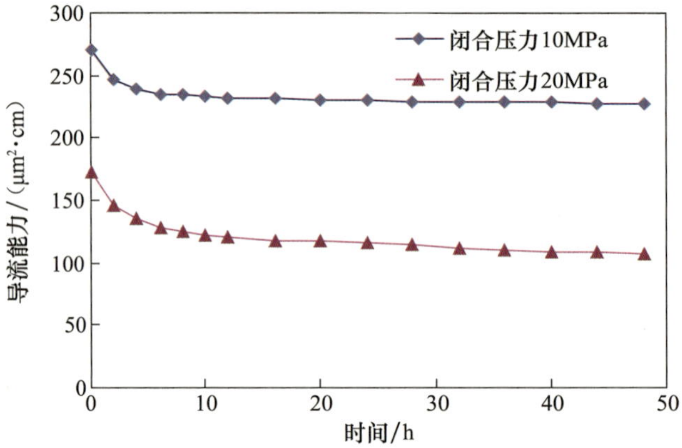

图 8.12　20/40 目支撑剂导流与闭合压力及时间关系

由图 8.12 可以看出，闭合压力从 10MPa 增加到 20MPa，20/40 目石英砂支撑剂导流能力下降了 60%，闭合压力对导流能力的影响显著，随着闭合压力的增大，导流能力大幅度降低。而且可以看出，不同闭合应力下，裂缝导流所需的稳定时间也不同，在较高的闭合压力需要较长的时间才能使导流达到稳定值。

根据实验结果，根据推导出的基础理论模型，拟合不同粒径支撑剂的 $f(\sigma_c,t)$ 如下。

(1) 20/40 目支撑剂闭合压力对导流能力的影响函数：

$$f(\sigma_c,20/40\text{m},t)=\frac{12.48e^{-0.0224\sigma_c}}{\sigma_c}(1+0.187e^{-0.21t}) \tag{8.16}$$

(2) 16/30 目支撑剂闭合压力对导流能力的影响函数：

$$f(\sigma_c,16/30\text{m},t)=\frac{12.57e^{-0.02\sigma_c}}{\sigma_c}(1+0.234e^{-0.194t}) \tag{8.17}$$

由于常规的煤岩压裂施工中，粉砂（40/70 目支撑剂）用得较少，仅能起到施工前期对微裂缝的堵塞作用，故忽略其对裂缝导流能力的贡献，根据 Darcy 定律及压力平衡式，闭合压力对导流的综合影响函数可以写成

$$\frac{1}{f(\sigma_c,t)}=\frac{v}{f(\sigma_c,20/40\text{m},t)}+\frac{1-v}{f(\sigma_c,16/30\text{m},t)} \tag{8.18}$$

式中，v 为 20/40 目支撑剂体积与总支撑剂体积之比。

（五） 支撑剂嵌入对导流能力的影响

1. 物理意义及理论模型

煤岩杨氏模量低，支撑剂在闭合压力下，易嵌入煤岩裂缝壁面，造成缝宽减小，从而降低导流能力（温庆志等，2005；卢聪等，2008）。煤岩嵌入的物理本质是两种固体界面接触时的弹塑性形变。

根据接触力学理论，两个弹塑性球体接触时，如图 8.13 所示（何思明等，2008）。假设接触面是半径为 a 的圆，则在压力 P 作用下，压力分布方程为

$$P(r)=\frac{3P}{2\pi a^2}\left[1-\left(\frac{r}{a}\right)^2\right]^{1/2} \tag{8.19}$$

式中，$P(r)$ 为接触压应力；P 为接触压力；a 为接触半径。

最大接触压应力位于 $r=0$ 处：

$$P_{\max}=\frac{3P}{2\pi a^2} \tag{8.20}$$

接触变形量与接触面积关系为

$$\delta=\frac{a^2}{R}$$

式中，δ 为中心点处的法向压缩量；R 为等效半径，满足 $1/R=1/R_1+1/R_2$，其中 R_1 和 R_2 为两个球体的半径。

接触压力与变形量之间的关系为

$$P=\frac{4}{3}ER^{1/2}\delta^{3/2}$$

式中，E 为等效弹性模量，$1/E=(1-\nu_1^2)/E_1+(1-\nu_2^2)/E_2$，其中 E_1、E_2 分别为两个球的弹性模量，ν_1、ν_2 分别为两个球的泊松比。

将 δ 和 P 代入式（8.20）可得

$$P_{\max}=\frac{2E}{\pi\sqrt{R}}\delta^{1/2}$$

式中，E 为材料等效杨氏模量。

假设材料满足弹塑性线性强化或软化关系，如图 8.14 所示。

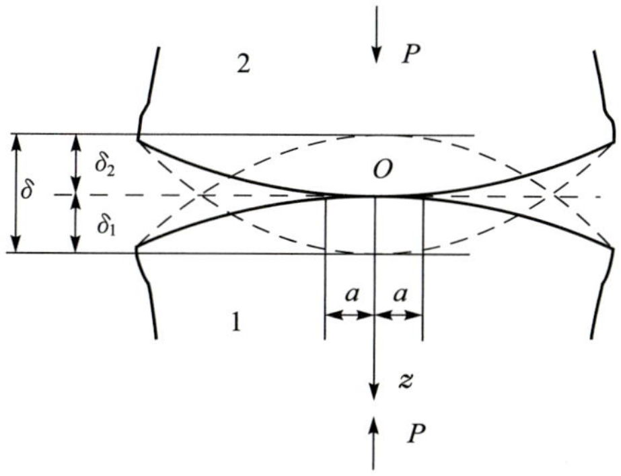

图 8.13　Hertz 接触理论模型示意图

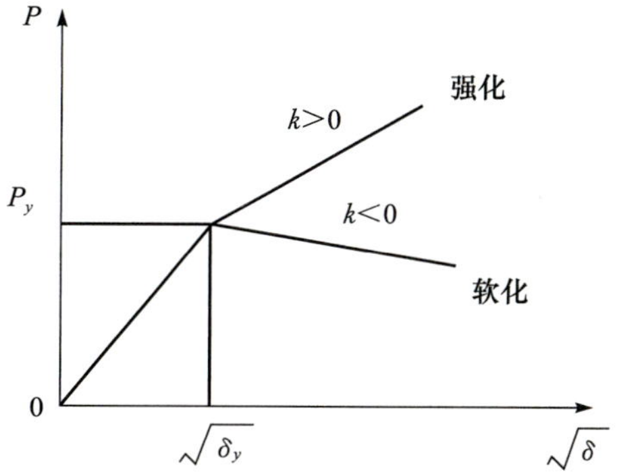

图 8.14　接触点上法向应力-法向位移关系

相应的材料本构关系可以表达为

$$P=\begin{cases}\dfrac{2E}{\pi\sqrt{R}}\delta^{1/2}, & \sqrt{\delta}\leqslant\sqrt{\delta_y}\\ P_y+k(\sqrt{\delta}-\sqrt{\delta_y}), & \sqrt{\delta}\geqslant\sqrt{\delta_y}\end{cases} \tag{8.21}$$

式中，k 为强化（软化）系数，对于给定材料是个常数；P_y 为接触屈服应力；δ_y 为屈服变形量。

由此可以看出，颗粒接触变形量（即嵌入深度）与接触应力（即闭合应力）呈二次多项式关系，即：$\delta_{\text{emb}}=a\sigma_c^2+b\sigma_c+c$，而由于嵌入深度直接影响了裂缝宽度，故因嵌入影响损失的导流能力 F_{cdEmb} 也与闭合应力呈二次多项式关系。

2. 实验结果及模型修正

根据理论分析可以看出，由支撑剂嵌入引起的导流能力损失与支撑剂嵌入深度紧密相关，但由于煤岩的支撑剂嵌入深度均为 0～2mm，且嵌入面形状极不规则（图 8.15），常规的测量方法很难精确描述嵌入深度大小，更难精确描述导流能力损失值。

经过调研，引入激光位移扫描仪来定量描述煤岩嵌入现象，该设备测量精度可达 0.1μm，能够利用激光技术对整个煤岩表面进行轮廓扫描，精细描述各个位置的嵌入深度数据及计算平均嵌入深度，如图 8.16 所示。

图 8.15　支撑剂在煤岩表面的嵌入

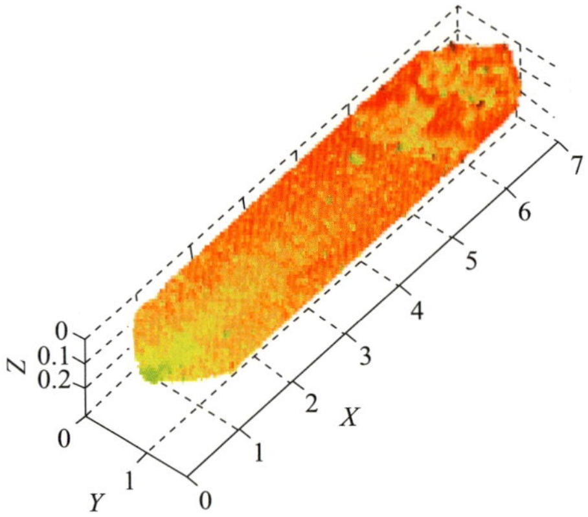

图 8.16　激光位移扫描仪观察支撑剂在煤岩表面的嵌入现象

为了对比不同煤阶煤岩嵌入程度大小，实验分别选用钢板、砂岩和煤岩板（中阶煤和高阶煤）在铺砂浓度为 5kg/m² 和 10kg/m² 时进行实验，实验结果见图 8.17 和图 8.18。

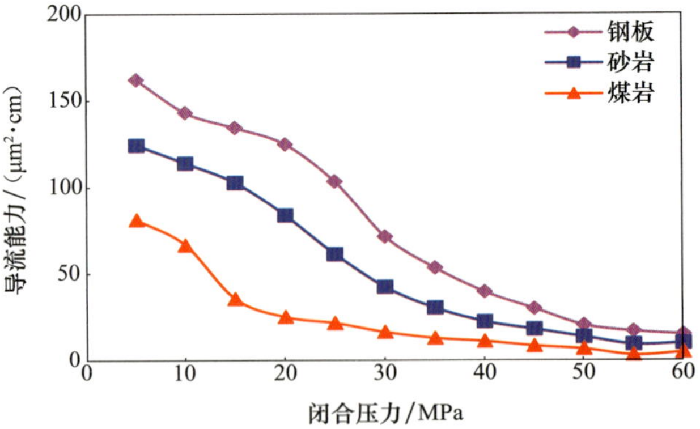

图 8.17　钢板、砂岩、煤岩导流能力对比图（铺砂浓度为 5kg/m²）

由图 8.17 可以看出，使用钢板（无嵌入）测得的导流能力明显大于使用煤岩测得的导流能力，说明支撑剂在煤岩中的嵌入伤害程度很大。一般闭合压力达到一定值时，嵌入伤害才表现出来，砂岩当闭合压力大于 25MPa 时，导流能力大幅度下降，嵌入伤害才比较明显，而煤岩在较低的闭合压力（低于 15MPa）下嵌入伤害就表现得十分明显，这说明煤岩的嵌入远比砂岩严重。

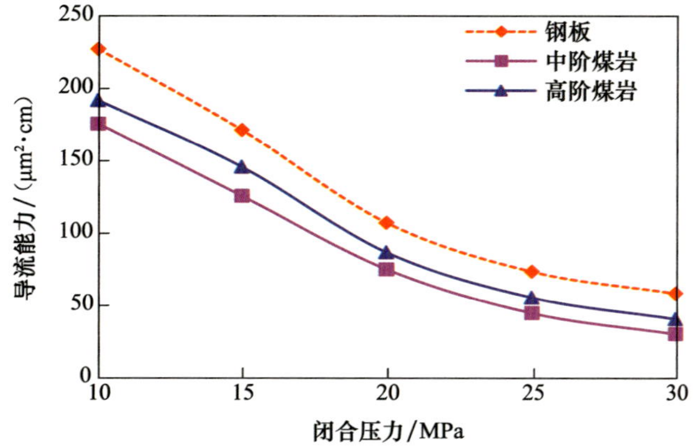

图 8.18 钢板与煤岩导流能力对比图（铺砂浓度为 10kg/m²）

如图 8.18 所示，由于两种煤阶煤岩的强度不同，导流能力表现出了一定的差异。韩城中阶煤比晋城高阶煤嵌入更严重，同一闭合压力下，中阶煤的导流能力更小，下降幅度更大。

由激光位移扫描仪测出的嵌入深度结果如图 8.19 和表 8.1 所示，支撑剂在煤岩中嵌入深度随着闭合压力增加逐渐增大，闭合压力 10MPa，韩城煤岩嵌入深度是晋城煤岩的 1.7～2.7 倍，并且支撑剂粒径越大，嵌入越严重。韩城煤岩中 16/30 目、20/40 目、40/70 目支撑剂的嵌入深度分别为 0.15mm、0.1mm、0.08mm，分别是其粒径的 25%、23.5%、37.7%，这与我们理论公式的结果是一致的。

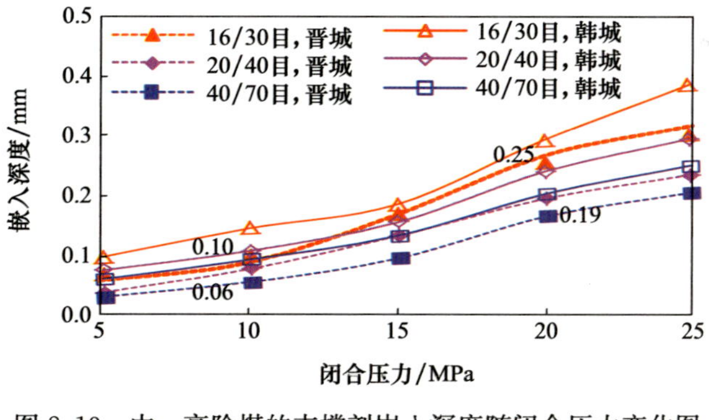

图 8.19 中、高阶煤的支撑剂嵌入深度随闭合压力变化图

表 8.1 支撑剂在不同闭合压力下的嵌入深度

闭合压力/MPa	20/40 目嵌入深度/mm		16/30 目嵌入深度/mm		40/70 目嵌入深度/mm	
	晋城	韩城	晋城	韩城	晋城	韩城
5	0.02	0.07	0.06	0.10	0.01	0.05
10	0.06	0.10	0.09	0.15	0.03	0.08
15	0.12	0.15	0.17	0.19	0.07	0.12
20	0.19	0.25	0.27	0.32	0.15	0.20
25	0.23	0.31	0.32	0.43	0.19	0.25

根据实验结果，对理论模型进行拟合修正，可以得到不同煤岩、不同闭合压力下导流能力随时间的关系以及嵌入深度与闭合压力的关系，进而通过插值方法可以得到任一闭合压力、时间下，考虑嵌入情况的煤岩基础导流能力，修正后的模型如下。

（1）晋城煤岩在不同闭合压力下嵌入损失的导流能力（图 8.20）：

$$F_{\mathrm{cdEmb}}=(-0.12\sigma_{\mathrm{c}}^{2}+4.56\sigma_{\mathrm{c}}+0.0681)(1-\mathrm{e}^{-0.155t}) \tag{8.22}$$

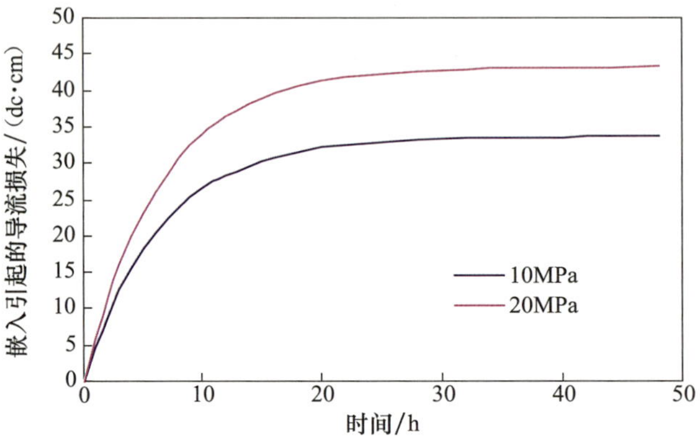

图 8.20 晋城煤岩嵌入引起的导流能力损失

（2）韩城煤岩在不同闭合压力下嵌入损失的导流能力（图 8.21）：

$$F_{\mathrm{cdEmb}}=(-0.119\sigma_{\mathrm{c}}^{2}+5.54\sigma_{\mathrm{c}}+0.0742)(1-\mathrm{e}^{-0.18t}) \tag{8.23}$$

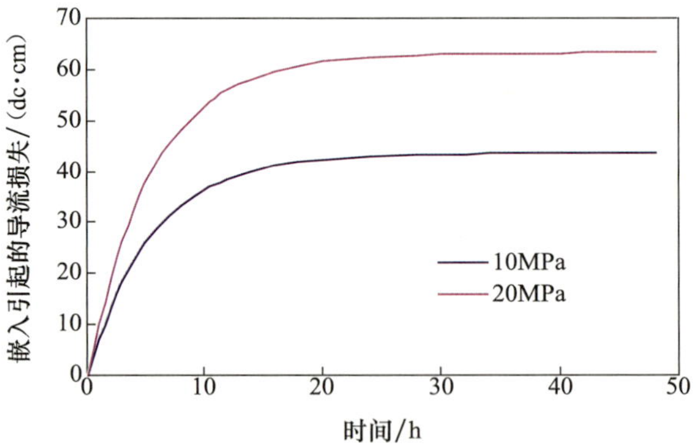

图 8.21 韩城煤岩嵌入引起的导流能力损失

（六） 煤粉对导流能力的影响

煤粉是指钻井、压裂施工过程中机械破坏、水力冲刷作用、煤岩表面的剪切磨损作用或裂缝闭合支撑剂颗粒嵌入作用产生的煤粉碎屑，同时煤层排采期间由于煤岩基质破碎也会产生煤粉。煤粉比重小、疏水性强，难以分散于水或水基压裂液，极易聚集起来，堵塞天然裂缝系统和支撑剂充填层，降低支撑裂缝的导流能力，而且还会增加煤岩割理系统的压力，降低解吸速度，进而影响气产量。

1. 物理意义及理论模型

煤粉在煤层及裂缝中的运移主要为固-液两相混流状态，而此类问题的物理本质可以归结为固-液两相流在多孔介质中的运移来研究。

假设孔隙介质为具有孔隙直径的等大圆球形支撑剂堆积而成的多孔介质，而直径小于支撑剂直径的颗粒（煤粉）作为渗流颗粒流过该多孔介质。颗粒在该介质中运移时，有孔隙表面沉积和喉道堵塞两种伤害渗透性的方式（Carman，1997）。

一般认为（王丰文等，2003），当颗粒粒径小于喉道直径的15%时，颗粒能顺利通过孔隙介质，不会造成伤害；当颗粒粒径为喉道直径的15%～30%时，颗粒进入孔隙介质并在孔隙表面沉积，减小孔隙度造成伤害；当颗粒粒径大于喉道直径的30%时，颗粒极易在喉道处“架桥”，从而限制后面的颗粒继续进入，导致颗粒在“桥塞”处堆积；当颗粒粒径接近于喉道直径的30%～50%时，最容易堵塞孔隙；颗粒粒径大于喉道直径的73%时，颗粒不能进入孔隙介质，直接在孔隙介质表面造成堵塞。

如图8.22所示，如果将孔隙直径等效为三个相切的等大支撑剂切点连线所形成的三角形的内切圆的直径，按照最紧密的颗粒排列方式，即可得到支撑剂堆积形成的多孔介质的孔隙直径 $d_p=\frac{\sqrt{3}}{6}d\approx0.289d$，其中 d 为支撑剂的直径。根据上述理论，当渗流颗粒直径大于孔隙直径30%时就可堵塞孔隙喉道，则可知当渗流颗粒大于组成多孔介质的支撑剂直径的30%×0.289≈8.7%时即可堵塞喉道。故分析认为，当颗粒直径大于支撑剂粒径的8.7%时，会堵塞支撑裂缝表面，形成“滤饼”；而小于支撑剂粒径8.7%的部分颗粒，则会运移至裂缝内部进行伤害。

1）颗粒粒径可在多孔介质中运移的情况

取一长度为 Δx，截面积为 A 的煤层体积单元，如图8.23所示（熊汉桥和赵碧华，1990）。

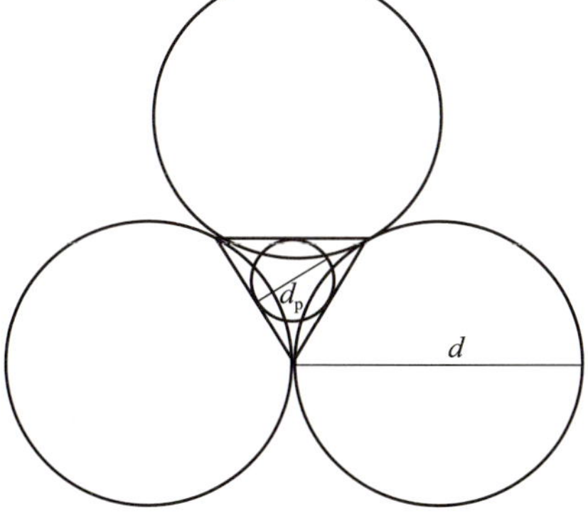

图8.22 颗粒堆积多孔介质孔隙半径的等效计算

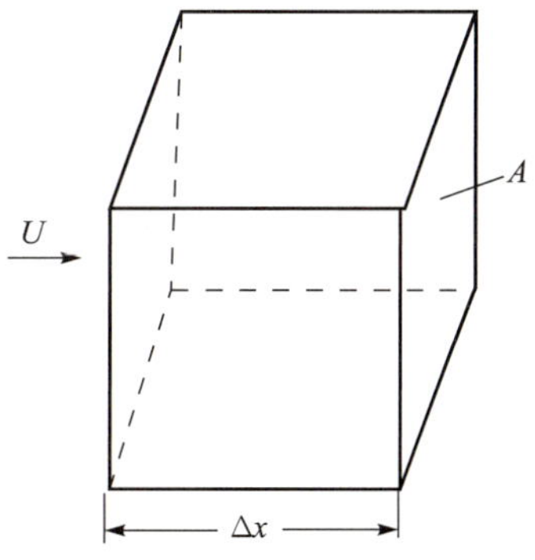

图8.23 颗粒渗流模型单元体

在单元内，有如下平衡方程式：

颗粒增量＝流进顺粒量－流出颗粒量

该平衡方程的数学表达式为

$$\begin{aligned}&\Delta x \cdot A \cdot \phi(x,t) \cdot \Delta C_s(x,t+\Delta t) + \Delta x \cdot A \cdot \theta_s(x,t+\Delta t) \\ =&\Delta t \cdot A \cdot u_y \cdot C_s(x,t) - \Delta t \cdot A \cdot u_y \cdot C_s(x+\Delta x,t) - \\ &\left[\Delta t \cdot A \cdot D \cdot \frac{\Delta C_s(x,t)}{\Delta x} - \Delta t \cdot A \cdot D \cdot \frac{\Delta C_s(x+\Delta x,t)}{\Delta x}\right]\end{aligned} \tag{8.24}$$

微分可得

$$\phi\frac{\partial C_s}{\partial t} + \frac{\partial \theta_s}{\partial t} + u_y\frac{\partial C_s}{\partial x} - D\frac{\partial^2 C_s}{\partial x^2} = 0 \tag{8.25}$$

式中，x 为轴向距离，cm；t 为时间，s；C_s为固相颗粒体积浓度；ϕ 为地层孔隙度；u_y 为渗流速度，cm/s；θ_s 为特征沉积量，单位体积地层沉积的固相颗粒体积，cm^3/cm^2；D 为扩散系数。

如果固相颗粒直径大于 1μm，一般可认为 $D=0$，因而方程式变为

$$\phi\frac{\partial C_s}{\partial t} + \frac{\partial \theta_s}{\partial t} + u_y\frac{\partial C_s}{\partial x} = 0 \tag{8.26}$$

流体从 $x=0$ 到达 x 处所需的时间是 $x\phi/u_y$，设某一单元体在入口处的时刻为 t'，则其到达 x 处的时间是

$$t = t' + x\phi/u_y \tag{8.27}$$

令 $\tau=t'$，则

$$\tau = t - x\phi/u_y \tag{8.28}$$

τ 物理意义是位于 x 处在 t'时刻的流体进入单元体的时刻，我们称 τ 为位移时间或校正时间。对一般的渗透层，$x\phi/u_y$很小，t 和 τ 差别很小，所以 $\phi\frac{\partial C_s}{\partial t}$可以忽略，于是可得

$$\frac{\partial \theta_s}{\partial \tau} + u_y\frac{\partial C_s}{\partial x} = 0 \tag{8.29}$$

对于固相颗粒浓度衰减率$\frac{\partial C_s}{\partial x}$，应用深层过滤模型（Shekhtman，1961）并根据多孔介质中固相颗粒运移与沉积的特点加以修正，形成如下表达式：

$$\frac{\partial C_s}{\partial x} = -\lambda_0(1+f\theta_s)C_s \tag{8.30}$$

式中，λ_0 为初始过滤系数，cm^{-1}；f 为沉积系数。

结合式(8.29)和式(8.30)可得到关于固相颗粒在地层中运移与沉积的数学模型

$$\frac{\partial \theta_s}{\partial \tau} + u_y\frac{\partial C_s}{\partial x} = 0 \tag{8.31}$$

$$\frac{\partial C_s}{\partial x} = -\lambda_0(1+f\theta_s) \tag{8.32}$$

再加上边界条件

$$x=0,\quad C_s=C_{s0}$$

$$\tau=0,\quad \theta_s=0$$

则可得到固相颗粒在地层中运移与沉积的定解方程组

$$\begin{cases}\dfrac{\partial\theta_s}{\partial\tau}+u_y\dfrac{\partial C_s}{\partial x}=0\\ \dfrac{\partial C_s}{\partial x}=-\lambda_0(1+f\theta_s)\\ x=0,\quad C_s=C_{s0}\\ \tau=0,\quad \theta_s=0\end{cases}$$

求解即可得到

$$\frac{C_s}{C_{s0}}=\frac{e^{-\lambda_0 fC_{s0}u_y\tau}}{e^{-\lambda_0 fC_{s0}u_y\tau}+e^{-\lambda_0\tau}-1} \tag{8.33}$$

由式(8.33)即可计算出固体颗粒通过多孔介质后的浓度 C_s，就可以得到渗流颗粒在孔隙表面沉积损失量 σ_{sd}。

2）颗粒粒径较大，堆积在支撑裂缝表面形成“滤饼”的情况（赵扬，2006）

滤饼对支撑裂缝的导流伤害主要表现在其可以降低渗流动力，即增加了流体进入支撑裂缝中的流动阻力。

根据 Darcy 定律

$$Q=\frac{dV}{dt}=k\frac{A\Delta P}{\mu h}=\frac{A\Delta P}{\mu R_c} \tag{8.34}$$

式中，R_c 为滤饼的阻力系数，$R_c=h/k$；ΔP 为滤饼两端压差；A 为滤饼面积；h 为滤饼厚度。

则 $\Delta P=\dfrac{Q\mu R_c}{A}$，根据得到的 ΔP 值，即可反推地层原始压力 P_i，也可以用“拟地层压力”（即地层压力减去滤饼阻力）来近似替代原始地层压力。

2. 实验方法及结果分析

1）实验方法

在压裂过程中形成的煤粉碎屑不能全部返排而滞留于支撑剂充填层内；而排采过程中，煤层微裂缝中固有的较小煤粉颗粒可在气-液携带下迁移进入充填层，这些煤粉颗粒在高速气-液流作用下在充填层内运移。为了模拟真实裂缝压后返排及煤粉侵入、产出过程，创新了“煤粉驱替”的导流能力实验方法。

(1) 首先利用 FCES-100 导流仪，在导流室入口端铺置一段大粒径支撑剂并均匀混合一定浓度的煤粉（浓度分别为 2%、5%、10%），模拟产煤粉的煤层，调节煤粉浓度可以模拟地层煤粉供应能力。煤粉来源于沁水和韩城煤层气井排采收集，应用激光粒度仪测试煤层气井排采收集的煤粉粒径，一种是煤粉颗粒粒径变化范围较大，粒径 1～2mm 不等，分析认为是钻井过程中造成井筒附近煤岩机械破碎或井底沉积的大颗粒煤粉；另一种是颗粒很细，在水中呈悬浮态，粒径中值为 0.045mm（约 300 目），分析认为这种颗粒是压裂后煤粉从煤层产出并通过支撑裂缝排采至井口。煤粉粒径分析结果如图 8.24 和表 8.2 所示。

(2) 在导流室剩余部分直至出口端铺置稍小粒径、不含煤粉的支撑剂（铺置前称重），模拟压裂形成的支撑裂缝。为了消除嵌入影响及煤岩板本身可能产生的煤粉影响实验结果的精确性，该实验均利用钢板模拟裂缝缝面。

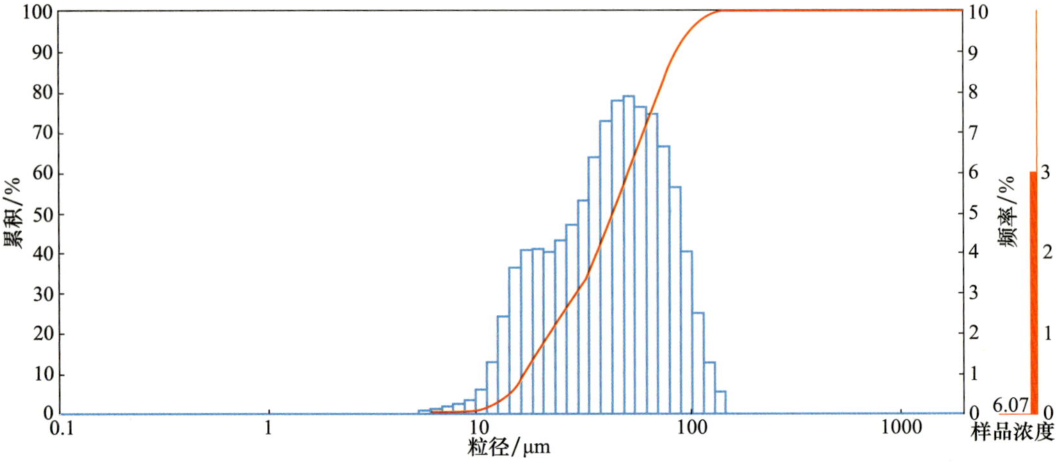

图 8.24 激光粒度仪测试的煤粉粒径分布

表 8.2 煤粉粒径测试结果

X_{10}=16.658μm	X_{50}=43.956μm	X_{90}=86.978μm
<30μm：30.218%	<60μm：69.534%	<70μm：78.831%
<80μm：86.041%	<90μm：91.438%	<100μm：95.029%

注：X 为粒径。

（3）加载闭合压力为 5～25MPa，应用平流泵以恒定流量泵入流体（水或压裂液），模拟排采过程或压裂液返排过程。

（4）出口端过滤收集水中携带的煤粉，烘干称重。

（5）观察煤粉在支撑剂充填层中的分布及孔喉堵塞情况，并将小粒径支撑剂部分分离出，通过液体悬浮过滤等措施，将支撑剂和煤粉分离并各自烘干称重，计算该部分煤粉在裂缝中的浓度比例。

（6）以上述实验得到的浓度比例重新均匀铺置稍小粒径支撑剂和煤粉，重新测量导流能力，得到该煤粉浓度下的支撑裂缝导流能力。

（7）使用不同浓度或粒径煤粉重复上述过程。

2）实验结果及分析

（1）煤粉侵入充填层结果与分析。

实验入口端的煤层段应用 16/20 目陶粒，闭合压力为 10MPa，平流泵流量为 200mL/min。在水流的携带作用下，粒径中值为 0.045mm 的煤粉易侵入 0.425～0.85mm（20/40 目）的支撑剂充填层并可以运移至出口端。在此过程中，大量煤粉吸附于支撑剂表面、桥堵孔喉，或沉降堆积于低流速区域，甚至形“滤饼”。煤层煤粉和疏松砂岩地层颗粒堵塞支撑剂孔喉的方式基本相同，但煤粉的吸附聚集、小孔喉处桥堵作用更加明显，是支撑剂充填层煤粉伤害的主要原因。实验结果如图 8.25～图 8.28 所示。

（a）煤粉侵入石英砂支撑剂充填层
（16/30目陶粒10g混有1.625g煤粉+20/40目石英砂22.25g）

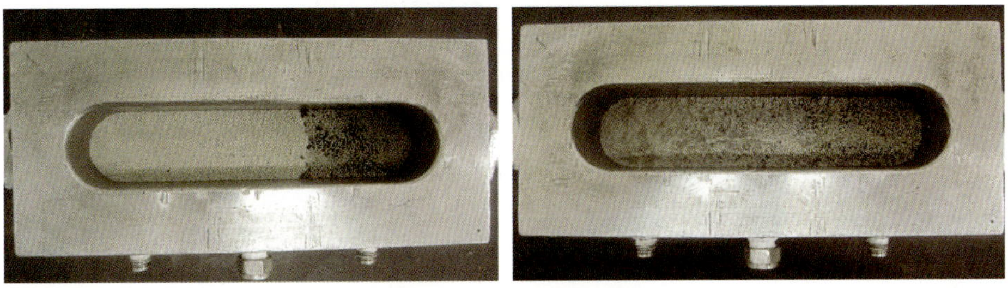

（b）煤粉侵入陶粒支撑剂充填层
（16/30目Carbo陶粒10g混合1.625g煤粉+20/40目石英砂22.25g）

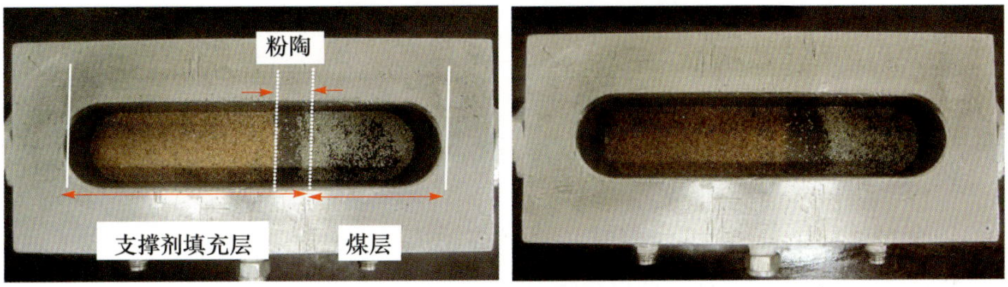

（c）小粒径支撑剂阻止煤粉进入充填层
（16/30目Carbo陶粒10g混合1.625g煤粉+20/40目石英砂25.25g+粉陶40/70目5g）

图 8.25　煤粉嵌入支撑剂充填层结果

图 8.26　加入细陶粒段前后煤粉侵入对比

通过实验发现，接近煤粉产出的位置铺置少量的小粒径支撑剂（40/70 目陶粒），可以很好地截留煤粉，控制其产出，后端的支撑剂表面基本观察不到煤粉，加小粒径支撑剂后煤粉产出大大降低，也减少了支撑剂填充层堵塞的危险。因此，在压裂前期泵入小粒径支撑剂至关重要，小粒径支撑剂还可以用作冲蚀剂和降滤失剂，增加主裂缝在长度方向的扩展。

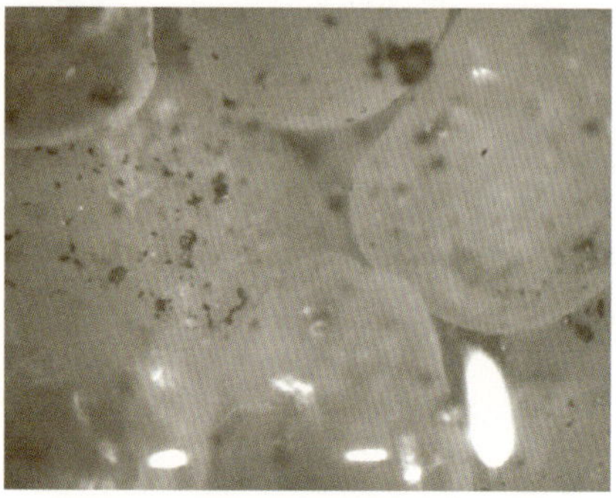

（a）石英砂

（b）Carbo陶粒

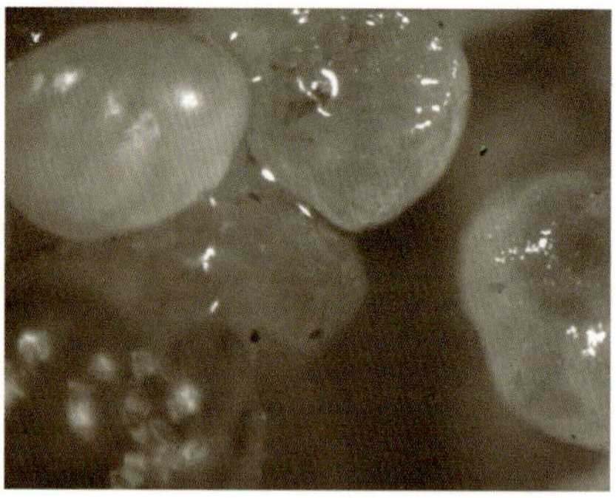

（c）加入细陶粒后支撑剂表面较为清洁

（d）细陶粒截留小粒径的煤粉

图 8.27　煤粉侵入支撑剂孔隙显微放大图

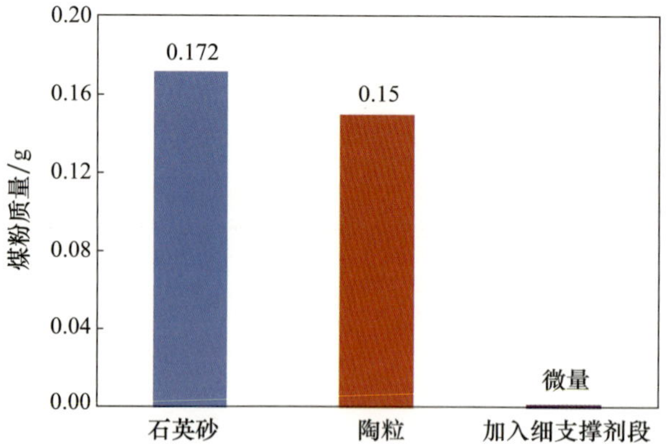

图 8.28　加入细陶粒后煤分产出对比（闭合压力为 10MPa，流量为 200mL/min，煤粉共 1.625g）

(2) 煤粉对导流能力的影响分析。

通过实验发现，煤粉侵入支撑剂充填层后，堵塞流动通道，对导流能力伤害严重，闭合压力为10MPa，2%煤粉可使导流能力下降24.4%，并且随着煤粉浓度增加，导流能力伤害程度急剧增大，煤粉浓度达到10%，闭合压力增加到15MPa，导流能力几乎丧失，孔喉完全堵塞，如图8.29、图8.30所示。裂缝形成高导流能力的机理包括增加裂缝宽度、增加支撑剂充填层的渗透率及降低伤害，而煤粉对导流能力的最直接伤害就是大幅度降低其渗透率。具体结果如表8.3～表8.5所示。

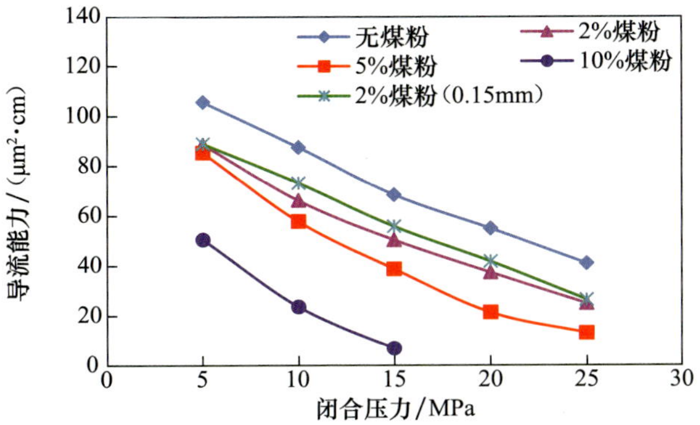

图8.29 不同煤粉浓度下导流能力对比

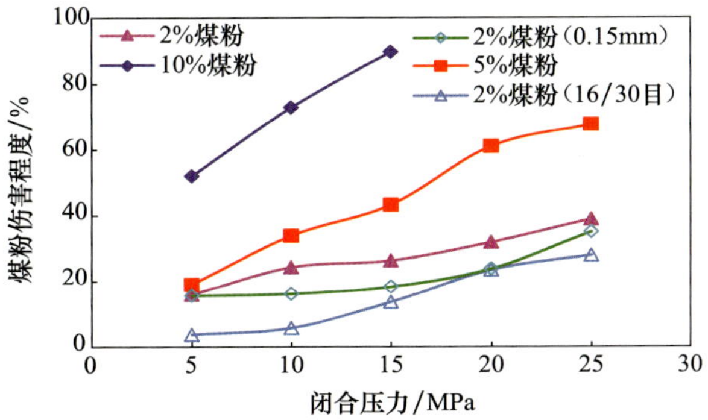

图8.30 不同煤粉浓度对导流能力的伤害程度

表8.3 不同煤粉浓度下导流能力实验结果

闭合压力/MPa	无煤粉导流能力/(μm²·cm)	2%煤粉		5%煤粉		10%煤粉	
		导流能力/(μm²·cm)	降低程度/%	导流能力/(μm²·cm)	降低程度/%	导流能力/(μm²·cm)	降低程度/%
5	105.7	88.7	16.1	85.4	19.2	50.6	52.1
10	87.6	66.2	24.4	57.8	34.0	23.7	72.9
15	68.5	50.4	26.4	38.8	43.4	7.0	89.9
20	55.0	37.4	32.0	21.4	61.1	0	100
25	41.0	25.0	39.0	13.2	67.8		

注：煤粉粒径0.045mm、20/40目，铺砂浓度5kg/m²。

当闭合压力低于 20MPa 时，大粒径支撑剂孔喉较大，不易堵塞，导流能力伤害不明显，但是随着闭合压力增大，大粒径支撑剂破碎增多，同煤粉一起形成堵塞，会使导流能力大幅度下降，煤粉伤害程度明显增大。小粒径煤粉对导流能力总体影响相对较大，小粒径煤粉更易运移聚集，而大粒径煤粉分布较为固定，运移堵塞支撑剂孔喉机会较小，但当闭合压力增大到 15MPa 后，大粒径煤粉对导流能力的伤害急剧增大，表明较大粒径煤粉颗粒同样可发生破碎，加重孔喉桥堵。

表 8.4 煤粉对导流能力的影响

闭合压力/MPa	无煤粉/($\mu m^2 \cdot cm$)	2%煤粉/($\mu m^2 \cdot cm$)	降低程度/%
5	458.4	440.0	4.0
10	367.0	345.0	6.0
15	245.8	211.7	13.9
20	146.5	111.9	23.6
25	85.7	61.6	28.1

注：煤粉粒径为 0.045mm、16/30 目，铺砂浓度 $5kg/m^2$。

表 8.5 粒径为 0.15mm 煤粉对导流能力影响结果

闭合压力/MPa	无煤粉/($\mu m^2 \cdot cm$)	2%煤粉/($\mu m^2 \cdot cm$)	降低程度/%
5	105.7	89.0	15.8
10	87.6	73.3	16.4
15	68.5	55.8	18.5
20	55.0	41.8	23.9
25	41.0	26.6	35.2

根据实验结果，拟合裂缝内煤粉浓度对导流能力的影响模型，由于闭合应力不同，煤粉产出及浓度也不同，所以模型中也考虑了闭合应力的影响：

$$f_{dust}(\sigma_c, C_{dust}) = 0.336C_{dust} \cdot \sigma_c + 0.004\sigma_c + 0.49C_{dust} + 0.106 \tag{8.35}$$

式中，$f_{dust}(\sigma_c, C_{dust})$ 为煤粉对导流能力的影响函数；$F_{cddust} = f_{dust}(\sigma_c, C_{dust})\ F_{cdDp}$；$\sigma_c$ 为闭合应力；C_{dust} 为裂缝内煤粉质量浓度。

(3) 煤粉产出规律研究。

煤粉从支撑剂充填层随气液产出受许多因素影响，如煤粉产出能力、煤粉移动性、支撑剂粒径（孔喉大小）、支撑剂类型、煤粉表面电荷、携载介质流速等。

① 闭合应力对煤粉产出的影响。

实验选用石英砂支撑剂（20/40 目和 16/30 目），采用 $5kg/m^2$ 铺砂浓度、10%煤粉（粒度中值为 0.045mm，共 3.225g），闭合压力为 5MPa，流量为 100mL/min，收集 1h。

随着闭合压力的增大，支撑剂充填层孔吼变小，煤粉不易运移，排出量逐渐降低，并且小粒径支撑剂孔喉对应力增加更敏感，当闭合压力高于 15MPa 时，产出的煤粉量已经很少，主要聚集堵塞在支撑剂充填层内，如图 8.31 所示。

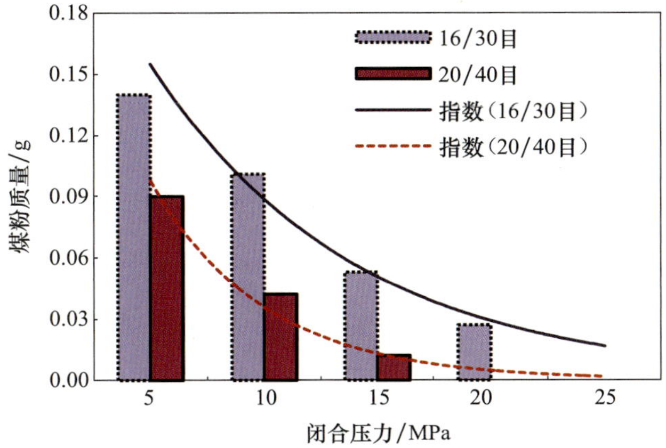

图 8.31　支撑剂粒径对煤粉产出的影响（煤粉共 3.225g）

拟合煤粉产量与闭合压力关系如下：

20/40 目

$$v=0.2675e^{-0.201\sigma_c}$$

16/30 目

$$v=0.2708e^{-0.112\sigma_c}$$

式中，v 为煤粉产出质量；σ_c 为闭合压力。

实验结果表明，16/30 目支撑剂不仅导流能力高于 20/40 目，较大孔喉减少了煤粉聚集堵塞的机会，还排出了更多的煤粉颗粒，允许粒径更大的煤粉颗粒运移通过。随着闭合压力的增大，支撑剂充填层孔吼变小，煤粉不易运移，排出量逐渐降低，并且小粒径支撑剂孔喉对闭合压力更敏感。20/40 目支撑剂在闭合压力达到 15MPa 时，排出的煤粉已经很少，主要聚集堵塞在支撑剂充填层内。对于煤层内部固有的煤粉，根据煤粉颗粒大小选择匹配的支撑剂粒径，有利于控制煤粉。

② 返排速度对煤粉产出的影响。

实验条件：石英砂 20/40 目和 16/30 目，铺砂浓度为 $5kg/m^2$、10% 煤粉（0.045mm），闭合压力为 5MPa，收集 1h。

拟合煤粉产量与流量关系式为

20/40 目

$$v=0.0103Q^3-0.0355Q^2+0.1052Q-0.059$$

16/30 目

$$v=0.019Q^3-0.079Q^2+0.203Q-0.102$$

式中，v 为煤粉产出质量；Q 为注入流量。

可以看出，快速返排有助于煤粉的排出，阻止煤粉附着沉降，形成有效的渗流通道，保持裂缝导流能力，但由于煤粉的疏水性（煤粉表面能的影响），即使在高流速下仍会有部分煤粉滞留在支撑剂孔喉中，造成导流能力下降，如图 8.32 和图 8.33 所示。实验还发现当流量增大时，煤粉产出显著增多；或周期性注入流体，煤粉会有不定量、但总量大于平稳注入量的排出。因此，煤层压裂要控制返排速度，尽量减小煤粉产生及

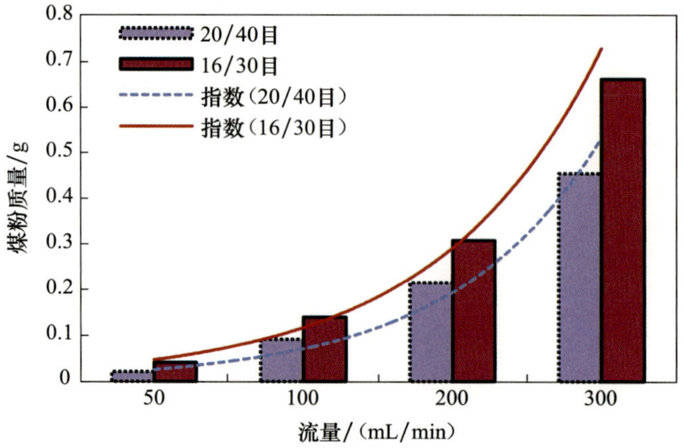

图 8.32　流量对煤粉产出的影响（煤粉共 3.225g）

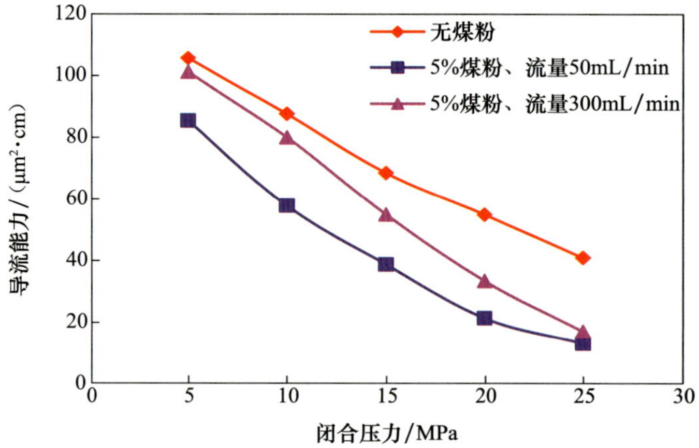

图 8.33　返排速度对导流能力的影响

运移，并保持稳定的排采速度比较有助于煤粉排出，避免大量煤粉发生运移堵塞。

③ 煤粉流出速度与裂缝内煤粉浓度的关系。

根据煤粉对导流能力的影响模型，裂缝内煤粉浓度对导流能力影响非常大，裂缝内煤粉浓度为首次提出并应用于煤岩导流能力计算中，但由于实验和现场压后排采时，能观测到的与煤粉相关的量仅有煤粉采出量和排除速度（流量），故必须对煤粉产出规律与裂缝内煤粉浓度的关系进行研究，并分析煤粉产出量与裂缝内煤粉浓度的数学模型。

图 8.34　裂缝内煤粉浓度与煤粉排出量示意图

为此，在“煤粉驱替”实验基础上，对不同流量下排出的煤粉量进行烘干称重，并计算煤粉在某一闭合压力下稳定的平均质量流出速度，记为 v_{dust}，同样对该条件下，实验完成后的煤粉伤害段（小粒径支撑剂段）侵入的煤粉进行分离并烘干称重，计算其与该段支撑剂的质量比（即裂缝内煤粉质量浓度），如图 8.34 所示。

实验结果曲线如图 8.35 所示，可以看出，裂缝内煤粉浓度

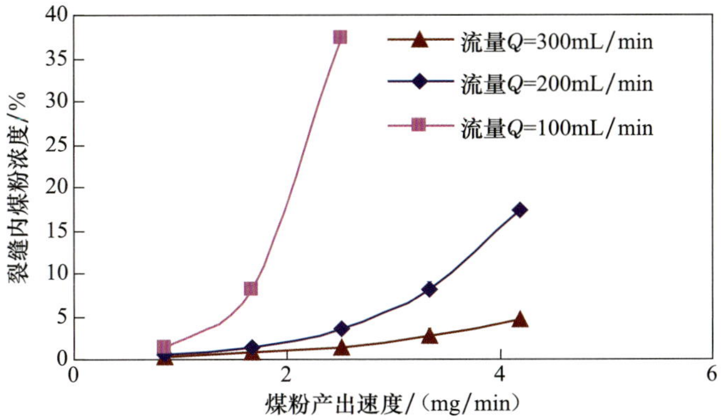

图 8.35 煤粉产出量与裂缝内煤粉浓度实验结果

随着煤粉产出量增大而急剧增加，随排出流量的增大而增加，特别是排出流量较小时，煤粉产出较多，则裂缝内煤粉浓度增加非常明显，进而根据煤粉对导流能力影响的规律可以得出，排出流量较小而煤粉产出比较多时，对裂缝导流能力的影响非常大。

对结果曲线进行拟合，并修正基础理论模型公式，可得煤粉浓度随煤粉产出速率的变化规律为

$$C_{\text{dust}} = 0.0042e^{1.8\times10^{5}C_l} - 0.0045 \tag{8.36}$$

式中，C_{dust}为裂缝内煤粉的质量浓度，%；C_l为煤粉产出速率，即煤粉产出速度与排出流量的比值，mg/mL

$$C_l = v/60Q$$

其中，Q 为排出流量，mL/min；v 为煤粉产出速度，mg/min。

3. 模型建立

煤层钻井、压裂及返排过程中产生的煤粉可包括排出煤粉量、可运移但滞留在裂缝或孔隙的煤粉量和不可运移的煤粉量。其中，排出量是指通过地层压力或下泵抽排举升到地面的煤粉量，这部分煤粉对煤层后期采气已没有影响，可不考虑。

而不可运移的煤粉、部分可运移的较大粒径煤粉及部分聚集成团的细煤粉团会在压裂裂缝表面形成“滤饼”，根据理论模型的分析，这种“滤饼”的影响可以通过公式$\Delta P = \dfrac{Q\mu R_c}{A}$计算，通过“滤饼”损失的 ΔP 值，并用“拟地层压力”（即地层压力减去滤饼阻力）来近似替代原始地层压力，这样就可以通过控制返排措施的方法来抵消“滤饼”影响。

对于可在裂缝中运移，但在运移过程中逐渐沉降或在支撑剂表明吸附的煤粉，可以根据上节研究结果，根据煤粉返排速度反推裂缝内煤粉浓度，再根据裂缝内煤粉浓度和煤层地应力计算煤粉对导流能力的影响函数。

4. 煤粉悬浮活性水体系导流实验

分别采用纯活性水和加入 FYXF-3 分散剂的活性水进行“煤粉驱替”导流能力实验，结果如图 8.36 和图 8.37 所示。可以看出，加入 FYXF-3 可以有效地降低煤粉聚集堵塞程度，降低煤粉伤害，提高煤岩压裂裂缝导流能力。

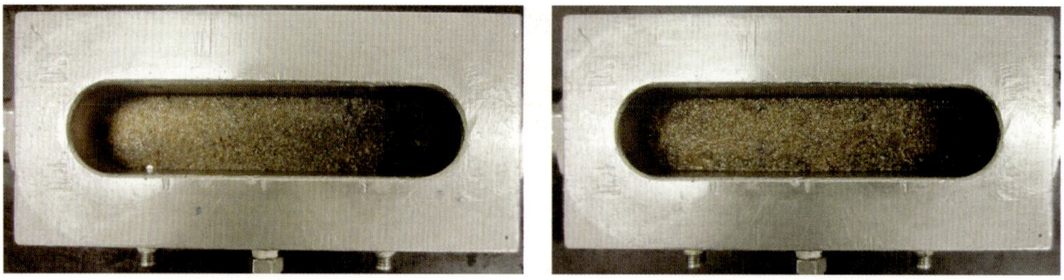

（a）携带介质为纯活性水　　（b）携带介质为加有分散剂的活性水

图 8.36　加有分散剂的活性水煤粉侵入石英砂支撑剂充填层

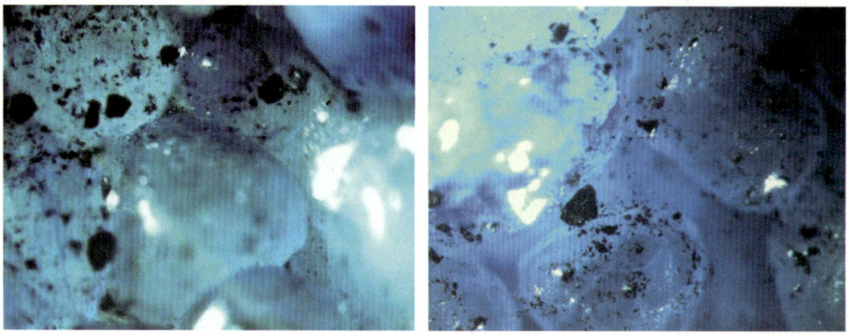

（a）携带介质为纯活性水

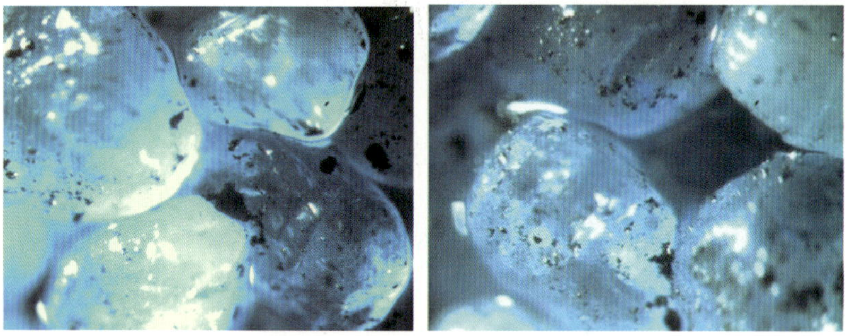

（b）携带介质为加有分散剂的活性水

图 8.37　煤粉侵入石英砂支撑剂孔隙显微放大图

（七）压裂液类型及浓度对导流能力的影响

压裂液对导流能力的伤害主要包括以下三种（Barree et al.，2003；王春鹏等，2006）：①残渣伤害，压裂液中的水不溶物堵塞裂缝孔喉；②残胶伤害，未破胶的压裂液堵塞孔喉；③高分子吸附伤害，大分子的植物胶压裂液吸附在煤层孔隙或裂缝表面，降低孔喉半径。

由于导流实验仪器限制，实验中必须有液体通过煤心板，无法避免水对煤心板造成的伤害，故压裂液对导流能力的影响以活性水对煤岩导流的伤害为基准，其他液体对导流的伤害均在活性水伤害的煤心板基础上进行。

选用 20/40 目石英砂，10kg/m² 铺砂浓度，加入 150mL 胍胶浓度为 0.4%的压裂液的破胶液，测试晋城高阶煤岩的导流能力，实验结果见图 8.38。

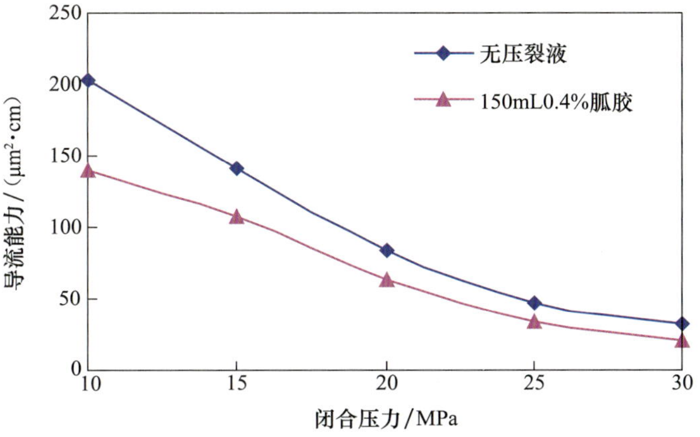

图 8.38 压裂液残渣伤害导流能力对比图

由图 8.38 可以看出，随着闭合压力的增加，两条曲线所对应的导流能力下降很快。而压裂液残胶和残渣的伤害，导致支撑剂导流能力明显地降低。在胍胶压裂液的破胶液影响下，导流能力比清水降低 30%左右。

1. 压裂液用量对支撑剂导流能力影响实验研究

压裂液用量不同，其总的残渣含量也不同，选用 20/40 目石英砂，10kg/m² 铺砂浓度，分别加入 150mL 和 100mL 胍胶浓度为 0.4%的压裂液破胶液，测试支撑剂的导流能力，实验结果如图 8.39、表 8.6 所示。

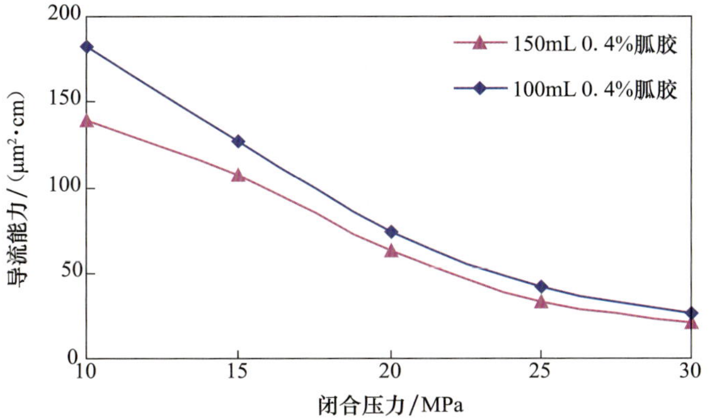

图 8.39 不同压裂液用量下导流能力对比图

由结果可知，减少压裂液用量即减少了压裂液残胶和残渣的总量，压裂液的用量从 150mL 减少到 100mL，支撑剂的导流能力平均提高了 19%左右。

2. 胍胶浓度对支撑剂导流能力影响

选用 20/40 目石英砂，10kg/m² 的铺砂浓度，分别加入 150mL 胍胶浓度为 0.4%和胍胶浓度为 0.3%的压裂液破胶液，测试支撑剂的导流能力，实验结果如图 8.40、表 8.7 所示。

表 8.6 不同压裂液用量导流能力对比数据

闭合压力/MPa	150mL 胍胶浓度 0.4%压裂液/(μm²·cm)	100mL 胍胶浓度 0.4%压裂液/(μm²·cm)	导流能力提高程度/%
10	139.53	182.57	23.57
15	107.63	126.6	14.98
20	63.44	74.52	14.87
25	33.61	41.67	19.34
30	20.79	27.03	23.09

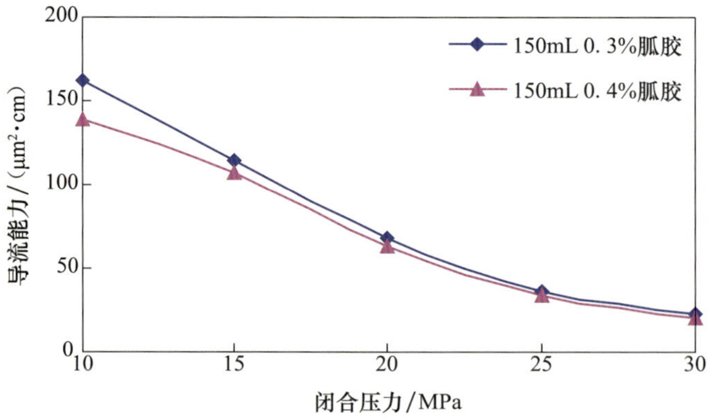

图 8.40 不同压裂液浓度下，导流能力对比图

表 8.7 压裂液浓度对导流能力伤害数据

闭合压力/MPa	150mL 胍胶浓度 0.4%压裂液/(μm²·cm)	150mL 胍胶浓度 0.3%压裂液/(μm²·cm)	导流能力提高程度/%
10	139.53	162.48	14.12
15	107.63	115.24	6.60
20	63.44	68.73	7.70
25	33.61	37.12	9.46
30	20.79	23.08	9.92

由于胍胶浓度的减小，即减少了压裂液的残渣含量，支撑剂的导流能力相应得到了提高，胍胶浓度从 0.4%减少到 0.3%，支撑裂缝的导流能力提高了 9%以上。

3. 压裂液类型对导流能力影响

将前述活性水及胍胶压裂液破胶液的导流实验结果整理并与 SF-A 清洁压裂液破胶液对导流的伤害数据加以对比，如图 8.41 所示。

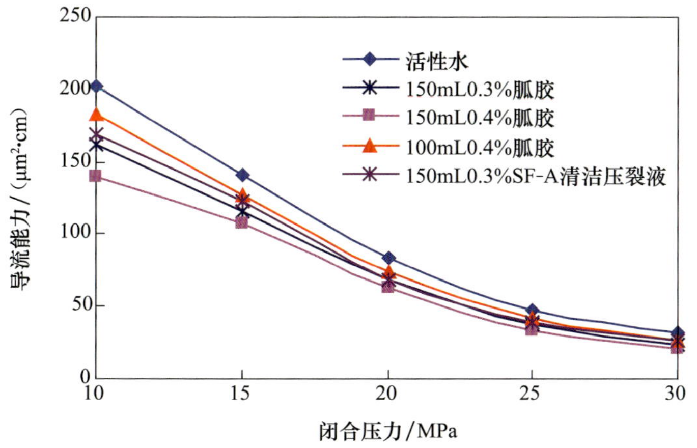

图 8.41 压裂液类型对导流能力的影响图

由图 8.41 可以看出，胍胶压裂液的破胶液对导流能力的伤害比活性水高 24%～35%，而清洁压裂液仅比活性水高 13%～16%，胍胶压裂液伤害率为清洁压裂液的 1.5 倍以上。根据以上实验结果，拟合压裂液对导流能力影响的数学模型。

0.3%胍胶破胶液对导流的伤害函数为

$$f_{\mathrm{cdliq}}(C_{\mathrm{s}},C_{\mathrm{liq}}=0.3\%,\sigma_{\mathrm{c}})=(0.0003\sigma_{\mathrm{c}}^{2}-0.0022\sigma_{\mathrm{c}}+0.1217)\cdot\ln\left(\frac{0.4}{C_{\mathrm{s}}}+1\right) \tag{8.37}$$

0.3%SF-A 清洁压裂液破胶液对导流伤害函数为

$$f_{\mathrm{cdliq}}(C_{\mathrm{s}},C_{\mathrm{liq}}=0.3\%,\sigma_{\mathrm{c}})=(0.00014\sigma_{\mathrm{c}}^{2}-0.001\sigma_{\mathrm{c}}+0.072)\cdot\ln\left(\frac{0.18}{C_{\mathrm{s}}}+1\right) \tag{8.38}$$

(八) 多裂缝对导流能力的影响

煤层层理、割理和微裂缝发育，压裂过程中易形成多裂缝或复杂裂缝（李玉喜和肖淑梅，2000），目前，国内外尚无煤层压裂复杂裂缝系统的数学描述模型，故研究过程中，对复杂裂缝系统加以简化，简化过程如图 8.42 所示。

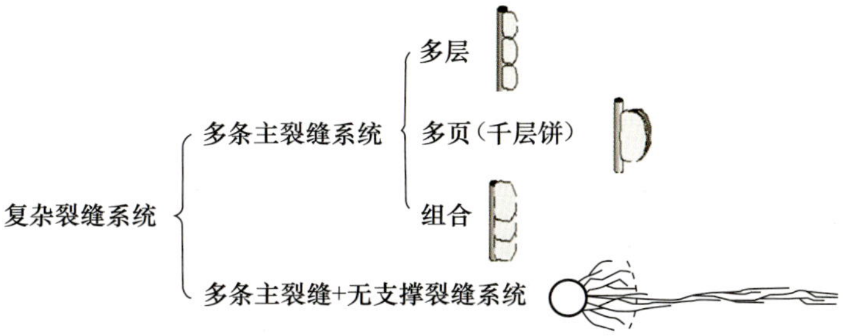

图 8.42 复杂裂缝系统的简化

简化后的多裂缝条数及形态仍较难精确描述，所以将多条裂缝的影响笼统地等效为多个裂缝面的嵌入影响，即加入复杂裂缝影响因子 α，增大嵌入影响，其数值可由压后分析及裂缝监测等结果分析得到。

因此，由多裂缝引起的导流能力损失 $F_{cdmulti}=\alpha\cdot F_{cdEmb}$。

为了验证复杂裂缝影响因子的准确性，研发双裂缝导流能力实验方法进行实验验证。双裂缝导流能力实验方法设计如图 8.43 所示。

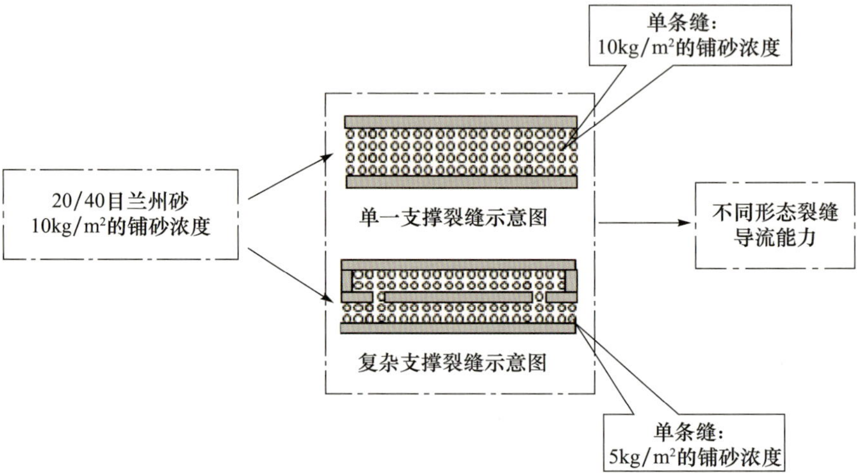

图 8.43　复杂裂缝导流能力测试思路图

选用 20/40 目兰州砂，将石英砂分成两份，以 5kg/m² 的铺砂浓度铺置于两个相邻裂缝里，分别对韩城和晋城的煤岩进行双裂缝导流能力实验，并与单一支撑裂缝的导流能力进行对比，结果如表 8.8、表 8.9 和图 8.44 所示。实验过程中在分支缝（上层）支撑剂中加入少量示踪剂来验证是否有流体通过，结果显示有示踪剂流出，说明这种分支可以有流体通过。

表 8.8　韩城（中阶）煤岩不同裂缝形态下导流能力结果

闭合压力/MPa	单一裂缝		复杂裂缝	钢板
	铺砂浓度 5kg/m²	铺砂浓度 10kg/m²	铺砂浓度 5kg/m²×2	铺砂浓度 10kg/m²
10	99.0	186.0	135.21	227.5
15	62.0	124.0	88.57	171.54
20	35.0	75.0	52.08	107.495
25	19.0	48.0	28.96	73.84
30	13.0	30.0	20.57	58.84

表 8.9　晋城（高阶）煤岩不同裂缝形态下导流能力结果

闭合压力/MPa	单一裂缝		复杂裂缝	钢板
	铺砂浓度 5kg/m²	铺砂浓度 10kg/m²	铺砂浓度 5kg/m²×2	铺砂浓度 10kg/m²
10	110.0	203.0	162.81	227.5
15	73.0	148.0	111	171.54

续表

闭合压力/MPa	单一裂缝		复杂裂缝	钢板
	铺砂浓度 $5kg/m^2$	铺砂浓度 $10kg/m^2$	铺砂浓度 $5kg/m^2\times2$	铺砂浓度 $10kg/m^2$
20	44.0	90.0	70.35	107.495
25	26.0	55.0	41.52	73.84
30	18.0	36.0	28.27	58.84

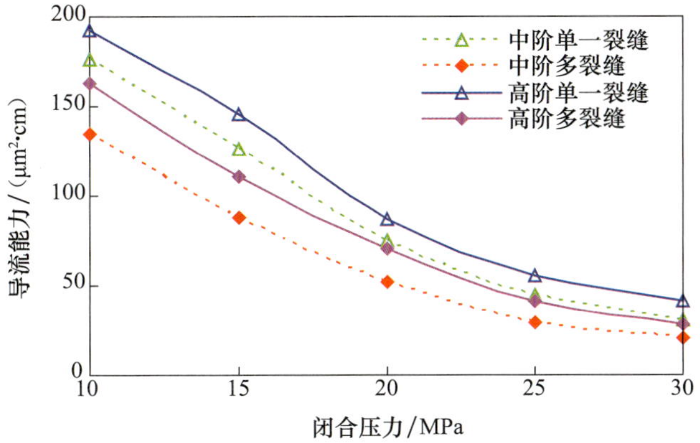

图 8.44　不同裂缝形态下的导流能力对比

由实验结果可以看出，支撑剂总量不变的条件下，分支裂缝对导流能力的影响较大，特别是闭合应力增大，由于多裂缝引起的导流损失占总导流能力的比例逐渐加大，这与复杂裂缝影响因子的近似方法结论是一致的，由于闭合应力增大导致多裂缝的嵌入增加。

分别对比单一裂缝及双缝导流实验结果与钢板的导流差异，如图 8.45 所示。由图可知，在闭合压力较小时，裂缝嵌入影响较小，但整体的双裂缝嵌入损失约为单缝嵌入损失的 1.76～2.2 倍，与复杂裂缝影响因子 $\alpha=2$ 时，双裂缝导流能力损失值相当，所以双缝导流能力实验结果能够较好地证明复杂裂缝影响因子拟合方法的可行性和可靠性。

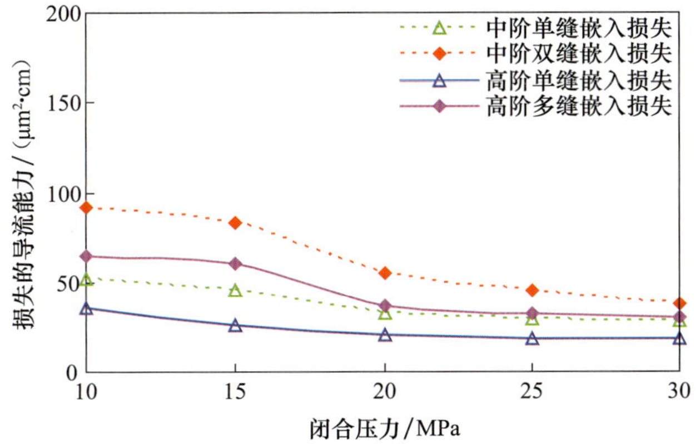

图 8.45　双缝导流与单缝导流嵌入对比

第二节 多因素裂缝导流能力评价

一、多因素耦合裂缝导流能力评价模型及软件

根据单因素导流能力实验结果及修正后的模型，综合各因素对导流能力的影响，与各影响因素的加载顺序和相互影响规律对应，编制软件设计流程。

1. 数学模型建立

煤岩压裂及压后试气过程可以简单描述为：压裂—裂缝形成—返排—裂缝闭合—煤粉产出—排水降压。根据这个过程可以得出压裂裂缝受各单因素影响的顺序，即：铺砂浓度—粒径组合—闭合压力—嵌入（多裂缝）—压裂液残胶（残渣）—煤粉。由于多裂缝的影响被简化为多个裂缝壁面的嵌入，故多裂缝影响与嵌入同时发生。

根据以上加载顺序，可以看出在闭合压力加载之后，由于裂缝孔隙和渗透率都有所降低，导致导流能力降低，故嵌入和多裂缝影响程度就有相应增加，导流进一步降低，而压裂液和煤粉都与有效支撑裂缝的孔喉相关，所以此时对应的闭合应力下的孔喉尺寸与单因素影响模型中的孔喉尺寸并不一致，其对导流的影响规律也与单因素影响模型有所偏差，故为了修正这种偏差，用嵌入和多裂缝影响后的孔喉反推其不受其他因素影响时对应的闭合应力，即拟闭合应力 σ_c'，根据拟闭合压力计算压裂液和煤粉影响，再与原始闭合应力和嵌入的影响综合，得到多因素耦合的导流能力公式如下：

$$F_{cdCBM}=[C_{Dp}\cdot F_{cd0}\cdot f(\sigma_c,t)-\alpha F_{cdEmb}]\cdot[1-f_{dust}(\sigma_c',C_{dust})]\cdot[1-f_{liq}(C_s,C_{liq},\sigma_c')] \tag{8.39}$$

式中，F_{cd0} 为不同铺砂浓度 20/40 目石英砂在 10MPa 下的导流能力，$\mu m^2\cdot cm$；C_{Dp}为不同粒径组合的导流系数；$f(\sigma_c,t)$ 为闭合应力对支撑裂缝导流能力的影响函数；α 为多裂缝对导流能力的影响系数；F_{cdEmb}为嵌入对导流能力的损失量，$\mu m^2\cdot cm$；$f_{dust}(\sigma_c',C_{dust})$ 为煤粉对支撑裂缝导流能力的影响函数；$f_{liq}(C_s,C_{liq},\sigma_c')$ 为压裂液对支撑裂缝导流能力的影响函数。

2. 计算软件编制

根据上述模型的综合评价过程可用下面框图来表示（图 8.46）。

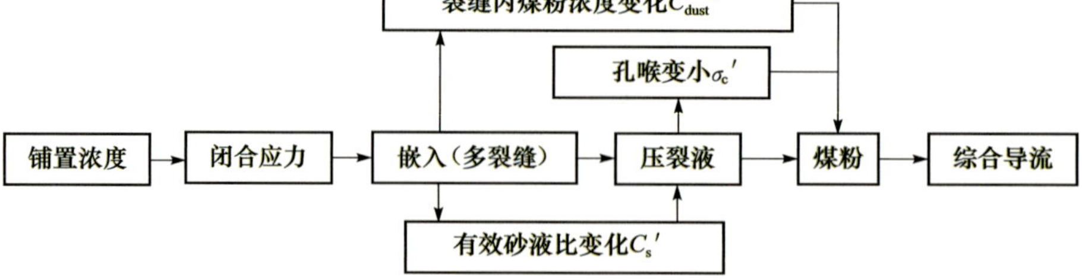

图 8.46 多因素耦合导流能力评估模型框图

根据模型及计算框图，编制多因素耦合导流能力计算程序，程序流程图如图 8.47 所示。

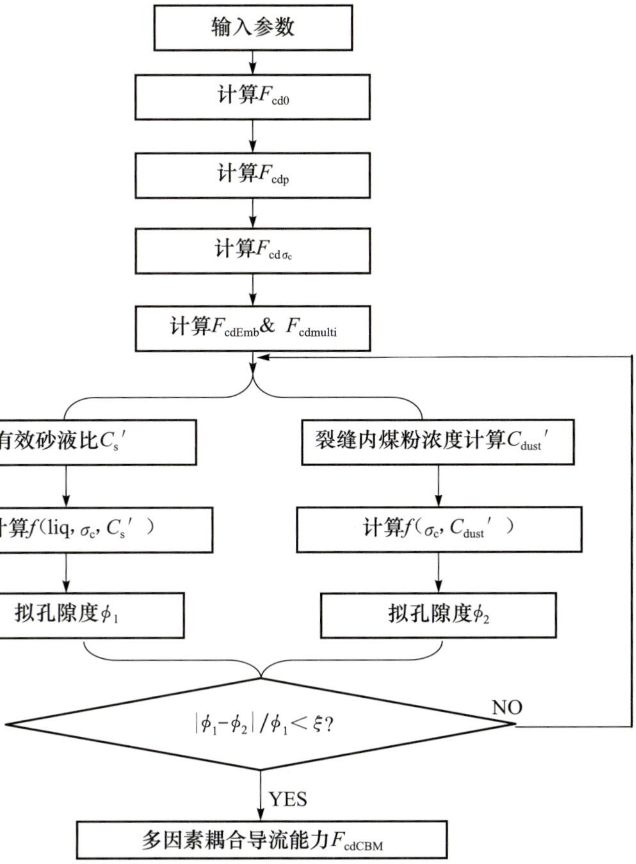

图 8.47 多因素耦合导流能力评估程序编制流程图

根据模型及流程图编制煤岩压裂裂缝导流能力评价系统 V1.0，该软件主要包括参数输入及导流能力图版输出两个界面，参数输入界面又分为基本参数输入和影响因素选择两个部分，输入参数均为压裂施工和排采的基本参数，其中铺砂浓度和多裂缝因子需要拟合净压力得到，输入基本参数后，即可选择多个因素进行导流能力影响的曲线绘制，图形还可打印和保存生成的曲线。

该软件功能主要有以下几个方面：①分析导流单因素影响规律；②对比导流伤害主要因素；③评估多因素耦合导流大小；④预测单井导流能力递减规律。

通过蒲 1-5 井现场压裂施工实例对软件计算结果进行验证。该井闭合压力为 15.2MPa，施工入地活性水 453.90m^3；加入 20/40 目的石英砂 33m^3，16/20 目的石英砂 8m^3，导流系数 $C_{Dp}=1.02\mu m^2\cdot cm$；拟合支撑缝长为 91.7m，支撑缝高为 13.2m，平均铺砂浓度 14.0kg/m^2；拟合多缝因子 1.6；预期压裂裂缝导流为 30～40$\mu m^2\cdot cm$。

将以上基本参数带入各单因素导流能力计算函数，并综合形成综合导流能力函数为

$$F_{cdCBM}=17.61+17.46e^{-0.155t}+2.91e^{-0.21t}+3.26e^{-0.365t} \tag{8.40}$$

软件计算绘制图形如图 8.48 所示。

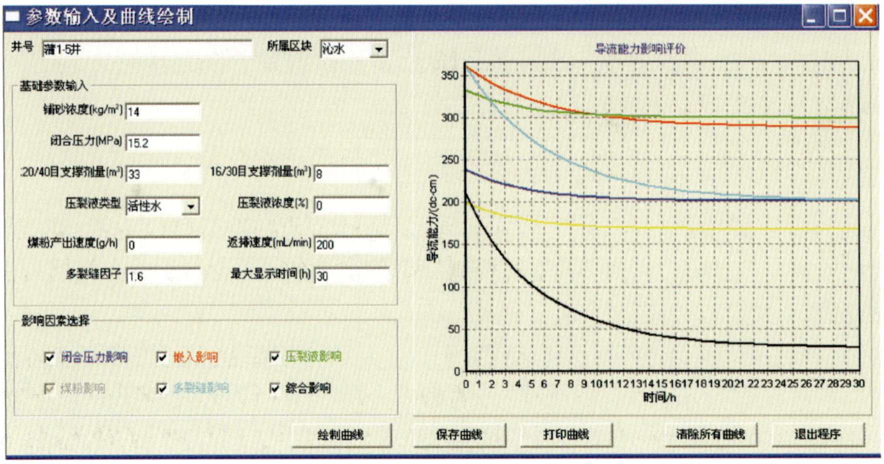

图 8.48 蒲 1-5 井裂缝导流能力曲线

将导流能力函数 F_{cdCBM}代入 Eclipse 煤层气模型，模拟后的日产和累产气量结果与实际排采曲线一致性较好，证明了模型的准确性和可靠性，说明该评价系统对实际生产预测有较强的指导意义（图 8.49）。

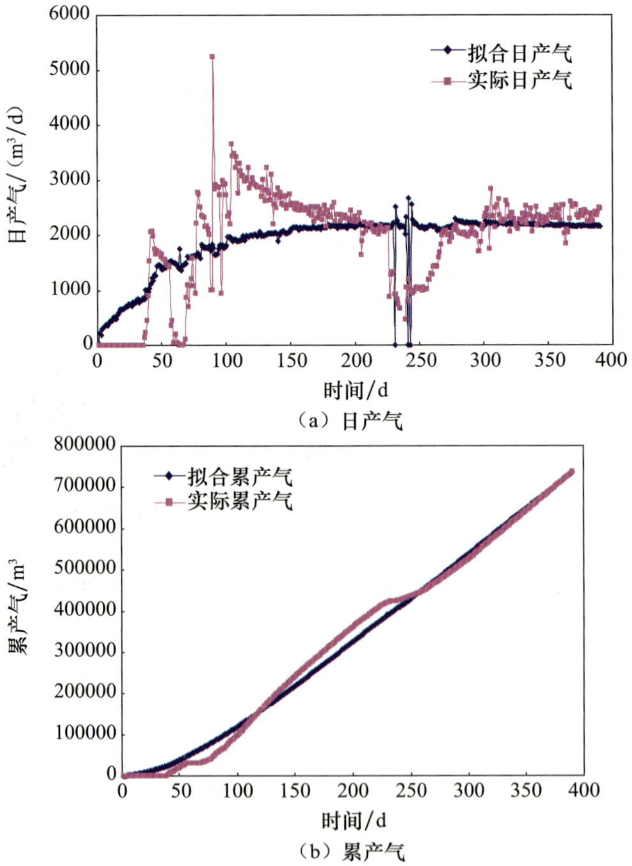

图 8.49 Eclipse 煤层气模型模拟蒲 1-5 井产量

同时也可以看到，该井实际稳定后导流能力为 18μm^2·cm 左右，比预期压裂裂缝导流能力低 50%左右，说明考虑多因素影响的导流能力与实际情况更相符，能够更实际、更有效地指导现场施工及效果预测。

二、煤层压裂多因素耦合导流能力评价系统的应用

实际生产中，该软件及模型可以快速、定量地评价煤层压后裂缝导流能力，能够及时提出指导或调整压裂施工措施，或者预测压后产能，指导井网优化设计等，有较强的实际应用价值。

1. 对比煤岩导流的多因素影响程度大小，指导区块压裂优化

软件可以对比每个单因素对导流能力的影响程度，并对各个伤害大小进行对比，得出某井或某区块影响裂缝导流能力提升的主要因素，这样就可以针对这些因素进行施工优化，从而达到提高裂缝导流和单井增产效果的目的。

以蒲池煤层气区块蒲 2-4 井为例，该井闭合压力为 13.3MPa，施工入地活性水 349.6m^3，加入 20/40 目的石英砂 30m^3，16/20 目的石英砂 6m^3，拟合支撑缝长为 124m，支撑缝高为 13.9m，平均铺砂浓度为 10.1kg/m^2，预期裂缝导流为 50～60μm^2·cm。

软件单因素影响及综合导流能力结果如图 8.50 所示。

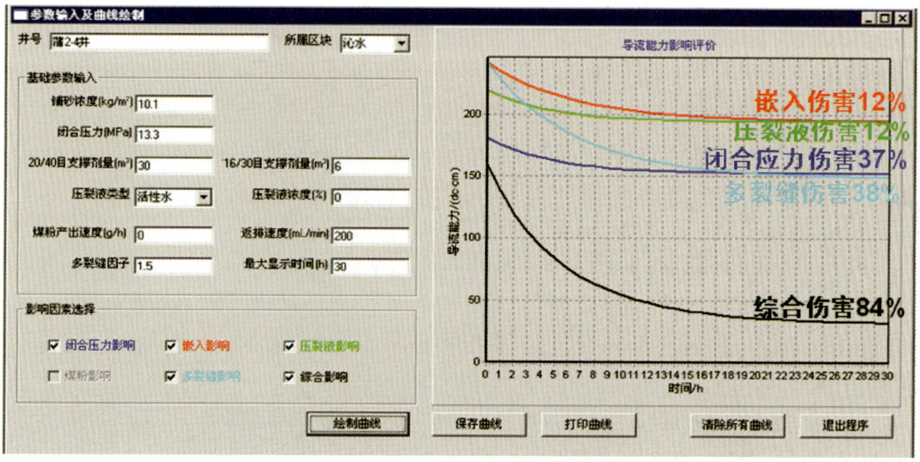

图 8.50 蒲 2-4 井导流能力评价结果

根据计算结果可以看出，该井多裂缝伤害＞闭合应力伤害＞压裂液伤害≥嵌入伤害，故需要针对多裂缝发育和闭合应力较高等问题进行施工措施优化，建议该地区加强近井多裂缝控制措施（可以采用增加施工段塞级数、控制施工压力、小排量施工等措施）和加强返排控制措施（可以采用油嘴控制、低速平稳返排等措施）。

2. 预测生产中导流能力变化，修正单井产能预测模型

根据多种煤层渗透率、裂缝半长和导流能力组合，可以模拟评价煤层气井单井产量，如果不考虑多种因素对导流能力的影响，则计算出的产量可能有误差，从而影响后期排采措施的制定。

为了预测单井产能，需要先建立煤层气单井产能预测模型，采用 Eclipse 软件的煤层气专用模拟器。该模拟器采用修正后的 Warren-Root 双重介质模型，其处理方法是将每一煤层引申为两层：一层为基质，另一层为裂缝。同时，通过煤岩地质工程参数研究，对煤岩的嵌入、支撑剂长期导流能力、应力敏感等特征有所认识，可在模型中设置长期导流能力、应力敏感的关键字加以实现，并可通过局部网格加密的方法设置水力压裂裂缝。

压裂后的煤层是一个较为复杂的体系，在数模建模时要考虑三套系统，即煤基质、煤岩割理裂缝系统和水力压裂裂缝。在研究中通过 Eclipse 数模软件中的双孔单渗模块实现煤层建模（认为煤岩基质没有渗透性）。水力压裂裂缝是通过模型中局部网格加密和“等效导流能力”的方法实现。利用“等效导流能力”的方法处理裂缝，即裂缝宽度一般只有几个毫米，而缝长和井距是几百米的量级，如果按实际的数值划分计算网格，则网格数量非常多，使模拟计算工作非常耗时甚至无法进行，所谓等效导流能力是指适当地扩大缝宽而同时等比例缩小裂缝渗透率，保持裂缝导流能力即缝宽与缝中渗透率乘积不变的做法处理裂缝。该方法已经过证实，误差在 3%以内。另外，模型的两个假设条件是：试验区煤层连续和煤层内天然裂缝分布均匀。

根据以上方法建立的产能模型，导流能力分别代入不考虑多因素影响和考虑多因影响下的导流能力计算值，预测 20 年的单井产量，结果如图 8.51 所示。可以得出：①相同条件下，考虑多因素对导流能力的伤害，单井气产量明显降低，最高日产气由 2720m^3/d 降到 2060m^3/d，降低幅度为 24.2%；20 年累产气减少 8%～10%；②煤层初始导流能力越高，多因素影响对产量影响时间越短，后期产量下降程度越小，所以煤层压裂需要能够有效提高煤层支撑率的压裂技术，尽可能地提高煤层压裂裂缝铺砂浓度和初始导流能力，从而达到更好的增产效果。

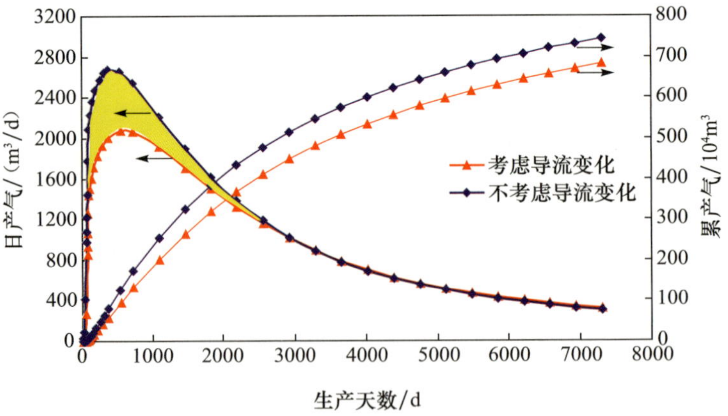

图 8.51　考虑与不考虑多因素影响导流能力的单井产气变化

3. 预测导流能力递减规律，指导井网井距进一步优化

根据上述应用，可以看出考虑导流能力递减后，会影响单井产量的预测，而单井产量降低又会影响井排距优化结果。

模拟樊庄 10 口井在裂缝导流能力 30μm^2 下的缝长与产量关系，结果如图 8.52 和图 8.53 所示。

从模拟结果可以看出，在预期的导流能力下，产量随缝长的增加而增加，不压裂的情况下，日产气在 20m^3 以内，缝长为 40～80m 产量增加的速度最大，100m 以后产量增加的斜率变缓，尤其是缝长从 120m 增加到 140m，产量的增加较少。就煤层施工而言，100m 以后再增加缝长的难度很大，综合考虑数模结果和工程因素，认为优化缝长为 80～100m。

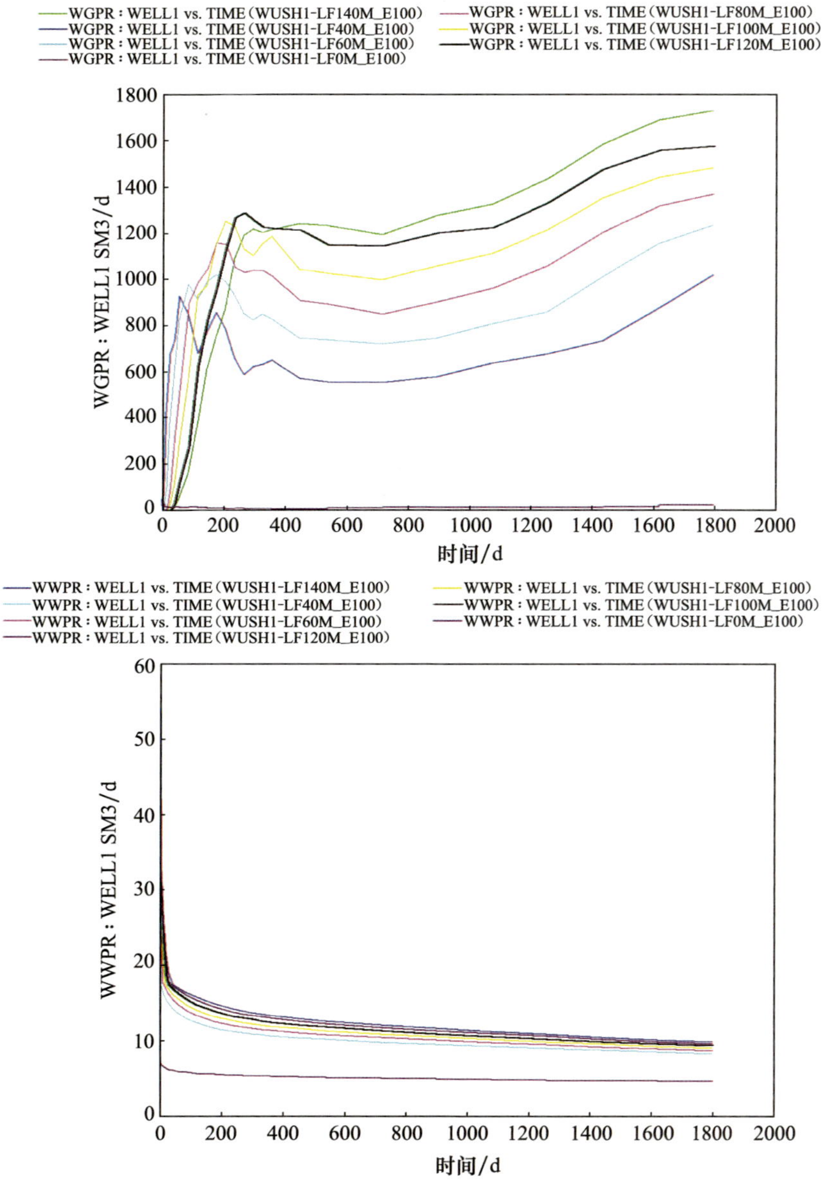

图 8.52 不同缝长下日产气和日产水变化

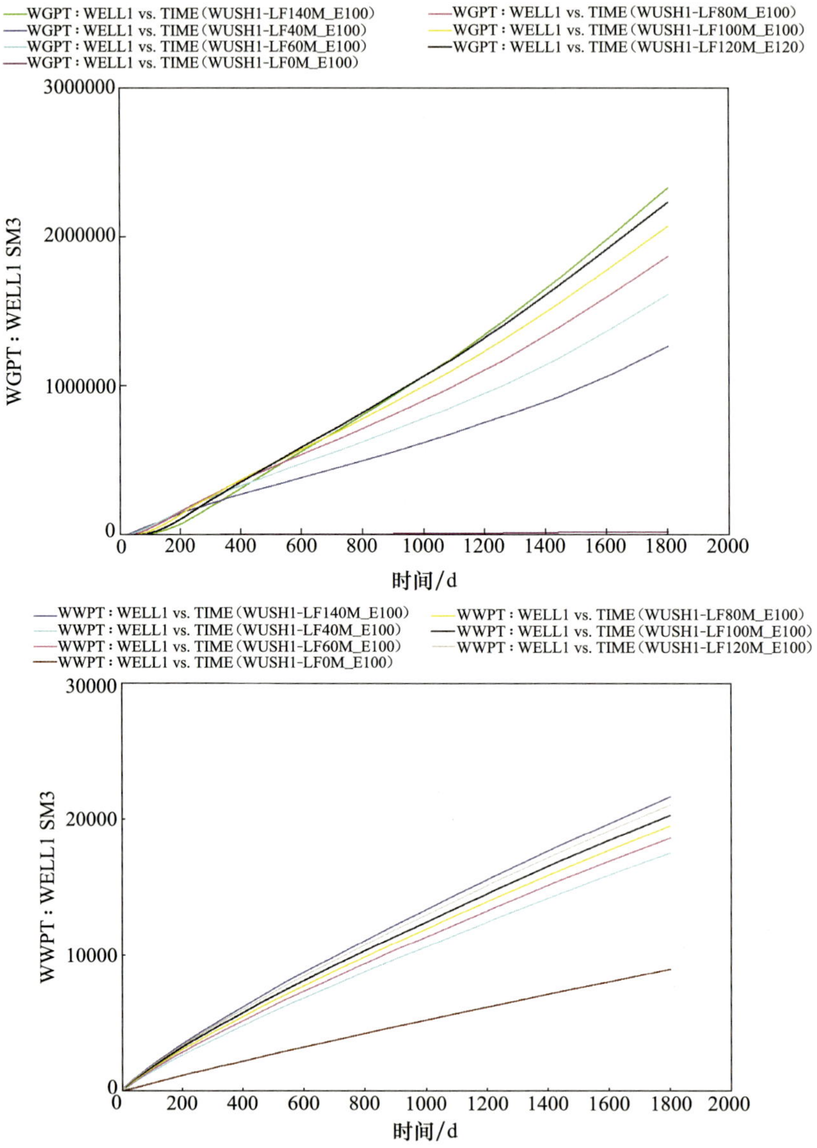

图 8.53　不同缝长累计产气和累计产水变化

但是根据该区块裂缝导流能力实验结果及软件计算结果，实际支撑裂缝导流能力仅有12$\mu m^2 \cdot cm$左右，所以根据该实际导流能力重新优化缝长，可得最优缝长为 150～180m，但由于煤层的多裂缝发育、易伤害、滤失大、缝长难以延伸等特殊力学性质，支撑缝长很难通过工艺措施达到优化目标，所以向油田公司建议，减小该区块井距，从而使得在实际裂缝导流能力下，单井控制面积能够达到面积降压、区域采气的目标。

该区域煤层平均渗透率为 $0.5\times10^{-3}\mu m^2$，根据优化的单井控制面积与采收率关系，可知考虑导流能力降低后的单井控制面积比不考虑时降低了 20%左右，而能达到的最优单井控制面积为 0.06km^2，优化的井距为 240m 左右，但考虑到该区域实际支撑裂缝导流能力较低，而且考虑到导流能力随着时间的递减规律，要保持与预期的采收率，井距应适当减小，故对井距进行20%的加密，即优化井距为201m（图8.54）。

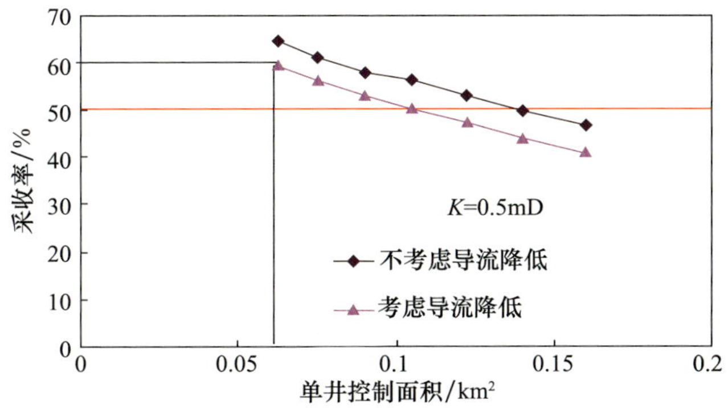

图8.54 不同单井控制面积（井距）下采收率

将这个结论应用于樊庄区块的10口煤层气井，将该区块平均井距从目前的353m缩小为201m。调整后，这10口调整井产气量提升明显，目前单井日产气为1800m³，比邻井日产气量提升了38%（图8.55）。

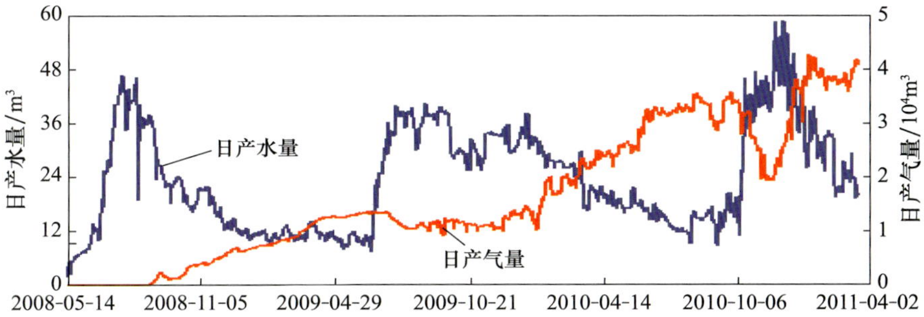

图8.55 井距优化后调整井产气曲线

第三节 煤层气高效支撑压裂技术及应用

根据煤层压裂裂缝形态分析结果及导流能力评价结果，需要研发针对性的施工技术措施及针对各种导流影响因素的压裂液体系，从而保证实现“延伸主缝、提高支撑”，增大改造范围，提高压裂效果。

一、新型煤层压裂液体系

（一） 煤粉悬浮活性水体系

根据上节导流能力实验分析，煤粉对煤层水力裂缝导流影响非常大，为了降低煤粉影响，需要研发一种可在压裂后将煤粉携带返排出裂缝的新型压裂液体系。

根据调研，煤是一种复杂的有机物，在其表面上有大量的脂肪烃和芳香烃等非极性基团，因此煤粉表面疏水性较强。当向水中添加非离子表面活性剂时，煤粉吸附表面活性剂的作用力主要是疏水作用和色散力。当表面活性剂浓度很稀时，被吸附表面活性剂分子基本上是无规则地平躺在界面上，如图 8.56(a) 所示。随着表面活性剂溶液浓度增加，吸附量增加，直到界面上基本由平躺的表面活性剂分子铺满，如图 8.56(b) 所示。当表面活性剂浓度继续增加时，由于煤粉的疏水性和表面活性剂的疏水作用，吸附分子不再限于平躺方式，表面活性剂的疏水部分与固体表面作用较强，使得疏水基仍平躺其上，而亲水基翘向水相表面活性剂在煤粉上的排列趋于紧密，最后形成疏水基吸附于煤粉表面，亲水基指向水相的定向排列，吸附量增加并逐渐达到饱和，如图 8.56(c) 所示。

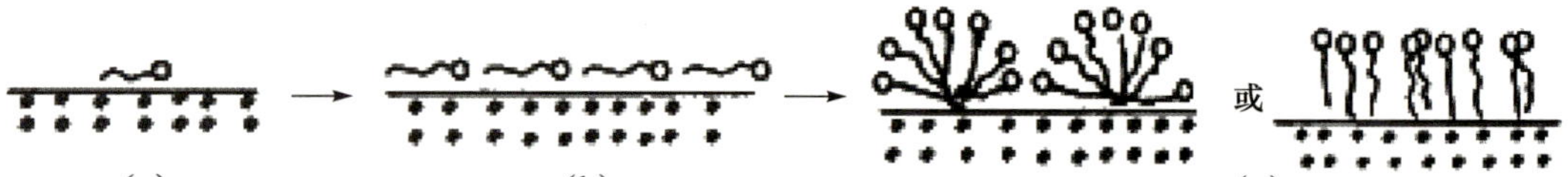

图 8.56　非离子表面活性剂在煤粉表面的吸附模型

1. 煤粉悬浮剂性能评价

煤粉悬浮剂的主要作用是用于悬浮煤层气开采过程中产生的煤粉，防止煤粉对裂缝及井筒的堵塞。煤粉粒径大小不一，煤粉悬浮剂通常只能悬浮较小粒径煤粉，对大粒径煤粉悬浮能力有限，为验证该煤粉悬浮能力，特进行如下实验。

每次取 100mL 活性水压裂液（煤粉悬浮剂浓度分别为 0.3%、0.5%、1.0%）倒入不同的具塞量筒中，向每个量筒中加入 5g 煤粉（20 目、40 目、60 目及 100 目以下）。加入 10s、24h 后的实验结果如图 8.57～图 8.62 所示。

图 8.57 和图 8.58 液体中煤粉悬浮剂的加量为 0.3%，图 8.59 和图 8.60 液体中煤粉悬浮剂的加量为 0.5%，图 8.61 和图 8.62 液体中煤粉悬浮剂的加量为 1.0%。由图

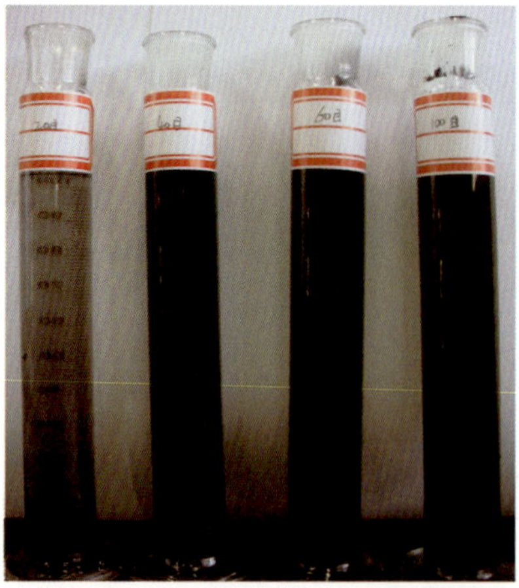

图 8.57　悬浮剂用量 0.3%，煤粉加入 10s

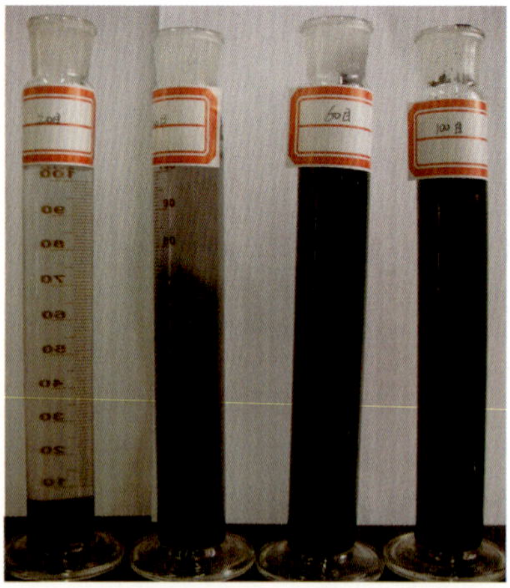

图 8.58　悬浮剂用量 0.3%，煤粉加入 24h

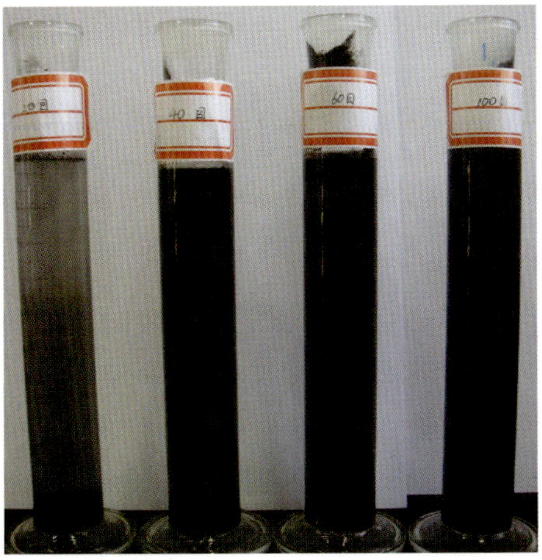

图 8.59　悬浮剂用量 0.5%，煤粉加入 10s

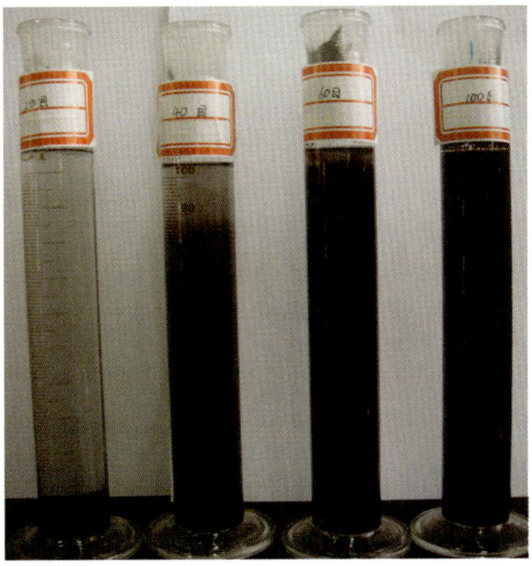

图 8.60　悬浮剂用量 0.5%，煤粉加入 24h

图 8.61　悬浮剂用量 1.0%，煤粉加入 10s

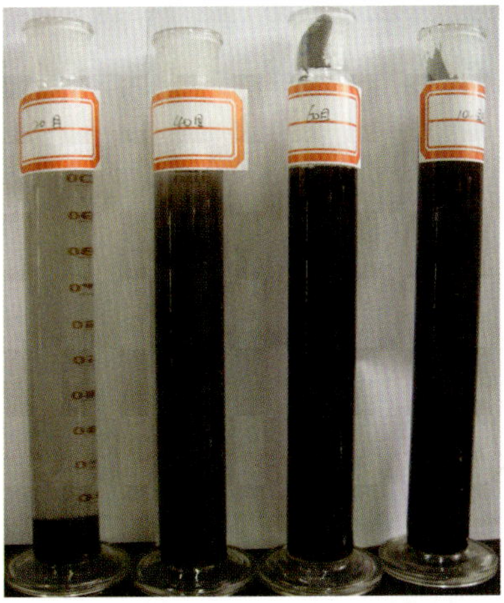

图 8.62　悬浮剂用量 1.0%，煤粉加入 24h

可知，加入煤粉 10s 后，20 目煤粉下沉，其他目数煤粉迅速分散，煤粉悬浮剂的加量越大，分散越好。24h 后，60 目和 100 目煤粉都悬浮良好，40 目煤粉都出现明显的下沉现象。由此可见，该煤粉悬浮剂的悬浮性能较好，可长时间悬浮 60 目以下的煤粉，有效缓解对裂缝及井筒的堵塞。

2. 煤粉悬浮剂携带煤粉性能评价

研制煤粉悬浮剂的目的是改变煤粉的润湿性，在压裂液返排过程中，将产生的煤粉悬浮并携带至地面，从而减小煤粉对煤层及井筒的伤害，保持较高的渗透率。因此开展了如下模拟煤粉流动的实验。

1）模拟煤粉悬浮剂溶液在裂缝中携带煤粉的性能

为了模拟煤粉在裂缝中的流动情况，特制有机玻璃透明管，水平放置，装满煤粉和石英砂（20/40 目）的混合物，以一定的速率从透明管的一端泵注液体，在另一端接收流出的液体，并称量所携带出的煤粉。

（1）韩城5号煤粉∶石英砂＝5∶95，装满管子，以1mL/min的泵速分别泵注清水、清水＋0.5％煤粉悬浮剂、清水＋1.0％煤粉悬浮剂，记录另一头的出液时间，出液30min后停止试验。

（2）韩城5号煤粉∶石英砂＝10∶90。

（3）韩城5号煤粉∶石英砂＝20∶80。

出液时间及30min后流出的煤粉量见表8.10。仅通入清水几乎不能带出煤粉，流出的液体清澈透明，泵注加入悬浮剂的液体后，流出的液体呈黑色，携带出大量煤粉。煤粉与石英砂混合比例不同情况下，出液时间相差不大。泵注清水的情况下，另一端开始出液大约需要10min；泵注加入悬浮剂的液体时，出液时间为5～6min。由表中煤粉流出量可知，石英砂比例高，渗透率大，流出的煤粉相应较多；煤粉与石英砂比例一定时，悬浮剂的加量为0.5％或1.0％，煤粉流出量相差不大，由此可见，加入0.5％煤粉悬浮剂即可达到很好的携带煤粉性能。

表8.10　出液时间及煤粉流出量

参数	煤粉：石英砂								
	5∶95			10∶90			20∶80		
液体配方	清水	0.5％	1.0％	清水	0.5％	1.0％	清水	0.5％	1.0％
出液时间/min	10	5	6	10	5.5	6	11	5.5	6
煤粉流出量/g	0	0.5	0.45	0	0.31	0.33	0	0.13	0.15

2）模拟煤粉悬浮剂在井筒中携带煤粉的性能

在煤层气开采过程中，随着煤层水的产出，被携带的煤粉容易堵在井筒底部，影响煤层气产量。为了模拟煤粉悬浮剂携带井筒中煤粉的情况，将特制有机玻璃管垂直放置，底部装入一定高度的煤粉，煤粉首先用液体润湿，有机玻璃管上部装满相同液体，再从底部以1mL/min的速率泵注该液体，排出液体由从上端出口处接收，并称量1h内所携带出的煤粉质量。

（1）取韩城5号煤粉1.5g，加入1g清水搅拌均匀，装入有机玻璃管底部，上部倒入清水，连接到恒流泵，以1mL/min速率由下向上泵注清水，接收1h内上端排出的液体。

（2）取韩城5号煤粉1.5g，将清水换成0.5％的煤粉悬浮剂溶液，试验方法同上，流出的煤粉质量为0.25g。

由此可知，底部装入煤粉后，上端倒入0.5％的煤粉悬浮剂溶液，下半部浑浊，说明煤粉部分被悬浮，开始泵注后，排出液为黑色浑浊液体，排出液干燥后的煤粉质量为0.25g；倒入清水的有机玻璃管底部的煤粉没有被悬浮，排出液中几乎没有携带出煤粉。

该煤粉悬浮剂的煤粉悬浮性能较好，可以将裂缝或井筒堆积的煤粉悬浮，并随着返排液返排至地面。

3. 煤粉悬浮剂润湿吸附性能评价

针对韩城煤层和以往活性水压裂液特点，重点研究加入煤粉悬浮剂后活性水压裂液的润湿和吸附性能，由于韩城煤层黏土含量较少，因此活性水压裂液配方中暂未加入

KCl，基本配方为清水＋FYXF-3＋助排剂。

煤粉悬浮剂具有在低浓度时能吸附在煤层表面，降低两种互不相溶的物质（煤和水）之间的作用力，并能有效悬浮煤粉，再加上助排剂协同作用，使压裂液容易返排且更彻底，以减少对储层的伤害。不同液体配方条件下的表面张力见表 8.11。由表可知，煤粉悬浮剂的加入可有效降低水的表面张力，根据实验结果，优选的煤粉悬浮剂浓度为 0.5%。

表 8.11 煤粉悬浮剂对表面张力的影响

配方	表面张力/(mN/m)
水	73.75
水＋0.5%的 FYXF-3	28.54
水＋0.3%的 FYXF-3＋0.5%助排剂	27.91
水＋0.5%的 FYXF-3＋0.5%助排剂	25.57
水＋1.0%的 FYXF-3＋0.5%助排剂	25.13
水＋1.5%的 FYXF-3＋0.5%助排剂	27.06

4. 煤粉悬浮活性水压裂液伤害实验评价

常规活性水压裂液和新型悬浮剂活性水压裂液对韩城 3 号和 5 号煤心伤害率实验结果见表 8.12 和图 8.63。由表可知，新型悬浮剂活性水压裂液体系的伤害率通常低于 20%，略低于常规活性水（10%～30%）。

表 8.12 活性水伤害实验结果

流体类型	煤心	实验块数	伤害率/%
0.5%的 FYXF-3	韩城 3 号	10	9.45
1.0%的 FYXF-3	韩城 3 号	14	10.52
0.5%的 FYXF-3	韩城 5 号	5	18.33
1.0%的 FYXF-3	韩城 5 号	10	16.67
常规活性水（2%的 KCl＋0.2%的 DL-8）	韩城 3 号	4	16.29
常规活性水（2%的 KCl＋0.2%的 DL-8）	韩城 5 号	6	19.27

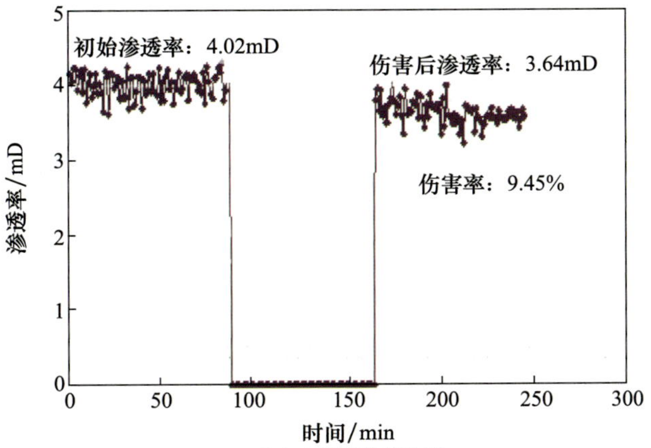

（a）3号煤伤害实验

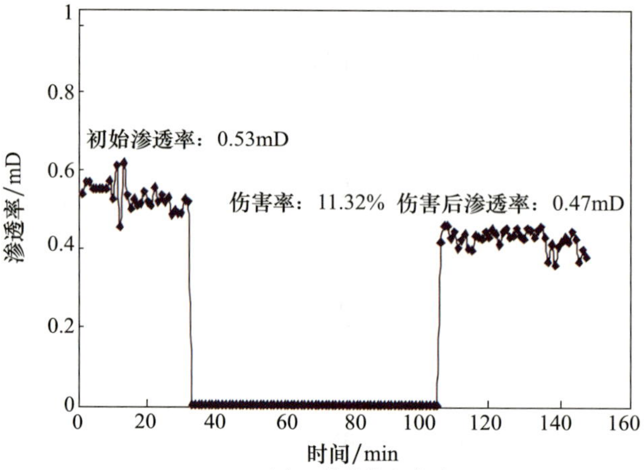

（b）5号煤伤害实验

图 8.63　煤粉悬浮活性水伤害实验结果

（二）双生阳离子表面活性剂及清洁压裂液体系

双生表面活性剂（geminis）是一类带有两个疏水碳链、两个亲水基团和一个桥联基团的化合物（Rosen，1993），分子形状如同“连体的孪生婴儿”，如图 8.64（a）所示。

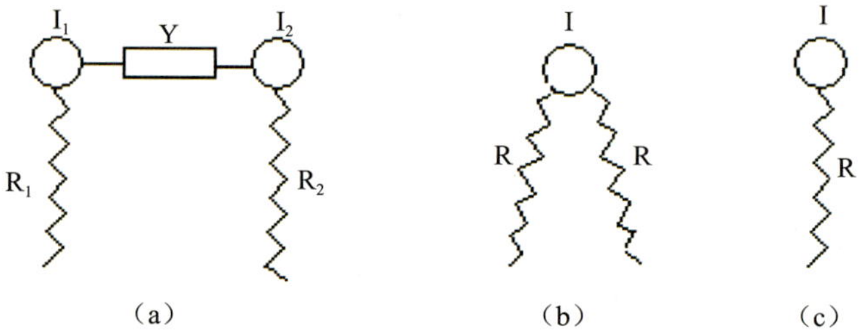

图 8.64　双生和传统表面活性剂的分子结构比较简图

图 8.64 中(a) 为双生表面活性剂分子结构示意图；而图 8.64(b) 和图 8.64(c) 是具有双烃链和单烃链的传统表面活性剂分子结构示意图。

阳离子双生表面活性剂的连接基团的变化最为丰富，从疏水链来看，由最初等长的饱和碳氢链型，出现了碳氟链部分取代碳氢链型、不饱和碳氢链型、醚基型、酯基型、芳香型及两个碳链不等的不对称型。

研究表明，在保持每个亲水基团连接的碳原子数相等条件下，与传统单链表面活性剂相比，双生表面活性剂具有如下特征性质：①更易吸附在气-液表面，从而更有效地降低水溶液表面张力；②更易聚集生成胶团；③具有很低的 Kraft 点；④具有良好的增溶能力；⑤独特的流变性能。

1. 合成条件的优化

主要考虑到双生阳离子表面活性剂的连接基和疏水链的影响较为突出，合成了三种连接基为亚甲基的阳离子孪联表面活性剂，分别为 C12-4-C12 · $2Br^-$、C16-4-C16 · $2Br^-$ 和 C16-2-C16 · $2Br^-$。合成了连接基中含羟基的双生表面活性剂 C16-2-OH-2-C16 · $2Br^-$，它们的合成过程类似，现介绍 C16-4-C16 · $2Br^-$ 的合成工艺。

1）合成方法

双生阳离子型表面活性剂的合成反应如式如下：

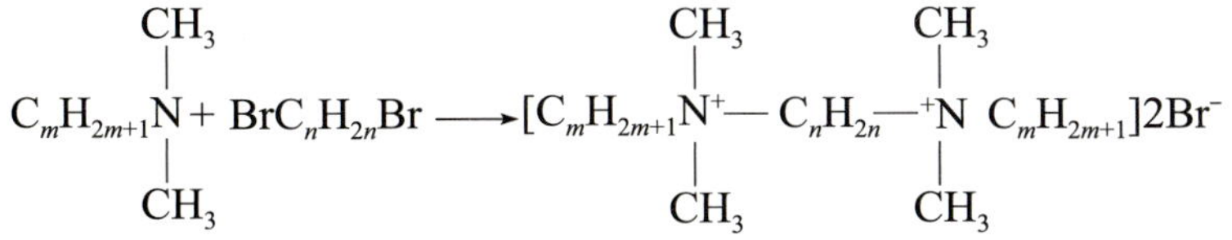

取 N,N-二甲基十六烷基叔胺 0.0625mol 和 1,4-二溴丁烷 0.03125mol，置于干燥的反应器中，加入 35mL 有机溶剂（乙醇），加热升温至回流温度。维持反应时间数小时，得到淡黄色混合物。用乙醇溶解混合物后，向溶液中滴加乙酸乙酯，直至混浊，降温静置 12h。抽去溶剂后，如此重结晶 3 次后，得到白色固体微粒，于 60℃真空干燥，得到产物双季铵盐。

2）合成反应条件优化

分别考察原料配比、容积用量、反应时间和催化剂用量对合成反应产率的影响。

以粗品：乙醇：乙酸乙酯 $V(m:v:v)=1.0:0.5:5.0$(g：mL：mL）的比例进行重结晶三次。在 2：1：1 的比例下得到的产物比例最高；溶剂用量为 20～30mL 得到的产物最高；随着反应时间的延长，产率不断增加，在 24h 之后基本达到了平衡，反应时间确定为 24h；催化剂对产率的影响不明显，氢氧化钠稍差，盐酸、BF_3-乙醚、无水 $AlCl_3$ 几种都在 97%以上。

根据正交表信息和正交实验数据分析可以看出，溶剂用量是影响反应的主要因子，反应时间和反应配比次之，反应配比影响最小。根据正交实验的结果，确定最佳的反应条件为：A2B3C1。即在反应配比 2：1：1，反应时间为 36h，溶剂用量为 25mL 时，反应产率最高（表 8.13）。

表 8.13　正交试验设计表

水平	反应配比/mol	反应时间/h	溶剂用量/mL
1	2：0：1	12	25
2	2：1：1	24	35
3	2：2：1	36	50

2. 产品结构表征

产品结构决定产品的性能，利用红外光谱分析，结合核磁共振来确定产品分子结构。双生阳离子表面活性剂（以 C16-4-C16 · $2Br^-$ 为例）的 IR（KBr）如图 8.66 所示。由图 8.65 中的 C16-4-C16 · $2Br^-$ 可知，在 2850～2980cm^{-1} 处为—CH_3 和—CH_2 的伸缩振动吸收峰；1380～1500cm^{-1}、720～730cm^{-1} 处分别为—CH_3 和—CH_2 的弯曲变形振动吸收峰；950cm^{-1} 附近是 C—N 的振动吸收峰。

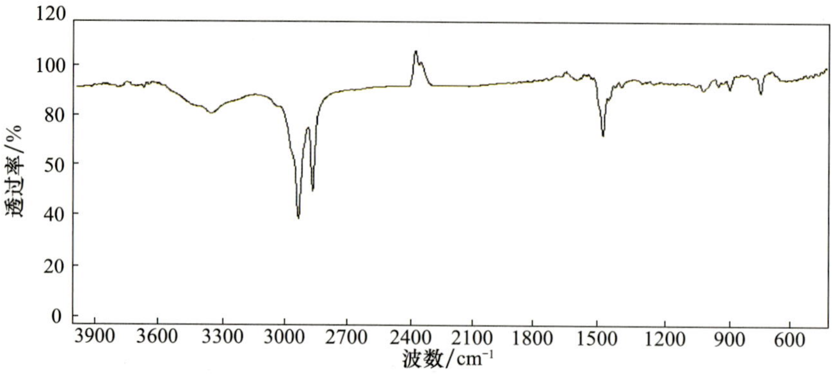

图 8.65　C16-4-C16 的红外谱图

如核磁共振图 8.66 所示，具体描述和解析图中自右向左的峰如表 8.14 所示。

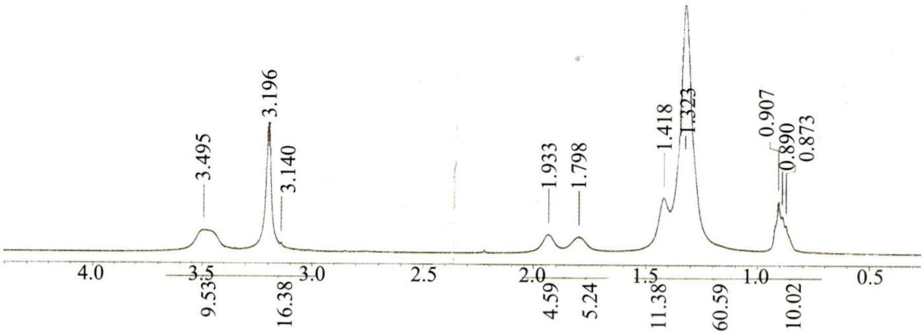

图 8.66　C16-4-C16 的核磁共振图

表 8.14　核磁共振分析

所在位置	位移	大小	氢数
碳链—CH_3	0. 907	10. 02	6
碳链—CH_2—	1. 323	60. 59	52
	1. 418	11. 38	
碳链 N—C—CH_2	1. 798	5. 24	4
连接基 N—C—CH_2	1. 933	4. 59	4
连接基上 N—CH_3	3. 198	16. 38	12
N—CH_2 包括碳链和连接基	3. 495	9. 53	8
合计	14. 072	117. 73	86

从表 8.14 中氢数的增加数可以确定所合成的产物正是目的产物，即双生阳离子表面活性剂。通过对红外和核磁共振图的分析，合成产物为目的产物。

3. 清洁压裂液体系性能评价

通过应变扫描和频率扫描，对各胶束体系进行黏弹性分析，通过研究应力及黏度随剪切速率的变化关系，研究各体系的黏弹性、触变性及流体类型，利用 RS600 流变仪测试不同配方的清洁压裂液体系流变性能，筛选出适合不同地质条件的煤层气井用清洁压裂液配方。

1）黏弹性能分析

配制 50mL2％的 C16-4-C16 表面活性剂溶液，加入平衡反离子溶液配制成下列系列的清洁压裂液。

体系 1：2％C16-4-C6＋1％有机钠。

体系 2：2％C16-4-C16＋1％无机铵。

测定 G'、G''、G^* 和黏度，改变剪切速率观察黏度变化绘制体系触变性曲线及流体类型曲线。

体系 1 的弹性模量 G' 和剪切模量 G^* 近乎重叠，而 $G' \approx G^* \gg G''$，体系的 $\tan\delta \ll 1$ 说明剪切储能模量（弹性模量）明显占优势，显示出极强的结构性，流动性较弱。且 G' 不受剪切频率的影响，受应变的影响也较小，G'' 则对较高的剪切频率不稳定，但总体表现出增高的趋势；应变较高时，黏性模量略升高，弹性模量下降（图 8.67、图 8.68）。

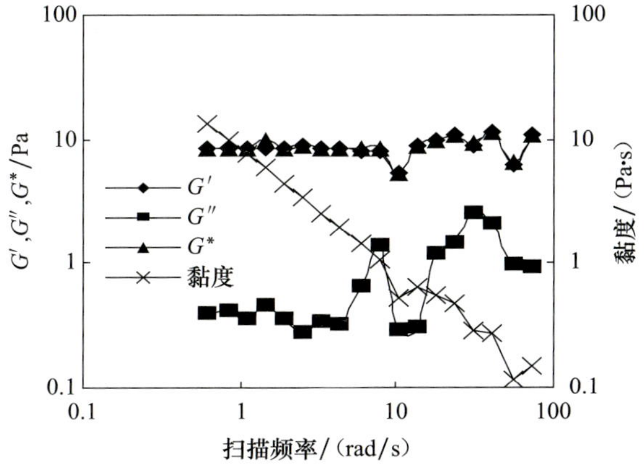

图 8.67 体系 1 流变性曲线（频率扫描）

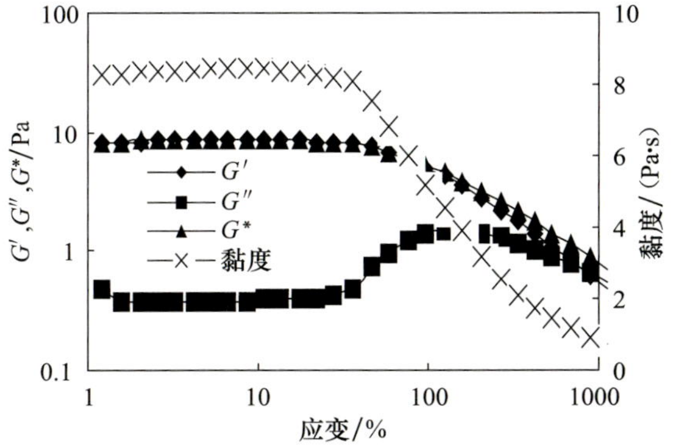

图 8.68 体系 1 流变性曲线（应变扫描）

在体系 2 中的应变扫描中黏性模量和弹性模量相差不大，对剪切模量的贡献相当，当应变较小和较大时，黏性模量略大于弹性模量，总之，tanδ 接近于 1，弹性模量没有占明显的优势；此外，G'和 G''都没有因应变的变化有太大的波动说明，体系的稳定性较好；动态黏度值先增高后减小（图 8.69、图 8.70）。

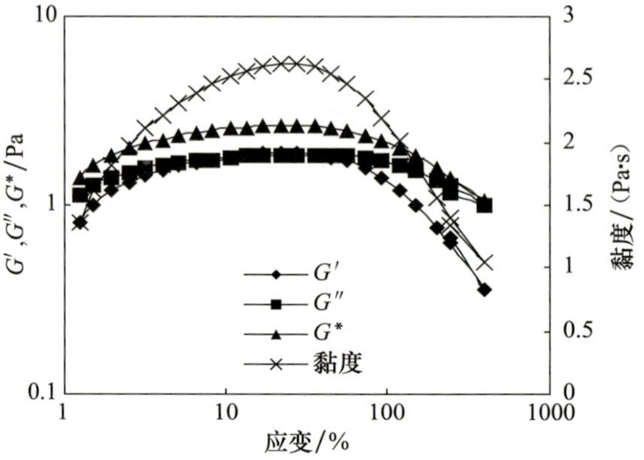

图 8.69　体系 2 流变性曲线（频率扫描）

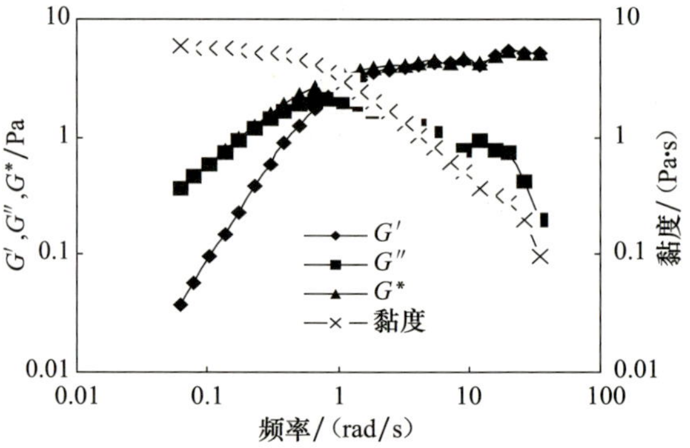

图 8.70　体系 2 流变性曲线（应力扫描）

对比两体系的流变图得出结论，首先对比 tanδ 值，体系 1 更趋向于弹性凝胶体，弹性模量占绝对优势（$G' \gg G''$），且不随频率变化。体系 2 有弹性但弹性凝胶体的性质不明显（G'和 G''很接近）。

2）流变及黏弹性实验

利用 RS600 流变仪测试不同配比、不同温度的黏弹性表面活性剂压裂液流变性能，筛选出适合的配方。

0.8%表面活性剂 SF-A+0.8%的反离子钠 SF-B 体系在不同温度下的流变实验曲线如图 8.71 所示。

在该浓度下，温度为 35℃时，压裂液黏度为 35mPa·s，能满足携砂要求。因为清洁压裂液的弹性远大于黏性，携砂主要依靠弹性而不是黏性，所以，可适当降低其黏度，也就是降低表面活性剂的使用量，也能满足压裂施工的需要。

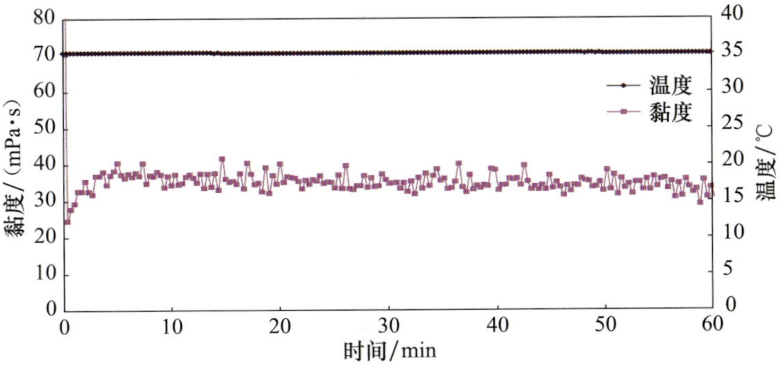

图 8.71　35℃流变曲线

3）线性动态膨胀实验

将清洁压裂液中加入 0.02% 的 OP-10，彻底破胶制得破胶液，破胶液黏度为 3.26mPa·s。用 150-80 动态线性膨胀仪测试晋城 3 号煤与不同液体的动态线性膨胀率如表 8.15 所示。

从实验数据可知，清洁压裂液破胶液对煤粉有很好地防止其膨胀的性能。由于清洁压裂液破胶液中主要成分为阳离子表面活性剂，本身具有较好的稳定黏土作用，在压裂施工过程中能有效防止黏土的膨胀，减小黏弹压裂液对煤层的伤害。

表 8.15　实验液体与晋城 3 号煤粉膨胀实验数据

实验液体	膨胀量/mm									膨胀率/%
	10min	20min	30min	40min	50min	60min	70min	90min	120min	
蒸馏水	0.61	1.12	1.42	1.62	1.79	1.91	1.99	2.08	2.09	
2%的 KCl	0.78	1.03	1.18	1.29	1.29	1.31	1.32	1.33	1.33	36.89
清洁压裂液破胶液	0.37	0.49	0.58	0.69	0.73	0.80	0.85	0.94	0.99	53.39
煤油	0.01	0.01	0.01	0.02	0.02	0.02	0.02	0.03	0.03	

4）破胶性能评价

对 SF-C 的破胶性进行了研究，实验温度选择 35℃，实验结果如图 8.72 所示。

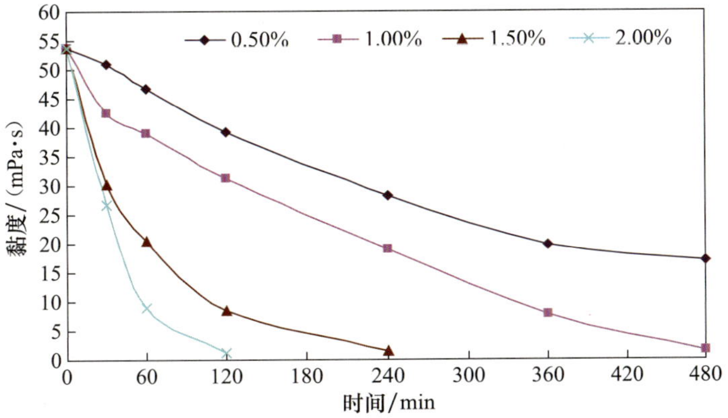

图 8.72　35℃时 SF-C 破胶曲线

由图 8.72 可以看出，破胶剂 SF-C 可有效控制清洁压裂液的破胶时间。破胶剂用量越大，破胶时间越短。煤层气井温为 30℃左右时，SF-C 用量为 0.03%左右即可达到破胶要求。

5）悬砂性能评价

压裂液的悬浮性能是指压裂液对于支撑剂的悬浮能力。传统上认为压裂液的悬浮性能主要取决于液体的黏度、密度及在管线或裂缝中的流速，液体黏度高，悬浮性好；液体密度大，悬浮能力强；压裂液在管线或裂缝中流速大，携带支撑剂能力强。

初步考察体系静和态动态两种悬浮性。将清洁压裂液装入 200mL 量筒中，加入 60g 兰州石英砂，测得静态沉降速度结果见表 8.16。

表 8.16　不同流体在相同表观黏度体系下的静态沉降速度

参数	流体名称			
	甘油	HPAM	2%C16/无机铵	2%C16/有机钠
沉降速度/(cm/min)	50	10.5	0.39	0.094

由表 8.16 中数据可知，砂粒在相同表观黏度的四种流体中的静态沉降速度相差很大，纯黏性流体甘油的悬浮能力很差，由分子链间的缠结形成一定结构的 HPAM 溶液具有一定的悬浮能力，而形成充分缔合结构的 2%C16/无机铵和 2%C16/有机钠的悬浮能力相当好。四种流体的表观黏度相同，而弹性却相差很大，这初步说明悬浮能力与表观黏度之间并不存在很必然的联系，而弹性对悬浮性的贡献起关键作用，弹性（储能模量）大的流体，其悬浮性能好。

利用磁力悬浮搅拌器在一定转速下测定清洁压裂液的动态悬砂性能，只要体系以一定速度转动（砂比 30%，20r/min），砂子就能被悬浮起来，不会沉到底部，清洁压裂液现场施工排量为 3～6m^3/min 的排量下，压裂液都会对砂子有很好的悬浮性能。

6）压裂液对煤层的伤害实验

破胶后的清洁压裂液由于黏度大幅度的下降，流变性会改善，对岩心的损害率也会随之降低，伤害结果见图 8.73。由图可知，清洁压裂液伤害率通常低于 30%，在减少储层伤害提高煤层气产量方面有很大潜力。

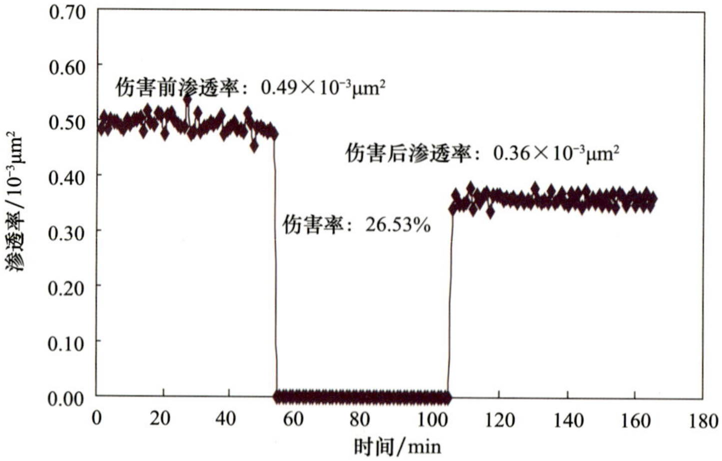

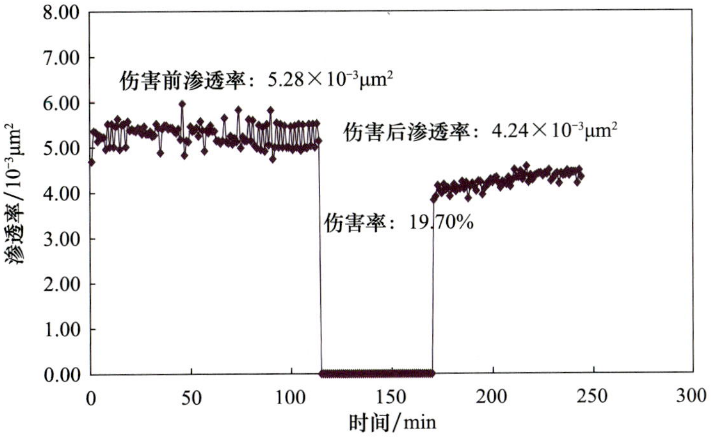

图 8.73 清洁液破胶液和活性水伤害实验（5 号煤）

4. 清洁压裂液体系现场应用

在韩城、晋城、宁武盆地等煤层气区块进行了 8 口井的现场试验，施工成功率 100%，试验结果表明，该体系存在以下特点：①滤失低，造缝效率高，压降段拟合滤失系数为 $4.5\times10^{-4}\sim7\times10^{-4}$ m/min$^{1/2}$，为清水的 15%；②摩阻低，施工摩阻为 4.29MPa，为清水的 27%；③携砂能力高，最高砂比为 40%～45%，平均砂比 29.5%，米加砂量为 8～12m^3/m；④破胶液黏度 3mPa·s，返排效率高，稳定产气明显高于区块平均水平（表 8.17）。

表 8.17 清洁压裂液应用效果统计（已见气井）

井号	所属区块	压裂液	压后产量/(10^4m^3/d)	邻井压后产量/(10^4m^3/d)	比邻井增产幅度/%
武 15-3	宁武	清洁压裂液	0.034	0.028	21.2
FZP15-1	樊庄	清洁+煤粉悬浮	0.0846	0.0587	44.1
保 1-01 向 4	保德	清洁压裂液	0.091	0.035	160.0

二、高效支撑压裂施工控制方法及机理

对于低孔、低渗透煤层气井，只有通过水力压裂技术造缝对储层进行深度改造，从而扩大气井渗流面积，改善渗流通道，提高气井产能。目前的水力施工监测和检测结果表明，水力压裂动态裂缝长度小于 100m，一般为 50～80m，支撑缝长为 40～60m，考虑了各种伤害因素的影响后，对产能有贡献的实际的有效缝长预计为 20～40m，因此如何提高有效支撑缝长就变得愈发迫切。

基于导流能力评估结果，在总的技术体系确定后，仍需要细化部分工艺措施的配套措施来保证该技术体系的安全高效实施，配套措施研究主要指针对目标区块或井层的特征及压裂难点，以及认识储层参数的需要，进行相关的配套措施的研究，旨在保证施工的顺利、支撑剖面最优和进一步认识储层参数。

1. 两次停泵测滤失技术

采用两次瞬时停泵压力测试的方法求解综合滤失系数（图 8.74）。通过开展两次瞬

时停泵测地层滤失系数的研究，可以更科学、准确地掌握地层的滤失情况及应力大小，实时调整施工参数，使得施工更科学化、合理化，保证措施成功率更高，针对性更强。

该方法简单，不会增加入井液体（与小型压裂比较），不会引起额外的储层伤害。其原理是：一般第二次瞬时停泵压力比第一次要高，原因是压裂液的滤失使储层流体孔隙压力增加，造成地应力的增加。两次停泵压力差值越大，地层的滤失性也越大。如裂缝延伸到物性变差，地应力变高的区域，也会造成第二次停泵压力升高。不管是什么原因造成的第二次停泵压力升高，都应当适当增大前置液量和/或排量。

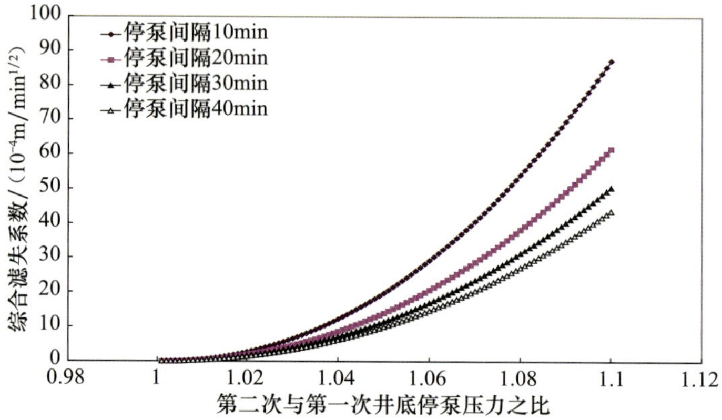

图 8.74　L23 井滤失系数计算图版（KGD 模型）

由两次瞬时停泵压力求综合滤失系数的公式为

$$C_t=\frac{1}{3.28\sqrt{t-t_0}}\left[\frac{1}{C'}\left(\frac{\mathrm{ISIP}(t)+P_H}{\mathrm{ISIP}(t_0)+P_H}\right)-1\right]^{\frac{1}{C''}}$$

式中，C_t 为综合滤失系数，m/min$^{1/2}$；t 为任一施工时间，min；P_H 为井筒净液柱压力，MPa；ISIP（t_0）、ISIP（t）分别为前置液某一时间段 t_0 停泵压力和压裂施工中任一时间 t 的停泵压力，MPa；C'、C''分别为裂缝几何形态系数，对 PKN 模型，分别为 0.20233 和 0.47850，对 KGD 模型，分别为 0.1903 和 0.46767。

2. 变排量施工技术

变排量施工技术是指在前置液阶段利用变排量控缝高和滤失，携砂阶段利用变排量提高砂比。该方法的优点就是可以控制起始缝高，一旦主裂缝形成，再提排量对缝高的影响不大。携砂液后期必要提高排量，以提高压裂液的携砂能力，获得更长的支撑裂缝。变排量可产生压力脉冲效应，震荡裂缝内可能的砂堵处，从而排除砂堵风险。

3. 支撑剂段塞技术

煤层多裂缝发育，尤其在近井地带，会带来近井筒摩阻，在裂缝扭曲的地方，缝宽较窄，容易出现早期脱砂，前置液阶段的支撑剂段塞技术是减少近井筒摩阻的有效方法。针对不同的近井筒摩阻采用不同的支撑剂段塞浓度和级数，摩阻越大说明扭曲处的通道越窄，因此支撑剂段塞的浓度应越低，段塞级数越多；摩阻越小说明扭曲处的通道越宽，支撑剂的段塞浓度应越高，段塞级数越少。

施工中一般分几个段塞，后一阶段段塞的支撑剂浓度应比前一阶段的逐渐增加，以增加支撑剂段塞的打磨效果。如果支撑剂段塞的浓度不变，则段塞打磨的效果不好。施工中根据近井筒摩阻的大小确定支撑剂段塞的级数与浓度。表 8.18 是支撑剂段塞技术的技术要点总结。

建议采用四级段塞，段塞砂比依次为 3%、5%、7%、9%，最后阶段段塞既有打磨作用又有试探性加砂作用。

表 8.18 不同近井筒摩阻下的支撑剂段塞技术

近井筒摩阻范围/MPa	该地层以往施工经验	推荐支撑剂段塞粒径	段塞体积/m^3	支撑剂浓度/(kg/m^3)
<1.8	无	与正式加砂同	5.7～11.4	360～720
<1.8	480kg/m^3 进地层压力上升	与正式加砂同	5.7～11.4	240～480
2.1～3.4	无	比正式加砂粒径小一级别	5.7～11.4	240～480
2.1～3.4	360kg/m^3 进地层压力上升	与正式加砂同	5.7～11.4	240～480
2.1～3.4	120～240kg/m^3 进地层压力上升	与正式加砂同	5.7～11.4	60～240
4.1～6.9	无	100 目或 40/70 目	3.8～7.6	60～240
4.1～6.9	120～240kg/m^3 进地层压力上升	40/70 目或比正式加砂粒径小一级别	3.8～7.6	120～480
4.1～6.9	支撑剂穿过孔眼几分钟出现砂堵	100 目或 40/70 目	5.7～11.4	60～240
>6.9	无	黏性的冻胶段塞或 100 目	5.7～11.4	0～120
>6.9	60～120kg/m^3 进地层压力降低，240～360kg/m^3 进地层时压力上升	40/70 目或比正式加砂粒径小一级别	3.8～7.6	60～240
>6.9	120kg/m^3 进地层压力上升	100 目或 40/70 目	5.7～11.4	120～360

4. 螺旋式加砂技术

螺旋式加砂技术是针对高应力或高滤失等加砂困难同时又需要高导流改造的储层，目的是完成加砂的前提下提高裂缝平均铺置浓度以获得预期的导流能力，其螺旋变化的前提是与储层滤失等物性条件匹配相匹配。螺旋加砂的做法是当砂比提到风险砂比段时，缩短时间并马上降到较低砂比冲散砂堤，此时几段砂在缝内混合前进，如此高砂比-冲刷-混合反复进行，得到高导流裂缝（图 8.75）。

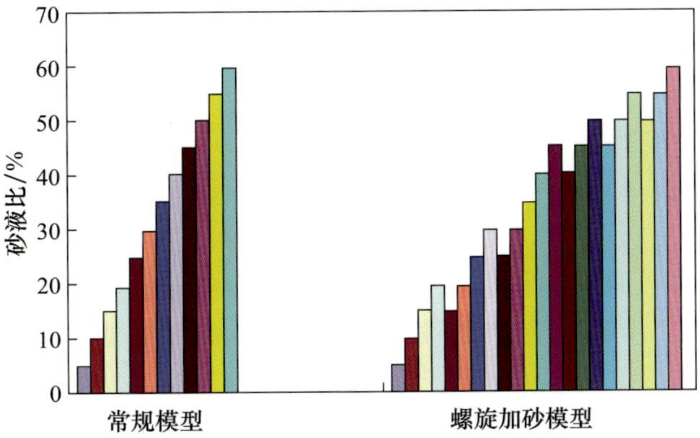

图 8.75 螺旋式加砂示意图

5. 支撑剂尾追技术

通过三维软件的模拟研究，证明尾追大粒径支撑剂对裂缝的导流能力影响较为显著。以加砂 40m^3、尾追 30%为例，可提高导流能力近 1 倍（图 8.76）。

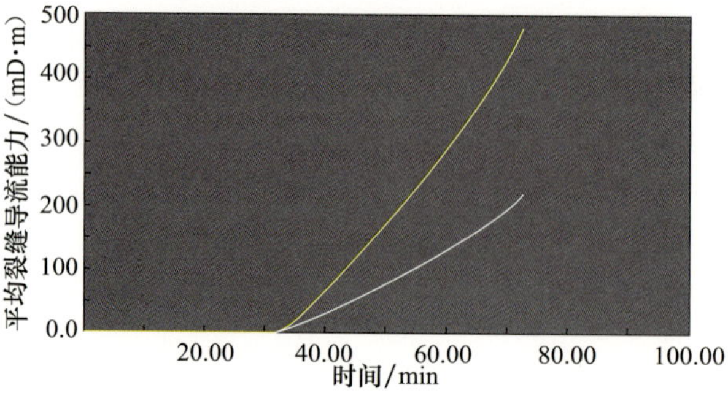

图 8.76 支撑剂尾追对导流能力的影响（加砂 40m^3，尾追 30%）

应用模拟软件考察对比不同尾追率对导流能力的影响，分别对比尾追比例为 8%、15%、25%和 33%的情况下的导流能力。结果表明导流能力随着尾追量的增加，呈现逐步升高的规律，尾追 25%时增加幅度较大，考虑追加量与成本的关系，尾追大粒径支撑剂取 25%左右较为合理（图 8.77）。

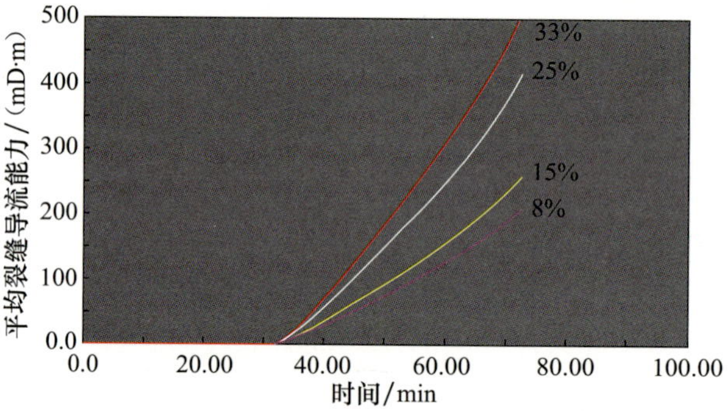

图 8.77 不同尾追比例对导流能力的影响

6. 顶替量优化技术

顶替量优化技术主要有以下两个方面。

（1）降排量顶替：施工时如果观察压力正常，则采用降排量顶替，排量变化为 8m^3/min—7m^3/min—6m^3/min—5m^3/min—4m^3/min，减少流动惯性。

（2）活性水顶替：顶替时活性水闸门开到最大，由于活性水摩阻高，造成施工压力高，有意造成“被迫”降排量顶替的效果。另外活性水黏度低，进地层后利用“黏滞指进”效应使缝口处的支撑剂不被冲散。

如果顶替时实现降排量，则停泵时的流动惯性相对较低，可按正常顶替；如果顶替时排量高，则停泵时的流动惯性相对较高，可采用欠顶替。

7. 压后返排技术优化

煤岩应力敏感性强，设动液面为 0m 时裂缝宽度为 1/cm，则裂缝宽度与净压力呈线性关系，裂缝导流与宽度的 3 次方成正比关系。

由图 8.78 可以看出，针对蒲池区块 450m 处是一个拐点，开始阶段应放慢抽吸速度，建议每天动液面下降 20m。当动液面超过 450m 后，应力敏感性影响减少，可适当加快抽吸速度，每天动液面下降控制在 30m 左右。

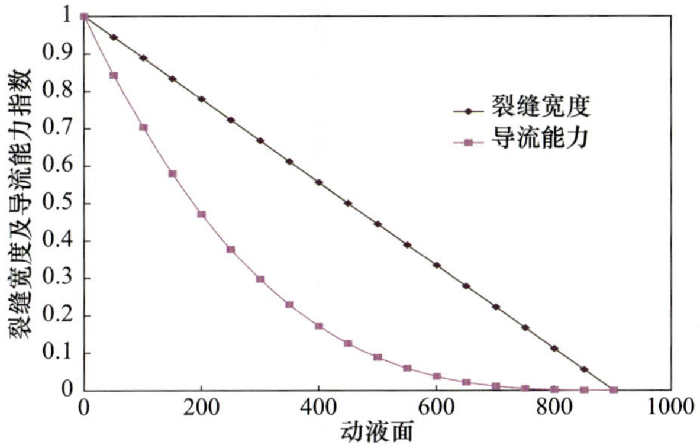

图 8.78 动液面与裂缝导流能力和缝宽的关系

三、应用实例及效果

根据压裂液体系对比表，针对不同煤层特征，优选适用的煤层气压裂液体系，综合多因素导流能力评估结果，针对主要伤害因素，优选出现场施工主体技术及配套措施，建立适合不同井组/区块煤层，以提高裂缝有效支撑和高效排水降压为核心的高效支撑压裂技术。

该技术应用的井组/区块及适用的技术措施如表 8.19 所示。

表 8.19 部分井组高效支撑压裂技术优化表

井组	压裂力学特征	导流伤害主因评价	主要针对性高效支撑压裂技术措施
韩城 WL1 井组	中高阶煤、埋深为 312～600m，割理发育、应力梯度低（0.012～0.02MPa/m），杨氏模量低（2000～5000MPa）	多裂缝＞嵌入＞煤粉＞压裂液＞应力	多级段塞技术、大粒径支撑剂尾追、复合压裂技术
大宁-吉县宫 1 井组	中高阶煤、埋深为 917～1037m，应力梯度中高（0.017～0.033MPa/m），杨氏模量中高（6000～10000MPa）	应力＞多裂缝＞压裂液＞嵌入＞煤粉	两次停泵分析、返排优化控制、支撑剂粒径组合
蒲池蒲 1& 蒲 2 井组	高阶煤、低温低压（25℃）、割理发育、储隔层应力差小（3～5MPa）、杨氏模量中低（2000～4000MPa）	多裂缝＞应力＞压裂液＞嵌入＞煤粉	多级段塞技术、变排量施工技术、两次停泵分析、返排优化控制
滇黔川沐爱区块	中高阶煤、埋深为 200～1000m，多薄层、闭合应力梯度中高（0.018～0.053MPa/m），杨氏模量中低（4000～8000MPa）	应力＞嵌入＞多裂缝＞压裂液＞煤粉	两次停泵分析、返排优化控制、大粒径支撑剂尾追、小幅多级次砂比提升

续表

井组	压裂力学特征	导流伤害主因评价	主要针对性高效支撑压裂技术措施
宁武盆地武试5井组和武试15井组	中高阶煤、埋深为950～1250m，破碎率高、闭合应力梯度中高（0.022～0.036MPa/m），杨氏模量中低（5000～8800MPa）	煤粉＞嵌入＞多裂缝＞应力＞压裂液	煤粉悬浮剂体系、大粒径支撑剂尾追、多级段塞技术、复合压裂技术

根据以上优化技术对韩城、晋城、蒲池、沐爱、蒿坝及宁武盆地22口井38层进行了压裂优化设计及现场施工，施工成功率为100%，施工压力平稳，加砂饱满，使用该技术后的井单层平均加砂量为38.5m^3，平均砂比为16.5%，平均加砂强度为6.88m^3/m，区块平均单层加砂强度提高27%，平均砂比提高5%，平均米加砂强度提高22%（表8.20）。实现了提高支撑裂缝导流能力的目标，现已成为多个区块的特色压裂技术及施工规范。

表8.20　高效支撑压裂技术应用统计表

井号	煤层深度/m	煤层厚度/m	液量/m^3	加砂量/m^3	平均砂比/%
YSL11井2+3号煤	844.5～853	2.5	792.4	20.0	7.4
YSL11井7+8号煤	867.7～884.3	7.0	996.4	28.5	7.2
YSL31井2+3号煤	710.6～721.5	4.0	660	26.4	10.8
YSL31井7+8号煤	635～648.4	4.5	460	21.0	10.5
YSL32井2+3号煤	612.7～629.6	4.4	650	19.2	9.2
YSL32井7+8号煤	735.7～744.5	3.7	536.1	26.1	12.8
武9-3井9号煤	1195～1199	6	474.7	62.1	19.1
武9-4井9号煤	1196～1203	7.0	757.2	53.6	11.2
武15-3井9号煤	1194.3～1203.8	9.5	721.1	61.1	15.6
武15-1井9号煤	1237.1～1247.3	10.2	863	61.3	11.7
吴试3井8号煤	1251.0～1254.0	2.3	190.8	30.0	24.9
武试5-1井	971.3～978.95	7.0	382	37	14.8
武试5-2井	984.6～996.8	8.1	477.8	33.1	11.0
武试5-3井	1001.6～1012.6	10.2	434.8	51.7	21.7
武试5-4井	988.7～998.8	10.0	530.6	51.3	14.4
武试5-5井	966.2～978.1	9.2	340.4	45.3	23.2
宫1-5井5号煤	1107.5～1116.0	6.5	134.1	38.0	27.1
宫1-5井8号煤	1177.0～1182.0	4.0	208.8	22.0	29.5
ZC128井	497.80～502.50	4.7	254.3	40.7	22.4
ZC129井	503.0～507.5	4.5	239.4	41.1	24.2
平均值		6.3	505.2	38.5	16.5

部分井施工曲线如图8.79、图8.80所示。

由于煤层气井压后排水期较长，需要6～18个月左右才能见气，故高效支撑压裂技术施工后的井仍有半数左右未见气（还有部分井由于经营权转让等原因未能排采），目前已见气井的产量比同区块平均气产量提高23%～156%，平均增产率为77.43%（表8.21），先导试验证明，该技术增产效果明显，推广应用前景广阔，经济效益巨大。

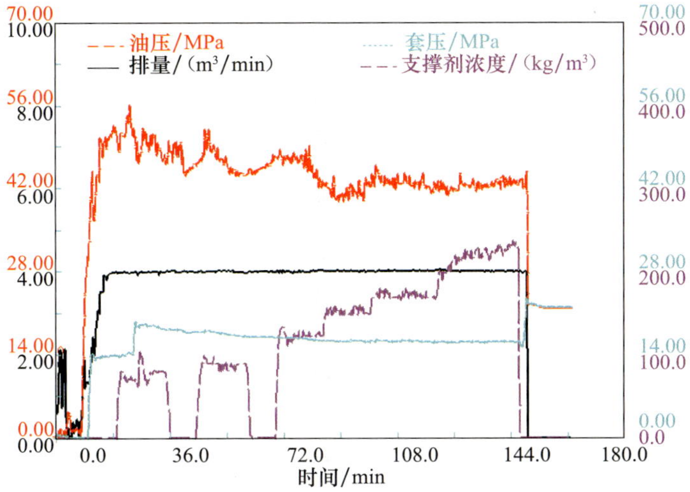

图 8.79 宫 1-5 井压裂施工曲线

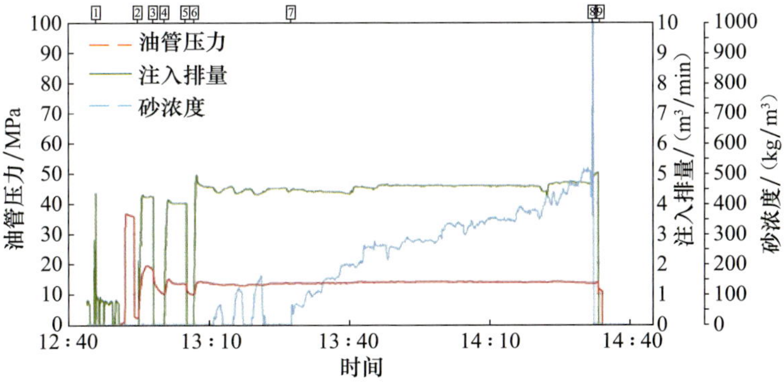

图 8.80 蒲 1-3 井压裂施工曲线

表 8.21 高效支撑压裂技术压裂施工效果统计

井号	所属区块	压裂液	压后稳产/($10^4m^3/d$)	邻井压后产量/($10^4m^3/d$)	比邻井增产幅度/%
WL1-001 井	韩城	活性水	0.0985	0.0802	22.82
WL1-005 井	韩城	活性水	0.162	0.0802	102.00
武试 1-3 井	宁武	活性水	0.0457	0.0336	36.01
武试 1-4 井	宁武	活性水	0.0662	0.0336	97.02
郑 19-3 井	郑庄	活性水	0.0888	0.0595	49.24
郑 19-4 井	郑庄	活性水	0.0864	0.0595	45.21
ZC128 井	郑庄	清洁压裂液	0.0543	0.0212	156.13
ZC129 井	郑庄	清洁压裂液	0.0518	0.0212	144.34
FZP15-1 井	樊庄	清洁压裂液+煤粉悬浮剂	0.0846	0.0587	44.12
	平均值		0.0820	0.0497	77.43

部分使用高效支撑压裂技术井排采曲线如图 8.81～图 8.83 所示。

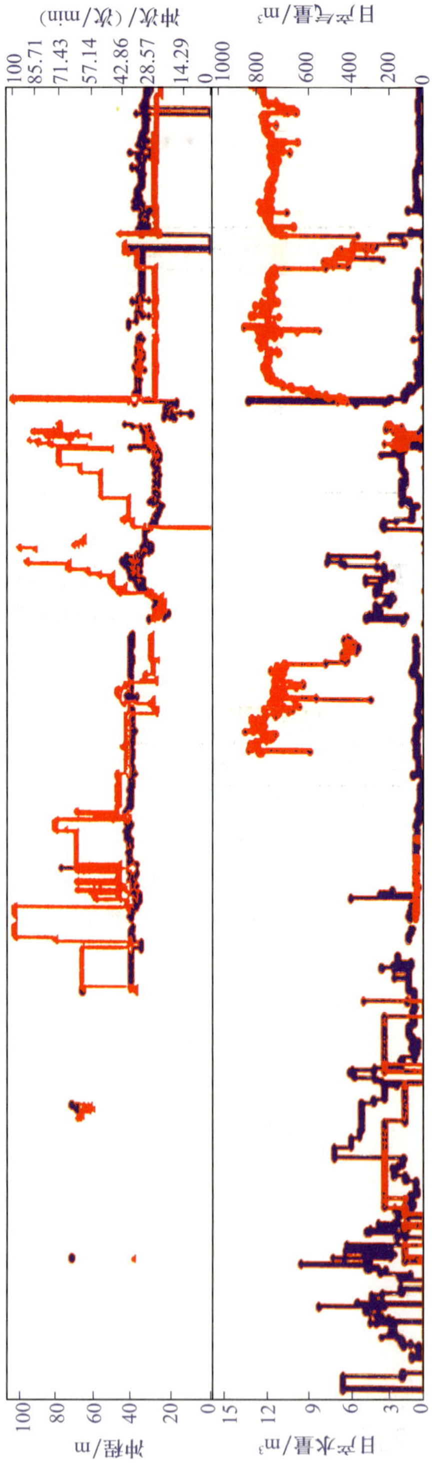

图8.81 FZP-1井排采曲线

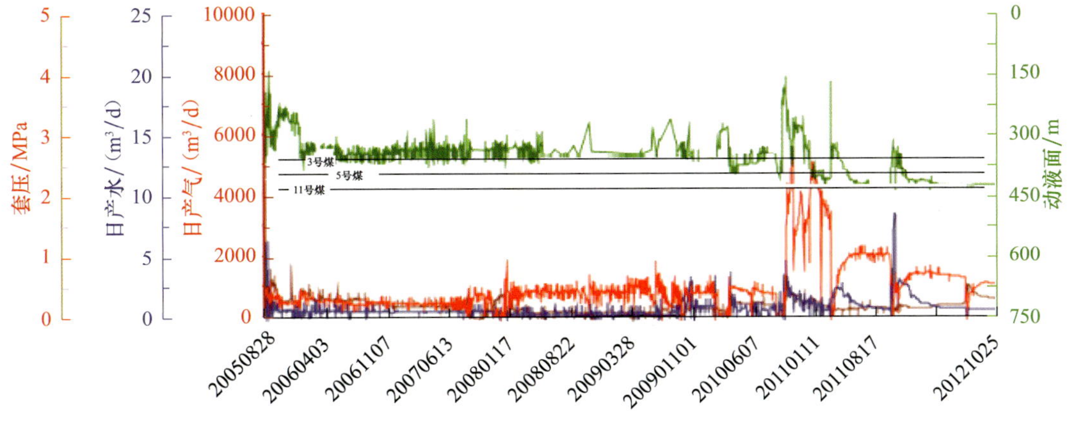

图 8.82　WL1-001 井排采曲线（下泵深度为 437.29m）

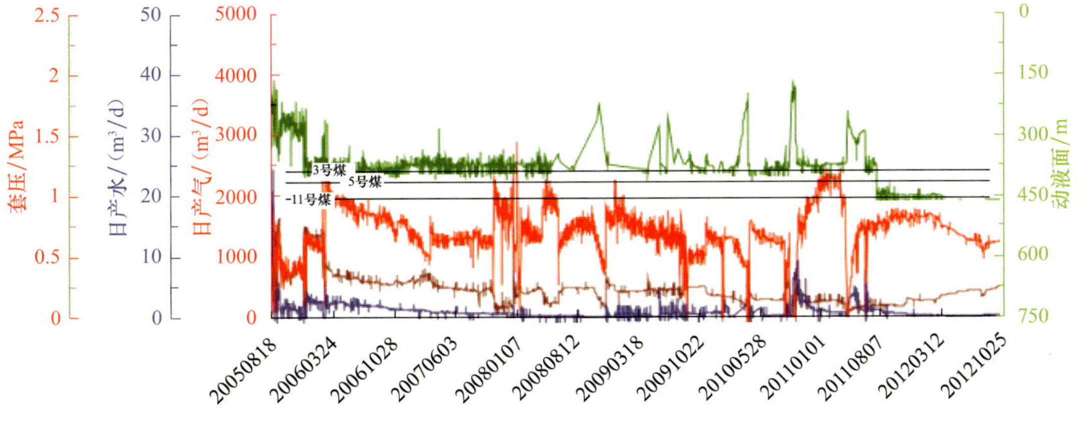

图 8.83　WL1-005 井排采曲线（下泵深度为 463.93m）

参 考 文 献

白新桂. 1986. 数据分析与实验优化设计. 北京：清华大学出版社

毕建军，苏现波，韩德馨，等. 2001. 煤层割理与煤级的关系. 煤炭学报，26（4）：346-349

薄冬梅，赵永军，姜林. 2008. 煤储层渗透性研究方法及主要影响因素. 油气地质与采收率，15（1）：18-21

陈金刚，张世雄，秦勇，等. 2004. 煤基质收缩能力内在控制因素的试验研究. 煤田地质与勘探，32（5）：26-28

陈萍，唐修义. 2001. 低温氮吸附法与煤中微孔隙特征的研究. 煤炭学报，26（5）：552-556

陈颙，黄庭芳，刘恩儒. 2009. 岩石物理学. 合肥：中国科技大学出版社

陈振宏，王一兵，杨焦生，等. 2009a. 影响煤层气井产量的关键因素分析—以沁水盆地南部樊庄区块为例. 石油学报，30（3）：409-413

陈振宏，王一兵，孙平. 2009b. 煤粉产出对高煤阶煤层气井产能的影响及其控制. 煤炭学报，34（2）：229-232

陈祖安，伍向阳. 2001. 用相关分析法提高波速测量精度. 地球物理学进展，16（1）：101-103

邓聚龙. 2005. 灰色系统基本方法. 武汉：华中科技大学出版社

邓泽，康永尚，刘洪林，等. 2009. 开发过程中煤储层渗透率动态变化特征. 煤炭学报，34（7）：947-951

董守华. 2004. 煤弹性各向异性系数测试与 P 波方位各向异性系裂缝评价技术. 徐州：中国矿业大学（内部报告）

杜严飞，吴财芳，邹明俊，等. 2011. 煤层气排采过程中煤储层压力传播规律研究. 煤炭工程，（7）：87-89

段连秀，王生维，张明. 1999. 煤储层中裂隙充填物的特征及其研究意义. 煤田地质与勘探，27（3）：33-35

冯文光. 2009. 煤层气藏工程. 北京：科学出版社

傅鹤林，李亮，李磊. 2000. 膨胀土结构分形特征研究. 长沙铁道学院学报，18（1）：1-5

傅雪海，李大华. 2002. 煤基质收缩对渗透率影响的实验研究. 中国矿业大学学报，31（2）：129-131

傅雪海，秦勇，李贵中. 2001. 储层渗透率研究的新进展. 辽宁工程技术大学学报（自然科学版），20（6）：739-743

傅雪海，秦勇，姜波，等. 2003. 山西沁水盆地中南部煤储层渗透率物理模拟与数值模拟. 地质科学，38（2）：221-229

傅雪海，秦勇，韦重韬. 2007. 煤层气地质学. 徐州：中国矿业大学出版社

高波，马玉贞，陶明信，等. 2003. 煤层气富集高产的主控因素. 沉积学报，21（2）：345-349

关德师. 1996. 煤层甲烷的特征与富集. 新疆石油地质，17（1）：80-84

桂宝林. 1999. 六盘水地区煤层气地质特征及富集高产控制因素. 石油学报，20（3）：31-37

郭栋. 2004. 地震属性分析及其在资料解释中应用. 油气地球物理，2（3）：46-49

韩大匡，陈钦雷，闫存章. 1993. 油藏数值模拟基础. 北京：石油工业出版社

郝琦. 1987. 煤的显微孔隙形态特征及其成因探讨. 煤炭学报，（4）：51-57

何思明，吴永，李新坡．2008．颗粒弹塑性碰撞理论模型．工程力学，25（12）：19-24
何伟钢，叶建平．2003．煤层气井排采历史地质分析．高校地质学报，9（3）：385-389
何伟钢，唐书恒，谢晓东．2000．地应力对煤层渗透性的影响．辽宁工程技术大学学报，19（4）：353-355
贺承祖，华明琪．1998．储层孔隙结构的分形几何描述．石油与天然气地质，19（1）：15-23
洪峰，宋岩，陈振宏，等．2005．煤层气散失过程与地质模型探讨．科学通报，50（增刊Ⅰ）：121-125
侯光才，张茂省．2008．鄂尔多斯盆地地下水勘查研究．北京：地质出版社
侯光久，王生维，张先进．2005．晋城成庄矿煤层中节理研究及其意义．天然气工业，25（1）：41-43
侯景儒，尹镇南，李维明，等．1998．实用地质统计学．北京：地质出版社
胡宝林．2003．鄂尔多斯盆地煤层气储层特征及综合评价．北京：中国地质大学（北京）
胡宝林，车遥，杨起．2003．吐哈盆地煤储层物性特征研究及煤层气资源前景．煤炭科学技术，31（4）：50-53
胡耀青，赵阳升，魏锦平．1996．三维应力作用下煤体瓦斯渗透规律实验研究．西安矿业学院学报，16（4）：308-311
胡忠贵，朱忠德，李相明，等．2004．沉积微相对储层物性控制作用的定量评价-以英台地区青山口组、泉头组四段砂组为例．油气地质与采收率，11（4）：4-6
霍永忠．2004．煤储层的气体解吸特性研究．天然气工业，24（5）：24-26
接铭训．2010．鄂尔多斯盆地东缘煤层气勘探开发前景．天然气工业，（6）：1-6
金智荣，郭建春，赵金洲，等．2007．不同粒径支撑剂组合对裂缝导流能力影响规律实验研究．石油地质与工程．（6）：88-90
康永尚，赵群，王红岩，等．2007．煤层气井开发效率及排采制度的研究．天然气工业，27（7）：79-82
孔兰．2008．基于相关分析法的喀斯特流域枯水影响因素分析．水科学与工程技术，（6）：60-63
李贵红，张泓，张培河，等．2010．晋城煤层气分布和主导因素的再认识．煤炭学报，35（10）：1680-1684
李国富，田永东．2002．煤层气井排水采气机理浅探．中国煤炭，28（7）：33-35
李国富，侯泉林．2012．沁水盆地南部煤层气井排采动态过程与差异性．煤炭学报，37（5）：798-803
李金海，苏现波，林晓英，等．2009．煤层气井排采速率与产能的关系．煤炭学报，34（3）：376-380
李新德．2007．多源不完善信息融合方法及其应用研究．武汉：华中科技大学
李玉喜，肖淑梅．2000．储层天然裂缝与压裂裂缝关系分析．特种油气藏，（3）：26-30
李志强，鲜学福，隆晴明．2009．不同温度应力条件下煤体渗透率实验研究．中国矿业大学学报，38（4）：523-527
林启才．2007．低渗气藏压裂中裂缝导流能力的影响因素研究．油气井测试．（S1）：22-25
刘洪林，李景明，王红岩，等．2006．水动力对煤层气成藏的差异性研究．天然气工业，26（3）：35-37
刘盛东，张平松．2008．地下工程震波探测技术．徐州：中国矿业大学出版社
刘同明．1998．数据融合技术及应用．长沙：国防大学出版社
刘雯林．2009．煤层气地球物理响应特征分析．岩性油气藏，2（2）：113-115
刘贻军，娄建青．2004．中国煤层气储层特征及开发技术探讨．天然气工业，24（1）：68-71
刘曰武，张大为，陈慧新，等．2005．线性组合边界中煤层气井的不稳定压力数值分析．天然气工业，25（8）：90-93
卢聪，郭建春，王文耀，等．2008．支撑剂嵌入及对裂缝导流能力损害的实验．天然气工业，28（2）：99-101
罗瑞兰，程林松，朱华银，等．2007．研究低渗气藏气体滑脱效应需注意的问题．天然气工业，

27（04）：92-94，158

马东民. 2003. 煤层气井采气机理分析. 西安科技学院学报，23（2）：156-159

马东民，张遂安，蔺亚兵. 2011. 煤的等温吸附-解吸实验及其精确拟合. 煤炭学报，36（3）：477-480

马行陟，宋岩，柳少波，等. 2011. 鄂尔多斯盆地东缘韩城地区煤层气地球化学特征及其成因. 天然气工业. 31（4）：17-20

马行陟，宋岩，柳少波，等. 2014. 中高煤阶储层吸附能力演化历史定量恢复——以鄂尔多斯盆地韩城地区为例. 石油学报，35（6）：1080-1086

孟召平，侯泉林. 2012. 煤储层应力敏感性及影响因素的试验分析. 煤炭学报，37（3）：430-436

孟召平，田永东，李国富. 2009. 沁水盆地南部煤储层渗透性与地应力之间关系和控制机理. 自然科学进展，19（10）：1142-1148

孟召平，田永东，李国富. 2010. 沁水盆地南部地应力场特征及其研究意义. 煤炭学报，35（6）：975-981

彭守建，许江，陶云奇，等. 2009. 煤样渗透率对有效应力敏感性实验分析. 重庆大学学报，32（3）：303-307

彭永伟，齐庆新，邓志刚，等. 2008. 考虑尺度效应的煤样渗透率对围压敏感性试验研究. 煤炭学报，33（5）：509-513

钱凯，赵庆波，汪泽成，等. 1997. 煤层甲烷气勘探开发理论与实验测试技术. 北京：石油工业出版社

秦义，李仰民，白建梅，等. 2011. 沁水盆地南部高煤阶煤层气井排采工艺研究与实践. 天然气工业，31（11）：22-25，119-120

全裕科. 1995. 影响煤层含气量若干因素初探. 天然气工业，15（5）：1-5

桑树勋，秦勇，傅雪海，等. 2001. 陆相盆地煤层气地质——以准噶尔吐哈盆地为例. 徐州：中国矿业大学出版社

石必明，刘健，俞启香. 2007. 型煤渗透特性试验研究. 安徽理工大学学报（自然科学版），27（1）：5-8

石明，张赛民. 2008. 地震属性提取及微机上迅速编程实现. 西部探矿，（5）：112-114

史海明. 2005. 颗粒堆积多孔介质渗流特性的研究. 吉林：东北大学

宋岩，张新民. 2005. 煤层气成藏机制及经济开采理论基础. 北京：科学出版社

宋岩，刘洪林，柳少波，等. 2010. 中国煤层气地质. 北京：科学出版社

孙斌，王一兵. 2003. 鄂尔多斯盆地大宁—吉县地区煤层气分布特征//李文阳等. 中国煤层气勘探与开发. 北京；中国矿业大学出版社

孙培德，凌志仪. 2000. 三轴应力作用下煤渗透率变化规律实验. 重庆大学学报（自然科学版），23（S1）：28-31

谭学术，鲜学福，张广洋，等. 1994. 煤的渗透性研究. 西安矿业学院学报，14（1）：22-25

唐巨鹏，潘一山，李成全，等. 2006. 有效应力对煤层气解吸渗流影响试验研究. 岩石力学与工程学报，25（8）：1563-1568

唐书恒. 2001. 煤储层渗透性影响因素探讨. 中国煤田地质，13（1）：28-30

田文广，李五忠，孙斌. 2010. 我国煤层气选区评价参数标准初步研究//2010 年全国煤层气学术研讨会论文集. 北京：石油工业出版社：25-31

田文广，汤达祯，孙斌，等. 2011. 鄂尔多斯盆地东缘含煤地层水动力条件及其控气作用. 高校地质学报，18（3）：433-437

涂嘉文，徐守时．2001．贝斯方法与 Dempster2Shafer 证据理论的讨论．红外与激光工程，30（2）：139-142

汪伟英，汪亚蓉，邹来方，等．2009．煤层气储层渗透率特征研究．石油天然气学报，31（6）：127-128

王勃，李景明，张仪，等．2009．中国低煤阶煤层气地质特征．石油勘探与开发，36（1）：30-34

王春鹏，张士诚，王雷，等．2006．煤层气井水力压裂裂缝导流能力实验评价．中国煤层气，3（1）：17-20

王丰文，李建荣，焦红岩，等．2003．注入水中固相颗粒对地层的伤害分析．断块油气田，（4）：30-33

王生维，陈钟惠，张明，等．1997．煤储层岩石物理与煤层气勘探选区——以华北若干煤区为例．武汉：中国地质大学出版社

王生维，段连秀，陈钟惠，等．2004．煤层气勘探开发中的煤储层评价．天然气工业，24（5）：82-84

王双明．2008．韩城矿区煤层气地质条件及赋存规律．北京：地质出版社

王文峰，宋志敏，秦勇．2002．淮北宿县矿区煤层气地质评价．煤田地质与勘探，30（3）：29-33

温庆志，张士诚，王雷．2005．支撑剂嵌入对裂缝长期导流能力的影响研究．天然气工业，25（5）：65-68

吴晓东，李安启．2000．煤层气单井开采数值模拟的研究．石油大学学报（自然科学版），24（2）：47-49

吴晓东，师俊峰，席长丰．2008．煤层渗透率敏感性及其对煤层气开发效果的影响．天然气工业，28（7）：27-29

席道瑛，徐松林．2012．岩石物理学基础．合肥：中国科技大学出版社

肖树芳，杨淑碧．1987．岩体力学．北京：地质出版社

肖晓春，潘一山，吕祥锋，等．2012．含水煤岩变形破坏过程中瓦斯运移规律的实验研究．煤炭学报，37（增刊 1）：115-119

熊汉桥，赵碧华．1990．悬浮液渗流数学模型．天然气工业，（6）：45-49

徐磊，张华，桑树勋，等．2002．淮南地区煤储层含气性总体特征．中国煤田地质，14（2）：28-30

徐同台，崔茂荣，王允良．1999．钻井工程井壁稳定新技术．北京：石油工业出版社

薛永超，程林松．2007．微裂缝低渗透岩石渗透率随围压变化实验研究．石油实验地质，29（1）：108-110

杨焦生，李安启．2008．樊庄区块煤层气井开发动态分析及分类评价．天然气工业，28（3）：96-98

杨其銮，王佑安．1986．煤屑瓦斯扩散理论及其应用．煤炭学报，（3）：87-93

杨起，汤达祯．2000．华北煤变质作用对煤含气量和渗透率的影响．地球科学．中国地质大学学报，25（3）：273-277

杨永杰，楚俊，郇冬至，等．2008．煤岩固液耦合应变-渗透率试验．煤炭学报，33（7）：760-764

叶建平，岳魏．1999．中国煤层气聚集区带划分．天然气工业，19（5）：9-12

叶建平，史保生，张春才．1999．中国煤储层渗透性及其主要影响因素．煤炭学报，24（2）：118-122

俞绍诚．1987．陶粒支撑剂和兰州压裂砂长期裂缝导流能力评价．石油钻采工艺，9（5）：93-100

张培河．2007．影响我国煤层气可采性主要储层参数特征．天然气地球科学，18（6）：880-885

张群．2003．煤层气储层数值模拟模型及应用的研究．西安：煤炭科学研究总院西安分院

张遂安，叶建平，唐书恒，等．2005．煤对甲烷气体吸附—解吸机理的可逆性实验研究．天然气工业，25（1）：44-46

张先敏．2007．煤层气储层数值模拟及开采方式研究．东营：中国石油大学（华东）

张先敏，同登科，孙宝全. 2009. 考虑基质收缩效应的致密煤储层数值模拟. 应用基础与工程科学学报，17（5）：690-696

张新民，张遂安，钟玲文，等. 1991. 中国的煤层甲烷. 西安：陕西科学技术出版社

张新民，庄军，张遂安. 2002. 中国煤层气地质与资源评价. 北京：科学出版社

赵贤正，桑树勋，张建国，等. 2011. 沁南煤层气开发区块煤储层特征分析及意义. 中国煤层气，（2）：3-7

赵扬. 2006. 滤饼微观结构与压榨过滤理论的研究. 杭州：浙江大学

周军平，鲜学福，姜永东，等. 2009. 考虑有效应力和煤基质收缩效应的渗透率模型. 西南石油大学学报（自然科学版），31（1）：4-8

Barree R D，Cox S A，Barree V L，et al. 2003. Realistic assessment of proppant pack conductivity for material selection//SPE Annual Technical Conference and Exhibition. Richardson Society of Petroleum Engineers

Carman P C. 1997. Fluid flow through granular beds. Chemical Engineering Research and Design，75（12）：S32-S48.

Chaback J J，Morgan D，Yee D. 1996. Sorption irreversibilities and mixture compositional behavior during enhanced coal bed methane recovery processes//SPE Gas Technology Symposium. Richardson Society of Petroleum Engineers

Chin L Y，Raghavan R，Thoms L K. 1998. Fully-coupled geomechanics and fluid-flow analysis of wells with stress-dependent permeability//SPE International oil and Gas Conference and Exhibition in China. Richardson Society of Petroleum Engineering

Close J C. 1993. Natural fracture in coal//Law B E，Rice D D. Hydrocarbons from Coal. AAPG，Studies in Geology

Cobb S L，Farrell J J. 1986. Evaluation of long-term proppant stability//International Meeting on petroleum Engineering. Richardson Society of Petroleum Engineers

Connell LD，Detournay C. 2009. Coupled flow and geomechanical processes during enhanced coal seam methane recovery through CO_2 sequestration. International Journal of Coal Geology，77：222-233

Cook N G W. 1965. The failure of rock. International Journal of Rock Mechanics and Mining Sciences. Pergamon，2（4）：389-403

Coolidge J L. 1952. The unsatisfactory story of curvature. The American Mathematical Monthly，59（6）：375-379

Day S，Fry R，Sakurovs R. 2008. Swelling of Australian coals in supercritical CO_2. International Journal of Coal Geology，74（1）：41-52

Dempster A P. 1967. Upper and lower probabilities induced by a multi-valued mapping. Annals of Mathematical Statistics，38（2）：325-339

Dempster A P. 1968. A generalization of Bayesian inference. Journal of the Royal Statistical Society. Series B，30：205-247

Durucan S，Ahsanb M，Shia J Q. 2009. Matrix shrinkage and swelling characteristics of European coals. Energy Procedia，1（1）：3055-3062

Gamson P，Beamish B，Johnson D. 1998. Effect of coal microstructure and secondary mineralization on methane recovery. Geological Special Publication，（199）：165-179

Gary M，Tapan M，Jack D. 1998. The Rock Physics Handbook：Tools for Seismic Analysis in Poros Media. Cambridge：Cambridge University Press

Gash B W, Volz R F, Potler, et al. 1993. The effect of cleat orientation and confining pressure on cleat porosity, permeability and relative permeability in coal//Proceeding of the 1993 International Coalbed Methane Symposium. Birmingham: The University of Alabama: 247-256

Harpalani S, Schraufnagel R. 1990. Shrinkage of coal matrix with release of gas and its impact on permeability of coal. Fuel, 69: 551-556

Hubbert M K. 1953. Entrapment of petroleum under hydrodynamic conditions. AAPG Bulletin, 37 (8): 2-4

Johnston J E, Christensen N I. 1995. Seismic anisotropy of shales. Journal of Geophysical Research, 100 (B4): 5991-6003

Kankare J, Vinokurov I A. 1999. Kinetics of Langmuirian adsorption onto planar, spherical, and cylindrical surfaces. Langmuir, 15 (17): 5591-5599

Klinkenberg L J. 1941. The permeability of porous media to liquids and gases. Drilling and Production practice American Petroleum Institute.

Kurt J, Marfurt R, Lynn K, et al. 1998. 3-D seismic attributes using a semblance-basedcoherency algorithm. Geophyics, 63 (4): 1150-1165

Langmuir I. 1916. The constitution and fundamental properties of solids and liquids. Journal of the American Chemical Society, 38 (11): 2221-2295

Levine J R. 1996. Model study of influence of matrix shrinkage on absolute permeability of coal bed reservoirs. Coalbed Methane and Coal Geology. Geological Society Special Publication: 197-212

Liu S, Harpalani S. 2013. A new theoretical approach to model sorption-induced coal shrinkage or swelling. AAPG Bulletin, 97 (7): 1033-1049

Lo T, Coyner K B, Toksoz M N. 1986. Experimental determination of elastic anisotropy of Berea sandstone, Chicopee shale, and Chelmsford granite. Geophyics, l51 (1): 164-171

Mavor M J, Owen L B, Pratt T J. 1990. Measurement and evaluation of coal sorption isotherm data//SPE Annual Technical Conference and Exhibition, SPE 20728: 157-170

Mavor M J, Vaughn J E. 1998. Increasing coal absolute permeability in the San Juan Basin fruitland formation. SPE Reservoir Evaluation & Engineering, 1 (3): 201-206

Mazumder S, Scott M, Jiang J. 2012. Permeability increase in Bowen Basin coal as a result of matrix shrinkage during primary depletion. International Journal of Coal Geology, 96: 109-119

McKee C R, Bumb A C, Way S C, et al. 1986. Using permeability vs depth correlations to assess the potential for producing gas from coal seams. Quarterly Review of Methane from Coal Seams Technology, (4): 15-26

McKee, C R, Bumb, A C, Koenig, R A. 1987. Stress-dependent permeability and porosity of coal//Proceedings. Coalbed Methane Symp. , Tuscaloosa: 183-193

Much M G; Penny G S. 1987. Long-term performance of proppants under simulated reservoir conditions. SPE/doe Low Permeability Reservoirs Joint Symp, Denver

Palmer I, Mansoori J. 1998. How permeability depends on stress and pore pressure in coalbeds: A new model. SPE Reservoir Evaluation & Engineering, (6): 539-544

Pashin J C, Groshong R H. 1998. Structural control of coalbed methane production in Alabama. International Journal of Coal Geology, 38 (1): 89-113

Pekot L J, Reeves S R. 2003. Modeling the effects of matrix shrinkage and differential swelling on coalbed methane recovery and carbon sequestration//Proceedings of the 2003 International coalbed

Methane Symposium. Tuscaloosa: University of Alabama

Reeves S, Pekot L. 2001. Advanced reservoir modeling in desorption-controlled reservoirs//SPE Rocky Mountain Petroleum Technology Conference, Keystone

Robertson E P, Christiansen R L. 2007. Modeling laboratory permeability in coal using sorption-induced strain data. SPE Reservoir Evaluation & Engineering, 10 (3): 260-269

Rosen M J. 1993. Gemini: a new generation of surfactants. Chemtech, 15 (3): 30-32

Rüger A. 1997. P-wave reflection coefficients for transversely isotropic models with vertical and horizontal axis symmetry. Geophysics, 62 (3): 713-722

Seidle J P, Huitt L G. 1995 Experimental measurement of coal matrix shrinkage clue to gas desorption and implications for cleat permeability increases//Intemational Meeting on Petroleum Engineering, Beijing: 575-582

Sergey F. 2007. Local seismic attributes. Geophyics, 72 (3): 29-33

Shafer G. 1976. A Mathematical Theory of Evidence. Princeton: Princeton University Press

Shi J Q, Durucan S. 2005. Model for changes in coalbed permeability during primary and enhanced methane recovery//SPE Reservoir Evaluation & Engineering

Shi J Q, Durucan S. 2010. Drawdown induced changes in permeability of coalbeds: A new interpretation of the reservoir response to primary recovery. Transport in Porous Media, 56: 1-16

Somerton W H, Soylemezoglu I M, Dudley R C. 1975. Effect of stress on permeability of coal. International Journal of Rock Mechanics and Mining Sciences and Geomechanics Abstracts, 12 (5): 129-145

Taner M T, Koehler F, Sheriff R E. 1979. Complex seismic trace analysis. Geophysics, 44: 1041-1063

Taner M T, Schuelke, James S, et al. 1994. Seismic attributes revisited//64th Annual International Meeting. SEP Expanded Abstracts, 13: 1104-1106

Terzaghi K. 1923. Die berechnung der durchlassigkeitsziffer des tones aus dem verlauf der hydrodynamischen spannungserscheinungen. Sitzungsberihte der Akademie der Wissenschaften in Wien, Mathematisch-Naturwissenschaftliche Klasse, Abteilung Ⅱ a, 132: 125-138

Thomsen L. 1986. Weak elastic anisotropy. Geophyics, 51 (11): 1954-1966

Vernik L, Nur A. 1992. Ultasonic velocity and anisotropy of hydrocarbon source source rocks. Geophyics, 57 (5): 727-735

Wei X R, Wang G X, Massarotto P, et al. 2007. A review on recent advances in the numerical simulation for Coalbed-Methane-Recovery process. SPE Reservoir Evaluation & Engineering, (10): 657-666

White R E. 1991. Properties of instantaneous seismic attributes. The Leading Edge, 10 (7): 26-32

Zulkarnain I. 2006. Simulation study of the effect of well spacing, effect of permeability anisotropy, and effect of Palmer and Mansoori model on coalbed methane production. Texas A&M University